21世纪高等理工科重点课程辅导教材

高等数学学习辅导

李威　李秋姝 ◈ 编

GAODENG SHUXUE
XUEXI FUDAO

U0254162

$z = 2 - \sqrt{x^2 + y^2}$

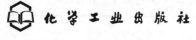

化学工业出版社

·北京·

本书是依据 2010 年教育部教学课程教学指导委员会下发的《高等学校工科类本科高等数学课程教学基本要求》(修订稿)的基本精神,并结合现行通用教材《高等数学》(第五版)(同济大学应用数学系主编)的内容编写而成的。全书内容包括一元函数微积分学、空间解析几何与向量代数、多元函数微积分学、无穷级数与微分方程共 12 章。每章给出基本要求与重点要求、知识点关联网络,又根据知识点将整章分解成若干节,每节按照内容提要、例题分析、习题、习题解答与提示 4 部分编写。全书共收录 1000 余道例题和习题,所有题目按照基本类型进行分类编排。通过研读和演算,使读者能够更深入理解基本概念,掌握基本解题思路和解题技巧,提升逻辑思维能力。

本书可作为理工类和经管类本科各专业学生的高等数学课程的辅导教材,同时也可用作参加硕士研究生入学考试的高等数学学习参考用书,也可作为相关课程教师的教学参考资料。

图书在版编目(CIP)数据

高等数学学习辅导/李威,李秋姝编. —北京:化学
工业出版社,2014.10(2018.10重印)
21 世纪高等理工科重点课程辅导教材
ISBN 978-7-122-21683-0

Ⅰ.①高…　Ⅱ.①李…②李…　Ⅲ.①高等数学-高等
学校-教学参考资料　Ⅳ.①O13

中国版本图书馆 CIP 数据核字(2014)第 200274 号

责任编辑:唐旭华　郝英华　　　　　　　　　　　　　装帧设计:韩　飞
责任校对:陶燕华

出版发行:化学工业出版社(北京市东城区青年湖南街 13 号　邮政编码 100011)
印　　装:大厂聚鑫印刷有限责任公司
787mm×1092mm　1/16　印张 17¼　字数 461 千字　2018 年 10 月北京第 1 版第 5 次印刷

购书咨询:010-64518888　　　　　　　售后服务:010-64518899
网　　址:http://www.cip.com.cn
凡购买本书,如有缺损质量问题,本社销售中心负责调换。

定　　价:30.00 元

前　　言

本书依据 2010 年教育部数学课程教学指导委员会下发的《高等学校工科类本科高等数学课程教学基本要求》（修订稿）的基本精神，并结合现行通用教材《高等数学》（第五版）（同济大学应用数学系主编）的内容进行编写。

本书共分为 12 章及附录，内容包括函数与极限、导数与微分、中值定理与导数的应用、不定积分、定积分、定积分的应用、向量代数与空间解析几何、多元函数微分法及其应用、重积分、曲线积分与曲面积分、无穷级数、常微分方程。每章给出基本要求与重点要求、知识点关联网络，又根据知识点将整章分解成若干节，每节按照内容提要、例题分析、习题、习题解答与提示 4 部分编写。

本书的知识点关联网络刻画了每章知识点间的相互联系，使读者将本章知识点串联起来，形成完整的知识框架。例题分析部分是在归纳基本题型基础上，适当选配若干典型例题，其中大部分配有分析或注释，分析思路清楚，注释简洁，便于读者研读。典型例题选自历年硕士研究生入学考试试题（标有△记号）和教学中使用例题、习题，根据方法和类型进行分类介绍，难度相当或高于通用教材中每章总习题的题目。附录给出了期中及期末考试试卷和答案，可供读者自测。本书可作为理工类和经管类本科各专业学生的高等数学课程的辅导教材，同时也可用作参加硕士研究生入学考试的高等数学学习参考用书。

本书由李威负责组织编写和统稿，参加编写的有李威、李秋姝。其中第一至第六章由李威编写，第七至第十二章由李秋姝编写，杨永愉教授进行了审核。在编写过程中得到了杨永愉、崔丽鸿两位教授的悉心指导与大力支持，在此一并表示感谢。

由于水平有限，书中疏漏与不妥之处在所难免，恳请读者给予批评指正。

编者
2014 年 6 月

目　录

第一章　函数与极限

基本要求与重点要求

1. 基本要求

理解函数的概念. 了解函数奇偶性、单调性、周期性和有界性. 理解复合函数的概念. 了解反函数的概念. 掌握基本初等函数的性质及其图形. 会建立简单实际问题中的函数关系式. 理解极限的概念（对极限的 ε-N, ε-δ 定义可在学习过程中逐步加深理解，对于给出 ε 求 N 或 δ 不作过高要求）. 掌握极限四则运算法则. 了解两个极限存在准则（夹逼准则和单调有界准则），会用两个重要极限求极限. 了解无穷小、无穷大以及无穷小的阶的概念. 会用等价无穷小求极限. 理解函数在一点连续的概念. 了解间断点的概念，并会判别间断点的类型. 了解初等函数的连续性.

2. 重点要求

函数的概念. 复合函数的概念. 基本初等函数的性质及其图形. 极限的概念. 极限的四则运算法则. 两个重要极限. 函数在一点连续的概念.

知识点关联网络

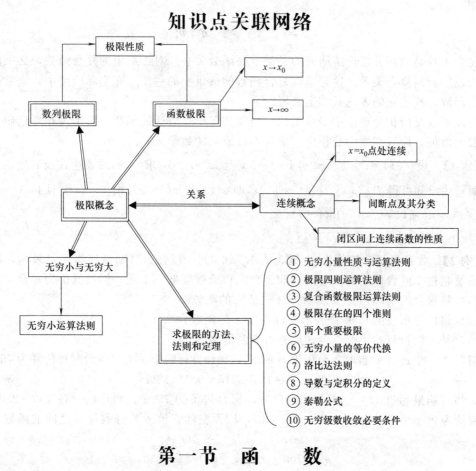

第一节　函　数

一、内容提要

1. 函数定义

设有两个变量 x 和 y，D 是一个给定的非空数集. 如果对于每一个 $x \in D$，变量 y 按照一定的法则总有确定的数值和它对应，则称变量 y 是 x 的函数，记作 $y=f(x)$ 其中数集 D 称为这个函数的定义域，x 称为自变量，y 称为因变量．变量 y 的取值全体 $W=\{y\mid y=f(x),x\in D\}$ 称为函数的值域．

2．函数的有界性

若存在正数 M，对于一切 $x\in Z$ 都有 $|f(x)|\leqslant M$ 成立，则称函数 $f(x)$ 在 Z 内有界．

3．函数的单调性

设函数 $f(x)$ 在区间 I 上有定义，如果对于 I 内的任意两个数 x_1 和 x_2，当 $x_1<x_2$ 时，恒有 $f(x_1)<f(x_2)[$或 $f(x_1)>f(x_2)]$，则称 $f(x)$ 在 I 上单调增加（或单调减少）．

4．函数的奇偶性

设函数 $f(x)$ 的定义域 D 关于原点对称，如果对于 D 内的任意 x，恒有 $f(-x)=f(x)$ $[$或 $f(-x)=-f(x)]$，则称 $f(x)$ 为偶函数（或奇函数）．

5．函数的周期性

设函数 $f(x)$ 的定义域为 D，如果存在正数 T，使得对于任意的 $x\in D$ 有 $(x\pm T)\in D$，且 $f(x+T)=f(x)$，则称 $f(x)$ 是以 T 为周期的周期函数．周期函数的周期是指最小正周期．

二、例 题 分 析

复合函数是微积分理论所研究的一类重要函数关系．对于给定的复合函数，必须能够从外到内逐层剥离复合关系，这是掌握复合函数的最重要的一步．在实际应用中，常常需要构造复合函数，确定它的表达式和定义域．

分段函数是微积分理论中最常见的一类非初等形式表达的函数，它不仅在理论研究中具有重要的价值，而且在数学建模中，更是不可或缺的数学工具．

【例 1】 设 $f(x)=e^{x^2}$，$f[\varphi(x)]=1-x$，且 $\varphi(x)\geqslant 0$，求 $\varphi(x)$ 的表达式及其定义域．

解 由已知可得 $f[\varphi(x)]=e^{\varphi^2(x)}=1-x$，即 $\varphi^2(x)=\ln(1-x)$．由 $1-x>0$ 且 $\ln(1-x)\geqslant 0$ 由于 $\varphi(x)\geqslant 0$，所以 $\varphi(x)=\sqrt{\ln(1-x)}$，

可知 $x\leqslant 0$，所以 $\varphi(x)=\sqrt{\ln(1-x)}$，$x\leqslant 0$．

【例 2】 收音机每台售价为 90 元，成本为 60 元，厂方为鼓励销售商大量采购，决定凡是订购量超过 100 台以上的，每多订购 1 台，售价就降低 0.1 元，但最低价为每台 75 元．

（1）将每台的实际售价 p 表示为订购量 x 的函数；

（2）将厂方所获的利润 P 表示成订购量 x 的函数；

（3）某一商行订购了 200 台，厂方可获利润多少？

解 （1）当 $x\leqslant 100$ 台时每台售价为 90 元，现计算订购量 x 为多少台时售价降为 75 元/台
$$90-75=15,\quad 15\div 0.1=150.$$
所以，当订购量超过 $150+100=250$ 台时，每台售价为 75 元，当订购量在 $100\sim 250$ 台时，每台售价为 $90-(x-100)\times 0.1=100-0.1x$，因而实际售价 p 与订购量 x 之间的函数关系为
$$p=\begin{cases}90, & x\leqslant 100,\\ 100-0.1x, & 100<x<250,\\ 75, & x\geqslant 250.\end{cases}$$

（2）每台利润是实际价格 p 与成本之差：$p-60$，所以总利润 $P=(p-60)x$．

（3）由（1）先计算出 $p=100-0.1\times 200=80$，再由（2）知
$$P=(80-60)\times 200=4000(元).$$

【例3】 设 $f(x)=\begin{cases}1-2x^2, & x<-1,\\ x^3, & -1\leqslant x\leqslant 2, \\ 12x-16, & x>2,\end{cases}$ 求 $f(x)$ 的反函数 $g(x)$ 的表达式.

分析 由分段函数求反函数，需要逐段讨论函数的单调性和取值范围.

解 当 $x<-1$ 时，$f(x)=1-2x^2$，显然此时 $f(x)$ 是单调增加的，且有 $f(x)<-1$.

设 $y=1-2x^2$，可得 $x=-\sqrt{(1-y)/2}$，即 $g(x)=-\sqrt{\dfrac{1-x}{2}}$，$x<-1$.

当 $-1\leqslant x\leqslant 2$ 时，$f(x)=x^3$，显然 $f(x)$ 在 $[-1,2]$ 上单调增加，且 $-1\leqslant f(x)\leqslant 8$.

设 $y=x^3$，由此解出 $x=\sqrt[3]{y}$，即 $g(x)=\sqrt[3]{x}$，$-1\leqslant x\leqslant 8$.

当 $x>2$ 时，$f(x)=12x-16$，显然 $f(x)$ 在 $x>2$ 的范围内是单调增加的，而且 $f(x)>8$.

设 $y=12x-16$，解出 $x=(y+16)/12$，即

$$g(x)=\frac{x+16}{12}, \quad x>8.$$

综上所述
$$g(x)=\begin{cases}-\sqrt{\dfrac{1-x}{2}}, & x<-1,\\ \sqrt[3]{x}, & -1\leqslant x\leqslant 8,\\ \dfrac{x+16}{12}, & x>8.\end{cases}$$

三、习 题

1. 设 $f(x)=\begin{cases}1, & |x|\leqslant1,\\ 0, & |x|>1,\end{cases}$ 求 $f[f(x)]$ 的表达式及其定义域.

2. 设 $f(x^2-1)=\ln\dfrac{x^2}{x^2-2}$，且 $f[\varphi(x)]=\ln x$，求 $\varphi(x)$ 的表达式及其定义域.

3. 设 $f(x)=\begin{cases}-1, & x<-1,\\ x, & -1\leqslant x\leqslant 1,\\ 1, & x>1,\end{cases}$ 求 $f(x^2+5)f(\sin x)-5f(4x-x^2-6)$.

4. 设 $f(x)$ 在 $(-\infty,+\infty)$ 上是奇函数，$f(1)=a$，且对于任何 x 值有 $f(x+2)-f(x)=f(2)$.
(1) 试用 a 表示 $f(2)$ 与 $f(5)$. (2) 问 a 取何值时，$f(x)$ 是以 2 为周期的周期函数？

四、习题解答与提示

1. $f[f(x)]=1$，$(-\infty,+\infty)$. 2. $\varphi(x)=\dfrac{x+1}{x-1}$，$x>0$，且 $x\neq1$.

3. $5+\sin x$. 提示：讨论 x^2+5，$\sin x$，$4x-x^2-6$ 的取值范围.

4. (1) $f(2)=2a$，$f(5)=5a$. 提示：分别令 $x=-1$，1，3 带入等式. (2) $a=0$.

第二节　数列与函数的极限

一、内　容　提　要

1. 数列 $\{x_n\}$ 的极限

设数列 $\{x_n\}$ 和常数 A，如果对于任意给定的正数 ε，总存在正整数N，当 $n>N$ 时，恒有 $|x_n-A|<\varepsilon$，则称常数 A 是数列 $\{x_n\}$ 的极限，或称当 $n\to\infty$ 时，数列 $\{x_n\}$ 收敛于 A，记作 $\lim_{n\to\infty}x_n=A$.

2. 函数 $f(x)$ 的极限

设函数 $f(x)$ 和常数 A，如果对于任意给定的正数 ε，总存在正数 δ，当 $0<|x-x_0|<\delta$ 时，恒有 $|f(x)-A|<\varepsilon$，则称当 $x\to x_0$ 时，函数 $f(x)$ 以 A 为极限，或称当 $r\to x_0$ 时，函数 $f(x)$ 收敛于 A，记作 $\lim\limits_{x\to x_0}f(x)=A$.

设函数 $f(x)$ 和常数 A，如果对于任意给定的正数 ε，总存在正数 Z，当 $|x|>Z$ 时，恒有 $|f(x)-A|<\varepsilon$，则称当 $x\to\infty$ 时，函数 $f(x)$ 以 A 为极限，或称当 $x\to\infty$ 时，函数 $f(x)$ 收敛于 A，记作 $\lim\limits_{x\to\infty}f(x)=A$.

3. 极限计算的常用法则、公式、定理

（1）极限的四则运算法则；

（2）复合函数极限的运算法则；

（3）极限存在的两个准则；

（4）两个重要极限

$$\lim_{x\to 0}\frac{\sin x}{x}=1,\ \lim_{x\to 0}(1+x)^{\frac{1}{x}}=\lim_{x\to\infty}\left(1+\frac{1}{x}\right)^x=e;$$

（5）无穷小量的性质与运算法则；

（6）无穷小的等价代换定理

常用等价无穷小：当 $x\to 0$ 时，$\sin x\sim x$，$\tan x\sim x$，$\arcsin x\sim x$，$\arctan x\sim x$，$1-\cos x\sim\dfrac{x^2}{2}$，$e^x-1\sim x$，$a^x-1\sim x\ln a$，$\ln(1+x)\sim x$，$\sqrt[n]{1+x^m}-1\sim\dfrac{x^m}{n}$；

（7）洛必达法则；

（8）导数和定积分的定义；

（9）泰勒公式.

二、例 题 分 析

极限理论主要包括两部分内容，即收敛性证明与极限的计算方法．本节仅讨论数列与函数极限的各种计算方法．

1. 四则运算法则

在计算极限的过程中，将函数或数列作恒等变形化简是常用的方法．恒等变形的常用技巧：提取公因式或分子、分母有理化，消去零因子；自变量代换；三角函数恒等变形．列项化简；无穷小等价代换等．

【例1】 求 $\lim\limits_{x\to 0}\dfrac{\sqrt{1+x}+\sqrt{1-x}-2}{x^2}$.

解 分子有理化

$$\text{原式}=\lim_{x\to 0}\frac{(\sqrt{1+x}+\sqrt{1-x})^2-4}{x^2(\sqrt{1+x}+\sqrt{1-x}+2)}=\lim_{x\to 0}\frac{2(\sqrt{1-x^2}-1)}{x^2(\sqrt{1+x}+\sqrt{1-x}+2)}$$

$$=\lim_{x\to 0}\frac{2(1-x^2-1)}{x^2(\sqrt{1+x}+\sqrt{1-x}+2)(\sqrt{1-x^2}+1)}$$

$$=\lim_{x\to 0}\frac{-2}{(\sqrt{1+x}+\sqrt{1-x}+2)(\sqrt{1-x^2}+1)}=-\frac{1}{4}.$$

【例2】 求 $\lim\limits_{n\to\infty}\cos\dfrac{x}{2}\cos\dfrac{x}{4}\cdots\cos\dfrac{x}{2^n}$ $(x\neq 0)$.

分析 分子分母同乘相同的不为零的因子，运用三角函数的倍角公式，将函数式子化简.

解 原式 $= \lim\limits_{n\to\infty} \dfrac{2^n\cos\dfrac{x}{2}\cos\dfrac{x}{4}\cdots\cos\dfrac{x}{2^n}\sin\dfrac{x}{2^n}}{2^n\sin\dfrac{x}{2^n}} = \lim\limits_{n\to\infty} \dfrac{2^{n-1}\cos\dfrac{x}{2}\cos\dfrac{x}{4}\cdots\left(2\cos\dfrac{x}{2^n}\sin\dfrac{x}{2^n}\right)}{2^n\sin\dfrac{x}{2^n}}$

$= \lim\limits_{n\to\infty} \dfrac{2^{n-1}\cos\dfrac{x}{2}\cos\dfrac{x}{4}\cdots\cos\dfrac{x}{2^{n-1}}\sin\dfrac{x}{2^{n-1}}}{2^n\sin\dfrac{x}{2^n}} = \lim\limits_{n\to\infty} \dfrac{2^{n-2}\cos\dfrac{x}{2}\cos\dfrac{x}{4}\cdots\left(2\cos\dfrac{x}{2^{n-1}}\sin\dfrac{x}{2^{n-1}}\right)}{2^n\sin\dfrac{x}{2^n}}$

$= \cdots = \lim\limits_{n\to\infty} \dfrac{\sin x}{2^n\sin\dfrac{x}{2^n}} = \lim\limits_{n\to\infty}\left(\dfrac{\sin x}{x}\cdot\dfrac{\dfrac{x}{2^n}}{\sin\dfrac{x}{2^n}}\right) = \dfrac{\sin x}{x}.$

【例 3】 求 $\lim\limits_{x\to 1}\dfrac{1-x^2}{\sin\pi x}$.

分析 $1-x^2=(1-x)(1+x)$，当 $x\to 1$ 时，$x-1\to 0$. 考虑变量代换 $x-1=t$，$t\to 0$，$x=1+t$，$\sin\pi x=-\sin\pi t$. 当 $x\to 1$ 时，$\sin\pi x$ 不能作无穷小等价代换，而当 $t\to 0$ 时，则有 $\sin\pi t\sim\pi t$.

解 令 $x-1=t$，则当 $x\to 1$ 时，有 $t\to 0$.

$\lim\limits_{x\to 1}\dfrac{1-x^2}{\sin\pi x} = \lim\limits_{x\to 1}\dfrac{(1-x)(1+x)}{\sin\pi x} \xlongequal{x-1=t} \lim\limits_{t\to 0}\dfrac{-t(t+2)}{-\sin\pi t} = \lim\limits_{t\to 0}\dfrac{\pi t}{\sin\pi t}\cdot\dfrac{t+2}{\pi} = \dfrac{2}{\pi}$

2. 极限存在准则

单调有界原理和夹逼定理是极限存在的两个准则. 利用这两个准则证明并求出函数或数列的极限，是一类技巧性较强的极限计算题目. 单调有界原理的技巧性主要表现在以下两点：其一为单调性的证明. 证明单调性时，有时需要使用数学归纳法. 其二为函数或数列的界的估计. 在估计界的时候，需要对函数或数列进行适当的缩放.

△**【例 4】** 设 $x_1=10$，$x_{n+1}=\sqrt{6+x_n}$ $(n=1,2,3,\cdots)$，试证 $\{x_n\}$ 极限存在，并求此极限.

证 $x_1=10$，$x_2=4$，$x_3=\sqrt{10}$，$x_4=\sqrt{6+\sqrt{10}}$，$x_5=\sqrt{6+\sqrt{6+\sqrt{10}}}$，$\cdots$

比较 x_3 与 x_4：$x_3-x_4=\sqrt{10}-\sqrt{6+\sqrt{10}}>0$ 得 $x_3>x_4$，可以猜测 $\{x_n\}$ 为单调下降数列.

当 $n=1$ 时，$x_1>x_2$；假设 $n=k$ 时，有 $x_k>x_{k+1}$，当 $n=k+1$ 时，$x_{k+1}=\sqrt{6+x_k}>\sqrt{6+x_{k+1}}=x_{k+2}$，由数学归纳法可知数列 $\{x_n\}$ 是单调下降的. 由于对任意的自然数 n，都有 $x_n>0$，所以根据单调有界原理可知，数列 $\{x_n\}$ 收敛.

设 $\lim\limits_{n\to\infty}x_n=l$，对式 $x_{n+1}=\sqrt{6+x_n}$ 两边令 $n\to\infty$ 取极限，有 $l=\sqrt{6+l}$，由此解出 $l_1=3$，$l_2=-2$；由于 $x_n>0$，所以 $l\geqslant 0$，故舍去 $l_2=-2$，即有 $\lim\limits_{n\to\infty}x_n=3$.

【例 5】 设 $a_1=2$，$a_{n+1}=\dfrac{1}{2}\left(a_n+\dfrac{1}{a_n}\right)$ $(n=1,2,\cdots)$，证明 $\lim\limits_{n\to\infty}a_n$ 存在，并求出极限.

解 因 $a_{n+1}=\dfrac{1}{2}\left(a_n+\dfrac{1}{a_n}\right)\geqslant\sqrt{a_n\cdot\dfrac{1}{a_n}}=1$，故有 $\dfrac{a_{n+1}}{a_n}=\dfrac{1}{2}\left(1+\dfrac{1}{a_n^2}\right)\leqslant\dfrac{1}{2}\left(1+\dfrac{1}{1^2}\right)=1$，即 $a_{n+1}\leqslant a_n$. 由 $a_{n+1}\geqslant 1$ 可知，$\{a_n\}$ 为单调减少且有下界，据单调有界原理可知，数列 $\{a_n\}$ 收敛.

设 $\lim\limits_{n\to\infty}a_n=a$ 时，对式 $a_{n+1}=\dfrac{1}{2}\left(a_n+\dfrac{1}{a_n}\right)$ 两边令 $n\to\infty$ 取极限，得 $2a=a+\dfrac{1}{a}$，解得 $a=1$，即 $\lim\limits_{n\to\infty}a_n=1$.

注 例 4 和例 5 给出了使用单调有界原理的常用技巧. 证明单调性有三种方法：①归纳法；②将 $\frac{x_{n+1}}{x_n}$ 与 1 比较；③将 $x_{n+1}-x_n$ 与 0 比较. 证明有界性，需要进行适当的缩放.

【例 6】 求 $\lim\limits_{n\to\infty}\sum\limits_{i=1}^{n}\dfrac{i}{n^2+i}$.

分析 所给问题为无穷多项之和的极限问题，不能利用极限四则运算法则.

解 由于 $\sum\limits_{i=1}^{n}\dfrac{i}{n^2+n}\leqslant\sum\limits_{i=1}^{n}\dfrac{i}{n^2+i}\leqslant\sum\limits_{i=1}^{n}\dfrac{i}{n^2+1}$，

又 $\sum\limits_{i=1}^{n}\dfrac{i}{n^2+n}=\dfrac{1+2+\cdots+n}{n^2+n}=\dfrac{1}{n^2+n}\cdot\dfrac{1+n}{2}\cdot n=\dfrac{1}{2}$，

$$\sum_{i=1}^{n}\frac{i}{n^2+1}=\frac{1+2+\cdots+n}{n^2+1}=\frac{1}{n^2+1}\cdot\frac{1+n}{2}\cdot n=\frac{1+\dfrac{1}{n}}{1+\dfrac{1}{n^2}}\cdot\frac{1}{2}\to\frac{1}{2}(n\to\infty)$$

由夹逼定理可知 $\lim\limits_{n\to\infty}\sum\limits_{i=1}^{n}\dfrac{i}{n^2+i}=\dfrac{1}{2}$.

【例 7】 利用夹逼定理证明数列 $x_n=\dfrac{a^n}{n!}$ $(a>0)$ 收敛，并求极限.

证 $\dfrac{a^n}{n!}=\dfrac{a}{1}\cdot\dfrac{a}{2}\cdot\dfrac{a}{3}\cdots\dfrac{a}{n}$，因为 $a>0$，所以存在自然数 N_1，使 $N_1\geqslant a$. 当 $n>N_1$ 以后，$\dfrac{a}{N_1+1}$，$\dfrac{a}{N_1+2}$，$\cdots$，$\dfrac{a}{n}$ 均小于 1，有 $\dfrac{a^n}{n!}=\dfrac{a}{1}\cdot\dfrac{a}{2}\cdots\dfrac{a}{N_1}\cdot\dfrac{a}{N_1+1}\cdots\dfrac{a}{n}<\dfrac{a^{N_1}}{N_1!}\cdot$ $\dfrac{a}{n}$，即有 $0<\dfrac{a^n}{n!}<\dfrac{a^{N_1}}{N_1!}\cdot\dfrac{a}{n}$ （其中 $n>N_1$），由于 $\lim\limits_{n\to\infty}\dfrac{a^{N_1}}{N_1!}\cdot\dfrac{a}{n}=0$，所以，根据夹逼定理可得 $\lim\limits_{n\to\infty}\dfrac{a^n}{n!}=0$.

注 使用夹逼定理的关键技巧是，将所求数列作适当放大和缩小，并且放大和缩小后的极限要相等.

3. 两个重要极限

第一个重要极限结果的一般形式：$\lim\limits_{\square\to0}\dfrac{\sin\square}{\square}=1$. 这个结果常用来处理含有三角函数的极限计算问题.

第二个重要极限结果，其一般形式：$\lim\limits_{\square\to0}(1+\square)^{\frac{1}{\square}}=\lim\limits_{\square\to\infty}\left(1+\dfrac{1}{\square}\right)^{\square}=\mathrm{e}$. 使用这种方法，必须将幂指函数的底化成 $(1+\square)$ 或 $\left(1+\dfrac{1}{\square}\right)$ 形式.

对于此类幂指函数还有一种取对数法，即对幂指函数取对数，将函数的幂指型结构变为两个函数相乘除的形式. 这种方法一般要使用洛必达法则，将在第三章中介绍.

【例 8】 求 $\lim\limits_{x\to0}\left[2-\dfrac{\ln(1+x)}{x}\right]^{\frac{1}{x}}$.

解 $\left[2-\dfrac{\ln(1+x)}{x}\right]^{\frac{1}{x}}=\left[1+\dfrac{x-\ln(1+x)}{x}\right]^{\frac{1}{x}}=\left\{\left[1+\dfrac{x-\ln(1+x)}{x}\right]^{\frac{x}{x-\ln(1+x)}}\right\}^{\frac{x-\ln(1+x)}{x^2}}$，

由于 $\lim\limits_{x\to0}\dfrac{x-\ln(1+x)}{x^2}=\lim\limits_{x\to0}\dfrac{x-\left[x-\dfrac{x^2}{2}+o(x^2)\right]}{x^2}=\dfrac{1}{2}$，所以 $\lim\limits_{x\to0}\left[2-\dfrac{\ln(1+x)}{x}\right]^{\frac{1}{x}}=\mathrm{e}^{\frac{1}{2}}=\sqrt{\mathrm{e}}$.

【例 9】 求 $\lim\limits_{x\to0}\left(\dfrac{1+\tan x}{1+\sin x}\right)^{\frac{1}{\sin x}}$.

解 方法一 使用第二重要极限公式

$$\lim_{x\to 0}\left(\frac{1+\tan x}{1+\sin x}\right)^{\frac{1}{\sin x}}=\lim_{x\to 0}\left(1+\frac{\tan x-\sin x}{1+\sin x}\right)^{\frac{1}{\sin x}}=\lim_{x\to 0}\left[\left(1+\frac{\tan x-\sin x}{1+\sin x}\right)^{\frac{1+\sin x}{\tan x-\sin x}}\right]^{\frac{\tan x-\sin x}{(1+\sin x)\sin x}},$$

由于 $\displaystyle\lim_{x\to 0}\frac{\tan x-\sin x}{(1+\sin x)\sin x}=\lim_{x\to 0}\frac{\tan x\ (1-\cos x)}{(1+\sin x)\ \sin x}=\lim_{x\to 0}\frac{1}{(1+\sin x)}\cdot\frac{1-\cos x}{\cos x}=0,$

所以 $\displaystyle\lim_{x\to 0}\left(\frac{1+\tan x}{1+\sin x}\right)^{\frac{1}{\sin x}}=e^0=1.$

方法二 取对数法

$$\lim_{x\to 0}\left(\frac{1+\tan x}{1+\sin x}\right)^{\frac{1}{\sin x}}=e^{\lim_{x\to 0}\frac{1}{\sin x}\cdot\ln\left(1+\frac{\tan x-\sin x}{1+\sin x}\right)}=e^{\lim_{x\to 0}\frac{1}{\sin x}\cdot\frac{\tan x-\sin x}{1+\sin x}}=e^{\lim_{x\to 0}\frac{1}{x}\cdot\frac{\tan x-\sin x}{1+\sin x}}=e^{\lim_{x\to 0}\frac{1-\cos x}{(1+\sin x)\cos x}}=e^0=1.$$

注 $x\to 0$ 时有 $\square\to 0$,则 $\ln(1+\square)\sim\square$.

【例 10】 求 $\displaystyle\lim_{x\to 0}\frac{(a+x)^x-a^x}{x^2}$ $(a>0)$.

分析 本例函数的结构中有一部分是幂指型函数,处理方法上需要一些技巧.

解 $\dfrac{(a+x)^x-a^x}{x^2}=a^x\dfrac{\left(1+\dfrac{x}{a}\right)^x-1}{x^2}$, 因为 $\displaystyle\lim_{x\to 0}a^x=1$,

$$\lim_{x\to 0}\frac{\left(1+\dfrac{x}{a}\right)^x-1}{x^2}=\lim_{x\to 0}\frac{e^{x\cdot\ln\left(1+\frac{x}{a}\right)}-1}{x^2}=\lim_{x\to 0}\frac{x\ln\left(1+\dfrac{x}{a}\right)}{x^2}$$

$$=\lim_{x\to 0}\ln\left(1+\frac{x}{a}\right)^{\frac{1}{x}}=\lim_{x\to 0}\ln\left[\left(1+\frac{x}{a}\right)^{\frac{a}{x}}\right]^{\frac{1}{a}}=\frac{1}{a},$$

所以 $$原式=1\cdot\frac{1}{a}=\frac{1}{a}.$$

注 本例也可使用洛必达法则,但运算过程比较繁杂,学了洛必达法则的读者不妨一试,可以体会出无穷小量的等价代换:$e^{x\cdot\ln\left(1+\frac{x}{a}\right)}-1\sim x\cdot\ln\left(1+\dfrac{x}{a}\right)$的作用.

4. 极限与左右极限的关系

函数在一点处极限存在的充分必要条件是在该点处的左右极限存在且相等. 这一结论常用来证明函数在一点处极限不存在或讨论分段函数在分段点处极限的存在性.

【例 11】 讨论极限 $\displaystyle\lim_{x\to 1}e^{\frac{1}{x-1}}$ 的存在性.

解 因为 $\displaystyle\lim_{x\to 1^-}\frac{1}{x-1}=-\infty$, $\displaystyle\lim_{x\to 1^+}\frac{1}{x-1}=+\infty$,所以 $\displaystyle\lim_{x\to 1^-}e^{\frac{1}{x-1}}=0$, $\displaystyle\lim_{x\to 1^+}e^{\frac{1}{x-1}}=+\infty$. 由此可知 $\displaystyle\lim_{x\to 1}e^{\frac{1}{x-1}}$ 不存在.

【例 12】 设 $f(x-1)=\begin{cases}-\dfrac{\sin x}{x}, & x>0, \\ 2, & x=0, \\ x-1, & x<0,\end{cases}$ 求极限 $\displaystyle\lim_{x\to 0}f(x-1).$

解 设 $x-1=t$,则

$$f(t)=\begin{cases}-\dfrac{\sin(t+1)}{t+1}, & t>-1, \\ 2, & t=-1, \\ t, & t<-1,\end{cases}$$

$$\lim_{x\to 0^+}f(x-1)=\lim_{t\to -1^+}f(t)=\lim_{t\to -1^+}\frac{-\sin(t+1)}{t+1}=-1,\ \lim_{x\to 0^-}f(x-1)=\lim_{t\to -1^-}f(t)=\lim_{t\to -1^-}t,$$

所以有 $\lim\limits_{x \to 0} f(x-1) = -1$.

【例 13】 求 $\lim\limits_{x \to 0}\left(\dfrac{2+e^{\frac{1}{x}}}{1+e^{\frac{4}{x}}} + \dfrac{\sin x}{|x|}\right)$.

分析 本例的函数中包含绝对值，处理这种函数的极限问题，必须分左、右极限，去掉绝对值符号，然后根据左、右极限的结果作出结论.

解 由于

$$\lim\limits_{x \to 0^+}\left(\dfrac{2+e^{\frac{1}{x}}}{1+e^{\frac{4}{x}}} + \dfrac{\sin x}{|x|}\right) = \lim\limits_{x \to 0^+}\left(\dfrac{2 \cdot e^{-\frac{4}{x}}+e^{-\frac{3}{x}}}{e^{-\frac{4}{x}}+1} + \dfrac{\sin x}{x}\right) = 0+1 = 1,$$

$$\lim\limits_{x \to 0^-}\left(\dfrac{2+e^{\frac{1}{x}}}{1+e^{\frac{4}{x}}} + \dfrac{\sin x}{|x|}\right) = \lim\limits_{x \to 0^-}\left(\dfrac{2+e^{\frac{1}{x}}}{1+e^{\frac{4}{x}}} - \dfrac{\sin x}{x}\right) = 2-1 = 1.$$

所以有 $\qquad \lim\limits_{x \to 0}\left(\dfrac{2+e^{\frac{1}{x}}}{1+e^{\frac{4}{x}}} + \dfrac{\sin x}{|x|}\right) = 1$.

注 下列极限结果值得重视:

$$\lim\limits_{u \to -\infty} e^u = 0, \qquad \lim\limits_{u \to +\infty} e^u = +\infty, \qquad \lim\limits_{u \to -\infty}\arctan u = -\dfrac{\pi}{2},$$

$$\lim\limits_{u \to +\infty}\arctan u = \dfrac{\pi}{2}, \qquad \lim\limits_{u \to -\infty}\operatorname{arccot} u = \pi, \qquad \lim\limits_{u \to +\infty}\operatorname{arccot} u = 0.$$

三、习 题

1. 求下列函数或数列的极限:

(1) $\lim\limits_{x \to 0^+} \dfrac{1-\sqrt{\cos x}}{x(1-\cos\sqrt{x})}$;

(2) $\lim\limits_{x \to 0} \dfrac{\sqrt{a+2x}-\sqrt{a+x}}{x}$ $(a>0)$;

(3) $\lim\limits_{x \to 0} \dfrac{\ln(1+xe^x)}{\ln(x+\sqrt{1+x^2})}$;

(4) $\lim\limits_{x \to \infty}\left(\sqrt{x^2+x}-\sqrt{x^2-x}\right)$;

(5) $\lim\limits_{x \to 0} \dfrac{\sqrt{1+x}-1}{\sqrt[3]{1+x}-1}$;

(6) $\lim\limits_{x \to \infty} \dfrac{\sqrt{x^2-3}}{\sqrt[3]{8x^3+1}}$;

(7) $\lim\limits_{n \to \infty}\sin^2(\pi\sqrt{n^2+n})$;

(8) $\lim\limits_{n \to \infty}[\sin\ln(n+1)-\sin\ln n]$;

(9) $\lim\limits_{n \to \infty}\left(1-\dfrac{1}{2^2}\right)\left(1-\dfrac{1}{3^2}\right)\left(1-\dfrac{1}{4^2}\right)\cdots\left(1-\dfrac{1}{n^2}\right)$;

(10) $\lim\limits_{n \to \infty}(1+x)(1+x^2)(1+x^4)\cdots(1+x^{2^n})$, $|x|<1$.

2. 求下列极限:

(1) $\lim\limits_{x \to 0}(1+3x)^{\frac{2}{\sin x}}$;

(2) $\lim\limits_{n \to \infty}\left(1+\dfrac{2nx+x^2}{2n^2}\right)^{-n}$;

(3) $\lim\limits_{n \to \infty}\left(\dfrac{\sqrt[n]{a}+\sqrt[n]{b}}{2}\right)^n$, $\begin{pmatrix} a>0,\ a\neq 1, \\ b>0,\ b\neq 1 \end{pmatrix}$;

(4) $\lim\limits_{x \to +\infty}\left(\sin\dfrac{1}{x}+\cos\dfrac{1}{x}\right)^x$;

(5) $\lim\limits_{n \to \infty}\left(1+\dfrac{1}{n}+\dfrac{1}{n^2}\right)^n$;

(6) $\lim\limits_{x \to 0}(\sin 2x+\cos x)^{\frac{1}{x}}$;

(7) $\lim\limits_{x \to 0^+}(\cos\sqrt{x})^{\frac{\pi}{x}}$;

(8) $\lim\limits_{x \to 0}\left(\dfrac{1+2^x}{2}\right)^{\frac{1}{x}}$;

(9) $\lim\limits_{x \to 0}(1+x^2)^{\cot^2 x}$;

(10) $\lim\limits_{x \to \infty}\left[\dfrac{x^2}{(x-a)(x+b)}\right]^x$.

3. 设 $\lim\limits_{x \to \infty}\left(\dfrac{x+2a}{x-a}\right)^x = 8$, a 为有限常数，求 a 的值.

4. 已知 $\lim\limits_{x \to +\infty}(\sqrt[3]{1+2x^2+x^3}-ax-b) = 0$, a, b 为有限常数，求 a 与 b 的值.

5. 已知 $\lim\limits_{x \to \infty}\left(\dfrac{x^2+1}{x+1}-ax-b\right) = 0$, a, b 为有限常数，求 a 与 b 的值.

6. 讨论极限 $\lim\limits_{x \to 1}\dfrac{x-1}{|x-1|}$ 的存在性.

7. $a>0$, $x_1>0$, $x_{n+1} = \dfrac{1}{2}\left(x_n+\dfrac{a}{x_n}\right)$ $(n=1,2,3,\cdots)$, 证明数列 $\{x_n\}$ 极限存在，并求此极限.

8. 已知 $0<x_n<1$，$n=0,1,2,3,\cdots$，$x_{n+1}=2x_n-x_n^2$，证明 $\{x_n\}$ 收敛，并求 $\lim\limits_{n\to\infty}x_n$.

9. 用极限存在的两个准则，即夹逼定理和单调有界原理，证明 $\lim\limits_{n\to\infty}\dfrac{n}{a^n}=0$ $(a>1)$.

10. 用极限存在准则求数列 $x_n=\dfrac{11\times12\times13\times\cdots\times(n+10)}{2\times5\times8\times11\times\cdots\times(3n-1)}$ 的极限.

11. 设 $x_1=1$，$x_{n+1}=\sqrt{3+2x_n}$ $(n=1,2,\cdots)$，证明数列 $\{x_n\}$ 收敛，并求出极限.

四、习题解答与提示

1. (1) $\dfrac{1}{2}$. 提示：分子与分母都可作无穷小量的等价代换.　　(2) $\sqrt a/2a$.

(3) 1. 提示：当 $x\to0$ 时，$\ln(1+xe^x)\sim xe^x$，$\ln(x+\sqrt{1+x^2})=\ln[1+(x+\sqrt{1+x^2}-1)]\sim x+\sqrt{1+x^2}-1$.

(4) 1. 提示：有理化.　　(5) $\dfrac{3}{2}$. 提示：设 $\sqrt[6]{1+x}=t$，则 $x\to0$ 时 $t\to1$.　　(6) $\dfrac{1}{2}$. 提示：有理化.

(7) 1. 提示：$\sin^2(\pi\sqrt{n^2+n})=\sin^2(\pi\sqrt{n^2+n}-n\pi)$.

(8) 0. 提示：三角函数和差化积，无穷小量运算法则.

(9) $\dfrac{1}{2}$. 提示：利用平方差公式化简.　　(10) $\dfrac{1}{1-x}(|x|<1)$. 提示：分子分母同乘 $1-x$.

2. 提示：本题利用第二个重要极限. (1) e^6. (2) e^{-x}. (3) $e^{\frac{a+b}{2}}$.
提示：利用第二重要极限. (4) e；

(5) e；(6) e^2；(7) $e^{-\frac{\pi}{2}}$；(8) $e^{\frac{\ln2}{2}}$；(9) e；(10) e^{a-b}.

3. ln2.　　4. $a=1$，$b=\dfrac{2}{3}$.　　5. $a=1$，$b=-1$.

6. 不存在. 提示：左极限为 -1，右极限为 1.

7. $\sqrt a$. 提示：$\dfrac{1}{2}\left(x_n+\dfrac{a}{x_n}\right)\geqslant\sqrt{x_n\cdot\dfrac{a}{x_n}}=\sqrt a>0$，$\{x_n\}$ 单调下降有下界.

8. 1. 提示：$x_{n+1}-x_n=x_n(1-x_n)>0$，$x_{n+1}=2x_n-x_n^2<2x_n<2$.

9. 提示：因为 $a>1$，所以 $\exists\lambda>0$，使 $a=1+\lambda$，有 $a^n=(1+\lambda)^n>\dfrac{n(n-1)}{2}\lambda^2>\dfrac{n^2}{4}\lambda^2$，即 $0<\dfrac{n}{a^n}<\dfrac{4}{n(a-1)^2}$. $\lim\limits_{n\to\infty}\dfrac{u_{n+1}}{u_n}=\dfrac{1}{a}<1$，所以当 n 充分大以后，$u_{n+1}<u_n$，即 $\dfrac{n}{a^n}$ 是单调下降的.

10. 0. 提示：$x_n=11\times\dfrac{12}{2}\times\dfrac{13}{5}\times\cdots\times\dfrac{8+10}{3\times7-1}\times\cdots\times\dfrac{n+10}{3(n-1)-1}\times\dfrac{1}{3n-1}$，证明 $n\geqslant8$ 时，有 $\dfrac{n+10}{3(n-1)-1}<$
1. 设 $M=11\times\dfrac{12}{2}\times\dfrac{13}{5}\times\cdots\times\dfrac{8+10}{3\times7-1}$.

11. 3. 提示：因为 $x_n>0(n=1,2,\cdots)$，$x_{n+1}-x_n<0$，所以 x_n 是单调下降的，且 $x_n>0$.

第三节　无穷小的性质与比较

一、内　容　提　要

1. 无穷小的重要性质
(1) 无穷小乘有界量仍为无穷小；
(2) 无穷大的倒数为无穷小；无穷小（不为零）的倒数为无穷大.

2. 等价无穷小的替换原则
设 $x\to x_0$ 时，$\alpha(x)$，$\beta(x)$，$\tilde\alpha(x)$，$\tilde\beta(x)$ 都是无穷小量，且 $\alpha(x)\sim\tilde\alpha(x)$，$\beta(x)\sim$

$\tilde{\beta}(x)$，则 $\lim\limits_{x \to x_0} \dfrac{\alpha(x)}{\beta(x)} f(x) = \lim\limits_{x \to x_0} \dfrac{\tilde{\alpha}(x)}{\beta(x)} f(x) = \lim\limits_{x \to x_0} \dfrac{\tilde{\alpha}(x)}{\tilde{\beta}(x)} f(x) = \lim\limits_{x \to x_0} \dfrac{\alpha(x)}{\tilde{\beta}(x)} f(x).$

3. 几个常见的等价无穷小公式（当 $x \to 0$ 时）

$\sin x \sim x$，$\tan x \sim x$，$\arcsin x \sim x$，$\arctan x \sim x$，$1 - \cos x \sim \dfrac{x^2}{2}$，$\mathrm{e}^x - 1 \sim x$，$a^x - 1 \sim x \ln a$，

$\ln(1+x) \sim x$，$\sqrt[n]{1+x^m} - 1 \sim \dfrac{x^m}{n}.$

4. 无穷小阶的运算规律

设 m，n 为正整数，则

(1) $o(x^m) \pm o(x^n) = o(x^l)$，$l = \min(m, n)$；

(2) $o(x^m) \cdot o(x^n) = o(x^{m+n})$；$x^m \cdot o(x^n) = o(x^{m+n})$；$[o(x)]^n = o(x^n)$；

(3) $m \geqslant n$，$o(x^m)/x^n = o(x^{m-n})$（注：两个 $o(\quad)$ 不可以相除）；

(4) $k \cdot o(x^m) = o(kx^m) = o(x^m)$，$k \neq 0$，为常数.

二、例 题 分 析

在这里，围绕着无穷小这个精量展开三个方面的介绍：无穷小等价代换化简极限，无穷小性质求极限，无穷小比较中的反问题.

1. 无穷小等价代换和性质求极限

本节第一部分内容提要中，介绍了无穷小的几个等价代换关系，在计算函数或数列极限时，利用无穷小等价代换，可以简化函数或数列的表达式.

【例 1】 求 $\lim\limits_{x \to 0} \dfrac{\ln(\sin^2 x + \mathrm{e}^x) - x}{\ln(x^2 + \mathrm{e}^{2x}) - 2x}.$

分析 函数中含有对数函数，可考虑使用 $\ln(1+x) \sim x (x \to 0)$ 的无穷小等价关系. 为此，需要将分子、分母利用对数性质作适当变形.

解 分子 $\ln(\sin^2 x + \mathrm{e}^x) - x = \ln \mathrm{e}^x + \ln\left(1 + \dfrac{\sin^2 x}{\mathrm{e}^x}\right) - x = \ln\left(1 + \dfrac{\sin^2 x}{\mathrm{e}^x}\right) \sim \dfrac{\sin^2 x}{\mathrm{e}^x} (x \to 0).$

同理，分母 $\sim \dfrac{x^2}{\mathrm{e}^{2x}} (x \to 0)$. 所以 原式 $= \lim\limits_{x \to 0} \dfrac{\dfrac{\sin^2 x}{\mathrm{e}^x}}{\dfrac{x^2}{\mathrm{e}^{2x}}} = \lim\limits_{x \to 0} \dfrac{\mathrm{e}^{2x} \cdot x^2}{\mathrm{e}^x \cdot x^2} = \lim\limits_{x \to 0} \mathrm{e}^x = 1.$

【例 2】 利用无穷小等价代换求极限

$$\lim\limits_{x \to 0} \dfrac{\tan x - \sin x}{\sin^3 x}.$$

分析 分子为和差形式，虽然有 $\tan x \sim x$，$\sin x \sim x (x \to 0)$，但是不能直接使用无穷小等价代换. 因为常用的无穷小等价代换求极限的方法，仅适用于乘积中的无穷小因子，对于和与差形式中不能适用无穷小等价代换，为此需要将分子变为乘积形式，再使用无穷小等价代换.

解 $\lim\limits_{x \to 0} \dfrac{\tan x - \sin x}{\sin^3 x} = \lim\limits_{x \to 0} \dfrac{\sin x \left(\dfrac{1}{\cos x} - 1\right)}{\sin^3 x} = \lim\limits_{x \to 0} \dfrac{1 - \cos x}{x^2 \cdot \cos x} = \lim\limits_{x \to 0} \dfrac{\dfrac{x^2}{2}}{x^2 \cdot \cos x} = \lim\limits_{x \to 0} \dfrac{1}{2\cos x} = \dfrac{1}{2}.$

△**【例 3】** 求 $\lim\limits_{x \to +\infty} \dfrac{x^3 + x^2 + 1}{2^x + x^3}(\sin x + \cos x).$

分析 当 $x \to +\infty$ 时，$a^x (a > 0, a \neq 1)$，$x^n (n \geqslant 1)$，$\ln x$ 都是无穷大量，但是它们无穷大量的阶不同，从低到高的排列次序为：$\ln x$，x^n，a^x，无穷大量的阶越高，趋于无穷大越快. 所以有 $\lim\limits_{x \to +\infty} \dfrac{x^3 + x^2 + 1}{2^x + x^3} = 0.$

解 因为 $\lim\limits_{x \to +\infty} \dfrac{x^3 + x^2 + 1}{2^x + x^3} = 0$，而 $\sin x + \cos x$ 有界，由无穷小乘有界量仍为无穷小性质

可知：原式＝0.

△【例4】 求 $\lim\limits_{x \to \frac{\pi}{4}} (\tan x)^{\frac{1}{\cos x - \sin x}}$.

分析 本例中函数为幂指函数类型，故采用取对数的方法为好.

解 对函数取对数可得

$$\lim_{x \to \frac{\pi}{4}} (\tan x)^{\frac{1}{\cos x - \sin x}} = e^{\lim\limits_{x \to \frac{\pi}{4}} \frac{1}{\cos x - \sin x} \ln(\tan x)} = e^{\lim\limits_{x \to \frac{\pi}{4}} \frac{1}{\cos x - \sin x} \ln(1 + \tan x - 1)} = e^{\lim\limits_{x \to \frac{\pi}{4}} \frac{\tan x - 1}{\cos x - \sin x}} = e^{\lim\limits_{x \to \frac{\pi}{4}} \frac{\tan\left(x - \frac{\pi}{4}\right)\left(1 + \tan x \cdot \tan \frac{\pi}{4}\right)}{-\sqrt{2}\sin\left(x - \frac{\pi}{4}\right)}}$$

$$= e^{\lim\limits_{x \to \frac{\pi}{4}} \frac{\left(x - \frac{\pi}{4}\right)\left(1 + \tan x \cdot \tan \frac{\pi}{4}\right)}{-\sqrt{2}\left(x - \frac{\pi}{4}\right)}} = e^{-\frac{2}{\sqrt{2}}} = e^{-\sqrt{2}}.$$

注 本例也可使用第二重要极限公式求解，读者不妨一试，或者先选用代换 $t = x - \frac{\pi}{4}$，将自变量 $x \to \frac{\pi}{4}$ 转换为 $t \to 0$。

2. 无穷小量的阶

已知函数的极限，求解函数表达式中的参数，是极限计算的一种常见题型. 而无穷小量之间的阶的关系是解决这类题目的基本理论.

【例5】 已知当 $x \to 0$ 时，$3\sin x - \sin 3x$ 与 cx^k 是等价无穷小，求 c 和 k 的值.

分析 本例是一种基本题型：已知无穷小的等价关系，求函数中的参数值. 这种题型的求解方法是根据等价无穷小的定义，通过极限运算求得结果.

解 由三角函数公式可知，$\sin 3x = 3\sin x - 4\sin^3 x$，于是按等价无穷小定义可得

$$\lim_{x \to 0} \frac{3\sin x - \sin 3x}{cx^k} = \lim_{x \to 0} \frac{4\sin^3 x}{cx^k} = \lim_{x \to 0} \frac{4x^3}{cx^k} = 1.$$

所以有 $k = 3$，$c = 4$.

△【例6】 当 $x \to 0$ 时，$1 - \cos x \cdot \cos 2x \cdot \cos 3x$ 与 ax^n 为等价无穷小，求 n 与 a 的值.

分析 为了利用 $x \to 0$ 时 $1 - \cos \square \sim \frac{1}{2}\square^2$ 的性质，将 $1 - \cos x \cdot \cos 2x \cos 3x$ 尽可能凑成 $1 - \cos \square$ 的表达形式.

解 $1 - \cos x \cdot \cos 2x \cdot \cos 3x = 1 - \cos 2x \cdot \frac{1}{2}(\cos 2x + \cos 4x)$

$= 1 - \frac{1}{2}\cos^2 2x - \frac{1}{2}\cos 2x \cdot \cos 4x$

$= 1 - \frac{1}{4}(1 + \cos 4x) - \frac{1}{2}(1 - \cos 2x)(1 - \cos 4x) - \frac{1}{2}\cos 2x - \frac{1}{2}\cos 4x + \frac{1}{2}$

$= \frac{1}{2}(1 - \cos 2x) + \frac{3}{4}(1 - \cos 4x) - \frac{1}{2}(1 - \cos 2x)(1 - \cos 4x).$

由等价无穷小定义可知

$$\lim_{x \to 0} \frac{1 - \cos x \cdot \cos 2x \cdot \cos 3x}{ax^n} = \lim_{x \to 0} \frac{\frac{1}{2}(1 - \cos 2x) + \frac{3}{4}(1 - \cos 4x) - \frac{1}{2}(1 - \cos 2x)(1 - \cos 4x)}{ax^n}$$

$$= \lim_{x \to 0} \left(\frac{\frac{1}{2}(1 - \cos 2x)}{ax^n} + \frac{\frac{3}{4}(1 - \cos 4x)}{ax^n} - \frac{\frac{1}{2}(1 - \cos 2x)(1 - \cos 4x)}{ax^n} \right)$$

$$= \lim_{x \to 0} \left(\frac{\frac{1}{2} \times \frac{(2x)^2}{2}}{ax^n} + \frac{\frac{3}{4} \times \frac{(4x)^2}{2}}{ax^n} - \frac{\frac{1}{2} \times \frac{(2x)^2}{2} \times \frac{(4x)^2}{2}}{ax^n} \right) = 1.$$

当 $n = 2$ 时，上式才可能成式. 于是，上式极限成为

$$\lim_{x \to 0} \frac{1 - \cos x \cdot \cos 2x \cdot \cos 3x}{ax^n} = \lim_{x \to 0} \left(\frac{\frac{1}{2} \times \frac{(2x)^2}{2}}{ax^2} + \frac{\frac{3}{4} \times \frac{(4x)^2}{2}}{ax^2} - \frac{\frac{1}{2} \times \frac{(2x)^2}{2} \times \frac{(4x)^2}{2}}{ax^2} \right)$$

$$=\frac{1}{a}+\frac{6}{a}-0=\frac{7}{a}=1.$$

由此解出 $a=7$.

注 上述解答的极限计算过程略显复杂,如果使用本书第三章介绍的洛必达法则,极限计算可以简化. 另外,还可以使用分子分母同乘 $\sin x$ 来简化分子,读者不妨一试.

【例 7】 当 $x\to 0$ 时,$(1-\cos x)\cdot\ln(1+x^2)=o(x\sin x^n)$,$x\cdot\sin x^n=o(\mathrm{e}^{x^2}-1)$,求自然数 n.

解 由 $\lim\limits_{x\to 0}\dfrac{(1-\cos x)\cdot\ln(1+x^2)}{x\cdot\sin x^n}=\lim\limits_{x\to 0}\dfrac{\frac{x^2}{2}\cdot x^2}{x\cdot x^n}=\lim\limits_{x\to 0}\dfrac{1}{2}x^{3-n}=0$,可知 $3-n>0$,即 $n<3$.

由 $\lim\limits_{x\to 0}\dfrac{x\cdot\sin x^n}{\mathrm{e}^{x^2}-1}=\lim\limits_{x\to 0}\dfrac{x\cdot x^n}{x^2}=\lim\limits_{x\to 0}x^{n-1}=0$,可知 $n-1>0$,即 $n>1$.

由 $1<n<3$,n 为自然数可得:$n=2$.

三、习 题

1. 利用无穷小量等价代换求下列极限:

(1) $\lim\limits_{x\to +\infty}\ln(1+2^x)\ln\left(1+\dfrac{3}{x}\right)$; (2) $\lim\limits_{x\to 0}\dfrac{3\sin x+x^2\cos\frac{1}{x}}{(1+\cos x)\ln(1+x)}$; (3) $\lim\limits_{x\to 0}\dfrac{\sqrt{1+x\cdot\sin x}-1}{\mathrm{e}^{x^2}-1}$;

(4) $\lim\limits_{x\to 0}\dfrac{\sqrt{1+x\sin x}-\cos x}{(1-\mathrm{e}^x)\tan\frac{x}{2}}$; (5) $\lim\limits_{x\to 1}(1-x)\tan\dfrac{\pi x}{2}$; (6) $\lim\limits_{x\to 0}\dfrac{\mathrm{e}-\mathrm{e}^{\cos x}}{\sqrt[3]{1+x^2}-1}$;

(7) 设 $a>1$,求 $\lim\limits_{n\to\infty}n\cdot\left(a^{\frac{1}{n}}-1\right)$; (8) $\lim\limits_{x\to 0}\dfrac{\sqrt{2}-\sqrt{1+\cos x}}{\sqrt{1+x^2}-1}$; (9) $\lim\limits_{x\to 0}\dfrac{x^2}{\sqrt{1+x\sin x}-\sqrt{\cos x}}$.

2. 求下列函数极限:

(1) $\lim\limits_{x\to 1}\left(\tan\dfrac{\pi}{4}x\right)^{\tan\frac{\pi}{2}x}$; (2) $\lim\limits_{x\to 0}\dfrac{\sin 5x-\sin 3x}{\sin x}$; (3) $\lim\limits_{x\to\frac{\pi}{4}}\tan 2x\cdot\tan\left(\dfrac{\pi}{4}-x\right)$;

(4) $\lim\limits_{x\to a}\dfrac{\tan x-\tan a}{x-a}$; (5) $\lim\limits_{x\to 0}\dfrac{\sqrt{1+\tan x}-\sqrt{1+\sin x}}{x^3}$; (6) $\lim\limits_{x\to +\infty}(\sin\sqrt{x+1}-\sin\sqrt{x})$.

3. 已知 $f(x)$ 连续,$\lim\limits_{x\to 0}\dfrac{1-\cos(\sin x)}{(\mathrm{e}^{x^2}-1)f(x)}=1$,求 $f(0)$.

4. 设 $x\to 0$ 时,$(1+ax^2)^{1/3}-1$ 与 $\cos x-1$ 是等价无穷小,求常数 a.

5. 讨论极限 $\lim\limits_{t\to 0}\dfrac{t}{\sqrt{1-\cos t}}$ 的存在性.

6. 讨论极限 $\lim\limits_{x\to 0}\dfrac{\tan 3x}{\sqrt{1-\cos x}}$ 的存在性.

四、习题解答与提示

1. (1) $3\ln 2$. 提示:$\ln\left(1+\dfrac{3}{x}\right)\sim\dfrac{3}{x}\ (x\to +\infty)$,$\ln(1+2^x)=\ln 2^x(1+2^{-x})=\ln 2^x+\ln(1+2^{-x})$,

$\ln(1+2^{-x})\sim 2^{-x}\ (x\to +\infty)$. (2) $\dfrac{3}{2}$. (3) $\dfrac{1}{2}$. 提示:$\sqrt{1+x\sin x}-1\sim\dfrac{1}{2}x\cdot\sin x\sim\dfrac{1}{2}x^2\ (x\to 0)$.

(4) -2. 提示:$\dfrac{\sqrt{1+x\sin x}-\cos x}{(1-\mathrm{e}^x)\tan\frac{x}{2}}\sim\dfrac{\sqrt{1+x\sin x}-1}{-\frac{x^2}{2}}+\dfrac{1-\cos x}{-\frac{x^2}{2}}$.

(5) $\dfrac{2}{\pi}$. 提示:设 $y=1-x$,则 $x\to 1$ 时有 $y\to 0$. (6) $\dfrac{3}{2}\mathrm{e}$. (7) $\ln a$. (8) $\dfrac{1}{2\sqrt{2}}$ (9) $\dfrac{4}{3}$.

2. (1) e^{-1}. (2) 2. 提示:分子和差化积. (3) $\dfrac{1}{2}$. 提示:设 $x=\dfrac{\pi}{4}+y$,则 $x\to\dfrac{\pi}{4}$ 时有 $y\to 0$.

(4) $\dfrac{1}{\cos^2 a}\left(a\neq\dfrac{2k+1}{2}\pi;\ k=0,\ \pm1,\ \pm2,\ \cdots\right).$　提示：$\tan x-\tan a=\dfrac{\sin(x-a)}{\cos x\cdot\cos a}.$

(5) $\dfrac{1}{4}.$　提示：有理化.　(6) 0.　提示：和差化积，有界量乘无穷小量是无穷小量.

3. $f(0)=\dfrac{1}{2}.$　　4. $a=-\dfrac{3}{2}.$　提示：$\cos x-1\sim-\dfrac{1}{2}x^2$，$(1+ax^2)^{\frac{1}{3}}-1\sim\dfrac{ax^2}{3}.$

5. 不存在.　提示：左极限为$-\sqrt{2}$，右极限为$\sqrt{2}$.

6. 不存在.　提示：左极限为$-3\sqrt{2}$，右极限为$3\sqrt{2}$.

第四节　函数的连续性

一、内 容 提 要

1. 函数在一点处连续的定义

设函数 $f(x)$ 在 x_0 的某个邻域内有定义，记 $\Delta y=f(x_0+\Delta x)-f(x_0)$，如果 $\lim\limits_{\Delta x\to0}\Delta y=0$，则称 $f(x)$ 在 x_0 处连续.

设函数 $f(x)$ 在 x_0 的某个邻域内有定义，如果 $\lim\limits_{x\to x_0}f(x)=f(x_0)$，则称 $f(x)$ 在 x_0 处连续.

若 $f(x)$ 在 $[a,b]$ 上处处连续，则称 $f(x)$ 在 $[a,b]$ 上连续，记作 $f(x)\in C[a,b]$.

2. 函数间断点及其分类

设函数 $f(x)$ 在 x_0 的某个邻域内有定义（在 x_0 处可以没有定义），如果 $f(x)$ 有下列三种情形之一：①在 x_0 处没有定义；②虽在 x_0 处有定义，但 $\lim\limits_{x\to x_0}f(x)$ 不存在；③虽在 x_0 处有定义，且 $\lim\limits_{x\to x_0}f(x)$ 存在，但 $\lim\limits_{x\to x_0}f(x)\neq f(x_0)$，则称 $f(x)$ 在 x_0 处不连续，点 x_0 称为 $f(x)$ 的间断点.

设 x_0 是函数 $f(x)$ 的间断点，如果 $f(x)$ 在 x_0 处的左右极限都存在，则称 x_0 为 $f(x)$ 的第一类间断点. 其中当左右极限相等时，x_0 称为 $f(x)$ 的可去间断点；当左右极限不相等时，x_0 称为 $f(x)$ 的跳跃间断点. 如果 $f(x)$ 在 x_0 处的左右极限中至少有一个不存在时，则称 x_0 为 $f(x)$ 的第二类间断点. 其中，根据极限不存在的情况，又分为无穷间断点和振荡间断点.

3. 闭区间上连续函数的性质

（1）最大值和最小值定理

闭区间上的连续函数在该区间上一定有最大值和最小值.

（2）有界性定理

闭区间上的连续函数一定在该区间上有界.

（3）零点定理

设函数 $f(x)$ 在闭区间 $[a,b]$ 上连续，且 $f(a)$ 与 $f(b)$ 异号〔即 $f(a)\cdot f(b)<0$〕，那么在开区间 (a,b) 内至少有函数 $f(x)$ 的一个零点，即至少存在一点 $\xi\in(a,b)$，使 $f(\xi)=0$.

（4）介值定理

设函数 $f(x)$ 在闭区间 $[a,b]$ 上连续，$f(a)=A$，$f(b)=B$，$A\neq B$，那么对于 A 与 B 之间的任意一个数 C，在开区间 (a,b) 内至少有一点 ξ，使 $f(\xi)=C$.

推论　闭区间上的连续函数要取得介于最大值 M 与最小值 m 之间的任何值.

二、例 题 分 析

1. 初等函数的连续性与间断点分类

初等函数在定义区间上是连续的. 所以，初等函数无定义的点，就是间断点.

△【例1】 指出 $f(x)=\dfrac{x^2-x}{x^2-1}\sqrt{1+\dfrac{1}{x^2}}$ 的间断点，并判断其类型. 若为可去间断点，补充或改变定义使其成为连续点.

解 由 $f(x)$ 在 $x=-1$，$x=0$，$x=1$ 处无定义，所以 $x=-1$，$x=0$，$x=1$ 是间断点.

$$\lim_{x\to-1^-}f(x)=\lim_{x\to-1^-}\frac{x^2-x}{x^2-1}\sqrt{1+\frac{1}{x^2}}=\lim_{x\to-1^-}\frac{x}{x+1}\sqrt{1+\frac{1}{x^2}}=\infty,$$

同理，$\lim\limits_{x\to-1^+}f(x)=\infty$. 所以，$x=-1$ 是第二类无穷间断点.

$$\lim_{x\to0^+}f(x)=\lim_{x\to0^+}\frac{x(x-1)}{(x-1)(x+1)}\frac{\sqrt{1+x^2}}{|x|}=\lim_{x\to0^+}\frac{1}{x+1}\sqrt{1+x^2}=1,$$

$$\lim_{x\to0^-}f(x)=\lim_{x\to0^-}\frac{x(x-1)}{(x-1)(x+1)}\frac{\sqrt{1+x^2}}{|x|}=\lim_{x\to0^-}\frac{1}{x+1}\frac{\sqrt{1+x^2}}{-1}=-1,$$

所以，$x=0$ 是第一类跳跃间断点.

$$\lim_{x\to1}f(x)=\lim_{x\to1}\frac{x^2-x}{x^2-1}\sqrt{1+\frac{1}{x^2}}=\lim_{x\to1}\frac{x}{(x+1)}\sqrt{1+\frac{1}{x^2}}=\frac{\sqrt{2}}{2},$$

所以，$x=1$ 是第一类可去间断点. 补充定义 $f(1)=\dfrac{\sqrt{2}}{2}$，则函数 $f(x)$ 在 $x=1$ 处连续.

△【例2】 指出 $f(x)=\dfrac{|x|^x-1}{x(x+1)\ln|x|}$ 的可去间断点的个数.

分析 首先确定函数间断点的位置，然后求间断点处的极限. 如果极限存在，则该间断点为可去间断点，否则不然.

解 由 $f(x)$ 在 $x=-1$，$x=0$，$x=1$ 处无定义，所以 $x=-1$，$x=0$，$x=1$ 是间断点.

$$\lim_{x\to-1}f(x)=\lim_{x\to-1}\frac{|x|^x-1}{x(x+1)\ln|x|}=\lim_{x\to-1}\frac{e^{x\ln|x|}-1}{x(x+1)\ln|x|}\overset{\triangle}{=}\lim_{x\to-1}\frac{x\ln|x|}{x(x+1)\ln|x|}=\infty,$$

$$\lim_{x\to1}f(x)=\lim_{x\to1}\frac{|x|^x-1}{x(x+1)\ln|x|}=\lim_{x\to1}\frac{e^{x\ln|x|}-1}{x(x+1)\ln|x|}\overset{\triangle}{=}\lim_{x\to1}\frac{x\ln|x|}{x(x+1)\ln|x|}=\frac{1}{2},$$

$$\lim_{x\to0}f(x)=\lim_{x\to0}\frac{|x|^x-1}{x(x+1)\ln|x|}=\lim_{x\to0}\frac{e^{x\ln|x|}-1}{x(x+1)\ln|x|}\overset{\triangle}{=}\lim_{x\to0}\frac{x\ln|x|}{x(x+1)\ln|x|}=1,$$

所以函数有两个可去间断点，即 $x=0$，$x=1$.

注 在本例解法中，对函数表达式的分子，先通过取对数将幂指函数变为指数函数，然后利用无穷小等价代换，将分子化简. 这样的处理方法值得注意.

【例3】 求 $f(x)=\dfrac{(e^{\frac{1}{x}}+e)\tan x}{x(e^{\frac{1}{x}}-e)}$ 在 $[-\pi,\pi]$ 上的间断点，并作间断点的分类.

解 $f(x)$ 在 $[-\pi,\pi]$ 上无定义的点，即为间断点，它们是 $x=0$，$x=1$，$x=\pm\dfrac{\pi}{2}$.

因 $\lim\limits_{x\to0^-}\dfrac{(e^{\frac{1}{x}}+e)\tan x}{x(e^{\frac{1}{x}}-e)}=\lim\limits_{x\to0^-}\dfrac{\tan x}{x}\dfrac{e^{\frac{1}{x}}+e}{e^{\frac{1}{x}}-e}=-1$，$\lim\limits_{x\to0^+}\dfrac{(e^{\frac{1}{x}}+e)\tan x}{x(e^{\frac{1}{x}}-e)}=\lim\limits_{x\to0^+}\dfrac{\tan x}{x}\dfrac{e^{\frac{1}{x}}+e}{e^{\frac{1}{x}}-e}=1$.

所以 $x=0$ 是第一类跳跃型间断点.

因 $\lim\limits_{x\to1}\dfrac{(e^{\frac{1}{x}}+e)\tan x}{x(e^{\frac{1}{x}}-e)}=\infty$，所以 $x=1$ 为第二类无穷型间断点.

因 $\lim\limits_{x\to\frac{\pi}{2}^-}\dfrac{(e^{\frac{1}{x}}+e)\tan x}{x(e^{\frac{1}{x}}-e)}=+\infty$，$\lim\limits_{x\to\frac{\pi}{2}^+}\dfrac{(e^{\frac{1}{x}}+e)\tan x}{x(e^{\frac{1}{x}}-e)}=-\infty$.

所以 $x=\dfrac{\pi}{2}$ 是第二类无穷型间断点. 同理, $x=-\dfrac{\pi}{2}$ 也是第二类无穷型间断点.

【例4】 设 $f(x)=\dfrac{\mathrm{e}^x-b}{(x-a)(x-1)}$, 问 a 与 b 取何值时, 可使 $x=0$ 为 $f(x)$ 的第二类间断点且为无穷型, $x=1$ 为 $f(x)$ 的第一类间断点且为可去型, 其中 a,b 为有限常数.

解 根据 $x=0$ 为 $f(x)$ 的第二类间断点且无穷型, 得

$$\lim_{x\to 0}f(x)=\lim_{x\to 0}\frac{\mathrm{e}^x-b}{(x-a)(x-1)}=\frac{1-b}{a}.$$

因为 a,b 为有限常数, 所以 $a=0$, $b\neq 1$.

根据 $x=1$ 为 $f(x)$ 的第一类间断点且可去型, 知 $\lim\limits_{x\to 1}\dfrac{\mathrm{e}^x-b}{(x-0)(x-1)}$ 存在.

因为 $\lim\limits_{x\to 1}(x-0)(x-1)=0$, 所以 $\lim\limits_{x\to 1}(\mathrm{e}^x-b)=0$, 有 $\mathrm{e}-b=0$, 即 $b=\mathrm{e}$.

综上所述, 当 $a=0$, $b=\mathrm{e}$ 时, $x=0$ 为第二类间断点且无穷型, $x=1$ 为第一类间断点且可去型.

2. 分段函数的连续性与间断点分类

分段函数是一类非初等表达的函数, 它的间断点可能发生在表达式的分段点处. 当然, 无定义点也一定是间断点.

【例5】 设 $f(x)=\begin{cases}\mathrm{e}^{\frac{1}{x-1}}, & x>0, \\ \ln(1+x), & -1<x\leqslant 0,\end{cases}$ 求 $f(x)$ 的间断点, 并说明间断点的类型.

解 在 $x>0$ 时, 因为 $f(x)=\mathrm{e}^{\frac{1}{x-1}}$ 在 $x=1$ 处无定义, 所以 $x=1$ 是间断点. 在 $-1<x<0$ 时, $f(x)=\ln(1+x)$ 有定义, 所以区间内无间断点. 只需考查 $x=1$, $x=0$ 两点的函数极限.

$\lim\limits_{x\to 1^+}f(x)=\lim\limits_{x\to 1^+}\mathrm{e}^{\frac{1}{x-1}}=+\infty$, $\lim\limits_{x\to 1^-}f(x)=\lim\limits_{x\to 1^-}\mathrm{e}^{\frac{1}{x-1}}=0$, 所以 $x=1$ 是第二类间断点, 无穷型.

$\lim\limits_{x\to 0^-}f(x)=\lim\limits_{x\to 0^-}\ln(1+x)=0$, $\lim\limits_{x\to 0^+}f(x)=\lim\limits_{x\to 0^+}\mathrm{e}^{\frac{1}{x-1}}=\mathrm{e}^{-1}$

所以 $x=0$ 是第一类间断点, 跳跃型.

【例6】 已知 $f(x)=\begin{cases}\ln(\cos x)\cdot x^{-2}, & x\neq 0, \\ a, & x=0\end{cases}$ 在 $x=0$ 处连续, 求 a 的值.

解 由 $f(x)$ 在 $x=0$ 处连续可得 $\lim\limits_{x\to 0}f(x)=f(0)=a$,

而 $\lim\limits_{x\to 0}f(x)=\lim\limits_{x\to 0}\ln(\cos x)\cdot x^{-2}=\lim\limits_{x\to 0}\dfrac{\ln\left(1-2\sin^2\dfrac{x}{2}\right)}{x^2}=\lim\limits_{x\to 0}\ln\left(1-2\sin^2\dfrac{x}{2}\right)^{\frac{1}{x^2}}$

$=\lim\limits_{x\to 0}\ln\left[\left(1-2\sin^2\dfrac{x}{2}\right)^{-\frac{1}{2\sin^2\frac{x}{2}}}\right]^{\frac{-2\sin^2\frac{x}{2}}{x^2}}=\ln\mathrm{e}^{-\frac{1}{2}}=-\dfrac{1}{2}$

所以 $a=-\dfrac{1}{2}$.

3. 闭区间上连续函数的性质

闭区间上的连续函数具有良好的性质, 这些性质在数学的许多分支, 特别在应用数学领域中, 都是重要的理论基础.

【例7】 $f(x)$ 在 (a,b) 连续, 且 $\lim\limits_{x\to a^+}f(x)=\lim\limits_{x\to b^-}f(x)=B$, 在 (a,b) 内存在一点 x_1, 使

$f(x_1)>B$,证明 $f(x)$ 在 (a,b) 上取得最大值.

分析 当一个函数在闭区间上连续时，该函数在闭区间上必有最大最小值. 但是当函数在开区间上连续时，则上述结论不一定成立了. 最简单的例子是 $y=x$, $x\in(0,1)$. 本例虽然是在开区间上连续的基础上，但再加上一些条件，使函数在开区间上存在最值.

证 定义 $f(a)=\lim\limits_{x\to a^+}f(x)=B$, $f(b)=\lim\limits_{x\to b^-}f(x)=B$，则 $f(x)$ 在 a 点处右连续，在 b 点处左连续. 由已知条件可知，$f(x)$ 在 $[a,b]$ 上连续，由最大最小值定理可知，$f(x)$ 在闭区间 $[a,b]$ 上有最大值. 由于在开区间 (a,b) 内存在一点 x_1，使 $f(x_1)>B$，所以 $f(x)$ 可在开区间 (a,b) 内取得最大值.

【例8】 设非负函数 $f(x)$ 在 $[0,1]$ 连续，$f(0)=f(1)=0$，求证：存在 $\xi\in[0,1]$ 使 $f(\xi+l)=f(\xi)$，其中 $0<l<1$.

证 设 $F(x)=f(x+l)-f(x)$, $x\in[0,1-l]$.

由于 $F(0)=f(l)-f(0)=f(l)\geqslant0$；$F(1-l)=f(1)-f(1-l)=-f(1-l)\leqslant0$，且 $F(x)$ 在 $[0,1-l]$ 上连续，由零点定理可知存在 $\xi\in[0,1-l]\subset[0,1]$ 使 $f(\xi+l)=f(\xi)$.

三、习 题

1. 求函数 $f(x)=\dfrac{x-x^3}{\sin\pi x}$ 的可去间断点.

2. 求 $f(x)=\dfrac{1}{1-e^{\frac{x}{1-x}}}$ 的间断点，并判断其类型.

3. 求 $f(x)=\dfrac{2^{\frac{1}{x}}-1}{2^{\frac{1}{x}}+1}$ 的间断点，并说明间断点的类型.

4. 设 $x>0$，求函数 $f(x)=\dfrac{\ln x}{|x-1|}\cdot\sin x$ 的间断点，并判断间断点的类型.

5. $f(x)=\begin{cases}3+x^2, & x<0, \\ \dfrac{\sin 3x}{x}, & x>0,\end{cases}$ 指出 $f(x)$ 的间断点，并说明间断点的类型.

6. 设 $f(x)=\begin{cases}\dfrac{x^2-1}{x^2-3x+2}, & x>1, \\ (1-\sqrt{x})^{1/\sqrt{x}}, & 0<x\leqslant1, \\ \sin x-1, & x\leqslant0,\end{cases}$ 讨论 $f(x)$ 的连续性，间断点，并说明间断点的类型.

△7. 求 $f(x)=(1+x)^{\tan\left(\frac{x}{x-\frac{\pi}{4}}\right)}$ 在区间 $(0,2\pi)$ 内的间断点，并判断其类型.

8. 当 a 为何值时，$f(x)=\begin{cases}\left(1+\dfrac{x}{a}\right)^{\frac{1}{x}}, & x\neq0, \\ e^2, & x=0,\end{cases}$ 在 $x=0$ 处连续?

9. 设 $f(x)=\begin{cases}2x+a, & x\leqslant0, \\ e^x(\sin x+\cos x), & x>0\end{cases}$ 在 $(-\infty,+\infty)$ 上连续，求 a 的取值.

10. 设 $f(x)=\lim\limits_{n\to\infty}\dfrac{x^{2n-1}+ax^2+bx}{x^{2n}+1}$，(1) 求 $f(x)$ 的解析表达式；(2) 当 $f(x)$ 连续时，求 a 与 b 的值.

11. 设函数 $f(x)=\begin{cases}\dfrac{1-e^{\tan x}}{\arcsin\dfrac{x}{2}}, & x>0, \\ ae^{2x}, & x\leqslant0\end{cases}$ 在 $x=0$ 处连续，求 a 的值.

△12. 设 $f(x)=\lim\limits_{t\to x}\left(\dfrac{\sin t}{\sin x}\right)^{\frac{x}{\sin t-\sin x}}$，求函数 $f(x)$ 的间断点并指出其类型.

四、习题解答与提示

1. $x=0$，± 1.

2. $x=0$ 为第二类间断点无穷型，$x=1$ 为第一类间断点跳跃型.

3. $x=0$ 为第一类间断点跳跃型.

4. $x=1$ 为第一类间断点跳跃型.

5. $x=0$ 为第一类间断点可去型.

6. $x=1$ 为第一类间断点跳跃型，$x=0$ 为第一类间断点跳跃型，$x=2$ 为第二类间断点无穷型.

7. $x=\dfrac{\pi}{4}$，$\dfrac{5}{4}\pi$ 为第二类间断点无穷型；$x=\dfrac{3}{4}\pi$，$\dfrac{7}{4}\pi$ 为第一类间断点可去型.

8. $a=\dfrac{1}{2}$.

9. $a=1$.

10. (1) $f(x)=\begin{cases} ax^2+bx, & |x|<1, \\ (-1+a-b)/2 & x=-1, \\ (a+b+1)/2, & x=1 \\ \dfrac{1}{x}, & |x|>1. \end{cases}$　(2) $a=0, b=1$.

11. $a=-2$.

12. $x=0$ 为第一类间断点可去型，$x=k\pi$ $(k=\pm 1,\pm 2,\cdots)$ 为第二类间断点无穷型.

第二章　导数与微分

基本要求与重点要求

1. 基本要求

理解导数和微分的概念. 理解导数的几何意义及函数的可导性与连续性之间的关系. 会用导数描述一些物理量. 掌握导数的四则运算法则和复合函数的求导法. 掌握基本初等函数、双曲函数的导数公式. 了解微分的四则运算法则和一阶微分形式不变性. 了解高阶导数的概念. 掌握初等函数一阶、二阶导数的求法. 会求隐函数和参数式所确定的函数的一阶、二阶导数. 会求反函数的导数.

2. 重点要求

导数和微分的概念. 导数的几何意义及函数的可导性与连续性之间的关系. 导数的四则运算法则和复合函数的求导法. 基本初等函数的导数公式. 初等函数一阶、二阶导数的求法.

知识点关联网络

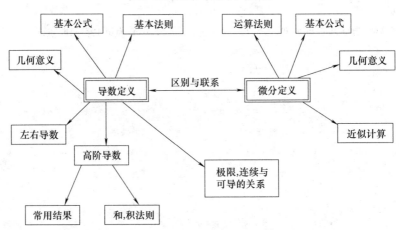

第一节　导数概念

一、内容提要

1. 导数的定义

设函数 $y = f(x)$ 在 x_0 的某个邻域内有定义，Δx 为 x 在 x_0 处的增量，相应地函数 y 有增量 $\Delta y = f(x_0 + \Delta x) - f(x_0)$，如果 $\lim\limits_{x \to x_0} \dfrac{\Delta y}{\Delta x}$ 存在，则称 $f(x)$ 在 x_0 处可导，并称此极限为 $f(x)$ 在 x_0 处的导数，记作：$y' \mid_{x=x_0}$，$f'(x_0)$，$\left.\dfrac{\mathrm{d}y}{\mathrm{d}x}\right|_{x=x_0}$，$\left.\dfrac{\mathrm{d}f(x)}{\mathrm{d}x}\right|_{x=x_0}$

函数 $y = f(x)$ 在 x_0 处导数的定义有不同的表达形式

$$f'(x_0) = \lim_{x \to x_0} \frac{\Delta y}{\Delta x} = \lim_{x \to x_0} \frac{f(x_0 + \Delta x) - f(x_0)}{\Delta x} = \lim_{h \to 0} \frac{f(x_0 + h) - f(x_0)}{h} = \lim_{x \to x_0} \frac{f(x) - f(x_0)}{x - x_0}.$$

2. 左右导数的定义

函数 $y = f(x)$ 在 x_0 处的左导数

$$f'_-(x_0) = \lim_{\Delta x \to 0^-} \frac{f(x_0 + \Delta x) - f(x_0)}{\Delta x}.$$

函数 $y = f(x)$ 在 x_0 处的右导数

$$f'_+(x_0) = \lim_{\Delta x \to 0^+} \frac{f(x_0 + \Delta x) - f(x_0)}{\Delta x}.$$

函数 $y = f(x)$ 在 x_0 处可导的充分必要条件是 $f(x)$ 在 x_0 处的左、右导数都存在并且相等.

3. 导数的几何意义

函数 $y = f(x)$ 在 x_0 处的导数 $f'(x_0)$ 是曲线 $y = f(x)$ 在点 $(x_0, f(x_0))$ 处切线的斜率，在该点处的切线与法线方程分别为

$$y - f(x_0) = f'(x_0)(x - x_0), \quad y - f(x_0) = -\frac{1}{f'(x_0)}(x - x_0).$$

4. 可导与连续

如果函数 $y = f(x)$ 在 x_0 处可导，则 $f(x)$ 在 x_0 处必连续，反之则不然.

5. 高阶导数

如果函数 $y = f(x)$ 的导函数 $y' = f'(x)$ 在点 x 处可导，则称 $f'(x)$ 在 x 处的导数为 $y = f(x)$ 在点 x 处的二阶导数，记作 y'', $f''(x)$, $\frac{d^2 y}{dx^2}$, $\frac{d^2 f(x)}{dx^2}$, 即

$$f''(x) = \lim_{\Delta x \to 0} \frac{f'(x + \Delta x) - f'(x)}{\Delta x}.$$

类似地可定义 $y = f(x)$ 的 n 阶导数 $y^{(n)}$, $f^{(n)}(x)$, $\frac{d^n y}{dx^n}$, $\frac{d^n f(x)}{dx^n}$.

函数 $y = f(x)$ 的二阶及二阶以上导数，统称为高阶导数.

二、例 题 分 析

1. 导数定义求极限

在导数定义的极限过程中，x_0 是定点，$f(x_0)$ 是定值，Δx 是一个可正可负的动点. 若极限式是 $\frac{0}{0}$ 型，且分子的差式与 $f(x_0)$ 有关，通常选择极限定义入手. 在实际题目中，一定要注意增量 Δx 常常以 $\varphi(\Delta x)$ 的形式出现，所以要考虑整体带入式的对应和完整.

△**【例1】** 设 $f(0) = 0$，$f(x)$ 在 $x = 0$ 处可导的充分必要条件是 (　　) 的极限存在.

(A) $\lim\limits_{h \to 0} \frac{1}{h^2} f(1 - \cos h)$；　(B) $\lim\limits_{h \to 0} \frac{1}{h} f(1 - e^h)$；

(C) $\lim\limits_{h \to 0} \frac{1}{h^2} f(h - \sin h)$；　(D) $\lim\limits_{h \to 0} \frac{1}{h}[f(2h) - f(h)]$.

解 选 (B). 证明如下：

若 $\lim\limits_{h \to 0} \frac{1}{h} f(1 - e^h)$ 存在，则 $\lim\limits_{h \to 0} \frac{1 - e^h}{h} \frac{f(1 - e^h)}{1 - e^h} = -\lim\limits_{x \to 0} \frac{f(x)}{x} = -f'(0)$，所以 $f(x)$ 在 $x = 0$ 可导.

若 $f'(0)$ 存在，则

$$\lim_{x \to 0} \frac{f(x)}{x} = \lim_{h \to 0} \frac{f(1 - e^h)}{1 - e^h} = \lim_{h \to 0} \frac{f(1 - e^h)}{h} \cdot \frac{h}{1 - e^h} = -\lim_{h \to 0} \frac{f(1 - e^h)}{h},$$

所以 $\lim\limits_{h \to 0} \frac{f(1 - e^h)}{h}$ 存在且等于 $-f'(0)$.

注 (A), (C), (D) 均是 $f(x)$ 在 $x = 0$ 处可导的必要条件而不是充分条件.

【例2】 设函数 $f(x)$ 在 $x = 0$ 处连续，下列命题错误的是 (　　).

(A) 若 $\lim\limits_{x\to 0}\dfrac{f(x)}{x}$ 存在，则 $f(0)=0$；　(B) 若 $\lim\limits_{x\to 0}\dfrac{f(x)+f(-x)}{x}$ 存在，则 $f(0)=0$；

(C) 若 $\lim\limits_{x\to 0}\dfrac{f(x)}{x}$ 存在，则 $f'(0)$ 存在；　(D) 若 $\lim\limits_{x\to 0}\dfrac{f(x)-f(-x)}{x}$ 存在，则 $f'(0)$ 存在.

分析 在数学上，肯定一个结论时，需要加以证明，而否定一个结论时，必须举反例.

解 （A），（B）两项中分母的极限为零，因此分子的极限也必须为零（否则与极限存在矛盾了），又由于 $f(x)$ 在 $x=0$ 处连续，所以均有 $f(0)=0$，即（A），（B）成立. 对于（C），由（A）可得 $f(0)=0$，所以 $\lim\limits_{x\to 0}\dfrac{f(x)}{x}=\lim\limits_{x\to 0}\dfrac{f(x)-f(0)}{x}=f'(0)$，故（C）也成立. 由排除法可知，（D）为错误命题. 反例：$f(x)=|x|$，在 $x=0$ 处连续，$\lim\limits_{x\to 0}\dfrac{f(x)-f(-x)}{x}=\lim\limits_{x\to 0}\dfrac{|x|-|-x|}{x}=0$. 但是 $f(x)=|x|$ 的图像在 $x=0$ 处是个"尖点"，故 $f(x)$ 在 $x=0$ 处不可导.

【例 3】 设函数 $f(x)$ 在点 $x=a$ 处可导，则函数 $|f(x)|$ 在点 $x=a$ 处不可导的充分条件是（　）.

(A) $f(a)=0$ 且 $f'(a)=0$；　(B) $f(a)=0$ 且 $f'(a)\neq 0$；

(C) $f(a)>0$ 且 $f'(a)>0$；　(D) $f(a)<0$ 且 $f'(a)<0$.

分析 本例的特点是确定一个否定结论（即不可导）的充分条件. 由于是选择题，可考虑采用排除法，即举例说明某些选择不成立，则剩下的选择可能为正确的结论，为得到有把握的解答，要给予证明.

解 设 $\varphi(x)=|f(x)|$，由于 $\varphi(x)$ 涉及绝对值，一般考虑左、右导数，

$$\varphi'_-(a)=\lim_{x\to a^-}\frac{|f(x)|-|f(a)|}{x-a},\varphi'_+(a)=\lim_{x\to a^+}\frac{|f(x)|-|f(a)|}{x-a},$$

$\varphi(x)$ 在 $x=a$ 处不可导的充分条件：$\varphi'_-(a)$ 与 $\varphi'_+(a)$ 中至少有一个不存在，或者 $\varphi'_-(a)$ 与 $\varphi'_+(a)$ 均存在但两者不等.

取 $f(x)=x^2$，$a=0$. 有 $f(a)=0$，$f'(a)=0$，但 $\varphi(x)=|f(x)|=x^2$，在 $x=a=0$ 处可导，否定（A）.

取 $f(x)=x$，$a=1$. 有 $f(a)=1>0$，$f'(a)=1>0$，但 $\varphi(x)=|f(x)|=|x|$ 在 $x=a=1$ 处可导 $\varphi'(1)=1$，否定(C).

取 $f(x)=-x$，$a=1$. 有 $f(a)=-1<0$，$f'(a)=-1<0$，但 $\varphi(x)=|f(x)|=|x|$ 在 $x=a=1$ 处可导，$\varphi'(1)=1$，否定（D）.

综上可知，应选（B）. 条件（B）的充分性证明如下：

因为 $f(a)=0$，$f'(a)\neq 0$，不妨设 $f'(a)>0$，则 $f'(a)=\lim\limits_{x\to a}\dfrac{f(x)-f(a)}{x-a}=\lim\limits_{x\to a}\dfrac{f(x)}{x-a}>0$，在 $x=a$ 的左侧邻近有 $f(x)<0$，在 $x=a$ 的右侧邻近有 $f(x)>0$，考虑 $\varphi(x)=|f(x)|$ 的左右导数

$$\varphi'_-(a)=\lim_{x\to a^-}\frac{|f(x)|-|f(a)|}{x-a}=\lim_{x\to a^-}\frac{-f(x)}{x-a}=-f'(a),$$

$$\varphi'_+(a)=\lim_{x\to a^+}\frac{|f(x)|-|f(a)|}{x-a}=\lim_{x\to a^+}\frac{f(x)}{x-a}=f'(a).$$

由于 $\varphi'_-(a)\neq\varphi'_+(a)$，故 $\varphi(x)=|f(x)|$ 在 $x=a$ 处不可导.

【例 4】 设 $f(x)$ 在 $x=a$ 的某邻域内可导，$f(a)\neq 0$，求极限 $\lim\limits_{n\to\infty}\left[\dfrac{f\left(a+\dfrac{2}{n}\right)}{f(a)}\right]^n$.

解 原式 $=\mathrm{e}^{\lim\limits_{n\to\infty}n\cdot\ln\left[\frac{f\left(a+\frac{2}{n}\right)}{f(a)}\right]}=\mathrm{e}^{\lim\limits_{n\to\infty}\frac{\ln f\left(a+\frac{2}{n}\right)-\ln f(a)}{\frac{1}{n}}}=\mathrm{e}^{2\lim\limits_{n\to\infty}\frac{\ln f\left(a+\frac{2}{n}\right)-\ln f(a)}{\frac{2}{n}}}=\mathrm{e}^{2[\ln f(x)]'_{x=a}}=\mathrm{e}^{2\frac{f'(a)}{f(a)}}$，

即

$$\lim_{n\to\infty}\left[\frac{f\left(a+\frac{2}{n}\right)}{f(a)}\right]^n=\mathrm{e}^{\frac{2f'(a)}{f(a)}}.$$

注 利用导数定义求极限是极限计算的一种方法. 当求极限的函数表达式可以变形成类似于导数定义的形式, 并且满足相应的可导条件时, 可以考虑用本例的方法求极限.

2. 用导数定义求导数

用导数定义的方式求函数导数, 通常有以下几种情况:

(1) 分段函数在分段点处.

(2) 函数表达式含有多项相乘的形式.

(3) 已知函数可导, 确定函数式中的待定系数.

分段函数在分段点处的导数, 可以使用导数的定义或左右导数的定义得到.

【例 5】 讨论下列函数 $f(x)$ 的可导性, 并在可导点处求 $f'(x)$:

(1) $f(x)=\begin{cases}\sin x, & x<0, \\ \ln(1+x), & x\geqslant 0;\end{cases}$ (2) $f(x)=\begin{cases}\dfrac{x}{1+\mathrm{e}^{\frac{1}{x}}}, & x\neq 0, \\ 0, & x=0.\end{cases}$

解 (1) 当 $x<0$ 时, $f'(x)=\cos x$; 当 $x>0$ 时, $f'(x)=\dfrac{1}{1+x}$;

当 $x=0$ 时, $\quad f'_-(0)=\lim\limits_{x\to 0^-}\dfrac{f(x)-f(0)}{x-0}=\lim\limits_{x\to 0^-}\dfrac{\sin x}{x}=1$,

$$f'_+(0)=\lim\limits_{x\to 0^+}\dfrac{f(x)-f(0)}{x-0}=\lim\limits_{x\to 0^+}\dfrac{\ln(1+x)}{x}=1,$$

因为 $f'_-(0)=f'_+(0)=1$, 所以 $f'(0)=1$, 故

$$f'(x)=\begin{cases}\cos x, & x\leqslant 0, \\ \dfrac{1}{1+x}, & x>0.\end{cases}$$

(2) 当 $x\neq 0$ 时, $f'(x)=\dfrac{1+\mathrm{e}^{\frac{1}{x}}+\dfrac{1}{x}\mathrm{e}^{\frac{1}{x}}}{(1+\mathrm{e}^{\frac{1}{x}})^2}$;

当 $x=0$ 时, $f'_-(0)=\lim\limits_{x\to 0^-}\dfrac{f(x)-f(0)}{x-0}=\lim\limits_{x\to 0^-}\dfrac{\frac{x}{1+\mathrm{e}^{1/x}}}{x}=\lim\limits_{x\to 0^-}\dfrac{1}{1+\mathrm{e}^{1/x}}=1$,

$$f'_+(0)=\lim\limits_{x\to 0^+}\dfrac{f(x)-f(0)}{x-0}=\lim\limits_{x\to 0^+}\dfrac{1}{1+\mathrm{e}^{1/x}}=0.$$

因为 $f'_-(0)\neq f'_+(0)$, 所以 $f'(0)$ 不存在, 故

$$f'(x)=\dfrac{1+\mathrm{e}^{\frac{1}{x}}+\dfrac{1}{x}\mathrm{e}^{\frac{1}{x}}}{(1+\mathrm{e}^{\frac{1}{x}})^2}, \; x\neq 0.$$

【例 6】 求函数 $f(x)=(x^2-x-2)|x^3-x|$ 的不可导点.

分析 设 $u(x)=x^2-x-2, v(x)=|x^3-x|=|x||x-1||x+1|$. 显然, $u(x)$ 处处可导, $v(x)$ 在 $x=0$, $x=1$, $x=-1$ 处不可导, 由求导的运算法则可知, $f(x)$ 的可能不可导点为 $x=0$, $x=1$ 和 $x=-1$.

解 用导数定义讨论 $f(x)$ 在 $x=0,1,-1$ 处的可导性:

$$f'(0)=\lim\limits_{x\to 0}\dfrac{f(x)-f(0)}{x-0}=\lim\limits_{x\to 0}\dfrac{(x^2-x-2)\ |x^3-x|}{x}=\lim\limits_{x\to 0}(x^2-x-2)(1-x^2)\dfrac{|x|}{x},$$

因为 $\lim\limits_{x\to 0}\dfrac{|x|}{x}$ 不存在, $\lim\limits_{x\to 0}(x^2-x-2)(1-x^2)=-2$, 所以 $x=0$ 为不可导点.

$$f'(-1)=\lim\limits_{x\to -1}\dfrac{f(x)-f(-1)}{x+1}=\lim\limits_{x\to -1}\dfrac{(x^2-x-2)|x^3-x|}{x+1}=\lim\limits_{x\to -1}(x^2-x-2)x(x-1)\dfrac{|x+1|}{x+1},$$

因为 $\lim\limits_{x\to -1}(x^2-x-2)x(x-1)=0$, $\dfrac{|x+1|}{x+1}$ 在 $x=-1$ 的附近有界, 所以上式的极限为零, 即

$f(x)$ 在 $x=-1$ 处可导，$f'(-1)=0$.

$$f'(1)=\lim_{x\to 1}\frac{f(x)-f(1)}{x-1}=\lim_{x\to 1}\frac{(x^2-x-2)|x^3-x|}{x-1}=\lim_{x\to 1}(x^2-x-2)x(x+1)\frac{|x-1|}{x-1}=0$$

因为 $\lim_{x\to 1}(x^2-x-2)x(x+1)=-4$，$\lim_{x\to 1}\frac{|x-1|}{x-1}$ 不存在，所以 $f(x)$ 在 $x=1$ 处不可导.

注 若 $f(x)=u(x)\cdot v(x)$，其中 $u(x)$ 处处可导，$v(x)$ 在 $x=x_0$ 处不可导，但其左、右导数均存在. 此时，若 $u(x_0)\neq 0$，则 $f(x)$ 在 $x=x_0$ 处不可导；若 $u(x_0)=0$，则 $f(x)$ 在 $x=x_0$ 处可导. 在本例中，$u(0)=-2$，$u(-1)=0$，$u(1)=-2$，所以 $f(x)$ 在 $x=-1$ 处可导，在 $x=0$ 与 $x=1$ 处不可导. 用此方法可方便地判断出 $f(x)$ 的不可导点的位置和个数.

【例 7】 设 $f(x)=3x^3+x^2|x|$，求使 $f^{(n)}(0)$ 存在的最高阶数 n.

解 $f(x)=\begin{cases}4x^3, & x\geq 0,\\ 2x^3, & x<0.\end{cases}$

$$f'_-(0)=\lim_{x\to 0^-}\frac{f(x)-f(0)}{x-0}=\lim_{x\to 0}\frac{2x^3}{x}=0, f'_+(0)=\lim_{x\to 0^+}\frac{f(x)-f(0)}{x-0}=\lim_{x\to 0^+}\frac{4x^3}{x}=0,$$

所以 $f'(0)=0$，

$$f'(x)=\begin{cases}12x^2, & x\geq 0,\\ 6x^2, & x<0.\end{cases}$$

$$f''_-(0)=\lim_{x\to 0^-}\frac{f'(x)-f'(0)}{x-0}=\lim_{x\to 0}\frac{6x^2}{x}=0, f''_+(0)=\lim_{x\to 0^+}\frac{f'(x)-f'(0)}{x-0}=\lim_{x\to 0^+}\frac{12x^2}{x}=0,$$

所以 $f''(0)=0$，

$$f''(x)=\begin{cases}24x^2, & x\geq 0,\\ 12x, & x<0.\end{cases}$$

$$f'''_-(0)=\lim_{x\to 0^-}\frac{f''(x)-f''(0)}{x-0}=\lim_{x\to 0^-}\frac{12x}{x}=12, f'''_+(0)=\lim_{x\to 0^+}\frac{f''(x)-f''(0)}{x-0}=\lim_{x\to 0^+}\frac{24x}{x}=24,$$

所以 $f'''(0)$ 不存在.

由此可得，使 $f^{(n)}(0)$ 存在的最高阶数 $n=2$.

注 对分段函数在分段点处的高阶导数，也必须用高阶导数的定义来讨论.

【例 8】 试确定常数 a,b 的值，使函数 $f(x)=\begin{cases}b(1+\sin x)+a+2, & x\geq 0\\ e^{ax}-1 & x<0\end{cases}$ 在 $x=0$ 处可导.

解 因为 $f(x)$ 处处可导，所以 $f(x)$ 在 $x=0$ 处可导. 根据连续性与可导性的关系，$f(x)$ 在 $x=0$ 处必连续.

由 $f(x)$ 在 $x=0$ 处连续性可知

$$\lim_{x\to 0^-}f(x)=\lim_{x\to 0^-}(e^{ax}-1)=0, \lim_{x\to 0^+}f(x)=\lim_{x\to 0^+}[b(1+\sin x)+a+2]=b+a+2,$$

所以 $\qquad\qquad a+b+2=0$. 且 $f(0)=a+b+2=0$ （2-1）

由 $f(x)$ 在 $x=0$ 处可导性可知

$$f'_-(0)=\lim_{x\to 0^-}\frac{f(x)-f(0)}{x-0}=\lim_{x\to 0^-}\frac{e^{ax}-1-(a+b+2)}{x}\xrightarrow{\text{由(2-1)式}}\lim_{x\to 0^-}\frac{e^{ax}-1}{x}=\lim_{x\to 0^-}\frac{ax}{x}=a,$$

$$f'_+(0)=\lim_{x\to 0^+}\frac{f(x)-f(0)}{x-0}=\lim_{x\to 0^+}\frac{b(1+\sin x)-b}{x}=\lim_{x\to 0^+}\frac{b\sin x}{x}=b,$$

因为 $f'_-(0)=f'_+(0)$，所以 $a=b$. 由式 （2-1） 可得：$a=-1$，$b=-1$.

注 根据函数的可导性，求函数表达式中的参数值是一种常见题型. 本例的解题方法具有典型的代表性.

3. 导数的几何意义

函数 $y=f(x)$ 在 x_0 可导，意味着曲线 $f(x)$ 在点 $[x_0,f(x_0)]$ 处有不垂直于 x 轴的一条切线，并且切线的斜率是 $f'(x_0)$.

【例 9】 求过点 $(2,0)$，与曲线 $y=1/x$ 相切的直线方程.

分析 由导数的几何意义可知，直线的斜率是曲线在切点处的导数值，但需要指出的是，点 $(2,0)$ 并不在曲线 $y=1/x$ 上，所以求切点坐标是本题的关键.

解 设切点坐标为 (x_0,y_0)，且 $y_0=1/x_0$，切线的斜率 k 可表作

$$k=\frac{y_0-0}{x_0-2}=\frac{1/x_0}{x_0-2},$$

因为 $y'|_{x=x_0}=-1/x_0^2$，所以 $\dfrac{1}{x_0(x_0-2)}=-\dfrac{1}{x_0^2}$，由此解出 $x_0=1$，得切点 $(1,1)$，$k=-1$，所以切线方程为 $y-1=(-1)(x-1)$ 或 $y=-x+2$.

【例 10】 已知 $f(x)$ 是周期为 5 的连续函数，它在 $x=0$ 的某个邻域内满足关系式：$f(1+\sin x)-3f(1-\sin x)=8x+\alpha(x)$，其中 $\alpha(x)$ 是当 $x\to 0$ 时比 x 高阶的无穷小，且 $f(x)$ 在 $x=1$ 处可导，求曲线 $y=f(x)$ 在点 $(6,f(6))$ 处的切线方程.

解 由于 $f(x)$ 以 5 为周期，故曲线 $y=f(x)$ 在点 $[1,f(1)]$ 和点 $[6,f(6)]$ 处有相同的性态，故先求 $f'(1)$. 由已知可得

$$\lim_{x\to 0}\frac{f(1+\sin x)-3f(1-\sin x)}{\sin x}=\lim_{x\to 0}\left[\frac{8x}{\sin x}+\frac{\alpha(x)}{x}\cdot\frac{x}{\sin x}\right]=8,$$

$$\lim_{x\to 0}\left[f(1+\sin x)-3f(1-\sin x)\right]=\lim_{x\to 0}\left[8x+\alpha(x)\right]=0,$$

即 $f(1)-3f(1)=0$，故有 $f(1)=0$.

$$\lim_{x\to 0}\frac{f(1+\sin x)-3f(1-\sin x)}{\sin x}\xlongequal{\text{设}\sin x=t}\lim_{t\to 0}\frac{f(1+t)-3f(1-t)}{t}$$

$$=\lim_{t\to 0}\frac{f(1+t)-f(1)}{t}+3\lim_{t\to 0}\frac{f(1-t)-f(1)}{-t}=f'(1)+3f'(1)=4f'(1)=8,$$

所以 $f'(1)=2$，由周期性可得 $f(6)=f(1)=0,f'(6)=f'(1)=2$，所求切线方程为 $y-0=2(x-6)$，即 $2x-y-12=0$.

【例 11】 设曲线 $f(x)=x^n$ 在点 $(1,1)$ 处的切线与 x 轴的交点为 $(\xi_n,0)$，求 $\lim\limits_{n\to\infty}f(\xi_n)$.

解 先求出曲线 $f(x)=x^n$ 在点 $(1,1)$ 处的切线. $f'(x)=nx^{n-1}|_{x=1}=n$，曲线在点 $(1,1)$ 处的切线方程

$$y-1=n(x-1),$$

令 $y=0$，解出切线与 x 轴的交点 $\xi_n=1-\dfrac{1}{n}$，故

$$\lim_{n\to\infty}f(\xi_n)=\lim_{n\to\infty}\left(1-\frac{1}{n}\right)^n=\lim_{n\to\infty}\left[\left(1+\frac{-1}{n}\right)^{-n}\right]^{\frac{-n}{n}}=\mathrm{e}^{-1}.$$

△**【例 12】** 设曲线 $y=f(x)$ 与 $y=x^2-x$ 在点 $(1,0)$ 处有公共切线，求极限 $\lim\limits_{n\to\infty}nf\left(\dfrac{n}{n+2}\right)$.

解 曲线 $y=x^2-x$ 在点 $(1,0)$ 处的切线斜率为 $y'|_{x=1}=(2x-1)|_{x=1}=1$，由两条曲线在点 $(1,0)$ 处有公共切线可知，$f(1)=0$，$f'(1)=1$. 根据 $y=f(x)$ 在 $x=1$ 处导数定义，可得

$$\lim_{n\to\infty}nf\left(\frac{n}{n+2}\right)=\lim_{n\to\infty}\left[\frac{-2n}{n+2}\cdot\frac{f\left(1-\frac{2}{n+2}\right)}{-\frac{2}{n+2}}\right]=\lim_{n\to\infty}\left[\frac{-2n}{n+2}\cdot\frac{f\left(1-\frac{2}{n+2}\right)-f(1)}{-\frac{2}{n+2}}\right]$$

$$=-2\cdot f'(1)=-2.$$

三、习　　题

1. 已知 $f(x)$ 在 $x=0$ 处可导，且 $f(0)=0$，求 $\lim\limits_{x\to 0}\dfrac{x^2 f(x)-2f(x^3)}{x^3}$.

2. 设函数 $f(x)=\lim\limits_{t\to 0}x(1+3t)^{\frac{x}{t}}$，求 $f'(x)$.

3. 设函数 $f(x)=\lim\limits_{n\to\infty}\left(1-\dfrac{x^2}{n^2}\right)^n$，求 $f'(x)$.

4. 设 $f'(a)$ 存在，$f(a)>0$，试求 $\lim\limits_{n\to\infty}\left[\dfrac{f\left(a+\dfrac{1}{n}\right)}{f\left(a-\dfrac{1}{n}\right)}\right]^n$，其中 $n\in\mathbf{N}$.

5. 设函数 $f(1+x)=af(x)$，且 $f'(0)=b$，其中 a,b 均不为零；问 $f'(1)$ 是否存在，若存在求其值.

6. 设 $g(x)$ 在 $x=a$ 处连续，研究 $f(x)=(x-a)g(x)$ 在 $x=a$ 处可导性；若 $g(x)$ 在 $x=a$ 处不连续，$f(x)$ 在 $x=a$ 处是否可导？

7. 设 $f(x)$ 在定义域内的任意两点 x_1，x_2 均有 $f(x_1+x_2)=\dfrac{f(x_1)+f(x_2)}{1-4f(x_1)f(x_2)}$，且 $f'(0)=a$，试求 $f(x)$ 与 $f'(x)$ 应满足的关系式.

8. 设 $f(x)$ 在 $\mathbf{R}$ 上有定义，对 $\forall x$ 有 $f(x+1)=2f(x)$，而当 $0\leqslant x\leqslant 1$ 时，$f(x)=x(1-x^2)$，讨论 $f(x)$ 在 $x=0$ 处可导性.

9. 设函数 $f(x)=\max\{x,x^2\}$，在区间 $(0,2)$ 内求 $f'(x)$.

10. 设 $f(x)=\begin{cases}\dfrac{1-\cos x}{\sqrt{x}}, & x>0, \\ x^2 g(x), & x\leqslant 0,\end{cases}$ 其中 $g(x)$ 有界，讨论 $f(x)$ 在 $x=0$ 处的连续性和可导性.

11. 设函数 $f(x)$ 在 $x=2$ 处连续，$\lim\limits_{x\to 2}\dfrac{f(x)}{x-2}=3$，求 $f'(2)$.

12. 讨论函数 $f(x)=\begin{cases}x\arctan\dfrac{1}{x}, & x\neq 0, \\ 0, & x=0\end{cases}$ 在 $x=0$ 处的连续性、可导性及连续可导性.

13. 设函数 $f(x)=\begin{cases}\mathrm{e}^x, & x<0, \\ 1+x, & x\geqslant 0,\end{cases}$ 讨论 $f(x)$ 的连续性，并求 $f'(x)$，$f''(x)$.

14. 设 $F(x)=\begin{cases}f(x), & x\leqslant x_0, \\ ax+b, & x>x_0,\end{cases}$ 其中 $f(x)$ 在 $x=x_0$ 处有左导数，为使 $F(x)$ 在 $x=x_0$ 处可导，如何选择 a,b 的值？

15. 设周期为 4 的周期函数 $f(x)$ 在 $(-\infty,+\infty)$ 内可导，又 $\lim\limits_{x\to 0}\dfrac{f(1)-f(1-x)}{2x}=-1$，求曲线 $y=f(x)$ 在 $[5,f(5)]$ 处切线的斜率.

16. 曲线 $y=x^2$ 与曲线 $y=a\ln x$ $(a\neq 0)$ 相切，求 a 的值.

17. 如果两条曲线 $y=x^2+ax+b$ 与 $2y=xy^3-1$ 在点 $(1,-1)$ 处相切，求 a 和 b 的值.

18. 已知函数 $f(x)$ 连续且 $\lim\limits_{n\to\infty}\dfrac{f(x)}{x}=2$，求曲线 $y=f(x)$ 在 $x=0$ 处的切线方程.

19. 已知长方形的长 l 以 2cm/s 的速率增加，宽 ω 以 3cm/s 的速率增加，求当 $l=12\text{cm}$，$\omega=5\text{cm}$ 时，它的对角线增加的速率.

四、习题解答与提示

1. $-f'(0)$. 提示：导数定义. 　　2. $\mathrm{e}^{3x}(1+3x)$.

3. $f'(x)=0$. 提示：先求极限，后求导数 　　4. $\mathrm{e}^{\frac{2f'(a)}{f(a)}}$.

5. $f'(1)=ab$. 提示：$f(1)=af(0)$.

6. 可导；当 $g(x)$ 在 $x=a$ 有极限时，$f(x)$ 在 $x=a$ 处可导；当 $g(x)$ 在 $x=a$ 处有左右极限时，$f(x)$ 在 $x=a$ 处左右导数存在；当 $g(x)$ 在 $x=a$ 处无极限时，$f(x)$ 在 $x=a$ 处不可导.

7. $f'(x)=a[1+4f^2(x)]$. 提示：令 $x_1=x_2=0$，可推出 $f(0)=0$，再利用 $f'(x)$ 的定义式.

8. $f(x)$ 在 $x=0$ 处不可导. 提示：当 $-1<x<0$ 时，$f(x)=\dfrac{1}{2}f(x+1)$.

9. $f'(x)=\begin{cases}1,0<x<1,\\2x,1<x<2,\end{cases}$ $f(x)$在 $x=1$ 处不可导. 提示：$f(x)=\begin{cases}x,0<x<1,\\x^2,1\leqslant x<2.\end{cases}$

10. 连续，可导.   11. $f'(2)=3$. 提示：$f(2)=0$. 12. 在 $x=0$ 处连续但不可导.

13. 在 $(-\infty,+\infty)$ 上连续，可导，$f'(x)=\begin{cases}e^x,&x<0,\\1,&x\geqslant0,\end{cases}$ $f''(0)$不存在，$f''(x)=\begin{cases}e^x,&x<0,\\0,&x>0.\end{cases}$ 提示：$f'(0)$ 和 $f''(0)$ 必须用定义讨论.

14. $a=f'_-(x_0)$，$b=f(x_0)-x_0f'_-(x_0)$.

15. -2. 提示：$f'(5)=\lim\limits_{x\to0}\dfrac{f(5+x)-f(5)}{x}=\lim\limits_{x\to0}\dfrac{f(1+x)-f(1)}{x}=\lim\limits_{x\to0}\dfrac{f(1-x)-f(1)}{-x}$.

16. $2e$.   17. $a=b=-1$. 提示：两条曲线在切点处共点并有相同的导数值.

18. $y=2x$.   19. $39/13$.

第二节　函数的求导法则

一、内容提要

1. 微分的定义

设函数 $y=f(x)$ 在 x_0 的某个邻域内有定义，Δx 为 x 在 x_0 处的增量，如果相应的函数 y 的增量 $\Delta y=f(x_0+\Delta x)-f(x_0)$ 可表作 $\Delta y=A\cdot\Delta x+o(\Delta x)$，$(\Delta x\to0)$，其中常数 A 与 Δx 无关，则称 $y=f(x)$ 在 x_0 处可微，并称 $A\cdot\Delta x$ 为 $f(x)$ 在 x_0 处的微分，记作 $\mathrm{d}y$，$\mathrm{d}f(x)$，即 $\mathrm{d}y=A\cdot\Delta x$ 或 $\mathrm{d}y=A\cdot\mathrm{d}x$.

2. 可导与可微

函数 $y=f(x)$ 在 x_0 处可微的充分必要条件是 $y=f(x)$ 在 x_0 处可导，并且 $A=f'(x_0)$，从而 $\mathrm{d}y=f'(x_0)\cdot\mathrm{d}x$.

3. 函数的求导法则

(1) 四则运算法则　设 $u(x)$，$v(x)$ 可导，则 $(u\pm v)'=u'\pm v'$，$(uv)'=u'v+v'u$，$(Cu)'=Cu'$（C 为常数），$\left(\dfrac{u}{v}\right)'=\dfrac{u'v-v'u}{v^2}$ $(v\neq0)$.

(2) 复合函数求导法则　设 $u=\varphi(x)$ 在 x 处可导，$y=f(u)$ 在 $u=\varphi(x)$ 处可导，则 $y=f[\varphi(x)]$ 在 x 处可导，且 $y'_x=y'_u u'_x$.

(3) 反函数求导法则　如果函数 $x=\varphi(y)$ 在区间 I_y 内单调，可导且 $\varphi'(y)\neq0$，则反函数 $y=f(x)$ 在相应区间 I_x 内可导，且 $f'(x)=1/\varphi'(y)$.

(4) 隐函数求导法则　设方程 $F(x,y)=0$ 确定隐函数 $y=y(x)$，方程两边对 x 求导，将 y 视为 x 的函数，由此解出隐函数的导数 $y'(x)$.

(5) 参数方程求导法则　设函数 $y=f(x)$ 由参数方程 $x=\varphi(t)$，$y=\psi(t)$，$\alpha<t<\beta$ 所确定，$\varphi(t)$，$\psi(t)$ 在 (α,β) 内可导，且 $\varphi'(t)\neq0$，则 $\dfrac{\mathrm{d}y}{\mathrm{d}x}=\dfrac{\psi'(t)}{\varphi'(t)}$ 或 $\dfrac{\mathrm{d}y}{\mathrm{d}x}=\dfrac{\mathrm{d}y}{\mathrm{d}t}\cdot\dfrac{\mathrm{d}t}{\mathrm{d}x}=\dfrac{\mathrm{d}y/\mathrm{d}t}{\mathrm{d}x/\mathrm{d}t}$.

4. 高阶导数公式

(1) $(x^m)^{(n)}=\begin{cases}m(m-1)\cdots(m-n+1)x^{m-n},&m>n,\\m!,&m=n,\\0,&m<n;\end{cases}$

(2) $(a^x)^{(n)}=a^x\ln^n a\,(a>0)$，$(e^x)^{(n)}=e^x$；

(3) $(\sin kx)^{(n)}=k^n\sin(kx+n\pi/2),(\cos kx)^{(n)}=k^n\cos(kx+n\pi/2)$;

(4) 对任意的实数 a 有

$$\left(\frac{1}{x-a}\right)^{(n)}=\frac{(-1)^n\cdot n!}{(x-a)^{n+1}},\quad\left(\frac{1}{x+a}\right)^{(n)}=\frac{(-1)^n\cdot n!}{(x+a)^{n+1}},\left(\frac{1}{a-x}\right)^{(n)}=\frac{n!}{(a-x)^{n+1}};$$

(5) $(\ln x)^{(n)}=\dfrac{(-1)^{n-1}(n-1)!}{x^n}$;

(6) 设 $u(x)$，$v(x)$ 为 n 阶可导，则 $(u\pm v)^{(n)}=u^{(n)}\pm v^{(n)},(uv)^{(n)}=\displaystyle\sum_{k=0}^{n}C_n^k u^{(n-k)}v^{(k)}$，其中 $u^{(0)}=u(x),v^{(0)}=v(x)$.

二、例 题 分 析

1. 复合函数求导

正确使用复合函数求导法则的关键是理清函数逐层分解成基本初等函数的复合关系，然后从外向里对每一个中间变量求导数，直到对自变量求导数为止.

【例 1】 求函数 $y=\arcsin f(\sqrt{x})+g(\arctan x^2)$ 的导数，其中 $f(u)$，$g(v)$ 可导.

分析 在求导时，一般先使用求导的四则运算法则，再使用复合函数求导法则.

解 $y'=[\arcsin f(\sqrt{x})]'+[g(\arctan x^2)]'=\dfrac{f'(\sqrt{x})(\sqrt{x})'}{\sqrt{1-f^2(\sqrt{x})}}+g'(\arctan x^2)(\arctan x^2)'$

$$=\frac{f'(\sqrt{x})}{2\sqrt{x-xf^2(\sqrt{x})}}+\frac{2x}{1+x^4}g'(\arctan x^2).$$

【例 2】 $f(x)=\begin{cases}x\arctan\dfrac{1}{x^2},&x\neq0\\0,&x=0\end{cases}$，讨论 $f(x)$ 在 $x=0$ 处的连续可导性.

分析 讨论 $f(x)$ 在 $x=0$ 处的连续可导性，即讨论 $f'(x)$ 在 $x=0$ 处的连续性，所以必须求出 $f'(x)$ 的表达式.

解 在 $x\neq0$ 时，由复合函数求导法则可得 $f'(x)=\arctan\dfrac{1}{x^2}-\dfrac{2x^2}{1+x^4}$，

在分段点 $x=0$ 处，由导数定义可得

$$f'(0)=\lim_{x\to0}\frac{f(x)-f(0)}{x}=\lim_{x\to0}\frac{x\cdot\arctan\dfrac{1}{x^2}}{x}=\frac{\pi}{2},$$

所以 $$f'(x)=\begin{cases}\arctan\dfrac{1}{x^2}-\dfrac{2x^2}{1+x^4},&x\neq0,\\\dfrac{\pi}{2},&x=0.\end{cases}$$

因为 $\displaystyle\lim_{x\to0}f'(x)=\lim_{x\to0}\left(\arctan\dfrac{1}{x^2}-\dfrac{2x^2}{1+x^4}\right)=\dfrac{\pi}{2}=f'(0)$，所以 $f(x)$ 在 $x=0$ 处连续可导.

注 分段函数在分段点处可导的必要条件是分段函数在分段点处连续，分段函数在分段段点处可导的充分条件为分段函数在分段点左侧导函数的左极限等于分段点右侧导函数的右极限. 这里的必要条件是显然的，而充分条件的证明需要用到第三章中的拉格朗日中值定理.

△**【例 3】** 设函数 $f(x)=\begin{cases}\ln\sqrt{x},x\geqslant1\\2x-1,x<1\end{cases}$ $y=f[f(x)]$，求 $\dfrac{\mathrm{d}y}{\mathrm{d}x}\Big|_{x=0}$.

分析 本例的特点是将分段函数与复合函数相结合求导数，所以涉及这两种函数的求导方法. 具体来说，先用复合函数求导法则处理 $y=f(f(x))$，再用分段函数求导方法得到结果. 需要指出的是，在使用分

段函数求导方法时，要注意到解题所涉及两点 $x=0$ 和 $x=-1$ 并不是分段函数 $f(x)$ 的分段点.

解　由复合函数求导法则可得 $\dfrac{\mathrm{d}y}{\mathrm{d}x}\Big|_{x=0}=f'[f(x)]\cdot f'(x)\,|_{x=0}=f'[f(0)]\cdot f'(0)$，代

入 $f(0)=-1$ 得到 $\dfrac{\mathrm{d}y}{\mathrm{d}x}\,|_{x=0}=f'(-1)\cdot f'(0)$. 因为 $x=0$ 和 $x=-1$ 并不是 $f(x)$ 的分段点，

所以，由 $x<1$ 时 $f(x)$ 的表达式可得 $f'(x)=2$，故 $f'(-1)=f'(0)=2$，从而 $\dfrac{\mathrm{d}y}{\mathrm{d}x}\,|_{x=0}=4$.

2. 反函数求导

通过导数定义给出的反函数导数 $x'=1/y'$，在进一步求高阶导数的过程中，要注意 x'' 是 x' 对 y 求导，而方程左式所含 y' 是关于 x 的函数. 故在运用复合求导过程中必须求导到对自变量 y 为止.

【例4】　试从 $\dfrac{\mathrm{d}x}{\mathrm{d}y}=\dfrac{1}{y'}$ 导出 $\dfrac{\mathrm{d}^2x}{\mathrm{d}y^2}$ 与 $\dfrac{\mathrm{d}^3x}{\mathrm{d}y^3}$ 表达式.

解　$\dfrac{\mathrm{d}^2x}{\mathrm{d}y^2}=\dfrac{\mathrm{d}}{\mathrm{d}y}\left(\dfrac{\mathrm{d}x}{\mathrm{d}y}\right)=\dfrac{\mathrm{d}}{\mathrm{d}x}\left(\dfrac{\mathrm{d}x}{\mathrm{d}y}\right)\cdot\dfrac{\mathrm{d}x}{\mathrm{d}y}=\dfrac{\mathrm{d}}{\mathrm{d}x}\left(\dfrac{1}{y'}\right)\cdot\dfrac{1}{y'}=-\dfrac{y''}{(y')^2}\cdot\dfrac{1}{y'}=-\dfrac{y''}{(y')^3}$，

$\dfrac{\mathrm{d}^3x}{\mathrm{d}y^3}=\dfrac{\mathrm{d}}{\mathrm{d}y}\left(\dfrac{\mathrm{d}^2x}{\mathrm{d}y^2}\right)=\dfrac{\mathrm{d}}{\mathrm{d}x}\left(\dfrac{\mathrm{d}^2x}{\mathrm{d}y^2}\right)\dfrac{\mathrm{d}x}{\mathrm{d}y}=\dfrac{\mathrm{d}}{\mathrm{d}x}\left(-\dfrac{y''}{(y')^3}\right)\cdot\dfrac{1}{y'}=\dfrac{-y'''y'^3+3y'^2y''^2}{(y')^6}\dfrac{1}{y'}=\dfrac{3y''^2-y'y'''}{(y')^5}$.

3. 参数方程所确定的函数求导

将复合函数求导法则运用于参数方程的求导过程，就得到了参数方程所确定函数的求导法则. 特别要强调的是，在求导法则中，分子是因变量 y 对参数 t 的导数，分母是自变量 x 对参数 t 的导数.

【例5】　设 $f(t)$ 二次可微，$f''(t)\neq 0$，$\begin{cases}x=f'(t),\\ y=tf'(t)-f(t),\end{cases}$ 求 $\dfrac{\mathrm{d}y}{\mathrm{d}x}$，$\dfrac{\mathrm{d}^2y}{\mathrm{d}x^2}$.

分析　求参数方程确定的函数的二阶导数，可以有两种不同的思路，从而产生出表面形式不同，但内在实质完全一样的两种方法. 方法一：利用复合函数求导法则，见本例解法1，方法二：利用参数方程求一阶导数的法则，见本例解法2.

解　$x'_t=f''(t)$，$y'_t=tf''(t)$，则 $\dfrac{\mathrm{d}y}{\mathrm{d}x}=\dfrac{tf''(t)}{f''(t)}=t$，

方法一　$\dfrac{\mathrm{d}^2y}{\mathrm{d}x^2}=\dfrac{\mathrm{d}}{\mathrm{d}t}\left(\dfrac{\mathrm{d}y}{\mathrm{d}x}\right)\dfrac{\mathrm{d}t}{\mathrm{d}x}=\dfrac{\mathrm{d}}{\mathrm{d}t}\left(\dfrac{\mathrm{d}y}{\mathrm{d}x}\right)\Big/\dfrac{\mathrm{d}x}{\mathrm{d}t}=\dfrac{1}{f''(t)}$.

方法二　一阶导函数可表作参数方程形式 $\begin{cases}\dfrac{\mathrm{d}y}{\mathrm{d}x}=t,\\ x=f'(t).\end{cases}$ 所以 $\dfrac{\mathrm{d}^2y}{\mathrm{d}x^2}=\dfrac{\dfrac{\mathrm{d}}{\mathrm{d}t}\left(\dfrac{\mathrm{d}y}{\mathrm{d}x}\right)}{\dfrac{\mathrm{d}x}{\mathrm{d}t}}=\dfrac{1}{f''(t)}$.

4. 隐函数方程所确定的函数求导

在隐函数求导法则中，方程两边是同时对自变量 x 求导，另一个变量 y 视为关于自变量 x 的函数，在求导过程中，运用复合函数求导法则，将 y 看做中间变量.

△**【例6】**　设 $y=y(x)$ 是由方程 $xy+\mathrm{e}^y=x+1$ 确定的隐函数，求 $\dfrac{\mathrm{d}^2y}{\mathrm{d}x^2}\Big|_{x=0}$.

分析　在用隐函数求导法则时，方程两边同时对 x 求导时，将 y 和 y' 视为 x 的函数.

解　$\qquad\qquad\qquad\qquad xy+\mathrm{e}^y=x+1$ $\qquad\qquad\qquad\qquad\qquad$ (2-2)

式 (2-2) 两边对 x 求导 $\qquad\qquad y+xy'+\mathrm{e}^yy'=1$ $\qquad\qquad\qquad\qquad$ (2-3)

式 (2-3) 两边再对 x 求导

$$2y'+xy''+\mathrm{e}^y(y')^2+\mathrm{e}^yy''=0 \qquad\qquad\qquad\qquad (2\text{-}4)$$

在三个等式中令 $x=0$，可得 $y(0)=0$，$y'(0)=1$ 和 $\dfrac{\mathrm{d}^2y}{\mathrm{d}x^2}\Big|_{x=0}=-3$.

【例7】 已知 $y=f(x+y)$，其中 $f(u)$ 二阶可微，求 $\dfrac{\mathrm{d}^2 y}{\mathrm{d}x^2}$.

分析 隐函数求导法则中的关键是将 y 视为 x 的函数，本题的隐函数方程中含有抽象的函数关系 $f(u)$，$u=x+y$，方程两边对 x 求导时，除了将 y 视为 x 的函数以外，还要注意 $f(x+y)$ 和 $f'(x+y)$ 对 x 求导时，必须使用复合函数的求导法则.

解
$$y=f(x+y) \tag{2-5}$$

式 (2-5) 两边对 x 求导

$$y'_x=f' \cdot (1+y'_x) \tag{2-6}$$

所以
$$y'_x=\frac{f'}{1-f'},$$

式 (2-6) 两边对 x 求导

$$y''_x=f'' \cdot (x+y)'_x(1+y'_x)+f' \cdot (1+y'_x)'_x, y''_x=f'' \cdot (1+y'_x)^2+f' \cdot y''_x,$$

由此解出 $y''_x=\dfrac{f'' \cdot (1+y'_x)^2}{1-f'}$，代入 y'_x，有 $y''_x=\dfrac{f''}{(1-f')^3}$.

5. 对数求导法

先对等式 $y=f(x)$ 两边取自然对数，得隐函数方程 $\ln y=\ln f(x)$，然后运用隐函数求导法则，得到导数 y'，这种方法称为取对数求导法.

它主要用于幂指函数 $u(x)^{v(x)}$ 和由连乘 $u(x) \cdot v(x)$，连除 $u(x)/v(x)$ 构成的函数，因为这些函数在经过对数运算后转化为相乘 $v(x)\ln u(x)$ 和由相加 $\ln u(x)+\ln v(x)$，相减 $\ln u(x)-\ln v(x)$ 构成的函数.

【例8】 已知函数 $y=y(x)$ 由方程 $x^y-y^x=0$ 确定，求 y'_x.

分析 隐函数方程中含有幂指型函数时，必须通过取对数，改变幂指型结构. 常见的错误是，用幂函数的求导公式处理幂指型函数，例如在本例中，错误地得到 $(x^y)'=yx^{y-1}$，这是没有将 y 视作 x 的函数.

解
$$x^y-y^x=0, \qquad x^y=y^x,$$

两边取对数
$$y\ln x=x\ln y,$$

两边对 x 求导
$$y'\ln x+\frac{y}{x}=\ln y+\frac{xy'}{y}, \quad y'=\frac{\ln y-\dfrac{y}{x}}{\ln x-\dfrac{x}{y}}=\frac{y(x\ln y-y)}{x(y\ln x-x)}.$$

【例9】 设函数 $y=\dfrac{x^2}{1-x}\sqrt[3]{\dfrac{3-x}{(3+x)^2}}$，求 y'.

解 函数表达式两边取对数
$$\ln y=2\ln|x|-\ln|1-x|+\frac{1}{3}\ln|3-x|-\frac{2}{3}\ln|3+x|,$$

两边对 x 求导，将 y 视为 x 的函数

$$\frac{1}{y}y'=\frac{2}{x}+\frac{1}{1-x}-\frac{1}{3(3-x)}-\frac{2}{3(3+x)}, y'=\frac{x^2}{1-x}\sqrt[3]{\frac{3-x}{(3+x)^2}}\left[\frac{2}{x}+\frac{1}{1-x}-\frac{1}{3(3-x)}-\frac{2}{3(3+x)}\right].$$

注 函数表达式的结构为多项连乘连除的形式时，若采用四则运算的求导法则，运算过程一般都比较繁杂，但采用对数求导法，往往可以简化求导过程，提高运算准确性.

6. 高阶导数的计算

一般来说，求高阶导数的方法基本上有两种：

(1) 直接法：先求出所给函数的 1~4 阶导数，然后总结出一般规律.

(2) 间接法：利用已知函数的高阶导数，通过四则运算、变量代换等方法求出.

【例10】 设函数 $f(x)$ 有任意阶导数，且 $f'(x)=f^2(x)$，求 $f^{(n)}(x)(n>2)$.

解 等式两边对 x 求导，$f''(x)=2f(x)f'(x)=2f^3(x)$，

等式两边再对 x 求导，$f'''(x)=2\times 3f^2(x)f'(x)=2\times 3f^4(x)$，

由此猜想 $$f^{(n)}(x)=n!\ f^{n+1}(x).\tag{2-7}$$

用数学归纳法证明：

当 $n=3$ 时，式(2-7)成立；假设 $n=k$ 时，式(2-7)成立，即 $f^{(k)}(x)=k!\ f^{k+1}(x)$；

当 $n=k+1$ 时，$f^{(k+1)}(x)=k!\ (k+1)f^{(k)}(x)f'(x)=(k+1)!\ f^{k+2}(x)$．

所以结论为 $f^{(n)}(x)=n!\ f^{n+1}(x)$．

注　先求出函数的一阶，二阶，三阶…，低阶导数的表达式，从中发现它们的规律，提出一般的 n 阶导数表达式的一个猜想，然后用数学归纳法证明猜想的成立．这是求高阶导数的一种方法．

△**【例 11】**　求函数 $y=\ln(1-2x)$ 在 $x=0$ 处的 n 阶导数 $y^{(n)}$ (0)．

分析　本例有两种解法．方法一为利用高阶导数公式 $\left(\dfrac{1}{x-a}\right)^{(n)}=\dfrac{(-1)^n\cdot n!}{(x-a)^{n+1}}$；方法二为提出 $y^{(n)}(x)$ 表达式的猜想，用数学归纳法证明．

解　方法一　$y'=\dfrac{-2}{1-2x}$．

$$(\ln(1-2x))^{(n)}=\left(\frac{-2}{1-2x}\right)^{(n-1)}=\left(\frac{1}{x-\frac{1}{2}}\right)^{(n-1)}=\frac{(-1)^{n-1}\cdot(n-1)!}{\left(x-\frac{1}{2}\right)^n}$$

$$=\frac{(-1)^{n-1}\cdot 2^n\cdot(n-1)!}{(2x-1)^n},$$

代入 $x=0$，有 $y^{(n)}$ (0) $=-2^n$ $(n-1)!$．

方法二　$y=\ln(1-2x)$，$y'=\dfrac{-2}{1-2x}=(-2)(1-2x)^{-1}$，

$y''=(-1)\cdot(1-2x)^{-2}\cdot(-2)^2$，$y'''=(-1)\cdot(-2)\cdot(1-2x)^{-3}\cdot(-2)^3$，…

由此猜想 $$y^{(n)}(x)=(-1)^{n-1}\cdot(n-1)!(1-2x)^{-n}\cdot(-2)^n.\tag{2-8}$$

用数学归纳法证明：

当 $n=1$ 时，式 (2-8) 显然成立；

假定 $n=k$ 时，式 (2-8) 成立，即 $y^{(k)}(x)=(-1)^{k-1}\cdot(k-1)!\ (1-2x)^{-k}\cdot(-2)^k$；

当 $n=k+1$ 时，$y^{(k+1)}(x)=[y^{(k)}(x)]'=(-1)^k\cdot(k)!(1-2x)^{-(k+1)}\cdot(-2)^{k+1}$，所以猜想成立．代入 $x=0$，有 $y^{(n)}(0)=-2^n(n-1)!$．

三、习　　题

1. 设 $y=e^{1+2x}\tan x$，求 $x=0$ 处的微分 dy．　　2. 设 $y=\dfrac{\varphi(x)}{1-x}$，$\varphi(x)$ 可微，求 dy．

3. 设 $y=f(\ln x)\cdot e^{f(x)}$，其中 f 可微，求 dy．

4. 设函数 $y=y(x)$ 由方程 $\ln\sqrt{x^2+y^2}=\arctan\dfrac{x-y}{x+y}$ 所确定，求 y'_x．

5. 设函数 $y=y(x)$ 由方程 $\sqrt{x^2+y^2}=ae^{\arctan\frac{y}{x}}$ 确定，求 y'_x，y''_x．

6. 设函数 $y=y(x)$ 由方程 $xy-\sin(\pi y)=0$ 所确定，求函数 $y=y(x)$ 在 $x=0$，$y=1$ 处的二阶导数．

7. 求曲线 $\tan\left(x+y+\dfrac{\pi}{4}\right)=e^y$ 上 $x=0$ 处的切线方程．

8. 求曲线 $\sin(xy)+\ln(y-x)=x$ 上 $x=0$ 处的切线方程．

9. 设 $y=f(x)$ 由方程 $e^{2x+y}-\cos(xy)=e-1$ 所确定，求曲线 $y=f(x)$ 在点 (0,1) 处的法线方程．

10. 设 $y=y(x)$ 由方程 $2^{xy}=x+y$ 确定，求 $dy\,|_{x=0}$．

11. 设函数 $y=x^x+a^x x^x$，求 y'_x．

12. 设 $y=(\tan x)^x+x^{\sin\frac{1}{x}}$，求 $\dfrac{dy}{dx}$．

13. $y=\left(\dfrac{a}{b}\right)^x\left(\dfrac{b}{x}\right)^a\left(\dfrac{x}{a}\right)^b$ $(a>,\ b>0)$，求 y'.

14. 设函数 $y=f(x)$ 由参数方程 $\begin{cases}\mathrm{e}^t=3t^2+2t+1,\\ t\sin y-y+\dfrac{\pi}{2}=0\end{cases}$ （t 为参数）所确定，求 $y'_x\big|_{t=0}$.

15. 极坐标方程 $r=2\theta$，求 $\dfrac{\mathrm{d}y}{\mathrm{d}x}$.

16. 设参数方程 $\begin{cases}x=2t+|t|,\\ y=5t^2+4t|t|.\end{cases}$ 确定函数 $y=y(x)$，证明 $y=y(x)$ 在 $t=0$ 时可导，并求 $\dfrac{\mathrm{d}y}{\mathrm{d}x}\Big|_{t=0}$.

17. 设 $\begin{cases}x=\sin t,\\ y=t\sin t+\cos t,\end{cases}$ 其中 t 为参数，求 $\dfrac{\mathrm{d}^2y}{\mathrm{d}x^2}\Big|_{t=\frac{\pi}{4}}$. 18. 设 $\begin{cases}x=\ln(1+t^2)+1,\\ y=2\arctan t-(t+1)^2,\end{cases}$ 求 $\dfrac{\mathrm{d}y}{\mathrm{d}x},\dfrac{\mathrm{d}^2y}{\mathrm{d}x^2}$.

19. 求曲线 $\begin{cases}x=\arctan t,\\ y=\ln\sqrt{1+t^2}\end{cases}$ 上对应 $t=1$ 点处的法线方程.

20. 求曲线 $\begin{cases}x=\mathrm{e}^t\sin 2t,\\ y=\mathrm{e}^t\cos t\end{cases}$ 在点 $(0,1)$ 处的法线方程.

21. 设 $y=x^{n-1}\ln x$，证明 $y^{(n)}=\dfrac{(n-1)!}{x}$. 22. 设 $y=x^{n-1}\mathrm{e}^{\frac{1}{x}}$，求 $y^{(n)}$.

23. 设 $f(x)=\dfrac{4}{x^2-4}$，求 $f^{(n)}(x)$，$f^{(10)}(0)$. 24. 设 $y=[x(1-x)]^{-1}$，求 $y^{(n)}$.

25. 设 $y=\sin^2(3x)\cos(5x)$，求 $y^{(n)}$. 26. 设 $f(x)=(x^2+1)^{2n}$，求 $f^{(2n)}(0)$.

四、习题解答与提示

1. $\mathrm{e}\mathrm{d}x$. 2. $\dfrac{[(1-x)\varphi'(x)+\varphi(x)]}{(1-x)^2}\mathrm{d}x$. 3. $\mathrm{e}^{f(x)}\left[\dfrac{1}{x}f'(\ln x)+f'(x)f(\ln x)\right]\mathrm{d}x$. 4. $y'_x=\dfrac{y-x}{y+x}$.

5. $\dfrac{y+x}{x-y}$，$\dfrac{2(x^2+y^2)}{(x-y)^3}$. 6. $\dfrac{2}{\pi^2}$. 提示：$y(0)=1,y'(0)=-\dfrac{1}{\pi}$.

7. $y=-2x$. 提示：切点坐标为 $(0,0)$. 8. $y=x+1$. 提示：切点坐标为 $(0,1)$.

9. $2x+y-1=0$. 10. $(\ln 2-1)\mathrm{d}x$.

11. $x^x(1+a^x)(\ln x+1)+x^x a^x\ln a$. 提示：$y=x^x+a^x x^x=x^x(1+a^x)$，两边取对数.

12. $(\tan x)^x\left[\ln\tan x+\dfrac{2x}{\sin 2x}\right]+x^{\sin\frac{1}{x}}\left[\dfrac{1}{x}\sin\dfrac{1}{x}-\dfrac{\ln x}{x^2}\cos\dfrac{1}{x}\right]$. 提示：设 $y_1=(\tan x)^x$，$y_2=x^{\sin\frac{1}{x}}$，$y'_x=y'_1+y'_2$.

13. $\left(\dfrac{a}{b}\right)^x\left(\dfrac{b}{x}\right)^a\left(\dfrac{x}{a}\right)^b\left[\dfrac{b-a}{x}+\ln\left(\dfrac{a}{b}\right)\right]$. 提示：直接求导，或取对数后求导.

14. $\dfrac{1}{2}$. 15. $\dfrac{2\sin\theta+r\cos\theta}{2\cos\theta-r\sin\theta}$. 提示：$\begin{cases}x=r\cos\theta,\\ y=r\sin\theta.\end{cases}$

16. 0. 提示：设 $x=g(t)$，$y=h(t)$，$\Delta x=g(0+\Delta t)-g(0)$，$\Delta y=h(0+\Delta t)-h(0)$，用导数定义证明 $y=f(x)$ 在 $t=0$ 处可导.

17. $\sqrt{2}$ 18. $-(t^2+t+1)$，$-\dfrac{(2t+1)(1+t^2)}{2t}$ 19. $y=-x+\dfrac{\pi}{4}+\ln 2$.

20. $x+2y-2=0$. 21. 提示：数学归纳法.

22. $(-1)^n\dfrac{1}{x^{n+1}}\mathrm{e}^{\frac{1}{x}}$. 提示：数学归纳法.

23. $(-1)^n n!\left[(x-2)^{-(n+1)}-(x+2)^{-(n+1)}\right]$；$-10!\ 2^{-10}$.

24. $(-1)^n n!\left[x^{-(n+1)}-(x-1)^{-(n+1)}\right]$.

25. $\dfrac{5^n}{2}\cos\left(5x+\dfrac{n\pi}{2}\right)-\dfrac{11^n}{4}\cos\left(11x+\dfrac{n\pi}{2}\right)-\dfrac{1}{4}\cos\left(x+\dfrac{n\pi}{2}\right)$. 提示：使用半角公式与积化和差公式.

26. $C_{2n}^n\cdot 2n!$. 提示：

$$(x^{2i})^{(2n)}=\begin{cases}2n!, & i=n,\\ 2i(2i-1)\cdots(2i-2n+1)x^{2i-2n}, & i>n,\\ 0, & i<n.\end{cases}$$

第三章　中值定理与导数的应用

基本要求与重点要求

1. 基本要求

了解闭区间上连续函数的性质（介值定理和最大、最小值定理）. 理解罗尔（Rolle）定理和拉格朗日（Lagrange）定理. 了解柯西（Cauchy）定理和泰勒（Taylor）定理. 理解函数的极值概念. 掌握用导数判断函数的单调性和求极值的方法. 会用导数判断函数图形的凹凸性. 会求拐点. 会描绘函数的图形（包括水平和铅直渐近线）. 会求解较简单的最大值和最小值的应用问题. 会用洛必达（L'Hospital）法则求不定式的极限. 了解曲率和曲率半径的概念并会计算曲率和曲率半径.

2. 重点要求

罗尔（Rolle）定理和拉格朗日（Lagrange）定理. 函数的极值概念. 用导数判断函数的单调性和求极值的方法.

知识点关联网络

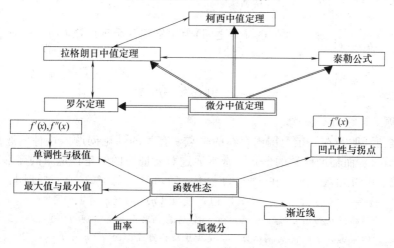

第一节　微分中值定理

一、内 容 提 要

1. 费马引理

设函数 $f(x)$ 在点 x_0 的某领域 $U(x_0)$ 内有定义且在 x_0 处可导，如果对任意的 $x \in U(x_0)$，有 $f(x) \leqslant f(x_0)$ 或 $f(x) \geqslant f(x_0)$，则 $f'(x_0) = 0$.

2. 罗尔定理

设函数 $f(x)$ 在闭区间 $[a,b]$ 上连续，在开区间 (a,b) 内可导且 $f(a) = f(b)$，则存在 $\xi \in (a,b)$，使 $f'(\xi) = 0$.

3. 拉格朗日中值定理

设函数 $f(x)$ 在闭区间 $[a,b]$ 上连续，在开区间 (a,b) 内可导，则存在 $\xi \in (a,b)$，使 $f(b) - f(a) = f'(\xi)(b-a)$.

推论 若 $f(x)$ 在 (a,b) 内可导，且 $f'(x)\equiv 0$，则 $f(x)$ 在 (a,b) 内为常数.

4. 柯西中值定理

设函数 $f(x)$ 和 $g(x)$ 在闭区间 $[a,b]$ 上连续，在开区间 (a,b) 内可导且 $g'(x)\neq 0$，则存在 $\xi\in(a,b)$ 使 $\dfrac{f(b)-f(a)}{g(b)-g(a)}=\dfrac{f'(\xi)}{g'(\xi)}$.

5. 泰勒公式

(1) 拉格朗日余项的 n 阶泰勒公式　设 $f(x)$ 在含有 x_0 的区间 (a,b) 内有 $n+1$ 阶导数，在 $[a,b]$ 上有 n 阶连续导数，则对 $x\in[a,b]$，有

$$f(x)=f(x_0)+\frac{f'(x_0)}{1!}(x-x_0)+\frac{f''(x_0)}{2!}(x-x_0)^2+\cdots+\frac{f^{(n)}(x_0)}{n!}(x-x_0)^n+R_n(x),$$

其中 $R_n(x)=\dfrac{f^{(n+1)}(\xi)}{(n+1)!}(x-x_0)^{n+1}$（$\xi$ 在 x_0 与 x 之间）称为拉格朗日余项.

(2) 皮亚诺余项的 n 阶泰勒公式　设 $f(x)$ 在 x_0 处有直到 n 阶导数，则

$$f(x)=f(x_0)+\frac{f'(x_0)}{1!}(x-x_0)+\frac{f''(x_0)}{2!}(x-x_0)^2+\cdots+\frac{f^{(n)}(x_0)}{n!}(x-x_0)^n+R_n(x),$$

其中 $R_n(x)=0[(x-x_0)^n]$（$x\to x_0$）称为皮亚诺余项.

(3) 麦克劳林公式　当 $x_0=0$ 时，n 阶泰勒公式称为 n 阶麦克劳林公式，即

$$f(x)=f(0)+\frac{f'(0)}{1!}x+\frac{f''(0)}{2!}x^2+\cdots+\frac{f^{(n)}(0)}{n!}x^n+R_n(x),$$

其中 $R_n(x)=\dfrac{f^{(n+1)}(\xi)}{(n+1)!}x^{n+1}$（$\xi$ 在 0 与 x 之间）为拉格朗日余项. $R_n(x)=o[x^n]$（$x\to 0$）为皮亚诺余项.

二、例 题 分 析

1. ξ 问题

ξ 问题是指证明与在一定范围内存在的一点 ξ 有关的结论问题. 这种问题的证明，一般要建立辅助函数. 而辅助函数的形式，常常通过对要证明的结论作适当的变形来获得.

△**【例 1】** 设奇函数 $f(x)$ 在 $[-1,1]$ 上二阶可导，且 $f(1)=1$，证明：(1) 存在 $\xi\in(0,1)$，使 $f'(\xi)=1$；(2) 存在 $\eta\in(-1,1)$，使 $f''(\eta)+f'(\eta)=1$.

分析　(1) 将所证结论移项后可得 $f'(x)-1=0$，考虑辅助函数 $F(x)=f(x)-x$. (2) 需要注意两点：一是奇函数 $f(x)$ 的导函数 $f'(x)$ 为偶函数；二是由于结论可变形为 $f''(\eta)+f'(\eta)-1=0$，由于含有二阶导数，所以辅助函数中会出现 $f'(x)$，同时还要利用 e^x 在构造辅助函数中的独特作用，故考虑辅助函数 $G(x)=e^x[f'(x)-1]$.

证　(1) 设 $F(x)=f(x)-x$，由 $f(x)$ 是奇函数可知 $f(0)=0$，$F(x)$ 在 $[0,1]$ 上连续，在 $(0,1)$ 内可导，且 $F(0)=F(1)=0$，由罗尔定理可得，存在 $\xi\in(0,1)$，使得 $F'(\xi)=f'(\xi)-1=0$，即 $f'(\xi)=1$.

(2) 设 $G(x)=e^x[f'(x)-1]$，$G'(x)=e^x[f''(x)+f'(x)-1]$，由 $f(x)$ 是奇函数可知，$f'(x)$ 在 $[-1,1]$ 上是偶函数，从而 (1) 中的 $\xi\in(0,1)$，有 $f'(-\xi)=f'(\xi)=1$；$G(x)$ 在 $[-\xi,\xi]\subset[-1,1]$ 上连续，在 $(-\xi,\xi)$ 上可导，且 $G(-\xi)=G(\xi)=0$，由罗尔定理可得，存在 $\eta\in(-\xi,\xi)\subset(-1,1)$，使 $G'(\eta)=e^\eta[f''(\eta)+f'(\eta)-1]=0$，即 $f''(\eta)+f'(\eta)=1$.

△**【例 2】** 设函数 $f(x)$ 在 $[0,+\infty)$ 上可导，$f(0)=0$ 且 $\lim\limits_{x\to+\infty}f(x)=2$. 证明：(1) 存在 $a>0$，使 $f(a)=1$；(2) 对 (1) 中的 a，存在 $\xi\in(0,a)$，使 $f'(\xi)=\dfrac{1}{a}$.

分析　(1) 所要证明的是 $x=a$ 函数 $F(x)=f(x)-1$ 的零点，故考虑使用零点定理. 需要指出的是，

零点定理是闭区间上连续函数的性质，所以还需要利用极限条件构造一个闭区间．(2) 所要证明的结论可变形为 $f'(\xi)-\dfrac{1}{a}=0$，考虑辅助函数 $G(x)=f(x)-\dfrac{1}{a}x$，使用罗尔定理．特别需要指出一点，像本例这种具有两个求证结论的题目，在证明第二个结论时，往往会用到第一个结论．

证 (1) 设辅助函数 $F(x)=f(x)-1$．因 $f(x)$ 在 $[0,+\infty)$ 上连续且 $\lim\limits_{x\to+\infty}f(x)=2$．所以存在 $X_0>0$，当 $x>X_0$ 时，有 $f(x)>1$．令 $x_0>X_0$，在闭区间 $[0,x_0]$ 上有 $F(x)=f(x)-1$ 连续，$F(0)=f(0)-1=-1<0,F(x_0)=f(x_0)-1>0$，由零点定理可得，存在 $a\in(0,x_0)\subset(0,+\infty)$ 使 $F(a)=0$，即 $f(a)=1$．

(2) 令 $G(x)=f(x)-\dfrac{1}{a}x$，$G(x)$ 在 $[0,a]$ 上连续，在 $(0,a)$ 上可导且 $G(0)=G(a)=0$，由罗尔定理可得，存在 $\xi\in(0,a)$，使 $G'(\xi)=f'(\xi)-\dfrac{1}{a}=0$，即 $f'(\xi)=\dfrac{1}{a}$．

【例 3】 设 $f(x)$ 在 $[a,b]$ 上连续，在 (a,b) 内二阶可导，且 $f(a)=f(b)=0$，$f(c)>0$，其中 $a<c<b$，则至少存在一点 $\xi\in(a,b)$，使 $f''(\xi)<0$．

分析 由于 $f(x)$ 在 (a,b) 内二阶可导，所以在 (a,b) 内的任一子区间上，对 $f'(x)$ 也可使用微分中值定理．

证 由已知条件可知，$f(x)$ 在区间 $[a,c]$ 上满足拉格朗日中值定理的条件，所以存在一点 $\xi_1\in(a,c)$，使

$$f'(\xi_1)=\frac{f(c)-f(a)}{c-a}=\frac{f(c)}{c-a}>0,$$

同理，存在一点 $\xi_2\in(c,b)$，使

$$f'(\xi_2)=\frac{f(b)-f(c)}{b-c}=\frac{-f(c)}{b-c}<0,$$

因为 $f(x)$ 在 (a,b) 上二阶可导，所以 $f'(x)$ 在 $[\xi_1,\xi_2]$ 上满足拉格朗日中值定理条件，故存在一点 $\xi\in(\xi_1,\xi_2)\subset(a,b)$，有

$$f''(\xi)=\frac{f'(\xi_2)-f'(\xi_1)}{\xi_2-\xi_1}.$$

由于 $f'(\xi_2)<0$，$f'(\xi_1)>0$，所以存在 $\xi\in(a,b)$，使 $f''(\xi)<0$．

△**【例 4】** 设 $f(x)$ 在 $[a,b]$ 上具有二阶导数，且 $f(a)=f(b)=0$，$f'(a)\cdot f'(b)>0$，证明存在 $\xi\in(a,b)$ 和 $\eta\in(a,b)$，使 $f(\xi)=0$，$f''(\eta)=0$．

分析 $f(x)$ 在 $[a,b]$ 上有二阶导数，证明存在 $\xi\in(a,b)$，使 $f(\xi)=0$，即证明 $x=\xi$ 是 $f(x)$ 的零点，可使用零点定理．由 $f(a)=f(\xi)=f(b)=0$，两次使用罗尔定理可得，存在 $\eta\in(a,b)$，使 $f''(\eta)=0$．

证 **方法一** 因 $f(x)$ 在 $[a,b]$ 上具有二阶导数，故 $f'(x)$ 在 $[a,b]$ 上连续．由 $f'(a)\cdot f'(b)>0$，不妨设 $f'(a)>0$，$f'(b)>0$，由 $f'(x)$ 的连续性可知，存在点 a 的右邻域 $[a,a+\delta_1]$ 和点 b 的左邻域 $[b-\delta_2,b]$，其中 $\delta_1>0$，$\delta_2>0$，且 $a+\delta_1<b-\delta_2$，使得 $x\in[a,a+\delta_1]$ 与 $x\in[b-\delta_2,b]$ 时，$f'(x)>0$．于是 $f(x)$ 在这两个区间上严格增加，因此存在 $x_1\in(a,a+\delta_1)$ 和 $x_2\in(b-\delta_2,b)$，使得 $f(x_1)>f(a)=0$，$f(x_2)<f(b)=0$．在区间 $[x_1,x_2]$ 上使用零点定理可得，存在 $\xi\in(x_1,x_2)\subset(a,b)$，使 $f(\xi)=0$．

由 $f(x)$ 在 $[a,b]$ 上二阶可导，$f(a)=f(\xi)=f(b)=0$，在 $[a,\xi]$ 和 $[\xi,b]$ 上使用罗尔定理，则存在 $\xi_1\in(a,\xi)$ 和 $\xi_2\in(\xi,b)$，使 $f'(\xi_1)=f'(\xi_2)=0$，在 $[\xi_1,\xi_2]$ 上，对 $f'(x)$ 使用罗尔定理，则存在 $\eta\in(\xi_1,\xi_2)\subset(a,b)$，使 $f''(\eta)=0$．

注 证明函数的零点，除了使用零点定理之外，还可使用反证法．本题的另一种证法如下．

方法二 反证法．假设不存在 $\xi\in(a,b)$，使 $f(\xi)=0$．由 $f(x)$ 在 (a,b) 上的连续性可知，在 (a,b) 内恒有 $f(x)>0$ 或 $f(x)<0$，不妨设 $f(x)>0$．有

$$f'(b) = \lim_{x \to b^-} \frac{f(x) - f(b)}{x - b} = \lim_{x \to b^-} \frac{f(x)}{x - b} \leqslant 0 \text{ 和 } f'(a) = \lim_{x \to a^+} \frac{f(x) - f(a)}{x - a} = \lim_{x \to a^+} \frac{f(x)}{x - a} \geqslant 0,$$

所以有 $f'(b) \cdot f'(a) \leqslant 0$,与 $f'(a) \cdot f'(b) > 0$ 矛盾,故至少存在一点 $\xi \in (a, b)$,使 $f(\xi) = 0$. 余下证法同上.

△**【例5】** 设 $y = f(x)$ 在 $(-1, 1)$ 内具有二阶连续导数且 $f''(x) \neq 0$,试证:(1) 对于 $(-1, 1)$ 内的任一 $x \neq 0$,存在唯一 $\theta(x) \in (0, 1)$,使 $f(x) = f(0) + x f'[\theta(x) \cdot x]$ 成立;(2) $\lim_{x \to 0} \theta(x) = \frac{1}{2}$.

分析 微分中值定理的结论中,开区间 (a, b) 上至少存在的一点 ξ,是依赖于区间端点 a 和 b 的. 当区间端点变化时,ξ 一般也会变化,所以,可以将 ξ 视为区间端点的函数. 另外,ξ 也可表作:$a + \theta(b - a)$,其中 $0 < \theta < 1$. 当区间端点变化时,θ 也可视为区间端点的函数,在本例中,将 $\theta(x)$ 视为随区间的一个端点 x 变化的 θ.

(1) 中的结论可变形为 $\frac{f(x) - f(0)}{x} = f'[\theta(x) \cdot x] = f'[0 + \theta(x)(x - 0)]$,这是拉格朗日中值定理的结论,对 $\theta(x)$ 的唯一性,可通过 $f'(x)$ 的单调性获得. 对 (2) 中的结论,有多种证法.

证 (1) 任取 $x \in (-1, 1)$ 且 $x \neq 0$,在以 0 和 x 为端点的区间上,对 $f(x)$ 使用拉格朗日中值定理,有

$$f(x) = f(0) + x \cdot f'[\theta(x) \cdot x], \quad 0 < \theta(x) < 1,$$

因为 $f''(x)$ 在 $(-1, 1)$ 内连续且 $f''(x) \neq 0$,所以 $f''(x)$ 在 $(-1, 1)$ 内不变号,不妨设 $f''(x) > 0$,故 $f'(x)$ 在 $(-1, 1)$ 内严格单调,故 $\theta(x)$ 唯一.

(2) 用下列两种证法.

证 **方法一** 由二阶导数定义

$$f''(0) = \lim_{x \to 0} \frac{f'[\theta(x) \cdot x] - f'(0)}{\theta(x) \cdot x} = \lim_{x \to 0} \frac{f(x) - f(0) - f'(0) \cdot x}{x^2} \cdot \frac{1}{\theta(x)},$$

而 $\lim_{x \to 0} \dfrac{f(x) - f(0) - f'(0) \cdot x}{x^2} \xlongequal{\text{L'}} \lim_{x \to 0} \dfrac{f'(x) - f'(0)}{2x} = \dfrac{1}{2} f''(0)$,可得 $\lim_{x \to 0} \theta(x) = \dfrac{1}{2}$.

证 **方法二** 由 $f(x)$ 二阶可导,有 $f(x)$ 的麦克劳林展开式

$$f(x) = f(0) + f'(0)x + \frac{1}{2!} f''(\xi) \cdot x^2 \quad (\xi \text{ 介于 } 0 \text{ 和 } x \text{ 之间}),$$

$$f''(0) = \lim_{x \to 0} \frac{f'[\theta(x) \cdot x] - f'(0)}{\theta(x) \cdot x} = \lim_{x \to 0} \frac{f(x) - f(0) - f'(0)x}{x^2} \cdot \frac{1}{\theta(x)}$$

$$= \lim_{x \to 0} \frac{\frac{1}{2} f''(\xi) \cdot x^2}{x^2} \cdot \frac{1}{\theta(x)} = \lim_{x \to 0} \frac{1}{2} f''(\xi) \cdot \frac{1}{\theta(x)} = \frac{f''(0)}{2} \cdot \frac{1}{\lim_{x \to 0} \theta(x)}$$

可得 $\lim_{x \to 0} \theta(x) = \dfrac{1}{2}$.

△**【例6】** 设函数 $f(x)$,$g(x)$ 在 $[a, b]$ 上连续,在 (a, b) 内具有二阶导数且存在相等的最大值,并且 $f(a) = g(a)$,$f(b) = g(b)$,证明:存在 $\xi \in (a, b)$,使 $f''(\xi) = g''(\xi)$.

分析 由 $f''(\xi) = g''(\xi)$ 可得 $f''(\xi) - g''(\xi) = 0$. 由已知条件,可考虑辅助函数 $F(x) = f(x) - g(x)$. 满足连续、二阶可导,$F(a) = F(b) = 0$ 对 $F(x)$ 使用中值定理,关键是如何使用 "存在相等的最大值" 这一条件.

证 设 $F(x) = f(x) - g(x)$,$F(a) = F(b) = 0$. 又 $f(x), g(x)$ 在 (a, b) 内具有相等的最大值,不妨设 $x_1 \leqslant x_2$,$x_1, x_2 \in (a, b)$ 使

$$f(x_1) = \max_{(a,b)} f(x), \quad g(x_2) = \max_{(a,b)} g(x).$$

若 $x_1 = x_2$,令 $c = x_2$,则有 $F(c) = 0$.

若 $x_1 < x_2$,$F(x_1) = f(x_1) - g(x_1) \geqslant 0$,$F(x_2) = f(x_2) - g(x_2) \leqslant 0$. $F(x)$ 在 $[x_1, x_2] \subset (a, b)$

上使用零点定理，存在 $c \in (x_1, x_2) \subset (a,b)$. 使 $F(c)=0$. 在区间 $[a,c]$、$[c,b]$ 上，对 $F(x)$ 分别使用罗尔定理可得，存在 $\xi_1 \in (a,c)$ $\xi_2 \in (c,b)$，使 $F'(\xi_1)=F'(\xi_2)=0$. 再对 $F'(x)$ 在区间 $[\xi_1, \xi_2]$ 上使用罗尔定理，存在$\xi \in (\xi_1, \xi_2) \subset (a,b)$. 使 $F''(\xi)=0$，即 $f''(\xi)=g''(\xi)$.

△**【例7】** 设函数 $f(x)$ 在闭区间 $[0,1]$ 连续，在开区间 $(0,1)$ 可导，且 $f(0)=0$，$f(1)=\dfrac{1}{3}$. 证明：存在 $\xi \in \left(0, \dfrac{1}{2}\right)$，$\eta \in \left(\dfrac{1}{2}, 1\right)$，使得 $f'(\xi)+f'(\eta)=\xi^2+\eta^2$.

分析 显然，需要两次使用中值定理. 将结论中的 ξ，η 分离后分别为 $f'(\xi)-\xi^2$ 和 $f'(\eta)-\eta^2$，考虑辅助函数 $F(x)=f(x)-\dfrac{1}{3}x^3$.

证 设 $F(x)=f(x)-\dfrac{1}{3}x^3$，由已知可知 $F(x)$ 在区间 $\left[0, \dfrac{1}{2}\right]$ 和 $\left[\dfrac{1}{2}, 1\right]$ 上满足拉格朗日中值定理条件，且有 $F(0)=F(1)=0$，

$$F\left(\frac{1}{2}\right)-F(0)=F'(\xi)\left(\frac{1}{2}-0\right)=\frac{1}{2}[f'(\xi)-\xi^2], \quad \xi \in \left(0, \frac{1}{2}\right),$$

$$F(1)-F\left(\frac{1}{2}\right)=F'(\eta)\left(1-\frac{1}{2}\right)=\frac{1}{2}[f'(\eta)-\eta^2], \quad \eta \in \left(\frac{1}{2}, 1\right),$$

两式相加，可得 $\dfrac{1}{2}[f'(\xi)-\xi^2]+\dfrac{1}{2}[f'(\eta)-\eta^2]=0$，即 $f'(\xi)+f'(\eta)=\xi^2+\eta^2$.

△**【例8】** 设函数 $f(x)$ 在闭区间 $[-1,1]$ 上具有三阶连续导数，并且 $f(-1)=0$，$f(1)=1$，$f'(0)=0$，证明：存在 $\xi \in (-1,1)$，使得 $f'''(\xi)=3$.

分析 根据 $f(x)$ 三阶可导，且 $f'(0)=0$，欲证 $f'''(\xi)=3$，容易想到采用 $f(x)$ 的麦克劳林展开式.

证 由麦克劳林公式得

$$f(x)=f(0)+f'(0)x+\frac{1}{2!}f''(0)x^2+\frac{1}{3!}f'''(\eta)x^3,$$

其中 η 在 0 与 x 之间，$x \in [-1,1]$. 令 $x=-1$ 和 $x=1$，由已知条件，得

$$0=f(-1)=f(0)+\frac{1}{2}f''(0)-\frac{1}{6}f'''(\eta_1), \quad -1<\eta_1<0,$$

及

$$1=f(1)=f(0)+\frac{1}{2}f''(0)+\frac{1}{6}f'''(\eta_2), \quad 0<\eta_2<1,$$

两式相减 $\qquad\qquad f'''(\eta_1)+f'''(\eta_2)=6.$

由 $f'''(x)$ 的连续性可知，$f'''(x)$ 在区间 $[\eta_1, \eta_2]$ 上有最大值和最小值，设它们分别为 M 和 m，有

$$m \leqslant \frac{1}{2}[f'''(\eta_1)+f'''(\eta_2)] \leqslant M,$$

由介值定理可知，至少存在一点 $\xi \in [\eta_1, \eta_2] \subset (-1,1)$，使得 $f'''(\xi)=\dfrac{1}{2}[f'''(\eta_1)+f'''(\eta_2)]=3$.

注 当 ξ 问题所涉及的函数高阶可导时，可考虑使用泰勒公式.

2. 利用微分学的理论证明不等式

（1）当不等式或不等式变形后的一部分，恰好是函数在两点处的函数值之差时，可以使用微分中值定理证明.

△**【例9】** 设 $f''(x)<0$，$f(0)=0$，证明：当 $0<a \leqslant b$ 时 $f(a+b)<f(a)+f(b)$.

分析 将结论转化为 $f(a+b)-f(a)-f(b)<0$，再由 $f(0)=0$ 可将 $f(a+b)-f(a)-f(b)=[f(a+b)-f(b)]-[f(a)-f(0)]$ 在 $[0,a]$ 和 $[b,a+b]$ 上使用拉格朗日中值定理即可.

证 方法一 因为 $f''(x)$ 存在，所以 $f(x)$ 可以在 $[0,a]$ 和 $[b,a+b]$ 上使用拉格朗日中值定理

$$\frac{f(a)-f(0)}{a-0}=\frac{f(a)}{a}=f'(\xi_1), \quad \xi_1\in(0,a),$$

$$\frac{f(a+b)-f(b)}{a+b-b}=\frac{f(a+b)-f(b)}{a}=f'(\xi_2), \quad \xi_2\in(a,a+b),$$

其中 $\xi_1<\xi_2$. 由于 $f''(x)<0$, 故有 $f'(\xi_2)<f'(\xi_1)$, 由此推出 $\frac{f(a+b)-f(b)}{a}<\frac{f(a)}{a}$, 即 $f(a+b)<f(a)+f(b)$.

证 **方法二** 也可采用辅助函数的方法. 设 $F(x)=f(x+a)-f(x)$, $F'(x)=f'(x+a)-f'(x)$, 因为 $a>0$, $f''(x)<0$, 所以 $f'(x+a)<f'(x)$, 即 $F(x)$ 是单调下降的. 当 $0<a\leqslant b$ 时, 有 $F(b)<F(0)$, $f(a+b)-f(b)<f(a)$, 即 $f(a+b)<f(u)+f(b)$.

(2) 当不等式涉及的函数高阶可导, 并且不等式与开区间内的一点有关时, 可以考虑使用泰勒公式.

△**【例 10】** 设 $f(x)$ 在 $[0,1]$ 上具有二阶导数, 且 $|f(x)|\leqslant a$, $|f''(x)|\leqslant b$, 其中 a,b 是非负数, $c\in(0,1)$, 证明: $|f'(c)|\leqslant 2a+\frac{1}{2}b$.

分析 根据求证结论, 将 $f(x)$ 在 $x_0=c$ 处作泰勒展开.

证 将 $f(x)$ 在点 $c\in(0,1)$ 处作泰勒展开

$$f(x)=f(c)+f'(c)(x-c)+\frac{f''(\xi)}{2!}(x-c)^2 \quad (\xi \text{ 在 } x \text{ 和 } c \text{ 之间}),$$

令 $x=0$: $f(0)=f(c)-f'(c)\cdot c+\frac{f''(\xi_1)}{2!}c^2$, $0<\xi_1<c$,

令 $x=1$: $f(1)=f(c)+f'(c)(1-c)+\frac{f''(\xi_2)}{2!}(1-c)^2$, $c<\xi_2<1$,

两式相减 $f(0)-f(1)=\frac{f''(\xi_1)}{2!}c^2-f'(c)-\frac{f''(\xi_2)}{2!}(1-c)^2$,

$$|f'(c)|\leqslant|f(1)|+|f(0)|+\frac{1}{2}[|f''(\xi_1)|c^2+|f''(\xi_2)|(1-c)^2]\leqslant 2a+\frac{b}{2}[c^2+(1-c)^2],$$

因为 $c\in(0,1)$, 所以 $c^2+(1-c)^2\leqslant 1$. 有 $|f'(c)|\leqslant 2a+\frac{b}{2}$.

3. 利用微分中值定理与泰勒公式求极限

微分中值定理和泰勒公式也是极限计算的重要方法之一, 而且在某些函数的极限计算中, 具有独特的作用.

△**【例 11】** 求 $\lim\limits_{x\to 0}\frac{e^x-e^{\sin x}}{x-\sin x}$.

分析 本例可以采用多种方法求解. 由于题目中分子是在两点的函数值之差, 所以考虑用拉格朗日中值定理的结论.

解 设 $f(x)=e^x$. 显然 $f(x)$ 在 x 与 $\sin x$ 之间满足拉格朗日中值定理的条件, 有

$$f(x)-f(\sin x)=e^x-e^{\sin x}=e^\xi(x-\sin x) \quad (\xi \text{ 在 } x \text{ 与 } \sin x \text{ 之间}),$$

因为 $\lim\limits_{x\to 0}\sin x=0$, 所以当 $x\to 0$ 时, 有 $\xi\to 0$, 所以 $\lim\limits_{x\to 0}\frac{e^x-e^{\sin x}}{x-\sin x}=\lim\limits_{\xi\to 0}e^\xi=1$.

△**【例 12】** 求 $\lim\limits\frac{\tan(\tan x)-\sin(\sin x)}{\tan x-\sin x}$.

分析 这是一个 $\frac{0}{0}$ 型的未定式极限, 但不满足洛必达法则条件, 考虑使用泰勒公式.

解 **方法一** 由极限表达式可知, 展开的函数为 $\sin x$ 和 $\tan x$, 展开点为 $x=0$, 展开的阶数取决于分母的无穷小量阶, 故先对分母作泰勒展开.

$$\tan x = x + \frac{x^3}{3} + o(x^3), \quad \sin x = x - \frac{x^3}{3!} + o(x^3).$$

分母 $= \left[x + \frac{x^3}{3} + o(x^3) \right] - \left[x - \frac{x^3}{3!} + o(x^3) \right] = \frac{x^3}{2} + o(x^3).$

所以当 $x \to 0$ 时，分母是 3 阶无穷小. 对分子作泰勒展开

$$\tan(\tan x) = \tan\left[x + \frac{\tan^3 x}{3} + o(x^3) \right] = \left[x + \frac{x^3}{3} + o(x^3) \right] + \frac{1}{3}\left[x + \frac{x^3}{3} + o(x^3) \right]^3 = x + \frac{2}{3}x^3 + o(x^3),$$

$$\sin(\sin x) = \sin\left[x - \frac{\sin^3 x}{3!} + o(x^3) \right] = \left[x - \frac{x^3}{3!} + o(x^3) \right] - \frac{1}{3!}\left[x - \frac{x^3}{3!} + o(x^3) \right]^3 = x - \frac{2}{3!}x^3 + o(x^3),$$

分子 $= \left[x + \frac{2}{3}x^3 + o(x^3) \right] - \left[x - \frac{2}{3!}x^3 + o(x^3) \right] = x^3 + o(x^3).$

所以原式 $= \lim\limits_{x \to 0} \dfrac{x^3 + o(x^3)}{\dfrac{x^3}{2} + o(x^3)} = 2.$

方法二 根据极限表达式的特点，本例也可考虑使用微分中值定理.

原式 $= \lim\limits_{x \to 0}\left[\dfrac{\tan(\tan x) - \tan(\sin x)}{\tan x - \sin x} + \dfrac{\tan(\sin x) - \sin(\sin x)}{\tan x - \sin x} \right] = \text{I} + \text{II},$

$\text{I} = \lim\limits_{x \to 0} \dfrac{\tan(\tan x) - \tan(\sin x)}{\tan x - \sin x} = \lim\limits_{x \to 0} \sec^2 \xi$ （ξ 在 $\sin x$ 与 $\tan x$ 之间）.

因为 $\lim\limits_{x \to 0}\sin x = \lim\limits_{x \to 0}\tan x$，所以 $\lim\limits_{x \to 0}\xi = 0$. 故 $\text{I} = \lim\limits_{\xi \to 0}\sec^2\xi = \sec^2 0 = 1.$

$\text{II} = \lim\limits_{x \to 0} \dfrac{\tan(\sin x) - \sin(\sin x)}{\tan x - \sin x} = \lim\limits_{x \to 0}\dfrac{\tan(\sin x) \cdot [1 - \cos(\sin x)]}{\tan x \cdot (1 - \cos x)} = \lim\limits_{x \to 0}\dfrac{\sin x \cdot \dfrac{1}{2}\sin^2 x}{x \cdot \dfrac{1}{2}x^2} = \lim\limits_{x \to 0}\dfrac{\dfrac{1}{2}x^3}{\dfrac{1}{2}x^3} = 1.$

所以 原式 $= \text{I} + \text{II} = 2.$

注 当泰勒公式用于极限计算时，展开的函数在极限表达式中已经给出了. 对于展开的点，当极限过程为 $x \to x_0$ 时，展开点为 $x = x_0$；当极限过程为 $x \to \infty$ 或 $n \to \infty$ 时，需要作变量代换 $t = 1/x$ 或 $t = 1/n$，展开点为 $t = 0$. 展开的阶数要根据具体的极限表达式来确定.

三、习　题

1. 设 $f(x)$ 在 $[0,1]$ 连续，在 $(0,1)$ 可导，$f(1) = 0$，证明：存在一点 $\xi \in (0,1)$，使 $f'(\xi) = -\dfrac{f(\xi)}{\xi}$.

2. 设函数 $f(x)$，$g(x)$ 在闭区间 $[a,b]$ 上连续，在开区间 (a,b) 内可导，且 $g'(x) \neq 0$，证明：存在一点 $\xi \in (a,b)$，使 $\dfrac{f'(\xi)}{g'(\xi)} = \dfrac{f(\xi) - f(a)}{g(b) - g(\xi)}$.

3. 设 $f(x)$ 在 $[a,b]$ 上可微，$f'(x) \neq 0$，$a < x < b$，证明：存在 ξ，$\eta \in (a,b)$，使 $f'(\xi) = \dfrac{a+b}{2\eta}f'(\eta)$.

4. 设 $f(x)$ 在 $[a,b]$ 上连续，在 (a,b) 内可导，$f(a) = f(b)$，且 $f(x)$ 不恒为常数，求证：存在一点 $\xi \in (a,b)$，使 $f'(\xi) > 0$.

5. 设 $\varphi(x)$ 在 $[a,b]$ 上二阶可导，$\varphi(a) = \varphi(b) = 0$，且 $f(x) = (x-a)^2 \varphi(x)$，求证：存在一点 $\xi \in (a,b)$，使 $f''(\xi) = 0$.

6. 证明：若函数 $f(x)$ 在 $x = 0$ 处连续，在 $(0,\delta)$（$\delta > 0$）内可导，且 $\lim\limits_{x \to 0^+} f'(x) = A$，则 $f'_+(0)$ 存在，且 $f'_+(0) = A$.

7. 设 $f(x)$ 在 $[0,1]$ 上连续，在 $(0,1)$ 内二阶可导，过点 $A(0, f(0))$ 与点 $B(1, f(1))$ 的直线与曲线 $y = f(x)$ 相交于点 $C(c, f(c))$，其中 $0 < c < 1$，证明：存在一点 $\xi \in (0,1)$，使 $f''(\xi) = 0$.

8. 设 $f(x)$ 在 $[0,1]$ 上有连续的三阶导数，且 $f(0) = 1$，$f(1) = 2$，$f'\left(\dfrac{1}{2}\right) = 0$，证明：在 $(0,1)$ 内

至少存在一点 ξ，使 $|f'''(\xi)| \geqslant 24$.

9. 设 $f(x)$ 在 $[0,1]$ 上有连续的二阶导数，且 $f(0)=0$，$f(1)=\dfrac{1}{2}$，$f'\left(\dfrac{1}{2}\right)=0$，证明，至少存在一点 $\xi \in (0,1)$，使 $|f''(\xi)| \geqslant 12$.

10. 设 $f(x)$ 在 $[a,b]$ 上有连续的二阶导数，证明 (a,b) 上至少存在一点 ξ，使 $f(a)+f(b)-2f\left(\dfrac{a+b}{2}\right)=\dfrac{(b-a)^2}{4}f''(\xi)$.

11. 设函数 $f(x)$ 在 $[a,b]$ 上连续，在 (a,b) 内可导，且对 (a,b) 内任一点 x 有 $f(x) \neq 0$，而 $f(a)=f(b)=0$. 证明对任意实数 α，存在一点 $\xi \in (a,b)$，使得 $f'(\xi)=\alpha f(\xi)$.

12. 设函数 $f(x)$ 在 $[0,1]$ 上连续，在 $(0,1)$ 内可导，$f(0)=0$，$f(1)=1$. 证明：(1) 存在 $\xi \in (0,1)$，使得 $f(\xi)=1-\xi$；(2) 存在两个不同的点 η，$\zeta \in (0,1)$ 使得 $f'(\eta) \cdot f'(\zeta)=1$.

13. 设 $f(x)$，$g(x)$ 在 $(-\infty,+\infty)$ 上有连续导数，$f(x) \cdot g'(x)-f'(x)g(x)$ 在 R 上无零点，证明：$f(x)$[或 $g(x)$] 的任意两个相邻零点之间必定有 $g(x)$[或 $f(x)$] 的一个零点.

14. 设 $f(x)$ 在 $(-\infty,+\infty)$ 内可微，证明：在 $f(x)$ 的任意两个零点之间必有 $f(x)+f'(x)$ 的一个零点.

15. 设 $a_0+\dfrac{a_1}{2}+\cdots+\dfrac{a_n}{n+1}=0$，证明多项式 $f(x)=a_0+a_1x+\cdots+a_nx^n$ 在 $(0,1)$ 内至少有一个零点.

16. 设 $f(x)$ 在 $[a,b]$ 上二次可微，对 (a,b) 内的任一点 x，有 $|f''(x)| \leqslant M$，$f(a)=f(b)$. 证明 $|f'(x)| \leqslant \dfrac{M}{2}(b-a)$，$x \in [a,b]$.

17. 设 $f(x)$ 在 $[0,+\infty)$ 上三阶可导，并且 $\lim\limits_{x \to +\infty} f(x)$ 存在，证明：$\lim\limits_{x \to +\infty} f'''(x)=0$，证明 $\lim\limits_{x \to +\infty} f'(x)=\lim\limits_{x \to +\infty} f''(x)=0$.

18. 设 $f(x)$ 三阶连续可导，试证近似公式 $f(a+h) \approx f(a)+f'\left(a+\dfrac{h}{2}\right) \cdot h$ 的误差绝对值不超过 $\dfrac{7}{24}M|h|^3$，其中 $|f'''(x)| \leqslant M$.

19. 设 $f(x)$ 在 R 上二次可微，且有 $|f(x)| \leqslant M_0$，$|f''(x)| \leqslant M_2$ $(x \in \mathbb{R})$，(1) 写出 $f(x+h)$，$f(x-h)$ 关于 h 的具有拉格朗日余项的泰勒公式 $(h>0)$；(2) 证明对任意给定的 $h>0$，有 $|f'(x)| \leqslant \dfrac{M_0}{h}+\dfrac{h}{2}M_2$.

20. 用泰勒公式计算下列极限：

(1) $\lim\limits_{x \to 0} \dfrac{e^{\tan x}-e^x}{\tan x-x}$；

(2) $\lim\limits_{x \to 0} \dfrac{e^x-e^{\sin x}}{x-\sin x}$；

(3) $\lim\limits_{x \to 0} \dfrac{\sqrt{1+x^2}-1-\dfrac{x^2}{2}}{(e^{x^2}-\cos x)\sin x^2}$；

(4) $\lim\limits_{x \to 0} \dfrac{e^x-1-x}{\sqrt{1-x}-\cos\sqrt{x}}$；

(5) $\lim\limits_{x \to 0} \dfrac{1-x^2-e^{-x^2}}{x\sin^3 2x}$；

(6) $\lim\limits_{x \to 0} \dfrac{x^2}{\sqrt{1+x\sin x}-\sqrt{\cos x}}$.

21. 已知 $\lim\limits_{x \to 0} \left(\dfrac{\sin 3x}{x^3}+\dfrac{a}{x^2}+b\right)=0$，试用泰勒公式求极限的方法求常数 a 和 b 的值.

22. 若 $0<x_1<x_2<\dfrac{\pi}{2}$，证明：$e^{x_2}-e^{x_1}>(\cos x_1-\cos x_2)e^{x_1}$.

四、习题解答与提示

1. 提示：要证明的结论可改写成 $f'(\xi)\xi+f(\xi)=0$.

2. 提示：将求证变形后设辅助函数 $\varphi(x)=f(x)g(b)-f(x)g(x)+g(x)f(a)$.

3. 提示：此题不可用柯西中值定理，设辅助函数 $F(x)=x^2[f(a)-f(b)]-(a^2-b^2)f(x)$，使用罗尔定理，对 $f(x)$ 使用拉格朗日中值定理.

4. 提示：$f(x)$ 在 $[a,b]$ 上不恒为常数且有最大值.

5. 提示：方法一 对 $f(x)$ 使用罗尔定理；方法二 将 $f(x)$ 在 $x_0=a$ 处作泰勒展开.

6. 提示：右导数定义，拉格朗日中值定理.

7. 提示：方法一 设 $F(x)=f(x)-[f(1)-f(0)]x-f(0)$；方法二 $f(x)$ 在 $[0,c]$，$[c,1]$ 上使用拉格朗日中值定理.

8. 提示：$f(x)$ 在 $x_0 = \frac{1}{2}$ 处作泰勒展开.

9. 提示：方法一 $f(x)$ 在 $x_0 = \frac{1}{2}$ 处作泰勒展开；方法二 设 $F(x) = f\left(\frac{1}{2} + x\right) - f\left(\frac{1}{2} - x\right)$，在 $x_0 = 0$ 处作泰勒展开.

10. 提示：$f(x)$ 在 $(a+b)/2$ 处作泰勒展开，并使用介值定理.

11. 提示：利用指数函数构造辅助函数，使用罗尔定理.

12. 提示：(1) 零点定理；(2) 利用 (1) 中的零点将所给区间分成两部分，分别使用拉格朗日中值定理.

13. 提示：用反证法，并设辅助函数 $F(x) = \dfrac{g(x)}{f(x)}$.

14. 提示：设 $F(x) = e^x f(x)$.

15. 提示：设 $g(x) = a_0 x + \dfrac{a_1}{2} x^2 + \dfrac{a_3}{3} x^3 + \cdots + \dfrac{a_n}{n+1} x^{n+1}$，对 $g(x)$ 使用罗尔定理.

16. 提示：$f(a)$ 和 $f(b)$ 分别在 x 处作泰勒展开.

17. 提示：将 $f(x+1)$ 和 $f(x-1)$ 在 x 点处作泰勒展开.

18. 提示：将 $f(a+h)$ 和 $f'\left(a + \dfrac{h}{2}\right)$ 分别在 a 点处作泰勒展开.

19. (1) $f(x+h) = f(x) + f'(x)h + \dfrac{f''(x + \theta_1 h)}{2!} h^2, 0 < \theta_1 < 1$. $f(x-h) = f(x) - f'(x) h + \dfrac{f''(x + \theta_2 h)}{2!} h^2, 0 < \theta_1 < 1$. (2) 提示：由 $f(x+h) - f(x-h)$ 解出 $f'(x)$，并利用绝对值性质.

20. (1) 1. 提示：$\tan x = x + \dfrac{1}{3} x^3 + o(x^3), e^{\tan x} = 1 + \tan x + \dfrac{1}{2!} \tan^2 x + \dfrac{1}{3!} \tan^3 x + o(\tan^3 x), e^x = 1 + x + \dfrac{1}{2!} x^2 + \dfrac{1}{3!} x^3 + o(x^3).$ (2) 1. (3) $-\dfrac{1}{12}$. 提示：因为分母中有 x^2，将 $\cos x$ 与 e^{x^2} 展到 x^2 项，则分母为 $0(x^4)$ 阶，故分子中的 $\sqrt{1+x^2}$ 展到 x^4 项. (4) -3. (5) $-\dfrac{1}{16}$. (6) $\dfrac{3}{4}$.

21. $a = -3$, $b = 9/2$. 提示：将 $\sin 3x$ 作泰勒展开.

22. 提示：柯西中值定理.

第二节 洛必达法则

一、内 容 提 要

1. $x \to x_0$ 时的洛必达法则

设 $f(x)$，$F(x)$ 在 x_0 的某去心邻域内可微，且 $\lim\limits_{x \to x_0} f(x) = 0$，$\lim\limits_{x \to x_0} F(x) = 0$，$F'(x) \neq 0$，

如果 $\lim\limits_{x \to x_0} \dfrac{f'(x)}{F'(x)} = A$（或 ∞），则 $\lim\limits_{x \to x_0} \dfrac{f(x)}{F(x)} = \lim\limits_{x \to x_0} \dfrac{f'(x)}{F'(x)} = A$（或 ∞）.

2. $x \to \infty$ 时的洛必达法则

设 $f(x)$，$F(x)$ 在 $|x| > N$ 时可微，且 $\lim\limits_{x \to \infty} f(x) = 0$，$\lim\limits_{x \to \infty} F(x) = 0$，$F'(x) \neq 0$，如果

$\lim\limits_{x \to \infty} \dfrac{f'(x)}{F'(x)} = A$（或 ∞），则 $\lim\limits_{x \to \infty} \dfrac{f(x)}{F(x)} = \lim\limits_{x \to \infty} \dfrac{f'(x)}{F'(x)} = A$（或 ∞）.

注 以上为 $\dfrac{0}{0}$ 型的洛必达法则，还有相应的 $\dfrac{\infty}{\infty}$ 型的洛必达法则.

二、例 题 分 析

1. 未定式 $\dfrac{0}{0}$ 和 $\dfrac{\infty}{\infty}$ 的极限

$\dfrac{0}{0}$ 和 $\dfrac{\infty}{\infty}$ 是未定式中的两种最基本的类型. 对于这两种极限，即使极限存在，也不能直

接使用极限四则运算法则中商的运算法则, 即商的极限等于极限的商(请读者考虑为什么).
而洛必达法则正是针对求解这两种未定式的极限而创立的法则.

△【例 1】 求 $\lim\limits_{x\to 0}\dfrac{\sqrt{1+\tan x}-\sqrt{1+\sin x}}{x\cdot\ln(1+x)-x^2}$

解 首先将分子有理化

$$原式=\lim\limits_{x\to 0}\dfrac{\tan x-\sin x}{x[\ln(1+x)-x]}\cdot\dfrac{1}{\sqrt{1+\tan x}+\sqrt{1+\sin x}},$$

运用四则运算法则, 将原式变为两个极限相乘,

$$\lim\limits_{x\to 0}\dfrac{1}{\sqrt{1+\tan x}+\sqrt{1+\sin x}}=\dfrac{1}{\sqrt{1}+\sqrt{1}}=\dfrac{1}{2},$$

$$\lim\limits_{x\to 0}\dfrac{\tan x-\sin x}{x[\ln(1+x)-x]}=\lim\limits_{x\to 0}\dfrac{\sin x}{x}\cdot\dfrac{1}{\cos x}\cdot\dfrac{1-\cos x}{\ln(1+x)-x}$$

$$=\lim\limits_{x\to 0}\dfrac{\dfrac{1}{2}x^2}{\ln(1+x)-x}\quad\left(x\to 0\text{ 时},\sin x\sim x,1-\cos x\sim\dfrac{x^2}{2},\cos x\to 1\right)$$

$$\xlongequal{\frac{0}{0}}\lim\limits_{x\to 0}\dfrac{x}{\dfrac{1}{1+x}-1}=\lim\limits_{x\to 0}\dfrac{x(1+x)}{-x}=-1.$$

所以 原式 $=(-1)\cdot\dfrac{1}{2}=-\dfrac{1}{2}.$

△【例 2】 求 $\lim\limits_{x\to 0}\dfrac{\sin x+x^2\sin\dfrac{1}{x}}{\arctan x}.$

分析 $\dfrac{0}{0}$ 型极限, 若用洛必达法则, 原式变为

$$\lim\limits_{x\to 0}\dfrac{\cos x+2x\sin\dfrac{1}{x}-\cos\dfrac{1}{x}}{\dfrac{1}{1+x^2}}.$$

由于 $\lim\limits_{x\to 0}\cos\dfrac{1}{x}$ 不存在, 故洛必达法则条件不满足, 但这并不意味着原式极限不存在, 只是洛必达法则不能用, 可见洛必达法则是充分条件.

解 原式 $=\lim\limits_{x\to 0}\dfrac{x\left(\dfrac{\sin x}{x}+x\sin\dfrac{1}{x}\right)}{x}=\lim\limits_{x\to 0}\dfrac{\sin x}{x}+\lim\limits_{x\to 0}x\cdot\sin\dfrac{1}{x}=1+0=1.$

△【例 3】 设 $f(x)=\begin{cases}\dfrac{\ln(1+ax^3)}{x-\arcsin x}, & x<0,\\[2mm] 6, & x=0,\\[2mm] \dfrac{\mathrm{e}^{ax}+x^2-ax-a}{x\cdot\sin\dfrac{x}{4}}, & x>0,\end{cases}$

问 a 为何值时, $f(x)$ 在 $x=0$ 处连续; a 为何值时, $x=0$ 是 $f(x)$ 的可去间断点?

分析 $x=0$ 是分段函数 $f(x)$ 的分段点. 当 $f(0-0)=f(0+0)=f(0)$ 时, $x=0$ 为连续点. 当 $f(0-0)=f(0+0)\neq f(0)$ 时, $x=0$ 为可去间断点.

解 $f(0-0)=\lim\limits_{x\to 0^-}f(x)=\lim\limits_{x\to 0^-}\dfrac{\ln(1+ax^3)}{x-\arcsin x}\cong\lim\limits_{x\to 0^-}\dfrac{ax^3}{x-\arcsin x}$

$$\xlongequal{\text{洛必达法则}}\lim_{x\to 0^-}\frac{3ax^2}{1-\dfrac{1}{\sqrt{1-x^2}}}=\lim_{x\to 0^-}\frac{3ax^2\cdot\sqrt{1-x^2}}{\sqrt{1-x^2}-1}\eqsim\lim_{x\to 0^-}\frac{3ax^2\cdot\sqrt{1-x^2}}{-\dfrac{1}{2}x^2}=-6a.$$

$$f(0+0)=\lim_{x\to 0^+}f(x)=\lim_{x\to 0^+}\frac{e^{ax}+x^2-ax+1}{x\cdot\sin\dfrac{x}{4}}\eqsim 4\lim_{x\to 0^+}\frac{e^{ax}+x^2-ax+1}{x^2}$$

$$\xlongequal{\text{洛必达法则}}4\lim_{x\to 0^+}\frac{a\,e^{ax}+2x-a}{2x}=2a^2+4.$$

令 $f(0-0)=f(0+0)$，即 $-6a=2a^2+4$，解出 $a=-1$ 或 $a=-2$，因 $f(0)=6$，所以当 $a=-1$ 时，$f(0-0)=f(0+0)=f(0)=6$，$f(x)$ 在 $x=0$ 连续；当 $a=-2$ 时，$f(0-0)=f(0+0)=12\neq f(0)=6$，$x=0$ 是 $f(x)$ 可去间断点.

2. 其余未定式的极限

未定式除了 $\dfrac{0}{0}$ 和 $\dfrac{\infty}{\infty}$ 以外，还有另外五种类型，简记作：$0\cdot\infty,\ \infty-\infty,\ 0^0,\ 1^\infty,\ \infty^0$.

这五种类型可以通过函数变形，如通分，取对数等方法，变为 $\dfrac{0}{0}$ 或 $\dfrac{\infty}{\infty}$. 所以这五种未定式的极限，也可使用洛必达法则处理.

【**例4**】　求 $\displaystyle\lim_{x\to 0}\left[\dfrac{1}{\ln(1+x)}-\dfrac{1}{x}\right]$.

解　原式 $=\displaystyle\lim_{x\to 0}\dfrac{x-\ln(1+x)}{x\ln(1+x)}=\lim_{x\to 0}\dfrac{x-\ln(1+x)}{x^2}\xlongequal{\text{洛必达法则}}\lim_{x\to 0}\dfrac{1}{2(1+x)}=\dfrac{1}{2}$.

【**例5**】　求 $\displaystyle\lim_{x\to 0^+}\left(\ln\dfrac{1}{x}\right)^x$.

分析　这是 ∞^0 型的未定式，通过取对数，可以变为 $\dfrac{\infty}{\infty}$ 型.

解　原式 $=e^{\lim\limits_{x\to 0^+}x\ln\ln\frac{1}{x}}=e^{\lim\limits_{x\to 0^+}\frac{\ln\ln\frac{1}{x}}{\frac{1}{x}}}\xlongequal{\text{洛必达法则}}e^{\lim\limits_{x\to 0^+}x\cdot\frac{1}{\ln\frac{1}{x}}}=e^0=1$.

△【**例6**】　求 $\displaystyle\lim_{x\to 0}(\cos x)^{\frac{1}{\ln(1+x^2)}}$.

分析　1^∞ 型未定式. 通过取对数，可以变为 $\dfrac{0}{0}$ 型.

解　方法一　原式 $=e^{\lim\limits_{x\to 0}\frac{\ln\cos x}{\ln(1+x^2)}}=e^{\lim\limits_{x\to 0}\frac{\ln\cos x}{x^2}}=e^{\lim\limits_{x\to 0}\frac{-\sin x}{2x}}=e^{-\frac{1}{2}}=\dfrac{1}{\sqrt{e}}$.

注　对 1^∞ 型未定式，设 $f(x)^{g(x)}$，$\lim f(x)=1$，$\lim g(x)=\infty$，由于 $\ln f(x)=\ln[1+(f(x)-1)]=f(x)-1$，所以 $\lim f(x)^{g(x)}=e^{\lim g(x)\cdot\ln f(x)}=e^{\lim g(x)\cdot[f(x)-1]}$. 这是 1^∞ 型未定式特有的处理方法.

方法二　利用 1^∞ 型未定式特有处理方法

$$\text{原式}=e^{\lim\limits_{x\to 0}\frac{1}{\ln(1+x^2)}\cdot(\cos x-1)}=e^{\lim\limits_{x\to 0}\frac{-\frac{x^2}{2}}{x^2}}=e^{-\frac{1}{2}}=\dfrac{1}{\sqrt{e}}.$$

【**例7**】　设函数 $f(x)=\displaystyle\lim_{n\to\infty}\sqrt[n]{1+|x|^{3n}}$，求 $f'(x)$.

分析　本例有以下几点需要关注. ①用极限表示函数是函数的一种表达形式. 处理这种函数，先求函数关于变量 n 在 $n\to\infty$ 时的极限，得到函数 $f(x)$ 的表达式，然后处理有关问题. ②求极限时要分清函数的自变量（本例中的 x）与极限过程中的自变量（本例中的 n）. ③当处理 $n\to\infty$ 的极限时，由于 n 并非连续变量，所以不能直接使用洛必达法则，即不能对 n 直接求导.

解　$f(x)=\displaystyle\lim_{n\to\infty}\sqrt[n]{1+|x|^{3n}}=e^{\lim\limits_{n\to\infty}\frac{1}{n}\ln(1+|x|^{3n})}$，

当 $|x| \leqslant 1$ 时，$\lim\limits_{n \to \infty} \dfrac{1}{n} \ln(1 + |x|^{3n}) = 0$，所以 $f(x) = 1$.

当 $|x| > 1$ 时，极限 $\lim\limits_{n \to \infty} \dfrac{1}{n} \ln(1 + |x|^{3n})$ 为 $\dfrac{\infty}{\infty}$ 型未定式，由于 n 并非连续变量，故不能直接使用洛必达法则，故选择 $t = \dfrac{1}{n}$.

$$\lim_{t \to 0} t \ln(1 + |x|^{\frac{3}{t}}) \xlongequal{\text{洛必达法则}} \lim_{t \to 0} \frac{3|x|^{\frac{3}{t}} \ln|x|}{1 + |x|^{\frac{3}{t}}} = 3\ln|x|,$$

所以 $f(x) = \begin{cases} 3\ln(-x), & x < -1, \\ 1, & -1 \leqslant x \leqslant 1, \\ 3\ln x, & x > 1. \end{cases}$ 考虑在分段点 $x = -1$ 处可导性.

$$\lim_{x \to -1^-} \frac{f(x) - f(-1)}{x - (-1)} = \lim_{x \to -1^-} \frac{3\ln(-x) - 1}{x + 1} = \infty,$$

所以 $f(x)$ 在 $x = -1$ 处不可导，同理可得 $f(x)$ 在 $x = 1$ 处也不可导，有 $f'(x) = \begin{cases} \dfrac{3}{x}, & |x| > 1, \\ 0, & |x| < 1. \end{cases}$

3. 洛必达法则＋无穷小量等价代换求极限

无穷小量等价代换是极限计算的一种重要方法，它可以简化函数的表达式，尤其是和洛必达法则配合使用，可以使两者的优点发挥得淋漓尽致. 需要再一次指出的是，这里的无穷小等价代换定理，都是针对因子形式的无穷小量而言的.

【例8】 求 $\lim\limits_{x \to 0} \dfrac{e^x - \sin x - 1}{1 - \sqrt{1 - x^2}}$.

解 因为 $\sqrt{1 - x^2} - 1 \sim \dfrac{-x^2}{2}$ $(x \to 0)$，所以

$$原式 = \lim_{x \to 0} \frac{e^x - \sin x - 1}{\frac{x^2}{2}} \xlongequal{\text{洛必达法则}} \lim_{x \to 0} \frac{e^x - \cos x}{x} \xlongequal{\text{洛必达法则}} \lim_{x \to 0} \frac{e^x + \sin x}{1} = e^0 = 1.$$

注 有两点需要指出：其一，本例中的分子为和差的形式，若用 $\sin x \sim x$，$e^x - 1 \sim x$，显然会得到错误的结果. 这是由于 $\lim\limits_{x \to 0} \dfrac{e^x - 1}{-\sin x} \cong \lim\limits_{x \to 0} \dfrac{x}{-x} = -1$，不满足和差形式无穷小等价代换的充分条件. 其二，将本例中的分母视为一个整体，可以作等价代换. 如果分母不作无穷小量的等价代换，而直接使用洛必达法则，计算过程将会比较复杂，读者不妨一试，从中体会无穷小量等价代换与洛必达法则结合使用的功效.

4. 利用数列极限与函数极限的关系求极限

数列极限与函数极限的关系为：若 $\lim\limits_{n \to \infty} x_n = a$，$\lim\limits_{x \to a} f(x) = A$，则 $\lim\limits_{n \to \infty} f(x_n) = A$. 利用这一关系，可以将数列极限问题转化为函数极限问题.

【例9】 求 $\lim\limits_{n \to \infty} \left(\dfrac{\sqrt[n]{a} + \sqrt[n]{b}}{2} \right)^n$ $(a > 0, b > 0)$.

解 设 $x_n = \dfrac{1}{n}$，$\lim\limits_{n \to \infty} x_n = \lim\limits_{n \to \infty} \dfrac{1}{n} = 0$. 于是选择 $x = \dfrac{1}{n}$，原式 $= \lim\limits_{x \to 0} \left(\dfrac{a^x + b^x}{2} \right)^{\frac{1}{x}}$.

解 方法一 $原式 = \lim\limits_{x \to 0} \left[\left(1 + \dfrac{a^x + b^x - 2}{2} \right)^{\frac{2}{a^x + b^x - 2}} \right]^{\frac{a^x + b^x - 2}{2} \cdot \frac{1}{x}}$,

$$\lim_{x \to 0} \frac{a^x + b^x - 2}{2} \cdot \frac{1}{x} = \lim_{x \to 0} \frac{(a^x - 1) + (b^x - 1)}{2x} = \lim_{x \to 0} \frac{x(\ln a + \ln b)}{2x} = \frac{1}{2} \ln ab.$$

（因为 $a^x - 1 \sim x \cdot \ln a$，$b^x - 1 \sim x \ln b$，$\lim\limits_{x \to 0} \dfrac{a^x - 1}{b^x - 1} \neq -1$.）

或者 $\displaystyle\lim_{x\to 0}\frac{a^x+b^x-2}{2}\cdot\frac{1}{x}\xlongequal{洛必达法则}\lim_{x\to 0}\frac{a^x\ln a+b^x\ln b}{2}=\frac{1}{2}\ln ab$,

原式 $=\mathrm{e}^{\frac{1}{2}\ln ab}=\sqrt{ab}.$

方法二　原式 $\xlongequal{取对数}\exp\left[\lim_{x\to 0}\frac{\ln(a^x+b^x)-\ln 2}{x}\right]\xlongequal{洛必达法则}\exp\left[\lim_{x\to 0}\frac{a^x\ln a+b^x\ln b}{a^x+b^x}\right]$

$$=\exp\left[\frac{\ln ab}{2}\right]=\sqrt{ab}.$$

三、习　　题

1. 求下列极限:

(1) $\displaystyle\lim_{x\to 0}\left(\frac{3-\mathrm{e}^x}{2+x}\right)^{\frac{1}{\sin x}}$;

(2) $\displaystyle\lim_{x\to 0}\left(\frac{a^x+b^x+c^x}{3}\right)^{\frac{1}{x}}$;

(3) $\displaystyle\lim_{x\to +\infty}\left(\sin\frac{1}{x}+\cos\frac{1}{x}\right)^x$;

(4) $\displaystyle\lim_{x\to 0}\frac{1}{x^2}\ln\frac{\sin x}{x}$;

(5) $\displaystyle\lim_{x\to 0}\frac{\mathrm{e}^{x^2}-\mathrm{e}^{2-2\cos x}}{x^4}$;

(6) $\displaystyle\lim_{x\to 0}\frac{\arcsin 2x-2\arcsin x}{x^3}$;

(7) $\displaystyle\lim_{x\to 0}\cot x\cdot\left(\frac{1}{\sin x}-\frac{1}{x}\right)$;

(8) $\displaystyle\lim_{x\to 0}\frac{(1-\cos x)[x-\ln(1+\tan x)]}{\sin^4 x}$.

2. 设 $\displaystyle\lim_{x\to 0}\frac{a\tan x+b(1-\cos x)}{c\cdot\ln(1-2x)+d(1-\mathrm{e}^{-x^2})}=2$,其中 a,b,c,d 为有限常数,且 $a^2+c^2\neq 0$,求 a,b,c,d 之间的关系.

3. 已知 $x\to 0$ 时,$\left(1-\frac{x}{\mathrm{e}^x-1}\right)\tan^3(2x)$ 与 ax^4 为等价无穷小,求 a 的值.

4. 设函数 $f(x)=\begin{cases}\dfrac{g(x)-\cos x}{x}, & x\neq 0,\\ a, & x=0,\end{cases}$ 其中 $g(x)$ 在 $x=0$ 的某邻域内二阶可导,$g''(x)$在 $x=0$ 处连续,$g(0)=1$. (1) 确定 a 值,使 $f(x)$ 在 $x=0$ 处连续;(2) 求 $f'(x)$;(3) 讨论 $f'(x)$ 在 $x=0$ 处的连续性.

5. 设函数 $f(x)=\begin{cases}x^a\sin\dfrac{1}{x}, & x\neq 0,\\ 0, & x=0,\end{cases}$ 当 a 满足什么条件时,(1) $f(x)$ 在 $x=0$ 处连续;(2) $f(x)$ 在 $x=0$ 处可导;(3) $f(x)$ 在 $x=0$ 处连续可导.

6. 设函数 $f(x)=\begin{cases}ax^2+bx+c, & x>0,\\ g(x), & x\leqslant 0,\end{cases}$ 在 $x\leqslant 0$ 处 $g(x)$ 有定义且 $g''(x)$ 存在,求 a,b,c 的值,使 $f(x)$ 在 $x=0$ 处二阶可导.

7. 设 $f(x)$ 在 $x=a$ 的某邻域内有连续二阶导数,$f'(a)\neq 0$,求极限 $\displaystyle\lim_{x\to a}\left[\frac{1}{f(x)-f(a)}-\frac{1}{(x-a)f'(a)}\right]$.

8. 如果函数 $f(x)$ 在 $x=x_0$ 附近有连续二阶导数,求极限 $\displaystyle\lim_{h\to 0}\frac{f(x_0+h)+f(x_0+h)-2f(x_0)}{h^2}$.

9. $f(x)=\begin{cases}\dfrac{x(x+3)}{\sin\pi x}, & x<0,\\ \dfrac{\sin x}{x^2-1}, & x\geqslant 0,\end{cases}$ $x\notin\mathbf{Z}$,讨论 $f(x)$ 的连续性,求间断点,并判断间断点的类型.

10. 设函数 $f(x)=x|x^2-2x|$,求 $f'(x)$.

11. 设函数 $g(x)=\begin{cases}(x-1)^2\cos\dfrac{1}{x-1}, & x\neq 1,\\ 0, & x=1,\end{cases}$ $f(x)$ 在 $x=0$ 处可导,$F(x)=f[g(x)]$,求 $F(x)$ 在 $x=1$ 处的导数.

四、习题解答与提示

1. (1) e^{-1}. (2) $\sqrt[3]{abc}$. (3) e. 提示:$\left(\sin\dfrac{1}{x}+\cos\dfrac{1}{x}\right)^x=\left[\left(\sin\dfrac{1}{x}+\cos\dfrac{1}{x}\right)^2\right]^{\frac{x}{2}}=\left(1+\sin\dfrac{2}{x}\right)^{\frac{x}{2}}$.

(4) $\dfrac{1}{6}$. (5) $\dfrac{1}{24}$. (6) 1. (7) $\dfrac{1}{6}$. 提示:括号内通分. (8) $\dfrac{1}{4}$.

2. $a=-4c$, b 与 d 可取任意有限值.　　　　3. $a=4$.

4. (1) $a=g'(0)$;　　　(2) $f'(x)=\begin{cases} \dfrac{xg'(x)+x\sin x-g(x)+\cos x}{x^2}, & x\neq 0, \\ \dfrac{g''(0)+1}{2}, & x=0; \end{cases}$

(3) $f'(x)$ 在 $x=0$ 处连续, 即 $f(x)$ 在 $x=0$ 处连续可导.

5. (1) $a>0$; (2) $a>1$; (3) $a>2$.　　　　6. $c=g(0)$, $b=g'_-(0)$, $a=\dfrac{1}{2}g''_-(0)$.

7. $-\dfrac{f''(a)}{2f'^2(a)}$. 提示: $\infty-\infty$ 型, 用洛必达法则.　　8. $f''(x_0)$. 提示: 洛必达法则.

9. $x=0$ 为第一类间断点跳跃型, $x=-3$ 为第一类间断点可去型, $x=-n$ $(x\neq -3)$, $n\in \mathbb{N}$ 为第二类间断点无穷型, $x=1$ 为第二类间断点无穷型, $f(x)$ 在 $x\neq 0$, $x\neq -n$, $n\in \mathbb{N}$, $x\neq 1$ 处连续.

10. $f'(x)=\begin{cases} 3x^2-4x, & x<0 \text{ 或 } x>2, \\ 0, & x=0, \\ 4x-3x^2, & 0<x<2, \end{cases}$ $f(x)$ 在 $x=2$ 处不可导. 提示: 讨论绝对值.

11. $F'(1)=0$. 提示: 设 $u=g(x)$, $F'_x=f'_u\cdot g'_x=f'(0)\ g'(1)$.

第三节　函数的性态

一、内 容 提 要

1. 函数单调性的确定

设 $y=f(x)$ 在 $[a,b]$ 上连续, 在 (a,b) 内可导, 若在 (a,b) 内 $f'(x)>0$, 则 $f(x)$ 在 $[a,b]$ 上单调增加; 若在 (a,b) 内 $f'(x)<0$, 则 $f(x)$ 在 $[a,b]$ 上单调减少.

2. 函数的极值

(1) 必要条件　设函数 $f(x)$ 在 x_0 处可导, 且在 x_0 处有极值, 则 $f'(x_0)=0$.

(2) 第一充分条件　设函数 $f(x)$ 在 x_0 的某个 δ 邻域内可导, 且 $f'(x_0)=0$. 当 $x\in (x_0-\delta,x_0)$ 时有 $f'(x)>0$, 当 $x\in (x_0,x_0+\delta)$ 时有 $f'(x)<0$, 则 $f(x)$ 在 x_0 处有极大值; 当 $x\in (x_0-\delta,x_0)$ 时有 $f'(x)<0$, 当 $x\in (x_0,x_0+\delta)$ 时有 $f'(x)>0$, 则 $f(x)$ 在 x_0 处有极小值.

(3) 第二充分条件　设 $f(x)$ 在 x_0 处有二阶导数且 $f'(x_0)=0$, $f''(x_0)\neq 0$. 则当 $f''(x_0)<0$ 时, $f(x)$ 在 x_0 处有极大值. 当 $f''(x_0)>0$ 时, $f(x)$ 在 x_0 处有极小值.

(4) 第三充分条件　设 $f(x)$ 在 x_0 处有直到 n 阶导数, 且 $f'(x_0)=f''(x_0)=\cdots=f^{(n-1)}(x_0)=0, f^{(n)}(x_0)\neq 0$, 则当 n 为奇数时, $f(x)$ 在 x_0 处无极值; 当 n 为偶数且 $f^{(n)}(x_0)>0$ 时, $f(x)$ 在 x_0 处有极小值; 当 n 为偶数且 $f^{(n)}(x_0)<0$ 时, $f(x)$ 在 x_0 处有极大值.

3. 函数的凹凸性

若在区间 I 上 $f''(x)>0$, 则 $f(x)$ 在 I 上是凹的; 若在区间 I 上 $f''(x)<0$, 则 $f(x)$ 在 I 上是凸的.

4. 曲线的拐点

连续曲线 $y=f(x)$ 的凹弧与凸弧的分界点称为曲线的拐点.

(1) 必要条件　如果函数 $f(x)$ 在 x_0 处二阶可导. 且 $(x_0,f(x_0))$ 为 $f(x)$ 的拐点, 则 $f''(x_0)=0$.

(2) 第一充分条件　如果函数 $f(x)$ 当自变量经过 x_0 时, $f''(x)$ 变号, 则 $(x_0,f(x_0))$ 为 $f(x)$ 的拐点. 如果函数 $f(x)$ 当自变量经过 x_0 时, $f''(x)$ 不变号, 则 $(x_0,f(x_0))$ 不是 $f(x)$ 的拐点.

（3）第二充分条件 $f(x)$ 在 x_0 处有直到 n 阶导数，$f'(x_0)=f''(x_0)=f'''(x_0)=\cdots=f^{(n-1)}(x_0)=0,f^{(n)}(x_0)\neq0$；当 n 为奇数时，$(x_0,f(x_0))$ 是 $f(x)$ 的拐点，当 n 为偶数时，$(x_0，f(x_0))$ 不是 $f(x)$ 的拐点.

5. 曲线的渐近线

（1）水平渐近线 若 $\lim\limits_{x\to\infty}f(x)=C$，则 $y=C$ 是曲线 $y=f(x)$ 的一条水平渐近线.

（2）垂直渐近线 若 $\lim\limits_{x\to x_0}f(x)=\infty$，则 $x=x_0$ 是曲线 $y=f(x)$ 的一条垂直渐近线.

（3）斜渐近线 若 $\lim\limits_{x\to\infty}\dfrac{f(x)}{x}=a\ (a\neq0)$，$\lim\limits_{x\to\infty}[f(x)-ax]=b$，则称 $y=ax+b$ 是曲线 $y=f(x)$ 的一条斜渐近线.

6. 弧微分

（1）设曲线 $y=f(x)$，$\mathrm{d}s=\sqrt{1+[f'(x)]^2}\mathrm{d}x$.

（2）设曲线 $\begin{cases}x=\varphi(t),\\ y=\psi(t),\end{cases}$ $\mathrm{d}s=\sqrt{\varphi'^2(t)+\psi'^2(t)}\mathrm{d}t$.

（3）设曲线 $\rho=\rho(\theta)$，$\mathrm{d}s=\sqrt{\rho^2(\theta)+\rho'^2(\theta)}\mathrm{d}\theta$.

7. 曲线的曲率

曲线 $y=f(x)$ 在 x 点处的曲率为 $k=\dfrac{|y''|}{(1+y'^2)^{3/2}}$，曲率半径为 $R=\dfrac{1}{k}$.

二、例题分析

（一）函数的极大、极小值与最大、最小值

△**【例1】** 设函数 $f(x)$ 有二阶连续导数，$f'(0)=0$，$\lim\limits_{x\to0}\dfrac{f''(x)}{|x|}=1$，判定 $(0,f(0))$ 是否为曲线 $y=f(x)$ 的拐点，$x=0$ 是否为函数 $y=f(x)$ 的极值点.

分析 由 $f'(0)=0$ 可知，$x=0$ 是驻点，而且若 $(0,f(0))$ 为拐点，则 $x=0$ 必定不是极值点，反之亦然.

解 由 $\lim\limits_{x\to0}\dfrac{f''(x)}{|x|}=1$，且 $f(x)$ 二阶连续可导，则必有 $\lim\limits_{x\to0}f''(x)=f''(0)=0$，这是点 $(0,f(0))$ 为拐点的必要条件. 另外由 $\lim\limits_{x\to0}\dfrac{f''(x)}{|x|}=1$ 可得 $\dfrac{f''(x)}{|x|}=1+o(x)$，即当 $x\to0$ 时，$f''(x)=|x|+o(x)$. 此式说明在 $x=0$ 的某邻域 U 内，有 $f''(x)\geqslant0$. 这说明曲线 $y=f(x)$ 在 $x=0$ 左右两侧均为凹的，故 $(0,f(0))$ 不是拐点.

由于 $f''(x)\geqslant0$，$x\in U$，可得 $f'(x)$ 单调增加，又 $f'(0)=0$，所以 $f'(x)$ 在 $x=0$ 的左侧有 $f'(x)<0$，在 $x=0$ 的右侧有 $f'(x)>0$，故函数 $y=f(x)$ 在 $x=0$ 处有极小值.

【例2】 设函数 $f(x)=\begin{cases}x^{2x}, & x>0,\\ x+2, & x\leqslant0,\end{cases}$ 求 $f(x)$ 的极值.

分析 分段函数求极值，在每一段内要求出驻点，并用极值的充分条件判定驻点是否为极值点. 对于分段点，有可能为不可导点，甚至是不连续点，因此要考察其左右两侧的一阶导数是否变号，从而确定是否为极值点.

解 当 $x>0$ 时，用对数求导法可得：$y'=2x^{2x}(\ln x+1)$，令 $y'=0$，解出驻点 $x=\mathrm{e}^{-1}$. 当 $x>\mathrm{e}^{-1}$ 时，$y'>0$，当 $0<x<\mathrm{e}^{-1}$ 时，$y'<0$，所以 $x=\mathrm{e}^{-1}$ 为极小点，有极小值 $f(\mathrm{e}^{-1})=\mathrm{e}^{-\frac{3}{\mathrm{e}}}$. 当 $x<0$ 时，$f'(x)=1>0$，所以无极值点.

对分段点 $x=0$，在左侧有 $f'(x)=1>0$，在右侧有 $f'(x)=2\cdot x^{2x}(\ln x+1)<0$，所以 $x=0$ 为极大点，有极大值 $f(0)=2$.

△**【例3】** 设生产某种产品的固定成本为 60000 元，可变成本为 20 元/件，价格函数为

$P=60-\dfrac{Q}{1000}$，（其中 P 是单价，单位：元；Q 是销量，单位：件），已知产销平衡，求 (1) 该商品的边际利润；（2）当 $P=50$ 时的边际利润，并解释其经济意义；（3）使得利润最大的定价 P.

分析 本例涉及经济数学中的几个常用函数. 价格函数 $P(Q)$；总成本函数 $C(Q)=C_0+C_1(Q)$，其中 C_0 是固定成本，$C_1(Q)$ 是可变成本；总收益函数 $R(Q)=P\cdot Q$，其中价格 P 保持不变；总利润函数 $L(Q)=R(Q)-C(Q)$.

解 由 $P=60-\dfrac{Q}{1000}$ 可得产量 $Q=1000\cdot(60-P)$，进而有 $C(Q)=60000+20Q$，代入 $Q=1000\cdot(60-P)$，可得 $C(P)=1260000-20000P$，同理 $R(P)=P\cdot Q=60000P-1000P^2$，$L(P)=R(P)-C(P)=-1000P^2+80000P-1260000$.

(1) 该商品边际利润 $L'(P)=-2000P+80000$；

(2) 令 $P=50$，$L'(50)=-2000\cdot50+80000=-20000$，其经济意义是，价格每上涨 1 元，利润将减小 20000 元；

(3) 令 $L'(P)=-2000P+80000=0$，解出 $P=40$，唯一驻点. 因为 $L''(P)=-2000<0$，所以 $P=40$ 是极大点，也是最大点，即当 $P=40$ 时利润最大.

(二) 方程根的确定

讨论函数方程根的问题是导数应用的一种重要题型. 讨论的内容涉及根的存在性、唯一性及存在范围等，常用的理论有闭区间连续函数的性质，微分中值定理，函数的单调性等.

【例 4】 确定方程 $x^3-3x^2-9x+1=0$ 的实根范围.

分析 设 $f(x)=x^3-3x^2-9x+1$，以 $f(x)$ 的驻点将实数轴分成若干区间，在每个区间上讨论根的存在性. 需要指出的是，利用驻点划分出来的区间，都是函数的单调区间，所以该单调区间内存在的根是唯一的.

解 设 $f(x)=x^3-3x^2-9x+1$，则 $f'(x)=3(x-3)(x+1)$.

令 $f'(x)=0$，解出 $x_1=-1$，$x_2=3$.

在 $(-\infty,-1)$ 内，$f'(x)>0$，$f(x)$ 单调上升，$f(-1)>0$，$\lim\limits_{x\to-\infty}f(x)=-\infty$，所以在 $(-\infty,-1)$ 内有唯一实根.

在 $[-1,3]$ 内，$f'(x)<0$，$f(x)$ 单调下降，$f(-1)>0$，$f(3)<0$，所以在 $(-1,3)$ 内有唯一实根.

在 $[3,+\infty)$ 内，$f'(x)>0$，$f(x)$ 单调上升，$f(3)<0$，$\lim\limits_{x\to+\infty}f(x)=+\infty$，所以在 $(3,+\infty)$ 内有唯一实根.

因为 $f(x)$ 是三次多项式，所以方程有且仅有三个根，位于 $(-\infty,-1)$，$(-1,3)$，$(3,+\infty)$.

△**【例 5】** 求方程 $k\arctan x-x=0$ 不同实根的个数，其中 k 为参数.

分析 需要讨论参数 k 在整个实数范围内取不同值时，方程具有不同实根的个数，并且要给出不同根所在的范围. 为此，将方程左边设为辅助函数，结合参数 k 的不同取值，讨论辅助函数的单调性，以此确定不同实根的个数. 在每个单调区间内利用零点定理确定根的存在性.

解 设 $f(x)=k\arctan x-x$，$f(-x)=-f(x)$，$f(0)=0$，$f'(x)=\dfrac{k-1-x^2}{1+x^2}$.

(1) 当 $k<1$ 时，$f'(x)<0$ 知 $f(x)$ 在 $(-\infty,+\infty)$ 上单调减少. 由 $\lim\limits_{x\to-\infty}f(x)=+\infty$ 和 $\lim\limits_{x\to+\infty}f(x)=-\infty$ 可知，存在实数 $X_0>0$，使得 $f(X_0)<0$，$f(-X_0)>0$，所以函数 $f(x)$ 在区间 $[-X_0,+X_0]$ 上有一个实根. 再由 $f(x)$ 的单调性可知，$x=0$ 是方程在 $(-\infty,+\infty)$ 上仅有的一个实根.

(2) 当 $k=1$ 时，在 $(-\infty,0)$ 和 $(0,+\infty)$ 上均有 $f'(x)<0$，即 $f(x)$ 在 $(-\infty,0)$ 和 $(0,\infty)$ 上是严格单调减少的，而 $f(0)=0$，故 $x=0$ 是方程在实数轴上的唯一实根.

（3）当 $k>1$ 时，令 $f'(x)>0$，则函数 $f(x)$ 在 $(-\sqrt{k-1},\sqrt{k-1})$ 上是严格单调增加的，而 $f(0)=0$，所以有 $f(-\sqrt{k-1})<0$，$f(\sqrt{k-1})>0$，方程在 $(-\sqrt{k-1},\sqrt{k-1})$ 上仅有一个实根. 而在 $(-\infty,-\sqrt{k-1})$ 和 $(\sqrt{k-1},+\infty)$ 上，$f(x)$ 是严格单调减少的，由 $\lim\limits_{x\to-\infty}f(x)=+\infty$ 和 $f(-\sqrt{k-1})<0$，以及 $\lim\limits_{x\to+\infty}f(x)=-\infty$ 和 $f(\sqrt{k-1})>0$ 可知，$f(x)$ 在 $(-\infty,-\sqrt{k-1})$ 和 $(\sqrt{k-1},+\infty)$ 上都恰有一个实根，故方程在 $(-\infty,+\infty)$ 上有三个实根.

综上所述，当 $k\leqslant1$ 时，$x=0$ 是方程唯一的实根；当 $k>1$ 时，方程有三个实根.

【例 6】 在 $[0,1]$ 上，$0<f(x)<1$，$f(x)$ 可微且 $f'(x)\neq1$，求证：在 $(0,1)$ 只有一个 x，使 $f(x)=x$.

证 先证 x 的存在性.

设 $F(x)=f(x)-x$，$F(0)=f(0)>0$，$F(1)=f(1)-1<0$. 由 $f(x)$ 的可微性可知，$f(x)$ 在 $[0,1]$ 上连续. 根据零点定理可得，存在一点 $x\in(0,1)$，使 $F(x)=0$，即 $f(x)=x$.

再证 x 的唯一性. 证明唯一性有下面两种方法.

方法一 $F'(x)=f'(x)-1$，但在 $[0,1]$ 内 $f'(x)\neq1$，所以不妨设 $F'(x)>0$，$F(x)$ 在 $[0,1]$ 上是单调增加的，所以 $F(x)$ 在 $(0,1)$ 上仅有一个根，x 的唯一性得证.

方法二 （反证法）假设 $0<x_1<x_2<1$，使 $f(x_1)=x_1$，$f(x_2)=x_2$. 由 $f(x)$ 的可微性可知，$F(x)$ 在 $[x_1,x_2]$ 上满足罗尔定理的条件，故存在一点 $\xi\in(x_1,x_2)\subset(0,1)$，使 $F'(\xi)=0$，即 $f'(\xi)=1$，这与已知条件相矛盾. 所以 x 具有唯一性.

注 唯一性的反证法证明，也可使用拉格朗日中值定理.

【例 7】 设 $f(x)$ 在 $[0,+\infty)$ 上二次可导，且 $f(0)=-1$，$f'(0)>0$，当 $x>0$ 时，$f''(x)>0$，证明：方程 $f(x)=0$ 在 $(0,+\infty)$ 内有且只有一个根.

分析 $f(x)$ 二阶可导，可以考虑使用泰勒公式.

证 将 $f(x)$ 在 $x_0=0$ 处作泰勒展开

$$f(x)=f(0)+f'(0)x+\frac{f''(\xi)}{2!}x^2，\quad\xi\in(0,x).$$

由于 $f(0)=-1$，$f'(0)>0$，且当 $x>0$ 时有 $f''(x)>0$，所以 $f(x)\geqslant f(0)+f'(0)x=-1+f'(0)x$，显然存在一个 $x_1>0$，可使 $f'(0)x_1-1>0$，即 $f(x_1)>0$.

而 $f(0)=-1<0$，由零点定理可知，存在一点 $\xi\in(0,x_1)$，使 $f(\xi)=0$，即方程 $f(x)=0$ 在 $(0,+\infty)$ 上有一个根.

由于 $f''(x)>0$，所以 $f'(x)$ 是严格单调上升的. 当 $x>0$ 时，$f'(x)>f'(0)>0$，由此可得 $f(x)$ 在 $(0,+\infty)$ 上是严格上升的. 故 $f(x)$ 在 $(0,+\infty)$ 上只有一个零点，即方程 $f(x)=0$ 在 $(0,+\infty)$ 上仅有一个根.

（三）不等式证明

1. 利用函数单调性

利用函数单调性证明不等式，是不等式证明的最常用方法. 这种方法需要将所证不等式作适当的变形，构造一个辅助函数.

【例 8】 设 $0<a<b$，证明不等式 $\dfrac{2a}{a^2+b^2}<\dfrac{\ln b-\ln a}{b-a}<\dfrac{1}{\sqrt{ab}}$.

分析 $\dfrac{\ln b-\ln a}{b-a}$ 是 $\ln x$ 在 $[a,b]$ 区间上使用拉格朗日中值定理的结果.

证 先证左边的不等式. 令 $f(x)=\ln x$，在 $[a,b]$ 上使用拉格朗日中值定理，存在 $\xi\in(a,b)$，使得

$$\ln b - \ln a = \frac{1}{\xi} \cdot (b-a) \qquad (3\text{-}1)$$

从而 $\frac{1}{\xi} > \frac{1}{b}$，又由 $(b-a)^2 \geqslant 0$ 可推出 $\frac{1}{b} \geqslant \frac{2a}{a^2+b^2}$，所以 $\frac{1}{\xi} > \frac{2a}{a^2+b^2}$，代入式（3-1）可得

$$\ln b - \ln a = \frac{1}{\xi}(b-a) > \frac{2a}{a^2+b^2}(b-a),$$

即

$$\frac{\ln b - \ln a}{b-a} > \frac{2a}{a^2+b^2}.$$

再证右边不等式. 将不等式变形为

$$b - a - \sqrt{ab}(\ln b - \ln a) = \sqrt{b}\left[\left(\sqrt{b} - \frac{a}{\sqrt{b}}\right) - \sqrt{a}(\ln b - \ln a)\right] > 0,$$

因为 $\sqrt{b} > 0$，故

$$\sqrt{b} - \frac{a}{\sqrt{b}} - \sqrt{a}(\ln b - \ln a) > 0.$$

设 $f(x) = \sqrt{x} - \frac{a}{\sqrt{x}} - \sqrt{a}(\ln x - \ln a)$，$0 < a < x < b$，得

$$f'(x) = \frac{1}{2\sqrt{x}} + \frac{a}{2x\sqrt{x}} - \frac{\sqrt{a}}{x} = \frac{(\sqrt{x} - \sqrt{a})^2}{2x\sqrt{x}},$$

有 $f'(x) > 0$，即 $f(x) \uparrow$，又 $f(a) = 0$，所以 $f(x) > f(a) = 0$，当 $x = b > a$ 时，$f(b) > f(a) = 0$，即

$$\sqrt{b} - \frac{a}{\sqrt{b}} - \sqrt{a}(\ln b - \ln a) > 0,$$

两边同乘 $\sqrt{b} > 0$，并变形即可得 $\dfrac{\ln b - \ln a}{b-a} < \dfrac{1}{\sqrt{ab}}$.

△**【例 9】** 证明不等式 $x\ln\dfrac{1+x}{1-x} + \cos x \geqslant 1 + \dfrac{x^2}{2}$，$-1 < x < 1$.

证 设 $f(x) = x\ln\dfrac{1+x}{1-x} + \cos x - 1 - \dfrac{x^2}{2}$，得 $f'(x) = \ln\dfrac{1+x}{1-x} + x\dfrac{1+x^2}{1-x^2} - \sin x$.

当 $0 \leqslant x < 1$ 时，$\ln\dfrac{1+x}{1-x} \geqslant 0$，设 $g(x) = x\dfrac{1+x^2}{1-x^2} - \sin x$，有 $g'(x) = \dfrac{1+x^2}{1-x^2} + \dfrac{4x^2}{(1-x^2)^2} - \cos x$.

当 $0 \leqslant x < 1$ 时，有 $\dfrac{1+x^2}{1-x^2} - \cos x \geqslant 0$，$\dfrac{4x^2}{(1-x^2)^2} \geqslant 0$，即 $g'(x) \geqslant 0$，故 $g(x)$ 单调增加而 $g(0) = 0$，所以 $g(x) = x\dfrac{1+x^2}{1-x^2} - \sin x \geqslant 0$.

至此可得 $f'(x) \geqslant 0$，$f(x)$ 单调增加，而 $f(0) = 0$，即 $x\ln\dfrac{1+x}{1-x} + \cos x - 1 - \dfrac{x^2}{2} \geqslant 0$，所以 $x\ln\dfrac{1+x}{1-x} + \cos x \geqslant 1 + \dfrac{x^2}{2}$.

因为 $f(-x) = f(x)$，且当 $0 \leqslant x < 1$ 时 $f(x)$ 单调增加，$f(0) = 0$，所以当 $-1 < x < 0$ 时 $f(x)$ 单调减少，有 $f(x) \geqslant f(0) = 0$，即 $x\ln\dfrac{1+x}{1-x} + \cos x \geqslant 1 + \dfrac{x^2}{2}$.

△**【例 10】** 证明：当 $0 < a < b < \pi$ 时，$b\sin b + 2\cos b + \pi b > a\sin a + 2\cos a + \pi a$.

分析 不等式可视为 $f(x) = x\sin x + 2\cos x + \pi x$ 在 $x = a$ 与 $x = b$ 两点的函数值，考虑利用 $f(x)$ 的单调性.

证 设 $f(x) = x\sin x + 2\cos x + \pi x$，则 $f'(x) = -\sin x + x\cos x + \pi$，$f''(x) = -x\sin x$，

当 $0 < x < \pi$ 时，$f''(x) < 0$，所以 $f'(x)$ 单调递减. 因为 $f'(\pi) = 0$，有 $f'(x) > f'(\pi) =$

0. 所以当 $0<x<\pi$ 时，$f(x)$ 单调增加. 由已知 $0<a<b<\pi$ 可得 $f(b)>f(a)$. 即 $b\sin b+2\cos b+\pi b>a\sin a+2\cos a+\pi a$.

注 本例还有另外两种证法，通过构造适当的辅助函数，分别使用拉格朗日中值定理和柯西中值定理.

△**【例 11】** 证明：(1) 对任意自然数 n，都有 $\dfrac{1}{n+1}<\ln\left(1+\dfrac{1}{n}\right)<\dfrac{1}{n}$；(2) 设 $a_n=1+\dfrac{1}{2}+\dfrac{1}{3}+\cdots+\dfrac{1}{n}-\ln n$ $(n=1,2,\cdots)$，证明数列 $\{a_n\}$ 收敛.

分析 (1) 关于自然数 n 的不等式需要转化成函数不等式. (2) 这是典型的采用单调有界原理证明数列收剑的问题，但要注意使用 (1) 中的不等式.

证 (1) 令 $x=\dfrac{1}{n}$，原不等式变为 $\dfrac{x}{x+1}<\ln(1+x)<x(x>0)$,

先证 $\ln(1+x)<x$. 令 $f(x)=x-\ln(1+x)$，$f'(x)=\dfrac{x}{1+x}>0$，可知 $f(x)$ 在 $x>0$ 时单调增加，而 $f(0)=0$，所以有 $f(x)>f(0)=0$，即 $\ln(1+x)<x(x>0)$.

再证 $\dfrac{x}{x+1}<\ln(1+x)$. 令 $g(x)=\ln(1+x)-\dfrac{x}{1+x}$，同理于上可得 $\dfrac{x}{x+1}<\ln(1+x)$.

至此证明了 $\dfrac{x}{x+1}<\ln(1+x)<x(x>0)$ 成立，再令 $x=\dfrac{1}{n}$，得到 $\dfrac{1}{n+1}<\ln\left(1+\dfrac{1}{n}\right)<\dfrac{1}{n}$.

(2) 考察数列 $\{a_n\}$ 的单调性，$a_{n+1}-a_n=\dfrac{1}{n+1}-\ln\left(1+\dfrac{1}{n}\right)$，由不等式 $\dfrac{1}{n+1}<\ln\left(1+\dfrac{1}{n}\right)$ 可知，数列 $\{a_n\}$ 单调减少.

考察数列 $\{a_n\}$ 的有界性，由 $\ln\left(1+\dfrac{1}{n}\right)<\dfrac{1}{n}$ 可得

$$a_n=1+\dfrac{1}{2}+\dfrac{1}{3}+\cdots+\dfrac{1}{n}-\ln n>\ln(1+1)+\ln\left(1+\dfrac{1}{2}\right)+\cdots+\ln\left(1+\dfrac{1}{n}\right)-\ln n$$

$$=\ln\left(2\times\dfrac{3}{2}\times\dfrac{4}{3}\times\cdots\times\dfrac{n+1}{n}\right)-\ln n=\ln(n+1)-\ln n>0.$$

所以，数列 $\{a_n\}$ 单调减少有下界，根据单调有界原理，数列 $\{a_n\}$ 收敛.

2. 利用函数的最大最小值

【例 12】 对任意的实数 x，证明不等式 $1+x\ln(x+\sqrt{1+x^2})\geqslant\sqrt{1+x^2}$.

证 设 $f(x)=1+x\ln(x+\sqrt{1+x^2})-\sqrt{1+x^2}$，则 $f'(x)=\ln(x+\sqrt{1+x^2})$. 令 $f'(x)=0$，解得实数范围内的唯一驻点：$x=0$.

$f''(x)=1/\sqrt{1+x^2}$，$f''(0)=1>0$，所以 $f(x)$ 在 $x=0$ 处有最小值 $f(0)=0$. 由此可得 $1+x\ln(x+\sqrt{1+x^2})-\sqrt{1+x^2}\geqslant0$，即原不等式成立.

3. 利用函数凹凸性定义

【例 13】 如果函数 $f(x)$ 在 (a,b) 内二阶可导，且 $f''(x)<0$，试证：对于 (a,b) 内任意两点 x_1,x_2 及 $0<\lambda<1$，有不等式 $f[\lambda x_1+(1-\lambda)x_2]\geqslant\lambda f(x_1)+(1-\lambda)f(x_2)$.

证 任取 (a,b) 内两点 x_1,x_2，设 $x_1<x_2$ 过点 $(x_1,f(x_1))$ 和 $(x_2,f(x_2))$ 作直线方程

$$y=\dfrac{x-x_1}{x_1-x_2}[f(x_1)-f(x_2)]+f(x_1),$$

因为 $f''(x)<0$，所以 $f(x)$ 在 (a,b) 上是凸的，故在 $[x_1,x_2]$ 区间上，有

$$f(x)\geqslant\dfrac{x-x_1}{x_1-x_2}[f(x_1)-f(x_2)]+f(x_1),$$

令 $x=\lambda x_1+(1-\lambda)x_2$，代入上式可得

$$f[\lambda x_1+(1-\lambda)x_2]\geqslant\lambda f(x_1)+(1-\lambda)f(x_2).$$

注 本例也可使用拉格朗日中值定理证明，读者不妨一试.

（四）函数基本性态的讨论

函数的基本性态包括：定义域，奇偶性，对称性，周期性，有界性，单调性，凹凸性，拐点，极值与极值点，渐近线，曲率等. 这些基本性态可以在函数的图像上得到最充分的表现.

△**【例 14】** 设函数 $y=y(x)$ 由参数方程 $\begin{cases}x=\dfrac{1}{3}t^3+t+\dfrac{1}{3}\\[2mm]y=\dfrac{1}{3}t^3-t+\dfrac{1}{3}\end{cases}$ 确定，求函数 $y=y(x)$ 的极值和曲线 $y=y(x)$ 的凹凸区间及拐点.

分析 由于参数方程确定的函数的导数是关于参数的函数，所以在研究函数的性态时，要通过参数的不同取值来讨论.

解 $y'_x=\dfrac{y'_t}{x'_t}=\dfrac{(t-1)(t+1)}{t^2+1}$，$y''_{xx}=\dfrac{(y'_x)'_t}{x'_t}=\dfrac{4t}{(t^2+1)^3}$；

令 $y'_x=0$，有 $t=\pm1$，令 $y''_{xx}=0$，有 $t=0$；

当 $t<0$ 时，$y''_{xx}<0$，曲线 $y=y(x)$ 是凸的；当 $t>0$ 时，$y''_{xx}>0$，曲线 $y=y(x)$ 是凹的，所以在 $t=0$，即曲线 $y=y(x)$ 上的点 $\left(\dfrac{1}{3},\dfrac{1}{3}\right)$ 是拐点.

当 $t\in(-\infty,-1)$ 时，$y'_x>0$，函数 $y=y(x)$ 是单调增加的；当 $t\in(-1,0)$ 时，$y'_x<0$，函数 $y=y(x)$ 是单调减少的，所以在 $t=-1$，即 $x=-1$ 处函数有极大值 $y=1$.

当 $t\in(0,1)$ 时，$y'_x<0$，函数 $y=y(x)$ 是单调减少的；当 $t\in(1,+\infty)$ 时，$y'_x>0$，函数 $y=y(x)$ 是单调增加的，所以在 $t=1$，即 $x=\dfrac{5}{3}$ 处函数有极小值 $y=-\dfrac{1}{3}$.

【例 15】 设函数 $y=y(x)$ 由方程 $y\ln y-x+y=0$ 确定，判断曲线 $y=y(x)$ 在点 $(1,1)$ 附近的凹凸性.

分析 本例特点是讨论曲线在一点附近的凹凸性，根据凹凸性的判别法，需要确定函数的二阶导函数在该点附近的正负号. 当函数的二阶导函数连续时，可以利用连续函数性质，由该点处的二阶导数值的正负，来确定该点附近的二阶导函数的正负号.

解 **方法一** 方程 $y\ln y-x+y=0$ 两边对 x 求导，解得 $y'=\dfrac{1}{\ln y+2}$，再对 x 求导得 $y''=-\dfrac{1}{y(\ln y+2)^3}$，在点 $(1,1)$ 处 $y''=-\dfrac{1}{8}$. 由于 $y=y(x)$ 为初等函数，其二阶导函数 $y''(x)$ 在 $x=1$ 附近是连续的，而 $y''(1)<0$，所以在 $x=1$ 附近有 $y''(x)<0$. 故曲线在 $(1,1)$ 附近是凸的.

方法二 将 x 视为 y 的函数，方程 $y\ln y-x+y=0$ 两边对 y 求导，解得 $x'=\ln y+2$，两边再对 y 求导得 $x''=\dfrac{1}{y}$，代入 $y=1$ 得 $x''=1$. 由 $x''(y)$ 在 $y=1$ 附近的连续性可知，在 $y=1$ 附近有 $x''(y)>0$，故曲线 $x=x(y)$ 在点 $(1,1)$ 附近是凹的，其反函数 $y=y(x)$ 在点 $(1,1)$ 附近是凸的.

【例 16】 如果存在直线 L：$y=kx+b$，使得当 $x\to\infty$（或 $x\to+\infty$，$x\to-\infty$）时，曲线 $y=f(x)$ 上的动点 $M(x,y)$ 到直线 L 的距离 $d(M,L)\to0$，则称 L 为曲线 $y=f(x)$ 的渐近线. 当直线 L 的斜率 $k\ne0$ 时，称 L 为斜渐近线.

（1）证明直线 L：$y=kx+b$ 为曲线 $y=f(x)$ 的渐近线的充分必要条件是

$$k=\lim_{\substack{x\to\infty\\(x\to+\infty\\x\to-\infty)}}\frac{f(x)}{x}，\quad b=\lim_{\substack{x\to\infty\\(x\to+\infty\\x\to-\infty)}}[f(x)-kx].$$

（2）求曲线 $y=(2x-1)\mathrm{e}^{\frac{1}{x}}$ 的斜渐近线．

证 以 $x\to\infty$ 时证明此题，当 $x\to+\infty$ 或 $x\to-\infty$ 可类似证明．

（1）**必要性** 曲线 $y=f(x)$ 的动点 $M(x,y)$ 到直线 $y=kx+b$ 的距离

$$d(M,L)=\frac{|y-kx-b|}{\sqrt{1+k^2}}=\frac{|f(x)-kx-b|}{\sqrt{1+k^2}}$$

由 $\lim\limits_{x\to\infty}d(M,L)=\lim\limits_{x\to\infty}\frac{f(x)-kx-b}{\sqrt{1+k^2}}=0$，可知 $b=\lim\limits_{x\to\infty}[f(x)-kx]$，

又由 $\lim\limits_{x\to\infty}\frac{f(x)-kx-b}{x}=0$，即 $\lim\limits_{x\to\infty}\left[\frac{f(x)}{x}-k\right]=0$．所以 $k=\lim\limits_{x\to\infty}\frac{f(x)}{x}$．

充分性 设 $b=\lim\limits_{x\to\infty}[f(x)-kx]$，可知 $\lim\limits_{x\to\infty}[f(x)-kx-b]=0$，即 $\lim\limits_{x\to\infty}d(M,L)=0$，

所以 $y=kx+b$ 是曲线 $y=f(x)$ 的渐近线．

（2）$k=\lim\limits_{x\to\infty}\frac{f(x)}{x}=\lim\limits_{x\to\infty}\frac{2x-1}{x}\mathrm{e}^{\frac{1}{x}}=2\times1=2$．

$$b=\lim\limits_{x\to\infty}[f(x)-kx]=\lim\limits_{x\to\infty}\left[(2x-1)\mathrm{e}^{\frac{1}{x}}-2x\right]=\lim\limits_{x\to\infty}\left[2x(\mathrm{e}^{\frac{1}{x}}-1)-\mathrm{e}^{\frac{1}{x}}\right]$$
$$=\lim\limits_{x\to\infty}2x(\mathrm{e}^{\frac{1}{x}}-1)-\lim\limits_{x\to\infty}\mathrm{e}^{\frac{1}{x}}=2-1=1.$$

所以斜渐近线方程为 $y=2x+1$．

【例 17】 求曲线 $y=\dfrac{1}{x}+\ln(1+\mathrm{e}^x)$ 的渐近线．

分析 若 $\lim y=c$，则 $y=c$ 为水平渐近线，而且在这种情况下，一般不考虑斜渐近线．若 $\lim y$ 不存在，则要分别讨论 $\lim\limits_{x\to-\infty}y$ 和 $\lim\limits_{x\to+\infty}y$，即左右两侧的水平渐近线．找出无定义的点，确定其是否对应垂直渐近线．

解 因为 $\lim\limits_{x\to0}y=\lim\limits_{x\to0}\left[\dfrac{1}{x}+\ln(1+\mathrm{e}^x)\right]=\infty$，所以 $x=0$ 是垂直渐近线．

由于 $\lim\limits_{x\to\infty}\mathrm{e}^x$ 不存在，而 $\lim\limits_{x\to-\infty}\mathrm{e}^x=0$，$\lim\limits_{x\to+\infty}\mathrm{e}^x=\infty$．

所以 $\lim\limits_{x\to-\infty}y=\lim\limits_{x\to-\infty}\left[\dfrac{1}{x}+\ln(1+\mathrm{e}^x)\right]=0$，即 $y=0$ 为水平渐近线．

因为当 $x\to+\infty$ 时，不存在水平渐近线，所以需要考虑斜渐近线．

$k=\lim\limits_{x\to+\infty}\dfrac{y}{x}=\lim\limits_{x\to+\infty}\left[\dfrac{1}{x^2}+\dfrac{\ln(1+\mathrm{e}^x)}{x}\right]=\lim\limits_{x\to+\infty}\dfrac{\ln(1+\mathrm{e}^x)}{x}\xlongequal{\text{洛必达法则}}\lim\limits_{x\to+\infty}\dfrac{\mathrm{e}^x}{1+\mathrm{e}^x}=1$．

$b=\lim\limits_{x\to+\infty}[y-1\cdot x]=\lim\limits_{x\to+\infty}\left[\dfrac{1}{x}+\ln(1+\mathrm{e}^x)-x\right]=\lim\limits_{x\to+\infty}[\ln(1+\mathrm{e}^x)-x]=\lim\limits_{x\to+\infty}[\ln\mathrm{e}^x(1+\mathrm{e}^{-x})-x]$
$=\lim\limits_{x\to+\infty}\ln(1+\mathrm{e}^{-x})=0$．

于是曲线有斜渐近线 $y=x$．

三、习　题

1．证明方程 $4\arctan x-x+\dfrac{4\pi}{3}-\sqrt{3}=0$ 恰有 2 个实根．

2．设函数 $f(x)=x^2(x-1)(x+2)$，求 $f'(x)$ 的零点个数．

3．证明方程 $x-2\sin x=0$ 在 $\left(\dfrac{\pi}{2},\pi\right)$ 内只有一个根．

4．设 $f(x)$ 在 $(a,+\infty)$ 上二阶可导，$f''(x)<0$，又 $f(a)>0$，$f'(a)<0$，证明：方程 $f(x)=0$ 在 $(a,+\infty)$ 内有且仅有一个根．

5．设 $f(x)$ 在 $[a,b]$ 上连续，$f(a)=f(b)=0$，又 $f'(a)\cdot f'(b)>0$，证明：$f(x)=0$ 在 (a,b) 内至少有一个根．

6. 若 $a>1$, $n\geqslant 1$, 证明不等式: $\dfrac{a^{\frac{1}{n+1}}}{(n+1)^2}<\dfrac{a^{\frac{1}{n}}-a^{\frac{1}{n+a}}}{\ln a}<\dfrac{a^{\frac{1}{n}}}{n^2}$.

7. 设 $x>0$, $0<a<1$, 证明: $x^a-ax\leqslant 1-a$.

8. 证明不等式: $(m+n)(1+x^m)\geqslant\dfrac{2n(1-x^{m+n})}{1-x^n}$, $0<x<1,1<n\leqslant m$.

9. 证明: 当 $0<a<1$ 时, 对一切自然数 n, 有 $(n+1)(1-a^{\frac{1}{n+1}})>n(1-a^{\frac{1}{n}})$.

10. 当 $0<x<2$ 时, 证明不等式: $4x\ln x-x^2-2x+4>0$.

11. 设 $x\geqslant 0$, $b>1$, 证明不等式 $\dfrac{1}{x+1}-\dfrac{1}{bx+1}\leqslant\dfrac{\sqrt{b}-1}{\sqrt{b}+1}$.

12. 当 $|x|\leqslant 2$ 时, 证明不等式: $|3x-x^3|\leqslant 2$.

13. 设 $f(x)$ 在 $[a,b]$ 上二次可微, $f(a)=f(b)=0$, 证明 $\max\limits_{a\leqslant x\leqslant b}|f'(x)|\leqslant(b-a)\max\limits_{a\leqslant x\leqslant b}|f''(x)|$.

14. 当 $x>1$, $n>1$ 时, 证明不等式 $\dfrac{\ln x}{(n+1)\ln^2(n+1)}<\log_n x-\log_{n+1}x<\dfrac{\ln x}{n\ln^2 n}$.

15. 已知 $p>1$, $q>1$, 且 $\dfrac{1}{p}+\dfrac{1}{q}=1$, 证明: 当 $x>0$ 时, $\dfrac{1}{p}x^p+\dfrac{1}{q}\geqslant x$.

16. 设 $a>0$, 证明 $f(x)=\left(1+\dfrac{a}{x}\right)^x$ 在定义域内为增函数.

17. 设 $f(x)$ 在 $[0,a]$ 上二次可微, 且 $f(0)=0$, $f''(x)<0$, 证明: 当 $0<x\leqslant a$ 时, $\dfrac{f(x)}{x}$ 单调减少.

18. 设 $f(x)$, $\varphi(x)$ 二阶可导, 当 $x>0$ 时, $f''(x)>\varphi''(x)$, 且 $f(0)=\varphi(0)$, $f'(0)=\varphi'(0)$, 求证: 当 $x>0$ 时, $f(x)>\varphi(x)$.

19. 求下列函数曲线的渐近线:

(1) $y=\dfrac{1+e^{-x^2}}{1-e^{-x^2}}$;　　(2) $y=\dfrac{x^2}{x+1}$;　　(3) $y=\dfrac{x^4+8}{x^3+1}$;　　(4) $y=\sqrt{4x^2+2x+3}$.

20. 设 $f(x)$ 满足 $3f(x)-f\left(\dfrac{1}{x}\right)=\dfrac{1}{x}$, 求 $f(x)$ 的极值.

21. m 与 n 为正整数, $a>0$, 讨论 $f(x)=x^n(a-x)^m$ 的极值点.

22. 设 $\lim\limits_{x\to a}\dfrac{f(x)-f(a)}{(x-a)^2}=-1$, 证明 $f(x)$ 在 $x=a$ 处有极值, 并确定是极大值还是极小值.

23. 设 $y=f(x)$ 对于一切 x 满足: $(x^2+1)f''(x)+f'(x)=\sin x-e^{x^2}$, 且已知 $x=x_0$ 是 $f(x)$ 的驻点, 试论证 $f(x_0)$ 是 $f(x)$ 的极值, 并确定 $f(x_0)$ 是极大值还是极小值.

24. 设 $f(x)$ 满足方程 $x\cdot f''(x)-3x[f'(x)]^2=1-e^{-x}$, 其中 $x\in\mathbf{R}$. (1) 若 $f'(a)=0$ $(a\neq 0)$, $x=a$ 处是否有极值, 为什么? (2) 若 $f(x)$ 在 $x=0$ 处取极值, 证明在 $x=0$ 处取极小值.

25. 设可导函数 $y=f(x)$ 由方程 $x^3-3xy^2+2y^3=32$ 所确定, 试讨论并求出 $f(x)$ 的极大值和极小值.

26. 求使 $5x^2+Ax^{-5}\geqslant 24(x>0)$ 成立的最小正数 A.

27. 设函数 $f(x)=\ln x+\dfrac{1}{x}$, (1) 求 $f(x)$ 的最小值, (2) 设数列 $\{x_n\}$ 满足 $\ln x_n+\dfrac{1}{x_{n+1}}<1$, 证明: $\lim\limits_{n\to\infty}x_n$ 存在并求此极限.

28. 设函数 $f(x)$, $g(x)$ 有二阶导数, 且 $g''(x)<0$. 若 $g(x_0)=a$ 是 $g(x)$ 的极值, 求 $f[g(x)]$ 在 x_0 取得极大值的一个充分条件.

29. 求函数 $y=x^{2x}$ 在区间 $(0,1]$ 上的最小值.

30. 求函数 $f(x)=\ln|(x-1)(x-2)(x-3)|$ 的驻点的个数.

31. 求曲线 $y=(x-1)(x-2)^2(x-3)^3(x-4)^4$ 的拐点.

32. 已知曲线 $y=x^3+ax^2+bx+1$ 有拐点 $(-1,0)$, 求 a, b 的值.

33. 圆锥形容器 (底半径为 R, 高为 H) 装满水, 把一个圆柱体放在容器内. 设圆柱体与圆锥体的中心轴重合, 问该圆柱体的半径等于多少时, 才能使容器内排出的水最多?

34. 做一个封闭的圆柱形容器, 容积为 V_0, 设此容器的下底、上底及侧面的厚度都是 d, 问此容器的内半径应多大时材料最省.

35. 在半圆 (半径为 R) 内作一矩形, 使矩形面积最大.

四、习题解答与提示

1. 提示：单调性，极值，介值定理.　　　2. 3个零点.

3. 提示：设 $f(x) = x - 2\sin x$.　　4. 提示：设 $f(x)$ 在 $x_0 = a$ 处作泰勒展开.

5. 提示：在 $x = a$ 处使用右导数定义，在 $x = b$ 处使用左导数定义，并结合函数极限的保号性.

6. 提示：设 $f(x) = a^x$，$x \in \left[\dfrac{1}{n+1}, \dfrac{1}{n} \right]$.　　　7. 提示：利用函数单调性.

8. 提示：利用函数单调性.　　9. 提示：设 $g(x) = x(1 - a^{\frac{1}{x}})$.

10. 提示：求 $f(x) = 4x\ln x - x^2 - 2x$ 在 $(0,2)$ 上的最小值.

11. 提示：求函数最大值.　　12. 提示：求函数最大值，最小值.

13. 提示：对 $f'(x)$ 使用最大、最小值定理以及拉格朗日中值定理.

14. 提示：$\log_n x - \log_{n+1} x = \dfrac{\ln x [\ln(n+1) - \ln n]}{\ln n \ln(n+1)}$，$\ln(n+1) - \ln n = (\ln x)'_{x=\xi} = \dfrac{1}{\xi}$，$\xi \in (n, n+1)$.

15. 提示：利用 $f(x) = \dfrac{1}{p} x^p + \dfrac{1}{q} - x$ 的单调性.

16. 提示：$f(x)$ 的定义域为 $x > 0$ 或 $x < -a$，讨论 $f'(x)$ 符号.

17. 提示：方法一　导数符号；方法二　拉格朗日中值定理；方法三　泰勒公式.

18. 提示：设 $g(x) = f(x) - \varphi(x)$.

19. (1) $x = 0$，$y = 1$；　(2) $x = -1$，$y = x - 1$；　(3) $x = -1$，$y = x$；　(4) $y = 2x + \dfrac{1}{2}$.

20. 极小值 $f(\sqrt{3}) = \dfrac{\sqrt{3}}{4}$，极大值 $f(-\sqrt{3}) = -\dfrac{\sqrt{3}}{4}$. 提示：利用倒代换 $\dfrac{1}{x} = t$ 求出 $f(x)$ 的表达式.

21. $\dfrac{na}{m+n}$ 是 $f(x)$ 的极大点，当 n 为偶数时，$x = 0$ 为极小点，当 m 为偶数时，$x = a$ 为极小点，当 n，m 为奇数时，$x = 0$ 与 $x = a$ 不是极值点.

22. 极大值.

23. 极大值. 提示：解出 $f''(x_0)$ 的表达式.

24. (1) $f(x)$ 在 $x = a$ 处有极小值；(2) 提示：利用极值第二充分条件.

25. 在 $x = -2$ 处有极小值 $y = -2$.

26. $A = 2 \cdot \left(\dfrac{24}{7} \right)^{\frac{7}{2}}$. 提示：设 $f(x) = x^5(24 - 5x^2)$，其中 $x > 0$.

27. (1) 最小值 $f(1) = 1$；(2) $\lim\limits_{n \to \infty} x_n = 1$. 提示：数列单调增有上界.

28. $f'(a) > 0$. 提示：利用极值的第二充分条件.　　29. $e^{-\frac{2}{e}}$.

30. 2个. 提示：分区间讨论. 31. $(3,0)$. 提示：利用拐点的必要条件与第二充分条件.

32. $a = 3$，$b = 3$. 提示：利用拐点的必要条件与第二充分条件.

33. $\dfrac{2R}{3}$. 提示：$V(r) = r^2 \pi H \left(1 - \dfrac{r}{R} \right)$ 其中 r 为圆柱体半径，且 $0 < r < R$；V 为排出的水的体积.

34. $\sqrt[3]{\dfrac{V_0}{2\pi}}$. 提示：由于考虑板材厚度，所以容器的内外表面积不等，故以材料的体积为函数：$V = \pi(r + d)^2 \left(\dfrac{V_0}{\pi r^2} + d \right) - V_0$，其中 r 为内半径，V 为所需材料体积.

35. 长 $= \sqrt{2} R$，宽 $= R / \sqrt{2}$.

第四章 不定积分

基本要求与重点要求

1. 基本要求

理解不定积分的概念与性质. 掌握不定积分基本公式. 掌握不定积分的换元与分部积分法. 会求简单的有理函数的积分.

2. 重点要求

不定积分的概念及性质. 不定积分基本公式. 不定积分的换元法与分部积分法.

知识关联网络

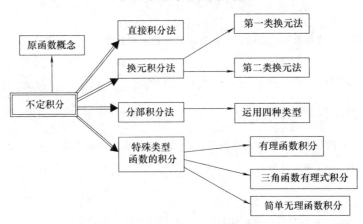

第一节 不定积分的概念与性质

一、内 容 提 要

1. 基本概念

(1) $f(x)$ 的原函数 如果在区间 I 上，存在可导函数 $F(x)$，使得 $\forall x \in I$，都有 $F'(x) = f(x)$，或 $\mathrm{d}F(x) = f(x)\mathrm{d}x$，那么 $F(x)$ 就称为 $f(x)$ 在区间 I 上的原函数.

(2) $f(x)$ 的不定积分 $f(x)$ 的全体原函数称为 $f(x)$ 的不定积分. 记作 $\int f(x)\mathrm{d}x$.

如果 $F(x)$ 是 $f(x)$ 的一个原函数，则 $F(x)+C$ 为 $f(x)$ 的原函数族，且 $\int f(x)\mathrm{d}x = F(x)+C$.

2. 不定积分的基本性质

(1) $\left(\int f(x)\mathrm{d}x\right)' = f(x)$ 或 $\mathrm{d}\left(\int f(x)\mathrm{d}x\right) = f(x)\mathrm{d}x$；

(2) $\int f'(x)\mathrm{d}x = \int \mathrm{d}f(x) = f(x)+C$；

(3) $\int kf(x)\mathrm{d}x = k\int f(x)\mathrm{d}x \quad (k \neq 0)$；

(4) $\int [f(x) \pm g(x)]\mathrm{d}x = \int f(x)\mathrm{d}x \pm \int g(x)\mathrm{d}x$.

二、例 题 分 析

1. 求原函数

【例1】 求下列函数的表达式：

(1) 已知 $f'(e^x) = xe^{-x}$，且 $f(1) = 0$，求函数 $f(x)$.

(2) 设 $f(x^2-1) = \ln \dfrac{x^2}{x^2-2}$，且 $f(\varphi(x)) = \ln x$，求 $\varphi(x)$ 的原函数.

(3) 设函数 $F(x)$ 是 $f(x)$ 的原函数，且当 $x \geqslant 0$ 时有 $f(x)F(x) = \dfrac{1}{2} \dfrac{1}{(1+x)}$，已知 $F(0) = 1, F(x) > 0$，求函数 $f(x)$.

(4) 设函数 $f(x)$ 对所有实数 x 都有 $f'(x) + xf'(-x) = x$，求函数 $f(x)$ 的表达式.

解 (1) **方法一** 先求出 $f'(x)$ 的表达式，再积分. 引入变量代换，令 $e^x = t$，则有 $f'(t) = \dfrac{\ln t}{t}$，即 $f'(x) = \dfrac{\ln x}{x}$，因而 $f(x) = \displaystyle\int \dfrac{\ln x}{x} \mathrm{d}x = \dfrac{1}{2}(\ln x)^2 + C$. 由 $f(1) = 0$ 确定 $C = 0$，故所求函数为 $f(x) = \dfrac{1}{2}(\ln x)^2$.

方法二 注意到 $[f(e^x)]' = e^x f'(e^x)$，而 $f'(e^x) = xe^{-x}$，于是有 $[f(e^x)]' = x$，可得 $f(e^x) = \dfrac{1}{2}x^2 + C$，则 $f(x) = \dfrac{1}{2}(\ln x)^2$.

注 已知导函数求原函数一般要用不定积分.

(2) 令 $t = x^2 - 1$，则 $f(t) = \ln \dfrac{t+1}{t-1}$. 由题设知 $f(\varphi(x)) = \ln \dfrac{\varphi(x)+1}{\varphi(x)-1} = \ln x$，因而有 $\varphi(x) = \dfrac{x+1}{x-1}$，于是 $\displaystyle\int \varphi(x)\mathrm{d}x = \int \left(1 + \dfrac{2}{x-1}\right)\mathrm{d}x = x + 2\ln|x-1| + C$.

注 对于复合函数 $f(\varphi(x))$ 的常规方法是作变量替换 $u = \varphi(x)$. 求出 $\varphi(x)$，再积分.

(3) 由 $F'(x) = f(x)$ 可知 $F'(x)F(x) = \dfrac{1}{2(1+x)}$，即 $\displaystyle\int 2F'(x)F(x)\mathrm{d}x = \int \dfrac{1}{1+x}\mathrm{d}x$，得 $F^2(x) = \ln|1+x| + C$，由 $F(0) = 1$，$F(x) > 0$ 知 $C = 1$，从而 $F(x) = \sqrt{\ln|1+x|+1}$.

注 已知某函数与原函数的关系式，一般利用 $F'(x) = f(x)$ 进行替换，变成仅关于一个函数 $F(x)$ 的关系式，求出 $F(x)$ 后，再定 $f(x)$.

(4) 由题设等式得 $f'(-x) - xf'(x) = -x$，与原式联立构成方程组

$$\begin{cases} f'(x) + xf'(-x) = x, \\ f'(-x) - xf'(x) = -x, \end{cases}$$

可得 $f'(x) = \dfrac{x(1+x)}{1+x^2}$，积分得 $f(x) = x + \dfrac{\ln(1+x^2)}{2} - \arctan x + C$.

2. 分段函数的不定积分

【例2】 求分段函数的不定积分：

(1) $\displaystyle\int |x-1|\mathrm{d}x$ (n 为大于 1 的自然数)； (2) 设 $f(x) = \begin{cases} x^2, & x \leqslant 0, \\ \sin x, & x > 0, \end{cases}$ 求 $\displaystyle\int f(x)\mathrm{d}x$；

解 (1) 当 $x < 1$ 时，$\displaystyle\int |x-1|\mathrm{d}x = -\int(x-1)\mathrm{d}x = -\dfrac{1}{2}x^2 + x + C_1$，

当 $x \geqslant 1$ 时，$\displaystyle\int |x-1|\mathrm{d}x = \int(x-1)\mathrm{d}x = \dfrac{1}{2}x^2 - x + C_2$，

因 $|x-1|$ 在 $(-\infty, +\infty)$ 连续，所以原函数在 $x = 1$ 处连续，得

$$\lim_{x \to 1^-}\left(-\dfrac{1}{2}x^2 + x + C_1\right) = \lim_{x \to 1^+}\left(\dfrac{1}{2}x^2 - x + C_2\right), \text{ 即 } C_2 = 1 + C_1.$$

从而 $\displaystyle\int |x-1|\,\mathrm{d}x = \begin{cases} -\dfrac{1}{2}x^2+x+C_1, & x<1, \\[3mm] \dfrac{1}{2}x^2-x+1+C_1, & x\geqslant 1. \end{cases}$

(2) 当 $x\leqslant 0$ 时，$\displaystyle\int f(x)\,\mathrm{d}x = \dfrac{x^3}{3}+C_1$；当 $x>0$ 时，$\displaystyle\int f(x)\,\mathrm{d}x = -\cos x+C_2$.

因为 $f(x)$ 在 $(-\infty,+\infty)$ 连续，所以原函数 $F(x)$ 在 $(-\infty,+\infty)$ 连续. 由 $F(x)$ 在 $x=0$ 处连续可知 $\displaystyle\lim_{x\to 0^-} F(x) = \lim_{x\to 0^-}\left(\dfrac{x^3}{3}+C_1\right)=C_1$，$\displaystyle\lim_{x\to 0^+} F(x)=\lim_{x\to 0^+}(-\cos x+C_2)=-1+C_2$.

得关系式 $C_1=-1+C_2$，令 $C_1=C$，于是有

$x\leqslant 0$ 时，$\displaystyle\int f(x)\,\mathrm{d}x = \dfrac{x^3}{3}+C$；$x>0$ 时，$\displaystyle\int f(x)\,\mathrm{d}x = -\cos x+C+1$.

注 （1）求分段函数的原函数时，先在不同分段区间内求出其原函数，再根据原函数在所讨论区间上及其分段点处都连续的性质，确定各分段区间上积分常数之间的关系，最后用一个统一的记号表示各区间段上的积分常数，从而求出原函数.

（2）对于形如 $\displaystyle\int \max(1,x^2)\,\mathrm{d}x$，$\displaystyle\int e^{-|x|}\,\mathrm{d}x$ 的不定积分，先将被积函数化为分段函数，然后按照上述方法求积分.

3. 不定积分的直接积分法

直接积分法即被积函数经过代数、三角的恒等变形后直接运用不定积分性质与基本积分公式求积分. 常用的技巧有：①对分子加一项或减一项进行拆分；②分子、分母同时乘以某非零因子；③有理化；④数"1"的各种变形.

【例 3】 求下列不定积分：

(1) $\displaystyle\int x\cdot\sqrt[3]{x+1}\,\mathrm{d}x$；(2) $\displaystyle\int \dfrac{\mathrm{d}x}{1+\sin x}$；(3) $\displaystyle\int \sqrt{\dfrac{a+x}{a-x}}\,\mathrm{d}x\,(a>0)$；(4) $\displaystyle\int \dfrac{\mathrm{d}x}{x^4+x^6}$.

解 (1) $\displaystyle\int x\cdot\sqrt[3]{x+1}\,\mathrm{d}x = \int [(x+1)-1]\cdot\sqrt[3]{x+1}\,\mathrm{d}x = \int [(x+1)^{\frac{4}{3}}-(x+1)^{\frac{1}{3}}]\,\mathrm{d}(x+1)$

$\qquad = \dfrac{3}{7}(x+1)^{\frac{7}{3}} - \dfrac{3}{4}(x+1)^{\frac{4}{3}}+C$.

(2) $\displaystyle\int \dfrac{\mathrm{d}x}{1+\sin x} = \int \dfrac{(1-\sin x)\,\mathrm{d}x}{\cos^2 x} = \int \dfrac{\mathrm{d}x}{\cos^2 x} + \int \dfrac{\mathrm{d}\cos x}{\cos^2 x} = \tan x - \sec x + C$.

(3) $\displaystyle\int \sqrt{\dfrac{a+x}{a-x}}\,\mathrm{d}x = \int \dfrac{a+x}{\sqrt{a^2-x^2}}\,\mathrm{d}x = \int \dfrac{a}{\sqrt{a^2-x^2}}\,\mathrm{d}x - \dfrac{1}{2}\int \dfrac{\mathrm{d}(a^2-x^2)}{\sqrt{a^2-x^2}} = a\arcsin\dfrac{x}{a} - \sqrt{a^2-x^2}+C$.

(4) $\displaystyle\int \dfrac{\mathrm{d}x}{x^4+x^6} = \int \dfrac{1+x^2-x^2}{x^4(1+x^2)}\,\mathrm{d}x = \int \dfrac{1}{x^4}\,\mathrm{d}x - \int \dfrac{1}{x^2(1+x^2)}\,\mathrm{d}x$

$\qquad = \displaystyle\int \dfrac{1}{x^4}\,\mathrm{d}x - \int \dfrac{1}{x^2}\,\mathrm{d}x + \int \dfrac{1}{1+x^2}\,\mathrm{d}x = -\dfrac{1}{3x^3} + \dfrac{1}{x} + \arctan x + C$

三、习　　题

1. 计算不定积分

(1) $\displaystyle\int e^{-|x|}\,\mathrm{d}x$；　　　　　　　　　　(2) $\displaystyle\int \min(x,x^2)\,\mathrm{d}x$.

2. 设 $f'(e^x)=a\sin x+b\cos x$　$(a^2+b^2\neq 0)$，求 $f(x)$.

△ 3. 设 $f(x^2-1)=\ln\dfrac{x^2}{x^2-2}$，且 $f[\varphi(x)]=\ln x$，求 $\displaystyle\int \varphi(x)\,\mathrm{d}x$.

△4. 设 $f(\sin^2 x)=\dfrac{x}{\sin x}$，求 $\displaystyle\int \dfrac{\sqrt{x}}{\sqrt{1-x}}f(x)\mathrm{d}x$.

△5. 设 $f'(\ln x)=1+x$，求 $f(x)$.

△6. 设 $F(x)$ 为 $f(x)$ 的原函数，当 $x\geqslant0$ 时，有 $f(x)F(x)=\sin^2 2x$，且 $F(0)=1$，$F(x)\geqslant0$，求 $f(x)$.

四、习题解答与提示

1. (1) $x<0$ 时，e^x+C；$x\geqslant0$ 时，$2-\mathrm{e}^{-x}+C$.

(2) $x<0$ 时，$\dfrac{1}{2}x^2+C$；$0\leqslant x<1$ 时，$\dfrac{1}{3}x^3+C$；$x\geqslant1$ 时，$\dfrac{1}{2}x^2-\dfrac{1}{6}C$.

2. $f(x)=\dfrac{x}{2}[(a+b)\sin\ln x+(b-a)\cos\ln x]+C$.

3. $x+\ln(x-1)^2+1$. 提示：$\varphi(x)=\dfrac{x+1}{x-1}$.

4. $-2\sqrt{1-x}\arcsin\sqrt{x}+2\sqrt{x}+C$. 提示：令 $u=\sin^2 x$，$\sin x=\sqrt{u}$，$x=\arcsin\sqrt{u}$，$f(x)=\dfrac{\arcsin\sqrt{x}}{\sqrt{x}}$.

5. $x+\mathrm{e}^x+C$.

6. $\dfrac{\sin^2 2x}{\sqrt{x-\frac{1}{4}\sin 4x+1}}$. 提示：$F'(x)=f(x)$，$\displaystyle\int F(x)F'(x)\mathrm{d}x=\int \sin^2 2x\mathrm{d}x$，$\dfrac{1}{2}F^2(x)=\dfrac{1}{2}x-\dfrac{1}{8}\sin 4x+$

C_1，$F^2(x)=x-\dfrac{1}{4}\sin 4x+C$，$F(x)=\sqrt{4-\dfrac{1}{4}\sin 4x+1}$.

第二节　基本积分法

一、内　容　提　要

1. 熟记 24 个基本不定积分公式.

2. 第一类换元法（凑微元法）

$$\int g(x)\mathrm{d}x \xrightarrow{\text{表成}} \int f[\varphi(x)]\varphi'(x)\mathrm{d}x \xrightarrow{\text{凑成}} \int f[\varphi(x)]\mathrm{d}\varphi(x) \xrightarrow{\text{令}u=\varphi(x)} \int f(u)\mathrm{d}u$$

$$=F(u)+C \xrightarrow{u=\varphi(x)} F[\varphi(x)]+C.$$

常用凑微元表达式

$$x^{n-1}\mathrm{d}x=\frac{1}{na}\mathrm{d}(ax^n+b)\ (a\neq0,n\neq0);\frac{1}{x}\mathrm{d}x=\mathrm{d}\ln x;\sin x\mathrm{d}x=-\mathrm{d}\cos x;$$

$$\cos x\mathrm{d}x=\mathrm{d}\sin x;\sec^2 x\mathrm{d}x=\mathrm{d}\tan x;\csc^2 x\mathrm{d}x=-\mathrm{d}\cot x;$$

$$\frac{1}{1+x^2}\mathrm{d}x=\mathrm{d}\arctan x;\frac{\mathrm{d}x}{\sqrt{1-x^2}}=\mathrm{d}\arcsin x;(1+\ln x)\mathrm{d}x=\mathrm{d}(x\ln x);$$

$$\frac{1-\ln x}{x^2}\mathrm{d}x=\mathrm{d}\left(\frac{\ln x}{x}\right);\frac{x}{\sqrt{1-x^2}}\mathrm{d}x=-\mathrm{d}\sqrt{1-x^2};\frac{x}{(1+x^2)^{\frac{3}{2}}}\mathrm{d}x=\mathrm{d}\left(\frac{-1}{\sqrt{1+x^2}}\right);$$

$$\frac{1}{\sqrt{x}}\mathrm{d}x=2\mathrm{d}\sqrt{x};\frac{1}{x^2}\mathrm{d}x=-\mathrm{d}\left(\frac{1}{x}\right);\mathrm{e}^x\mathrm{d}x=\mathrm{d}\mathrm{e}^x;\left(1\pm\frac{1}{x^2}\right)\mathrm{d}x=\mathrm{d}\left(x\mp\frac{1}{x}\right).$$

3. 第二类换元法（代元法）

$$\int f(x)\mathrm{d}x \xrightarrow{\text{令}x=\varphi(t)} \int f[\varphi(t)]\varphi'(t)\mathrm{d}t=F(t)+C \xrightarrow{t=\varphi^{-1}(x)} F[\varphi^{-1}(x)]+C.$$

常用代换如下：

常用代换	适用于被积函数含有	常用代换	适用于被积函数含有
三角换元 $x=a\sin t$	$\sqrt{a^2-x^2}$	指数换元 $e^x=t$ 即 $x=\ln t$	e^x
三角换元 $x=a\tan t$	$\sqrt{a^2+x^2}$	无理换元 $\sqrt[n]{ax+b}=t$ 即 $x=\dfrac{t^n-b}{a}$	$\sqrt[n]{ax+b}$
三角换元 $x=a\sec t$	$\sqrt{x^2-a^2}$		
倒代换 $x=\dfrac{1}{t}$	$\dfrac{1}{ax^n+b}$	万能代换 $t=\tan\dfrac{x}{2}$	$R(\sin x,\cos x)$

4. 分部积分法

$$\int u(x)\mathrm{d}v(x)=u(x)v(x)-\int v(x)u'(x)\mathrm{d}x.$$

一般地，当被积函数是两类不同函数相乘，并且凑微元法无效时，选择分部积分法，通常按照"反对幂指三"的顺序，前者选作 $u(x)$，后者充当 $v'(x)$.

二、例 题 分 析

1. 第一换元积分法（凑微元法）

第一换元积分法的本质是将被积表达式通过微分运算化成基本公式形式，然后利用不定积分的性质和基本积分公式凑出它的原函数. 若在运算中不进行变量替换 $u=\varphi(x)$，则称之为凑微元法.

【例1】 用"凑微元法"求下列积分：

(1) $\displaystyle\int\frac{\mathrm{d}x}{\sin^2x+2\cos^2x}$;　(2) $\displaystyle\int\frac{x^2+1}{x^4+1}\mathrm{d}x$;　(3) $\displaystyle\int\frac{\ln\tan x}{\sin x\cos x}\mathrm{d}x$;

(4) $\displaystyle\int\frac{x+5}{x^2-6x+13}\mathrm{d}x$;　(5) $\displaystyle\int x^x(1+\ln x)\mathrm{d}x$ $(x>0)$;　(6) $\displaystyle\int\frac{\cos^2x-\sin x}{\cos x(1+\cos xe^{\sin x})}\mathrm{d}x$.

分析　凑微元法要求熟悉基本积分公式，掌握函数的微分运算，最好熟记一些常用凑微元形式.

解　(1) $\displaystyle\int\frac{\mathrm{d}x}{\sin^2x+2\cos^2x}=\int\frac{\mathrm{d}x}{\left(\dfrac{\sin^2x}{\cos^2x}+2\right)\cos^2x}=\int\frac{\mathrm{d}\tan x}{2+\tan^2x}=\frac{1}{\sqrt{2}}\arctan\frac{\tan x}{\sqrt{2}}+C.$

(2) $\displaystyle\int\frac{x^2+1}{x^4+1}\mathrm{d}x=\int\frac{1+\dfrac{1}{x^2}}{x^2+\dfrac{1}{x^2}}\mathrm{d}x=\int\frac{\mathrm{d}\left(x-\dfrac{1}{x}\right)}{\left(x-\dfrac{1}{x}\right)^2+2}=\frac{1}{\sqrt{2}}\arctan\frac{x-\dfrac{1}{x}}{\sqrt{2}}+C.$

注　求不定积分时，经常需要通过对被积函数进行适当的变形，逐步凑微元，使其化为我们所熟悉的积分.

(3) $\displaystyle\int\frac{\ln\tan x}{\sin x\cos x}\mathrm{d}x=\int\frac{\ln\tan x}{\tan x\cos^2x}\mathrm{d}x=\int\frac{\ln\tan x}{\tan x}\sec^2x\mathrm{d}x=\int\frac{\ln\tan x}{\tan x}\mathrm{d}\tan x$

$$=\int\ln\tan x\mathrm{d}(\ln\tan x)=\frac{1}{2}(\ln\tan x)^2+C.$$

注　对被积函数较复杂的积分，一般观察出围绕的主体后，进行逐步凑微元，按照复合函数求微分的反过程，逐次将该复杂因子或主要部分凑成微元.

(4) 利用 $(x^2-6x+13)'=2x-6$，得

$$\int\frac{x+5}{x^2-6x+13}\mathrm{d}x=\int\frac{\dfrac{1}{2}(2x-6)+8}{x^2-6x+13}\mathrm{d}x=\frac{1}{2}\ln(x^2-6x+13)+8\int\frac{\mathrm{d}x}{(x-3)^2+4}$$

$$=\frac{1}{2}\ln(x^2-6x+13)+4\arctan\frac{x-3}{2}+C.$$

(5) $\displaystyle\int x^x(1+\ln x)\mathrm{d}x=\int e^{x\ln x}(1+\ln x)\mathrm{d}x=\int e^{x\ln x}\mathrm{d}(x\ln x)=e^{x\ln x}+C.$

(6) $\displaystyle\int\frac{\cos^2x-\sin x}{\cos x(1+\cos xe^{\sin x})}\mathrm{d}x=\int\frac{(\cos^2x-\sin x)e^{\sin x}}{\cos xe^{\sin x}(1+\cos xe^{\sin x})}\mathrm{d}x=\int\frac{1}{\cos xe^{\sin x}(1+\cos xe^{\sin x})}\mathrm{d}(\cos xe^{\sin x})$

$$= \ln \left| \frac{\cos x e^{\sin x}}{1 + \cos x e^{\sin x}} \right| + C.$$

2. 第二换元积分法（代元法）

第二换元积分法常用于解决被积表达式中含有无理式的积分. 对于含有二次根式的积分通常采用三角换元，目的是为了消除表示式中的根号；而对于一些简单无理式则常采用根式代换，去掉根号形式. 由于换元后引入了新的变量，因此计算结果必须再还原回原变量.

【例 2】 用换元法求下列积分：

(1) $\int \frac{x^2}{(1-x)^{10}} dx$； (2) $\int \frac{dx}{x + \sqrt{1-x^2}}$； (3) $\int \frac{dx}{(2x^2+1)\sqrt{1+x^2}}$；

(4) $\int \frac{\sqrt{x^2-9}}{x} dx$； (5) $\int \frac{dx}{(1+x+x^2)^{\frac{3}{2}}}$； (6) $\int \frac{x^{3n-1}}{(1+x^{2n})^2} dx$ $(n \neq 0)$；

(7) $\int \frac{dx}{(1+e^x)^2}$； (8) $\int \frac{dx}{x\sqrt{x^2-1}}$.

解 (1) 作线性换元 $u=1-x$，即 $x=1-u$，$dx=-du$，则

$$\int \frac{x^2}{(1-x)^{10}} dx = \int \frac{(1-u)^2}{u^{10}} du = -\int \frac{1-2u+u^2}{u^{10}} du = -\left(-\frac{1}{9}u^{-9} + \frac{1}{4}u^{-8} - \frac{1}{7}u^{-7} \right) + C$$

$$= \frac{1}{9(1-x)^9} - \frac{1}{4(1-x)^8} + \frac{1}{7(1-x)^7} + C.$$

(2) 作三角换元 $x=\sin t \left(-\frac{\pi}{2} < t < \frac{\pi}{2} \right)$，$dx=\cos t dt$，则

$$\int \frac{dx}{x + \sqrt{1-x^2}} = \int \frac{\cos t dt}{\sin t + \cos t} = \frac{1}{2} \int \frac{(\cos t + \sin t) + (\cos t - \sin t)}{\sin t + \cos t} dt$$

$$= \frac{1}{2} \left[\int dt + \int \frac{d(\sin t + \cos t)}{\sin t + \cos t} \right] = \frac{1}{2}t + \frac{1}{2}\ln |\sin t + \cos t| + C$$

$$= \frac{1}{2}\arcsin x + \frac{1}{2}\ln | x + \sqrt{1-x^2} | + C.$$

(3) 作三角换元 $x=\tan u \left(-\frac{\pi}{2} < u < \frac{\pi}{2} \right)$，$dx=\sec^2 u du$，则

$$\int \frac{dx}{(2x^2+1)\sqrt{x^2+1}} = \int \frac{\sec^2 u du}{(2\sec^2 u - 1)\sec u} = \int \frac{\cos u du}{(2-\cos^2 u)} = \int \frac{d\sin u}{1+\sin^2 u}$$

$$= \arctan(\sin u) + C = \arctan \frac{x}{\sqrt{1+x^2}} + C.$$

(4) **方法一** 作三角换元 $x=3\sec t$，则

$$\int \frac{\sqrt{x^2-9}}{x} dx = \int 3\tan^2 t dt = 3\int (\sec^2 t - 1)dt = 3(\tan t - t) + C = \sqrt{x^2-9} - 3\arctan \frac{\sqrt{x^2-9}}{3} + C.$$

方法二 令 $t=\sqrt{x^2-9}$，$dt = \frac{x}{\sqrt{x^2-9}} dx$，即 $x dx = t dt$，则

$$\int \frac{\sqrt{x^2-9}}{x} dx = \int \frac{t^2}{t^2+9} dt = \int 1 - \frac{9}{t^2+9} dt = t - 3\arctan \frac{t}{3} + C = \sqrt{x^2-9} - 3\arctan \frac{\sqrt{x^2-9}}{3} + C.$$

注 当被积函数中含有根式 $\sqrt{a^2-x^2}$，$\sqrt{x^2+a^2}$，$\sqrt{x^2-a^2}$ 时，除用标准的三角换元外，有时可考虑用代换 $u=\sqrt{a^2-x^2}$，$u=\sqrt{x^2+a^2}$，$u=\sqrt{x^2-a^2}$. 但要注意，这种方法并不是总能成功的，如上例 (3). 一般地，只要积分表达式中能凑出 $x dx$，余下的能表示成 u 的有理函数，即可选用这种变换.

(5) $\int \frac{dx}{(1+x+x^2)^{\frac{3}{2}}} \xrightarrow{\text{配方}} \int \frac{dx}{\left[\left(x+\frac{1}{2} \right)^2 + \frac{3}{4} \right]^{\frac{3}{2}}}$.

作三角换元 $x+\dfrac{1}{2}=\dfrac{\sqrt{3}}{2}\tan t$，$\mathrm{d}x=\dfrac{\sqrt{3}}{2}\sec^2 t\mathrm{d}t$ 来计算；也可作倒代换：$x+\dfrac{1}{2}=\dfrac{1}{t}$，则

$$\int\frac{\mathrm{d}x}{(1+x+x^2)^{\frac{3}{2}}}=\int\frac{-t\mathrm{d}t}{\left(1+\dfrac{3}{4}t^2\right)^{\frac{3}{2}}}=\frac{4}{3}\left(1+\frac{3}{4}t^2\right)^{-\frac{1}{2}}+C=\frac{2}{3}\frac{2x+1}{\sqrt{1+x+x^2}}+C$$

注 "倒代换"也是一种常用到的换元，一般当被积函数的分母关于 x 的最高次幂至少比分子关于 x 的最高次幂高一次时，利用倒代换常可消去分母中的变量因子 x.

(6) 令 $x^n=\tan t$，则

$$\int\frac{x^{3n-1}}{(x^{2n}+1)^2}\mathrm{d}x=\frac{1}{n}\int\sin^2 t\mathrm{d}t=\frac{1}{n}\int\frac{1-\cos2t}{2}\mathrm{d}t=\frac{1}{2n}\left(t-\frac{\sin2t}{2}\right)+C=\frac{1}{2n}\left(\arctan x^n-\frac{x^n}{1+x^{2n}}\right)+C.$$

(7) 令 $\mathrm{e}^x=t$，即 $x=\ln t$，$\mathrm{d}x=\dfrac{\mathrm{d}t}{t}$，则

$$\int\frac{\mathrm{d}x}{(1+\mathrm{e}^x)^2}=\int\frac{\mathrm{d}t}{t(1+t)^2}=\int\left[\frac{1}{t}-\frac{1}{1+t}-\frac{1}{(1+t)^2}\right]\mathrm{d}t$$

$$=\ln\frac{t}{1+t}+\frac{1}{1+t}+C=\ln\frac{\mathrm{e}^x}{1+\mathrm{e}^x}+\frac{1}{1+\mathrm{e}^x}+C.$$

注 对被积函数含有 e^x 的不定积分，可作指数代换将其化为有理函数或其他易积的积分.

(8) 令 $x=\dfrac{1}{t}$，当 $x>1$ 时，$\displaystyle\int\frac{\mathrm{d}x}{x\sqrt{x^2-1}}=-\int\frac{\mathrm{d}t}{\sqrt{1-t^2}}=-\arcsin t+C=-\arcsin\frac{1}{x}+C$；

当 $x<-1$ 时，$\displaystyle\int\frac{\mathrm{d}x}{x\sqrt{x^2-1}}=\int\frac{\mathrm{d}t}{\sqrt{1-t^2}}=\arcsin t+C=\arcsin\frac{1}{x}+C$，

综上有 $\displaystyle\int\frac{\mathrm{d}x}{x\sqrt{x^2-1}}=-\arcsin\frac{1}{|x|}+C$，$x\neq-1$.

3. 分部积分法

分部积分法主要用于解决被积函数为两类函数相乘的积分，被积函数中含有对数函数或反三角函数的积分通过分部积分转化为幂函数，实现把比较复杂的积分转化为相对容易计算的积分，起到化难为易的作用.

【例3】 用分部积分法求下列积分：

(1) $\displaystyle\int\frac{\ln\sin x}{\sin^2 x}\mathrm{d}x$；   (2) $\displaystyle\int\frac{\arcsin\sqrt{x}}{\sqrt{1-x}}\mathrm{d}x$；   (3) $\displaystyle\int\frac{x\ln x}{(1+x^2)^{\frac{3}{2}}}\mathrm{d}x$；

(4) $\displaystyle\int\frac{x\sin x}{\cos^2 x}\mathrm{d}x$；   (5) $\displaystyle\int(\arcsin x)^2\mathrm{d}x$；   (6) $\displaystyle\int\frac{x^2\arctan x}{1+x^2}\mathrm{d}x$.

解 (1) $\displaystyle\int\frac{\ln\sin x}{\sin^2 x}\mathrm{d}x=\int\ln\sin x\mathrm{d}(-\cot x)=-\cot x\ln\sin x+\int\cot x\cdot\frac{\cos x}{\sin x}\mathrm{d}x$

$$=-\cot x\ln\sin x+\int\cot^2 x\mathrm{d}x=-\cot x\ln\sin x+\int(\csc^2 x-1)\mathrm{d}x$$

$$=-\cot x\ln\sin x-\cot x-x+C.$$

(2) $\displaystyle\int\frac{\arcsin\sqrt{x}}{\sqrt{1-x}}\mathrm{d}x=-2\int\arcsin\sqrt{x}\mathrm{d}\sqrt{1-x}=-2\sqrt{1-x}\arcsin\sqrt{x}+\int\frac{1}{\sqrt{x}}\mathrm{d}x$

$$=-2\sqrt{1-x}\arcsin\sqrt{x}+2\sqrt{x}+C.$$

(3) $\displaystyle\int\frac{x\ln x}{(1+x^2)^{\frac{3}{2}}}\mathrm{d}x=-\int\ln x\mathrm{d}\frac{1}{\sqrt{1+x^2}}=-\frac{\ln x}{\sqrt{1+x^2}}+\int\frac{\mathrm{d}x}{x\sqrt{1+x^2}}$

$$=\frac{-\ln x}{\sqrt{1+x^2}}-\int\frac{\mathrm{d}\frac{1}{x}}{\sqrt{1+\left(\frac{1}{x}\right)^2}}=\frac{-\ln x}{\sqrt{1+x^2}}-\ln\left(\frac{1}{x}+\sqrt{\frac{1}{x^2}+1}\right)+C$$

$$= \frac{-\ln x}{\sqrt{1+x^2}} - \ln\left|\frac{1+\sqrt{1+x^2}}{x}\right| + C.$$

注 分部积分法的关键在于凑微分形式 $\mathrm{d}v$，凑微分的过程常常是逐步形成的.

(4) $\displaystyle\int \frac{x\sin x}{\cos^3 x}\mathrm{d}x = \int x\tan x\,\mathrm{d}\tan x = \frac{1}{2}\int x\,\mathrm{d}\tan^2 x = \frac{1}{2}x\tan^2 x - \frac{1}{2}\int \tan^2 x\,\mathrm{d}x$

$$= \frac{1}{2}x\tan^2 x - \frac{1}{2}\int(\sec^2 x - 1)\mathrm{d}x = \frac{1}{2}x\tan^2 x - \frac{1}{2}\tan x + \frac{1}{2}x + C.$$

(5) 直接分部积分，即令 $u = (\arcsin x)^2$，$v = x$，则

$$\int(\arcsin x)^2\mathrm{d}x = x(\arcsin x)^2 - \int x\cdot 2\arcsin x\cdot\frac{1}{\sqrt{1-x^2}}\mathrm{d}x = x(\arcsin x)^2 + 2\int\arcsin x\,\mathrm{d}\sqrt{1-x^2}$$

$$= x(\arcsin x)^2 + 2\sqrt{1-x^2}\arcsin x - 2x + C.$$

(6) $\displaystyle\int \frac{x^2\arctan x}{1+x^2}\mathrm{d}x = \int \frac{(x^2+1)\arctan x - \arctan x}{1+x^2}\mathrm{d}x = \int\arctan x\,\mathrm{d}x - \int\frac{\arctan x}{1+x^2}\mathrm{d}x$

$$= x\arctan x - \int\frac{x}{1+x^2}\mathrm{d}x - \int\arctan x\,\mathrm{d}(\arctan x)$$

$$= x\arctan x - \frac{1}{2}\ln(1+x^2) - \frac{1}{2}(\arctan x)^2 + C.$$

【例 4】 求下列积分：

(1) $\displaystyle\int\cos(\ln x)\mathrm{d}x$ ； (2) $\displaystyle\int \mathrm{e}^{2x}(1+\tan x)^2\mathrm{d}x$.

解 (1) $\displaystyle\int\cos(\ln x)\mathrm{d}x = x\cos(\ln x) + \int\sin(\ln x)\mathrm{d}x = x[\cos(\ln x) + \sin(\ln x)] - \int\cos(\ln x)\mathrm{d}x$，

所以 $\displaystyle\int\cos(\ln x)\mathrm{d}x = \frac{x}{2}[\cos(\ln x) + \sin(\ln x)] + C.$

注 本题采用的方法称为回归法，即通过两次分部积分后，右端出现一个与原积分相同的积分，再通过移项解得原积分.

(2) $\displaystyle\int \mathrm{e}^{2x}(1+\tan x)^2\mathrm{d}x = \int \mathrm{e}^{2x}(1+\tan^2 x + 2\tan x)\mathrm{d}x = \int \mathrm{e}^{2x}(\sec^2 x + 2\tan x)\mathrm{d}x$

$$= \int \mathrm{e}^{2x}\sec^2 x\,\mathrm{d}x + 2\int \mathrm{e}^{2x}\tan x\,\mathrm{d}x = \int \mathrm{e}^{2x}\mathrm{d}\tan x + 2\int \mathrm{e}^{2x}\tan x\,\mathrm{d}x$$

$$= \mathrm{e}^{2x}\tan x - 2\int \mathrm{e}^{2x}\tan x\,\mathrm{d}x + 2\int \mathrm{e}^{2x}\tan x\,\mathrm{d}x = \mathrm{e}^{2x}\tan x + C.$$

注 求解不定积分时，经常对被积函数进行适当恒等变形，综合使用换元积分法与分部积分法进行计算.

【例 5】 求下列积分：

(1) $\displaystyle\int \mathrm{e}^{-\sin x}\frac{\sin 2x}{\sin^4\left(\frac{\pi}{4} - \frac{x}{2}\right)}\mathrm{d}x$ (2) $\displaystyle\int \frac{\arcsin \mathrm{e}^x}{\mathrm{e}^x}\mathrm{d}x$ (3) $\displaystyle\int \frac{x^3\arccos x}{\sqrt{1-x^2}}\mathrm{d}x$ (4) $\displaystyle\int \frac{\arctan x\,\mathrm{d}x}{x^2(1+x^2)}$

解 (1) 充分利用三角恒等式将被积函数恒等变形，再换元简化后，利用分部积分法计算.

$$I = \int \mathrm{e}^{-\sin x}\frac{2\sin x\cos x}{\left[\dfrac{1-\cos\left(\dfrac{\pi}{2} - x\right)}{2}\right]^2}\mathrm{d}x = 8\int \mathrm{e}^{-\sin x}\frac{\sin x\cos x}{(1-\sin x)^2}\mathrm{d}x,\ \text{令}\ v = -\sin x,\ \text{则}$$

$$I = 8\int \frac{v\mathrm{e}^v}{(1+v)^2}\mathrm{d}v = 8\int \mathrm{e}^v\left[\frac{1}{1+v} - \frac{1}{(1+v)^2}\right]\mathrm{d}v = 8\left(\int \frac{\mathrm{e}^v}{1+v}\mathrm{d}v + \int \mathrm{e}^v\mathrm{d}\frac{1}{1+v}\right)$$

$$= 8\left(\int \frac{\mathrm{e}^v}{1+v}\mathrm{d}v + \frac{\mathrm{e}^v}{1+v} - \int \frac{\mathrm{e}^v}{1+v}\mathrm{d}v\right) = 8\frac{\mathrm{e}^v}{1+v} + C = \frac{8\mathrm{e}^{-\sin x}}{1-\sin x} + C.$$

（2）令 $t=\arcsin e^x$，即 $x=\ln \sin t$，$dx=\dfrac{\cos t}{\sin t}dt$，则

$$\int \frac{\arcsin e^x}{e^x}dx = \int \frac{t}{\sin t}\cdot\frac{\cos t}{\sin t}dt = -\int td\frac{1}{\sin t} = -\frac{t}{\sin t}+\int\frac{1}{\sin t}dt = -\frac{t}{\sin t}+\ln|\csc t-\cot t|+C$$

$$=-\frac{\arcsin e^x}{e^x}+\ln(1-\sqrt{1-e^{2x}})-x+C.$$

（3）被积函数中含有 $\sqrt{1-x^2}$ 又含有 $\arccos x$，所以令 $x=\cos t$，得

$$I=\int\frac{x^3\arccos x}{\sqrt{1-x^2}}dx = -\int t\cos^3 t\,dt = -\int t d\sin t+\frac{1}{3}\int t d\sin^3 t = -t\sin t+\int\sin t\,dt+\frac{1}{3}t\sin^3 t-\frac{1}{3}\int\sin^3 t\,dt,$$

由于 $\displaystyle\int\sin^3 t\,dt = \int\sin t(1-\cos^2 t)dt = \int\sin t\,dt+\int\cos^2 t\,d\cos t = -\cos t+\frac{1}{3}\cos^3 t.$

$$I = -t\sin t-\cos t+\frac{1}{3}t\sin^3 t+\frac{1}{3}\cos t-\frac{1}{9}\cos^3 t+C = -t\sin t\left(\frac{2}{3}+\frac{1}{3}\cos^2 t\right)-\frac{2}{3}\cos t-\frac{1}{9}\cos^3 t+C$$

$$=-\frac{1}{3}(2+x^2)\sqrt{1-x^2}\arccos x-\frac{1}{9}x(x^2+6)+C.$$

（4）$\displaystyle\int\frac{x^2\arctan x}{1+x^2}dx = \int\frac{(x^2+1)\arctan x-\arctan x}{1+x^2}dx = \int\arctan x\,dx-\int\frac{\arctan x}{1+x^2}dx$

$$= x\arctan x-\int\frac{x}{1+x^2}dx-\int\arctan x\,d(\arctan x)$$

$$= x\arctan x-\frac{1}{2}\ln(1+x^2)-\frac{1}{2}(\arctan x)^2+C.$$

【例 6】 已知 $\dfrac{\sin x}{x}$ 是可导函数 $f(x)$ 的一个原函数，求 $\displaystyle\int x^3 f'(x)dx$.

解 由原函数定义知 $f(x)=\left(\dfrac{\sin x}{x}\right)'=\dfrac{x\cos x-\sin x}{x^2}$，用分部积分法得

$$\int x^3 f'(x)dx = x^3 f(x)-3\int x^2 f(x)dx = x^3 f(x)-3\int(x\cos x-\sin x)dx = x^2\cos x-4x\sin x-6\cos x+C.$$

注 也可由 $f'(x)=\left(\dfrac{\sin x}{x}\right)''=\dfrac{2\sin x-2x\cos x-x^2\sin x}{x^3}$ 得

$$\int x^3 f'(x)dx = \int(2\sin x-2x\cos x-x^2\sin x)dx = -2\cos x+x^2\cos x-4\int x\cos x\,dx$$

$$= x^2\cos x-4x\sin x-6\cos x+C.$$

三、习　题

1. 计算下列不定积分：

（1）$\displaystyle\int\frac{dx}{1-e^x}$；　　　　（2）$\displaystyle\int\frac{dx}{\sqrt{2x+3}-\sqrt{2x-1}}$；　　（3）$\displaystyle\int\frac{1-\ln x}{(x+\ln x)^2}dx$；

（4）$\displaystyle\int\frac{\arctan\frac{1}{x}}{1+x^2}dx$；　（5）$\displaystyle\int x^x(1+\ln x)dx$；　　　（6）$\displaystyle\int\frac{\sin 2x\,dx}{\sqrt{a^2\cos^2 x+b^2\sin^2 x}}(a\neq b)$；

（7）$\displaystyle\int\frac{\ln 2x}{x\ln 4x}dx$；　　（8）$\displaystyle\int e^{e^x\cos x}(\cos x-\sin x)e^x dx$；　（9）$\displaystyle\int\sin 5x\cos 3x\,dx$；

（10）$\displaystyle\int\frac{\cot x}{1+\sin x}dx$；　（11）$\displaystyle\int\frac{\sin x\cos x}{1+\sin^4 x}dx$；　　　（12）$\displaystyle\int\frac{\cot x}{\ln\sin x}dx$.

2. 计算下列不定积分：

（1）$\displaystyle\int\frac{\sqrt{(9-x^2)^3}}{x^6}dx$；　（2）$\displaystyle\int\frac{x^3}{\sqrt{(1+x^2)^3}}dx$；　（3）$\displaystyle\int\frac{x+1}{x^2\sqrt{x^2-1}}dx$；

（4）$\displaystyle\int\frac{dx}{x^2\sqrt{a^2+x^2}}$；　（5）$\displaystyle\int\frac{2^x dx}{1+2^x+4^x}$；　　（6）$\displaystyle\int\frac{e^{2x}}{\sqrt[4]{e^x+1}}dx$.

3. 计算下列不定积分：

(1) $\int x^2 \arccos x \, \mathrm{d}x$；　　　　(2) $\int \frac{\ln x}{(1-x)^2} \mathrm{d}x$；　　　　(3) $\int x \arctan \sqrt{x} \, \mathrm{d}x$；

(4) $\int \frac{x\cos x}{\sin^3 x} \mathrm{d}x$；　　　　(5) $\int \frac{\ln(\mathrm{e}^x+1)}{\mathrm{e}^x} \mathrm{d}x$；　　　(6) $\int x \tan x \sec^4 x \, \mathrm{d}x$；

(7) $\int \frac{(1+x^2)\arcsin x}{x^2\sqrt{1-x^2}} \mathrm{d}x$；　(8) $\int \frac{x^2}{1+x^2} \arctan x \, \mathrm{d}x$；　(9) $\int \frac{\sin^2 x}{\mathrm{e}^x} \mathrm{d}x$；

(10) $\int \frac{x\mathrm{e}^x}{(1+x)^2} \mathrm{d}x$；　　△(11) $\int x^3 \mathrm{e}^{x^2} \mathrm{d}x$；　　　△(12) $\int \frac{\ln x-1}{x^2} \mathrm{d}x$；

△(13) $\int \frac{\mathrm{arccot}\,\mathrm{e}^x}{\mathrm{e}^x} \mathrm{d}x$；　　　△(14) $\int \frac{\arcsin\sqrt{x}}{\sqrt{x}} \mathrm{d}x$；　　△(15) $\int \frac{x\cos^4\frac{x}{2}}{\sin^3 x} \mathrm{d}x$.

4. 计算下列不定积分：

(1) $\int \mathrm{e}^{-|x|} \mathrm{d}x$；　　△(2) $\int x^3 f'(x) \mathrm{d}x$，其中 $f(x)$ 的原函数为 $\frac{\sin x}{x}$；

(3) $\int x f''(x) \mathrm{d}x$；　△(4) $\int x f'(x) \mathrm{d}x$，其中 $f(x)$ 的一个原函数为 $\ln^2 x$.

四、习题解答与提示

1. (1) $-\ln(\mathrm{e}^{-x}-1)+C$.　　　　(2) $\frac{1}{12}(2x+3)^{\frac{3}{2}}-\frac{1}{12}(2x-1)^{\frac{3}{2}}+C$.

(3) $-\frac{x}{x+\ln x}+C$.　提示：分子分母同除以 x^2，$\frac{1-\ln x}{x^2}\mathrm{d}x=\mathrm{d}\left(\frac{\ln x}{x}\right)$.

(4) $-\frac{1}{2}\left(\arctan\frac{1}{x}\right)^2+C$.　　(5) x^x+C.　提示：$(x^x)'=x^x(1+\ln x)$.

(6) $\frac{2}{b^2-a^2}\sqrt{a^2\cos^2 x+b^2\sin^2 x}+C$. 提示：$(a^2\cos^2 x+b^2\sin^2 x)'=(b^2-a^2)\sin 2x$.

(7) $\ln x-\ln 2\ln\ln 4x+C$.　提示：$\frac{\ln 2x}{\ln 4x}=1-\frac{\ln 2}{\ln 4+\ln x}$.

(8) $\mathrm{e}^{\mathrm{e}^x\cos x}+C$.　提示：$(\mathrm{e}^{\mathrm{e}^x\cos x})'=$ 被积函数.

(9) $-\frac{1}{16}\cos 8x-\frac{1}{4}\cos 2x+C$.　　(10) $\ln\sin x-\ln|1+\sin x|+C$.

(11) $\frac{1}{2}\arctan(\sin^2 x)+C$.　　　　(12) $\ln|\ln\sin x|+C$.

2. (1) $-\frac{\sqrt{(9-x^2)^5}}{45x^5}+C$. (2) $\sqrt{1+x^2}+\frac{1}{\sqrt{1+x^2}}$. 提示：令 $u=1+x^2$(有多种方法).

(3) $\frac{\sqrt{x^2-1}}{x}-\arcsin\frac{1}{x}+C$.　提示：倒代换等多种方法.

(4) $-\frac{\sqrt{x^2+a^2}}{a^2 x}+C$.　(5) $\frac{2}{\sqrt{3}\ln 2}\arctan\frac{2^{x-1}+1}{\sqrt{3}}+C$.　提示：令 $2^x=t$.

(6) $\frac{4(3\mathrm{e}^x-4)}{21}\sqrt[4]{(1+\mathrm{e}^x)^3}+C$.　提示：令 $\sqrt[4]{\mathrm{e}^x+1}=t$.

3. (1) $\frac{1}{3}x^3\arccos x+\frac{1}{9}(1-x^2)^{\frac{3}{2}}-\frac{1}{3}\sqrt{1-x^2}+C$.

(2) $\frac{\ln x}{1-x}-\ln x+\ln|1-x|+C$.　提示：$\frac{\ln x}{(1-x)^2}\mathrm{d}x=\ln x\mathrm{d}\frac{1}{1-x}$.

(3) $\frac{1}{2}x^2\arctan\sqrt{x}-\frac{1}{2}\arctan\sqrt{x}-\frac{1}{6}\sqrt{x^3}+\frac{1}{2}\sqrt{x}+C$.

提示：先令 $\sqrt{x}=t$，再分部积分.

(4) $-\frac{1}{2}\left(\frac{x}{\sin^2 x}+\cot x\right)+C$.　提示：$\frac{x\cos x}{\sin^3 x}\mathrm{d}x=-\frac{x}{2}\mathrm{d}\frac{1}{\sin^2 x}$.

(5) $x - (1 + e^{-x})\ln(e^x + 1) + C$. 提示：$\dfrac{\ln(e^x + 1)}{e^x} dx = -\ln(e^x + 1)de^{-x}$.

(6) $\dfrac{x}{4\cos^4 x} - \dfrac{1}{4}\left(\tan x + \dfrac{1}{3}\tan^3 x\right) + C$.

提示：$x\tan x\sec^4 xdx = x\tan x\sec^2 xd\tan x = xd\left(\dfrac{1}{2}\tan^2 x + \dfrac{1}{4}\tan^4 x\right)$.

(7) $-\dfrac{\sqrt{1-x^2}}{x}\arcsin x + \ln|x| + \dfrac{1}{2}(\arcsin x)^2 + C$.　提示：令 $u = \sin x$.

(8) $x\arctan x - \dfrac{1}{2}\ln(1 + x^2) - \dfrac{1}{2}(\arctan x)^2 + C$.　提示：令 $u = \tan x$.

(9) $\dfrac{1}{2}e^{-x} - \dfrac{1}{10}e^{-x}(2\sin 2x - \cos 2x) + C$. 提示：$\dfrac{\sin^2 x}{e^x}dx = e^{-x}\dfrac{1 - \cos 2x}{2}dx$, 先求 $\int e^{-x}\cos 2xdx$.

(10) $\dfrac{e^x}{1+x} + C$.　提示：$\int \dfrac{xe^x}{(1+x)^2}dx = \int \dfrac{(1+x)e^x - e^x}{(1+x)^2}dx = \int \dfrac{e^x}{1+x}dx - \int \dfrac{e^x}{(1+x)^2}dx = I_1 - I_2$, 其中 I_1 中的一部分可与 I_2 相互抵消.

(11) $\dfrac{1}{2}e^{x^2}(x^2 - 1) + C$.　　　　　　(12) $-\dfrac{\ln x}{x} + C$.

(13) $-e^{-x}\text{arccot}e^x - x + \dfrac{1}{2}\ln(1 + e^{2x}) + C$.　　(14) $2\sqrt{x}\arcsin\sqrt{x} + 2\sqrt{1-x} + C$.

(15) $-\dfrac{x}{8}\csc^2\dfrac{x}{2} - \dfrac{1}{4}\cot\dfrac{x}{2} + C$.

4. (1) $x < 0$ 时，$e^x + C$；$x \geqslant 0$ 时，$2 - e^{-x} + C$.　　(2) $x^2\cos x - 4x\sin x - 6\cos x + C$.

(3) $xf'(x) - f(x) + C$.　　　　　　　　　　(4) $2\ln x - \ln^2 x + C$.

第三节　几种特定类型函数的积分

一、内 容 提 要

1. 有理函数的积分法

有理函数 $R(x)$ 积分步骤：首先，若 $R(x)$ 为假分式，可通过多项式除法化为一个整式与一个真分式之和；其次，利用待定系数法将真分式分解为最简分式之和. 这样就把 $R(x)$ 的积分化为多项式与最简分式的积分.

2. 三角有理函数的积分法

三角有理函数 $R(\sin x, \cos x)$ 的积分可通过适当的换元化为有理函数的积分. 常见的换元如下：

$$\int R(\sin x)\cos xdx \xlongequal{\sin x = t} \int R(t)dt;　　\int R(\cos x)\sin xdx \xlongequal{\cos x = t} -\int R(t)dt;$$

$$\int R(\sin^2 x, \cos^2 x, \tan x)dx \xlongequal{\tan x = t} \int R\left(\dfrac{t^2}{1 + t^2}, \dfrac{1}{1 + t^2}, t\right)\dfrac{dt}{1 + t^2};$$

$$\int R(\sin x, \cos x)dx \xlongequal{\tan \frac{x}{2} = t} \int R\left(\dfrac{2t}{1 + t^2}, \dfrac{1 - t^2}{1 + t^2}\right)\dfrac{2dt}{1 + t^2}.$$

3. 简单无理函数的积分法

对 $R(x, \sqrt[n]{ax+b})$ 和 $R\left(x, \sqrt[n]{\dfrac{ax+b}{cx+d}}\right)$ 的积分可分别通过换元 $\sqrt[n]{ax+b} = t$ 和 $\sqrt[n]{\dfrac{ax+b}{cx+d}} = t$ 化为有理函数的积分.

4. 常见的不能用初等函数表示的不定积分

$$\int e^{\pm x^2}dx,　\int \dfrac{\sin x}{x}dx,　\int \dfrac{\cos x}{x}dx,　\int \sin(x^2)dx, \int \cos(x^2)dx,　\int \dfrac{1}{\ln x}dx,　\int \dfrac{e^x}{x}dx.$$

二、例题分析

1. 有理函数的积分

从理论上讲,一切有理函数的积分总可以用初等函数表示,但是运用待定系数法或赋值法进行分解将产生计算量大的问题,为此在实际计算中常常根据被积函数的特点采用代数的恒等变形或变量代换等方法来简便计算.教材上所讲的一般方法,我们在这里不再重复,仅介绍几种根据被积函数的实际特点采用的有效方法.

【例1】 计算下列有理函数的不定积分:

(1) $\displaystyle\int \frac{x\,dx}{x^4+2x^2+5}$;   (2) $\displaystyle\int \frac{1-x^7}{x(1+x^7)}dx$;   (3) $\displaystyle\int \frac{x^{11}}{x^8+3x^4+2}dx$;

(4) $\displaystyle\int \frac{x^2+1}{x^4+x^2+1}dx$;   (5) $\displaystyle\int \frac{dx}{x^8(1+x^2)}$;   (6) $\displaystyle\int \frac{x+5}{x^2+x+1}dx$.

分析 虽然有理函数分解为多项式和简单分式之和是计算有理函数不定积分的一般方法,但是这种方法往往比较麻烦,因此我们最好先分析被积函数的特点,灵活选择解法,常用的方法有凑微元法和变量代元法.

解 (1) $\displaystyle\int \frac{x\,dx}{x^4+2x^2+5} \xlongequal{x^2=t} \frac{1}{2}\int \frac{dt}{(t+1)^2+4} = \frac{1}{4}\arctan\frac{t+1}{2}+C = \frac{1}{4}\arctan\frac{x^2+1}{2}+C.$

(2) $\displaystyle\int \frac{1-x^7}{x(1+x^7)}dx = \int \frac{(1-x^7)x^6}{x^7(1+x^7)}dx = \frac{1}{7}\int \frac{1-x^7}{x^7(1+x^7)}dx^7 = \frac{1}{7}\int\left(\frac{1}{x^7}-\frac{2}{1+x^7}\right)dx^7$

$$= \ln|x| - \frac{2}{7}\ln|1+x^7|+C.$$

(3) $\displaystyle\int \frac{x^{11}}{x^8+3x^4+2}dx = \frac{1}{4}\int \frac{x^8}{x^8+3x^4+2}dx^4 \xlongequal{令\,x^4=t} \frac{1}{4}\int \frac{t^2}{t^2+3t+2}dt$

$$= \frac{1}{4}\int \frac{(t^2+3t+2)-(3t+2)}{t^2+3t+2}dt = \frac{1}{4}\int\left(1-\frac{4}{t+2}+\frac{1}{t+1}\right)dt$$

$$= \frac{t}{4}+\ln\frac{\sqrt[4]{t+1}}{t+2}+C = \frac{x^4}{4}+\ln\frac{\sqrt[4]{x^4+1}}{x^4+2}+C.$$

(4) $\displaystyle\int \frac{x^2+1}{x^4+x^2+1}dx = \int \frac{1+\dfrac{1}{x^2}}{x^2+1+\dfrac{1}{x^2}}dx = \int \frac{d\left(x-\dfrac{1}{x}\right)}{\left(x-\dfrac{1}{x}\right)^2+3} = \frac{1}{\sqrt{3}}\arctan\frac{x-\dfrac{1}{x}}{\sqrt{3}}+C.$

注 类似地, $\displaystyle\int \frac{dx}{x^4+x^2+1}$, $\displaystyle\int \frac{dx}{x^4+1}$, $\displaystyle\int \frac{x^5-x}{x^8+1}dx$ 等均可用该方法快速迅捷解出来.

(5) $\displaystyle\int \frac{dx}{x^8(1+x^2)} \xlongequal{x=\frac{1}{t}} -\int \frac{t^8\,dt}{1+t^2} = -\int \frac{t^8-1}{1+t^2}dt - \int \frac{1}{1+t^2}dt$

$$= -\frac{t^7}{7}+\frac{t^5}{5}-\frac{t^3}{3}+t-\arctan t+C$$

$$= -\frac{1}{7x^7}+\frac{1}{5x^5}-\frac{1}{3x^3}+\frac{1}{x}-\arctan\frac{1}{x}+C.$$

(6) $\displaystyle\int \frac{x+5}{x^2+x+1}dx = \frac{1}{2}\int \frac{2x+1}{x^2+x+1}dx + \frac{9}{2}\int \frac{1}{x^2+x+1}dx$

$$= \frac{1}{2}\int \frac{d(x^2+x+1)}{x^2+x+1} + \frac{9}{2}\int \frac{1}{\left(x+\dfrac{1}{2}\right)^2+\left(\dfrac{\sqrt{3}}{2}\right)^2}dx$$

$$= \frac{1}{2}\ln|x^2+x+1| + \frac{9}{\sqrt{3}}\arctan\frac{2x+1}{\sqrt{3}}+C.$$

2. 三角有理函数的积分

万能代换总可以将三角有理函数的积分化为有理函数的积分，但计算往往很烦琐，因此该代换尽量不用或少用. 因此，对于三角有理函数的积分，一般先观察能否通过三角函数关系式将被积函数进行恒等变形，找到简便的变量代换，尽量不使用万能代换.

【例2】 求下列积分：

$(1)\displaystyle\int \frac{\mathrm{d}x}{\sin2x+2\sin x}$; $(2)\displaystyle\int \frac{\sin x}{\sin x+\cos x}\mathrm{d}x$; $(3)\displaystyle\int \frac{\cos^3 x-2\cos x}{1+\sin^2 x+\sin^4 x}\mathrm{d}x$.

解 $(1)\displaystyle\int \frac{\mathrm{d}x}{\sin2x+2\sin x}=\int \frac{\mathrm{d}x}{2\sin x(\cos x+1)}=\int \frac{\sin x\,\mathrm{d}x}{2(1-\cos^2 x)(\cos x+1)}$

$$\xrightarrow{\diamondsuit \cos x=t}\frac{1}{2}\int \frac{-\mathrm{d}t}{(1-t)(1+t)^2}-\frac{1}{8}\int \frac{1}{1-t}+\frac{1}{1+t}+\frac{2}{(1+t)^2}\mathrm{d}t$$

$$=\frac{1}{8}\ln\left|\frac{1-t}{1+t}\right|+\frac{1}{4(1+t)}+C=\frac{1}{8}\ln\left|\frac{1-\cos x}{1+\cos x}\right|+\frac{1}{4(1+\cos x)}+C.$$

$(2)\displaystyle\int \frac{\sin x}{\sin x+\cos x}\mathrm{d}x=\frac{1}{2}\int \frac{(\sin x+\cos x)-(\cos x-\sin x)}{\sin x+\cos x}\mathrm{d}x$

$$=\frac{1}{2}\int \mathrm{d}x-\frac{1}{2}\int \frac{\mathrm{d}(\sin x+\cos x)}{\sin x+\cos x}=\frac{x}{2}-\frac{1}{2}\ln|\sin x+\cos x|+C.$$

注 该方法可推广到一般情形 $\displaystyle\int \frac{c\sin x+d\cos x}{a\sin x+b\cos x}\mathrm{d}x$，此时被积函数的分子总可以表示成如下形式：$c\sin x+d\cos x=A(a\sin x+b\cos x)+B(a\sin x+b\cos x)'$.

$(3)\displaystyle\int \frac{\cos^3 x-2\cos x}{1+\sin^2 x+\sin^4 x}\mathrm{d}x=\int \frac{\cos^2 x-2}{1+\sin^2 x+\sin^4 x}\mathrm{d}\sin x\xrightarrow{\diamondsuit \sin x=t}-\int \frac{1+t^2}{1+t^2+t^4}\mathrm{d}t$

$$=-\int \frac{\mathrm{d}\left(t-\frac{1}{t}\right)}{\left(t-\frac{1}{t}\right)^2+3}=-\frac{1}{\sqrt{3}}\arctan \frac{t-\frac{1}{t}}{\sqrt{3}}+C$$

$$=-\frac{1}{\sqrt{3}}\arctan \frac{\sin x-\csc x}{\sqrt{3}}+C.$$

3. 简单无理函数的积分

【例3】 求下列积分：

$(1)\displaystyle\int \frac{x}{\sqrt{1+\sqrt[3]{x^2}}}\mathrm{d}x$; $(2)\displaystyle\int \frac{1}{\sqrt[3]{(x+1)^2(x-1)^4}}\mathrm{d}x$;

$(3)\displaystyle\int \frac{x\mathrm{e}^x}{\sqrt{\mathrm{e}^x-1}}\mathrm{d}x$; $(4)\displaystyle\int \frac{\mathrm{d}x}{\sqrt{(x-a)(b-x)}}(a<b)$;

$(5)\displaystyle\int \frac{x^3}{\sqrt{1+x^2}}\mathrm{d}x(x>0)$; $(6)\displaystyle\int \ln\left(1+\sqrt{\frac{1+x}{x}}\right)\mathrm{d}x(x>0)$.

解 $(1)\displaystyle\int \frac{x}{\sqrt{1+\sqrt[3]{x^2}}}\mathrm{d}x\xrightarrow{\sqrt[3]{x^2}=u}\int \frac{3u^2}{2\sqrt{1+u}}\mathrm{d}u\xrightarrow{\sqrt{1+u}=t}3\int (t^2-1)^2\mathrm{d}t=3\int (t^4-2t^2+1)\mathrm{d}t$

$$=\frac{3}{5}t^5-2t^3+3t+C=\frac{3}{5}(1+x^{\frac{2}{3}})^{\frac{5}{2}}-2(1+x^{\frac{2}{3}})^{\frac{3}{2}}+3(1+x^{\frac{2}{3}})^{\frac{1}{2}}+C.$$

$(2)\displaystyle\int \frac{1}{\sqrt[3]{(x+1)^2(x-1)^4}}\mathrm{d}x=\int \frac{1}{(x+1)(x-1)\sqrt[3]{\frac{x-1}{x+1}}}\mathrm{d}x\xrightarrow{\sqrt[3]{\frac{x-1}{x+1}}=t}\frac{3}{2}\int \frac{1}{t^2}\mathrm{d}t$

$$=-\frac{3}{2t}+C=-\frac{3}{2}\sqrt[3]{\frac{x+1}{x-1}}+C.$$

（3）$\displaystyle\int\frac{xe^x}{\sqrt{e^x-1}}dx\xlongequal{\sqrt{e^x-1}=t}2\int\ln(t^2+1)dt=2t\ln(t^2+1)-2\int\frac{2t^2}{t^2+1}dt$

$$=2t\ln(t^2+1)-4t+4\arctan t+C$$

$$=2x\sqrt{e^x-1}-4\sqrt{e^x-1}+4\arctan\sqrt{e^x-1}+C.$$

（4）方法一 $\displaystyle\int\frac{dx}{\sqrt{(a-x)(b-x)}}=\int\frac{1}{(x-a)}\sqrt{\frac{x-a}{b-x}}dx\xlongequal{\sqrt{\frac{x-a}{b-x}}=t}2\int\frac{dt}{1+t^2}=2\arctan t+C$

$$=2\arctan\sqrt{\frac{x-a}{b-x}}+C.$$

方法二 令 $x-a=(b-a)\sin^2t$，则 $b-x=(b-a)\cos^2t$，于是

$$\int\frac{dx}{\sqrt{(a-x)(b-x)}}=2\int dt=2t+C=2\arctan\sqrt{\frac{x-a}{b-x}}+C.$$

（5）方法一（凑微元法）$\displaystyle\int\frac{x^3}{\sqrt{1+x^2}}dx=\frac{1}{2}\int\frac{x^2}{\sqrt{1+x^2}}dx^2=\frac{1}{2}\int\frac{1+x^2-1}{\sqrt{1+x^2}}d(x^2+1)$

$$=\frac{1}{2}\int\sqrt{1+x^2}-\frac{1}{\sqrt{1+x^2}}d(x^2+1)$$

$$=\frac{1}{3}(1+x^2)^{\frac{3}{2}}-\sqrt{1+x^2}+C.$$

方法二（三角代换）$\displaystyle\int\frac{x^3}{\sqrt{1+x^2}}dx\xlongequal{x=\tan t}\int(\sec^2t-1)\tan t\sec t dt$

$$=\int\sec^2t d\sec t-\int\tan t\sec t dt$$

$$=\frac{1}{3}\sec^3t-\sec t+C=\frac{1}{3}(1+x^2)^{\frac{3}{2}}-\sqrt{1+x^2}+C.$$

方法三（无理代换）$\displaystyle\int\frac{x^3}{\sqrt{1+x^2}}dx\xlongequal{\sqrt{1+x^2}=t}\int(t^2-1)dt=\frac{1}{3}t^3-t+C$

$$=\frac{1}{3}(1+x^2)^{\frac{3}{2}}-\sqrt{1+x^2}+C.$$

方法四（分部积分）$\displaystyle\int\frac{x^3}{\sqrt{1+x^2}}dx=\int x^2\frac{x}{\sqrt{1+x^2}}dx=\int x^2 d\sqrt{1+x^2}$

$$=x^2\sqrt{1+x^2}-\int\sqrt{1+x^2}d(x^2+1)$$

$$=x^2\sqrt{1+x^2}-\frac{2}{3}(1+x^2)^{\frac{3}{2}}+C.$$

注 一个函数的原函数可以有不同形式；求不定积分时由于所用方法不同，结果可能有不同的形式，但只要所得结果的导数等于被积函数，就都是正确的.

（6）方法一 $\displaystyle I=\int\ln\left(1+\sqrt{\frac{1+x}{x}}\right)dx\xlongequal{\sqrt{\frac{1+x}{x}}=t}\int\ln(1+t)d\frac{1}{t^2-1}$

$$=\frac{\ln(1+t)}{t^2-1}-\int\frac{1}{t^2-1}\cdot\frac{1}{t+1}dt.$$

而 $\displaystyle\int\frac{1}{t^2-1}\cdot\frac{1}{t+1}dt=\frac{1}{4}\int\left[\frac{1}{t-1}-\frac{1}{t+1}-\frac{2}{(t+1)^2}\right]dt=\frac{1}{4}\ln\left|\frac{t+1}{t-1}\right|+\frac{1}{2(t+1)}+C,$

所以 $\quad I = \dfrac{\ln|1+t|}{t^2-1} + \dfrac{1}{4}\ln\left|\dfrac{t+1}{t-1}\right|$

$\qquad = x\ln\left(1+\sqrt{\dfrac{1+x}{x}}\right) + \dfrac{1}{2}\ln\left(\sqrt{1+x}+\sqrt{x}\right) - \dfrac{\sqrt{x}}{2\left(\sqrt{1+x}+\sqrt{x}\right)} + C.$

方法二 $\quad I \xlongequal[\text{令} 1+\sqrt{\frac{1+x}{x}}=e^t]{} \displaystyle\int t\mathrm{d}\,\dfrac{1}{e^{2t}-2e^t} = \dfrac{t}{e^{2t}-2e^t} - \int\dfrac{\mathrm{d}t}{e^{2t}-2e^t}$

$\qquad = \dfrac{t}{e^{2t}-2e^t} - \dfrac{1}{2}\displaystyle\int\left(\dfrac{1}{e^t-2}-\dfrac{1}{e^t}\right)\mathrm{d}t = \dfrac{t}{e^{2t}-2e^t} - \dfrac{1}{2e^t} - \dfrac{1}{4}\ln(1-2e^{-t}) + C$

$\qquad = x\ln\left(1+\sqrt{\dfrac{1+x}{x}}\right) + \dfrac{1}{2}\ln(\sqrt{1+x}+\sqrt{x}) - \dfrac{\sqrt{x}}{2(\sqrt{1+x}+\sqrt{x})} + C.$

方法三 $\quad I = \displaystyle\int \ln(\sqrt{x}+\sqrt{1+x})\mathrm{d}x - \dfrac{1}{2}\int \ln x\,\mathrm{d}x$

$\qquad = x\ln(\sqrt{x}+\sqrt{1+x}) - \dfrac{1}{2}x(\ln x - 1) - \dfrac{1}{2}\displaystyle\int\dfrac{x}{\sqrt{x^2+x}}\mathrm{d}x.$

而 $\displaystyle\int\dfrac{x}{\sqrt{x^2+x}}\mathrm{d}x = \int\dfrac{x+\frac{1}{2}-\frac{1}{2}}{\sqrt{\left(x+\frac{1}{2}\right)^2-\frac{1}{2^2}}}\mathrm{d}x = \sqrt{x^2+x} - \dfrac{1}{2}\ln\left(x+\dfrac{1}{2}+\sqrt{x^2+x}\right) + C$,

所以 $I = x\ln(\sqrt{x}+\sqrt{1+x}) - \dfrac{1}{2}x(\ln x-1) - \dfrac{1}{2}\sqrt{x^2+x} + \dfrac{1}{4}\ln\left(x+\dfrac{1}{2}+\sqrt{x^2+x}\right) + C.$

4. 特殊函数的不定积分

【例4】 (1) 设 y 是由方程 $y^3(x+y)=x^3$ 所确定的隐函数，求 $\displaystyle\int\dfrac{\mathrm{d}x}{y^3}$；

(2) 求 $\displaystyle\int\dfrac{xf'(x)-(1+x)f(x)}{x^2e^x}\mathrm{d}x$，其中 $f(x)$ 可导.

解 (1) 观察出方程无法显示化的特点，于是借用参数 $y=tx$，将隐函数表示成参数方程 $x=\dfrac{1}{t^3(1+t)}$，$y=\dfrac{1}{t^2(1+t)}$，代入积分中得

$\displaystyle\int\dfrac{\mathrm{d}x}{y^3} = \int\dfrac{-t^6(1+t)^3(4t+3)}{t^4(1+t)^2}\mathrm{d}t = -\int(3t^2+7t^3+4t^4)\mathrm{d}t = -\left(\dfrac{y^3}{x^3}+\dfrac{7y^4}{4x^4}+\dfrac{4y^5}{5x^5}\right)+C.$

注 一般地，有些隐函数显示化比较困难，为此常通过引入参数将函数中的自变量 x 和因变量 y 用同一参数 t 表示，建立该函数的参数表达式，然后求解关于参数 t 的积分，比较简便，最后代回关于 x，y 的表达式。

(2) $\displaystyle\int\dfrac{xf'(x)-(1+x)f(x)}{x^2e^x}\mathrm{d}x = \int\dfrac{\mathrm{d}f(x)}{xe^x} - \int\dfrac{(1+x)f(x)}{x^2e^x}\mathrm{d}x$

$\qquad = \dfrac{f(x)}{xe^x} + \displaystyle\int\dfrac{e^x+xe^x}{x^2e^{2x}}f(x)\mathrm{d}x - \int\dfrac{(1+x)f(x)}{x^2e^x}\mathrm{d}x = \dfrac{f(x)}{xe^x} + C.$

注 这是抽象函数的不定积分，其求解同样可以利用换元积分法与分部积分法.

三、习 题

1. 计算下列各题:

(1) $\displaystyle\int\dfrac{4x-2}{x^2-2x+5}\mathrm{d}x$；

(2) $\displaystyle\int\dfrac{x^5+x^4-8}{x^3-x}\mathrm{d}x$；

(3) $\displaystyle\int\dfrac{\mathrm{d}x}{x(2+x^{10})}$；

△(4) $\displaystyle\int\dfrac{\mathrm{d}x}{(x^2+a^2)(x^2+b^2)}$；

(5) $\displaystyle\int\dfrac{x^5-x}{x^8+1}\mathrm{d}x$；

(6) $\displaystyle\int\dfrac{\mathrm{d}x}{x^4-x^2+1}$.

2. 计算下列各题：

(1) $\displaystyle\int \frac{1}{1+\sin x+\cos x}\mathrm{d}x$；　　(2) $\displaystyle\int \frac{\sin x\cos x}{\sin x+\cos x}\mathrm{d}x$；　　(3) $\displaystyle\int \frac{\mathrm{d}x}{(a\sin x+b\cos x)^2}$；

(4) $\displaystyle\int \frac{\mathrm{d}x}{\sin 2x+\cos x}$；　　(5) $\displaystyle\int \frac{x+\sin x}{1+\cos x}\mathrm{d}x$；　　(6) $\displaystyle\int \frac{\cos x}{a\cos x+b\sin x}\mathrm{d}x$；

(7) $\displaystyle\int \frac{\mathrm{d}x}{\sin 2x\cos x}$；　　(8) $\displaystyle\int \frac{\mathrm{d}x}{\sin^3 x\cos^5 x}$；　　$\triangle$(9) $\displaystyle\int \frac{\mathrm{d}x}{a^2\sin^2 x+b^2\cos^2 x}$.

3. 计算下列不定积分：

(1) $\displaystyle\int \frac{1+\sqrt{x+1}}{(x+1)+\sqrt[3]{(x+1)^2}}\mathrm{d}x$；(2) $\displaystyle\int \sqrt{\frac{1-\sqrt{x}}{1+\sqrt{x}}}\mathrm{d}x$；　　(3) $\displaystyle\int \frac{\mathrm{d}x}{\sqrt{(x-a)(b-x)}}$；

(4) $\displaystyle\int \frac{\mathrm{d}x}{x^2\sqrt{2x-x^2}}$；　　(5) $\displaystyle\int \frac{\mathrm{d}x}{1+\sqrt{x}+\sqrt{1+x}}$；(6) $\displaystyle\int \frac{x\mathrm{e}^x}{\sqrt{\mathrm{e}^x-1}}\mathrm{d}x$；

(7) $\displaystyle\int \frac{\mathrm{d}x}{\sqrt{x^2+1}-\sqrt{x^2-1}}$；(8) $\displaystyle\int \frac{\sqrt{x(1+x)}}{\sqrt{x}+\sqrt{1+x}}\mathrm{d}x$；　$\triangle$(9) $\displaystyle\int \frac{\mathrm{d}x}{\sqrt{x(4-x)}}$.

4. 设 $y=y(x)$ 由 $y^2(x-y)=x^2$ 确定，求 $\displaystyle\int \frac{\mathrm{d}x}{y^2}$.

四、习题解答与提示

1. (1) $2\ln|x^2-2x+5|+\arctan\dfrac{x-1}{2}+C$.

(2) $\dfrac{x^3}{3}+\dfrac{x^2}{2}+x+8\ln|x|-4\ln|x+1|-3\ln|x-1|+C$. (3) $\dfrac{1}{20}\ln\dfrac{x^{10}}{2+x^{10}}+C$.

(4) $\dfrac{1}{b^2-a^2}\left(\dfrac{1}{a}\arctan\dfrac{x}{a}-\dfrac{1}{b}\arctan\dfrac{x}{b}\right)+C$. 提示：原式 $=\dfrac{1}{b^2-a^2}\displaystyle\int \dfrac{(x^2+b^2)-(x^2+a^2)}{(x^2+a^2)(x^2+b^2)}\mathrm{d}x$.

(5) $\dfrac{1}{4\sqrt{2}}\ln\dfrac{x^4-\sqrt{2}x^2+1}{x^4+\sqrt{2}x^2+1}+C$. 提示：令 $u=x^2$，原式 $=\dfrac{1}{2}\displaystyle\int \dfrac{u^2-1}{u^4+1}\mathrm{d}u=\dfrac{1}{2}\displaystyle\int \dfrac{\mathrm{d}\left(u+\dfrac{1}{u}\right)}{\left(u+\dfrac{1}{u}\right)^2-2}$.

(6) $\dfrac{1}{2}\arctan\left(x-\dfrac{1}{x}\right)+\dfrac{1}{4\sqrt{3}}\ln\left|\dfrac{x^2+\sqrt{2}x+1}{x^2-\sqrt{2}x+1}\right|+C$. 提示：$\dfrac{1}{x^4-x^2+1}=\dfrac{1}{2}\dfrac{(x^2+1)-(x^2-1)}{(x^4-x^2+1)}$.

2. (1) $\ln\left|\tan\dfrac{x}{2}+1\right|+C$.

(2) $\dfrac{1}{2}(\sin x-\cos x)-\dfrac{1}{2\sqrt{2}}\ln\left|\tan\left(\dfrac{x}{2}+\dfrac{\pi}{8}\right)\right|+C$.

提示：原式 $=\dfrac{1}{2}\displaystyle\int \dfrac{(\sin x+\cos x)^2-1}{\sin x+\cos x}\mathrm{d}x=\dfrac{1}{2}\displaystyle\int (\sin x+\cos x)\mathrm{d}x-\dfrac{1}{2\sqrt{2}}\displaystyle\int \dfrac{\mathrm{d}x}{\sin\left(x+\dfrac{\pi}{4}\right)}$.

(3) $-\dfrac{1}{a^2+b^2}\cot(x+\varphi)+C$，其中 $\varphi=\arctan\dfrac{b}{a}$.

(4) $-\dfrac{1}{6}\ln|1-\sin x|-\dfrac{1}{2}\ln|1+\sin x|+\dfrac{2}{3}\ln|1+2\sin x|+C$.

(5) $x\tan\dfrac{x}{2}+C$.　　提示：原式 $=\displaystyle\int x\mathrm{d}\tan\dfrac{x}{2}+\displaystyle\int \tan\dfrac{x}{2}\mathrm{d}x$.

(6) $\dfrac{1}{a^2+b^2}(ax+b\ln|a\cos x+b\sin x|)+C$. 提示：$\cos x=\dfrac{1}{a^2+b^2}[a(a\cos x+b\sin x)+b(a\cos x+b\sin x)']$.

(7) $\dfrac{1}{2}\left(\dfrac{1}{\cos x}+\ln\left|\tan\dfrac{x}{2}\right|\right)+C$.　　提示：利用 $\sin^2 x+\cos^2 x=1$.

(8) $\dfrac{1}{4\cos^4 x}+\dfrac{1}{\cos^2 x}-\dfrac{1}{2\sin^2 x}+3\ln|\csc 2x-\cot 2x|+C$.　　提示：多次利用 $\sin^2 x+\cos^2 x=1$，被积函数

化为 $\dfrac{\sin x}{\cos^5 x}+\dfrac{2\sin x}{\cos^3 x}+\dfrac{\cos x}{\sin^3 x}+\dfrac{3}{\sin x\cos x}$.

（9）$a=0$，$b\ne 0$ 时，$\dfrac{1}{b^2}\tan x+C$；$a\ne 0$，$b=0$ 时，$-\dfrac{1}{a^2}\cot x+C$；a，$b\ne 0$ 时，$\dfrac{1}{ab}\arctan\left(\dfrac{a}{b}\tan x\right)+C$.

3. （1）$6\left(\dfrac{1}{3}\sqrt{x+1}-\sqrt[6]{x+1}+\arctan\sqrt[6]{x+1}+\dfrac{1}{2}\ln|1+\sqrt[3]{x+1}|\right)+C$. 提示：令 $u=\sqrt[6]{x+1}$.

（2）$(\sqrt{x}-2)\sqrt{1-x}-\arcsin\sqrt{x}+C$. 提示：先令 $t=\sqrt{x}$，再分子有理化.

（3）$2\arcsin\sqrt{\dfrac{x-a}{b-a}}+C$.

（4）$-\dfrac{1-x}{\sqrt{2x-x^2}}-\dfrac{2\,(1-x)^3}{3\,\sqrt{(2x-x^2)^3}}-\dfrac{2}{3\,\sqrt{(2x-x^2)^3}}+C$.

（5）$\sqrt{x}-\dfrac{1}{2}\ln(\sqrt{x}+\sqrt{1+x})+\dfrac{x}{2}-\dfrac{1}{2}\sqrt{x\,(1+x)}+C$. 提示：令 $t=\sqrt{x}+\sqrt{1+x}$.

（6）$2x\sqrt{e^x-1}-4\sqrt{e^x-1}+4\arctan\sqrt{e^x-1}+C$. 提示：令 $u=\sqrt{e^x-1}$.

（7）$\dfrac{x}{4}\left(\sqrt{x^2+1}+\sqrt{x^2-1}\right)+\dfrac{1}{4}\ln\left|\dfrac{x+\sqrt{x^2+1}}{x+\sqrt{x^2-1}}\right|+C$. 提示：分母有理化.

（8）$-\dfrac{2}{5}\,(1+x)^{\frac{5}{2}}+\dfrac{2}{3}\,(1+x)^{\frac{3}{2}}+\dfrac{2}{3}x^{\frac{3}{2}}+\dfrac{2}{5}x^{\frac{5}{2}}+C$. 提示：分母有理化.

（9）$\arcsin\dfrac{x-2}{2}+C$.

4. $\dfrac{3y}{x}-2\ln\left|\dfrac{y}{x}\right|+C$. 提示：令 $y=tx$，得 $x=\dfrac{1}{t^2(1-t)}$，$y=\dfrac{1}{t(t-1)}$.

第五章 定 积 分

基本要求与重点要求

1. 基本要求

理解定积分的概念与性质、理解变上限的定积分作为其上限的函数及其求导定理. 掌握牛顿-莱布尼兹公式. 掌握定积分的换元积分法和分部积分法. 了解广义积分的概念.

2. 重点要求

定积分的概念与性质. 积分上限函数及其求导定理. 牛顿-莱布尼兹公式. 定积分的换元积分法和分部积分法. 无穷限的广义积分.

知识关联网络

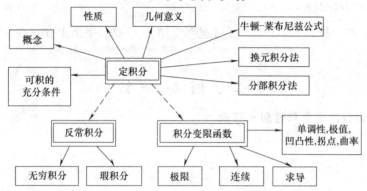

第一节 定积分的概念与性质

一、内 容 提 要

1. 定积分的定义及其存在条件

定积分定义：设函数 $f(x)$ 在 $[a,b]$ 上有界，在 $[a,b]$ 上任意插入若干个分点 $a=x_0<x_1<x_2<\cdots<x_n=b$，将 $[a,b]$ 分成 n 个子区间 $[x_{i-1},x_i]$ $(i=1,2,\cdots,n)$，记 $\Delta x_i=x_i-x_{i-1}$ $(i=1,2,\cdots,n)$，在每个子区间上任取一点 ξ_i，作和式 $\sum_{i=1}^{n}f(\xi_i)\Delta x_i$，记 $\lambda=\max_{1\leqslant i\leqslant n}\{\Delta x_i\}$，若 $\lim_{\lambda\to 0}\sum_{i=1}^{n}f(\xi_i)\Delta x_i$ 存在，则称此极限值为 $f(x)$ 在区间 $[a,b]$ 上的定积分，记为 $\int_a^b f(x)\mathrm{d}x$，即

$$\int_a^b f(x)\mathrm{d}x=\lim_{\lambda\to 0}\sum_{i=1}^{n}f(\xi_i)\Delta x_i$$

定积分存在的两个充分条件：

(1) 若 $f(x)$ 在 $[a,b]$ 上连续，则 $f(x)$ 在 $[a,b]$ 上可积；

(2) 若 $f(x)$ 在 $[a,b]$ 上有界，且只有有限个间断点，则 $f(x)$ 在 $[a,b]$ 上可积.

2. 定积分的性质

设 $f(x)$，$g(x)$ 在 $[a,b]$ 上可积，则

(1) 线性性质 $\int_a^b [k_1 f(x) + k_2 g(x)] \mathrm{d}x = k_1 \int_a^b f(x) \mathrm{d}x + k_2 \int_a^b g(x) \mathrm{d}x$；

(2) 区间可加性 $\int_a^b f(x) \mathrm{d}x = \int_a^c f(x) \mathrm{d}x + \int_c^b f(x) \mathrm{d}x$；

(3) 定积分的值与积分变量所取字母无关 $\int_a^b f(x) \mathrm{d}x = \int_a^b f(t) \mathrm{d}t$；

(4) $\int_a^a f(x) \mathrm{d}x = 0$，$\int_a^b f(x) \mathrm{d}x = -\int_b^a f(x) \mathrm{d}x$；

(5) 若在 $[a,b]$ 上恒有 $f(x) \geqslant 0$，则 $\int_a^b f(x) \mathrm{d}x \geqslant 0$；且若 $f(x) \not\equiv 0$，则 $\int_a^b f(x) \mathrm{d}x > 0$；

(6) 保序性 若在 $[a,b]$ 上恒有 $f(x) \leqslant g(x)$，则 $\int_a^b f(x) \mathrm{d}x \leqslant \int_a^b g(x) \mathrm{d}x$；

(7) $\left| \int_a^b f(x) \mathrm{d}x \right| \leqslant \int_a^b | f(x) | \mathrm{d}x$；

(8) 估值定理 设在 $[a,b]$ 上，$m \leqslant f(x) \leqslant M$，则 $m(b-a) \leqslant \int_a^b f(x) \mathrm{d}x \leqslant M(b-a)$，其中 m,M 均为常数；

(9) 中值公式 若 $f(x)$ 在 $[a,b]$ 上连续，则在 $[a,b]$ 中至少有一点 ξ，使 $\int_a^b f(x) \mathrm{d}x = f(\xi)(b-a)$ 成立.

二、例 题 分 析

1. 利用定积分的定义和性质求极限

【例1】 利用定积分定义求下列极限

(1) $\lim\limits_{n \to \infty} \dfrac{1}{n} \left(\sqrt{1 + \cos\dfrac{\pi}{n}} + \sqrt{1 + \cos\dfrac{2\pi}{n}} + \cdots + \sqrt{1 + \cos\dfrac{n\pi}{n}} \right)$；

(2) $\lim\limits_{n \to \infty} \left(\dfrac{\sin\dfrac{\pi}{n}}{n+1} + \dfrac{\sin\dfrac{2\pi}{n}}{n+\dfrac{1}{2}} + \cdots + \dfrac{\sin\pi}{n+\dfrac{1}{n}} \right)$.

解 (1) 将区间 $[0,\pi]$ 进行 n 等分，则区间长度 $\Delta x_k = \dfrac{\pi}{n}$，分点 $x_k = \dfrac{k}{n}\pi$ 和式

$$\frac{1}{n} \left(\sqrt{1+\cos\frac{\pi}{n}} + \sqrt{1+\cos\frac{2\pi}{n}} + \cdots + \sqrt{1+\cos\frac{n\pi}{n}} \right) = \frac{1}{\pi} \sum_{k=1}^{n} \sqrt{1+\cos\frac{k\pi}{n}} \cdot \frac{\pi}{n}, \quad \text{于是}$$

$$\text{原式} = \frac{1}{\pi} \lim_{n \to \infty} \sum_{k=1}^{n} \sqrt{1+\cos\frac{k\pi}{n}} \cdot \frac{\pi}{n} = \frac{1}{\pi} \int_0^\pi \sqrt{1+\cos x}\, \mathrm{d}x$$

$$= \frac{1}{\pi} \int_0^\pi \frac{\sin x}{\sqrt{1-\cos x}} \mathrm{d}x = \frac{2}{\pi} \sqrt{1-\cos x} \Big|_0^\pi = \frac{2}{\pi} \sqrt{2}.$$

注 (1) 带有通项的 n 项相加所成的和式极限问题可根据定积分定义将其化为一个定积分.

(2) 也可看成是将区间 $[0,1]$ 进行 n 等分，区间长度为 $\Delta x_i = \dfrac{1}{n}$，分点 $x_k = \dfrac{k}{n}$，于是

$$\lim_{n \to \infty} \frac{1}{n} \left(\sqrt{1+\cos\frac{\pi}{n}} + \sqrt{1+\cos\frac{2\pi}{n}} + \cdots + \sqrt{1+\cos\frac{n\pi}{n}} \right) = \lim_{n \to \infty} \sum_{k=1}^{n} \sqrt{1+\cos\frac{k}{n}\pi} \cdot \frac{1}{n} = \int_0^1 \sqrt{1+\cos\pi x}\, \mathrm{d}x.$$

(2) 先对和式进行适当放缩，得

$$\frac{1}{n+1} \left(\sin\frac{\pi}{n} + \cdots + \sin\pi \right) < \frac{\sin\frac{\pi}{n}}{n+1} + \frac{\sin\frac{2\pi}{n}}{n+\frac{1}{2}} + \cdots + \frac{\sin\pi}{n+\frac{1}{n}} < \frac{1}{n} \left(\sin\frac{\pi}{n} + \cdots + \sin\pi \right),$$

即有 $\dfrac{1}{n+1}\displaystyle\sum_{k=1}^{n}\sin\dfrac{k}{n}\pi < \dfrac{\sin\dfrac{\pi}{n}}{n+1} + \dfrac{\sin\dfrac{2\pi}{n}}{n+\dfrac{1}{2}} + \cdots + \dfrac{\sin\pi}{n+\dfrac{1}{n}} < \dfrac{1}{n}\displaystyle\sum_{k=1}^{n}\sin\dfrac{k}{n}\pi,$

利用定积分定义，右式为 $\displaystyle\lim_{n\to\infty}\dfrac{1}{n}\sum_{k=1}^{n}\sin\dfrac{k}{n}\pi = \int_{0}^{1}\sin\pi x\,\mathrm{d}x = \dfrac{2}{\pi}.$

而左式为 $\displaystyle\lim_{n\to\infty}\dfrac{1}{n+1}\sum_{k=1}^{n}\sin\dfrac{k}{n}\pi = \lim_{n\to\infty}\dfrac{n}{n+1}\cdot\dfrac{1}{n}\sum_{k=1}^{n}\sin\dfrac{k}{n}\pi = \lim_{n\to\infty}\dfrac{1}{n}\sum_{k=1}^{n}\sin\dfrac{k}{n}\pi.$

由夹逼准则得 $\displaystyle\lim_{n\to\infty}\left(\dfrac{\sin\dfrac{\pi}{n}}{n+1} + \dfrac{\sin\dfrac{2\pi}{n}}{n+\dfrac{1}{2}} + \cdots + \dfrac{\sin\pi}{n+\dfrac{1}{n}}\right) = \dfrac{2}{\pi}.$

【例 2】 利用定积分性质求下列极限：

(1) $\displaystyle\lim_{n\to\infty}\int_{0}^{1}\dfrac{x^n\mathrm{e}^x}{1+\mathrm{e}^x}\mathrm{d}x$；   (2) $\displaystyle\lim_{n\to\infty}\int_{n}^{n+p}\dfrac{\sin x}{x}\mathrm{d}x\ (p>0,\ n\in\mathbb{N})$.

解 (1) 当 $x\in[0,1]$ 时，不等式 $0\leqslant\dfrac{x^n\mathrm{e}^x}{1+\mathrm{e}^x}\leqslant x^n$ 成立，由定积分的保序性知

$0\leqslant\displaystyle\int_{0}^{1}\dfrac{x^n\mathrm{e}^x}{1+\mathrm{e}^x}\mathrm{d}x\leqslant\int_{0}^{1}x^n\mathrm{d}x=\dfrac{1}{n+1}$，利用夹逼准则得 $\displaystyle\lim_{n\to\infty}\int_{0}^{1}\dfrac{x^n\mathrm{e}^x}{1+\mathrm{e}^x}\mathrm{d}x=0.$

(2) **方法一** 由定积分不等式性质得 $\left|\displaystyle\int_{n}^{n+p}\dfrac{\sin x}{x}\mathrm{d}x\right|\leqslant\int_{n}^{n+p}\left|\dfrac{\sin x}{x}\right|\mathrm{d}x\leqslant\int_{n}^{n+p}\dfrac{\mathrm{d}x}{x}=\ln\dfrac{n+p}{n}$，

由 $\displaystyle\lim_{n\to\infty}\ln\dfrac{n+p}{n}=0$ 知 $\displaystyle\lim_{n\to\infty}\int_{n}^{n+p}\dfrac{\sin x}{x}\mathrm{d}x=0.$

方法二 由积分中值定理得 $\displaystyle\lim_{n\to\infty}\int_{n}^{n+p}\dfrac{\sin x}{x}\mathrm{d}x=\lim_{n\to\infty}\dfrac{\sin\xi}{\xi}\cdot p=p\lim_{\xi\to\infty}\dfrac{\sin\xi}{\xi}=0,\ \xi\in(n,\ n+p).$

【例 3】 设函数 $f(x)$ 在 $[0,\infty)$ 上单调减少且非负连续，试证数列 $\{a_n\}$ 的极限存在，其中

$$a_n=\sum_{k=1}^{n}f(k)-\int_{1}^{n}f(x)\mathrm{d}x,n=1,2,\cdots.$$

证 由函数 $f(x)$ 在 $[0,\infty)$ 上单调减少，得 $f(k+1)\leqslant\displaystyle\int_{k}^{k+1}f(x)\mathrm{d}x\leqslant f(k),k=1,2,\cdots$ 因此

$a_n=\displaystyle\sum_{k=1}^{n}f(k)-\int_{1}^{n}f(x)\mathrm{d}x=\sum_{k=1}^{n}f(k)-\sum_{k=1}^{n-1}\int_{k}^{k+1}f(x)\mathrm{d}x=\sum_{k=1}^{n-1}\left[f(k)-\int_{k}^{k+1}f(x)\mathrm{d}x\right]+f(n)\geqslant0.$

即数列 $\{a_n\}$ 有下界；又 $a_{n+1}-a_n=f(n+1)-\displaystyle\int_{n}^{n+1}f(x)\mathrm{d}x\leqslant0$，即数列 $\{a_n\}$ 单调下降，

故由单调有界准则知数列 $\{a_n\}$ 的极限存在.

2. 用定积分的不等式性质比较大小

【例 4】 比较下列积分的大小：

(1) 设 $I_1=\displaystyle\int_{0}^{\frac{\pi}{4}}\dfrac{\tan x}{x}\mathrm{d}x$，$I_2=\displaystyle\int_{0}^{\frac{\pi}{4}}\dfrac{x}{\tan x}\mathrm{d}x$，则（　　）.

(A) $I_1>I_2>1$；   (B) $1>I_1>I_2$；   (C) $I_2>I_1>1$；   (D) $1>I_2>I_1$.

(2) $I=\displaystyle\int_{0}^{\frac{\pi}{4}}\ln\sin x\mathrm{d}x$，$J=\displaystyle\int_{0}^{\frac{\pi}{4}}\ln\cot x\mathrm{d}x$，$K=\displaystyle\int_{0}^{\frac{\pi}{4}}\ln\cos x\mathrm{d}x$，则（　　）.

(A) $I<J<K$；   (B) $I<K<J$；   (C) $J<I<K$；   (D) $K<J<I$.

解 (1) 直接计算 I_1，I_2 比较困难，应用不等式 $\tan x>x>\sin x>0$，$x\in\left[0,\dfrac{\pi}{4}\right]$.

即 $\dfrac{x}{\tan x}<1<\dfrac{\tan x}{x}$，即有 $I_2<\dfrac{\pi}{4}<I_1$，可见 $I_2<I_1$ 且 $I_2<\dfrac{\pi}{4}<1$，从而排除（A），（C），（D），正确选项为（B）.

注 （1）直接证明 $I_1<1$ 有些困难，但是排除（A），（C），（D）却很容易．（2）分析因 I，J，K 的积分区间相同，只需要比较被积函数的大小即可．

（2）事实上，当 $0<x<\dfrac{\pi}{4}$ 时，$\sin x$，$\cos x$，$\cot x$ 的关系为 $\cot x>1>\cos x>\sin x$，又因为 $\ln x$ 在（0，$+\infty$）是单调增加的，故 $\ln\cot x>0>\ln\cos x>\ln\sin x$，由定积分的比较性质可知：$\displaystyle\int_0^{\frac{\pi}{4}}\ln\cot x\,\mathrm{d}x>\int_0^{\frac{\pi}{4}}\ln\cos x\,\mathrm{d}x>\int_0^{\frac{\pi}{4}}\ln\sin x\,\mathrm{d}x$，即 $I<K<J$，选（B）.

【例5】 比较下列积分的大小，并说明理由：

（1）$I_1=\displaystyle\int_0^{\pi}\mathrm{e}^{x^2}\sin x\,\mathrm{d}x$ 与 $I_2=\displaystyle\int_0^{2\pi}\mathrm{e}^{x^2}\sin x\,\mathrm{d}x$；（2）$\displaystyle\int_0^1|\ln t|[\ln^n(1+t)]\,\mathrm{d}t$ 与 $\displaystyle\int_0^1 t^n|\ln t|\,\mathrm{d}t$.

解 （1）$I_2-I_1=\displaystyle\int_0^{2\pi}\mathrm{e}^{x^2}\sin x\,\mathrm{d}x-\int_0^{\pi}\mathrm{e}^{x^2}\sin x\,\mathrm{d}x=\int_{\pi}^{2\pi}\mathrm{e}^{x^2}\sin x\,\mathrm{d}x<0$，故 $I_1>I_2$.

（2）当 $0\leqslant t\leqslant1$，有 $0\leqslant\ln(1+t)\leqslant t$，从而 $\ln^n(1+t)<t^n$，有 $|\ln t|\ln^n(1+t)<t^n|\ln t|$，又因 $\displaystyle\lim_{t\to0}|\ln t|\ln^n(1+t)=\lim_{t\to0}t^n|\ln t|=0$，令

$f(t)=|\ln t|\ln^n(1+t),g(t)=t^n|\ln t|$，且补充定义 $f(0)=0$，$g(0)=0$，则 $f(t)$ 和 $g(t)$ 在 $0\leqslant t\leqslant1$ 连续，$f(t)\leqslant g(t)$ 且 $f(t)\neq g(t)$，从而有 $\displaystyle\int_0^1|\ln t|\ln^n(1+t)\mathrm{d}t<\int_0^1 t^n|\ln t|\,\mathrm{d}t$.

【例6】 证明：$2\leqslant\displaystyle\int_{-1}^1\sqrt{1+x^4}\,\mathrm{d}x\leqslant\dfrac{8}{3}$.

证 令 $f(x)=\sqrt{1+x^4}$，$x\in[-1,1]$，则有 $f'(x)=\dfrac{2x^3}{\sqrt{1+x^4}}$，得唯一驻点 $x=0$. 为确定最值比较 $f(-1)$，$f(1)$，$f(0)$ 的大小，知 $\displaystyle\max_{x\in[-1,1]}f(x)=\sqrt2$，$\displaystyle\min_{x\in[-1,1]}f(x)=1$，即有 $1\leqslant\sqrt{1+x^4}\leqslant\sqrt2$，$x\in[-1,1]$. 于是利用定积分的估值性质得 $2\leqslant\displaystyle\int_{-1}^1\sqrt{1+x^4}\,\mathrm{d}x\leqslant2\sqrt2$，证得左边的不等式成立；下面对 $f(x)$ 作适当放大，$f(x)=\sqrt{1+x^4}\leqslant1+x^2$，于是有 $\displaystyle\int_{-1}^1\sqrt{1+x^4}\,\mathrm{d}x\leqslant\int_{-1}^1(1+x^2)\mathrm{d}x=\dfrac{8}{3}$，即右边不等式成立．

【例7】 设函数 $f(x)$ 在 $(-\infty,+\infty)$ 有连续导函数，且 $m\leqslant f(x)\leqslant M$，证明 $\left|\dfrac{1}{2a}\displaystyle\int_{-a}^a f(t)\mathrm{d}t-f(x)\right|\leqslant M-m$，其中 a 为大于 0 的常数．

证 利用定积分性质与不等式 $m\leqslant f(x)\leqslant M$，可得

$$\int_{-a}^a m\,\mathrm{d}x\leqslant\int_{-a}^a f(x)\,\mathrm{d}x\leqslant\int_{-a}^a M\,\mathrm{d}x,$$

即 $2am\leqslant\displaystyle\int_{-a}^a f(x)\,\mathrm{d}x\leqslant2aM$，亦即 $m\leqslant\dfrac{1}{2a}\displaystyle\int_{-a}^a f(x)\,\mathrm{d}x\leqslant M$. 又有 $-M\leqslant-f(x)\leqslant-m$.

上述两式相加得 $-(M-m)\leqslant\dfrac{1}{2a}\displaystyle\int_{-a}^a f(x)\mathrm{d}x-f(x)\leqslant M-m$，即

$$\left|\dfrac{1}{2a}\int_{-a}^a f(t)\mathrm{d}t-f(x)\right|\leqslant M-m.$$

注 本题也可引进变限积分作为辅助函数，把定积分不等式证明问题转化为变限积分函数的函数值大小的不等式问题，利用单调性或定积分的估值性质证明．

3. 中值问题

【例8】 已知函数 $f(x)$ 在 $[a,b]$ 上连续递增，试证：至少存在一点 $\xi\in[a,b]$，使得
$$\int_b^a f(x)\mathrm{d}x = f(a)(\xi-a)+f(b)(b-\xi).$$

分析　如图 5-1 所示，当 ξ 在 $[a,b]$ 上移动时图形 $ABC\text{-}DEF$ 的面积随之变化：当 $\xi=a$ 时面积最大，为 $f(b)(b-a)$；当 $\xi=b$ 时面积最小，为 $f(a)(b-a)$，而曲边梯形 $ABCF$ 面积恰在二者之间．待证等式从几何的角度理解就是要证明有一个图形 $ABCDEF$ 面积恰为曲边梯形面积．这启发我们用介值定理．

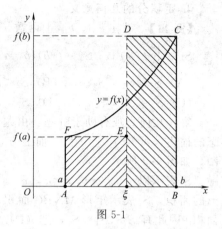

图 5-1

证　设 $F(x)=f(a)(x-a)+f(b)(b-x)$，则 $F(x)$ 在 $[a,b]$ 上连续且
$$F(b)=f(b)(b-a),F(a)=f(a)(b-a).$$
由 $f(x)$ 递增得 $f(a)\leqslant f(x)\leqslant f(b)$，从而
$$\int_a^b f(a)\mathrm{d}x \leqslant \int_a^b f(x)\mathrm{d}x \leqslant \int_a^b f(b)\mathrm{d}x.$$
由闭区间上连续函数的介值定理可知必存在 $\xi\in[a,b]$ 使得
$$F(\xi)=\int_a^b f(x)\mathrm{d}x = f(a)(\xi-a)+f(b)(b-\xi).$$

【例9】　设 $f(x)$ 在 $[0,1]$ 上连续，在 $(0,1)$ 内可导，且有 $f(1)=3\int_0^{\frac{1}{3}}\mathrm{e}^{1-x^2}f(x)\mathrm{d}x$，证明：存在 $\xi\in(0,1)$，使得 $f'(\xi)=2\xi f(\xi)$．

分析　本题显然是要应用罗尔定理证明．辅助函数的构造则可以根据已给的积分恒等式，利用积分中值定理而获得．

证　对 $f(1)=3\int_0^{\frac{1}{3}}\mathrm{e}^{1-x^2}f(x)\mathrm{d}x$ 使用积分中值定理，得 $f(1)=\mathrm{e}^{1-\xi_1^2}f(\xi_1),\xi_1\in\left[0,\frac{1}{3}\right]$，构造 $F(x)=\mathrm{e}^{1-x^2}f(x)$，则 $F(x)$ 在 $[\xi_1,1]$ 上连续，在 $(\xi_1,1)$ 内可导，且 $F(1)=f(1)=\mathrm{e}^{1-\xi_1^2}f(\xi_1)=F(\xi_1)$．由罗尔定理知，在 $(\xi_1,1)$ 内至少存在一个 ξ，使得
$$F'(\xi)=\mathrm{e}^{1-\xi^2}[f'(\xi)-2\xi f(\xi)]=0,$$
于是　$f'(\xi)=2\xi f(\xi),\xi\in(\xi_1,1)\subset(0,1)$．

注　构造辅助函数的更一般方法是原函数法：在欲证的等式中改 ξ 为 x 得
$$f'(x)-2xf(x)=0,\text{即}\frac{f'(x)}{f(x)}=2x.$$
两边积分，得 $\ln|f(x)|=x^2+\ln C$，即 $f(x)=C\mathrm{e}^{x^2}$．将解写成一端为常数的形式：$\mathrm{e}^{-x^2}f(x)=C$，另一端的函数便可作为辅助函数 $F(x)=\mathrm{e}^{-x^2}f(x)$．此法是很普遍应用的一种方法，许多应用罗尔定理而需构造辅助函数的问题用原函数法便可以迎刃而解．

【例10】　若函数 $\varphi(x)$ 具有二阶导数，且满足 $\varphi(2)>\varphi(1),\varphi(2)>\int_2^3\varphi(x)\mathrm{d}x$，则至少存在一点 $\xi\in(1,3)$，使得 $\varphi''(\xi)<0$．

证　由积分中值定理知 $\int_2^3\varphi(x)\mathrm{d}x=\varphi(\eta)$，$\eta\in(2,3)$，对函数 $\varphi(x)$ 在区间 $[1,2]$ 和 $[2,3]$ 分别应用拉格朗日中值定理，$\varphi(2)>\varphi(1),\varphi(2)>\varphi(\eta)$ 得
$$\varphi'(\xi_1)=\frac{\varphi(2)-\varphi(1)}{2-1}>0,\xi_1\in(1,2);\varphi'(\xi_2)=\frac{\varphi(\eta)-\varphi(2)}{\eta-2}<0,\xi_2\in(2,\eta)\subset(2,3).$$
对函数 $\varphi'(x)$ 在区间 $[\xi_1,\xi_2]$ 应用拉格朗日中值定理，得

$$\varphi''(\xi)=\frac{\varphi(\xi_2)-\varphi(\xi_1)}{\xi_2-\xi_1}<0,\quad \xi\in(\xi_1,\xi_2)\subset(1,3).$$

4. 定积分的几何意义

【例 11】 设在 $[a,b]$ 上函数 $f(x)>0,f'(x)<0,f''(x)>0$，记

$$S_1=\int_b^a f(x)\mathrm{d}x,\ S_2=f(b)(b-a),\ S_3=\frac{b-a}{2}[f(a)+f(b)],\ \text{则有 (　　).}$$

（A）$S_1<S_2<S_3$；　　　（B）$S_2<S_3<S_1$；

（C）$S_3<S_1<S_2$；　　　（D）$S_2<S_1<S_3$.

解 几何直观有助于解题：由题目对函数 $f(x)$ 图形性态的描述，可知 $f(x)$ 在 x 轴上方，单调下降且曲线为上凹，如图 5-2 所示.

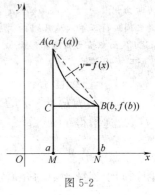

图 5-2

S_1 表示以 $y=f(x)$，$x=a$，$x=b$ 及 x 轴所围成的曲边梯形的面积，S_2 表示矩形 $MNBC$ 面积，S_3 表示梯形 $MNBAC$ 面积. 因此有 $S_2<S_1<S_3$，选（D）.

注 本题也可用分析法判定，但比较复杂.

三、习 题

1. 求极限：

(1) $\lim\limits_{n\to\infty}\frac{1}{n}\sum\limits_{i=1}^{n}\sqrt{1+\frac{i}{n}}$；　　(2) $\lim\limits_{n\to\infty}\frac{1^p+2^p+\cdots+n^p}{n^{p+1}}$ $(p>0)$；　　(3) $\lim\limits_{n\to\infty}\frac{\sqrt[n]{n!}}{n}$.

2. 设 $f(x)$ 在 $[a,b]$ 上连续，(a,b) 可导，且 $\frac{1}{b-a}\int_a^b f(x)\mathrm{d}x=f(b)$，求证：在 (a,b) 内至少存在一点 ξ，使 $f'(\xi)=0$.

3. 证明：$\frac{1}{2}<\int_0^{\frac{1}{2}}\frac{\mathrm{d}x}{\sqrt{1-x^{2n}}}\leqslant\frac{\pi}{6}$ $(n\geqslant 1)$.

△4. 设 $f(x)$ 在 $[a,b]$ 连续，在 (a,b) 可导，$f(a)=0$，$M=\max|f'(x)|$，求证：$\frac{2}{(b-a)^2}\int_a^b f(x)\mathrm{d}x\leqslant M.$

四、习题解答与提示

1.(1) $\frac{2}{3}(2\sqrt{2}-1)$. 提示：原极限 $=\int_0^1\sqrt{1+x}\,\mathrm{d}x$.

(2) $\frac{1}{p+1}$. 提示：原式 $=\int_0^1 x^p\mathrm{d}x$. (3) e^{-1}. 提示：$\lim\limits_{x\to\infty}\ln\frac{\sqrt[n]{n!}}{n}=\int_0^1\ln x\,\mathrm{d}x=-1$.

2. 提示：由积分中值定理知，存在 $\eta\in(a,b)$，使 $f(\eta)=\frac{1}{b-a}\int_a^b f(x)\mathrm{d}x$，所以 $f(\eta)=f(b)$.

3. 提示：$1\leqslant\frac{1}{\sqrt{1-x^{2n}}}\leqslant\frac{1}{\sqrt{1-x^2}}$. 4. 答案（略）

第二节 变限积分函数

一、内 容 提 要

1. 变上限函数 $\boldsymbol{\Phi}(x)=\int_a^x f(t)\mathrm{d}t$ 的性质

(1) 若 $f(x)$ 在 $[a,b]$ 上可积，则 $\Phi(x)$ 在 $[a,b]$ 上连续；

(2) 若 $f(x)$ 在 $[a,b]$ 上连续，则 $\Phi(x)$ 在 $[a,b]$ 上可导，且 $\Phi'(x)=\left(\int_a^x f(t)\mathrm{d}t\right)'=f(x)$；

(3) 若 $f(x)$ 在 $[a,b]$ 上连续，$\alpha(x),\beta(x)$ 在 $[a,b]$ 上可微，则

$$\frac{\mathrm{d}}{\mathrm{d}x}\left(\int_{\alpha(x)}^{\beta(x)}f(x)\mathrm{d}t\right)=f[\beta(x)]\beta'(x)-f[\alpha(x)]\alpha'(x).$$

2. 牛顿-莱布尼兹公式

设 $f(x)$ 在 $[a,b]$ 上连续，$F(x)$ 是 $f(x)$ 的任一原函数，则

$$\int_a^b f(x)\mathrm{d}x=F(x)\Big|_a^b=F(b)-F(a).$$

定积分与不定积分是两个完全不同的概念：求不定积分是求导数运算的反运算，其结果为一族函数；而定积分是一个与被积函数和积分区间有关的数值. 但是定积分与不定积分又有着密切的联系，这就是牛顿-莱布尼兹公式. 牛顿-莱布尼兹公式不但反映了微积分的几个主要概念之间的联系，而且还把定积分的计算归结为原函数的计算.

二、例 题 分 析

1. 求变限积分函数表达式和研究其基本性质

【例1】　设 $f(x)=\begin{cases}2x+\dfrac{3}{2}x^2,&-1\leqslant x<0,\\[2mm]\dfrac{x\mathrm{e}^x}{(\mathrm{e}^x+1)^2},&0\leqslant x\leqslant 1,\end{cases}$　求 $F(x)=\displaystyle\int_{-1}^x f(t)\mathrm{d}t$ 的表达式.

分析　计算变上限积分时，首先画出被积函数 $f(t)$ 所定义的分段区间. 分段函数求积分要分段进行，当上限 x 在定义区间上移动时，根据 $f(t)$ 的分段定义，变上限积分函数也要分段表示.

解　当 $-1\leqslant x<0$，$F(x)=\displaystyle\int_{-1}^x f(t)\mathrm{d}t=\int_{-1}^x\left(2t+\frac{3}{2}t^2\right)\mathrm{d}t=\left(t^2+\frac{1}{2}t^3\right)\Big|_{-1}^x$

$$=\frac{1}{2}x^3+x^2-\frac{1}{2}.$$

当 $0\leqslant x\leqslant 1$，$F(x)=\displaystyle\int_{-1}^x f(t)\mathrm{d}t=\int_{-1}^0 f(t)\mathrm{d}t+\int_0^x f(t)\mathrm{d}t=\int_{-1}^0\left(2t+\frac{3}{2}t^2\right)\mathrm{d}t+\int_0^x\frac{t\mathrm{e}^t}{(\mathrm{e}^t+1)^2}\mathrm{d}t$

$$=\left(t^2+\frac{1}{2}t^3\right)\Big|_{-1}^0-\int_0^x t\mathrm{d}\left(\frac{1}{\mathrm{e}^t+1}\right)=-\frac{1}{2}-\frac{t}{\mathrm{e}^t+1}\Big|_0^x+\int_0^x\frac{1+\mathrm{e}^t-\mathrm{e}^t}{\mathrm{e}^t+1}\mathrm{d}t$$

$$=-\frac{1}{2}-\frac{x}{\mathrm{e}^x+1}+[t-\ln(\mathrm{e}^t+1)]\Big|_0^x=-\frac{1}{2}-\frac{x}{\mathrm{e}^x+1}+x-\ln(\mathrm{e}^x+1)+\ln 2.$$

于是 $F(x)=\begin{cases}\dfrac{1}{2}x^3+x^2-\dfrac{1}{2},&-1\leqslant x<0,\\[3mm]x-\dfrac{x}{\mathrm{e}^x+1}-\ln(\mathrm{e}^x+1)+\ln 2-\dfrac{1}{2},&0\leqslant x\leqslant 1.\end{cases}$

【例2】　设 $f(x)=\displaystyle\int_x^{x+\frac{\pi}{2}}|\sin t|\mathrm{d}t$.（1）证明函数的周期为 π；（2）求 $f(x)$ 的值域.

分析　（1）即证 $f(x+\pi)=f(x)$. 写出 $f(x+\pi)$ 的表达式，利用定积分的换元积分法可得.（2）由（1）知只需求 $f(x)$ 在一个周期 $[0,\pi]$ 上的最大值 M 与最小值 m.

证　（1）$f(x+\pi)=\displaystyle\int_{x+\pi}^{x+\frac{3}{2}\pi}|\sin t|\mathrm{d}t\xrightarrow{u=t-\pi}\int_x^{x+\frac{\pi}{2}}|\sin(u+\pi)|\mathrm{d}u=\int_x^{x+\frac{\pi}{2}}|\sin u|\mathrm{d}u=f(x).$

（2）$f'(x)=\left|\sin\left(x+\dfrac{\pi}{2}\right)\right|-|\sin x|=|\cos x|-|\sin x|$，

令 $f'(x)=0$ 得 $x_1=\dfrac{\pi}{4}$，$x_2=\dfrac{3}{4}\pi$ 且 $f\left(\dfrac{\pi}{4}\right)=\sqrt{2}$，$f\left(\dfrac{3}{4}\pi\right)=2-\sqrt{2}$，而 $f(0)=1$，$f(\pi)=1$，于是得函数的最大值为 $\sqrt{2}$，最小值为 $2-\sqrt{2}$，因此函数的值域为 $[2-\sqrt{2},\sqrt{2}]$.

2. 求变限积分函数的极限

【例3】　求下列函数的极限：

(1) $\lim\limits_{x\to 0}\dfrac{\int_0^x\left[\int_0^{u^2}\arctan(1+t)\mathrm{d}t\right]\mathrm{d}u}{x(1-\cos x)}$; (2) $\lim\limits_{x\to+\infty}\dfrac{\int_0^x(\arctan t)^2\mathrm{d}t}{\sqrt{x^2+1}}$.

分析 (1) 欲求极限的分式其分子是用变上限函数的积分表示的；先对 t 积分，积出来是 u 的函数，再对 u 积分，积出来是 x 的函数. 整个分式是 $\dfrac{0}{0}$ 型的不定式，利用等价无穷小代换与洛必达法则可得极限.

(2) 因为 $x>1$ 时，$\int_0^x(\arctan t)^2\mathrm{d}t\geqslant\int_1^x(\arctan t)^2\mathrm{d}t\geqslant\int_1^x\left(\dfrac{\pi}{4}\right)^2\mathrm{d}t=\left(\dfrac{\pi}{4}\right)^2(x-1)\to+\infty\ (x\to+\infty)$，所以原题为 $\dfrac{\infty}{\infty}$ 型极限.

解 (1) 原式 $\cong 2\lim\limits_{x\to 0}\dfrac{\int_0^x\left[\int_0^{u^2}\arctan(1+t)\mathrm{d}t\right]\mathrm{d}u}{x^3}\xlongequal{\frac{0}{0}\text{型}}2\lim\limits_{x\to 0}\dfrac{\int_0^{x^2}\arctan(1+t)\mathrm{d}t}{3x^2}$

$=2\lim\limits_{x\to 0}\dfrac{\arctan(1+x^2)\cdot 2x}{6x}=\dfrac{2}{3}\arctan 1=\dfrac{\pi}{6}$.

(2) 原式 $\xlongequal{\text{洛必达法则}}\lim\limits_{x\to+\infty}\dfrac{(\arctan x)^2}{\dfrac{x}{\sqrt{x^2+1}}}=\left(\dfrac{\pi}{2}\right)^2=\dfrac{\pi^2}{4}$.

【例 4】 (1) 设 $f(x)$ 在 $[-1,1]$ 上连续，判断函数 $g(x)=\dfrac{\int_0^x f(t)\mathrm{d}t}{x}$ 的间断点 $x=0$ 类型.

(2) 设 $F(x)=\dfrac{\int_0^x\ln(1+t^2)\mathrm{d}t}{x^a}$ ，且 $\lim\limits_{x\to+\infty}F(x)=\lim\limits_{x\to 0^+}F(x)=0$，求 a 的取值范围.

△(3) 求 a,b,c 的值，使 $\lim\limits_{x\to 0}\dfrac{ax-\sin x}{\int_b^x\dfrac{\ln(1+t^3)}{t}\mathrm{d}t}=c$ $(c\neq 0)$.

解 (1) 因为 $\lim\limits_{x\to 0}g(x)=\lim\limits_{x\to 0}\dfrac{\left[\int_0^x f(t)\mathrm{d}t\right]'}{x'}=\lim\limits_{x\to 0}\dfrac{f(x)}{1}=f(0)$，所以 $x=0$ 是函数 $g(x)$ 的可去间断点.

(2) $a\leqslant 0$ 时，$\lim\limits_{x\to+\infty}\dfrac{\int_0^x\ln(1+t^2)\mathrm{d}t}{x^a}=\lim\limits_{x\to+\infty}x^{-a}\int_0^x\ln(1+t^2)\mathrm{d}t=+\infty$，与已知矛盾.

故 $a>0$，由 $\lim\limits_{x\to 0^+}\dfrac{\int_0^x\ln(1+t^2)\mathrm{d}t}{x^a}=\lim\limits_{x\to 0^+}\dfrac{\ln(1+x^2)}{ax^{a-1}}=\lim\limits_{x\to 0^+}\dfrac{x^2}{ax^{a-1}}=\lim\limits_{x\to 0^+}\dfrac{1}{a}x^{3-a}=0$，知

$3-a>0$，即 $a<3$. 由 $\lim\limits_{x\to+\infty}\dfrac{\int_0^x\ln(1+t^2)\mathrm{d}t}{x^a}=\lim\limits_{x\to+\infty}\dfrac{\ln(1+x^2)}{ax^{a-1}}=\lim\limits_{x\to+\infty}\dfrac{\dfrac{2x}{1+x^2}}{a(a-1)x^{a-1}}=$

$\dfrac{2}{a(a-1)}\lim\limits_{x\to+\infty}\dfrac{x^{3-a}}{1+x^2}=0$，知 $3-a<2$ 即 $a>1$，综上得 $1<a<3$.

(3) 由 $\lim\limits_{x\to 0}\dfrac{ax-\sin x}{\int_b^x\dfrac{\ln(1+t^3)}{t}\mathrm{d}t}=c\neq 0$，且 $\lim\limits_{x\to 0}(ax-\sin x)=0$，知 $\lim\limits_{x\to 0}\int_b^x\dfrac{\ln(1+t^3)}{t}\mathrm{d}t=0$，即 $b=0$.

因而 $\lim\limits_{x\to 0}\dfrac{ax-\sin x}{\int_0^x\dfrac{\ln(1+t^3)}{t}\mathrm{d}t}\xlongequal{\frac{0}{0}\text{型}}\lim\limits_{x\to 0}\dfrac{a-\cos x}{\dfrac{\ln(1+x^3)}{x}}=\lim\limits_{x\to 0}\dfrac{x(a-\cos x)}{\ln(1+x^3)}$

$$\xlongequal{\frac{0}{0}型}\lim_{x\to0}\frac{x(a-\cos x)}{x^3}=\lim_{x\to0}\frac{a-\cos x}{x^2}=c.$$

其中$\lim\limits_{x\to0}(a-\cos x)=a-1=0$ 得 $a=1$，代入上式得

$$c=\lim_{x\to0}\frac{1-\cos x}{x^2}=\lim_{x\to0}\frac{\frac{1}{2}x^2}{x^2}=\frac{1}{2}.$$

所以　$a=1,b=0,c=\dfrac{1}{2}$.

【例5】 在 $x\to0^+$ 时，比较无穷小量 $\alpha=\displaystyle\int_0^x\cos t^2\,dt$，$\beta=\displaystyle\int_0^{x^2}\tan\sqrt{t}\,dt$，$\gamma=\displaystyle\int_0^{\sqrt{x}}\sin t^3\,dt$ 的大小，使排在后面的是前一个的高阶无穷小，则正确的排列顺序是（　　）.
（A）α，β，γ；　　（B）α，γ，β；　　（C）β，α，γ　　（D）β，γ，α.

解　方法一　$\displaystyle\lim_{x\to0^+}\frac{\alpha}{\beta}=\lim_{x\to0^+}\frac{\int_0^x\cos t^2\,dt}{\int_0^{x^2}\tan\sqrt{t}\,dt}=\lim_{x\to0^+}\frac{\cos x^2}{2x\tan x}=+\infty,$

$$\lim_{x\to0^+}\frac{\beta}{\gamma}=\lim_{x\to0^+}\frac{\int_0^{x^2}\tan\sqrt{t}\,dt}{\int_0^{\sqrt{x}}\sin t^3\,dt}=\lim_{x\to0^+}\frac{2x\tan x}{\frac{1}{2\sqrt{x}}\sin x\sqrt{x}}=0,$$

$$\lim_{x\to0^+}\frac{\gamma}{\alpha}=\lim_{x\to0^+}\frac{\int_0^{\sqrt{x}}\sin t^3\,dt}{\int_0^x\cos t^2\,dt}=\lim_{x\to0^+}\frac{\frac{1}{2\sqrt{x}}\sin x\sqrt{x}}{\cos x^2}=0,$$

所以 $x\to0^+$ 时 γ 是 α 的高阶无穷小，β 是 γ 的高阶无穷小. 即选（B）.

方法二　当 $x\to0^+$ 时，因为 $\alpha'=\cos x^2\to1$；$\beta'=2x\tan x\sim x^2$；$\gamma'=\dfrac{1}{2\sqrt{x}}\sin x\sqrt{x}\sim x$，所以 γ' 是 α' 的高阶无穷小，β' 是 γ' 的高阶无穷小. 从而 $x\to0^+$ 时 γ 是 α 的高阶无穷小，β 是 γ 的高阶无穷小. 即选（B）.

【例6】 设 $f''(x)$ 连续且 $f''(x)>0$，$f(0)=f'(0)=0$. 试求极限 $\displaystyle\lim_{x\to0^+}\frac{\int_0^{u(x)}f(t)\,dt}{\int_0^x f(t)\,dt}$，其中 $u(x)$ 是曲线 $y=f(x)$ 在点 $(x,f(x))$ 处的切线在 x 轴上的截距.

分析　当 $x\to0^+$ 时所求极限为 $\dfrac{0}{0}$ 型未定式，可考虑用洛必达法则，需要对变上限的积分函数求导，所以先要计算出 $u(x)$，$u'(x)$，再利用 $f(x)$，$f'(x)$ 的泰勒公式求极限.

解　曲线 $y=f(x)$ 在点 $(x,f(x))$ 处的切线为 $Y-f(x)=f'(x)(X-x)$，令 $Y=0$ 得切线在 x 轴上的截距 $u(x)=x-\dfrac{f(x)}{f'(x)}$. 求导得 $u'(x)=\dfrac{f(x)f''(x)}{[f'(x)]^2}$.

而 $f(x)=\dfrac{1}{2}f''(0)x^2+o(x^2)$，$f'(x)=f''(0)x+o(x)$，于是

$$u(x)=x-\frac{\frac{1}{2}f''(0)x^2+o(x^2)}{f''(0)x+o(x)}\sim x-\frac{1}{2}x=\frac{x}{2}\quad(x\to0\text{ 时}).$$

所以 $\lim\limits_{x\to 0^+}\dfrac{\displaystyle\int_0^{u(x)}f(t)\mathrm{d}t}{\displaystyle\int_0^x f(t)\mathrm{d}t}\xlongequal[\text{洛必达法则}]{\frac{0}{0}\,\text{型}}\lim\limits_{x\to 0^+}\dfrac{f[u(x)]\cdot u'(x)}{f(x)}=\lim\limits_{x\to 0^+}\dfrac{\left[\frac{1}{2}f''(0)u^2(x)+o(x^2)\right]\cdot\frac{f(x)f''(x)}{[f'(x)]^2}}{f(x)}$

$$=\lim\limits_{x\to 0^+}\dfrac{\frac{1}{2}f''(0)u^2(x)+o(x^2)}{[f''(0)x+o(x)]^2}\cdot f''(x)=\dfrac{1}{8}.$$

3. 求变限积分函数的导函数

【例 7】 求下列函数的导数：

(1) $F(x)=\displaystyle\int_{x^2}^0 x\cos t^2\,\mathrm{d}t\,$,；   (2) $G(x)=\displaystyle\int_0^x tf(x^2-t^2)\mathrm{d}t$.

分析 (1) 注意 $F(x)$ 的自变量 x 不仅出现在积分下限上，还出现在被积函数中. 求解这类题，应设法将被积函数中的 x 与变积分限函数分开.(2)注意到被积函数可通过定积分的换元将变量 x 与积分变量 t 分离开.令 $x^2-t^2=u$，即 $t^2=x^2-u$，$2t\mathrm{d}t=-\mathrm{d}u$.

解 (1) $F(x)=x\left(\displaystyle\int_{x^2}^0\cos t^2\mathrm{d}t\right)$. 由乘积求导法则得

$$F'(x)=\int_{x^2}^0\cos t^2\mathrm{d}t+x[-\cos(x^2)^2]\cdot 2x=\int_{x^2}^0\cos t^2\mathrm{d}t-2x^2\cos x^4.$$

(2) $\displaystyle\int_0^x tf(x^2-t^2)\mathrm{d}t\xlongequal{\text{令}\,x^2-t^2=u}-\frac{1}{2}\int_{x^2}^0 f(u)\mathrm{d}u=\frac{1}{2}\int_0^{x^2}f(u)\mathrm{d}u.$

故 $\dfrac{\mathrm{d}}{\mathrm{d}x}\left(\displaystyle\int_0^x tf(x^2-t^2)\mathrm{d}t\right)=\dfrac{\mathrm{d}}{\mathrm{d}x}\left(\dfrac{1}{2}\displaystyle\int_0^{x^2}f(u)\mathrm{d}u\right)=\dfrac{1}{2}f(x^2)\cdot 2x=xf(x^2).$

【例 8】 设 $f(x)$ 在 $\left[0,\dfrac{\pi}{4}\right]$ 是单调可导函数，且 $\displaystyle\int_0^{f(x)}f^{-1}(t)\mathrm{d}t=\int_0^x t\dfrac{\cos t-\sin t}{\cos t+\sin t}\mathrm{d}t$，其中 f^{-1} 是 f 的反函数，求 $f(x)$.

解 等式两边对 x 求导，得 $f^{-1}[f(x)]f'(x)=x\dfrac{\cos x-\sin x}{\cos x+\sin x}$，即 $f'(x)=\dfrac{\cos x-\sin x}{\cos x+\sin x}$，

故 $f(x)=\displaystyle\int f'(x)\mathrm{d}x=\int\dfrac{\cos x-\sin x}{\cos x+\sin x}\mathrm{d}x=\ln(\sin x+\cos x)+C.$

当 $x=0$ 时等式 $\displaystyle\int_0^{f(0)}f^{-1}(t)\mathrm{d}t=\int_0^0 t\dfrac{\cos t-\sin t}{\cos t+\sin t}\mathrm{d}t=0$，由 $f(x)$ 在 $\left[0,\dfrac{\pi}{4}\right]$ 上单调可导知，$f(0)=0$，从而 $C=0$，因此 $f(x)=\ln(\sin x+\cos x)$.

4. 讨论变限积分函数的导数应用

【例 9】 设 $f(x)$ 连续，且 $\lim\limits_{x\to 0}\dfrac{f(x)}{x}=2$，$\varphi(x)=\displaystyle\int_0^1 f(xt)\mathrm{d}t$，求 $\varphi'(x)$，并讨论 $\varphi'(x)$ 的连续性.

解 由 $f(x)$ 的连续性及 $\lim\limits_{x\to 0}\dfrac{f(x)}{x}=2$，可知 $f(0)=\lim\limits_{x\to 0}f(x)=0$.

当 $x=0$ 时，$\varphi(0)=\displaystyle\int_0^1 f(0)\mathrm{d}t=0$；当 $x\neq 0$ 时，$\varphi(x)=\displaystyle\int_0^1 f(xt)\mathrm{d}t\xlongequal{xt=u}\dfrac{1}{x}\int_0^x f(u)\mathrm{d}u$. 所以

$$\varphi(x)=\begin{cases}\dfrac{1}{x}\displaystyle\int_0^x f(u)\mathrm{d}u, & x\neq 0,\\[3mm] 0, & x=0.\end{cases}$$

当 $x\neq 0$ 时，$\varphi'(x)=\left(\dfrac{1}{x}\displaystyle\int_0^x f(u)\mathrm{d}u\right)'=\dfrac{xf(x)-\displaystyle\int_0^x f(u)\mathrm{d}u}{x^2}$，

当 $x=0$ 时，$\varphi'(0)=\lim\limits_{x\to 0}\dfrac{\varphi(x)-\varphi(0)}{x-0}=\lim\limits_{x\to 0}\dfrac{\displaystyle\int_0^x f(u)\mathrm{d}u}{x^2}\xlongequal{\frac{0}{0}\,\text{型}}\lim\limits_{x\to 0}\dfrac{f(x)}{2x}=1.$ 所以

$$\varphi'(x) = \begin{cases} \dfrac{xf(x) - \displaystyle\int_0^x f(u)\mathrm{d}u}{x^2}, & x \neq 0, \\ 1, & x = 0. \end{cases}$$

因为 $f(x)$ 连续，故 $x \neq 0$ 时，$\varphi'(x)$ 连续. 又

$$\lim_{x \to 0}\varphi'(x) = \lim_{x \to 0}\frac{xf(x) - \displaystyle\int_0^x f(u)\mathrm{d}u}{x^2} = \lim_{x \to 0}\frac{f(x)}{x} - \lim_{x \to 0}\frac{\displaystyle\int_0^x f(u)\mathrm{d}u}{x^2} = 1 = \varphi'(0).$$

故 $\varphi'(x)$ 在 $x=0$ 处也连续. 即 $\varphi'(x)$ 为连续函数.

【例 10】 设 $f(x)$ 是连续函数，$f(x)$ 是以 2 为周期的周期函数时，证明：函数 $G(x) = 2\displaystyle\int_0^x f(t)\mathrm{d}t - x\int_0^2 f(t)\mathrm{d}t$ 也是以 2 为周期的函数.

证 $\quad [G(x+2)]' = \left[2\displaystyle\int_0^{x+2} f(t)\mathrm{d}t - (x+2)\int_0^2 f(t)\mathrm{d}t\right]' = 2f(x+2) - \int_0^2 f(t)\mathrm{d}t$

$$[G(x)]' = \left[2\int_0^x f(t)\mathrm{d}t - x\int_0^2 f(t)\mathrm{d}t\right]' = 2f(x) - \int_0^2 f(t)\mathrm{d}t.$$

因 $f(x)$ 是以 2 为周期的周期函数，所以 $[G(x+2) - G(x)]' = 0$，得 $G(x+2) - G(x) = C$，又因为 $G(0+2) - G(0) = 0$，所以 $C = 0$，即 $G(x+2) = G(x)$，从而 $G(x)$ 是以 2 为周期的函数.

【例 11】 求函数 $f(x) = \displaystyle\int_1^{x^2} (x^2 - t)\mathrm{e}^{-t^2}\mathrm{d}t$ 的单调区间与极值.

解 因为 $f(x) = \displaystyle\int_1^{x^2} (x^2 - t)\mathrm{e}^{-t^2}\mathrm{d}t = x^2\int_1^{x^2} \mathrm{e}^{-t^2}\mathrm{d}t - \int_1^{x^2} t\mathrm{e}^{-t^2}\mathrm{d}t$，所以

$$f'(x) = 2x\int_1^{x^2} \mathrm{e}^{-t^2}\mathrm{d}t + 2x^3\mathrm{e}^{-x^4} - 2x^3\mathrm{e}^{-x^4} = 2x\int_1^{x^2} \mathrm{e}^{-t^2}\mathrm{d}t$$

由 $f'(x) = 0$ 得驻点 $x = 0$，$x = \pm 1$. 又由 $f''(x) = 2\displaystyle\int_1^{x^2} \mathrm{e}^{-t^2}\mathrm{d}t + 4x^2\mathrm{e}^{-x^4}$ 可知 $f''(0) < 0$，$f''(\pm 1) > 0$，从而 $f(0) = \displaystyle\int_1^0 -t\mathrm{e}^{-t^2}\mathrm{d}t = \frac{1}{2}\mathrm{e}^{-t^2}\Big|_0^1 = \frac{1}{2}(1 - \mathrm{e}^{-1})$ 是极大值. $f(\pm 1) = \displaystyle\int_1^1 (1 - t)\mathrm{e}^{-t^2}\mathrm{d}t = 0$ 是极小值. 单增区间为 $(-1, 0)\bigcup(1, +\infty)$，单减区间为 $(-\infty, -1)\bigcup(0, 1)$.

5. 含变限积分的等式问题

【例 12】 设 $f(x)$ 在 $(0, +\infty)$ 内连续，$f(1) = \dfrac{5}{2}$，且对所有 $x, t \in (0, +\infty)$，满足 $\displaystyle\int_1^{xt} f(u)\mathrm{d}u = t\int_1^x f(u)\mathrm{d}u + x\int_1^t f(u)\mathrm{d}u$，求 $f(x)$.

分析　当未知函数满足一个含有积分的方程时，一般都是通过求导，将积分方程化为微分方程.

解　等式两边对 x 求导得 $\qquad\qquad tf(xt) = tf(x) + \displaystyle\int_1^t f(u)\mathrm{d}u, \qquad\qquad$ (5-1)

在式 (5-1) 中令 $x = 1$，由 $f(1) = \dfrac{5}{2}$，得 $\quad tf(t) = \dfrac{5}{2}t + \displaystyle\int_1^t f(u)\mathrm{d}u, \qquad\qquad$ (5-2)

式 (5-2) 两边对 t 求导，得 $f(t) + tf'(t) = \dfrac{5}{2} + f(t)$，即 $f'(t) = \dfrac{5}{2t}$，则原函数 $f(t) = \dfrac{5}{2}\ln t + C$，由 $f(1) = \dfrac{5}{2}$，得 $C = \dfrac{5}{2}$，于是 $f(x) = \dfrac{5}{2}(\ln x + 1)$.

6. 用变限积分函数证明不等式问题

【例 13】 设函数 $f(x)$ 在 $[0,1]$ 上连续，单调减少且 $f(x)>0$，证明：对满足 $0<\alpha<\beta<1$ 的任何 α，β，有 $\beta\int_0^\alpha f(x)\mathrm{d}x>\alpha\int_\alpha^\beta f(x)\mathrm{d}x$.

证 作辅助函数 $F(t)=t\int_0^\alpha f(x)\mathrm{d}x-\alpha\int_\alpha^t f(x)\mathrm{d}x$，则有

$$F'(t)=\int_0^\alpha f(x)\mathrm{d}x-\alpha f(t)=\int_0^\alpha f(x)\mathrm{d}x-\int_0^\alpha f(t)\mathrm{d}x=\int_0^\alpha[f(x)-f(t)]\mathrm{d}x\geqslant 0$$

又 $f(\alpha)=\alpha\int_0^\alpha f(x)\mathrm{d}x-\alpha\int_\alpha^\alpha f(x)\mathrm{d}x=\alpha\int_0^\alpha f(x)\mathrm{d}x>0$（因为 $\alpha>0$，$f(x)>0$）.

由此可知函数 $F(t)$ 在 $[\alpha,\beta]$ 上单调递增，且 $F(\beta)>F(\alpha)>0$，即原不等式成立.

7. 构造变限积分函数作为辅助函数证明中值问题

【例 14】 设函数 $f(x)$ 在闭区间 $[a,b]$ 上连续，在开区间 (a,b) 内可导，且 $f'(x)>0$. 若极限 $\lim\limits_{x\to a^+}\dfrac{f(2x-a)}{x-a}$ 存在，证明：

(1) 在 (a,b) 内 $f(x)>0$；

(2) 在 (a,b) 内存在点 ξ，使 $\dfrac{b^2-a^2}{\displaystyle\int_a^b f(x)\mathrm{d}x}=\dfrac{2\xi}{f(\xi)}$；

(3) 在 (a,b) 内存在与 (2) 中 ξ 相异的点 η，使 $f'(\eta)(b^2-a^2)=\dfrac{2\xi}{\xi-a}\displaystyle\int_a^b f(x)\mathrm{d}x$.

分析 (1) 由 $\lim\limits_{x\to a^+}\dfrac{f(2x-a)}{x-a}$ 存在知，$f(a)=0$，利用单调性即可证明 $f(x)>0$. (2) 要证的结论显含 $f(a)$ 和 $f(b)$，应将要证的结论写为拉格朗日中值定理或柯西中值定理的形式进行证明. (3) 注意利用 (2) 的结论证明即可.

解 (1) 因为 $\lim\limits_{x\to a^+}\dfrac{f(2x-a)}{x-a}$ 存在，故 $\lim\limits_{x\to a^+}f(2x-a)=f(a)=0$. 又 $f'(x)>0$，于是 $f(x)$ 在 (a,b) 内单调增加，故 $f(x)>f(a)=0$，$x\in(a,b)$.

(2) 设 $F(x)=x^2$，$g(x)=\displaystyle\int_a^x f(t)\mathrm{d}t$ $(a\leqslant x\leqslant b)$，则 $g'(x)=f(x)>0$，故 $F(x)$，$g(x)$ 满足柯西中值定理的条件，于是在 (a,b) 内存在点 ξ，使

$$\frac{F(b)-F(a)}{g(b)-g(a)}=\frac{b^2-a^2}{\displaystyle\int_a^b f(t)\mathrm{d}t-\int_a^a f(t)\mathrm{d}t}=\left.\frac{(x^2)'}{\left(\displaystyle\int_a^x f(t)\mathrm{d}t\right)'}\right|_{x=\xi}=\frac{2\xi}{f(\xi)}$$，得证.

(3) 因 $f(\xi)=f(\xi)-0=f(\xi)-f(a)$，在 $[a,\xi]$ 上应用拉格朗日中值定理，知在 (a,ξ) 内存在一点 η，使 $f(\xi)=f'(\eta)(\xi-a)$，从而由 (2) 的结论得

$$\frac{b^2-a^2}{\displaystyle\int_a^b f(x)\mathrm{d}x}=\frac{2\xi}{f'(\eta)(\xi-a)}.$$

即证 $f'(\eta)(b^2-a^2)=\dfrac{2\xi}{\xi-a}\displaystyle\int_a^b f(x)\mathrm{d}x$.

三、习　题

1. 求解下列各题

(1) 已知 $\displaystyle\int_0^y \mathrm{e}^{t^2}\mathrm{d}t=\int_0^{x^2}\cos t\,\mathrm{d}t$，求 y'_x，y''_{xx}；

△(2) 设 $\begin{cases} x = \int_0^t f(u^2)\,\mathrm{d}u, \\ y = f^2\ (t^2), \end{cases}$ 其中 $f(u)$ 有二阶导数，且 $f(1) \neq 0$，求 $\dfrac{\mathrm{d}^2 y}{\mathrm{d}x^2}$；

(3) 求 $\dfrac{\mathrm{d}}{\mathrm{d}x} \int_0^x \sin\ (x-t)^2\,\mathrm{d}t$；   (4) 设 $f(x) = \int_x^{x^2} \dfrac{\sin xt}{t}\,\mathrm{d}t$，求 $f'(t)$.

2. 求解下列各题：

(1) 求 $\lim\limits_{x\to 0} \dfrac{\displaystyle\int_0^{x^2} \sin t^2\,\mathrm{d}t}{\displaystyle\int_x^0 t\ln^2(1+t^2)\,\mathrm{d}t}$；   (2) 求 $\lim\limits_{x\to 0} \dfrac{\displaystyle\int_{\cos x}^1 \mathrm{e}^{-t^2}\,\mathrm{d}t}{\sin[\ln(1+x^2)]}$；

(3) 求 $\lim\limits_{x\to +\infty} \dfrac{\displaystyle\int_1^x \sqrt{t+\dfrac{1}{t}}\,\mathrm{d}t}{x\sqrt{x}}$；   △(4) 设 $\lim\limits_{x\to 0} \dfrac{\displaystyle\int_0^x \dfrac{t^2}{\sqrt{a+t^2}}\,\mathrm{d}t}{bx - \sin x} = 1$，求 a,b；

(5) 设 $F(x) = \dfrac{x^2}{x-a} \int_a^x f(t)\,\mathrm{d}t$，其中 $f(x)$ 连续，求 $\lim\limits_{x\to a} F(x)$；

△(6) 设 $F(x) = \int_0^x t^{n-1} f(x^n - t^n)\,\mathrm{d}t$，$f(x)$ 可导，且 $f(0) = 0$，求 $\lim\limits_{x\to 0} \dfrac{F(x)}{x^{2n}}$；

△(7) 设 $\lim\limits_{x\to\infty} \left(\dfrac{x-a}{x+a}\right)^x = \int_a^{+\infty} 4x^2\mathrm{e}^{-2x}\,\mathrm{d}x$，求 a 的值；

(8) 设 $\lim\limits_{x\to\infty} \left(\dfrac{1+x}{x}\right)^{ax} = \int_{-\infty}^a t\mathrm{e}^t\,\mathrm{d}t$，求 a 值.

△3. 设函数 $f(x)$ 在 $(-\infty, +\infty)$ 内连续，且 $F(x) = \int_0^x (x-2t)f(t)\,\mathrm{d}t$，试：

(1) 若 $f(x)$ 为偶函数，则 $F(x)$ 也是偶函数；(2) 若 $f(x)$ 单调不增，则 $F(x)$ 单调不减.

4. 设 $f(x)$ 在 $[0, +\infty)$ 上连续，且单调不减，$f(0) \geqslant 0$，求证

$$F(x) = \begin{cases} \dfrac{1}{x} \int_0^x t^n f(t)\ \mathrm{d}t, & x > 0, \\ 0, & x = 0. \end{cases}$$

在 $[0, +\infty)$ 上连续且单调不减 $(n > 0)$.

5. 已知两曲线 $y = f(x)$ 与 $y = \int_0^{\arctan x} \mathrm{e}^{-t^2}\,\mathrm{d}t$ 在点 $(0, 0)$ 处的切线相同，写出此切线方程，并求极限 $\lim\limits_{n\to\infty} nf\left(\dfrac{2}{n}\right)$.

6. 求解下列各题：

(1) 求 $F(x) = \int_1^x \left(2 - \dfrac{1}{\sqrt{t}}\right)\mathrm{d}t$ $(x > 0)$ 的单调减少区间；

(2) 求 $f(x) = \int_0^{x^2} (2-t)\ \mathrm{e}^{-t}\,\mathrm{d}t$ 的最值；

(3) 设 $f(x)$ 在 $[0, 1]$ 上连续，且 $f(x) < 1$，求方程 $2x - \int_0^x f(t)\ \mathrm{d}t = 1$ 在 $[0, 1]$ 上有几个解；

(4) 求 $I\ (x) = \int_e^x \dfrac{\ln t}{t^2 - 2t + 1}\,\mathrm{d}t$ 在 $[e, e^2]$ 上的最大值.

△7. 设 $f(x)$ 在 $(-\infty, +\infty)$ 内连续可导，且 $m \leqslant f(x) \leqslant M$，$a > 0$，

(1) 求 $\lim\limits_{a\to 0^+} \dfrac{1}{4a^2} \int_{-a}^a [f(t+a) - f(t-a)]\,\mathrm{d}t$；(2) 求证：$\left| \dfrac{1}{2a} \int_{-a}^a f(t)\,\mathrm{d}t - f(x) \right| \leqslant M - m$.

8. 设 $f(x)$ 连续，证明 $\int_0^{2\pi} f(a\cos x + b\sin x)\ \mathrm{d}x = 2\int_{-\frac{\pi}{2}}^{\frac{\pi}{2}} f(\sqrt{a^2+b^2}\sin x)\ \mathrm{d}x$.

9. 设 $f(x)$ 在 $[A, B]$ 上连续，证明：$\lim\limits_{h\to 0} \dfrac{1}{h} \int_a^x [f(t+h) - f(t)]\,\mathrm{d}t = f(x) - f(a)$，其中 $A < a < x < B$.

10. 求解下列各题：

△ (1) 设 $f(x)=3x-\sqrt{1-x^2}\int_0^1 f^2\ (x)\ \mathrm{d}x$，求 $f(x)$；

(2) 设 $f(x)$ 在 $[-\pi,\ \pi]$ 上连续，且 $f(x)=\dfrac{x}{1+\cos^2 x}+\int_{-\pi}^{\pi} f(x)\cdot\sin x\mathrm{d}x$，求 $f(x)$．

△ (3) 设函数 $f(x)$ 在 $[0,\ +\infty)$ 上可导，$f(0)=0$，且其反函数为 $g(x)$，若 $\int_0^{f(x)} g(t)\ \mathrm{d}t=x^2\mathrm{e}^x$，求 $f(x)$；

△ (4) 设 $\int_0^1 f(tx)\mathrm{d}t=f(x)+x\sin x$，求连续函数 $f(x)$．

四、习题解答与提示

1. (1) $y_x'=2x\mathrm{e}^{-y^2}\cos x^2$；$y_{xx}''=\mathrm{e}^{-y^2}\ (2\cos x^2-4x^2\sin x^2-8x^2 y\mathrm{e}^{-y^2}\cos^2 x^2)$．

(2) $[4f'(t^2)\ +8t^2 f''(t^2)]\ /f(t^2)$．

(3) $\sin x^2$. 提示：$\int_0^x \sin\ (x-t)^2\mathrm{d}t \xrightarrow{x-t=u} -\int_x^0 \sin u^2\ \mathrm{d}u$. (4) $\dfrac{3\sin x^3-2\sin x^2}{x}$.

2. (1) -2. (2) $\dfrac{1}{2\mathrm{e}}$. (3) $\dfrac{2}{3}$. (4) $a=4$, $b=1$. (5) $a^2 f(a)$.

(6) $\dfrac{1}{2n}f'(0)$. 提示：因为 $F(x)\xrightarrow{x^n-t^n=u}-\dfrac{1}{n}\int_{x^n}^0 f(u)\ \mathrm{d}u$，且 $\lim\limits_{x\to 0}F(x)=0$，所以 $\lim\limits_{x\to 0}\dfrac{F(x)}{x^{2n}}\dfrac{0}{0}$

$\lim\limits_{x\to 0}\dfrac{\dfrac{1}{n}f(x^n)\cdot nx^{n-1}}{2nx^{2n-1}}=\dfrac{1}{2n}\lim\limits_{x\to 0}\dfrac{f(x^n)}{x^n}\dfrac{0}{0}\dfrac{1}{2n}f'(0)$.

(7) $a=-1$ 或 0. 提示：因为 $\lim\limits_{x\to\infty}\left(\dfrac{x-a}{x+a}\right)^x=\mathrm{e}^{-2a}$，又因为 $\int 4x^2\mathrm{e}^{-2x}\mathrm{d}x=-\dfrac{1}{\mathrm{e}^{2x}}\ (2x^2+2x+1)$，所以 $\int_a^{+\infty}4x^2\mathrm{e}^{-2x}\mathrm{d}x=\lim\limits_{b\to+\infty}\int_a^b 4x^2\mathrm{e}^{-2x}=\lim\limits_{b\to+\infty}\dfrac{2x^2+2x+1}{-\mathrm{e}^{2x}}\Big|_a^b=\lim\limits_{b\to+\infty}\dfrac{2b^2+2b+1}{-\mathrm{e}^{2b}}+\dfrac{2a^2+2a+1}{-\mathrm{e}^{2a}}=\dfrac{2a^2+2a+1}{\mathrm{e}^{2a}}$，令 $\mathrm{e}^{-2a}=\dfrac{2a^2+2a+1}{\mathrm{e}^{2a}}$. (8) 2. 提示：$\lim\limits_{x\to\infty}\left(\dfrac{1+x}{x}\right)^{ax}=\mathrm{e}^a$，$\int_{-\infty}^a t\mathrm{e}^t\mathrm{d}t=\mathrm{e}^a\ (a-1)$.

3. (1) 提示：$F(-x)=\int_0^{-x}(-x-2t)\ f(t)\ \mathrm{d}t\xrightarrow{t=-u}\int_0^x (x-2u)\ f(u)\ \mathrm{d}u$.

(2) $F'(x)=\int_0^x f(t)\ \mathrm{d}t-xf(x)=x\ [f(\xi)-f(x)]$, $0<\xi<x$.

4. 提示：$\lim\limits_{x\to 0^+}F(x)=\lim\limits_{x\to 0^+}\dfrac{\int_0^x t^n f(t)\mathrm{d}t}{x}=\lim\limits_{x\to 0^+}\dfrac{x^n f(x)}{1}=0=F(0)$,

$F'(x)=\dfrac{x^n f(x)x-\int_0^x t^n f(t)\mathrm{d}t}{x^2}=\dfrac{x^n f(x)\ x-\xi^n f(\xi)\ x}{x^2}=\dfrac{1}{x}[x^n f(x)-\xi^n f(\xi)]\geqslant 0$.

5. $y=x$, 2. 提示：$f'(0)=1$, $f(0)=0$, $\lim\limits_{x\to\infty}nf\left(\dfrac{2}{n}\right)=\lim\limits_{x\to\infty}\dfrac{f\left(\dfrac{2}{n}\right)-f(0)}{\dfrac{2}{n}}\cdot 2=2f'(0)$.

6. (1) $\left(0,\ \dfrac{1}{4}\right)$. (2) 最小值 $f(0)=0$，最大值 $f(\pm\sqrt{2})=1+\mathrm{e}^{-2}$.

(3) 有唯一解. 提示：要说明解的存在及唯一．

(4) $\dfrac{1}{\mathrm{e}+1}+\ln\dfrac{\mathrm{e}+1}{\mathrm{e}}$. 提示：$I'(x)=\dfrac{\ln x}{(x-1)^2}>0$, $x\in[\mathrm{e},\ \mathrm{e}^2]$, $I(\mathrm{e}^2)$ 为最大值，$I(\mathrm{e}^2)=\int_{\mathrm{e}}^{\mathrm{e}^2}\dfrac{\ln t}{(t-1)^2}\mathrm{d}t=-\int_{\mathrm{e}}^{\mathrm{e}^2}\ln t\mathrm{d}\left(\dfrac{1}{t-1}\right)$.

7. (1) $f'(0)$.

(2) 提示：据定积分性质，由 $m\leqslant f(x)\leqslant M$，得 $m\leqslant\dfrac{1}{2a}\int_{-a}^a f(t)\ \mathrm{d}t\leqslant M$，又由 $m\leqslant f(x)\leqslant M$，得

$-M \leqslant -f(x) \leqslant -m$，从而 $m - M \leqslant \dfrac{1}{2a} \displaystyle\int_{-a}^{a} f(t)\,\mathrm{d}t - f(x) \leqslant M - m$，即 $\left| \dfrac{1}{2a} \displaystyle\int_{-a}^{a} f(t)\,\mathrm{d}t - f(x) \right| \leqslant M - m$.

8. 答案略.　　9. 答案略

10. (1) $3x - 3\sqrt{1-x^2}$ 或 $3x - \dfrac{3}{2}\sqrt{1-x^2}$.　　提示：令 $\displaystyle\int_0^1 f^2(x)\,\mathrm{d}x = A$，得 $f(x) = 3x - A\sqrt{1-x^2}$.

(2) $f(x) = \dfrac{x}{1+\cos^2 x} + \dfrac{\pi^2}{2}$.　　提示：设 $\displaystyle\int_{-\pi}^{\pi} f(x)\sin x\,\mathrm{d}x = A$，则 $f(x) = \dfrac{x}{1+\cos^2 x} + A$，代入.

(3) $(x+1)\,\mathrm{e}^x - 1$.　　提示：等式两边对 x 求导　$[$注意：$g(f(x)) = x]$.

(4) $\cos x - x\sin x + C$.

第三节　定积分的计算

一、内　容　提　要

1. 定积分的计算

（1）牛顿-莱布尼兹公式　设 $f(x)$ 在 $[a,b]$ 上连续，$F(x)$ 是 $f(x)$ 的任一原函数，则

$$\int_a^b f(x)\,\mathrm{d}x = F(x)\Big|_a^b = F(b) - F(a).$$

（2）换元积分法　设 $f(x)$ 在 (a,b) 上连续，$\varphi(t)$ 在 $[\alpha,\beta]$ 上单值，且有连续导数，其中 $\varphi(\alpha) = a$，$\varphi(\beta) = b$，当 t 在 $[\alpha,\beta]$ 区间变化时，$x = \varphi(t)$ 的值在 $[a,b]$ 上变化，则

$$\int_a^b f(x)\,\mathrm{d}x = \int_\alpha^\beta f[\varphi(t)]\varphi'(t)\,\mathrm{d}t.$$

值得指出的是此公式也可以从右边向左边进行，这就是凑微元的方法. 用起来很方便.

（3）分部积分法　设 $u(x)$，$v(x)$ 在 $[a,b]$ 上连续可导，则

$$\int_a^b u(x)\,\mathrm{d}v(x) = [u(x)v(x)]\Big|_a^b - \int_a^b v(x)u'(x)\,\mathrm{d}x.$$

2. 反常积分

（1）第一类反常积分（无穷限的反常积分）

$$\int_a^{+\infty} f(x)\,\mathrm{d}x = \lim_{b \to \infty} \int_a^b f(x)\,\mathrm{d}x, \qquad \int_{-\infty}^b f(x)\,\mathrm{d}x = \lim_{a \to -\infty} \int_a^b f(x)\,\mathrm{d}x,$$

$$\int_{-\infty}^{+\infty} f(x)\,\mathrm{d}x = \lim_{a \to -\infty} \int_a^c f(x)\,\mathrm{d}x + \lim_{b \to +\infty} \int_c^b f(x)\,\mathrm{d}x.$$

注　对于前两式，当右端的极限存在时，称相应的反常积分收敛，否则发散. 对于第三个式子，当右端的两个极限均存在时，称左端的反常积分收敛，否则发散.

（2）第二类反常积分（瑕积分）

$$\int_a^b f(x)\,\mathrm{d}x = \lim_{\varepsilon \to 0^+} \int_a^{b-\varepsilon} f(x)\,\mathrm{d}x \quad (\text{当 } x \to b^- \text{ 时，} f(x) \text{ 无界}),$$

$$\int_a^b f(x)\,\mathrm{d}x = \lim_{\varepsilon \to 0^+} \int_{a+\varepsilon}^b f(x)\,\mathrm{d}x \quad (\text{当 } x \to a^+ \text{ 时，} f(x) \text{ 无界}),$$

$$\int_a^b f(x)\,\mathrm{d}x = \lim_{\varepsilon \to 0^+} \int_a^{c-\varepsilon} f(x)\,\mathrm{d}x + \lim_{\eta \to 0^+} \int_{c+\eta}^b f(x)\,\mathrm{d}x \quad (\text{当 } x \to c \text{ 时，} f(x) \text{ 无界}).$$

注　前两式中，当右端的两个极限存在时，称左端的反常积分收敛，否则发散；第三式中，当右端的极限均存在时，称左端的反常积分收敛，否则发散.

二、例　题　分　析

（一）定积分计算的基本方法

（1）直接运用牛顿-莱布尼兹公式　这是计算定积分的最基本方法.

（2）**定积分的换元积分法**　注意与不定积分换元积分法不同的是在作积分的变量代换的同时，积分的上、下限也要随之变化，即换元必换限.

（3）**定积分的分部积分法**　在什么情形下使用分部积分法，u 和 $\mathrm{d}v$ 的选取原则都与不定积分的分部积分法相同，但是值得注意的分部积分后先积出的部分是一个数，而未积出的部分是一个积分限与原积分相同的定积分，即边积边代限.

【例 1】　求下列定积分：

（1）$\displaystyle\int_{-\frac{\pi}{2}}^{\frac{\pi}{2}}\frac{1}{1+\cos x}\mathrm{d}x$；

（2）$\displaystyle\int_{0}^{1}\frac{x^2}{(1+x^2)^2}\mathrm{d}x$；

（3）$\displaystyle\int_{0}^{a}\frac{\mathrm{d}x}{x+\sqrt{a^2-x^2}}\quad(a>0)$；

（4）$\displaystyle\int_{0}^{\frac{1}{2}}x\ln\frac{1+x}{1-x}\mathrm{d}x$；

（5）$\displaystyle\int_{0}^{\frac{\pi}{4}}\frac{x+\cos x}{1+\sin x}\mathrm{d}x$；

（6）$\displaystyle\int_{0}^{\pi}f(x)\mathrm{d}x$，其中 $f(x)=\displaystyle\int_{0}^{x}\frac{\sin t}{\pi-t}\mathrm{d}t$；

解　（1）$\displaystyle\int_{-\frac{\pi}{2}}^{\frac{\pi}{2}}\frac{1}{1+\cos x}\mathrm{d}x=2\int_{0}^{\frac{\pi}{2}}\frac{1}{1+\cos x}\mathrm{d}x=2\int_{0}^{\frac{\pi}{2}}\sec^2\frac{x}{2}\mathrm{d}\frac{x}{2}=2\tan\frac{x}{2}\Big|_{0}^{\frac{\pi}{2}}=2.$

注　应用牛顿-莱布尼兹公式计算时被积函数必须在积分区间上有界. 在上述解法中 $\dfrac{1}{1+\cos x}$ 在 $\left[-\dfrac{\pi}{2},\dfrac{\pi}{2}\right]$ 上有界，但如下做法是错误的：

$$\int_{-\frac{\pi}{2}}^{\frac{\pi}{2}}\frac{1}{1+\cos x}\mathrm{d}x=\int_{-\frac{\pi}{2}}^{\frac{\pi}{2}}\left(\frac{1}{\sin^2 x}-\frac{\cos x}{\sin^2 x}\right)\mathrm{d}x=(-\cot x+\csc x)\Big|_{-\frac{\pi}{2}}^{\frac{\pi}{2}}=2(试找出原因).$$

（2）令 $x=\tan t$，则 $\displaystyle\int_{0}^{1}\frac{x^2}{(1+x^2)^2}\mathrm{d}x=\int_{0}^{\frac{\pi}{4}}\sin^2 t\mathrm{d}t=\left(\frac{t}{2}-\frac{\sin 2t}{4}\right)\Big|_{0}^{\frac{\pi}{4}}=\frac{\pi}{8}-\frac{1}{4}.$

注　定积分的换元积分法其积分变量代换的选取与不定积分的换元积分法相同，注意变量代换所满足的条件. 变量代换的灵活选取或对被积函数的巧妙变形都对定积分的计算起到简化的作用，如下例.

（3）令 $x=a\sin t$，则 $I=\displaystyle\int_{0}^{a}\frac{\mathrm{d}x}{x+\sqrt{a^2-x^2}}=\int_{0}^{\frac{\pi}{2}}\frac{\cos t}{\cos t+\sin t}\mathrm{d}t$；

再令 $u=\dfrac{\pi}{2}-t$，则 $I=\displaystyle\int_{0}^{\frac{\pi}{2}}\frac{\cos t}{\cos t+\sin t}\mathrm{d}t=\int_{0}^{\frac{\pi}{2}}\frac{\sin u}{\cos u+\sin u}\mathrm{d}u=\int_{0}^{\frac{\pi}{2}}\frac{\sin t}{\cos t+\sin t}\mathrm{d}t=J$，

由于 $I+J=\displaystyle\int_{0}^{\frac{\pi}{2}}\mathrm{d}t=\frac{\pi}{2}$，因此有 $J=I=\dfrac{\pi}{4}$.

注　在定积分的计算中常常利用一些简单的线性变换，如 $u=\dfrac{\pi}{2}-t,u=a-t$ 等使得新积分的积分区间与原来的积分区间相同，以便将新旧两个积分合并（如本例）或在换元后出现原积分（如下例），大大简化了积分的计算.

（4）$\displaystyle\int_{0}^{\frac{1}{2}}x\ln\frac{1+x}{1-x}\mathrm{d}x=\int_{0}^{\frac{1}{2}}\ln\frac{1+x}{1-x}\mathrm{d}\left(\frac{x^2}{2}\right)=\left(\frac{x^2}{2}\cdot\ln\frac{1+x}{1-x}\right)\Big|_{0}^{\frac{1}{2}}-\int_{0}^{\frac{1}{2}}\frac{x^2}{x^2-1}\mathrm{d}x=\frac{1}{2}-\frac{3}{8}\ln 3.$

（5）$\displaystyle\int_{0}^{\frac{\pi}{4}}\frac{x+\cos x}{1+\sin x}\mathrm{d}x=\int_{0}^{\frac{\pi}{4}}\frac{x}{1+\sin x}\mathrm{d}x+\int_{0}^{\frac{\pi}{4}}\frac{\cos x}{1+\sin x}\mathrm{d}x$，

其中 $\displaystyle\int_{0}^{\frac{\pi}{4}}\frac{x}{1+\sin x}\mathrm{d}x=\int_{0}^{\frac{\pi}{4}}\frac{x(1-\sin x)}{1-\sin^2 x}\mathrm{d}x=\int_{0}^{\frac{\pi}{4}}\frac{x-x\sin x}{\cos^2 x}\mathrm{d}x=\int_{0}^{\frac{\pi}{4}}x\mathrm{d}\tan x-\int_{0}^{\frac{\pi}{4}}x\mathrm{d}\sec x$

$=x\tan x\Big|_{0}^{\frac{\pi}{4}}-\int_{0}^{\frac{\pi}{4}}\tan x\mathrm{d}x-x\sec x\Big|_{0}^{\frac{\pi}{4}}+\int_{0}^{\frac{\pi}{4}}\sec x\mathrm{d}x=(1-\sqrt{2})\frac{\pi}{4}$，

且 $\displaystyle\int_{0}^{\frac{\pi}{4}}\frac{\cos x}{1+\sin x}\mathrm{d}x=\int_{0}^{\frac{\pi}{4}}\frac{\mathrm{d}(1+\sin x)}{1+\sin x}=\ln(1+\sin x)\Big|_{0}^{\frac{\pi}{4}}=\ln\left(1+\frac{1}{\sqrt{2}}\right).$

于是 $\displaystyle\int_0^{\frac{\pi}{4}} \frac{x+\cos x}{1+\sin x}\mathrm{d}x = (1-\sqrt{2})\frac{\pi}{4} + 2\ln\left(1+\frac{1}{\sqrt{2}}\right).$

注 定积分计算中，常常综合应用换元积分法与分部积分法.

(6) $\displaystyle I = \int_0^\pi \left[\int_0^x \frac{\sin t}{\pi-t}\mathrm{d}t\right]\mathrm{d}x = x\int_0^x \frac{\sin t}{\pi-t}\mathrm{d}t \Big|_0^\pi - \int_0^\pi x\,\mathrm{d}\left(\int_0^x \frac{\sin t}{\pi-t}\mathrm{d}t\right)$

$\displaystyle = \pi\int_0^\pi \frac{\sin t}{\pi-t}\mathrm{d}t - \int_0^\pi x\frac{\sin x}{\pi-x}\mathrm{d}x = \int_0^\pi \sin x\,\mathrm{d}x = 2.$

注 被积函数中含有变上限积分的定积分，一般用分部积分法，选变限积分为 u，其余部分为 $\mathrm{d}v$. 也可以利用二重积分改变积分次序的方法求解（见第九章）.

（二）定积分计算的简化技巧

定积分的计算结果是一个确定的数，且有明显的几何意义；相对于不定积分而言，定积分的计算具有更强的灵活性与技巧性.

下面列出一些常用来简化积分计算的积分恒等式：若 $f(x)$ 在给定区间上连续，

(1) $\displaystyle\int_{-a}^a f(x)\mathrm{d}x = \int_0^a [f(x)+f(-x)]\mathrm{d}x;$

(2) $\displaystyle\int_{-a}^a f(x)\mathrm{d}x = \begin{cases} 2\displaystyle\int_0^a f(x)\mathrm{d}x, & \text{若 } f \text{ 为偶函数,} \\ 0, & \text{若 } f \text{ 为奇函数;} \end{cases}$

(3) $\displaystyle\int_a^{a+T} f(x)\mathrm{d}x = \int_0^T f(x)\mathrm{d}x = \int_{-\frac{T}{2}}^{\frac{T}{2}} f(x)\mathrm{d}x,$ 其中 T 为 $f(x)$ 的周期；

(4) $\displaystyle\int_a^b f(x)\mathrm{d}x = \int_a^b f(a+b-x)\mathrm{d}x;$

(5) $\displaystyle\int_0^{\frac{\pi}{2}} f(\sin x)\mathrm{d}x = \int_0^{\frac{\pi}{2}} f(\cos x)\mathrm{d}x;$

(6) $\displaystyle\int_0^{\frac{\pi}{2}} xf(\sin x)\mathrm{d}x = \frac{\pi}{2}\int_0^\pi f(\sin x)\mathrm{d}x;$

(7) $\displaystyle\int_0^\pi f(\sin x)\mathrm{d}x = 2\int_0^{\frac{\pi}{2}} f(\sin x)\mathrm{d}x;$

(8) $\displaystyle\int_{-\frac{\pi}{2}}^{\frac{\pi}{2}} f(\cos x)\mathrm{d}x = 2\int_0^{\frac{\pi}{2}} f(\cos x)\mathrm{d}x;$

(9) $\displaystyle\int_0^{\frac{\pi}{2}} \sin^n x\,\mathrm{d}x = \int_0^{\frac{\pi}{2}} \cos^n x\,\mathrm{d}x = \begin{cases} \dfrac{(n-1)!!}{n!!}\cdot\dfrac{\pi}{2}, & \text{若 } n \text{ 为偶数,} \\ \dfrac{(n-1)!!}{n!!}, & \text{若 } n \text{ 为奇数.} \end{cases}$

注 （1）上述公式均可通过变量代换（换元积分法）证得；

（2）积分计算中有时直接找被积函数的原函数很麻烦，使用上述公式常常将原积分化为一个积分值与原积分相等但又易于积分的新积分，而不需考虑原被积函数的原函数是怎样的；有些被积函数的原函数不能用初等函数表示，但经过变量代换之后可以求出定积分值，可见变量代换的重要性.

【例 2】 求下列定积分

(1) $\displaystyle\int_{-\frac{\pi}{2}}^{\frac{\pi}{2}} (x^3+\sin^2 x)\cos^2 x\,\mathrm{d}x;$ (2) $\displaystyle\int_0^{2n\pi} \sin^6 x\,\mathrm{d}x;$ (3) $\displaystyle\int_0^1 \sqrt{2x-x^2}\,\mathrm{d}x;$

(4) $\displaystyle\int_{-\frac{\pi}{2}}^{\frac{\pi}{2}} \frac{\mathrm{e}^x}{1+\mathrm{e}^x}\sin^4 x\,\mathrm{d}x;$ (5) $\displaystyle\int_0^\pi \frac{x\sin x}{1+\cos^2 x}\mathrm{d}x.$ (6) $\displaystyle\int_0^{\frac{\pi}{4}} \ln(1+\tan x)\mathrm{d}x$

解 (1) $\displaystyle\int_{-\frac{\pi}{2}}^{\frac{\pi}{2}} (x^3+\sin^2 x)\cos^2 x\,\mathrm{d}x = \int_{-\frac{\pi}{2}}^{\frac{\pi}{2}} x^3\cos^2 x\,\mathrm{d}x + \int_{-\frac{\pi}{2}}^{\frac{\pi}{2}} \sin^2 x\cos^2 x\,\mathrm{d}x = 0 + 2\int_0^{\frac{\pi}{2}} \sin^2 x\cos^2 x\,\mathrm{d}x$

$$= 2\int_0^{\frac{\pi}{2}} (\sin^2 x - \sin^4 x)\mathrm{d}x = 2\left(\frac{\pi}{4} - \frac{3}{4\cdot 2}\cdot\frac{\pi}{2}\right) = \frac{\pi}{8}$$

注 （1）本题中用到上述公式（2），（9）；

（2）若积分区间是对称区间，被积函数既非奇函数，又非偶函数，可通过拆项，展开，恒等变形等方法，将被积函数分解成奇函数与偶函数之和.

（2）$\sin^6 x$ 是周期为 π 的函数，于是有

$$\int_0^{2n\pi} \sin^6 x\mathrm{d}x = 2n\int_0^{\pi} \sin^6 x\mathrm{d}x = 4n\int_0^{\frac{\pi}{2}} \sin^6 x\mathrm{d}x = 4n\cdot\frac{5!!}{6!!}\cdot\frac{\pi}{2} = \frac{5}{8}n\pi.$$

注 被积函数为三角函数，积分区间长度为 π 的整数倍时常常可以利用前述简化积分计算的积分恒等式（3）来简化计算.

（3）$\int_0^1 \sqrt{2x-x^2}\mathrm{d}x$ 可看成曲线 $y=\sqrt{2x-x^2}$（上半圆周，$(x-1)^2+y^2=1$，$y\geqslant 0$）与直线 $x=0$，$x=1$ 及 x 轴所围成的平面图形面积，其值等于半径为 1 的 $\frac{1}{4}$ 圆的面积，为 $\frac{\pi}{4}$.

注 $\int_{-R}^{R} \sqrt{R^2-x^2}\mathrm{d}x = \frac{\pi}{2}R^2$，其几何意义表示曲线 $y=\sqrt{R^2-x^2}$ 与直线 $x=R$，$x=-R$ 及 x 轴所围平面图形的面积；也可用换元法，令 $x=1-\sin t$ 得 $\int_0^1 \sqrt{2x-x^2}\mathrm{d}x = -\int_0^{\frac{\pi}{2}} \cos^2 t\mathrm{d}t = \frac{\pi}{4}$.

（4）由 $f(x) = \frac{\mathrm{e}^x}{1+\mathrm{e}^x}\sin^4 x$ 可知 $f(x)+f(-x)=\sin^4 x$，于是利用前述简化积分计算的积分恒等式（1）有

$$\int_{-\frac{\pi}{2}}^{\frac{\pi}{2}} \frac{\mathrm{e}^x}{1+\mathrm{e}^x}\sin^4 x\mathrm{d}x = \int_0^{\frac{\pi}{2}} \sin^4 x\mathrm{d}x = \frac{3\cdot 1}{4\cdot 2}\cdot\frac{\pi}{2} = \frac{3}{16}\pi.$$

（5）利用前述简化积分计算的积分恒等式（6）得

$$I = \int_0^{\pi} \frac{x\sin x}{1+\cos^2 x}\mathrm{d}x = \frac{\pi}{2}\int_0^{\pi} \frac{\sin x}{1+\cos^2 x}\mathrm{d}x = -\frac{\pi}{2}\int_0^{\pi} \frac{\mathrm{d}\cos x}{1+\cos^2 x} = \frac{\pi^2}{4}.$$

注 前述简化积分计算的积分恒等式（4）中令 $a=0$，$b=\pi$，则有 $\int_0^{\pi} f(x)\mathrm{d}x = \int_0^{\pi} f(\pi-x)\mathrm{d}x$. 运用该结论，式

$$I = \int_0^{\pi} \frac{(\pi-x)\sin(\pi-x)}{1+\cos^2(\pi-x)}\mathrm{d}x = \int_0^{\pi} \frac{(\pi-x)\sin x}{1+\cos^2 x}\mathrm{d}x = \int_0^{\pi} \frac{\pi\sin x}{1+\cos^2 x}\mathrm{d}x - \int_0^{\pi} \frac{x\sin x}{1+\cos^2 x}\mathrm{d}x = \pi\int_0^{\pi} \frac{\sin x}{1+\cos^2 x}\mathrm{d}x - I,$$

即有 $I = \frac{\pi}{2}\int_0^{\pi} \frac{\sin x}{1+\cos^2 x}\mathrm{d}x = \frac{\pi^2}{4}$.

（6）令 $x=\frac{\pi}{4}-u$，则 $\int_0^{\frac{\pi}{4}} \ln(1+\tan x)\mathrm{d}x = \int_0^{\frac{\pi}{4}} \ln\left[1+\tan\left(\frac{\pi}{4}-u\right)\right]\mathrm{d}u = \int_0^{\frac{\pi}{4}} \ln\frac{2}{\tan u+1}\mathrm{d}u = \int_0^{\frac{\pi}{4}} \ln 2\mathrm{d}x - \int_0^{\frac{\pi}{4}} \ln(\tan x+1)\mathrm{d}x$，则 $\int_0^{\frac{\pi}{4}} \ln(1+\tan x)\mathrm{d}x = \frac{\pi}{8}\ln 2$.

（三）其他几种特殊类型的定积分计算

1. 利用定积分的几何意义解题

【例3】 （1）如图 5-3，连续函数 $y=f(x)$ 在区间 $[-3,-2]$，$[2,3]$ 上的图形分别是直径为 1 的上、下半圆周，在区间 $[-2,0]$，$[0,2]$ 的图形分别是直径为 2 的下、上半圆周，设 $F(x) = \int_0^x f(t)\mathrm{d}t$，则（　　）.

（A）$F(3) = -\frac{3}{4}F(-2)$；　　　　（B）$F(3) = \frac{5}{4}F(2)$；

（C）$F(-3) = \frac{3}{4}F(2)$；　　　　（D）$F(-3) = -\frac{5}{4}F(-2)$.

（2）如图 5-4，曲线段的方程为 $y=f(x)$，函数 $f(x)$ 在区间 $[0,a]$ 上有连续的导数，则定积分 $\int_0^a xf'(x)\mathrm{d}x$ 等于（ ）的面积.

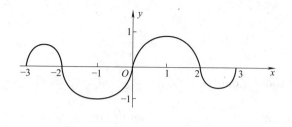

图 5-3

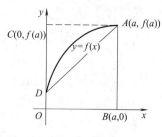

图 5-4

（A）曲边梯形 $ABOD$；（B）梯形 $ABOD$；（C）曲边三角形 ACD；（D）三角形 ACD.

解　（1）根据定积分的几何意义，知 $F(2)$ 为半径是 1 的半圆面积，$F(2)=\dfrac{1}{2}\pi$；

$F(3)$ 是两个半圆面积之差，$F(3)=\dfrac{1}{2}\left[\pi\cdot 1^2-\pi\cdot\left(\dfrac{1}{2}\right)^2\right]=\dfrac{3}{8}\pi=\dfrac{3}{4}F(2)$.

而 $F(-3)=\int_0^{-3}f(x)\mathrm{d}x=-\int_{-3}^0 f(x)\mathrm{d}x=\int_0^3 f(x)\mathrm{d}x=f(3)$，因此 $F(-3)=\dfrac{3}{4}F(2)$.

注　注意 $f(x)$ 在不同区间段上的符号，从而搞清楚相应积分与面积的关系. 本题 $F(x)$ 由积分所定义，应注意其下限为 0，因此 $F(-2)=\int_0^{-2}f(x)\mathrm{d}x=\int_{-2}^0 -f(x)\mathrm{d}x$，也为半径是 1 的半圆面积. 若试图直接去计算定积分，则本题的计算将十分复杂，而这正是本题设计的巧妙之处.

（2）由定积分的几何意义，利用分部积分法得

$$\int_0^a xf'(x)\ \mathrm{d}x=\int_0^a x\mathrm{d}f(x)=xf(x)\Big|_0^a-\int_0^a f(x)\mathrm{d}x=af(a)-\int_0^a f(x)\mathrm{d}x.\ \text{故选（C）.}$$

2. 分段函数的定积分

【例4】　△（1）设 $f(x)=\begin{cases} x\mathrm{e}^{x^2}, & -\dfrac{1}{2}\leqslant x<\dfrac{1}{2}, \\ -1, & x\geqslant\dfrac{1}{2}, \end{cases}$　求 $\int_{\frac{1}{2}}^2 f(x-1)\mathrm{d}x$；

（2）设 $|y|<1$，求 $\int_{-1}^1 |x-y|\mathrm{e}^x\mathrm{d}x$；　（3）求 $\int_{\mathrm{e}^{-2n\pi}}^1 \left|\dfrac{\mathrm{d}}{\mathrm{d}x}\cos\left(\ln\dfrac{1}{x}\right)\right|\mathrm{d}x$，$n$ 为自然数.

解　（1）令 $t=x-1$，则

$$\int_{\frac{1}{2}}^2 f(x-1)\mathrm{d}x=\int_{-\frac{1}{2}}^1 f(t)\mathrm{d}t=\int_{-\frac{1}{2}}^{\frac{1}{2}} t\mathrm{e}^{t^2}\ \mathrm{d}t+\int_{\frac{1}{2}}^1 (-1)\mathrm{d}t=-\dfrac{1}{2}.$$

注　① 利用换元积分法，奇函数在对称区间上的积分性质与定积分的积分区间可加性.

② 分段函数的复合函数积分也可以采用先求出 $f(x-1)$ 的分段表示式再积分，但一般不如用上面的换元积分法来得简便. 在求解过程中被积函数在个别点（端点）处定义的改变，不影响积分值.

（2）**分析**　被积函数含有绝对值，先脱去绝对值化成分段函数表示；把 y 视为参数，利用分部积分法求之.

被积函数　　　　　　$f(x)=|x-y|\ \mathrm{e}^x=\begin{cases}(x-y)\mathrm{e}^x, & x\geqslant y,\\ (y-x)\mathrm{e}^x, & x<y\end{cases}$

$$\int_{-1}^1 |y-x|\ \mathrm{d}^x\mathrm{d}x=\int_{-1}^y (y-x)\mathrm{e}^x\mathrm{d}x+\int_y^1 (x-y)\mathrm{e}^x\mathrm{d}x\quad\text{（以 }y\text{ 为参数）},$$

$$\int_{-1}^{y}(y-x)e^x\,dx=\int_{-1}^{y}(y-x)de^x=(y-x)e^x\Big|_{-1}^{y}+\int_{-1}^{y}e^x\,dx$$
$$=-(y+1)e^{-1}+e^y-e^{-1}=e^y-(y+2)e^{-1}$$

同样可求得 $\displaystyle\int_{y}^{1}(x-y)e^x\,dx=e^y-ey$，

因此 $\displaystyle\int_{-1}^{1}(y-x)e^x\,dx=2e^y-ey-(y+2)\cdot\frac{1}{e}$.

(3) $\displaystyle I=\int_{e^{-2n\pi}}^{1}|\sin\ln x|\cdot\frac{1}{x}\,dx=\int_{e^{-2n\pi}}^{1}|\sin\ln x|\,d\ln x$　$(0<e^{-2n\pi}\leqslant x\leqslant1)$. 令 $u=\ln x$ 得

$$I=\int_{-2n\pi}^{0}|\sin u|\,du=2n\int_{-\pi}^{0}|\sin u|\,du=-2n\int_{-\pi}^{0}\sin u\,du=4n.$$

3. 含抽象函数高阶导数的定积分：一般用分部积分法

△【例5】 如图 5-5 所示曲线 C 的方程为 $y=f(x)$，点 $(3,2)$ 是其一个拐点，直线 l_1 和 l_2 分别是曲线 C 在点 $(0,0)$ 与 $(3,2)$ 处的切线，交点为 $(2,4)$，设函数 $f(x)$ 具有三阶连续导数，求 $\displaystyle\int_{0}^{3}(x^2+x)f'''(x)\,dx$.

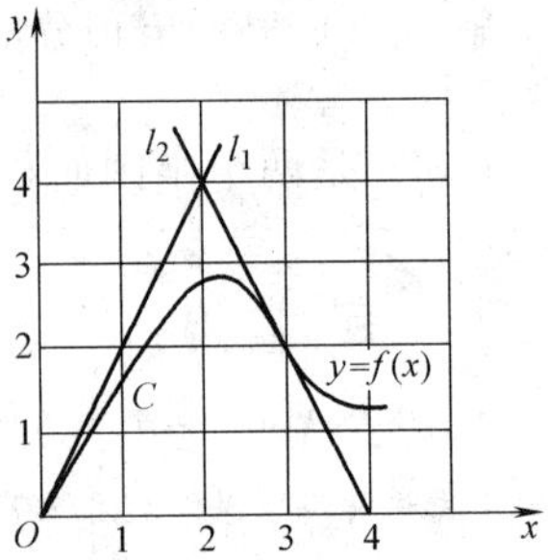

分析 由图形可知 $f(0)=0$，$f'(0)=2$，$f(3)=2$，$f'(3)=-2$，$(3,2)$ 是拐点，且 $f(x)$ 在 $x=3$ 处二阶可导，由拐点必要条件知 $f''(3)=0$.

解 用分部积分法

$$\int_{0}^{3}(x^2+x)f'''(x)\,dx=\int_{0}^{3}(x^2+x)df''(x)$$
$$=(x^2+x)f''(x)\Big|_{0}^{3}-\int_{0}^{3}(2x+1)f''(x)\,dx$$
$$=-\int_{0}^{3}(2x+1)f''(x)\,dx$$
$$=-(2x+1)f'(x)\Big|_{0}^{3}+\int_{0}^{3}2f'(x)\,dx$$
$$=-[7f'(3)-f'(0)]+2[f(3)-f(0)]=20.$$

图 5-5

4. 被积函数含参数的定积分

【例6】 求下列定积分

(1) $\displaystyle\int_{0}^{\pi}x\sin^m x\,dx$，其中 m 为自然数且 $m>1$；

(2) $\displaystyle\int_{1}^{2}(x-1)^m(2-x)^n\,dx$，其中 m,n 为自然数.

解 (1) 记 $\displaystyle J_m=\int_{0}^{\pi}x\sin^m x\,dx$，令 $x=\pi-t$，

得 $\displaystyle J_m=\int_{0}^{\pi}(\pi-t)\sin^m t\,dt=\pi\int_{0}^{\pi}\sin^m t\,dt-\int_{0}^{\pi}t\sin^m t\,dt=\pi\int_{0}^{\pi}\sin^m t\,dt-J_m$，

即 $\displaystyle J_m=\frac{\pi}{2}\int_{0}^{\pi}\sin^m x\,dx=\pi\int_{0}^{\frac{\pi}{2}}\sin^m x\,dx=\begin{cases}\dfrac{(m-1)!!}{m!!}\cdot\dfrac{\pi^2}{2},&m\text{ 是正偶数,}\\[2mm]\dfrac{(m-1)!!}{m!!}\cdot\pi,&m>1.\end{cases}$

(2) 记 $\displaystyle I=\int_{1}^{2}(x-1)^m(2-x)^n\,dx=f(m,n)$，

则 $\displaystyle I=\int_{1}^{2}(2-x)^n\,d\frac{(x-1)^{m+1}}{m+1}=\frac{n}{m+1}\int_{1}^{2}(x-1)^{m+1}(2-x)^{n-1}\,dx$，

即 $\displaystyle f(m,n)=\frac{n}{m+1}f(m+1,n-1)=\frac{n}{m+1}\cdot\frac{n-1}{m+2}f(m+2,n-2)=\cdots=\frac{n!m!}{(m+n+1)!}$.

（四）反常积分

（1）反常积分在表达形式上，几何意义上与定积分极其相近，但是在概念上却与其完全不同．它不再是和式的极限，而是由定积分定义的极限．分为两种：无穷限的反常积分，无界函数的反常积分（瑕积分）．

（2）反常积分的基本计算方法是在计算定积分的基础上再加上取极限，由此可以将定积分的各种计算方法搬到反常积分上来．

（3）使用反常积分的换元积分法，分部积分法时应注意计算过程中的各种极限的存在性（或各反常积分的收敛性），若不能保证各极限都存在，可先求原函数然后再代入积分限，求极限．

（4）常义定积分，无穷限的反常积分，瑕积分在换元法下可以相互转换．

【例 7】 计算下列积分：

（1）$\displaystyle\int_1^{+\infty}\frac{\mathrm{d}x}{x\sqrt{x^2-1}}$;   （2）$\displaystyle\int_a^{+\infty}\frac{\mathrm{d}x}{x(\ln x)^k}$,$a>0$,$k$ 为任意常数；

（3）$\displaystyle\int_0^{+\infty}\frac{\mathrm{d}x}{(1+x^2)(1+x^{\alpha})}$,$\alpha$ 为任意常数；   （4）$\displaystyle\int_0^{\frac{\pi}{4}}\ln(\sin 2x)\mathrm{d}x$.

（5）设函数 $f(x)=\begin{cases}\lambda e^{-\lambda x}, & x>0,\\ 0, & x\leqslant 0,\end{cases}$ $\lambda>0$，求 $\displaystyle\int_{-\infty}^{+\infty}xf(x)\mathrm{d}x$.

解 （1）注意到被积函数在 $x=1$ 处无界，积分区间为无穷区间，这表明该积分既是无穷积分，又是瑕积分，瑕点为 $x=1$. 在 $(1,+\infty)$ 上任取一点 c，则 $I=I_1+I_2$，其中

$$I_1=\int_1^c\frac{\mathrm{d}x}{x\sqrt{x^2-1}}=\lim_{\varepsilon\to 0^+}\int_{1+\varepsilon}^c\frac{\mathrm{d}x}{x\sqrt{x^2-1}}=\lim_{\varepsilon\to 0^+}\left[-\arcsin\frac{1}{x}\right]\Big|_{1+\varepsilon}^c=\frac{\pi}{2}-\arcsin\frac{1}{c},$$

$$I_2=\int_c^{+\infty}\frac{\mathrm{d}x}{x\sqrt{x^2-1}}=-\lim_{b\to+\infty}\int_c^b\frac{\mathrm{d}x}{x\sqrt{x^2-1}}=-\lim_{b\to+\infty}\arcsin\frac{1}{x}\Big|_c^b=\arcsin\frac{1}{c},$$

则无界函数的反常积分 I_1 与无穷区间上的反常积分 I_2 都收敛，因此积分也收敛且其值为 $\dfrac{\pi}{2}$.

注 一般利用定义求反常积分．但有时选取适当的变量代换可将反常积分化为定积分，如令 $x=\sec t$，则 $\displaystyle\int_1^{+\infty}\frac{\mathrm{d}x}{x\sqrt{x^2-1}}=\int_{\frac{\pi}{2}}^{\frac{\pi}{2}}\mathrm{d}t=\frac{\pi}{2}$，或令 $x=\dfrac{1}{t}$，则 $\displaystyle\int_1^{+\infty}\frac{\mathrm{d}x}{x\sqrt{x^2-1}}=\int_0^1\frac{\mathrm{d}t}{\sqrt{1-t^2}}$ 仍是瑕积分，但比前者简单，利用广义的牛顿 - 莱布尼兹公式得 $\displaystyle\int_0^1\frac{\mathrm{d}t}{\sqrt{1-t^2}}=\arcsin t\Big|_0^1=\frac{\pi}{2}$.

（2）当 $k\neq 1$ 时，$I=\displaystyle\int_a^{+\infty}\frac{\mathrm{d}\ln x}{(\ln x)^k}=\lim_{b\to+\infty}\int_a^b\frac{\mathrm{d}\ln x}{(\ln x)^k}=\lim_{b\to+\infty}\frac{1}{1-k}(\ln x)^{1-k}\Big|_a^b$

$$=\lim_{b\to+\infty}\left[\frac{(\ln b)^{1-k}}{1-k}-\frac{(\ln a)^{1-k}}{1-k}\right]=\begin{cases}\infty, & k<1,\\ \dfrac{1}{(k-1)(\ln a)^{k-1}}, & k>1.\end{cases}$$

当 $k=1$ 时，$\displaystyle\lim_{b\to+\infty}\int_a^b\frac{\mathrm{d}x}{x\ln x}=\lim_{b\to+\infty}\ln(\ln x)\Big|_a^b=\infty$

综上，有 $\displaystyle\int_a^{+\infty}\frac{\mathrm{d}x}{x(\ln x)^k}=\begin{cases}\dfrac{1}{(k-1)(\ln a)^{k-1}}, & k>1,\\ +\infty, & k\leqslant 1.\end{cases}$

（3）令 $x=\dfrac{1}{t}$ 得 $I=\displaystyle\int_0^{+\infty}\frac{\mathrm{d}x}{(1+x^2)(1+x^{\alpha})}=\int_0^{+\infty}\frac{t^{\alpha}\mathrm{d}t}{(1+t^2)(1+t^{\alpha})}=\int_0^{+\infty}\frac{x^{\alpha}\mathrm{d}x}{(1+x^2)(1+x^{\alpha})}=J$.

由 $I+J=\displaystyle\int_0^{+\infty}\frac{\mathrm{d}x}{1+x^2}=\arctan x\Big|_0^{+\infty}=\frac{\pi}{2}$，知 $I=J=\dfrac{\pi}{4}$.

注 本题也可用代换 $x=\tan t$，则 $I=\displaystyle\int_0^{\frac{\pi}{2}}\frac{\mathrm{d}t}{1+\tan^{\alpha}t}\xlongequal{t=\frac{\pi}{2}-u}\int_0^{\frac{\pi}{2}}\frac{\tan^{\alpha}u}{1+\tan^{\alpha}u}\mathrm{d}u=J$，同样得到 $I+J=\displaystyle\int_0^{\frac{\pi}{2}}\mathrm{d}u=\frac{\pi}{2}$.

(4) $\int_0^{\frac{\pi}{4}} \ln(\sin2x)dx$ 是瑕积分，瑕点 $x=0$. 若利用分部积分去掉对数函数. 又会出现很难求解的另两类不同函数乘积的积分，于是利用对数函数的性质.

$$\int_0^{\frac{\pi}{4}} \ln(\sin2x)dx = \int_0^{\frac{\pi}{4}} (\ln2 + \ln\sin x + \ln\cos x)dx = \frac{\pi}{4}\ln2 + \int_0^{\frac{\pi}{4}} \ln\sin x dx + \int_0^{\frac{\pi}{4}} \ln\cos x dx.$$

其中 $\int_0^{\frac{\pi}{4}} \ln\cos x dx \xlongequal{u=\frac{\pi}{2}-x} \int_{\frac{\pi}{2}}^{\frac{\pi}{4}} \ln\sin u(-du) = \int_{\frac{\pi}{4}}^{\frac{\pi}{2}} \ln\sin x dx$

于是 $\int_0^{\frac{\pi}{4}} \ln(\sin2x)dx = \frac{\pi}{4}\ln2 + \int_0^{\frac{\pi}{2}} \ln\sin x dx \xlongequal{x=2u} \frac{\pi}{4}\ln2 + 2\int_0^{\frac{\pi}{4}} \ln(\sin2u)du.$

则得 $\int_0^{\frac{\pi}{4}} \ln(\sin2x)dx = -\frac{\pi}{4}\ln2.$

(5) $\int_{-\infty}^{+\infty} xf(x)dx = 0 + \int_0^{+\infty} x\lambda e^{-\lambda x}dx = -\int_0^{+\infty} xde^{-\lambda x} = -xe^{-\lambda x}\Big|_0^{+\infty} + \int_0^{+\infty} e^{-\lambda x}dx$

$= -\lim_{x\to+\infty} \frac{x}{e^{\lambda x}} - \frac{1}{\lambda}e^{-\lambda x}\Big|_0^{+\infty} = -\lim_{x\to+\infty}\frac{1}{\lambda e^{\lambda x}} - \frac{1}{\lambda}(\lim_{x\to+\infty} e^{\frac{1}{\lambda x}} - 1) = \frac{1}{\lambda}.$

【例8】 设 m，n 均是正整数，则反常积分 $\int_0^1 \frac{\sqrt[m]{\ln^2(1-x)}}{\sqrt[n]{x}}dx$ (　　).

(A) 仅与 m 有关；(B) 仅与 n 有关；(C) 与 m，n 有关；(D) 与 m，n 都无关.

解 $\int_0^1 \frac{\sqrt[m]{\ln^2(1-x)}}{\sqrt[n]{x}}dx = \int_0^{\frac{1}{2}} \frac{\sqrt[m]{\ln^2(1-x)}}{\sqrt[n]{x}}dx + \int_{\frac{1}{2}}^1 \frac{\sqrt[m]{\ln^2(1-x)}}{\sqrt[n]{x}}dx.$

在 $\int_0^{\frac{1}{2}} \frac{\sqrt[m]{\ln^2(1-x)}}{\sqrt[n]{x}}dx$ 中，瑕点为 $x=0$，由于 $\frac{\sqrt[m]{\ln^2(1-x)}}{\sqrt[n]{x}} \geq 0$，

$\lim_{x\to0^+} \sqrt[n]{x}\frac{\sqrt[m]{\ln^2(1-x)}}{\sqrt[n]{x}} = 0$，且 $\int_0^{\frac{1}{2}}\frac{1}{\sqrt[n]{x}}dx$ 当 $n>1$ 时收敛，而当 $n=1$ 时发散，

所以 $\int_0^{\frac{1}{2}} \frac{\sqrt[m]{\ln^2(1-x)}}{\sqrt[n]{x}}dx$ 当 $n>1$ 时收敛，当 $n=1$ 时发散.

在 $\int_{\frac{1}{2}}^1 \frac{\sqrt[m]{\ln^2(1-x)}}{\sqrt[n]{x}}dx$ 中，瑕点为 $x=1$，由于 $\frac{\sqrt[m]{\ln^2(1-x)}}{\sqrt[n]{x}} \geq 0$，

$\lim_{x\to1}\sqrt{1-x}\frac{\sqrt[m]{\ln^2(1-x)}}{\sqrt[n]{x}} = 0$，且 $\int_{\frac{1}{2}}^1 \frac{1}{\sqrt{1-x}}dx$ 收敛，所以 $\int_{\frac{1}{2}}^1 \frac{\sqrt[m]{\ln^2(1-x)}}{\sqrt[n]{x}}dx$ 收敛.

综上所述可知，反常积分 $\int_0^1 \frac{\sqrt[m]{\ln^2(1-x)}}{\sqrt[n]{x}}dx$ 的收敛性仅与 n 有关，故选 (B).

(五) 积分等式的证明

1. 利用变量代换证明积分恒等式

【例9】 设 $f(x)$ 连续，常数 $a>0$，证明 $\int_1^a f\left(x^2+\frac{a^2}{x^2}\right)\frac{dx}{x} = \int_1^a f\left(x+\frac{a^2}{x}\right)\frac{dx}{x}.$

证 比较等式两边的被积函数，令 $x^2=u$，于是

$\int_1^a f\left(x^2+\frac{a^2}{x^2}\right)\frac{dx}{x} = \int_1^{a^2} f\left(u+\frac{a^2}{u}\right)\frac{du}{2u} = \frac{1}{2}\left[\int_1^a f\left(u+\frac{a^2}{u}\right)\frac{du}{u} + \int_a^{a^2} f\left(u+\frac{a^2}{u}\right)\frac{du}{u}\right]$

$= \frac{1}{2}\int_1^a f\left(x+\frac{a^2}{x}\right)\frac{dx}{x} + \frac{1}{2}\int_a^{a^2} f\left(x+\frac{a^2}{x}\right)\frac{dx}{x}.$

比较积分限，令 $x=\frac{a^2}{t}$，得

$$\int_a^{a^2} f\left(x+\frac{a^2}{x}\right)\frac{\mathrm{d}x}{x} = \int_a^1 f\left(\frac{a^2}{t}+t\right)\frac{t}{a^2}\left(-\frac{a^2}{t^2}\right)\mathrm{d}t = \int_1^a f\left(t+\frac{a^2}{t}\right)\frac{\mathrm{d}t}{t} = \int_1^a f\left(x+\frac{a^2}{x}\right)\frac{\mathrm{d}x}{x},$$

所以 $\displaystyle\int_1^a f\left(x^2+\frac{a^2}{x^2}\right)\frac{\mathrm{d}x}{x} = \frac{1}{2}\cdot 2\int_1^a f\left(x+\frac{a^2}{x}\right)\frac{\mathrm{d}x}{x} = \int_1^a f\left(x+\frac{a^2}{x}\right)\frac{\mathrm{d}x}{x}.$

【例 10】 设 $f(t)$ 是以 l 为周期的连续函数,证明:$\displaystyle\int_a^{a+l} f(t)\mathrm{d}t$ 的值与 a 无关.

证　方法一　因为　　$\displaystyle\int_a^{a+l} f(x)\mathrm{d}x = \int_a^0 f(x)\mathrm{d}x + \int_0^l f(x)\mathrm{d}x + \int_l^{a+l} f(x)\mathrm{d}x,$　　(5-3)

而　　$\displaystyle\int_l^{a+l} f(x)\mathrm{d}x \xlongequal{x=t+l} \int_0^a f(t+l)\mathrm{d}t = \int_0^a f(t)\mathrm{d}t = -\int_a^0 f(x)\mathrm{d}x$

代入式 (5-3),得　　$\displaystyle\int_a^{a+l} f(x)\mathrm{d}x = \int_0^l f(x)\mathrm{d}x.$

方法二　记 $\displaystyle\varphi(a) = \int_a^{a+l} f(x)\mathrm{d}x$,要证明 $\varphi(a)$ 与 a 无关,即证 $\varphi(a)=C$(C 是与 a 无关的常数). 由 $\varphi'(a) = \left(\displaystyle\int_a^{a+l} f(x)\mathrm{d}x\right)' = f(a+l) - f(a) = 0$. 得 $\varphi(a)=C$.

注　令 $a=-\dfrac{l}{2}$　则有 $\displaystyle\int_{-\frac{l}{2}}^{\frac{l}{2}} f(t)\mathrm{d}t = \int_0^l f(t)\mathrm{d}t = \int_a^{a+l} f(t)\mathrm{d}t.$

2. 利用分部积分证明积分等式

【例 11】 设 $f(x)$ 在 $[a,b]$ 上有二阶连续导数且 $f(a)=f(b)=0$,证明 $\displaystyle\int_a^b f(x)\mathrm{d}x = \frac{1}{2}\int_a^b f''(x)(x-a)(x-b)\mathrm{d}x.$

证　分部积分,得

$$\int_a^b f(x)\mathrm{d}x = \int_a^b f(x)\mathrm{d}(x-a) = (x-a)f(x)\Big|_a^b - \int_a^b (x-a)f'(x)\mathrm{d}x = -\int_a^b (x-a)f'(x)\mathrm{d}x.$$

同理,有　　$\displaystyle\int_a^b f(x)\mathrm{d}x = \int_a^b f(x)\mathrm{d}(x-b) = -\int_a^b (x-b)f'(x)\mathrm{d}x$

于是　　$\displaystyle 2\int_a^b f(x)\mathrm{d}x = -\int_a^b (x-a+x-b)f'(x)\mathrm{d}x = -\int_a^b f'(x)\mathrm{d}[(x-a)(x-b)]$

$$= \int_a^b f''(x)(x-a)(x-b)\mathrm{d}x.$$

3. 定积分中值命题

(1) 构造辅助函数.

(2) 利用微分中值定理,积分中值定理,泰勒公式及闭区间上连续函数的性质.

(3) 利用定积分的性质及计算方法.

【例 12】 设 $f(x)$ 在区间 $[-a,a]$($a>0$)上具有二阶连续导数,$f(0)=0$,证明在 $[-a,a]$ 上至少存在一点 η,使 $a^3 f''(\eta) = 3\displaystyle\int_{-a}^a f(x)\mathrm{d}x.$

证　考虑到要证的等式有二阶导数,应用泰勒公式,得

$$f(x) = f(0) + f'(0)x + \frac{1}{2}f''(\xi)x^2 = f'(0)x + \frac{1}{2}f''(\xi)x^2,\ \xi 介于 0,x 之间.$$ 将上式两端从 $-a$ 到 a 积分得

$$\int_{-a}^a f(x)\mathrm{d}x = \int_{-a}^a f'(0)x\mathrm{d}x + \frac{1}{2}\int_{-a}^a f''(\xi)x^2\mathrm{d}x = \frac{1}{2}\int_{-a}^a f''(\xi)x^2\mathrm{d}x,\qquad (5-4)$$

因为 $f''(x)$ 在 $[-a,a]$ 连续,故必存在最大值 M 和最小值 m,即

$$m \leqslant f''(x) \leqslant M,\quad x\in[-a,a],$$

于是 $\int_{-a}^{a} mx^2 \mathrm{d}x \leqslant \int_{-a}^{a} f''(\xi)x^2 \mathrm{d}x \leqslant \int_{-a}^{a} Mx^2 \mathrm{d}x$, 即 $\dfrac{2}{3}ma^3 \leqslant \int_{-a}^{a} f''(\xi)x^2 \mathrm{d}x \leqslant \dfrac{2}{3}Ma^3$,

代入式 (5-4), 得 $\qquad\qquad m \leqslant \dfrac{3}{a^3}\int_{-a}^{a} f(x)\mathrm{d}x \leqslant M$,

由介值定理知, 存在 $\eta \in [-a, a]$, 使得 $f''(\eta) = \dfrac{3}{a^3}\int_{-a}^{a} f(x)\mathrm{d}x$, 即 $a^3 f''(\eta) = 3\int_{-a}^{a} f(x)\mathrm{d}x$.

注 不可以从式 (5-4) 中推出

$$\int_{-a}^{a} f(x)\mathrm{d}x = f''(\xi)\int_{-a}^{a} \frac{1}{2}x^2 \mathrm{d}x = \frac{1}{3}a^3 f''(\xi),$$

因为 $f''(\xi)$ 中的 ξ 是 x 的函数, 不能将 $f''(\xi)$ 从积分号内提到积分号外.

(六) 抽象函数的定积分不等式的证明

1. 利用定积分的不等式性质如比较性质、估值性质与绝对值函数积分的性质等进行放缩

【例 13】 设函数 $f(x)$ 在 $(-\infty, +\infty)$ 上有连续导数, 且 $m \leqslant f(x) \leqslant M$, 证明

$\left| \dfrac{1}{2a}\int_{-a}^{a} f(t)\mathrm{d}t - f(x) \right| \leqslant M-m$, 其中 a 为大于 0 的常数.

证 利用定积分性质与不等式 $m \leqslant f(x) \leqslant M$, 可得 $\int_{-a}^{a} m\mathrm{d}x \leqslant \int_{-a}^{a} f(x)\mathrm{d}x \leqslant \int_{-a}^{a} M\mathrm{d}x$,

即 $2am \leqslant \int_{-a}^{a} f(x)\mathrm{d}x \leqslant 2aM$, 亦即 $m \leqslant \dfrac{1}{2a}\int_{-a}^{a} f(x)\mathrm{d}x \leqslant M$. 又有 $-M \leqslant -f(x) \leqslant -m$.

上述两式相加得 $-(M-m) \leqslant \dfrac{1}{2a}\int_{-a}^{a} f(x)\mathrm{d}x - f(x) \leqslant M-m$, 即

$$\left| \frac{1}{2a}\int_{-a}^{a} f(t)\mathrm{d}t - f(x) \right| \leqslant M-m.$$

2. 引进变限积分函数作为辅助函数, 转化为函数值的比较问题, 利用单调性或估值性质.

【例 14】 设函数 $f(x)$ 在 $[a,b]$ 上连续, 且 $f(x) > 0$, 证明 $\int_{a}^{b} f(x)\mathrm{d}x \int_{a}^{b} \dfrac{1}{f(x)}\mathrm{d}x \geqslant (b-a)^2$.

证 作辅助函数 $F(t) = \int_{a}^{t} f(x)\mathrm{d}x \int_{a}^{t} \dfrac{1}{f(x)}\mathrm{d}x - (t-a)^2$, 则有

$$F'(t) = f(t)\int_{a}^{t} \frac{1}{f(x)}\mathrm{d}x + \frac{1}{f(t)}\int_{a}^{t} f(x)\mathrm{d}x - 2(t-a) = \int_{a}^{t} \frac{f(t)}{f(x)}\mathrm{d}x + \int_{a}^{t} \frac{f(x)}{f(t)}\mathrm{d}x - 2\int_{a}^{t}\mathrm{d}x$$

$$= \int_{a}^{t} \left[\frac{f^2(t)+f^2(x)}{f(t)f(x)} - 2 \right]\mathrm{d}x \geqslant \int_{a}^{t} \left[\frac{2f(t)f(x)}{f(t)f(x)} - 2 \right]\mathrm{d}x = 0.$$

由此可知函数 $F(t)$ 在 $[a,b]$ 上单调递增, 从而有 $F(b) \geqslant F(a)$, 即原不等式成立.

【例 15】 设 $f(x)$, $g(x)$ 在 $[a,b]$ 上连续, 且满足 $\int_{a}^{b} f(t)\mathrm{d}t = \int_{a}^{b} g(t)\mathrm{d}t$, $\int_{a}^{x} f(t)\mathrm{d}t \geqslant \int_{a}^{x} g(t)\mathrm{d}t$,

$x \in [a,b]$. 证明: $\int_{a}^{b} xf(x)\mathrm{d}x \leqslant \int_{a}^{b} xg(x)\mathrm{d}x$.

解 令 $F(x) = f(x) - g(x)$, $G(x) = \int_{a}^{x} F(t)\mathrm{d}t$, 由题设 $G(x) \geqslant 0$, $x \in [a,b]$, 且 $G(a) = G(b) = 0$, $G'(x) = F(x)$. 从而

$$\int_{a}^{b} xF(x)\mathrm{d}x = \int_{a}^{b} x\mathrm{d}G(x) = xG(x)\Big|_{a}^{b} - \int_{a}^{b} G(x)\mathrm{d}x = -\int_{a}^{b} G(x)\mathrm{d}x,$$

由于 $G(x) \geqslant 0$, 故有 $-\int_{a}^{b} G(x)\mathrm{d}x \leqslant 0$, 即 $\int_{a}^{b} xF(x)\mathrm{d}x \leqslant 0$. 因此 $\int_{a}^{b} xf(x)\mathrm{d}x \leqslant \int_{a}^{b} xg(x)\mathrm{d}x$.

【例 16】 设 $f(x)$, $g(x)$ 在 $[0, 1]$ 有连续的导数, 且 $f(0) = 0$, $f'(x) \geqslant 0$, $g'(x) \geqslant 0$.

证明: 对任何的 $a \in [0, 1]$, 有 $\int_{0}^{a} g(x)f'(x)\mathrm{d}x + \int_{0}^{1} f(x)g'(x)\mathrm{d}x \geqslant f(a)g(1)$.

证 设 $F(x) = \int_{0}^{x} g(t)f'(t)\mathrm{d}t + \int_{0}^{1} f(t)g'(t)\mathrm{d}t - f(x)g(1)$, $x \in [0,1]$

则 $F(x)$ 在 $[0,1]$ 上可导，并且 $F'(x)=g(x)f'(x)-f'(x)g(1)=f'(x)[g(x)-g(1)]$.

由于 $x\in[0,1]$ 时，$f'(x)\geqslant0,g'(x)\geqslant0$，所以 $F'(x)\leqslant0$，即 $F(x)$ 在 $[0,1]$ 上单调减少．注意到

$$F(1)=\int_0^1 g(x)f'(x)\mathrm{d}x+\int_0^1 f(x)g'(x)-f(1)g(1),$$

而 $\int_0^1 g(x)f'(x)\mathrm{d}x=g(x)f(x)\Big|_0^1-\int_0^1 f(x)g'(x)\mathrm{d}x=f(1)g(1)-\int_0^1 f(x)g'(x)\mathrm{d}x$，

故 $F(1)=0$. 因此，$x\in[0,1]$ 时，$F(x)\geqslant0$，由此可得对任何 $a\in[0,1]$，有

$$\int_0^a g(x)f'(x)\mathrm{d}x+\int_0^1 f(x)g'(x)\mathrm{d}x\geqslant f(a)g(1).$$

3. 利用函数的凸性不等式，定积分的换元积分法

【例17】 设函数 $f(x)$ 在 $[a,b]$ 上连续，且有不等式 $f[tx_1+(1-t)x_2]\leqslant tf(x_1)+(1-t)f(x_2)$ 对于任意 $t\in[0,1]$ 及任意的 $x_1,x_2\in[a,b]$ 都成立，

证明 $\quad f\left(\dfrac{a+b}{2}\right)\leqslant\dfrac{1}{b-a}\int_a^b f(x)\mathrm{d}x\leqslant\dfrac{f(a)+f(b)}{2}$.

证 充分利用 $f(x)$ 的凸性不等式，结合定积分的换元，得

$$\int_a^b f(x)\mathrm{d}x\xlongequal{x=ta+(1-t)b}\int_1^0 f[ta+(1-t)b](a-b)\mathrm{d}t=(b-a)\int_0^1 f[ta+(1-t)b]\mathrm{d}t$$

$$\leqslant(b-a)\int_0^1[tf(a)+(1-t)f(b)]\mathrm{d}t=(b-a)\left[\frac{1}{2}f(a)+\frac{1}{2}f(b)\right],$$

所以 $\dfrac{1}{b-a}\int_a^b f(x)\mathrm{d}x\leqslant\dfrac{f(a)+f(b)}{2}$. 即证得右侧不等式成立．

又 $\qquad\qquad \int_a^b f(x)\mathrm{d}x=\int_a^{\frac{a+b}{2}}f(x)\mathrm{d}x+\int_{\frac{a+b}{2}}^b f(x)\mathrm{d}x,$

因为 $\int_{\frac{a+b}{2}}^b f(x)\mathrm{d}x\xlongequal{x=b-(t-a)}\int_{\frac{a+b}{2}}^a f[b-(t-a)](-\mathrm{d}t)=\int_a^{\frac{a+b}{2}}f(b-x+a)\mathrm{d}x$,

所以 $\int_a^b f(x)\mathrm{d}x=\int_a^{\frac{a+b}{2}}[f(x)+f(b-x+a)]\mathrm{d}x=2\int_a^{\frac{a+b}{2}}\dfrac{f(x)+f(b-x+a)}{2}\mathrm{d}x$

$$\geqslant2\int_a^{\frac{a+b}{2}}f\left[\frac{x+(b-x+a)}{2}\right]\mathrm{d}x=2\int_a^{\frac{a+b}{2}}f\left(\frac{b+a}{2}\right)\mathrm{d}x=(b-a)f\left(\frac{a+b}{2}\right),$$

即 $\qquad\qquad f\left(\dfrac{(a+b)}{2}\right)\leqslant\dfrac{1}{b-a}\int_a^b f(x)\mathrm{d}x.$

注 证明过程中将积分区间 $[a,b]$ 拆分成 $\left[a,\dfrac{a+b}{2}\right]$ 与 $\left[\dfrac{a+b}{2},b\right]$ 两个子区间的方法，称为区间折半法，常用于不等式的证明．

4. 利用微分中值定理，积分中值定理，微积分基本定理等结论证明

【例18】 设 $f(x)$ 在 $[a,b]$ 上连续，(a,b) 内可导，且 $|f'(x)|\leqslant M$，$f(a)=f(b)=0$，证明：$\dfrac{4}{(b-a)^2}\int_a^b f(x)\mathrm{d}x\leqslant M$.

证 因为 $f(x)$ 在 $[a,b]$ 上连续，(a,b) 内可导，所以由拉格朗日中值定理知

$$f(x)-f(a)=f'(\xi_1)(x-a),\quad a<\xi_1<x;f(x)-f(b)=f'(\xi_2)(x-b),\quad x<\xi_2<b,$$

又由 $f(a)=f(b)=0$，$|f'(x)|\leqslant M$，得

$$f(x)=f'(\xi_1)(x-a)\leqslant M(x-a);f(x)=f'(\xi_2)(x-b)\leqslant M(b-x),$$

从而 $\int_a^b f(x)\mathrm{d}x=\int_a^{\frac{a+b}{2}}f(x)\mathrm{d}x+\int_{\frac{a+b}{2}}^b f(x)\mathrm{d}x\leqslant\int_a^{\frac{a+b}{2}}M(x-a)\mathrm{d}x+\int_{\frac{a+b}{2}}^b M(b-x)\mathrm{d}x$

$$=M\frac{(x-a)^2}{2}\Big|_a^{\frac{a+b}{2}}-M\frac{(b-x)^2}{2}\Big|_{\frac{a+b}{2}}^b=\frac{M}{2}\left(\frac{b-a}{2}\right)^2+\frac{M}{2}\left(\frac{b-a}{2}\right)^2=\frac{(b-a)^2}{4}M.$$

所以
$$\frac{4}{(b-a)^2}\int_a^b f(x)\mathrm{d}x \leqslant M.$$

【例 19】 设函数 $f'(x)$ 在区间 $[a,b]$ 上连续，且 $f(a)=0$，

证明
$$\int_a^b f^2(x)\mathrm{d}x \leqslant \frac{(b-a)^2}{2}\int_a^b [f'(x)]^2\mathrm{d}x.$$

证 利用 $f(x)=f(x)-f(a)=\int_a^x f'(t)\mathrm{d}t \ (x\in[a,b])$

得 $f^2(x)=\left[\int_a^x f'(t)\mathrm{d}t\right]^2 \leqslant \int_a^x 1^2\mathrm{d}t \cdot \int_a^x [f'(t)]^2\mathrm{d}t = (x-a)\int_a^x [f'(t)]^2\mathrm{d}t \leqslant (x-a)\int_a^b [f'(t)]^2\mathrm{d}t,$

于是 $\int_a^b f^2(x)\mathrm{d}x \leqslant \int_a^b (x-a)\mathrm{d}x \cdot \int_a^b [f'(t)]^2\mathrm{d}t = \frac{(b-a)^2}{2}\int_a^b [f'(t)]^2\mathrm{d}t = \frac{(b-a)^2}{2}\int_a^b [f'(x)]^2\mathrm{d}x.$

5. 构造二次三项式，利用其判别式符号证明不等式

【例 20】 设 $f(x)$，$g(x)$ 在区间 $[a,b]$ 上均连续，证明：

(1) $\left(\int_a^b f(x)g(x)\mathrm{d}x\right)^2 \leqslant \int_a^b f^2(x)\mathrm{d}x \cdot \int_a^b g^2(x)\mathrm{d}x$ （柯西-施瓦茨不等式）；

(2) $\left(\int_a^b [f(x)+g(x)]^2\mathrm{d}x\right)^{\frac{1}{2}} \leqslant \left(\int_a^b f^2(x)\mathrm{d}x\right)^{\frac{1}{2}} + \left(\int_a^b g^2(x)\mathrm{d}x\right)^{\frac{1}{2}}$ （闵可夫斯基不等式）．

证 (1) 设 $F(t)=\int_a^b [f(x)-t\cdot g(x)]^2\mathrm{d}x = \int_a^b f^2(x)\mathrm{d}x - 2t\int_a^b f(x)g(x)\mathrm{d}x + t^2\int_a^b g^2(x)\mathrm{d}x,$

因为 $F(t)$ 是 t 的二次三项式，且 $F(t)\geqslant 0$，所以

判别式 $\Delta = \left(-2\int_a^b f(x)g(x)\mathrm{d}x\right)^2 - 4\int_a^b f^2(x)\mathrm{d}x\int_a^b g^2(x)\mathrm{d}x \leqslant 0,$

即 $\left(\int_a^b f(x)g(x)\mathrm{d}x\right)^2 \leqslant \int_a^b f^2(x)\mathrm{d}x\int_a^b g^2(x)\mathrm{d}x.$

注 此题的证明方法有多种，在学过重积分后，也可以利用重积分证明．

(2) 利用柯西-施瓦茨不等式，有

$(\text{右端})^2 = \int_a^b f^2(x)\mathrm{d}x + \int_a^b g^2(x)\mathrm{d}x + 2\sqrt{\int_a^b f^2(x)\mathrm{d}x\int_a^b g^2(x)\mathrm{d}x}$

$\geqslant \int_a^b f^2(x)\mathrm{d}x + \int_a^b g^2(x)\mathrm{d}x + 2\int_a^b f(x)g(x)\mathrm{d}x = \int_a^b [f(x)+g(x)]^2\mathrm{d}x = (\text{左端})^2,$

即所证不等式成立．

注 柯西-施瓦茨不等式是一个很重要的不等式，在许多不等式的证明中都会用到它．如例 20，也可利用该不等式证明，证明过程如下．

利用柯西-施瓦茨不等式及 $f(x)>0$，得

$\int_a^b f(x)\mathrm{d}x\int_a^b \frac{\mathrm{d}x}{f(x)} = \int_a^b (\sqrt{f(x)})^2\mathrm{d}x\int_a^b \frac{\mathrm{d}x}{(\sqrt{f(x)})^2} \geqslant \left(\int_a^b \sqrt{f(x)}\cdot\frac{1}{\sqrt{f(x)}}\mathrm{d}x\right)^2 = \left(\int_a^b \mathrm{d}x\right)^2 = (b-a)^2.$

三、习 题

△1. 设 $f(x)$ 在 $[0,1]$ 内可微，且 $f(1)-2\int_0^{\frac{1}{2}} xf(x)\mathrm{d}x=0$，求证：在 $(0,1)$ 内至少存在一点 ξ，使 $f(\xi)+\xi f'(\xi)=0$.

△2. 设 $f(x)$ 在 $[0,1]$ 上连续，在 $(0,1)$ 内可导，且 $3\int_0^{\frac{1}{3}} f(x)\mathrm{d}x=f(0)$，求证：在 $(0,1)$ 内至少存在一点 c，使 $f'(c)=0$.

△3. 设 $f(x)$ 在 $[0,1]$ 上连续，在 $(0,1)$ 内可导，且满足 $f(1)=k\int_0^{\frac{1}{k}} xe^{1-x}f(x)\mathrm{d}x$，$(k>1)$，证明至少存在一点 $\xi\in(0,1)$，使得 $f'(\xi)=(1-\xi^{-1})f(\xi)$.

4. 计算下列定积分：

(1) $\int_0^{\frac{\pi}{4}} \dfrac{x\,\mathrm{d}x}{1+\cos 2x}$；

(2) $\int_0^{\ln 2} \sqrt{1-\mathrm{e}^{-2x}}\,\mathrm{d}x$；

△ (3) $\int_{-\frac{1}{2}}^{\frac{1}{2}} \left[\dfrac{\sin x}{x^8+1}+\sqrt{\ln^2\,(1-x)}\right]\mathrm{d}x$；

△ (4) $\int_0^1 \dfrac{\ln(1+x)}{(2-x)^2}\mathrm{d}x$；

(5) $\int_{-1}^1 (x+\sqrt{1-x^2})^2\,\mathrm{d}x$；

(6) $\int_0^1 x\,\sqrt{1-x}\,\mathrm{d}x$；

△ (7) $\int_{-2}^2 \dfrac{x+|x|}{2+x^2}\mathrm{d}x$；

(8) $\int_1^4 \dfrac{\mathrm{d}x}{x\,(1+\sqrt{x})}$；

(9) $\int_{-1}^1 (2x+|x|+1)^2\,\mathrm{d}x$；

(10) $\int_0^1 x\,(1-x^4)^{\frac{3}{2}}\,\mathrm{d}x$.

5. 计算下列各积分：

(1) 设 $f(x)=\begin{cases}1+x^2, & x\leqslant 0,\\ \mathrm{e}^{-x}, & x>0,\end{cases}$ 求 $\int_1^3 f(x-2)\,\mathrm{d}x$；

(2) 设 $x\geqslant -1$，求 $\int_{-1}^x (1-|t|)\,\mathrm{d}t$.

△6. 设 $f(x)=f(x-\pi)+\sin x$，$x\in(-\infty,+\infty)$，并且有 $f(x)=x$，$x\in[0,\pi]$，求 $\int_{\pi}^{3\pi} f(x)\,\mathrm{d}x$.

△7. 已知 $f(x)$ 连续，$\int_0^x tf(x-t)\,\mathrm{d}t=1-\cos x$，求 $\int_0^{\frac{\pi}{2}} f(x)\,\mathrm{d}x$ 的值.

8. 计算下列各题：

(1) 已知 $\int_x^{2\ln 2} \dfrac{\mathrm{d}t}{\sqrt{\mathrm{e}^t-1}}=\dfrac{\pi}{6}$，求 x；

△ (2) 设 $\int_0^2 f(x)\,\mathrm{d}x=1$，$f(2)=\dfrac{1}{2}$，$f'(2)=0$，求 $\int_0^1 x^2 f''(2x)\,\mathrm{d}x$.

9. 计算下列反常积分：

(1) $\int_0^{+\infty} \dfrac{\mathrm{d}x}{x^2+4x+8}$；

△ (2) $\int_{\frac{1}{2}}^{\frac{3}{2}} \dfrac{\mathrm{d}x}{\sqrt{|x-x^2|}}$；

(3) $\int_0^{+\infty} \mathrm{e}^{-\sqrt{x}}\,\mathrm{d}x$；

(4) $\int_0^1 \dfrac{\mathrm{d}x}{(1+x)\,\sqrt{x}}$；

(5) $\int_0^{+\infty} \dfrac{x}{(1+x)^3}\,\mathrm{d}x$；

(6) $\int_1^{+\infty} \dfrac{\mathrm{d}x}{x\,(x^2+1)}$；

△ (7) $\int_0^{+\infty} \dfrac{x\mathrm{e}^{-x}}{(1+\mathrm{e}^{-x})^2}\mathrm{d}x$；

(8) $\int_1^{+\infty} \dfrac{\mathrm{d}x}{\mathrm{e}^x+\mathrm{e}^{2-x}}$.

四、习题解答与提示

1. 提示：构造函数 $G(x)=xf(x)$.

2. 提示：利用积分中值公式及罗尔定理.

3. 提示：构造辅助函数 $F(x)=x\mathrm{e}^{1-x}f(x)$ 或 $G(x)=x\mathrm{e}^{-x}f(x)$.

4. (1) $\dfrac{1}{8}\pi-\dfrac{1}{4}\ln 2$. (2) $\ln(2+\sqrt{3})-\dfrac{\sqrt{3}}{2}$. (3) $\dfrac{3}{2}\ln\dfrac{3}{2}+\dfrac{1}{2}\ln\dfrac{1}{2}$. (4) $\dfrac{1}{3}\ln 2$.

(5) 2. (6) $\dfrac{4}{15}$. (7) $\ln 3$. (8) $\ln\dfrac{16}{9}$. (9) $\dfrac{22}{3}$. (10) $\dfrac{3}{32}\pi$.

5. (1) $\dfrac{7}{3}-\mathrm{e}^{-1}$. (2) 原式 $=\begin{cases}x+\dfrac{1}{2}x^2+\dfrac{1}{2}, & -1<x<0,\\ x-\dfrac{1}{2}x^2+\dfrac{1}{2}, & x\geqslant 0.\end{cases}$

6. π^2-2. 提示：$f(x)=\begin{cases}x, & 0\leqslant x\leqslant\pi,\\ x-\pi+\sin x, & \pi<x\leqslant 2\pi,\\ x-2\pi, & 2\pi<x\leqslant 3\pi.\end{cases}$

7. 1. 8. (1) $\ln 2$. (2) 0.

9. (1) $\dfrac{\pi}{8}$. (2) $\dfrac{\pi}{2}+\ln(2+\sqrt{3})$. (3) 2. (4) $\dfrac{2}{3}\pi$. (5) $\dfrac{1}{2}$. (6) $\dfrac{1}{2}\ln 2$. (7) $\ln 2$. (8) $\dfrac{\pi}{4\mathrm{e}}$.

第六章　定积分的应用

基本要求与重点要求

1. 基本要求

掌握用定积分来表达一些几何量与物理量（如面积、体积、弧长和功等）的方法.

2. 重点要求

定积分的元素法. 定积分的几何应用.

知识关联网络

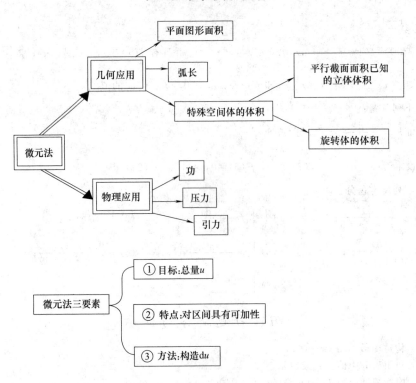

第一节　定积分的几何应用

一、内 容 提 要

1. 定积分的元素法

元素法的条件：所求量 U 是与某区间 $[a,b]$ 的变量 x 有关的量，在区间 $[a,b]$ 上具有可加性；并且，若把区间 $[a,b]$ 分成一些互不相交的小区间，U 的部分量可近似地表示成 $f(x)$ $\mathrm{d}x$ 的形式.

元素法的步骤：

(1) 根据问题的具体情况，选取一个变量 x 为积分变量，并确定它的变化区间 $[a,b]$;

(2) 在 $[a,b]$ 中任取一个小区间 $[x,x+\mathrm{d}x]$，求出相应于这个小区间的部分量 Δu 的近似值，并表示成一个连续函数在 x 的值 $f(x)$ 与 $\mathrm{d}x$ 的乘积，即 $\mathrm{d}u=f(x)\mathrm{d}x$，且 $\Delta u-\mathrm{d}u$ 是比 $\mathrm{d}x$

高阶的无穷小；

（3）在区间$[a,b]$上作定积分，即$U = \int_a^b f(x)\mathrm{d}x$.

2. 平面图形的面积公式

（1）直角坐标系下，平面图形如图 6-1 所示，$S = \int_a^b [f(x) - g(x)]\mathrm{d}x$；

（2）曲边梯形的曲边由参数方程表示，如图 6-2 所示，

$$S = \int_a^b y(x)\mathrm{d}x \xrightarrow{x = \varphi(t)} \int_\alpha^\beta \psi(t)\varphi'(t)\mathrm{d}t;$$

（3）曲边扇形的曲边由极坐标方程表示，如图 6-3 所示，$S = \dfrac{1}{2}\int_\alpha^\beta r^2(\theta)\mathrm{d}\theta$.

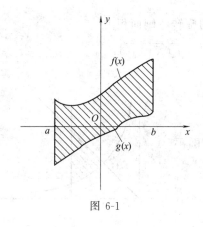

图 6-1

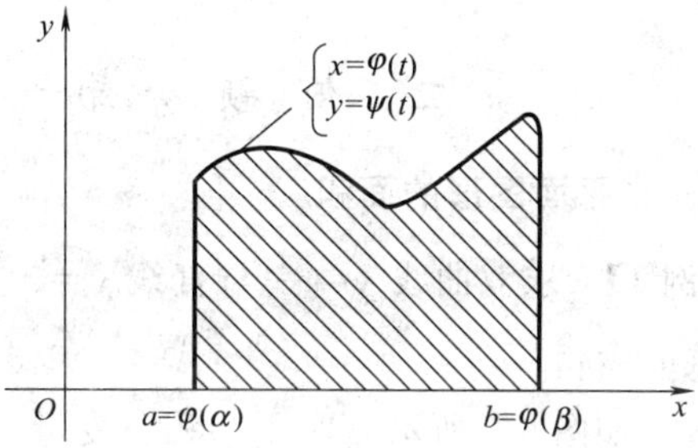

图 6-2

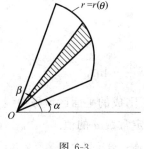

图 6-3

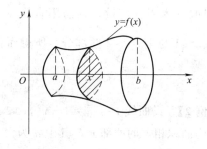

图 6-4

3. 立体体积公式

（1）旋转体如图 6-4 所示，$V_x = \int_a^b \pi f^2(x)\mathrm{d}x$；

（2）平面图形如图 6-5 所示，绕 x 轴旋转，$V_x = 2\pi\int_c^d y\,|\varphi(y)|\,\mathrm{d}y$ （柱壳法）；

（3）横截面面积已知时，如图 6-6 所示，$V = \int_a^b S(x)\mathrm{d}x$.

4. 平面曲线弧长公式

（1）当曲线为 $y = f(x)$，$x \in [a,b]$时，$l = \int_a^b \sqrt{1 + (f'(x))^2}\,\mathrm{d}x$；

（2）当曲线为 $\begin{cases} x = x(t), \\ y = y(t), \end{cases} t \in [\alpha,\beta]$时，$l = \int_\alpha^\beta \sqrt{(x'(t))^2 + (y'(t))^2}\,\mathrm{d}t$；

（3）当曲线为 $r = r(\theta)$，$\theta \in [\alpha,\beta]$时，$l = \int_\alpha^\beta \sqrt{r^2(\theta) + [r'(\theta)]^2}\,\mathrm{d}\theta$.

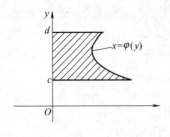

图 6-5

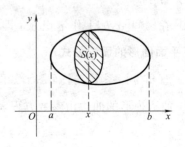

图 6-6

5. 旋转体的侧面积

曲线 $y=f(x),x\in(a,b)$ 绕 x 轴旋转一周所形成的旋转体侧面积为

$$S = 2\pi\int_a^b f(x)\mathrm{d}S = 2\pi\int_a^b f(x)\sqrt{1+[f'(x)]^2}\mathrm{d}x.$$

二、例 题 分 析

(一) 平面图形的面积

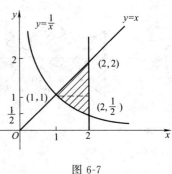

图 6-7

【例 1】 求双曲线 $y=\dfrac{1}{x}$ 与直线 $y=x$ 及 $x=2$ 所围平面图形的面积.

解 如图 6-7 所示，取 x 为积分变量，则有

$$S = \int_1^2\left(x-\frac{1}{x}\right)\mathrm{d}x = \left(\frac{1}{2}x^2-\ln x\right)\Big|_1^2 = \frac{3}{2}-\ln 2.$$

或取 y 为积分变量，则需用直线 $y=1$ 把平面图形分成 $\dfrac{1}{2}\leqslant y\leqslant 1$ 与 $1\leqslant y\leqslant 2$ 两部分，所得面积为

$$S = \int_{\frac{1}{2}}^1\left(2-\frac{1}{y}\right)\mathrm{d}y + \int_1^2(2-y)\mathrm{d}y = \frac{3}{2}-\ln 2.$$

【例 2】 设曲线 $L_1:y=1-x^2$，$0\leqslant x\leqslant 1$ 与两坐标轴所围成的平面区域被曲线 $L_2:y=ax^2$ 分为面积相等的两部分，其中 a 为大于零的常数，试确定常数 a 的值.

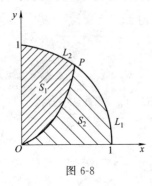

图 6-8

分析 先求出曲线 L_1，L_2 的交点，确定积分变量的变化范围. 然后利用定积分求出平面图形面积 S_1，S_2，由 $S_1=S_2$，确定 a 的值.

解 如图 6-8 所示，联立 $\begin{cases}y=1-x^2,\\y=ax^2,\end{cases}$ 得交点为 $\left(\dfrac{1}{\sqrt{1+a}},\dfrac{a}{1+a}\right)$. 取 x 为积分变量，则有 $S_1 = \displaystyle\int_0^{\frac{1}{\sqrt{1+a}}}(1-x^2-ax^2)\mathrm{d}x = \dfrac{2}{3}\sqrt{1+a}$，而 $S_1+S_2 = \displaystyle\int_0^1(1-x^2)\mathrm{d}x = \dfrac{2}{3}$，由 $S_1=S_2$ 得 $a=3$.

【例 3】 求下列图形的面积：

(1) 笛卡尔叶形线 $x^3+y^3=3axy$（$a\neq 0$）所围成的平面图形；

(2) 星形线 $x^{\frac{2}{3}}+y^{\frac{2}{3}}=a^{\frac{2}{3}}$ 所围成的平面图形.

解 (1) 如图 6-9 所示，化成极坐标方程为 $r(\theta) = \dfrac{3a\cos\theta\sin\theta}{\cos^3\theta+\sin^3\theta}$，$0\leqslant\theta\leqslant\dfrac{\pi}{2}$，则所求面

积为 $S = \displaystyle\int_0^{\frac{\pi}{2}} \frac{1}{2} r^2(\theta)\,\mathrm{d}\theta = \frac{9a^2}{2} \int_0^{\frac{\pi}{2}} \frac{\cos^2\theta \sin^2\theta}{(\cos^3\theta + \sin^3\theta)^2}\,\mathrm{d}\theta$

$\qquad = \dfrac{9a^2}{2} \displaystyle\int_0^{\frac{\pi}{2}} \frac{\tan^2\theta}{(1+\tan^3\theta)^2}\,\mathrm{d}\tan\theta = -\frac{3a^2}{2}\,\frac{1}{(1+\tan^3\theta)^2}\bigg|_0^{\frac{\pi}{2}} = \frac{3a^2}{2}.$

（2）如图 6-10 所示，该星形线在第一象限的参数方程为 $\begin{cases} x = a\cos^3 t, \\ y = a\sin^3 t, \end{cases} 0 \leqslant t \leqslant \dfrac{\pi}{2}$，利用对称性知所求面积为

$S = 4\displaystyle\int_0^a y\,\mathrm{d}x = \int_{\frac{\pi}{2}}^a a^2\sin^3 t(-3\cos^2 t\sin t)\,\mathrm{d}t = 12a^2\int_0^{\frac{\pi}{2}} (\sin^4 t - \sin^6 t)\,\mathrm{d}t$

$\qquad = 12a^2\left(\dfrac{3}{4} \times \dfrac{\pi}{4} - \dfrac{5}{6} \times \dfrac{3}{4} \times \dfrac{\pi}{4} \right) = \dfrac{3}{8}\pi a^2.$

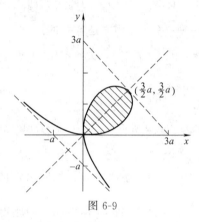

图 6-9

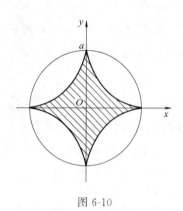

图 6-10

【例 4】 求由曲线 $r = a\sin\theta$，$r = a(\cos\theta + \sin\theta)$ $(a > 0)$ 所围公共部分的图形面积.

解 由 $r = a\sin\theta$ 得 $r^2 = ar\sin\theta$，化成直角坐标为 $x^2 + y^2 = ay$，即圆 $x^2 + \left(y - \dfrac{a}{2}\right)^2 = \left(\dfrac{a}{2}\right)^2$.

同理 $r = a(\cos\theta + \sin\theta)$ 可化成直角坐标为 $x^2 + y^2 = a(x+y)$，即另一个圆方程 $\left(x - \dfrac{a}{2}\right)^2 + \left(y - \dfrac{a}{2}\right)^2 = \dfrac{a^2}{2}$. 如图 6-11 所示，则所求面积为

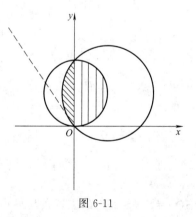

$S = \displaystyle\int_0^{\frac{\pi}{2}} \frac{1}{2}(a\sin\theta)^2\,\mathrm{d}\theta + \int_{\frac{\pi}{2}}^{\frac{3}{4}\pi} \frac{1}{2}\left[a(\cos\theta + \sin\theta)\right]^2\,\mathrm{d}\theta$

$\qquad = \dfrac{a^2}{2}\displaystyle\int_0^{\frac{\pi}{2}} \sin^2\theta\,\mathrm{d}\theta + \frac{a^2}{2}\int_{\frac{\pi}{2}}^{\frac{3}{4}\pi} (1+\sin 2\theta)\,\mathrm{d}\theta$

图 6-11

$\qquad = \dfrac{a^2}{2} \times \dfrac{1}{2} \times \dfrac{\pi}{2} + \dfrac{a^2}{2}\left(\theta - \dfrac{1}{2}\cos 2\theta\right)\bigg|_{\frac{\pi}{2}}^{\frac{3}{4}\pi} = \dfrac{\pi - 1}{4}a^2.$

【例 5】 已知曲线 L：$\begin{cases} x = f(t), \\ y = \cos t \end{cases}$，$\left(0 \leqslant t \leqslant \dfrac{\pi}{2}\right)$，其中函数 $f(t)$ 具有连续导数，且 $f(0) = 0$，$f'(t) > 0$，$0 < t < \dfrac{\pi}{2}$. 若曲线 L 的切线与 x 轴的交点到切点的距离恒为 1，求函数 $f(t)$ 的表达式，并求以曲线与两坐标轴所围区域的面积.

解 设 $M(x, y)$ 为曲线 L 上任意一点，对应参数为 t，则切线斜率为 $k = \dfrac{\mathrm{d}y}{\mathrm{d}x} = -\dfrac{\sin t}{f'(t)}$

切线方程为 $y-\cos t=-\dfrac{\sin t}{f'(t)}[x-f(t)]$，该切线与 x 轴的交点为 $(f(t)+f'(t)\cot t,0)$，由题意交点到切点的距离恒为 1 可知 $[f'(t)\cot t]^2+(\cos t)^2=1$，即 $f'(t)=\pm\dfrac{\sin^2 t}{\cos t}$，由 $f'(t)>0$ 可知 $f'(t)=\dfrac{\sin^2 t}{\cos t}$，积分得 $f(t)=\ln(\sec t+\tan t)-\sin t+C$，再由 $f(0)=0$，可得 $C=0$，从而 $f(t)=\ln(\sec t+\tan t)-\sin t$. 曲线 L 与两坐标轴所围区域的面积为 $S=\displaystyle\int_0^{\frac{\pi}{2}}y(t)\mathrm{d}x(t)=\int_0^{\frac{\pi}{2}}\cos t\,\mathrm{d}f(t)=\int_0^{\frac{\pi}{2}}\sin^2 t\,\mathrm{d}t=\dfrac{\pi}{4}$.

【例 6】 设 $y=f(x)$ 是 $[0,1]$ 上的任一非负连续函数，(1) 证明：存在 $\xi\in(0,1)$ 使得在 $[0,\xi]$ 上以 $f(\xi)$ 为高的矩形面积等于在 $[\xi,1]$ 上以 $y=f(x)$ 为曲边的曲边梯形的面积；(2) 若 $y=f(x)$ 在 $(0,1)$ 内可导且 $f'(x)>\dfrac{-2f(x)}{x}$，证明 ξ 是唯一的.

分析 要证明存在某一点 x_0 满足某一关系式，应考虑到介值定理或中值公式. 首先写出矩形和曲边梯形的面积

$$S_1=x_0 f(x_0),\qquad S_2=\int_{x_0}^1 f(t)\mathrm{d}t,$$

要证存在 $x_0\in(0,1)$ 使 $S_1=S_2$，即 $\displaystyle\int_{x_0}^1 f(t)\mathrm{d}t=x_0 f(x_0)$，即要证明函数 $\varphi(x)=\displaystyle\int_x^1 f(t)\mathrm{d}t-xf(x)$，存在 $x_0\in(0,1)$ 使 $\varphi(x_0)=0$.

证 (1) 作辅助函数 $F(x)=x\displaystyle\int_x^1 f(t)\mathrm{d}t$，得 $F(0)=0$，$F(1)=0$，据罗尔定理知，存在 $x_0\in(0,1)$，使 $F'(x_0)=0$，即 $\displaystyle\int_{x_0}^1 f(t)\mathrm{d}t-x_0 f(x_0)=0$，亦即 $\varphi(x_0)=0$，问题得证.

(2) 由 (1) 知 $\varphi(x)=\displaystyle\int_x^1 f(t)\mathrm{d}t-xf(x)$ 存在零点 x_0，

$$\varphi'(x)=-f(x)-f(x)-xf'(x)=-2f(x)-xf'(x),$$

由 $f'(x)>-\dfrac{2f(x)}{x}$ 得 $\varphi'(x)<0$，即 $\varphi'(x)$ 在 $(0,1)$ 内单调减少. 从而证明使得 $\varphi(x)=0$ 的点 x_0 是唯一的.

【例 7】 设 $F(x)=\begin{cases}\mathrm{e}^{2x}, & x\leqslant 0,\\ \mathrm{e}^{-2x}, & x>0,\end{cases}$ S 表示夹在 x 轴与曲线 $y=F(x)$ 之间的面积，对于任意的 $t>0$，$S_1(t)$ 表示矩形 $-t\leqslant x\leqslant t$，$0\leqslant y\leqslant F(t)$ 的面积. 求 $S(t)=S-S_1(t)$ 的表达式与最小值.

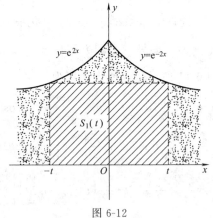

图 6-12

解 如图 6-12 所示，计算 S 的面积要用到无穷积分 $S=2\displaystyle\int_0^{+\infty}\mathrm{e}^{-2x}\mathrm{d}x=1$，而矩形面积 $S_1(t)=2t\mathrm{e}^{-2t}$，则 $S(t)=S-S_1(t)=1-2t\mathrm{e}^{-2t}$，$t\in(0,+\infty)$.

由 $S'(t)=-2(1-2t)\mathrm{e}^{-2t}$ 知 $t=\dfrac{1}{2}$ 是唯一驻点.

由 $S''(t)=8(1-t)\mathrm{e}^{-2t}$ 知 $S''\left(\dfrac{1}{2}\right)=\dfrac{4}{\mathrm{e}}>0$ 因此 $S\left(\dfrac{1}{2}\right)=1-\dfrac{1}{\mathrm{e}}$ 为极小值也是最小值.

【例 8】 已知抛物线 $y=px^2+qx$（其中 $p<0$，$q>0$）在第一象限内与直线 $x+y=5$ 相切，且此抛物线与 x 轴所围成的平面图形的面积为 S. 问 p 和 q 为何值时，S 达到最大值？

求出此最大值.

分析　本题目综合了微分与积分概念. 利用定积分求出 S 的面积 $S(p,q)$，再利用抛物线与直线相切的条件，确定 p 和 q 的关系，从而将求 $S(p,q)$ 的极值化为一元函数极值问题.

解　如图 6-13 所示，其与 x 轴的交点横坐标为

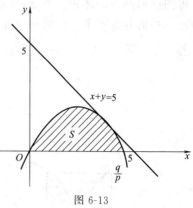

$x_1=0$，$x_2=-\dfrac{q}{p}$，则面积 $S=\displaystyle\int_0^{-\frac{q}{p}}(px^2+qx)\mathrm{d}x=\dfrac{q^3}{6p^2}$.

由直线与抛物线相切知它们有唯一交点. 即由 $x+y=5$、$y=px^2+qx$ 得 $px^2+(q+1)x-5=0$ 的判别式恒为零，从而有 $p=-\dfrac{1}{20}(1+q)^2$. 则 $S(q)=\dfrac{200q^3}{3(q+1)^2}$，由 $S'(q)=\dfrac{200q^2(3-q)}{3(q+1)^2}$ 解得驻点 $q=3$. 当 $0<q<3$ 时，$S'(q)>0$；当 $q>3$ 时，$S'(q)<0$. 于是当 $q=3$ 时，$S(q)$ 取得极大值，即最大值. 此时 $p=-\dfrac{4}{5}$，最大值为 $S=\dfrac{225}{32}$.

图 6-13

（二）体积

1. 旋转体的体积

【**例 9**】　设平面图形 A 由曲线 $y=\sin x$，$x\in[0,\pi]$ 与 x 轴所围成，求图形 A 分别绕（1）x 轴，（2）y 轴，（3）直线 $y=1$ 旋转一周所成旋转体的体积.

解　（1）绕 x 轴旋转：如图 6-14，图形 A 可看作 x 轴上的曲边梯形，则 A 绕 x 轴旋转所成的旋转体体积为 $V=\pi\displaystyle\int_0^\pi\sin^2x\,\mathrm{d}x=\dfrac{\pi^2}{2}$.

注　观察到图形关于 $x=\dfrac{\pi}{2}$ 对称，也可表为 $V=2\pi\displaystyle\int_0^{\frac{\pi}{2}}\sin^2x\,\mathrm{d}x$.

（2）绕 y 轴旋转：如图 6-15 所示.

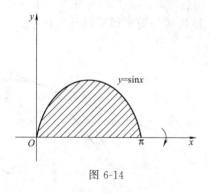

图 6-14

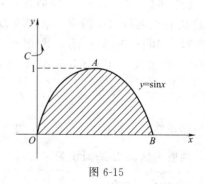

图 6-15

方法一　取 y 为积分变量，$y\in[0,1]$，体积元素为 $\mathrm{d}V=\pi x^2\,\mathrm{d}y$，从而有 $V=\pi\displaystyle\int_0^1x^2\,\mathrm{d}y$. 注意到 x 不是单值函数，于是先求曲边梯形 $OCAB$ 绕 y 轴旋转所得旋转体体积 V_1，再求由曲边三角形 OCA 绕 y 轴旋转所得旋转体体积 V_2，所求体积为 $V=V_1-V_2$.

由 $V_1=\pi\displaystyle\int_0^1(\pi-\arcsin y)^2\,\mathrm{d}y$，$V_2=\pi\displaystyle\int_0^1(\arcsin y)^2\,\mathrm{d}y$ 得

$$V=V_1-V_2=\pi\int_0^1[(\pi-\arcsin y)^2-(\arcsin y)^2]\mathrm{d}y=2\pi^2.$$

方法二 取 x 为积分变量将旋转体分割为以 y 轴为中心轴的圆柱形薄壳，以薄壳的体积作为体积微元（柱壳法）. 如图 6-16 所示，把区间 $[x,x+\mathrm{d}x]$ 上的小长条绕 y 轴旋转所得圆柱形薄壳的体积记为 ΔV，此柱壳的高为 $\sin x$，柱壳内表面面积为 $2\pi x\sin x$. 将此柱壳沿母线剪开并展平，得到一个厚度为 $\mathrm{d}x$，面积近似为 $2\pi x\sin x$ 的矩形薄板，其体积为 $\mathrm{d}V = 2\pi x\sin x\mathrm{d}x$，则 $V_y = 2\pi\displaystyle\int_0^\pi x\sin x\mathrm{d}x = 2\pi^2$.

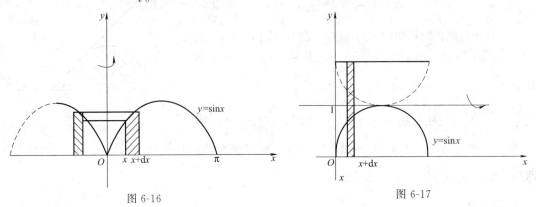

图 6-16　　　　　　　　　　　图 6-17

注 一般地，由平面图形 $0\leqslant a\leqslant x\leqslant b$，$0\leqslant y\leqslant f(x)$ 绕 y 轴旋转所成的旋转体体积为 $V = 2\pi\displaystyle\int_a^b xf(x)\mathrm{d}x$.

（3）绕 $y=1$ 旋转：如图 6-17 所示，取 x 为积分变量，利用对称性，积分区间取为 $\left[0,\dfrac{\pi}{2}\right]$，体积元素为薄圆环，$\mathrm{d}V = \pi[1^2-(1-y)^2]\mathrm{d}x$，故体积为

$$V = 2\int_0^{\frac{\pi}{2}}\pi[1^2-(1-y)^2]\mathrm{d}x = 4\pi - \pi^2.$$

注 在直角坐标系中求旋转体体积时，总是取被积函数为正. 积分下限一定小于积分上限. 选取积分变量时要根据具体情况灵活选取，使得计算简便.

【例 10】 过点 $(0,1)$ 作曲线 $L：y=\ln x$ 的切线，切点为 A，又 L 与 x 轴交于 B 点，区域 D 由 L 与直线 AB 围成. 求区域 D 的面积及 D 绕 x 轴旋转一周所得旋转体的体积.

解 如图 6-18 所示，设切点 A 的坐标为 $(x_0,\ln x_0)$，则曲线 $L：y=\ln x$ 在 A 处的切线方程为 $y-\ln x_0=\dfrac{1}{x_0}(x-x_0)$，该切线过点 $(0,1)$ 得 $x_0=\mathrm{e}^2$，点 B 的坐标显然为 $(1,0)$，直线 AB 的方程为 $y=\dfrac{2}{\mathrm{e}^2-1}(x-1)$，则所围区域 D 的面积为

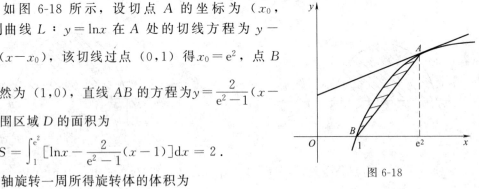

图 6-18

$$S = \int_1^{\mathrm{e}^2}\left[\ln x - \frac{2}{\mathrm{e}^2-1}(x-1)\right]\mathrm{d}x = 2.$$

绕 x 轴旋转一周所得旋转体的体积为

$$V = \pi\int_1^{\mathrm{e}^2}\ln^2 x\mathrm{d}x\frac{4(\mathrm{e}^2-1)}{3}\pi\frac{2\pi(\mathrm{e}^2-1)}{3}.$$

【例 11】 设 D 是位于曲线 $y=\sqrt{x}a^{-\frac{x}{2a}}$（$a>1$，$0\leqslant x<+\infty$）下方、$x$ 轴上方的无界区域.
（1）求区域 D 绕 x 轴旋转一周所成旋转体的体积 $V(a)$；
（2）当 a 为何值时，$V(a)$ 最小？并求此最小值.

分析　$V(a)$ 可通过广义积分进行计算,再求导计算 $V(a)$ 的最值即可.

解　(1) $V(a) = \pi \int_0^{+\infty} y^2 \mathrm{d}x = \pi \int_0^{+\infty} x a^{-\frac{x}{a}} \mathrm{d}x = \dfrac{a^2 \pi}{(\ln a)^2}$.

(2) 由 $V'(a) = \pi \cdot \dfrac{2a(\ln a)^2 - a^2(2\ln a) \cdot \dfrac{1}{a}}{(\ln a)^4} = 0$,得唯一驻点 $a = \mathrm{e}$,是极小值点,也是最小值点,最小值为 $V(\mathrm{e}) = \pi \mathrm{e}^2$.

注　事实上,当 $1 < a < \mathrm{e}$ 时,$V'(a) < 0$,$V(a)$ 单调减少;当 $a > \mathrm{e}$ 时,$V'(a) > 0$,$V(a)$ 单调增加,所以 $a = \mathrm{e}$ 是 $V(a)$ 的极小值点,也是最小值点.

2. 已知平行截面面积的立体的体积

【例 12】　求由曲线 $y = 3 - |x^2 - 1|$ 与 x 轴所围成的封闭图形绕 $y = 3$ 旋转一周的旋转体体积.

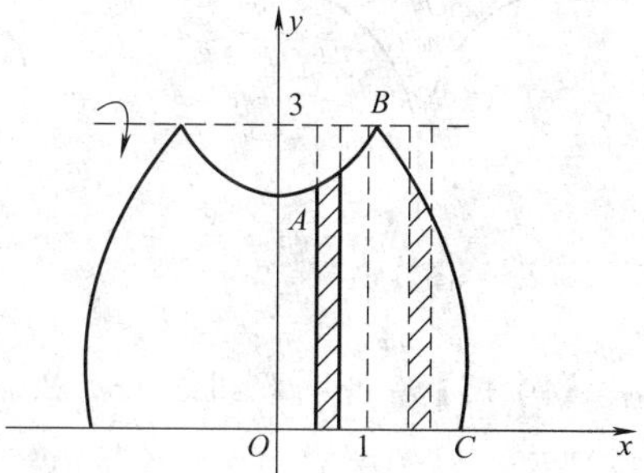

解　如图 6-19 所示,$\overset{\frown}{AB}$ 与 $\overset{\frown}{BC}$ 的方程分别为 $y = x^2 + 2$,$0 \le x \le 1$;$y = 4 - x^2$,$1 \le x \le 2$.

设旋转体在区间 $[0,1]$ 上的体积为 V_1,在区间 $[1,2]$ 上的体积为 V_2,则它们的体积元素分别为
$$\mathrm{d}V_1 = \pi\{3^2 - [3 - (x^2 + 2)]^2\}\mathrm{d}x,$$
$$\mathrm{d}V_2 = \pi\{3^2 - [3 - (4 - x^2)]^2\}\mathrm{d}x.$$
利用对称性得　$V = 2(V_1 + V_2)$

图 6-19

$$= 2\pi \int_0^1 \{3^2 - [3 - (x^2 + 2)]^2\}\mathrm{d}x + 2\pi \int_1^2 \{3^2 - [3 - (4 - x^2)]^2\}\mathrm{d}x$$
$$= 2\pi \int_0^2 (8 + 2x^2 - x^4)\mathrm{d}x = \frac{448}{15}\pi.$$

【例 13】　一个可变的正三角形移动时,其所在平面恒与 x 轴垂直,而底边的两端点分别落在曲线 $y = 4\sqrt{ax}$,$y = 2\sqrt{ax}$（$a > 0$）上. 如果这三角形自原点开始移动,到横坐标为 a 的点停止,求它在移动中所生成的立体体积.

解　利用已知平行截面面积求体积的方法. 如图 6-20 所示,选积分变量为 x,则 $x \in [0,a]$,在 x 处正三角形的底边边长为 $l = 4\sqrt{ax} - 2\sqrt{ax} = 2\sqrt{ax}$,垂直于 x 轴的横截面面积为
$$S(x) = \frac{1}{2} \cdot 2\sqrt{ax} \cdot \frac{2\sqrt{ax}}{2}\tan\frac{\pi}{3} = \sqrt{3}ax. \text{ 则所求体积为}$$

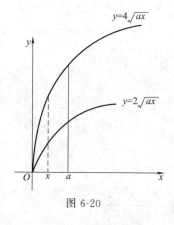

图 6-20

$$V = \int_0^a S(x)\mathrm{d}x = \int_0^a \sqrt{3}ax\,\mathrm{d}x = \frac{\sqrt{3}}{2}a^3.$$

(三) 平面曲线的弧长

【例 14】　求下列曲线的弧长:

(1) $x = a\cos^3 t$,$y = a\sin^3 t$,$a > 0$);(2) $r = a(1 + \cos\theta)$,$a > 0$;(3) 当 $0 \le \theta \le \pi$ 时,对数螺线 $r = \mathrm{e}^\theta$ 的弧长.

分析　分析图形的对称性,画出曲线的草图,然后进行计算.

解　(1) 如图 6-21 所示,这是一条封闭星形曲线,关于 x,y 轴对称.

则该曲线的弧长为 $s = 4\int_0^{\frac{\pi}{2}} \sqrt{[x'(t)^2] + [y'(t)^2]}\,\mathrm{d}t = 6a\int_0^{\frac{\pi}{2}} \sin 2t\,\mathrm{d}t = 6a$.

(2) 如图 6-22 所示,由 $\cos\theta = \cos(2\pi - \theta)$ 知,曲线关于 $\theta = \pi$ 即极轴对称。当 θ 从 0 变到 π 时,$r(\theta)$ 从 $r = 2a$ 单调下降至 $r = 0$.则该曲线弧长为

$$s = 2\int_0^\pi \sqrt{[r'(\theta)]^2 + [r'(\theta)]^2}\,d\theta = 2\int_0^\pi \sqrt{2a^2(1+\cos\theta)}\,d\theta = 4a\int_0^\pi \cos\frac{\theta}{2}\,d\theta = 8a.$$

（3）如图 6-23 所示，

$$s = \int_0^\pi \sqrt{[r'(\theta)]^2 + [r(\theta)]^2}\,d\theta = \int_0^\pi \sqrt{e^{2\theta} + e^{2\theta}}\,d\theta = \sqrt{2}\int_0^\pi e^\theta\,d\theta = \sqrt{2}(e^\pi - 1).$$

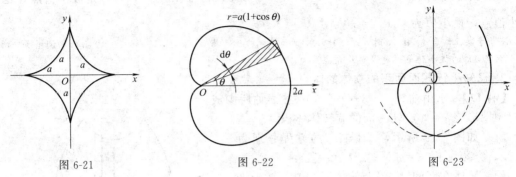

图 6-21　　　　　　　图 6-22　　　　　　　图 6-23

【例 15】　证明双纽线 $r^2 = 2a^2\cos2\theta\,(a>0)$ 的全长 L 可表示为 $L = 4\sqrt{2}a\int_0^1 \dfrac{dx}{\sqrt{1-x^4}}$.

证　由 $r^2 = 2a^2\cos2\theta$，得 $2r\dfrac{dr}{d\theta} = -4a^2\sin2\theta$，即 $\dfrac{dr}{d\theta} = -\dfrac{2a^2\sin2\theta}{r}$，$\left(\dfrac{dr}{d\theta}\right)^2 = 2a^2\dfrac{\sin^2 2\theta}{\cos2\theta}$.

则　　　　$L = 4\int_0^{\frac{\pi}{4}} \sqrt{r^2 + (r')^2}\,d\theta = 4\int_0^{\frac{\pi}{4}} \sqrt{2a^2\cos2\theta + 2a^2\dfrac{\sin2\theta}{\cos2\theta}}\,d\theta$

$$= 4\sqrt{2}a\int_0^{\frac{\pi}{4}} \frac{d\theta}{\sqrt{\cos2\theta}} = 4\sqrt{2}a\int_0^{\frac{\pi}{4}} \frac{d\theta}{\sqrt{\cos^2\theta(1-\tan^2\theta)}}.$$

令 $x = \tan\theta$，则　　$\cos^2\theta = \dfrac{1}{1+x^2}$，$d\theta = \dfrac{dx}{1+x^2}$，所以

$$L = 4\sqrt{2}a\int_0^1 \frac{dx}{(1+x^2)\dfrac{1}{\sqrt{1+x^2}}\cdot\sqrt{1-x^2}} = 4\sqrt{2}a\int_0^1 \frac{dx}{\sqrt{1-x^4}}.$$

【例 16】　设曲线 L 的极坐标方程为 $r = r(\theta)$，$M(r,\theta)$ 为 L 上任意一点，$M_0(2,0)$ 为 L 上一定点. 若极径 OM_0，OM 与曲线 L 所围的曲边扇形面积等于 L 上 M_0，M 两点间弧长值的一半，求曲线方程.

解　由已知可得　　$\dfrac{1}{2}\int_0^\theta r^2\,d\theta = \dfrac{1}{2}\int_0^\theta \sqrt{r^2 + r'^2}\,d\theta$.

两边对 θ 求导得 $r^2 = \sqrt{r^2 + r'^2}$，即 $r' = \pm r\sqrt{r^2-1}$，从而　$\dfrac{dr}{r\sqrt{r^2-1}} = \pm d\theta$，

由 $\displaystyle\int \dfrac{dr}{r\sqrt{r^2-1}} = -\arcsin\dfrac{1}{r} + C$，知 $-\arcsin\dfrac{1}{r} + C = \pm\theta$. 由 $r(0) = 2$ 知 $C = \dfrac{\pi}{6}$，故

求曲线 L 的方程为 $r\sin\left(\dfrac{\pi}{6}\mp\theta\right) = 1$，即 $r = \csc\left(\dfrac{\pi}{6}\mp\theta\right)$，于是所求直线为 $x\mp\sqrt{3}y = 2$.

（四）旋转体的侧面积

【例 17】　曲线 $y = \dfrac{e^x + e^{-x}}{2}$ 与直线 $x = 0$，$x = t\,(t>0)$ 及 $y = 0$ 围成一曲边梯形，该曲边梯形绕 x 轴旋转一周得一旋转体，其体积为 $V(t)$，侧面积为 $S(t)$，在 $x = t$ 处的底面积为 $F(t)$.
（1）求 $\dfrac{S(t)}{V(t)}$ 的值；（2）计算极限 $\lim\limits_{t\to+\infty}\dfrac{S(t)}{F(t)}$.

分析 分别写出旋转体的体积、侧面积以及底面积，不必积分，便可求 $\dfrac{S(t)}{V(t)}$ 及计算 $\lim\limits_{t\to+\infty}\dfrac{S(t)}{F(t)}$.

解 (1) $S(t)=\displaystyle\int_0^t 2\pi y\sqrt{1+y'^2}\,\mathrm{d}x=2\pi\int_0^t\left(\dfrac{\mathrm{e}^x+\mathrm{e}^{-x}}{2}\right)^2\mathrm{d}x$,

$$V(t)=\pi\int_0^t\left(\dfrac{\mathrm{e}^x+\mathrm{e}^{-x}}{2}\right)^2\mathrm{d}x\text{，得}\dfrac{S(t)}{V(t)}=2.$$

(2) $F(t)=\pi y^2\big|_{x=t}=\pi\left(\dfrac{\mathrm{e}^x+\mathrm{e}^{-x}}{2}\right)^2$ 得

$$\lim\limits_{t\to+\infty}\dfrac{S(t)}{F(t)}=\lim\limits_{t\to+\infty}\dfrac{2\pi\displaystyle\int_0^t\left(\dfrac{\mathrm{e}^x+\mathrm{e}^{-x}}{2}\right)^2\mathrm{d}x}{\pi\left(\dfrac{\mathrm{e}^t+\mathrm{e}^{-t}}{2}\right)^2}=\lim\limits_{t\to+\infty}\dfrac{\mathrm{e}^t+\mathrm{e}^{-t}}{\mathrm{e}^t-\mathrm{e}^{-t}}=1.$$

【例 18】 设 $f(x)\in C[a,b]$ 且 $f(x)\geqslant 0$，其中 $0<a\leqslant x\leqslant b$.

(1) 求由曲线 $y=f(x)$ $(a\leqslant x\leqslant b)$ 绕 y 轴旋转所成曲面的侧面积;

(2) 求由平面图形 $\{(x,y)\,|\,a\leqslant x\leqslant b,0\leqslant y\leqslant f(x)\}$ 绕 y 轴旋转所得旋转体的体积.

解 **方法一** (1) 取自变量微元 $[x,x+\mathrm{d}x]$，相应的弧微元 $\mathrm{d}S=\sqrt{1+f'^2(x)}\,\mathrm{d}x$. 从而可得侧面积微元 $\mathrm{d}S_{侧}=2\pi x\sqrt{1+[f'(x)]^2}\,\mathrm{d}x$，由此可得曲线绕 y 轴旋转所成曲面的侧面积为

$$S_{侧}=\int_a^b 2\pi x\sqrt{1+[f'(x)]^2}\,\mathrm{d}x.$$

(2) 取自变量微元 $[x,x+\mathrm{d}x]$，相应的体积微元为 $\mathrm{d}V_y=2\pi x\cdot f(x)\,\mathrm{d}x$，从而有 $V_y=\displaystyle\int_a^b 2\pi x f(x)\mathrm{d}x$.

方法二 (1) 由古鲁金第一定理，若曲线 $y=f(x)$ 的重心横坐标为 $\bar{x}$，则

$$S_{侧}=2\pi\bar{x}\cdot\int_a^b\sqrt{1+[f'(x)]^2}\,\mathrm{d}x=2\pi\int_a^b x\sqrt{1+[f'(x)]^2}\,\mathrm{d}x.$$

(2) 由古鲁金第二定理，若所给平面图形的重心横坐标为 $\bar{x}$，则 $V_y=2\pi\bar{x}\cdot\displaystyle\int_a^b f(x)\mathrm{d}x=2\pi\int_a^b x f(x)\mathrm{d}x$.

注 古鲁金第一定理：曲线绕某一条与其自身不相交的轴旋转所得的曲面面积等于该曲线弧长与该曲线重心随着曲线旋转描出的圆周长的乘积.

古鲁金第二定理：平面图形绕一条不穿过该图形的轴旋转所得的立体体积等于该图形的面积与该曲线重心随着曲线旋转描出的圆周长的乘积.

(五) 几何应用综合题

【例 19】 已知曲线 L 的方程 $\begin{cases}x=t^2+1,\\ y=4t-t^2,\end{cases}$ $(t\geqslant 0)$.

(1) 讨论 L 的凹凸性;

(2) 过点 $(-1,0)$ 引 L 的切线，求切点 (x_0,y_0)，并写出切线的方程;

(3) 求此切线与 L（对应 $x\leqslant x_0$ 部分）及 x 轴所围的平面图形的面积.

解 (1) 由 $\dfrac{\mathrm{d}x}{\mathrm{d}t}=2t$，$\dfrac{\mathrm{d}y}{\mathrm{d}t}=4-2t$，得 $\dfrac{\mathrm{d}y}{\mathrm{d}x}=\dfrac{4-2t}{2t}=\dfrac{2}{t}-1$，

$$\dfrac{\mathrm{d}^2 y}{\mathrm{d}x^2}=\dfrac{\mathrm{d}\left(\dfrac{\mathrm{d}y}{\mathrm{d}x}\right)}{\mathrm{d}t}\cdot\dfrac{1}{\dfrac{\mathrm{d}x}{\mathrm{d}t}}=\left(-\dfrac{2}{t^2}\right)\cdot\dfrac{1}{2t}=-\dfrac{1}{t^3}<0\ (t>0\text{ 处})，\text{所以曲线 }L\text{（在 }t>0\text{ 处）为凸}.$$

（2）设切点 (x_0, y_0) 对应参数 t_0，则切线方程为 $y-0=\left(\dfrac{2}{t_0}-1\right)(x+1)$，将切点 (x_0, y_0) 代入切线方程得 $4t_0-t_0^2=\left(\dfrac{2}{t_0}-1\right)(t_0^2+2)$，即 $t_0^2+t_0-2=0$. 解得 $t_0=1$. 所求切点 (x_0, y_0) 为 $(2,3)$，切线方程为 $y=x+1$.

（3）设 L 的方程 $x=g(y)$，则 $S=\displaystyle\int_0^3 [g(y)-(y-1)]\mathrm{d}y$，由 $t^2-4t+y=0$ 解出 $t=2\pm\sqrt{4-y}$，得 $x=(2\pm\sqrt{4-y})^2+1$. 由于 $(2,3)$ 在 L 上，知该曲线为 $x=(2-\sqrt{4-y})^2+1=g(y)$，

$$S=\int_0^3 \left[(9-y-4\sqrt{4-y})-(y-1)\right]\mathrm{d}y=\int_0^3(10-2y)\mathrm{d}y-4\int_0^3\sqrt{4-y}\,\mathrm{d}y=\frac{7}{3}.$$

【例 20】 设 D_1 是由抛物线 $y=2x^2$ 和直线 $x=a$，$x=2$ 及 $y=0$ 所围成的平面域；D_2 是由抛物线 $y=2x^2$ 和直线 $y=0$，$x=a$ 所围成的平面区域，其中 $0<a<2$.

（1）试求 D_1 绕 x 轴旋转而成的旋转体体积 V_1，D_2 绕 y 轴旋转而成的旋转体体积 V_2；

（2）问当 a 为何值时，V_1+V_2 取得最大值？试求此最大值.

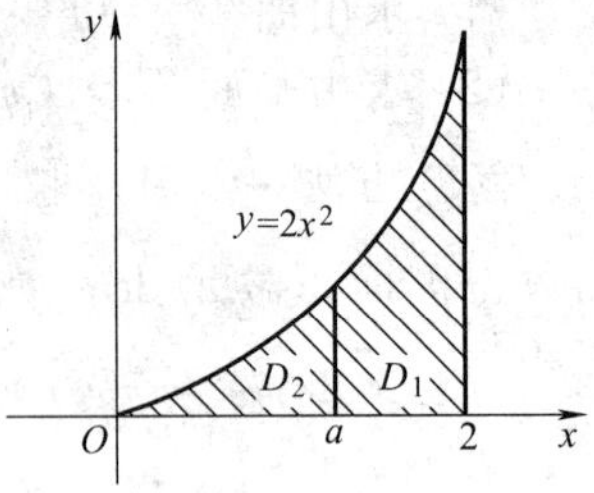

分析 如图 6-24 所示，先应用定积分求出各部分旋转体体积，再应用导数讨论最大值.

图 6-24

解 （1） $V_1=\pi\displaystyle\int_a^2(2x^2)^2\mathrm{d}x=\dfrac{4\pi}{5}(32-a^5)$；

$$V_2=\pi a^2\cdot 2a^2-\pi\int_0^{2a^2}\frac{y}{2}\mathrm{d}y=2\pi a^4-\pi a^4=\pi a^4.$$

（2） $V=V_1+V_2=\dfrac{4\pi}{5}(32-a^5)+\pi a^4$，求得 $V'=-4\pi a^4+4\pi a^3=4\pi a^3(1-a)$，令 $V'(a)=0$，得区间 $(0,2)$ 内唯一驻点 $a=1$.

当 $0<a<1$ 时，$V'>0$，当 $a>1$ 时，$V'<0$，因此 $a=1$ 是极大值点即最大值点. 且所求最大值为 $\dfrac{129}{5}\pi$.

三、习　　题

△1. 求平面图形的面积：

（1）由曲线 $y=\ln x$ 与两直线 $y=e+1-x$ 及 $y=0$ 围成；

（2）由曲线 $y=x(x-1)(2-x)$ 与 x 轴围成；

（3）由曲线 $y=x+\dfrac{1}{x}$ 与直线 $x=2$，$y=2$ 围成；

（4）由 $y=x^2$，$y=x+2$ 围成.

△2. 求过曲线 $y=-x^2+1$ 上的一点，使过该点的切线与这条曲线及 x 轴、y 轴在第一象限所围成的平面图形的面积最小，最小面积是多少？

3. 求曲线 $y=\sqrt{x}$ 的一条切线，使此曲线与切线及直线 $x=0$，$x=2$ 围成的面积最小.

4. 求通过 $(0,0)$，$(1,2)$ 且开口向下的抛物线，使它与 x 轴所围的面积最小.

△5. 设点 A 的坐标为 $(a,0)$　$(a>0)$，曲边梯形 $OABC$ 的面积为 D_1，其曲边 $\overset{\frown}{CB}$ 是由方程 $y=x^2+\dfrac{1}{2}$ 确定的，梯形 $OABC$ 的面积为 D，求证：$\dfrac{D}{D_1}<\dfrac{3}{2}$.

△6. 设 $f(x)$ 在 $[a,b]$ 上连续，在 (a,b) 内可导，且 $f'(x)>0$，求证在 (a,b) 内存在唯一一点 ξ，使

由 $y=f(x)$ 与两直线 $y=f(\xi)$，$x=a$ 所围图形面积 S_1 是由 $y=f(x)$ 与 $y=f(\xi)$，$x=b$ 围成图形面积 S_2 的 3 倍.

7. 求曲线 $(x^2+y^2)^3=4a^2x^2y^2$ $(a>0)$ 所围图形的面积.

△8. 设抛物线 $y=ax^2+bx+c$ 通过 $(0，0)$，且当 $x\in[0，1]$ 时，$y\geqslant0$，又抛物线与直线 $x=1$ 及 $y=0$ 围成的平面图形的面积为 $\dfrac{1}{3}$，求 a，b，c 使此图形绕 x 轴旋转一周而成的旋转体的体积最小.

△9. 求由 $x^2+y^2\leqslant2x$ 与 $y\geqslant x$ 确定的平面图形绕直线 $x=2$ 旋转而成的旋转体的体积 V.

10. 过点 $(1，0)$ 作抛物线 $y=\sqrt{x-2}$ 的切线，求切线与此抛物线及 x 轴围成的平面图形绕 x 轴旋转而成的旋转体体积.

△11. (1) 求由曲线 $y=e^{-x}$ $(x>0)$ 与直线 $x=\xi$ $(\xi>0)$ 及 x 轴 y 轴围成的平面图形绕 x 轴旋转而成的旋转体体积，并求满足 $\dfrac{1}{2}\lim\limits_{\xi\to+\infty}V_x(\xi)=V(a)$ 的 a 值；

(2) 在此曲线上找一点，使过该点的切线与 x、y 轴围成的平面图形的面积 S 最大，最大面积是多少?

△12. 设一抛物线过 x 轴上两点 $(1，0)$ 与 $(3，0)$，

(1) 求证：此抛物线与 x 轴、y 轴围成的图形的面积，等于此抛物线与 x 轴围成的图形的面积；

(2) 求上述两平面图形分别绕 x 轴旋转而成的旋转体体积之比.

13. 已知 $y=a\sqrt{x}$ $(a>0)$ 与曲线 $y=\ln\sqrt{x}$ 在点 $(x_0，y_0)$ 处有公共切线，求：

(1) 常数 a 及切点 $(x_0，y_0)$；

(2) 两曲线与 x 轴围成的面积 S；

(3) 两曲线与 x 轴围成的平面图形绕 x 轴旋转的旋转体体积 V_x.

△14. 求由曲线 $y=(x-1)(x-2)$ 与 x 轴所围平面图形绕 y 轴旋转而成的旋转体体积.

△15. 设直线 $y=ax$ 与抛物线 $y=x^2$ 所围的图形面积为 S_1，它们与直线 $x=1$ 所围图形面积为 S_2，且 $a<1$.

(1) 确定 a 的值，使 S_1+S_2 达到最小，并求出最小值；

(2) 求该最小值所对应的平面图形绕 x 轴旋转一周所得旋转体体积.

△16. 设 $f(x)$ 在闭区间 $[0，1]$ 上连续，$(0，1)$ 上 $f(x)>0$，并满足 $xf'(x)=f(x)+\dfrac{3a}{2}x^2$ （a 为常数），又曲线 $y=f(x)$ 与 $x=1$，$y=0$ 所围图形 S 的面积为 2，求函数 $f(x)$，并问 a 为何值时，图形 S 绕 x 轴旋转一周所得旋转体体积最小.

△17. 设有一正椭圆柱体，其底面的长短轴分别为 $2a$，$2b$，用过此柱体底面的短轴且与底面成 α 角 $\left(0<\alpha<\dfrac{\pi}{2}\right)$ 的平面截此柱体，得一楔形体，求此楔形体的体积 V.

18. 求下列曲线段的弧长：

(1) $y=\ln(1-x^2)$ $\left(0\leqslant x\leqslant\dfrac{1}{2}\right)$；　△(2) $\begin{cases}x=1-\cos t，\\ y=t-\sin t，\end{cases}$ $(0\leqslant t\leqslant2\pi)$；

(3) $r=a$ $(1+\cos\theta)$ 的全长 $(a>0)$；(4) $y=\displaystyle\int_{-\frac{\pi}{2}}^{x}\sqrt{\cos x}\,dx$ $\left(-\dfrac{\pi}{2}\leqslant x\leqslant\dfrac{\pi}{2}\right)$.

19. 证明：椭圆 $x=a\cos t$，$y=b\sin t$ 的周长等于正弦曲线 $y=\sqrt{a^2-b^2}\sin\dfrac{x}{b}$ 的一个周期上的弧长.

20. 求曲线 $x^2+(y-b)^2=a^2$ $(a<b)$ 绕 x 轴旋转而成的圆环面的表面积.

四、习题解答与提示

1. (1) $\dfrac{3}{2}$；　(2) $\dfrac{1}{2}$；　(3) $\ln2-\dfrac{1}{2}$；　(4) $\dfrac{9}{2}$.

2. 切点 $\left(\dfrac{1}{\sqrt{3}}，\dfrac{2}{3}\right)$，最小面积为 $\dfrac{4}{9}\sqrt{3}-\dfrac{2}{3}$.　提示：设切点为 $(x_0，1-x_0^2)$，切线 $y=-2x_0x+x_0^2+1$，截距 $X_0=\dfrac{1}{2}x_0+\dfrac{1}{2x_0}$，$Y_0=x_0^2+1$，面积 $S(x_0)=\dfrac{1}{2}X_0Y_0-\displaystyle\int_0^1(1-x^2)\,dx=\dfrac{1}{4}x_0^3+\dfrac{1}{2}x_0+\dfrac{1}{4x_0}-\dfrac{2}{3}$，令 $S'(x_0)=0$.

3. 切点 $(1,1)$，切线 $y=\dfrac{1}{2}x+\dfrac{1}{2}$.　提示：设切点 $(x_0,\sqrt{x_0})$，$S(x_0)=\dfrac{1}{\sqrt{x_0}}-\sqrt{x_0}-\dfrac{4}{3}\sqrt{2}$.

4. $y=-4x^2+6x$.

5. 提示：$C\left(0,\dfrac{1}{2}\right)$，$B\left(a,a^2+\dfrac{1}{2}\right)$，$D=\dfrac{1}{2}a\,(a^2+1)$，$D_1=\dfrac{1}{3}a\left(a^2+\dfrac{3}{2}\right)$.

6. 提示：$\forall t\in(a,b)$，$S_1=\displaystyle\int_a^t[f(t)-f(x)]\mathrm{d}x$，$S_2=\displaystyle\int_t^b[f(t)-f(t)]\mathrm{d}x$，设 $F(t)=S_1-3S_2$，利用介值定理证明存在性，利用单调性证明唯一性.

7. $\dfrac{\pi}{2}a^2$.　提示：在极坐标系下计算.

8. $a=-\dfrac{5}{4}$，$b=\dfrac{3}{2}$，$c=0$.　提示：抛物线过原点得 $c=0$，$S=\displaystyle\int_0^1(ax^2+bx)\mathrm{d}x=\dfrac{1}{3}$，得 $b=\dfrac{2}{3}(1-a)$，$V_x=\displaystyle\int_0^1\pi(ax^2+bx)^2\mathrm{d}x=\dfrac{2}{135}a^2-\dfrac{1}{27}a+\dfrac{4}{27}$，令 $V'_x=0$，得 $a=-\dfrac{5}{4}$.

9. $\dfrac{1}{2}\pi^2-\dfrac{2}{3}\pi$.　提示：$V=\pi\displaystyle\int_0^1[2-(1-\sqrt{1-y^2})]^2\mathrm{d}y-\pi\displaystyle\int_0^1(2-y)^2\mathrm{d}y$.

10. $\dfrac{\pi}{6}$.　提示：切点 $(3,1)$，切线 $y=\dfrac{1}{2}(x-1)$，$V_x=\pi\displaystyle\int_1^3\dfrac{1}{4}(x-1)^2\mathrm{d}x-\pi\displaystyle\int_2^3(\sqrt{x-2})^2\mathrm{d}x$.

11. (1) $\dfrac{\pi}{2}(1-\mathrm{e}^{-2\xi})$，$a=\dfrac{1}{2}\ln2$.　提示：$V_x(\xi)=\pi\displaystyle\int_0^\xi(\mathrm{e}^{-x})^2\mathrm{d}x=\pi\displaystyle\int_0^\xi\mathrm{e}^{-2x}\mathrm{d}x$，$\dfrac{1}{2}\lim\limits_{\xi\to+\infty}V_x(\xi)=\dfrac{1}{2}\lim\limits_{\xi\to+\infty}\dfrac{\pi}{2}\left(1-\dfrac{1}{\mathrm{e}^{2\xi}}\right)=\dfrac{\pi}{4}$，$V_x(a)=\dfrac{\pi}{2}(1-\mathrm{e}^{-2a})$，令 $\dfrac{\pi}{4}=\dfrac{\pi}{2}(1-\mathrm{e}^{-2a})$，解出 a.

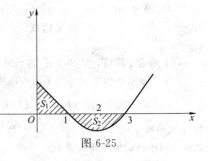

图 6-25

(2) 切点 $(1,\mathrm{e}^{-1})$，最大面积 $S(1)=\dfrac{2}{\mathrm{e}}$. 提示：设切点 (x_0,e^{-x_0})，切线：$y=\mathrm{e}^{-x_0}-\mathrm{e}^{-x_0}(x-x_0)$，截距 $X_0=1+x_0$，$Y_0=(1+x_0)\,\mathrm{e}^{-x_0}$，所围面积 $S(x_0)=\dfrac{(1+x_0)^2}{2\mathrm{e}^{x_0}}$，令 $S'(x_0)=\dfrac{1-x_0^2}{2\mathrm{e}^{x_0}}=0$.

12. (1) 提示：设过两点 $(1,0)$ 与 $(3,0)$ 的抛物线方程为 $y=a(x-1)(x-3)$，设抛物线与两坐标轴围成图形的面积为 S_1，仅与 x 轴围成图形的面积为 S_2（如图 6-25 所示），则

$$S_1=\int_0^1|a(x-1)(x-3)|\mathrm{d}x,\quad S_2=\int_1^3|a(x-1)(x-3)|\mathrm{d}x.$$

(2) $19:8$. 提示：抛物线与两坐标轴围成图形绕 x 轴旋转而成的旋转体体积为 V_1，仅与 x 轴围成图形绕 x 轴旋转而成的旋转体体积为 V_2，则 $V_1=\pi\displaystyle\int_0^1|a(x-1)(x-3)|^2\mathrm{d}x=\dfrac{38}{15}\pi a^2$，$V_2=\pi\displaystyle\int_1^3|a(x-1)(x-3)|^2\mathrm{d}x=\dfrac{16}{15}\pi a^2$，$V_1:V_2=19:8$.

13. (1) $a=\mathrm{e}^{-1}$，切点 $(\mathrm{e}^2,1)$；(2) $S=\dfrac{1}{6}\mathrm{e}^2-\dfrac{1}{2}$；(3) $V_x=\dfrac{\pi}{2}$.

14. $\dfrac{\pi}{2}$.　提示：$V_y=\pi\displaystyle\int_{-\frac{1}{4}}^0\left[\left(\dfrac{3}{2}+\sqrt{y+\dfrac{1}{4}}\right)^2-\left(\dfrac{3}{2}-\sqrt{y+\dfrac{1}{4}}\right)^2\right]\mathrm{d}y$ 或

$V_y=2\pi\displaystyle\int_1^2 x\,|(x-1)(x-2)|\,\mathrm{d}x$.

15. (1) $a=\dfrac{1}{\sqrt{2}}$，最小值 $\dfrac{2-\sqrt{2}}{6}$.　提示：当 $0<a<1$ 时，$S=S_1+S_2=\displaystyle\int_0^a(ax-x^2)\mathrm{d}x+\displaystyle\int_a^1(x^2-ax)\mathrm{d}x=\dfrac{a^3}{3}-\dfrac{a}{2}+\dfrac{1}{3}$，令 $S'=0$，得 $a=\dfrac{1}{\sqrt{2}}$，而 $S''\left(\dfrac{1}{\sqrt{2}}\right)=\sqrt{2}>0$，故 $a=\dfrac{1}{\sqrt{2}}$ 是 S 在 $(0,1)$ 唯一极小点，当 $a\leqslant0$ 时，$S=S_1+S_2=\displaystyle\int_a^0(ax-x^2)\mathrm{d}x+\displaystyle\int_0^1(x^2-ax)\mathrm{d}x=-\dfrac{1}{6}a^3-\dfrac{a}{2}+\dfrac{1}{3}$，而 $S'=-\dfrac{a^2}{2}-\dfrac{1}{2}<0$，故 S

单调减少，$a=0$ 时，S 最小. 比较 $S\left(\dfrac{1}{\sqrt{2}}\right)=\dfrac{2-\sqrt{2}}{6}$，$S(0)=\dfrac{1}{3}$，所以 $a=\dfrac{1}{\sqrt{2}}$ 时，S 最小.

(2) $\dfrac{\sqrt{2}+1}{30}\pi$.　提示：$V=\pi\displaystyle\int_0^{\frac{1}{\sqrt{2}}}\left[\left(\dfrac{1}{\sqrt{2}}x\right)^2-x^4\right]\mathrm{d}x+\pi\int_{\frac{1}{\sqrt{2}}}^1\left[x^4-\left(\dfrac{1}{\sqrt{2}}x\right)^2\right]\mathrm{d}x$.

16. $f(x)=\dfrac{3}{2}ax^2+(4-a)x$，$a=-5$.　提示：当 $x\neq0$ 时，$\dfrac{xf'(x)-f(x)}{x^2}=\dfrac{3}{2}a$，即 $\dfrac{\mathrm{d}}{\mathrm{d}x}\left(\dfrac{f(x)}{x}\right)=\dfrac{3}{2}a$，

故 $x\neq0$ 时，$f(x)=\dfrac{3}{2}ax^2+Cx$. 又 $f(x)$ 在 $x=0$ 连续，故 $f(0)=\lim\limits_{x\to0}f(x)=0$，因此 $f(x)=\dfrac{3}{2}ax^2+Cx$，

$x\in[0,1]$，又由 S 的面积为 2，得 $2=\displaystyle\int_0^1\left(\dfrac{3}{2}ax^2+Cx\right)\mathrm{d}x=\dfrac{1}{2}a+\dfrac{1}{2}C$，得 $C=4-a$，从而 $f(x)=\dfrac{3}{2}ax^2$

$+(4-a)x$；$V(a)=\pi\displaystyle\int_0^1 f^2(x)\mathrm{d}x=\left(\dfrac{1}{30}a^2+\dfrac{1}{3}a+\dfrac{16}{3}\right)\pi$，$V'(a)=\left(\dfrac{1}{15}a+\dfrac{1}{3}\right)\pi$，$V''(a)=\dfrac{1}{15}\pi>0$.

17. $\dfrac{2a^2b}{3}\tan\alpha$. 提示：截面面积 $S(y)=\dfrac{a^2}{2}\left(1-\dfrac{y^2}{b^2}\right)\tan\alpha$，或 $S(x)=2b\pi\cdot\sqrt{1-\dfrac{x^2}{a^2}}\tan\alpha$.

18. (1) $-\dfrac{1}{2}+\ln3$；　(2) 8；　(3) $8a$；　(4) 4.

19. 提示：椭圆周长为 $S_1=\displaystyle\int_0^{2\pi}\sqrt{a^2\sin^2t+b^2\cos^2t}\,\mathrm{d}t=\int_0^{2\pi}\sqrt{a^2-(a^2-b^2)\cos^2t}\,\mathrm{d}t$，正弦曲线在一个周期上

的周长 $S_2=\displaystyle\int_0^{2\pi b}\sqrt{1+\dfrac{a^2-b^2}{b^2}\left(\cos\dfrac{x}{b}\right)^2}\,\mathrm{d}x\xlongequal{\text{令 }t=\frac{x}{b}}\int_0^{2\pi}\sqrt{b^2+(a^2-b^2)\cos^2t}\,\mathrm{d}t=\int_0^{2\pi}\sqrt{a^2-(a^2-b^2)\sin^2t}\,\mathrm{d}t$，

再作代换 $u=\dfrac{\pi}{2}-t$，并利用函数 $\cos u$ 的周期性，可得 $S_2=S_1$.

20. $4\pi^2ab$.　提示：表面积为上半圆与下半圆分别绕 x 轴旋转而成的侧面积之和，由侧面积公式，$S=$

$2\pi\displaystyle\int_{-a}^a[b+\sqrt{a^2-x^2}+b-\sqrt{a^2-x^2}]\cdot\dfrac{a}{\sqrt{a^2-x^2}}\mathrm{d}x$.

第二节　定积分的物理应用

一、内容提要

在实际问题求解时，首先要合理建立坐标系，应用元素法，结合物理原理，确定积分变量及积分限，最后用定积分表达出所求的物理量.

1. 功

某物体在变力 $f(x)$ 作用下，沿 x 轴由点 A 移动到点 B，则变力对物体所做微功为

$$\mathrm{d}W=f(x)\mathrm{d}x$$

2. 液体静压力

设液体密度为 ρ，在液体深为 h 处的压力 $P=\rho gh$，若小块面积为 $\mathrm{d}A$，则处于液体深为 h 处的小块面积上所受的压力元素为

$$\mathrm{d}P=P\mathrm{d}A=\rho gh\mathrm{d}A$$

3. 引力

利用质量分别为 m_1，m_2 的两质点间的引力 $F=\dfrac{km_1m_2}{r^2}$（其中 r 为质点间距离），建立引力元素 $\mathrm{d}F$，注意力是一个向量，只有同方向的力才具有叠加性，因此要将 $\mathrm{d}F$ 分解到各坐标轴上，即得 $\mathrm{d}F_x$，$\mathrm{d}F_y$，再分别求出 F_x，F_y，得合力 $\boldsymbol{F}=\{F_x,F_y\}$.

二、例题分析

1. 变力沿直线做功

【例 1】　某建筑工程打地基时，需用气锤将桩打进土层. 气锤每次击打都将克服土层对

桩的阻力而做功. 设土层对桩的阻力的大小与桩被打进地下的深度成正比（比例系数 $k>0$）. 气锤第一次击打将桩打进地下 a 米. 根据设计方案，要求气锤每次击打桩时所做的功与前一次击打时所做的功之比为常数 r（$0<r<1$）. 问

(1) 气锤击打桩 3 次后，可将桩打进地下多深？

(2) 若击打次数不限，气锤至多能将桩打进地下多深？

分析 本题属变力做功问题，可用定积分进行计算：物体在变力 $F(x)$ 作用下，从 $x=a$ 到 $x=b$ 做直线运动，则变力 $F(x)$ 所做的功为 $W=\int_a^b \mathrm{d}W=\int_a^b F(x)\mathrm{d}x$.

解 (1) 设第 n 次击打后，桩被打进地下 x_n 米；第 n 次击打时，气锤所做的功为 W_n（$n=1,2,3,\cdots$）. 由题设知当桩被打进地下的深度为 x 时，土层对桩的阻力的大小为 kx，于是有

$$W_1=\int_0^{x_1} kx\,\mathrm{d}x=\frac{k}{2}x_1^2=\frac{k}{2}a^2,\quad W_2=\int_{x_1}^{x_2} kx\,\mathrm{d}x=\frac{k}{2}(x_2^2-x_1^2)=\frac{k}{2}(x_2^2-a^2).$$

由 $W_2=rW_1$ 可得 $x_2^2=(1+r)a^2$. 因此有

$$W_3=\int_{x_2}^{x_3} kx\,\mathrm{d}x=\frac{k}{2}(x_3^2-x_2^2)=\frac{k}{2}[x_3^2-(1+r)a^2].$$

由 $W_3=rW_2=r^2W_1$ 可得 $x_3=\sqrt{1+r+r^2}\,a$，即气锤击打 3 次后，可将桩打进地下 $\sqrt{1+r+r^2}\,a$ 米.

(2) 由归纳法，设 $x_n=\sqrt{1+r+r^2+\cdots+r^{n-1}}\,a$，则

$$W_{n+1}=\int_{x_n}^{x_{n+1}} kx\,\mathrm{d}x=\frac{k}{2}(x_{n+1}^2-x_n^2)=\frac{k}{2}[x_{n+1}^2-(1+r+\cdots+r^{n-1})a^2].$$

由 $W_{n+1}=rW_n=r^2W_{n-1}=\cdots=r^nW_1$，故得 $x_{n+1}^2-(1+r+\cdots+r^{n-1})a^2=r^na^2$，从而 $x_{n+1}=\sqrt{1+r+\cdots+r^n}\,a=\sqrt{\dfrac{1-r^{n+1}}{1-r}}\,a$. 于是 $\lim\limits_{n\to\infty} x_{n+1}=\sqrt{\dfrac{1}{1-r}}\,a$. 即若击打次数不限，气锤至多能将桩打进地下 $\sqrt{\dfrac{1}{1-r}}\,a$ 米.

注 击打次数不限，相当于求数列的极限.

【例 2】 半径为 r 的球沉入水中，球的上部与水面相切，球的密度与水相同. 现将球从水中取出，需做多少功？

分析 由于球的密度与水相同，所以球在水中移动的部分因重力与浮力相抵消，外力不做功，而在水外移动时需克服重力做功.

解 建立坐标如图 6-26 所示. 取 x 为积分变量，变化范围为 $[-r,r]$，在 $[-r,r]$ 中任取一小区间 $[x,x+\mathrm{d}x]$，对于球中的这一薄片移动到水面不做功，从水面移动到 $2r+x$ 处做功为

$$\mathrm{d}W=\pi(r^2-x^2)\mathrm{d}x\cdot g(r+x)=\pi g(r^2-x^2)(r+x)\mathrm{d}x,$$

所以 $\quad W=\int_{-r}^r \pi g(r^2-x^2)(r+x)\mathrm{d}x=\frac{4\pi}{3}r^4 g.$

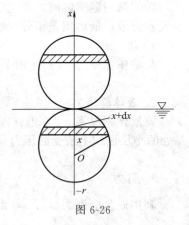

图 6-26

【例 3】 如图 6-27 所示，一容器的内侧是由图中曲线绕 y 轴旋转一周而成的曲面，该曲线由 $x^2+y^2=2y$（$y\geqslant\frac{1}{2}$）与 $x^2+y^2=1$（$y\leqslant\frac{1}{2}$）连接而成. (1) 求容器的容积；(2) 若将容器内盛满的水从容器顶部全部抽出，至少做多少功？（长度单位 m，重力加速度 g m/s^2，水的密度为 10^3 kg/m^3）

解 （1）$V = V_1 + V_2 = \pi \int_{\frac{1}{2}}^{2} (2y - y^2) \mathrm{d}y + \pi \int_{-1}^{\frac{1}{2}} (1 - y^2) \mathrm{d}y = \frac{9}{4}\pi.$

（2）$\mathrm{d}W_1 = \pi \rho g (2 - y)(1 - y^2) \mathrm{d}y, \mathrm{d}W_2 = \pi \rho g (2 - y)(2y - y^2) \mathrm{d}y.$

$$W = \pi \rho g \int_{-1}^{\frac{1}{2}} (2 - y)(1 - y^2) \mathrm{d}y + \pi \rho g \int_{\frac{1}{2}}^{2} (2 - y)(2y - 2y^2) \mathrm{d}y = \frac{27}{8}\pi \rho g.$$

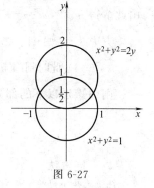

图 6-27

2. 液体静压力

【**例 4**】 边长为 a 和 b 的矩形薄板，与液面成 α 角斜沉于液体内，长边平行于液面而位于深 h 处，设 $a > b$，液体的密度为 ρ，试求薄板每面所受的压力.

解 如图6-28建立坐标系，点 A 位于水深 h 处，点 B 位于水深 $h + b\sin\alpha$ 处，取积分变量为 x，变化范围为 $[h, h + b\sin\alpha]$，任取一小区间 $[x, x + \mathrm{d}x]$，压力元素

$\mathrm{d}p = \rho g x \mathrm{d}S = \rho g x a \dfrac{\mathrm{d}x}{\sin\alpha}$，则薄板每面所受压力

$$p = \int_{h}^{h + b\sin\alpha} \frac{\rho g a}{\sin\alpha} \cdot x \mathrm{d}x = \frac{\rho g a}{\sin\alpha} \cdot \frac{x^2}{2} \bigg|_{h}^{h+b\sin\alpha} = \frac{\rho g a b}{2}(2h + b\sin\alpha).$$

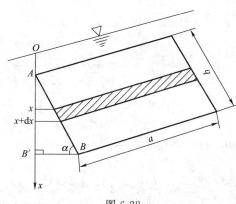

图 6-28

【**例 5**】 某闸门的形状与大小如图 6-29 所示，其中直线 l 为对称轴，闸门的上部为矩形 $ABCD$，下部由二次抛物线与线段 AB 所围成，当水面与闸门的上端相平时，欲使闸门矩形部分承受的水压力与闸门下部承受的水压力之比为 5 : 4，闸门矩形部分的高 h 应为多少？（单位：m）

解 **方法一** 如图 6-30 建立坐标系，则闸门下部边缘抛物线的方程为 $y = x^2$（$-1 \leqslant x \leqslant 1$）。由液体侧压力公式知，闸门的矩形部分所承受的水压力为

$$p_1 = 2 \int_{1}^{h+1} \rho g (h + 1 - y) \mathrm{d}y = \rho g h^2$$

同理，闸门的矩形以下的部分所承受的水压力为

$$p_2 = 2 \int_{0}^{1} \rho g (h + 1 - y) \sqrt{y} \mathrm{d}y = 2\rho g \left[\frac{2}{3}(h + 1) y\sqrt{y} - \frac{2}{5} y^2 \sqrt{y} \right] \bigg|_{0}^{1} = 4\rho g \left(\frac{1}{3}h + \frac{2}{15} \right),$$

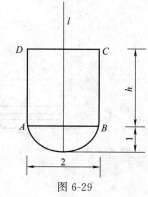

图 6-29

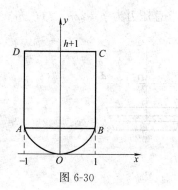

图 6-30

由题意知 $p_1 : p_2 = 5 : 4$，所以有 $4p_1 = 5p_2$，即

$$4\rho g h^2 = 20\rho g \left(\frac{1}{3}h + \frac{2}{15} \right),$$

由此解得 $h=2$，$h=-\dfrac{1}{3}$（舍去）因此闸门矩形部分高应为 2m.

方法二 如图 6-31 建立坐标系，抛物线方程为 $x=h+1-y^2$ $(0 \leqslant x \leqslant h+1)$.此时闸门矩形部分所承受的水压力为 $p_1=\displaystyle\int_o^h 2\rho gx\,\mathrm{d}x=\rho gh^2$.

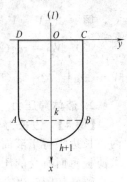

闸门矩形以下的部分所承受的水压力为

$$p_2=\int_h^{h+1} 2\rho gx\ \sqrt{h+1-x}\,\mathrm{d}x=4\rho g\left(\frac{h}{3}+\frac{2}{15}\right).$$

以下同方法一.

图 6-31

注 选择不同的坐标系进行计算，积分表达式略有不同，但计算结果应保持一致.

【例 6】 设有一梯形闸门的上底为 $2a$，下底为 $2b$，高为 h. 把它垂直置于水面下，且其上底边与水平面平行，距离为 l. 求该闸门所受的总水压力.

解 方法一 如图 6-32 建立坐标系，则梯形一腰 AB 的点 A 坐标为 (l,a)，点 B 坐标为 $(l+h,b)$，故 AB 所在的直线方程为 $y-a=\dfrac{b-a}{h}(x-l)$，则 $[x,x+\mathrm{d}x]$ 的小横条面上所受水压力微元为 $\mathrm{d}p=\rho gx\mathrm{d}S=\rho gx2y\mathrm{d}x=2\rho gx\left[a+\dfrac{b-a}{h}(x-l)\right]\mathrm{d}x$，

于是所求总压力为 $p=2\rho g\displaystyle\int_l^{l+h} x\left[a+\frac{b-a}{h}(x-l)\right]\mathrm{d}x=l(a+b)h+\frac{1}{3}(a+2b)h^2$.

方法二 如图 6-33 建立坐标系，则梯形一腰 AB 的点 A 坐标为 $(0,a)$，点 B 坐标为 (h,b)，故 AB 所在的直线方程为 $y-a=\dfrac{b-a}{h}x$，则 $[x,x+\mathrm{d}x]\subset[0,h]$ 的小横条面上所受水压力微元为 $\mathrm{d}p=\rho g(l+x)\mathrm{d}S=\rho g(l+x)2y\mathrm{d}x=2\rho g(l+x)\left[a+\dfrac{b-a}{h}x\right]\mathrm{d}x$，

于是所求总压力为 $p=2\rho g\displaystyle\int_l^{l+h}(l+x)\left(a+\frac{b-a}{h}x\right)\mathrm{d}x=l(a+b)h+\frac{1}{3}(a+2b)h^2$.

方法三 如图 6-34 建立坐标系，则梯形一腰 AB 的点 A 坐标为 (a,h)，点 B 坐标为 $(b,0)$，故 AB 所在的直线方程为 $y=\dfrac{h}{a-b}(x-b)$，则 $[y,y+\mathrm{d}y]\subset[0,h]$ 的小横条面上所受水压力微元为 $\mathrm{d}p=\rho g\ (l+h-y)\ \mathrm{d}S=\rho g\ (l+h-y)\ 2x\mathrm{d}y=2\rho g\ (l+h-y)\ \left(b+\dfrac{a-b}{h}y\right)\mathrm{d}y$，

于是所求总压力为 $p=2\rho g\displaystyle\int_0^l (l+h-y)\left(b+\frac{a-b}{h}y\right)\mathrm{d}y=l(a+b)h+\frac{1}{3}(a+2b)\ h^2$.

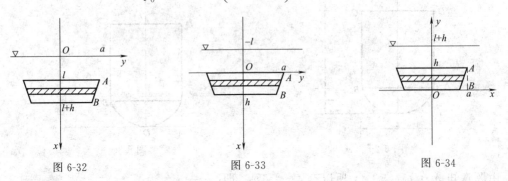

图 6-32   图 6-33   图 6-34

3. 质量

【例 7】 一圆锥体，底半径为 R，高为 H，其上任一点 P 处的密度记为 λ，若

（1）λ 与 $H-d$ 成正比，其中 d 是 P 到底面的距离；

（2）λ 与 P 到圆锥体的轴线的距离成正比.

对以上两种情形，分别用定积分表示出此圆锥体的质量.

解　取坐标系如图 6-35 所示，本题应根据密度 λ 的两种不同的给法，对圆锥体采用不同的分割方法，由此确定所用的积分变量.

（1）因为在平行于底面的截面上各点的密度相等，所以应该用一族平行于底面的平面将圆锥体分割成许多层，每一层是近似于圆柱的薄片.

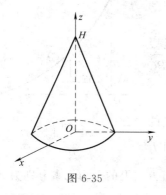

图 6-35

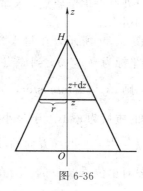

图 6-36

取 z 为积分变量，z 的变化区间为 $[0,H]$. 在 $[0,H]$ 中任取一个小区间 $[z,z+\mathrm{d}z]$，这小区间所对应的薄圆台（近似于薄圆柱，见图 6-36）的质量为

$$\mathrm{d}M = 薄圆柱体积·密度\ \lambda = \pi r^2 \mathrm{d}z k(H-z)$$

$$= \pi \frac{R^2}{H^2}(H-z)^2 k(H-z)\mathrm{d}z = k\pi \frac{R^2}{H^2}(H-z)^3\mathrm{d}z,$$

所以圆锥体的质量可表示为

$$M = \int_0^H k\pi \frac{R^2}{H^2}(H-z)^3\mathrm{d}z.$$

（2）因为凡是到 z 轴距离相等的点密度都相等，所以应该将圆锥体分割成一层层的同轴的薄圆筒. 取 y 为积分变量，y 的变化区间为 $[0,R]$，在 $[0,R]$ 中任取一小区间 $[y,y+\mathrm{d}y]$（图 6-37），与这小区间对应的薄圆筒的质量为

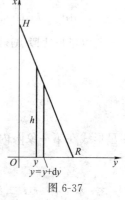

图 6-37

$$\mathrm{d}M = 薄圆筒体积·密度\ \lambda = 2\pi yh\mathrm{d}y·ky = 2\pi y\frac{H}{R}(R-y)\mathrm{d}y·ky = 2k\pi\frac{H}{R}y^2(R-y)\mathrm{d}y,$$

所以圆锥体的质量可表示

$$M = \int_0^R 2k\pi\frac{H}{R}y^2(R-y)\mathrm{d}y.$$

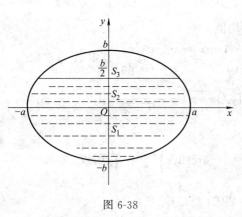

图 6-38

【例 8】　一个高为 l 的柱体形储油罐，底面是长轴为 $2a$，短轴为 $2b$ 的椭圆. 现将储油罐平放，当油罐中油面高度为 $\frac{3}{2}b$ 时（如图 6-38 所示），计算油的质量.

解　如图 6-38 建立坐标系，则油罐底面椭圆方程为 $\frac{x^2}{a^2}+\frac{y^2}{b^2}=1$，记 S_1 为下半椭圆阴影面积，则 $S_1=\frac{1}{2}\pi ab$，记 S_2 为上半阴影面积，则 $S_2=$

$2\int_0^{\frac{b}{2}} a\sqrt{1-\frac{y^2}{b^2}}\,dy$. 设 $x=a\cos t, y=b\sin t$, 则 $S_2=2ab\int_0^{\frac{\pi}{6}}\sqrt{1-\sin^2 t}\cos t\,dt=ab\left(\frac{\pi}{6}+\frac{\sqrt{3}}{4}\right)$.

于是油的质量为 $(S_1+S_2)\,l\rho g=\left(\frac{1}{2}\pi ab+\frac{\pi}{6}ab+\frac{\sqrt{3}}{4}ab\right)l\rho g=\left(\frac{2\pi}{3}+\frac{\sqrt{3}}{4}\right)abl\rho g$.

4. 引力

【例9】 设第一象限的星形线 $x=a\cos^3 t$, $y=a\sin^3 t$
上每一点处的线密度的大小等于该点到原点距离的立
方, 在原点 O 处有一单位质点, 求星形线在第一象限的
弧段对质点的引力.

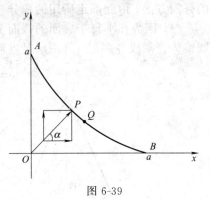

图 6-39

解 如图 6-39 所示, 在星形线上任取一小弧段
$\overparen{PQ}$, 点 P 的坐标为 (x,y), 到原点 O 的距离为 r, $\overparen{PQ}$
的弧长为 ds, 则 $ds=3a\sin t\cos t\,dt$, $0\leqslant t\leqslant\frac{\pi}{2}$.

故小弧段 $\overparen{PQ}$ 的质量为 $r^3\,ds$. 于是小弧段对单位质点的
引力为 $dF=k\dfrac{r^3\,ds}{r^2}=kr\,ds$ (方向与 $\overrightarrow{OP}$ 同向), r 为引力

系数. 小弧段对单位质点 O 的引力在水平方向及垂直方向上的分力元素分别为

$$dF_x=kr\,ds\cdot\cos\alpha=kr\,ds\cdot\frac{x}{r}=kx\,ds=ka\cos^3 t\cdot3a\sin t\cos t\,dt=3ka^2\cos^4 t\sin t\,dt,$$

$$dF_y=kr\,ds\cdot\sin\alpha=kr\,ds\cdot\frac{y}{r}=ky\,ds=ka\sin^3 t\cdot3a\sin t\cos t\,dt=3ka^2\sin^4 t\cos t\,dt.$$

所以星形线段 AB 对单位质点的引力在 x 轴方向的分力 F_x 及在 y 轴上的分力 F_y 分别为

$$F_x=\int_0^{\frac{\pi}{2}}dF_x=\int_0^{\frac{\pi}{2}}3ka^2\sin t\cos^4 t\,dt=\frac{3}{5}ka^2,$$

$$F_y=\int_0^{\frac{\pi}{2}}dF_y=\int_0^{\frac{\pi}{2}}3ka^2\sin^4 t\cos t\,dt=\frac{3}{5}ka^2.$$

即星形线在第一象限内的弧段对单位质点 O 的引力为

$$\boldsymbol{F}=\left\{\frac{3}{5}ka^2,\frac{3}{5}ka^2\right\}.$$

注 本题中星形线上各小弧段对质点的引力不在同一方向上, 而不在同一方向上的力不能按数量相加,
即不满足元素法中要求的可加性条件, 所以不能对 dF 直接积分. 而必须将 dF 投影到各坐标轴上, 得到 dF_x
与 dF_y, 对同方向的力才能积分. 在用元素法处理引力问题时, 必须注意这一点.

5. 平均值

连续函数 $f(x)$ 在 $[a,b]$ 上的平均值为 $\dfrac{1}{b-a}\int_a^b f(x)\,dx$.

【例10】 求下列函数 $f(x)$ 在相应区间上的平均值:

(1) $f(x)=\dfrac{x^2}{\sqrt{1-x^2}}$, $\dfrac{1}{2}\leqslant x\leqslant\dfrac{\sqrt{3}}{2}$; (2) $f(x)=\begin{cases}A\sin x, & 0\leqslant x\leqslant\pi,\\ 0, & \pi<x\leqslant2\pi,\end{cases}$ 其中 A 是常数.

解 (1) $\dfrac{1}{\dfrac{\sqrt{3}}{2}-\dfrac{1}{2}}\int_{\frac{1}{2}}^{\frac{\sqrt{3}}{2}}\dfrac{x^2}{\sqrt{1-x^2}}\,dx=\dfrac{-2}{\sqrt{3}-1}\int_{\frac{1}{2}}^{\frac{\sqrt{3}}{2}}\left(\sqrt{1-x^2}-\dfrac{1}{\sqrt{1-x^2}}\right)dx$

$$=\frac{-2}{\sqrt{3}-1}\left[\left(\frac{1}{2}\arcsin x+\frac{1}{2}x\sqrt{1-x^2}\right)-\arcsin x\right]\Bigg|_{\frac{1}{2}}^{\frac{\sqrt{3}}{2}}=\frac{1}{12}(1+\sqrt{3})\pi.$$

(2) $\dfrac{1}{2\pi-0}\int_0^{2\pi}f(x)\,dx=\dfrac{1}{2\pi}\left(\int_0^\pi A\sin x\,dx+\int_\pi^{2\pi}0\,dx\right)=\dfrac{A}{\pi}$.

三、习　　题

1. 求曲线 $x^2 + (y-b)^2 = a^2$ $(a<b)$ 绕 x 轴旋转而成的圆环面的表面积.

2. 在平面上有一运动的质点, 分速度为 $V_x = 5\sin t$, $V_y = 2\cos t$, 又 $x(0)=5$, $y(0)=0$, 求 t 时刻的质点的坐标.

3. 将密度为 0.5kg/m^3, 半径为 R 的球抛入水中, 待球静止后将球压入水中, 使其顶端与水面平齐, 问压球应做多少功?

4. 一个由抛物线绕 y 轴旋转而成的旋转抛物面容器, 容器内盛有 π 的水, 且水面在 $y=2$ 处, 试问把容器内的水在 $y=4$ 的面上全部抽完需做功多少?

5. 为清除井底的污泥, 用缆绳将抓斗放入井底. 抓起污泥后提出井口 (见图 6-40), 已知井深 30m, 抓斗自重 400N, 缆绳每米重 50N, 抓斗抓起的污泥重 2000N, 提升速度为 3m/s, 在提升过程中, 污泥以 20N/s 的速度从抓斗缝隙中漏掉, 现将抓起污泥的抓斗提升至井口, 问克服重力需做多少焦耳的功? (抓斗的高度及位于井口上方的缆绳长度忽略不计)

6. 等腰三角形闸门铅直立于水中, 闸门高为 a, 而水面距闸门上底距离为 h, 三角形底为 b, 求闸门所受水压力.

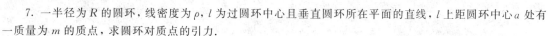

图 6-40

7. 一半径为 R 的圆环, 线密度为 ρ, l 为过圆环中心且垂直圆环所在平面的直线, l 上距圆环中心 a 处有一质量为 m 的质点, 求圆环对质点的引力.

8. 设两质点的质量为 m_1, m_2, 相距为 a, 现将其中一个质点沿两质点的延长线向外移动距离 l, 求克服引力所做的功.

9. 一正圆台形立体, 上底半径 $r=1$, 下底半径 $R=2$, 高 $h=1$, 立体上任一点的密度 ρ 数值上等于该点到上底所在平面的距离, 求立体的质量.

10. 半径为 R 的圆板, 其上每一点所受的载荷分别按下列两种规律分布:

(1) $\lambda = \ln(1+r)$, r 为圆板上任一点到圆心的距离;

(2) $\lambda = 1 + \sin^2\theta$, θ 为圆板上任一点的极角.

试分别求出圆板所受的总载荷.

四、习题解答与提示

1. $4\pi^2 ab$.

2. $(-5\cos t + 10, 2\sin t)$.

3. $\dfrac{5}{12}\pi R^4$. 　　提示: 球静止时, 其最底处离水面应为 R, 而将球完全压进水内时, 最低处离水面应为 $2R$. 若将球最低处由 h $(h \geqslant R)$ 推到 $h + \mathrm{d}h$ 处, 所做微功 $\mathrm{d}W = [$浮力$-$重力$]\mathrm{d}h = \left[\pi h^2\left(R - \dfrac{h}{3}\right) - \dfrac{4}{3}\pi R^3 \cdot 0.5\right]\mathrm{d}h = \pi\left(Rh^2 - \dfrac{h^3}{3} - \dfrac{2}{3}R^3\right)\mathrm{d}h$, 故 $W = \displaystyle\int_R^{2R}\mathrm{d}W$.

4. $\dfrac{8}{3}\pi$. 　　提示: 设 $y = ax^2$ $(a>0)$, $V = \displaystyle\int_0^2 \pi x^2\,\mathrm{d}y = \int_0^2 \dfrac{\pi}{a}y\,\mathrm{d}y = \pi$, 得 $a=2$, $W = \displaystyle\int_0^2 (4-y)\pi x^2\,\mathrm{d}y$.

5. 91500 J. 　　提示: 取坐标原点在井底, x 轴方向向上. 当抓斗运动到 x 处时, 作用力 $f(x) = $ 抓斗的自重 $+$ 缆绳的重力 $+$ 污泥的重力 $= 400 + 50(30-x) + 2000 - \dfrac{1}{3}x \cdot 20 = 3900 - \dfrac{170}{3}x$, 于是, $W = \displaystyle\int_0^{30}\left(3900 - \dfrac{170}{3}x\right)\mathrm{d}x$.

6. $\dfrac{\gamma ab}{6}(a + 3h)$. 　　提示: 取原点在闸门上底中间, x 轴垂直向下, $p = \displaystyle\int_0^a \gamma\dfrac{b}{a}(x+h)(a-x)\,\mathrm{d}x$.

7. $\boldsymbol{F}\left(0, 0, -\dfrac{2k\pi a m\rho R}{(R^2+a^2)^{\frac{3}{2}}}\right)$, 取圆环中心为坐标原点, xOy 面在圆环面上, 质点坐标为 $(0, 0, a)$, 取圆心角 θ 为积分变量, $\theta \in [0, 2\pi]$, 引力元素 $\mathrm{d}F = \dfrac{km\rho R\mathrm{d}\theta}{R^2+a^2}$, 往坐标轴上投影, 由对称性得 $F_x = F_y = 0$,

$$F_z = -\int_0^{2\pi} \frac{km\rho Ra\,\mathrm{d}\theta}{(R^2+a^2)^{\frac{3}{2}}}.$$

8. $\dfrac{km_1 m_2 l}{a(a+l)}.$

9. $\dfrac{17}{12}\pi.$

10. (1) $\pi\left[(R^2-1)\ln(1+R)+\dfrac{R}{2}(2-R)\right]$; (2) $\dfrac{3}{2}\pi R^2$. 提示：(1) 取半径 r 为积分变量，$P=\int_0^R 2\pi r\ln(1+r)\,\mathrm{d}r$；(2) 取极角 θ 为积分变量，$P=\int_0^{2\pi}\dfrac{1}{2}R^2(1+\sin^2\theta)\,\mathrm{d}\theta.$

第七章　向量代数与空间解析几何

基本要求与重点要求

1. 基本要求

理解空间直角坐标系. 理解向量的概念及其表示. 掌握向量的运算（线性运算、数量积、向量积）. 了解两个向量垂直、平行的条件. 掌握单位向量、方向余弦、向量的坐标表达式以及用坐标表达式进行向量运算的方法. 掌握平面的方程和直线的方程及其求法. 会利用平面，直线的相互关系解决有关问题. 理解曲面方程的概念. 了解常用二次曲面的方程及其图形. 了解以坐标轴为旋转轴的旋转曲面及母线平行于坐标轴的柱面方程. 了解空间曲线的参数方程和一般方程. 了解曲面的交线在坐标平面上的投影.

2. 重点要求

空间直角坐标系、向量的概念及其表示. 向量的运算（线性运算、数量积、向量积）. 单位向量、方向余弦、向量的坐标表达式以及用坐标表达式进行向量运算的方法. 平面的方程和直线的方程及其求法. 曲面方程的概念.

知识点关联网络

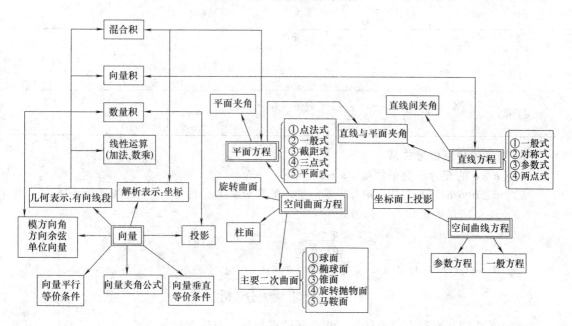

第一节　向量代数

一、内容提要

1. 向量的表示

（1）向量的几何表示：有向线段.

（2）向量的解析表示：向量的坐标或向量在坐标轴上的分解式.

2. 与向量有关的概念

(1) 向量的大小称为向量的模.

(2) 模为 1 的向量称为单位向量.

(3) 模等于零的向量称为零向量. 它的方向任意.

(4) 向量与坐标轴的夹角称为方向角. 方向角的余弦称为向量的方向余弦.

(5) 向量在坐标轴上的投影就是向量的坐标.

3. 向量 a 在 u 轴上的投影

$$\text{Prj}_u a = |a| \cdot \cos(\widehat{a,u}).$$

4. 向量的基本关系式

设 $a = \{a_x, a_y, a_z\}$，方向角 α, β, γ，$|a| = \sqrt{a_x^2 + a_y^2 + a_z^2}$，

$$\cos\alpha = \frac{a_x}{|a|}, \ \cos\beta = \frac{a_y}{|a|}, \ \cos\gamma = \frac{a_z}{|a|}, \ \cos^2\alpha + \cos^2\beta + \cos^2\gamma = 1,$$

a 的单位向量：$a^0 = \dfrac{a}{|a|} = \left\{ \dfrac{a_x}{|a|}, \dfrac{a_y}{|a|}, \dfrac{a_z}{|a|} \right\} = \{\cos\alpha, \cos\beta, \cos\gamma\}$.

5. 向量的运算

向量运算 ＼ 向量表示	有向线段	坐标
加减法	平行四边形法则 三角形法则 多边形法则	对应坐标相加减 $(a_x \pm b_x, a_y \pm b_y, a_z \pm b_z)$
数乘	共线 $\begin{array}{l}\lambda>0,\text{同向}\\\lambda<0,\text{反向}\end{array}$	数乘坐标 $(\lambda a_x, \lambda a_y, \lambda a_z)$
点乘(数量积)	$a \cdot b = |a| \cdot |b| \cdot \cos\theta \quad \theta = (\widehat{a,b})$	$a \cdot b = a_x b_x + a_y b_y + a_z b_z$
叉乘 (向量积)	$c: |c| = |a| \cdot |b| \cdot \sin\theta \quad \theta = (\widehat{a,b})$ 方向：右手系	$a \times b = \begin{vmatrix} i & j & k \\ a_x & a_y & a_z \\ b_x & b_y & b_z \end{vmatrix}$
混合积	$[a,b,c] = (a \times b) \cdot c = |a \times b| \cdot |c| \cdot \cos\alpha$ α 是 c 与 $a \times b$ 夹角	$[a,b,c] = \begin{vmatrix} a_x & a_y & a_z \\ b_x & b_y & b_z \\ c_x & c_y & c_z \end{vmatrix}$

6. 向量的相互位置关系

(1) $a \perp b$ 的充分必要条件是：$a \cdot b = 0$.

(2) $a /\!/ b$ 或 a 与 b 共线（b 为非零向量）的充分必要条件是：$a \times b = 0$ 或 $a = \lambda b$.

(3) 两个向量的夹角与夹角余弦

$$cos\theta = \frac{a \cdot b}{|a||b|}, 0 \leqslant \theta \leqslant \pi, \theta = (\widehat{a,b}).$$

(4) a，b，c 共面的充分必要条件是：$[a,b,c] = 0$.

二、例 题 分 析

本章首先建立空间直角坐标系，将空间的点与三元有序数组（点的坐标）相对应. 从而使曲面、曲线与三元方程（组）相对应. 为了深入研究其关系，引进向量概念、投影定理以及坐标表达式等，使几何问题代数化.

1. 向量的表示及与向量有关的概念

向量是既有大小，又有方向的一类量，它有两种表示方法，即有向线段与坐标. 若用有向线段表示向量，则有向线段的方向表示向量的方向，有向线段的长度表示向量的大小. 若用坐标表示向量，则用向量终点的坐标减去起点的坐标，便得到向量的坐标表示.

与向量有关的概念包括：向量的模，向量的单位化，向量的方向角和方向余弦. 当给定

向量的坐标以后，必须能够求出这些有关的量．尽管这些量的计算并不复杂，但它们是讨论空间解析几何中许多问题的基础，所以必须熟练掌握，准确计算．

【例1】 已知两点 $M_1(4,\sqrt{2},1)$ 和 $M_2(3,0,2)$．计算向量 $\overrightarrow{M_1M_2}$ 的模，方向余弦，方向角以及与 $\overrightarrow{M_1M_2}$ 同方向的单位向量．

分析 根据向量单位化的公式和方向余弦的含义可知，单位向量的坐标就是向量的方向余弦．

解 向量 $\overrightarrow{M_1M_2}$ 的坐标表示：$\overrightarrow{M_1M_2}=\{3-4,0-\sqrt{2},2-1\}=\{-1,-\sqrt{2},1\}$．

$\overrightarrow{M_1M_2}$ 的模：$|\overrightarrow{M_1M_2}|=\sqrt{(-1)^2+(-\sqrt{2})^2+1^2}=2$．

与 $\overrightarrow{M_1M_2}$ 同方向的单位向量：$\overrightarrow{M_1M_2^0}=\dfrac{\overrightarrow{M_1M_2}}{|\overrightarrow{M_1M_2}|}=\left\{-\dfrac{1}{2},-\dfrac{\sqrt{2}}{2},\dfrac{1}{2}\right\}$．

$\overrightarrow{M_1M_2}$ 的方向余弦：$\cos\alpha=-\dfrac{1}{2}$，$\cos\beta=-\dfrac{\sqrt{2}}{2}$，$\cos\gamma=\dfrac{1}{2}$．

$\overrightarrow{M_1M_2}$ 的方向角：$\alpha=\dfrac{2\pi}{3}$，$\beta=\dfrac{3\pi}{4}$，$\gamma=\dfrac{\pi}{3}$．

注： 向量的表示与运算，常常归结到其单位向量的表示与运算，而 $a^0=\dfrac{a}{|a|}=\cos\alpha i+\cos\beta j+\cos\gamma k$，这个表达式在解题中经常用到．

2. 向量的运算及其应用

向量的运算包括：加法、数乘、数量积、向量积、混合积和向量在轴上的投影．

【例2】 已知单位向量 $\overrightarrow{OA}$ 与三个坐标轴的夹角相等，B 点是 $M(1,-3,2)$ 关于点 $N(-2,2,1)$ 的对称点，求 $\overrightarrow{OA}\times\overrightarrow{OB}$．

解 设 $\overrightarrow{OA}=\{\cos\alpha,\cos\beta,\cos\gamma\}$，显然有 $\begin{cases}\alpha=\beta=\gamma,\\ \cos^2\alpha+\cos^2\beta+\cos^2\gamma=1.\end{cases}$

由此解出 $\cos\alpha=\pm\dfrac{1}{\sqrt{3}}$，$\cos\beta=\pm\dfrac{1}{\sqrt{3}}$，$\cos\gamma=\pm\dfrac{1}{\sqrt{3}}$，即 $\overrightarrow{OA}=\pm\left\{\dfrac{1}{\sqrt{3}},\dfrac{1}{\sqrt{3}},\dfrac{1}{\sqrt{3}}\right\}$．

设点 $B(x,y,z)$，则 $\overrightarrow{OB}=\{x,y,z\}$，由对称关系可知

$$-2=\dfrac{1+x}{2},\quad 2=\dfrac{-3+y}{2},\quad 1=\dfrac{2+z}{2},$$

解出 $x=-5$，$y=7$，$z=0$，即 $\overrightarrow{OB}=\{-5,7,0\}$．

$$\overrightarrow{OA}\times\overrightarrow{OB}=\begin{vmatrix} i & j & k \\ \dfrac{1}{\sqrt{3}} & \dfrac{1}{\sqrt{3}} & \dfrac{1}{\sqrt{3}} \\ -5 & 7 & 0 \end{vmatrix}=-\dfrac{7}{\sqrt{3}}i-\dfrac{5}{\sqrt{3}}j+\dfrac{12}{\sqrt{3}}k=\left\{\dfrac{-7}{\sqrt{3}},\dfrac{-5}{\sqrt{3}},\dfrac{12}{\sqrt{3}}\right\}.$$

【例3】 设 $a=\{-1,3,2\}$，$b=\{2,-3,-4\}$，$c=\{-3,12,6\}$，证明三向量 a，b，c 共面，并用 a 和 b 表示 c．

解 由 $[a,b,c]=(a\times b)\cdot c=\begin{vmatrix}-1 & 3 & 2 \\ 2 & -3 & -4 \\ -3 & 12 & 6\end{vmatrix}=0$ 可知向量 a，b，c 共面．

设 $c=\lambda a+\mu b$，代入 a,b,c 的坐标，

有 $\begin{cases}-\lambda+2\mu=-3,\\ 3\lambda-3\mu=12,\\ 2\lambda-4\mu=6,\end{cases}$ 解出 $\lambda=5$，$\mu=1$，所以 $c=5a+b$．

【例4】 设 $a=\{2,-3,1\}$, $b=\{1,-2,3\}$, $c=\{2,1,2\}$, r 满足 $r\perp a$, $r\perp b$, $\mathrm{Prj}_c r=14$, 求 r.

解 因为 $r\perp a$, $r\perp b$, 所以 $r/\!/a\times b$, 利用三阶行列式计算得

$$a\times b=\begin{vmatrix} i & j & k \\ 2 & -3 & 1 \\ 1 & -2 & 3 \end{vmatrix}=-7i-5j-k,$$

r 可表作 $r=\{-7\lambda,-5\lambda,-\lambda\}$, $\mathrm{Prj}_c r=|r|\cdot\cos(\widehat{c,r})=|r|\cdot\dfrac{c\cdot r}{|c||r|}=\dfrac{-21\lambda}{3}=14$, 解出 $\lambda=-2$, 即 $r=\{14,10,2\}$.

注 解向量代数的问题, 特别要注意向量之间的位置关系与向量的运算之间的联系.

【例5】 设 $a=\{2,-1,-2\}$, $b=\{1,1,z\}$, 问 z 为何值时 $(\widehat{a,b})$ 最小, 并求出此最小值.

解 设 $(\widehat{a,b})=\theta$, $0\leqslant\theta\leqslant\pi$, $\cos\theta=\dfrac{a\cdot b}{|a|\cdot|b|}=\dfrac{1-2z}{3\sqrt{2+z^2}}$. 将 θ 视为 z 的函数, 两边对 z 求导数, 并解出

$$\theta'(z)=\dfrac{3(4+z)}{9(2+z^2)^{3/2}\cdot\sin\theta},$$

不难看出, 当 $\theta=0$ 或 π 时, z 值不存在; 当 $0<\theta<\pi$ 时, $\sin\theta>0$; 令 $\theta'(z)=0$, 解出 $z=-4$. 当 $z<-4$ 时, 有 $\theta'(z)<0$; 当 $z>-4$ 时, 有 $\theta'(z)>0$. 所以 $z=-4$ 是 $\theta(z)$ 在 $(0,\pi)$ 内的唯一极值点, 且为极小值点. 因此, 当 $z(\theta)=-4$ 时, $\theta=(\widehat{a,b})$ 有最小值, 且最小值为 $\dfrac{\pi}{4}$.

【例6】 设 $|a|=4$, $|b|=3$, $(\widehat{a,b})=\dfrac{\pi}{6}$, 求以 $a+2b$ 和 $a-3b$ 为边的平行四边形的面积.

分析 利用叉乘模的几何意义可以计算平行四边形或三角形的面积. 以非零向量 a, b 为邻边的平行四边形面积为 $S=|a\times b|$

解 依题意有 $S=|(a+2b)\times(a-3b)|$, 计算得

$$|(a+2b)\times(a-3b)|=|a\times a+2b\times a-a\times 3b-2b\times 3b|=|-5a\times b|=|-5|a|\cdot|b|\cdot\sin\dfrac{\pi}{6}|=30.$$

因此所求平行四边形的面积 $S=30$.

三、习　　题

1. 在 xOy 面内求一个与 $a=5i-3j+4k$ 垂直, 并且与 a 长度相同的向量.

2. 三角形三个顶点坐标为: $A(3,4,-1)$, $B(2,0,3)$, $C(-3,5,4)$, 求 $\triangle ABC$ 的面积.

3. 求与向量 $a=2i-j+2k$ 共线且满足方程 $a\cdot x=-18$ 的向量 x.

4. 已知 $|p|=2$, $|q|=3$, $(\widehat{p,q})=\dfrac{\pi}{3}$, 试求以 $3p-4q$ 和 $p+2q$ 为两边的平行四边形的面积与周长.

5. 设 $a=5p+2q$, $b=p-3q$ 是平行四边形的两邻边, $|p|=2\sqrt{2}$, $|p|=3$, $(\widehat{p,q})=\dfrac{\pi}{4}$, 求平行四边形两对角线的长度和平行四边形的面积.

6. 证明向量 $(a\cdot c)\cdot b-(b\cdot c)\cdot a$ 与向量 c 垂直.

7. 已知 $a\perp b$, $|a|=3$, $|b|=4$, 计算 $|(3a-b)\times(a-2b)|$.

8. 设 $a\times b=c\times d$, $a\times c=b\times d$, 证明 $a-d/\!/b-c$.

9. 已知 $(\widehat{a,b})=\dfrac{2}{3}\pi$, $|a|=3$, $|b|=4$, 求: $a\cdot b$, $(3a-2b)\cdot(a+2b)$, $|a+b|$.

10. 证明向量 $a=\{1,1,1\}$, $b=\{2,-3,4\}$ 与 $c=\{4,-11,10\}$ 共面, 并用 a 和 b 表示 c.

四、习题解答与提示

1. $\left\{\dfrac{15}{\sqrt{17}},\dfrac{25}{\sqrt{17}},0\right\}$, $\left\{-\dfrac{15}{\sqrt{17}},-\dfrac{25}{\sqrt{17}},0\right\}$. 2. $\dfrac{1}{2}\sqrt{1562}$. 3. $\{-4,2,-4\}$.

4. 周长：$12\sqrt{3}+4\sqrt{13}$，面积：$30\sqrt{3}$. 5. $\sqrt{593}$, 15, 102. 6. 提示：利用向量垂直的充要条件.

7. 60. 8. 提示：利用向量平行的充要条件. 9. -6，-61，$\sqrt{13}$. 10. $c=-2a+3b$.

第二节　曲面与空间曲线

一、内 容 提 要

1. 旋转曲面方程

坐标面上的简单曲线绕坐标轴旋转一周生成的旋转曲面，例如 YOZ 面上的曲线 $x=0$，$f(y,z)=0$ 绕 Y 轴旋转的旋转曲面为 $f(y,\pm\sqrt{x^2+z^2})=0$；绕 Z 轴旋转的旋转曲面为

$$f(\pm\sqrt{x^2+y^2},z)=0.$$

2. 空间曲线在坐标面上的投影曲线和空间体在坐标面上的投影区域

3. 二次曲面的标准方程

二、例 题 分 析

1. 空间曲面

常见的空间曲面，包括旋转曲面、柱面和二次曲面。

【例 1】 椭球面 S_1 是椭圆 $\dfrac{x^2}{4}+\dfrac{y^2}{3}=1$ 绕 x 轴旋转而成的，圆锥面 S_2 是由过点 $(4,0)$ 且与椭圆 $\dfrac{x^2}{4}+\dfrac{y^2}{3}=1$ 相切的直线绕 x 轴旋转而成.

(1) 求 S_1 及 S_2 的方程；　　(2) 求 S_1 与 S_2 之间的立体体积.

解　(1) 椭球面 S_1 的方程为 $\dfrac{x^2}{4}+\dfrac{y^2+z^2}{3}=1$. 设切点为 (x_0,y_0)，则椭圆 $\dfrac{x^2}{4}+\dfrac{y^2}{3}=1$ 在 (x_0,y_0) 处的切线方程为 $\dfrac{x_0 x}{4}+\dfrac{y_0 y}{3}=1$. 将 $x=4$，$y=0$ 代入上述切线方程得切点 $\left(1,\pm\dfrac{3}{2}\right)$，所以切线方程为 $\dfrac{x}{4}\pm\dfrac{y}{2}=1$，从而得圆锥面 S_2 的方程为 $\left(\dfrac{x}{4}-1\right)^2=\dfrac{y^2+z^2}{4}$，即 $(x-4)^2-4y^2-4z^2=0$.

(2) S_1 与 S_2 之间的立体的体积 $V=V_1-V_2$，其中 V_1 是一个底面半径为 $\dfrac{3}{2}$，高为 3 的圆锥体体积；V_2 是椭球体 $\dfrac{x^2}{4}+\dfrac{y^2+z^2}{3}\leqslant 1$ 介于平面 $x=1$ 和 $x=2$ 之间的部分的体积. 由 $V_1=\dfrac{9}{4}\pi$，$V_2=\displaystyle\int_1^2\pi\,\dfrac{3(4-x^2)}{4}\,\mathrm{d}x=\dfrac{5}{4}\pi$ 得 $V=\dfrac{9}{4}\pi-\dfrac{5}{4}\pi=\pi$.

【例 2】 设直线 L 过点 $A(1,0,0)$，$B(0,1,1)$ 两点，将 L 绕 z 轴旋转一周得到曲面 Σ，Σ 与平面 $z=0$，$z=2$ 所围成的立体为 Ω.

(1) 求曲面 Σ 的方程；(2) 求 Ω 的体积.

解　(1) 直线 L 的方程为 $\dfrac{x-1}{1}=\dfrac{y}{-1}=\dfrac{z}{-1}$，写成参数式为

$$\begin{cases} x = 1 + t, \\ y = -t, \qquad\qquad (t \text{ 为参数}). \\ z = -t, \end{cases}$$

设 (x, y, z) 为曲面 Σ 上的任一点，则

$$\begin{cases} x^2 + y^2 = (1 + t)^2 + t^2, \\ z = -t. \end{cases}$$

所以曲面 Σ 的方程为 $\qquad x^2 + y^2 - 2z^2 + 2z = 1.$

(2) 设 $D_z = \{(x, y) \,|\, x^2 + y^2 \leqslant 2z^2 - 2z + 1\}$，则 Ω：$\begin{cases} (x, y) \in D_z, \\ 0 \leqslant z \leqslant 2, \end{cases}$

所以 Ω 的体积 $\qquad V = \displaystyle\int_0^2 \pi(2z^2 - 2z + 1)\mathrm{d}z = \dfrac{10}{3}\pi.$

【例 3】 求旋转抛物面 $z = x^2 + y^2$ $(0 \leqslant z \leqslant 4)$ 在三坐标面上的投影区域.

解 如图 7-1 所示，旋转抛物面
$$z = x^2 + y^2 \qquad (0 \leqslant z \leqslant 4)$$
在 xOy 面上投影区域为空间曲线
$$\begin{cases} x^2 + y^2 = 4, \\ z = 0. \end{cases}$$
在 xOy 面的投影曲线围成的区域为
$$\begin{cases} x^2 + y^2 \leqslant 4, \\ z = 0. \end{cases}$$

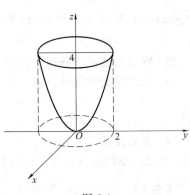

图 7-1

在 yOz 面上的投影区域为旋转抛物面与 yOz 面的交线围成的区域 $\begin{cases} z = y^2 & (0 \leqslant z \leqslant 4), \\ x = 0. \end{cases}$

在 zOx 面上的投影区域为旋转抛物面与 zOx 面的交线围成的区域 $\begin{cases} z = x^2 & (0 \leqslant z \leqslant 4), \\ y = 0. \end{cases}$

2. 空间曲线在坐标面上的投影曲线

【例 4】 求曲线 $\begin{cases} z = 2 - x^2 - y^2 \\ z = (x-1)^2 + (y-1)^2 \end{cases}$ 在 xOy 面与 yOz 面上的投影曲线方程.

分析 消去曲线方程中的一个坐标，得到投影柱面方程，这相当于将曲线盘绕在投影柱面上. 把投影柱面方程与坐标面方程联立，这相当于使盘绕在投影柱面上的曲线沿着投影柱面滑到坐标面上，这样就得到了空间曲线在坐标面上的投影曲线方程.

解 先求在 xOy 面上的投影曲线方程：曲线 $\begin{cases} z = 2 - x^2 - y^2, \\ z = (x-1)^2 + (y-1)^2 \end{cases}$ 消去 z，得到投影柱面方程 $x^2 + y^2 - x - y = 0$. 因此投影曲线方程为 $\begin{cases} x^2 + y^2 - x - y = 0, \\ z = 0. \end{cases}$

再求在 yOz 面上的投影曲线方程：曲线方程中消去 x，得到投影柱面方程 $2y^2 + 2yz + z^2 - 3z - 4y + 2 = 0$. 所求投影曲线方程 $\begin{cases} 2y^2 + 2yz + z^2 - 3z - 4y + 2 = 0, \\ x = 0. \end{cases}$

【例 5】 设曲面 S_1：$z = \sqrt{a^2 - x^2 - y^2}$，$S_2$：$x^2 + y^2 - ax = 0$，它们的交线记为 Γ，它们与平面 $z = 0$ 围成的立体记为 Ω.

求立体 Ω 在 xOy 平面与 xOz 平面上的投影区域 D_{xy} 与 D_{xz}；

以及空间曲线 Γ 在 xOy 平面与 xOz 平面上的投影曲线 Γ_{xy} 与 Γ_{xz}.

解 如图 7-2，S_2 是曲线 Γ 在 xOy 平面上的投影柱面，故 Γ 在 xOy 平面上的投影曲线 Γ_{xy} 为 $\begin{cases} x^2+y^2-ax=0, \\ z=0. \end{cases}$ 这是 xOy 平面上半径为 $\dfrac{a}{2}$ 的圆，而 Ω 在 xOy 平面上的投影区域为

$$D_{xy}: \begin{cases} x^2+y^2-ax\leqslant 0, \\ z=0. \end{cases}$$ 即以 Γ_{xy} 为边界曲线的圆盘面.

联立 $\begin{cases} z=\sqrt{a^2-x^2-y^2} \\ x^2+y^2-ax=0 \end{cases}$ 消 y 得 $z=\sqrt{a^2-ax}$

或 $z^2=a\,(a-x)$，$(z\geqslant 0)$.

于是 Γ 在 xOz 面上的投影曲线为 Γ_{xz}: $\begin{cases} z^2=a\,(a-x),\ z\geqslant 0, \\ y=0. \end{cases}$ 它是 xOy 平面上的一段抛物

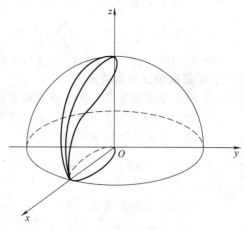

图 7-2

线，而立体 Ω 在 xOz 平面上的投影区域 D_{xz} 为球面大圆盘的 1/4，即 $\begin{cases} x^2+z^2\leqslant a^2,\ (x\geqslant 0,\ z\geqslant 0), \\ y=0. \end{cases}$

注：综上，立体 Ω 在 xOy 平面投影区域的边界曲线是曲面 S_1、S_2 交线 Γ 在 xOy 平面的投影曲线；而立体 Ω 在 xOz 平面上投影区域的边界曲线，却不是 S_1、S_2 交线 Γ 在 xOz 平面上的投影曲线.

三、习　题

1. 求空间曲线 $\begin{cases} x^2+y^2+z^2=4, \\ y=z \end{cases}$ 在三个坐标面上的投影曲线方程.

2. 已知一圆，自圆心作圆所在平面的垂线，在圆上取动点，过此点及垂线作一平面，在此动平面上以该动点为心，定长（小于定圆的半径）为半径作圆，求此圆簇形成的曲面.

3. 将曲线 $\begin{cases} 2y^2+z^2+4x=4z, \\ y^2+3z^2-8x=12z \end{cases}$ 换成母线分别平行于 x 轴与 z 轴的两柱面的交线方程.

4. 求单叶双曲面 $\dfrac{x^2}{4}+\dfrac{y^2}{9}-z^2=1$ 与平面 $x-z+2=0$ 的交线在 xOy 面上的投影曲线方程和以此投影曲线为准线，母线平行于 z 轴的柱面方程.

四、习题解答与提示

1. $\begin{cases} y=z, \\ x=0; \end{cases}$ $\begin{cases} x^2+2z^2=4, \\ y=0; \end{cases}$ $\begin{cases} x^2+2y^2=4, \\ z=0. \end{cases}$ 　2. $(x^2+y^2+z^2+a^2-b^2)^2=4a^2\,(x^2+y^2)$.

3. $\begin{cases} y^2+z^2=4z, \\ y^2+4x=0. \end{cases}$ $\begin{cases} 4y^2-27x^2-144x-145=0 \\ z=0; \end{cases}$ 4. 　$4y^2-27x^2-144x-145=0$.

第三节　平面与直线

一、内　容　提　要

1. 平面方程

（1）点法式　$A(x-x_0)+B(y-y_0)+C(z-z_0)=0$，其中 $\boldsymbol{n}=\{A,B,C\}$ 为平面法向量，点 (x_0,y_0,z_0) 为平面上一点.

（2）一般式　$Ax+By+Cz+D=0$，其中 $\boldsymbol{n}=\{A,B,C\}$ 为平面的法向量.

（3）截距式　$\dfrac{x}{a}+\dfrac{y}{b}+\dfrac{z}{c}=1$，其中 a,b,c 依次为平面在 x,y,z 轴上截距.

（4）平面束方程　$A_1x+B_1y+C_1z+D_1+\lambda(A_2x+B_2y+C_2z+D_2)=0$.

2. 平面的相互位置关系

（1）两个平面相互平行的充分必要条件是它们的法向量对应成比例.

（2）两个平面相互垂直的充分必要条件是法向量点乘为零.

（3）两个平面的夹角为 θ，则

$$\cos\theta=\frac{|A_1A_2+B_1B_2+C_1C_2|}{\sqrt{A_1^2+B_1^2+C_1^2}\cdot\sqrt{A_2^2+B_2^2+C_2^2}},\qquad \text{其中 } 0\leqslant\theta\leqslant\frac{\pi}{2}.$$

（4）点到平面的距离为：$d=\dfrac{|Ax_0+By_0+Cz_0+D|}{\sqrt{A^2+B^2+C^2}}$.

3. 直线方程

（1）对称式　$\dfrac{x-x_0}{m}=\dfrac{y-y_0}{n}=\dfrac{z-z_0}{p}$，其中 (x_0,y_0,z_0) 为直线上一点，$\{m,n,p\}$ 为直线的方向向量.

（2）参数式　$\begin{cases} x=x_0+mt, \\ y=y_0+nt, \\ z=z_0+pt, \end{cases}$ 其中 t 为参数.

（3）一般式　$\begin{cases} A_1x+B_1y+C_1z+D_1=0, \\ A_2x+B_2y+C_2z+D_2=0. \end{cases}$

4. 直线的相互位置关系

（1）两条直线相互平行的充分必要条件是：方向向量互相平行或方向数对应成比例.

（2）两条直线相互垂直的充分必要条件是：方向向量互相垂直或方向向量的点乘为零.

（3）两条直线的夹角为 φ，则 $\cos\varphi=\dfrac{|m_1m_2+n_1n_2+p_1p_2|}{\sqrt{m_1^2+n_1^2+p_1^2}\cdot\sqrt{m_2^2+n_2^2+p_2^2}}$，$0\leqslant\varphi\leqslant\dfrac{\pi}{2}$.

5. 直线与平面的位置关系

（1）直线与平面平行的充分必要条件是：方向向量与法向量互相垂直或方向向量与法向量的点乘为零.

（2）直线与平面垂直的充分必要条件是：方向向量与法向量平行或方向向量与法向量坐标对应成比例.

（3）直线与平面的夹角为 φ，则 $\sin\varphi=\dfrac{|A_m+B_n+C_p|}{\sqrt{A^2+B^2+C^2}\cdot\sqrt{m^2+n^2+p^2}}$，$0\leqslant\varphi\leqslant\dfrac{\pi}{2}$.

二、例 题 分 析

空间中平面与直线的讨论是以向量为工具的，由于平面可由其上的一点与法向量确定，直线可由其上一点与方向向量确定，因此无论是求平面还是求直线方程，关键都是求其上一点与一个向量.

1. 平面方程

【例 1】　求过点 $M(1,3,6)$ 和直线 $L:\begin{cases} 2x+y-z+3=0 \\ x+3y+z-1=0 \end{cases}$ 的平面方程.

解　方法一（平面的点法式方程）令 $x=0$，有 $\begin{cases} y-z+3=0, \\ 3y+z-1=0, \end{cases}$ 解出 $y=-\dfrac{1}{2}$，$z=\dfrac{5}{2}$，

得到直线上的一点 $N_1\left(0,\ -\dfrac{1}{2},\ \dfrac{5}{2}\right)$. 令 $y=0$, 有 $\begin{cases}2x-z+3=0,\\x+z-1=0,\end{cases}$ 解出 $x=-\dfrac{2}{3}$, $z=\dfrac{5}{3}$,

得直线上的另一点 $N_2\left(-\dfrac{2}{3},\ 0,\ \dfrac{5}{3}\right)$. 计算可知 $\overrightarrow{MN_1}=\left\{-1,\ -\dfrac{7}{2},\ -\dfrac{7}{2}\right\}$, 因此 $\overrightarrow{MN_2}=$

$\left\{-\dfrac{5}{3},\ -3,\ -\dfrac{13}{3}\right\}$, 因此所求平面的法向量为

$$\boldsymbol{n}=\overrightarrow{MN_1}\times\overrightarrow{MN_2}=\begin{vmatrix}\boldsymbol{i}&\boldsymbol{j}&\boldsymbol{k}\\-1&-\dfrac{7}{2}&-\dfrac{7}{2}\\-\dfrac{5}{3}&-3&-\dfrac{13}{3}\end{vmatrix}=\dfrac{28}{6}\boldsymbol{i}+\dfrac{9}{6}\boldsymbol{j}-\dfrac{17}{6}\boldsymbol{k},$$

不妨取 $\boldsymbol{n}=\{28,\ 9,\ -17\}$, 所求平面方程为

$28(x-1)+9(y-3)-17(z-6)=0$, 即 $28x+9y-17z+47=0$.

方法二（平面束方程）设过直线 L 的平面束方程为

$$2x+y-z+3+\lambda(x+3y+z-1)=0,$$

点 $M\ (1,\ 3,\ 6)$ 代入上式, 解出 $\lambda=-\dfrac{2}{15}$, 由此得所求的平面方程为 $28x+9y-17z+$

$47=0$.

　　注　方法二中过直线 L 的平面束方程不包含平面 $x+3y+z-1=0$, 若要使平面束方程包含过直线 L 的所有平面, 可将平面束方程设为 $\mu(2x+y-z+3)+\lambda(x+3y+z-1)=0$, 其中 μ 和 λ 不同时为零. 比较本例的两种解法, 方法二较简单. 一般来说, 若所求平面过已知直线, 采用平面束方程较好.

　　方法三（平面三点式方程）任取直线 L 上两点 N_1, N_2, 由方法一可得 $N_1\left(0,-\dfrac{1}{2},\dfrac{5}{2}\right)$,

$N_2\left(-\dfrac{2}{3},0,\dfrac{5}{3}\right)$. 作向量 $\overrightarrow{MN_1}=\left\{-1,\ -\dfrac{7}{2},\ -\dfrac{7}{2}\right\}$, $\overrightarrow{MN_2}=\left\{-\dfrac{5}{3},\ -3,\ -\dfrac{13}{3}\right\}$.

所求平面上的动点 $P\ (x,\ y,\ z)$ 与已知点 M 构成向量 $\overrightarrow{MP}=\{x-1,\ y-3,\ z-6\}$.

向量 $\overrightarrow{MN_1}$, $\overrightarrow{MN_2}$, $\overrightarrow{MP}$ 共面, 所以 $(\overrightarrow{MN_1}\times\overrightarrow{MN_2})\cdot\overrightarrow{MP}=0$. 即

$$\begin{vmatrix}-1&-\dfrac{7}{2}&-\dfrac{7}{2}\\-\dfrac{5}{3}&-3&-\dfrac{13}{3}\\x-1&y-3&z-6\end{vmatrix}=0,$$ 因此平面方程为 $28x+9y-17z+47=0$.

　　△**【例 2】**　求过原点且与直线 L_1: $x=1$, $y=-1+t$, $z=2+t$ 和直线 L_2: $\dfrac{x+1}{1}=$

$\dfrac{y+2}{2}=\dfrac{z-1}{1}$ 都平行的平面方程.

　　解　**方法一**（平面一般方程）平面过原点, 故可设所求平面为 $Ax+By+Cz=0$. 直线 L_1 和 L_2 的方向向量分别为: $\boldsymbol{s}_1=\{0,1,1\}$, $\boldsymbol{s}_2=\{1,2,1\}$. 由于所求平面与 L_1 和 L_2 都平行, 则所求平面的法向量

$$\boldsymbol{n}=\boldsymbol{s}_1\times\boldsymbol{s}_2=\begin{vmatrix}\boldsymbol{i}&\boldsymbol{j}&\boldsymbol{k}\\0&1&1\\1&2&1\end{vmatrix}=-\boldsymbol{i}+\boldsymbol{j}-\boldsymbol{k},$$

所求平面方程为 $-x+y-z=0$.

　　方法二（平面点法式方程）由方法一可得所求平面的法向量 $\boldsymbol{n}=\{-1,1,-1\}$. 由于平面过原点, 根据平面点法式方程有 $(-1)\times(x-0)+1\times(y-0)-1\times(z-0)=0$. 所求平面

方程为 $-x+y-z=0$.

【例3】 已知直线 $L_1: 1-x=\dfrac{y+1}{2}=\dfrac{z-2}{3}$，$L_2: \begin{cases} 2x+y-1=0, \\ 3x+z-2=0. \end{cases}$ 证明 $L_1 /\!/ L_2$，并求由 L_1 与 L_2 确定的平面方程.

解 方法一（平面点法式方程） 直线 L_1 与 L_2 的方向向量分别为

$$s_1=\{-1,2,3\}, \qquad s_2=n_1\times n_2=\begin{vmatrix} i & j & k \\ 2 & 1 & 0 \\ 3 & 0 & 1 \end{vmatrix}=i-2j-3k.$$

由于 $s_1=(-1)\cdot s_2$，根据两条直线平行的充分必要条件可得 $L_1 /\!/ L_2$.

由 L_1 方程可知，点 $A_1(1,-1,2)$ 为 L_1 上一点. 令 $x=0$，代入 L_2 方程可得点 $A_2(0,1,2)$，点 A_2 在直线 L_2 上. 作向量 $\overrightarrow{A_1A_2}=\{-1,2,0\}$，所求平面法向量为

$$n=\overrightarrow{A_1A_2}\times s_1=\begin{vmatrix} i & j & k \\ -1 & 2 & 0 \\ -1 & 2 & 3 \end{vmatrix}=6i+3j.$$

利用法向量 n 和点 A_1 或 A_2 可得所求平面的点法式方程

$$6(x-1)+3(y+1)=0, \quad 即 \quad 2x+y-1=0.$$

方法二（平面束方程） 过直线 L_2 的平面束方程为 $2x+y-1+\lambda(3x+z-2)=0$，将 L_1 上点 A_1 $(1,-1,2)$ 代入上式可得 $\lambda=0$，求平面的方程为 $2x+y-1=0$.

【例4】 平面 Π 过 z 轴，且与平面 $\Pi_1: 2x+y-\sqrt{5}z=0$ 的夹角为 $\dfrac{\pi}{3}$，求平面 Π 的方程.

解 考虑到 Π 过 z 轴，设 Π 的一般式方程为 $Ax+By=0$，即 $n=\{A,B,0\}$. 由于 Π 与 Π_1 的夹角为 $\dfrac{\pi}{3}$，所以有

$$\cos\dfrac{\pi}{3}=\dfrac{|n\cdot n_1|}{|n|\cdot|n_1|}, \quad 即 \quad \dfrac{1}{2}=\dfrac{|2A+B|}{\sqrt{A^2+B^2}\cdot\sqrt{10}},$$

由此解出 $A=-3B$，或 $A=\dfrac{1}{3}B$，其中 $B\neq 0$（否则 A、B、C 均为零）. 代入 Π 的一般式方程，消去 B，可得：$y-3x=0$ 或 $x+3y=0$.

2. 直线方程

【例5】 求原点在平面 $x+y+z=3$ 上的投影点. 若一直线过上述投影点且与直线 $l: \begin{cases} x+y+z+1=0, \\ 2x-y+3z+4=0 \end{cases}$ 平行，求该直线方程.

解 过原点且垂直于平面 $x+y+z=3$ 的直线 l_1 的方向向量为 $\{1,1,1\}$，由此得到直线 l_1 方程为 $\dfrac{x}{1}=\dfrac{y}{1}=\dfrac{z}{1}$. 将直线方程与平面方程联立：$\begin{cases} \dfrac{x}{1}=\dfrac{y}{1}=\dfrac{z}{1}, \\ x+y+z=3, \end{cases}$ 解出投影点 $M(1,1,1)$.

直线 l 的方向向量是其一般式方程中两个平面法向量的叉乘，即 $n_1\times n_2=\{4,-1,-3\}$. 由于所求直线与 l 平行，且过 M 点，由此得所求直线方程：$\dfrac{x-1}{4}=\dfrac{y-1}{-1}=\dfrac{z-1}{-3}$.

注 过已知点与已知平面垂直的直线方程求法，与本例解法完全类似. 另外，若给定的条件为过已知点与已知平面平行或者过已知点与已知直线垂直，则所求直线位置是不确定的.

【例6】 求过点 $A(-1,-4,3)$，并且垂直于直线 $l_1: \begin{cases} 2x-4y+z=1, \\ x+3y=-5 \end{cases}$ 与直线

$$l_2: \begin{cases} x=2+t, \\ y=-1-t, \\ z=-3+2t \end{cases}$$ 的直线方程.

解　由已知可得直线 l_1 与 l_2 的方向向量分别为

$$s_1 = n_1 \times n_2 = \begin{vmatrix} i & j & k \\ 2 & -4 & 1 \\ 1 & 3 & 0 \end{vmatrix} = 3i+j+10k, \quad s_2 = \{4,-1,2\}.$$

因此所求直线方向向量为

$$s = s_1 \times s_2 = \begin{vmatrix} i & j & k \\ 3 & 1 & 10 \\ 4 & -1 & 2 \end{vmatrix} = 12i+34j-7k,$$

所求直线方程为 $\dfrac{x+1}{12} = \dfrac{y+4}{34} = \dfrac{z-3}{-7}$.

【例 7】　求过点 $A(-1,2,3)$，垂直于直线 $L: \dfrac{x}{4} = \dfrac{y}{5} = \dfrac{z}{6}$ 且平行于平面 $\Pi: 7x+8y+9z+10=0$ 的直线方程.

解　**方法一**　设所求直线 l 的方向向量 $s=\{m,n,p\}$，则 l 方程可表作 $\dfrac{x+1}{m} = \dfrac{y-2}{n} = \dfrac{z-3}{p}$. 由于直线 l 与已知直线 L 垂直，又与已知平面 Π 平行，故有 $\begin{cases} 4m+5n+6p=0 \\ 7m+8n+9p=0 \end{cases}$. 由此解出 $n=-2m$，$p=m$，即直线 l 的方向向量 $s=\{m,-2m,m\}$. 因为 $m\neq 0$ （否则方向向量为零向量），取 $s=\{1,-2,1\}$，所求直线 l 方程为

$$\dfrac{x+1}{1} = \dfrac{y-2}{-2} = \dfrac{z-3}{1}.$$

注　此解法中的方向向量 s 也可通过已知直线的方向向量与已知平面的法向量的叉乘运算得到.

方法二　过点 $A(-1,2,3)$ 与直线 $l: \dfrac{x}{4} = \dfrac{y}{5} = \dfrac{z}{6}$ 垂直的平面为 $\Pi_1: 4x+5y+6z-24=0$，过点 $A(-1,2,3)$ 与平面 $\Pi: 7x+8y+9z+10=0$ 平行的平面为 $\Pi_2: 7x+8y+9z-36=0$，因此所求直线方程为

$$\begin{cases} 4x+5y+6z-24=0, \\ 7x+8y+9z-36=0. \end{cases}$$

【例 8】　求在平面 $\Pi: x+y+z=1$ 上且与直线 $L: \begin{cases} y=1, \\ z=-1 \end{cases}$ 垂直相交的直线方程.

分析　注意到所求直线在平面 Π 内且与直线 L 相交，而直线 L 与平面 Π 仅有一个交点，则所求直线必通过该交点.

解　平面 Π 与直线 L 的交点 M_0 应满足 $\begin{cases} x+y+z=1, \\ y=1, \\ z=-1, \end{cases}$　解出 $M_0(1,1,-1)$.
平面 Π 的法向量 $n=\{1,1,1\}$，直线 L 的方向向量 $s=\{0,1,0\}\times\{0,0,1\}=\{1,0,0\}$. 由于所求直线与 n 和 s 均垂直，故其方向向量 $l=s\times n=\{0,-1,1\}$. 所求直线的对称式方程为

$$\dfrac{x-1}{0} = \dfrac{y-1}{-1} = \dfrac{z+1}{1}.$$

3. 空间中平面与直线的相互位置关系

判断空间平面与直线的相互位置关系（诸如平面与平面，平面与直线，以及直线与直线

的位置关系），可利用几何直观并与代数方程理论相结合，简洁明快地给出结论.

【例 9】 证明曲线 $\begin{cases} 2x-12y-z+16=0, \\ x^2-4y^2=2z \end{cases}$ 是两相交直线，并求其对称式方程.

解 由曲线联立方程中消去 z，得到 $(x-2y+4)(x+2y-8)=0$. 所求直线的一般式方程分别为

$$l_1:\begin{cases} 2x-12y-z+16=0, \\ x-2y+4=0; \end{cases} \qquad l_2:\begin{cases} 2x-12y-z+16=0, \\ x+2y-8=0. \end{cases}$$

在 l_1 与 l_2 中令 $z=0$，并求出 l_1 与 l_2 的方向向量，可得 l_1 与 l_2 的对称式方程

$$l_1:\frac{x-4}{2}=\frac{y-2}{-1}=\frac{z}{16}, \qquad l_2:\frac{x+2}{2}=\frac{y-1}{1}=\frac{z}{-8}.$$

将 l_1 与 l_2 方程联立：$\begin{cases} 2x-12y-z+16=0, \\ x-2y+4=0, \\ x+2y-8=0. \end{cases}$ 系数行列式 $D\neq0$，所以方程组有唯一解，故 l_1 与 l_2 是两条相交的直线.

【例 10】 求与平面 $4x-y+2z=8$ 垂直且过原点及点 $(6,-3,2)$ 的平面方程.

解 **方法一** 设所求平面方程为 $Ax+By+Cz+D=0$，由于平面过原点，所以 $D=0$. 将点 $(6,-3,2)$ 代入平面方程，有

$$6A-3B+2C=0. \tag{7-1}$$

因为与平面 $4x-y+2z=8$ 垂直，所以两个平面的法向量互相垂直，即有

$$4A-B+2C=0, \tag{7-2}$$

将式（7-1）、式（7-2）联立，解出 $A=B$，$C=-\dfrac{3}{2}B$，其中 $B\neq0$（否则 A，B，C 均为零）. 代入所设方程可得 $Bx+By-\dfrac{3}{2}Bz=0$，消去 B，所求平面方程为 $2x+2y-3z=0$.

注 本例采用了求平面法向量的典型方法，由于平面法向量是非零向量且不唯一，所以只需要知道法向量三个坐标之间的两个关系式，即可确定法向量.

方法二 过原点及点 $(6,-3,2)$ 的直线对称式方程为 $\dfrac{x}{6}=\dfrac{y}{-3}=\dfrac{z}{2}$

得直线一般式方程为 $\begin{cases} 3x+6y=0, \\ 2y+3z=0. \end{cases}$ 过原点和点 $(6,-3,2)$ 的平面束方程 $3x+(6+2\lambda)y+3\lambda z=0$.

因为所求平面与已知平面垂直，所以 $3\times4+(6+2\lambda)\times(-1)+3\lambda\times2=0$ 得 $\lambda=-\dfrac{3}{2}$. 因此所求平面方程为 $2x+2y-3z=0$.

三、习　题

1. 求过点 $(1,1,1)$，且垂直于平面：$x-y+z=7$，$3x+2y-12z+5=0$ 的平面方程.

2. 求过点 $M_1(3,-2,9)$ 和点 $M_2(-6,0,-4)$ 且与平面 $2x-y+4z-8=0$ 垂直的平面方程.

3. 平面 Π 过直线 $L:\dfrac{x-2}{3}=\dfrac{y+1}{2}=\dfrac{z-2}{4}$，且垂直于平面 $\Pi_1:x+4y-3z+7=0$，求平面 Π 的方程.

4. 已知平面 $\Pi_1:x+y-z=0$，$\Pi_2:x-y+z-1=0$，求一平面过 Π_1 与 Π_2 的交线且过点 $P(2,3,-4)$.

5. 已知 $A(2,3,1)$，$B(-5,4,1)$，$C(6,2,-3)$，$D(5,-2,1)$. 求过 A 点且垂直于 B，C，D 确定的平面的直线方程.

6. 求点 $P(1,1,0)$ 在平面 $x+2y+z-1=0$ 上的投影点. 若一直线过该投影点，并且与直线 $\dfrac{x-2}{3}=\dfrac{y+2}{1}=$

$\dfrac{z-3}{-4}$平行，求此直线方程.

7. 求直线 l：$\begin{cases} x-2y+z-1=0, \\ x+2y-z+3=0 \end{cases}$ 在平面 $\varPi$：$2x+z+4=0$ 上的投影直线方程.

8. 设直线 L_1 在过点 $P_0(0,0,0)$，$P_1(2,2,0)$，$P_2(0,1,-2)$的平面上，且与直线 L_2：$\dfrac{x+1}{3}=\dfrac{y-1}{2}=2z$ 垂直相交，求直线 L_1 的方程.

9. 求过点 $A(-3,5,-9)$ 且与两条直线 L_1：$\begin{cases} y=3x+5, \\ z=2x-3, \end{cases}$ L_2：$\begin{cases} y=4x-7, \\ z=5x+10 \end{cases}$ 相交的直线方程.

10. 设光线沿直线 L_1：$\begin{cases} x+y-3=0, \\ x+z-1=0 \end{cases}$ 投射到平面 $\varPi$：$x+y+z+1=0$ 上，试求光线的反射线方程.

四、习题解答与提示

1. $2x+3y+z-6=0$.　2. $x-2y-z+2=0$.　3. $22x-13y-10z-37=0$.　4. $5x-y+z-3=0$.

5. $\dfrac{x-2}{-12}=\dfrac{y-3}{-22}=\dfrac{z-1}{-23}$.　6. $\left(\dfrac{2}{3},\dfrac{1}{3},-\dfrac{1}{3}\right)$，$\dfrac{x-\frac{2}{3}}{3}=\dfrac{y-\frac{1}{3}}{1}=\dfrac{z+\frac{1}{3}}{-4}$.

7. $\begin{cases} x+4y-2z+5=0, \\ 2x+z+4=0 \end{cases}$ 或 $\dfrac{x+1}{4}=\dfrac{y+2}{-5}=\dfrac{z+2}{-8}$. 提示：利用平面束方程可得直线一般方程.

8. $\dfrac{x-7}{1}=\dfrac{y-\frac{19}{3}}{-4}=\dfrac{z-\frac{4}{3}}{10}$.　9. $\begin{cases} 2x-z-3=0, \\ 34x-y-6z+53=0 \end{cases}$ 或 $\dfrac{x+3}{1}=\dfrac{y-5}{22}=\dfrac{z+9}{2}$.

10. $\dfrac{x-5}{-5}=\dfrac{y+2}{1}=\dfrac{z+4}{1}$. 提示：求出直线 L_1 与平面 π 的交点和直线 L_1 上任一点关于平面 π 的对称点.

第八章　多元函数微分法及其应用

基本要求与重点要求

1. 基本要求

理解多元函数的概念. 了解二元函数的极限与连续性的概念, 以及有界闭域上连续函数的性质. 理解偏导数和全微分的概念. 了解全微分存在的必要条件和充分条件. 了解方向导数与梯度的概念及其计算方法. 掌握复合函数一阶偏导数的求法, 会求复合函数的二阶偏导数. 会求隐函数 (包括由两个方程组成的方程组确定的隐函数) 的偏导数. 了解曲线的切线和法平面及曲面的切平面与法线, 并会求出它们的方程. 理解多元函数极值和条件极值的概念, 会求二元函数的极值. 了解求条件极值的拉格朗日乘数法, 会求解一些较简单的最大值和最小值的应用问题.

2. 重点要求

多元函数的概念, 偏导数和全微分的概念及其计算. 方向导数的概念及其计算. 复合函数一阶、二阶偏导数的求法. 隐函数的偏导数求法. 切线和法平面及切平面与法线. 多元函数极值和条件极值的概念, 会用拉格朗日乘数法求解较简单的最大值和最小值的应用问题.

知识点关联网络

第一节　多元函数的基本概念

多元函数微分学是一元函数微分学的推广与发展,它们之间有着相似的理论框架.但是由于空间维数的增加,多元函数的连续与极限,可导与可微等基本概念具有自身的特点,需注意比较上述概念与一元函数微分学中相应概念之间的异同.

一、内 容 提 要

1. 函数　极限　连续

设 D 是平面上的一个点集,如果对于每个点 $P(x,y) \in D$,变量 z 按照一定法则总有确定的值和它对应,则称 z 是 x、y 的二元函数,记作 $z = f(x,y)$ 或 $z = z(x,y)$. 点集 D 称为该函数的定义域,x、y 称为自变量,z 也称为因变量.

设函数 $f(x,y)$ 在区域 D 内有定义,$P_0(x_0,y_0)$ 是 D 的内点或边界点,如果对于任意给定的正数 ε,总存在正数 δ,使得对于适合不等式

$$0 < |PP_0| = \sqrt{(x-x_0)^2 + (y-y_0)^2} < \delta$$

的一切点 $P(x,y) \in D$,都有 $|f(x,y) - A| < \varepsilon$ 成立,则称常数 A 为函数 $f(x,y)$ 当 $x \to x_0$,$y \to y_0$ 时的极限,记作

$$\lim_{\substack{x \to x_0 \\ y \to y_0}} f(x,y) = A \quad 或 \quad \lim_{P \to P_0} f(P) = A.$$

设函数 $f(x,y)$ 在区域 D 内有定义,$P_0(x_0,y_0)$ 是 D 的内点或边界点,且 $P_0 \in D$,如果

$$\lim_{\substack{x \to x_0 \\ y \to y_0}} f(x,y) = f(x_0,y_0)$$

则称函数 $f(x,y)$ 在点 $P_0(x_0,y_0)$ 连续.

2. 偏导数　全微分

设函数 $z = f(x,y)$ 在点 (x_0,y_0) 的某一邻域内有定义,当 y 固定在 y_0 而 x 在 x_0 处有增量 Δx 时,相应地函数有增量 $f(x_0 + \Delta x, y_0) - f(x_0, y_0)$,如果

$$\lim_{\Delta x \to 0} \frac{f(x_0 + \Delta x, y_0) - f(x_0, y_0)}{\Delta x}$$

存在,则称此极限为函数 $z = f(x,y)$ 在点 (x_0,y_0) 处对 x 的偏导数,记作

$$\frac{\partial z}{\partial x}\bigg|_{\substack{x=x_0 \\ y=y_0}} \quad \frac{\partial f}{\partial x}\bigg|_{\substack{x=x_0 \\ y=y_0}} \quad z_x\bigg|_{\substack{x=x_0 \\ y=y_0}} \quad 或 \quad f_x(x_0,y_0).$$

类似地,函数 $z = f(x,y)$ 在点 (x_0,y_0) 处对 y 的偏导数定义为

$$\lim_{\Delta y \to 0} \frac{f(x_0, y_0 + \Delta y) - f(x_0, y_0)}{\Delta y}.$$

记作　　　$\dfrac{\partial z}{\partial y}\bigg|_{\substack{x=x_0 \\ y=y_0}} \quad \dfrac{\partial f}{\partial y}\bigg|_{\substack{x=x_0 \\ y=y_0}} \quad z_y\bigg|_{\substack{x=x_0 \\ y=y_0}} \quad 或 \quad f_y(x_0,y_0).$

设 $z = f(x,y)$,求其偏导数显然仍是一元函数的微分法问题,求 $\dfrac{\partial f}{\partial x}$ 时,只要把 y 看作常量而对 x 求导数;求 $\dfrac{\partial f}{\partial y}$ 时,只要把 x 看作常量而对 y 求导数.

如果函数 $z = f(x,y)$ 在点 (x,y) 的全增量 $\Delta z = f(x + \Delta x, y + \Delta y) - f(x,y)$ 可表示为 $\Delta z = A\Delta x + B\Delta y + o(\rho)$,其中 A,B 不依赖于 Δx,Δy 而仅与 x,y 有关,$\rho = \sqrt{(\Delta x)^2 + (\Delta y)^2}$,则称函数 $z = f(x,y)$ 在点 (x,y) 可微分,而 $A\Delta x + B\Delta y$ 称为 $z = f(x,y)$

在点 (x,y) 的全微分，记作 dz，即 $dz = A\Delta x + B\Delta y$.

如果 $z = f(x,y)$ 在点 (x,y) 可微分，则该函数在点 (x,y) 的偏导数必定存在，且有

$$dz = \frac{\partial z}{\partial x}dx + \frac{\partial z}{\partial y}dy.$$

偏导数存在是可微分的必要条件而不是充分条件. 但如果偏导数 $\dfrac{\partial z}{\partial x}$，$\dfrac{\partial z}{\partial y}$ 存在且连续，则是函数 z 可微分的充分条件.

二、例 题 分 析

1. 多元函数

和一元函数的定义相同的是多元函数仍然有两个要素，即定义域和对应法则；不同的是定义域所取范围由数轴上的点集扩充到平面或更高维的空间 $\mathbb{R}^n$ 内的点集.

【例 1】 设函数 $z = \sqrt{y} + f(\sqrt{x} - 1)$，已知当 $y = 1$ 时，$z = x$. 求函数 $f(u)$ 及二元函数 $z = z(x,y)$ 的表达式.

解 由 $y = 1$ 时 $z = x$. 知 $x = 1 + f(\sqrt{x} - 1)$，即 $f(\sqrt{x} - 1) = x - 1$.

令 $u = \sqrt{x} - 1$，得 $x = (1+u)^2$，故有

$$f(u) = (1+u)^2 - 1 = u^2 + 2u.$$

所以 $z = z(x,y) = \sqrt{y} + f(\sqrt{x} - 1) = \sqrt{y} + (x - 1)$.

注 $f(u)$ 的表达式也可这样求得：由

$$f(\sqrt{x} - 1) = x - 1 = (\sqrt{x} - 1)(\sqrt{x} + 1) = (\sqrt{x} - 1)(\sqrt{x} - 1 + 2) = (\sqrt{x} - 1)^2 + 2(\sqrt{x} - 1)$$

可得 $f(u) = u^2 + 2u$.

【例 2】 求二元函数 $f(x,y) = \arcsin\dfrac{x}{y} + \dfrac{\sqrt{4x - y^2}}{\ln(1 - x^2 - y^2)}$ 的定义域.

解 要使函数表达式有意义，自变量 x，y 需满足如下不等式

$$|x| \leqslant |y|，4x - y^2 \geqslant 0，1 - x^2 - y^2 > 0 \text{ 且 } 1 - x^2 - y^2 \neq 1.$$

联立上述不等式，所求二元函数的定义域为其交集，得定义域

$$D = \{(x,y) \mid |x| \leqslant |y|，y^2 < 4x，0 < x^2 + y^2 < 1\}.$$

2. 二元函数的二重极限

在二元函数的二重极限 $\lim\limits_{\substack{x \to x_0 \\ y \to y_0}} f(x,y)$ 的定义中，动点 $P(x,y)$ 趋向于定点 $P_0(x_0,y_0)$ 的途径是任意的，即动点 P 不论沿什么方向，以什么方式，什么路径趋向定点时二重极限都是同一个值 A. 这比一元函数的极限只有左右两个单侧极限要复杂得多.

特别地，若动点 P 以不同方式趋于定点时，该二元函数趋于不同的极限；或者当动点 P 以某种方式趋于定点时二元函数的极限不存在，则该二重极限都不存在. 这是判断二重极限不存在的两种常用方法.

【例 3】 讨论下列函数在原点处二重极限的存在性：

$$(1)\ f(x,y) = \frac{1 - \cos(x^2 + y^2)}{x^2 y^2 (x^2 + y^2)}；\quad (2)\ f(x,y) = \begin{cases} \dfrac{xy^2}{x^2 + y^4}, & (x,y) \neq (0,0)， \\ 0, & (x,y) = (0,0). \end{cases}$$

解 （1）特别选取直线 $y = x$，因

$$\lim_{\substack{x\to 0 \\ y=x}}f(x,y)=\lim_{x\to 0}\frac{1-\cos(2x^2)}{2x^6}=\frac{1}{2}\lim_{x\to 0}\frac{(2x^2)^2}{2x^6}=\lim_{x\to 0}\frac{1}{x^2}$$

不存在，故二重极限$\lim_{\substack{x\to 0 \\ y\to 0}}f(x,y)$不存在．

（2）当(x,y)沿直线$y=kx$趋于$(0,0)$时，有

$$\lim_{\substack{x\to 0 \\ y=kx}}\frac{x(kx)^2}{x^2+(kx)^4}=\lim_{x\to 0}\frac{k^2x^3}{x^2+k^4x^4}=\lim_{x\to 0}\frac{kx}{1+k^4x^2}=0.$$

当(x,y)沿曲线$x=my^2$（$m\neq 0$）趋于$(0,0)$时，有

$$\lim_{\substack{y\to 0 \\ x=my^2}}\frac{my^2\cdot y^2}{(my^2)^2+y^4}=\lim_{y\to 0}\frac{my^4}{m^2y^4+y^4}=\lim_{y\to 0}\frac{m}{m+1}=\frac{m}{m+1}.$$

此极限值随m的变化而变化，故它不是一个确定的常数．因此，$\lim_{(x,y)\to 0}f(x,y)$不存在．

一般来说，计算二元函数的二重极限$\lim_{\substack{x\to x_0 \\ y\to y_0}}f(x,y)$比求一元函数的极限要复杂得多，计算也更困难。常用的求解方法有：利用二元函数连续的定义求二重极限；利用变量代换把二重极限化归为一元函数的极限，利用一元函数求极限的各种方法进行计算；利用极限的两边夹法则等性质计算二重极限．

【例4】 计算下列各极限：

（1）$\lim_{\substack{x\to 0 \\ y\to 1}}\frac{2-xy}{x^2+y^2}$；　（2）$\lim_{\substack{x\to 0 \\ y\to 1}}\frac{(y-x)x}{\sqrt{x^2+y^2}}$；　（3）$\lim_{\substack{x\to+\infty \\ y\to+\infty}}\frac{x^2+y^2}{e^{x+y}}$.

解 （1）$f(x,y)=\dfrac{2-xy}{x^2+y^2}$是初等函数，在点$(0,1)$处连续，

$$\lim_{\substack{x\to 0 \\ y\to 1}}f(x,y)=\lim_{\substack{x\to 0 \\ y\to 1}}\frac{2-xy}{x^2+y^2}=f(0,1),\quad 而\ f(0,1)=\frac{2-xy}{x^2+y^2}\bigg|_{(0,1)}=2.$$

（2）利用变换$x=\rho\cos\theta$，$y=\rho\sin\theta$，得

$$原式=\lim_{\rho\to 0}\frac{\rho(\sin\theta-\cos\theta)\rho\cos\theta}{\rho}=\lim_{\rho\to 0}\rho(\sin\theta-\cos\theta)\cos\theta=0.$$

（3）当x，y适当大时有$x^2<e^x$，$y^2<e^y$，则

$$0<\frac{x^2+y^2}{e^x+y}=\frac{1}{e^y}\cdot\frac{x^2}{e^x}+\frac{1}{e^x}\frac{y^2}{e^y}\leqslant\frac{1}{e^y}+\frac{1}{e^x}.$$

又因$\lim_{x\to+\infty}\dfrac{1}{e^x}=0$，$\lim_{y\to+\infty}\dfrac{1}{e^y}=0$，则由两边夹准则得

$$\lim_{\substack{x\to+\infty \\ y\to+\infty}}\frac{x^2+y^2}{e^{x+y}}=0.$$

3. 二元函数的连续性

在考虑函数$u=f(x,y)$在点$P_0(x_0,y_0)$处连续时，注意以下几点：

（1）二元函数连续的定义是建立在二重极限的基础上的．考虑二重极限时，$u=f(x,y)$在点$P_0(x_0,y_0)$处的极限与该点是否有定义无关；但是在研究二元函数连续时，函数$u=f(x,y)$应在点$P_0(x_0,y_0)$有定义，并与该点的取值有关；这是它们的区别．

（2）若二元函数$u=f(x,y)$在点$P_0(x_0,y_0)$处连续，则相应的一元函数$f(x,y_0)$与$f(x_0,y)$分别在$x=x_0$处与$y=y_0$处必定也连续．换言之，若$\lim_{\substack{x\to x_0 \\ y\to y_0}}f(x,y)=$

$f(x_0,y_0)$，则必有 $\lim\limits_{x\to x_0}f(x,y_0)=f(x_0,y_0)$，$\lim\limits_{y\to y_0}f(x_0,y)=f(x_0,y_0)$.

但是，反之不真. 即如果一元函数 $f(x,y_0)$ 在 $x=x_0$ 处连续，$f(x_0,y)$ 在 $y=y_0$ 处连续，那么二元函数 $u=f(x,y)$ 在点 $P_0(x_0,y_0)$ 处未必连续. 这是因为对某一个自变量的连续只相当于二重极限中以一种特定方式的极限存在. 如函数

$$f(x,y)=\begin{cases}\dfrac{xy}{x^2+y^2}, & x^2+y^2\neq0,\\ 0, & x^2+y^2=0\end{cases}$$

在原点处分别对变量 x 与 y 都是连续的，但二重极限 $\lim\limits_{\substack{x\to0\\y\to0}}f(x,y)$ 不存在，因此该函数在原点处不连续.

【例5】 设 $f(x,y)$ 在 $D=\{(x,y)\mid x^2+y^2\leqslant1\}$ 上连续，且 $f(1,0)=1$，$f(0,1)=-1$. 证明至少存在两个不同的点 (ξ_1,η_1) 与 (ξ_2,η_2)，$(\xi_1,\eta_1)\neq(\xi_2,\eta_2)$，$\xi_i^2+\eta_i^2=1(i=1,2)$，使 $f(\xi_i,\eta_i)=0(i=1,2)$.

证 方法一 已知的点 $(1,0)$ 与 $(0,1)$ 以及所求的点 (ξ_i,η_i) $(i=1,2)$ 都在单位圆周 $x^2+y^2=1$ 上，取 $x=\cos\theta$，$y=\sin\theta$,则 $\varphi(\theta)=f(\cos\theta,\sin\theta)$ 是 θ 的连续函数，且 $\varphi(\theta+2\pi)=\varphi(\theta)$. 由已知条件得 $\varphi(0)=1$，$\varphi\left(\dfrac{\pi}{2}\right)=-1$.

所以至少存在一点 $\theta_1\in\left(1,\dfrac{\pi}{2}\right)$ 使 $\varphi(\theta_1)=0$，也就是说至少存在一点 (ξ_1,η_1)，其中 $\xi_1=\cos\theta_1$，$\eta_1=\sin\theta_1$，$\xi_1^2+\eta_1^2=1$，使 $f(\xi_1,\eta_1)=\varphi(\theta_1)=0$.

又因 $\varphi\left(\dfrac{\pi}{2}\right)=-1$，$\varphi(2\pi)=1$，所以至少存在一点 $\theta_2\in\left(\dfrac{\pi}{2},2\pi\right)$，使 $\varphi(\theta_2)=0$，即至少存在一点 (ξ_2,η_2)，其中 $\xi_2=\cos\theta_2$，$\eta_2=\sin\theta_2$，$\xi_2^2+\eta_2^2=1$，使 $f(\xi_2,\eta_2)=\varphi(\theta_2)=0$.
由于 $0<\theta_1<\dfrac{\pi}{2}<\theta_2<2\pi$，点 (ξ_1,η_1) 位于第一象限内，点 (ξ_2,η_2) 不在第一象限内，所以$(\xi_1,\eta_1)\neq(\xi_2,\eta_2)$.

方法二 由二元连续函数的性质，在 D 上作一连续曲线：从点 $(1,0)$ 到 $(0,1)$ 沿圆周 $x^2+y^2=1$ 的劣弧. 因 $f(1,0)=1$，$f(0,1)=-1$，故知在这弧上至少存在一点 (ξ_1,η_1) 使 $f(\xi_1,\eta_1)=0$. 同理，在从点 $(1,0)$ 到点 $(0,1)$ 沿圆周 $x^2+y^2=1$ 的优弧上，至少存在一点 (ξ_2,η_2) 使 $f(\xi_2,\eta_2)=0$.

4. 多元函数的偏导数

由多元函数的偏导数定义可知，在对某一个自变量求偏导时，将其余自变量视为常量，仍归结为求一元函数的导数. 高阶偏导数则定义为其低一阶偏导数的偏导数.

【例6】 求下列函数的一阶偏导数.

(1) $z=\ln(x+\sqrt{x^2+y^2})$；   (2) $z=(1+xy)^{1+y}$.

解 (1) 求 $\dfrac{\partial z}{\partial x}$ 时将 y 看做常数，得

$$\frac{\partial z}{\partial x}=\frac{1}{x+\sqrt{x^2+y^2}}\left(1+\frac{x}{\sqrt{x^2+y^2}}\right)=\frac{1}{\sqrt{x^2+y^2}}.$$

求 $\dfrac{\partial z}{\partial y}$ 时将 x 看做常数得

$$\frac{\partial z}{\partial y}=\frac{1}{x+\sqrt{x^2+y^2}}\frac{y}{\sqrt{x^2+y^2}}=\frac{y}{\sqrt{x^2+y^2}(x+\sqrt{x^2+y^2})}.$$

（2）求 $\dfrac{\partial z}{\partial x}$ 时视 y 为常量，得

$$\frac{\partial z}{\partial x}=(1+y)(1+xy)^y y=y(1+y)(1+xy)^y.$$

求 $\dfrac{\partial z}{\partial y}$ 时视 x 为常量，此时 z 为幂指函数，需先将 z 化为指数的复合函数.

$$z=e^{(1+y)\ln(1+xy)}.$$

再对 y 求导得

$$\frac{\partial z}{\partial y}=e^{(1+y)\ln(1+xy)}\left[\ln(1+xy)+(1+y)\frac{x}{1+xy}\right]=(1+xy)^{1+y}\left[\ln(1+xy)+\frac{x(1+y)}{1+xy}\right].$$

【例7】 设 $z=(x+e^y)^x$，求 $\dfrac{\partial z}{\partial x}\Big|_{(1,0)}$.

分析 求函数在给定点处的偏导数，可通过将该点坐标值代入相应的偏导函数求得. 即

$$f x'(x_0,y_0)=\frac{\mathrm{d}}{\mathrm{d}x}f(x,y_0)\Big|_{x=x_0},\quad f y'(x_0,y_0)=\frac{\mathrm{d}}{\mathrm{d}y}f(x_0,y)\Big|_{y=y_0}.$$

解 显然 $z(x,0)=(x+1)^x=e^{x\ln(1+x)}$，得

$$\frac{\mathrm{d}z}{\mathrm{d}x}=e^{x\ln(1+x)}\left[\ln(1+x)+\frac{x}{1+x}\right].$$

因此

$$\frac{\partial z}{\partial x}\Big|_{(1,0)}=\frac{\mathrm{d}z}{\mathrm{d}x}\Big|_{x=1}=2\ln2+1.$$

【例8】 设 $f(x,y)=e^{\sqrt{x^2+y^4}}$，求函数在原点（0，0）处的偏导数.

解 由二元函数偏导数的定义，得

$$f_x'(0,0)=\lim_{x\to0}\frac{e^{\sqrt{x^2+0^4}}-1}{x-0}=\lim_{x\to0}\frac{e^{|x|}-1}{x-0},$$

因此 $\lim\limits_{x\to0^+}\dfrac{e^{|x|}-1}{x-0}=\lim\limits_{x\to0^+}\dfrac{e^x-1}{x-0}=1$，$\lim\limits_{x\to0^-}\dfrac{e^{|x|}-1}{x-0}=\lim\limits_{x\to0^-}\dfrac{e^{-x}-1}{x-0}=-1$，故 $\lim\limits_{x\to0^+}\dfrac{e^{|x|}-1}{x-0}\neq\lim\limits_{x\to0^-}\dfrac{e^{-x}-1}{x-0}$，所以偏导数 $f_x'(0,0)$ 不存在.

而 $f_y'(0,0)=\lim\limits_{y\to0}\dfrac{e^{\sqrt{0^2+y^4}}-1}{y-0}=\lim\limits_{y\to0}\dfrac{e^{y^2}-1}{y-0}=0$，所以偏导数 $f_y'(0,0)$ 存在，且为 0.

【例9】 设函数 $f(x,y)=\begin{cases}xy\dfrac{x^2-y^2}{x^2+y^2},&x^2+y^2\neq0,\\0,&x^2+y^2=0.\end{cases}$ 求 $f''_{xy}(x,y)$，$f''_{yx}(x,y)$.

分析 不论是一元函数还是二元函数，分段函数在分段点的可导性讨论需用导数或偏导数的定义.

解 显然 $f(0,0)=0$，$f(x,0)=f(0,y)=0$，由偏导数定义，有

$$f_x'(0,0)=\lim_{\Delta x\to0}\frac{f(0+\Delta x,0)-f(0,0)}{\Delta x}=0,\quad f_y'(0,0)=\lim_{\Delta y\to0}\frac{f(0,0+\Delta y)-f(0,0)}{\Delta y}=0.$$

当 $x^2+y^2\neq0$ 时有

$$f_x'(x,y)=y\frac{x^2-y^2}{x^2+y^2}+\frac{4x^2y^3}{(x^2+y^2)^2},\quad f_y'(x,y)=x\frac{x^2-y^2}{x^2+y^2}-\frac{4x^3y^2}{(x^2+y^2)^2},$$

$$f''_{xy}(x,y)=f''_{yx}(x,y)=\frac{(x^2-y^2)(x^4+10x^2y^2+y^4)}{(x^2+y^2)^2}.$$

在（0，0）点，有

$$f''_{xy}(0,0)=\lim_{\Delta y\to0}\frac{f_x'(0,0+\Delta y)-f_x'(0,0)}{\Delta y}=\lim_{\Delta y\to0}\frac{-\Delta y-0}{\Delta y}=-1,$$

$$f''_{yx}(0,0)=\lim_{\Delta x\to 0}\frac{f'_y(0+\Delta x,0)-f'_y(0,0)}{\Delta x}=\lim_{\Delta x\to 0}\frac{\Delta x-0}{\Delta x}=1.$$

因此

$$f''_{xy}(x,y)=\begin{cases}\dfrac{(x^2-y^2)(x^4+10x^2y^2+y^4)}{(x^2+y^2)^2}, & x^2+y^2\neq 0,\\ -1, & x^2+y^2=0,\end{cases}$$

$$f''_{yx}(x,y)=\begin{cases}\dfrac{(x^2-y^2)(x^4+10x^2y^2+y^4)}{(x^2+y^2)^2}, & x^2+y^2\neq 0,\\ 1, & x^2+y^2=0.\end{cases}$$

5. 全微分

多元函数的全微分与一元函数的微分有着相类似之处，也存在着本质上的区别. 根据全微分存在的必要条件与充分条件，判别多元函数全微分是否存在通常分为如下几步.

(1) 先考察该函数是否连续. 若函数不连续，则一定不可微. 如函数

$$f(x,y)=\begin{cases}\dfrac{xy}{x^2+y^2}, & (x,y)\neq(0,0),\\ 0, & (x,y)=(0,0)\end{cases}$$

在原点 (0,0) 处不连续，则它在 (0,0) 处，必不可微.

(2) 若函数连续，再考察是否可导，若函数不可导，则一定不可微. 如函数 $f(x,y)=\sqrt{x^2+y^2}$ 在 (0,0) 点连续，但它在 (0,0) 的偏导数

$$f'_x(0,0)=\lim_{x\to 0}\frac{f(x,0)-f(0,0)}{x}=\lim_{x\to 0}\frac{|x|}{x}$$

不存在，同理 $f'_y(0,0)$ 也不存在，因此 $f(x,y)=\sqrt{x^2+y^2}$ 在 (0,0) 处不可微.

(3) 若各个偏导数都存在且连续，则该函数必可微.

(4) 若函数 $z=f(x,y)$ 在点 (x_0,y_0) 处连续且可导，其偏导函数在点 (x_0,y_0) 处至少有一个不连续，则由全微分定义出发考察极限

$$\lim_{\rho\to 0}\frac{\Delta z-f'_x(x_0,y_0)\Delta x-f'_y(x_0,y_0)\Delta y}{\rho},\quad \rho=\sqrt{(\Delta x)^2+(\Delta y)^2}$$

是否等于零. 若该极限等于零，则函数在该点可微. 若该极限不等于零，则函数 $z=f(x,y)$ 在 (x_0,y_0) 点必不可微.

【例 10】 设连续函数 $z=f(x,y)$ 满足 $\lim\limits_{\substack{x\to 0\\y\to 1}}\dfrac{f(x,y)-2x+y-2}{\sqrt{x^2+(y-1)^2}}=0$，求 $\mathrm{d}z|_{(0,1)}$.

解 由题设 $\lim\limits_{\substack{x\to 0\\y\to 1}}\dfrac{f(x,y)-2x+y-2}{\sqrt{x^2+(y-1)^2}}=0$ 可知，当 $x\to 0$，$y\to 1$ 时，有

$$f(x,y)-2x+y-2=o\left(\sqrt{x^2+(y-1)^2}\right).$$

且 $f(0,1)=1$，从而有

$$f(x,y)-f(0,1)=2x-(y-1)+o\left(\sqrt{x^2+(1-y)^2}\right).$$

由二元函数全微分的定义知，$f(x,y)$ 在点 (0,1) 处可微，且 $f'_x(0,1)=2$，$f'_y(0,1)=-1$，故有 $\mathrm{d}z|_{(0,1)}=2\mathrm{d}x-\mathrm{d}y$.

综合上述分析，函数 $z=f(x,y)$ 在点 (x,y) 处连续，偏导数 $f'_x(x,y)$ 与 $f'_y(x,y)$ 均存在（可导），全微分存在（可微）以及各个偏导数都存在且连续等特性之间有如下关系：

$$\boxed{\text{偏导函数都存在且连续}}\Rightarrow\boxed{\text{全微分存在（可微）}}\Rightarrow\boxed{\text{各偏导数均存在（可导）}}$$

$$\Downarrow$$

$$\boxed{\text{函数连续}}$$

【例 11】　设函数 $f(x,y) = \begin{cases} (x^2+y^2)\sin\dfrac{1}{\sqrt{x^2+y^2}}, & x^2+y^2 \neq 0, \\ 0, & x^2+y^2 = 0. \end{cases}$

（1）求偏导数 $f'_x(x,y)$，$f'_y(x,y)$；

（2）证明函数 $f(x,y)$ 在点 $(0,0)$ 处可微；

（3）讨论函数 $f'_x(x,y)$，$f'_y(x,y)$ 在点 $(0,0)$ 处的连续性.

解　（1）当 $(x,y) \neq (0,0)$ 时，

$$f'_x(x,y) = 2x\sin\frac{1}{\sqrt{x^2+y^2}} - \frac{x}{\sqrt{x^2+y^2}}\cos\frac{1}{\sqrt{x^2+y^2}},$$

$$f'_y(x,y) = 2y\sin\frac{1}{\sqrt{x^2+y^2}} - \frac{y}{\sqrt{x^2+y^2}}\cos\frac{1}{\sqrt{x^2+y^2}}.$$

当 $(x,y) = (0,0)$ 时，

$$f'_x(0,0) = \lim_{\Delta x \to 0}\frac{f(0+\Delta x,0)-f(0,0)}{\Delta x} = \lim_{\Delta x \to 0}\Delta x \cdot \sin\frac{1}{|\Delta x|} = 0;$$

同理 $f'_y(0,0) = 0$. 所以

$$f'_x(x,y) = \begin{cases} 2x\sin\dfrac{1}{\sqrt{x^2+y^2}} - \dfrac{x}{\sqrt{x^2+y^2}}\cos\dfrac{1}{\sqrt{x^2+y^2}}, & x^2+y^2 \neq 0, \\ 0, & x^2+y^2 = 0, \end{cases}$$

$$f'_y(x,y) = \begin{cases} 2y\sin\dfrac{1}{\sqrt{x^2+y^2}} - \dfrac{y}{\sqrt{x^2+y^2}}\cos\dfrac{1}{\sqrt{x^2+y^2}}, & x^2+y^2 \neq 0, \\ 0, & x^2+y^2 = 0. \end{cases}$$

（2）$\Delta z - [f'_x(0,0)\Delta x + f'_y(0,0)\Delta y] = [(\Delta x)^2+(\Delta y)^2]\sin\dfrac{1}{\sqrt{(\Delta x)^2+(\Delta y)^2}} = \rho^2\sin\dfrac{1}{\rho}$,

而 $\lim\limits_{\rho \to 0}\dfrac{\rho^2\sin\dfrac{1}{\rho}}{\rho} = \lim\limits_{\rho \to 0}\rho\sin\dfrac{1}{\rho} = 0$，所以 $f(x,y)$ 在点 $(0,0)$ 处可微.

（3）因为 $\lim\limits_{\substack{x \to 0 \\ (y=0)}}\left(2x\sin\dfrac{1}{|x|} - \dfrac{x}{|x|}\cos\dfrac{1}{|x|}\right)$ 不存在，所以

$$\lim_{\substack{x \to 0 \\ y \to 0}}f'_x(x,y) = \lim_{\substack{x \to 0 \\ y \to 0}}\left(2x\sin\frac{1}{\sqrt{x^2+y^2}} - \frac{x}{\sqrt{x^2+y^2}}\cos\frac{1}{\sqrt{x^2+y^2}}\right)$$

不存在，因此 $f'_x(x,y)$ 在 $(0,0)$ 处不连续. 同理可得，$f'_y(x,y)$ 在 $(0,0)$ 处不连续.

【例 12】　设函数 $f(x,y)$ 在 $(0,0)$ 处连续，那么下列结论正确的是（　　）.

（A）若极限 $\lim\limits_{\substack{x \to 0 \\ y \to 0}}\dfrac{f(x,y)}{|x|+|y|}$ 存在，则 $f(x,y)$ 在点 $(0,0)$ 处可微；

（B）若极限 $\lim\limits_{\substack{x \to 0 \\ y \to 0}}\dfrac{f(x,y)}{x^2+y^2}$ 存在，则 $f(x,y)$ 在点 $(0,0)$ 处可微；

（C）若 $f(x,y)$ 在点 $(0,0)$ 处可微，则极限 $\lim\limits_{\substack{x \to 0 \\ y \to 0}}\dfrac{f(x,y)}{|x|+|y|}$ 存在；

（D）若 $f(x,y)$ 在点 $(0,0)$ 处可微，则极限 $\lim\limits_{\substack{x \to 0 \\ y \to 0}}\dfrac{f(x,y)}{x^2+y^2}$ 存在.

解　因为 $f(x,y)$ 在 $(0,0)$ 处连续，若极限 $\lim\limits_{\substack{x \to 0 \\ y \to 0}}\dfrac{f(x,y)}{x^2+y^2}$ 存在，则

$$f(0,0)=\lim_{\substack{x\to 0\\y\to 0}}f(x,y)=\lim_{\substack{x\to 0\\y\to 0}}\frac{f(x,y)}{x^2+y^2}\cdot(x^2+y^2)=0.$$

这时 $f(x,y)-f(0,0)=0\cdot\Delta x+0\cdot\Delta y+f(x,y)$，且有

$$\lim_{\substack{x\to 0\\y\to 0}}\frac{f(x,y)}{\sqrt{x^2+y^2}}=\lim_{\substack{x\to 0\\y\to 0}}\frac{f(x,y)}{x^2+y^2}\cdot\sqrt{x^2+y^2}=0,$$

所以 $f(x,y)-f(0,0)=0\Delta x+0\Delta y+o(\sqrt{x^2+y^2})$，即函数 $f(x,y)$ 在点 $(0,0)$ 处可微，选项 (B) 正确.

取函数 $f(x,y)=|x|+|y|$，则函数 $f(x,y)=|x|+|y|$ 在点 $(0,0)$ 处连续，且极限 $\lim_{\substack{x\to 0\\y\to 0}}\dfrac{f(x,y)}{|x|+|y|}$ 存在。但函数 $f(x,y)=|x|+|y|$ 在点 $(0,0)$ 处偏导数不存在，故不可微，排除选项 (A)；取函数 $f(x,y)=x+y$，显然函数 $f(x,y)=|x|+|y|$ 在点 $(0,0)$ 处可微，但极限 $\lim_{\substack{x\to 0\\y\to 0}}\dfrac{f(x,y)}{|x|+|y|}$ 不存在，因此排除选项 (C). 类似地，取函数 $f(x,y)=(x^2+y^2)^{\frac{2}{3}}$ 可排除选项 (D).

注 极限 $\lim_{\substack{x\to 0\\y\to 0}}\dfrac{f(x,y)}{x^2+y^2}$ 存在是函数在该点可微的充分条件，但不是必要条件.

三、习 题

1. 设 $f(x,y)=\begin{cases}\dfrac{xy}{\sqrt{x^2+y^2}}, & (x+y)\neq(0,0)\\[2mm] 0, & (x,y)\neq(0,0),\end{cases}$ 当 $y\neq 0$ 时，求 $f\left(1,\dfrac{x}{y}\right)$.

2. 求下列极限：

(1) $\lim\limits_{\substack{x\to\infty\\y\to\infty}}\dfrac{|x|+|y|}{x^2+y^2}$; (2) $\lim\limits_{\substack{x\to\infty\\y\to 0}}\left(1+\dfrac{1}{xy}\right)^{\frac{x^2}{x+y}}$; (3) $\lim\limits_{\substack{x\to\infty\\y\to\infty}}\dfrac{x^2+y^2}{x^4+y^4}$; (4) $\lim\limits_{\substack{x\to\infty\\y\to 0}}\dfrac{x^2|y|^{\frac{1}{2}}}{x^4+y^2}$;

3. 讨论 $f(x,y)=\dfrac{\sqrt{|x|}}{3x+2y}$，当 $x\to\infty$，$y\to\infty$时的二重极限的存在性.

4. 证明函数 $z(x,y)=\begin{cases}\dfrac{2xy}{x^2+y^2}, & x^2+y^2\neq 0,\\[2mm] 0, & x^2+y^2=0\end{cases}$

分别关于每个变量 x 或 y 是一元连续函数，但它在原点不是二元连续函数.

5. 下列函数在 $(0,0)$ 点是否可微？

(1) $f(x,y)=\begin{cases}\dfrac{x^2y^2}{x^2+y^2}, & x^2+y^2\neq 0,\\[2mm] 0, & x^2+y^2=0;\end{cases}$ (2) $f(x,y)=\begin{cases}xy\dfrac{x-y}{x^2+y^2}, & x^2+y^2\neq 0,\\[2mm] 0, & x^2+y^2=0.\end{cases}$

四、习题解答与提示

1. $f\left(1,\dfrac{x}{y}\right)=\dfrac{x}{\sqrt{x^2+y^2}}$.

2. (1) 0. 提示：$0\leqslant\dfrac{|x|}{x^2+y^2}\leqslant\dfrac{1}{|x|}$. (2) $e^{\frac{1}{a}}$. (3) 0. 提示：$0\leqslant\dfrac{x^2+y^2}{x^4+y^4}\leqslant\dfrac{1}{2}\left(\dfrac{1}{x^2}+\dfrac{1}{y^2}\right)$. (4) 0.

3. 二重极限不存在.

4. 提示：当点 (x,y) 沿直线 $y=kx$ 趋于原点时，

$$\lim_{x\to 0}z(x,kx)=\lim_{x\to 0}\frac{2kx^2}{(1+k^2)x^2}=\frac{2k}{1+k^2},$$

当 k 取不同值时，上述极限值不相同，因而当 $(x,y)\to(0,0)$ 时 $z(x,y)$ 无极限。这样，二元函数 $z(x,y)$ 在

(0，0) 点不连续.

    5.（1）可微. 提示：$f(x,0)=0$，$f(0,y)=0 \Rightarrow f_x(0,0)=0$，$f_y(0,0)=0$.   （2）不可微.

第二节　多元函数的偏导数与全微分的计算

    多元函数的偏导数与全微分计算的基础是它们的定义与一元函数导数的计算. 求解多元复合函数偏导数的关键是分析清楚其复合结构，正确掌握多元复合函数的求导法则.

一、内 容 提 要

1. 多元复合函数的求导法则

    设 $z=f[u(x,y),v(x,y)]$，如果 $u=u(x,y)$，$v=v(x,y)$ 具有对 x 及对 y 的偏导数，函数 $z=f(u,v)$ 具有 u 及对 v 的连续偏导数，则

$$\frac{\partial z}{\partial x}=\frac{\partial f}{\partial u}\frac{\partial u}{\partial x}+\frac{\partial f}{\partial v}\frac{\partial v}{\partial x}, \qquad \frac{\partial z}{\partial y}=\frac{\partial f}{\partial u}\frac{\partial u}{\partial y}+\frac{\partial f}{\partial v}\frac{\partial v}{\partial y}.$$

    或简记为：$z_x=f_1 u_x+f_2 v_x$，$z_y=f_1 u_y+f_2 v_y$.

    如果 $z=f[x,y,u(x,y)]$，则 $z_x=f_1+f_3 u_x$，$z_y=f_2+f_3 u_y$.

$$\frac{\partial^2 z}{\partial x^2}=f_{11}+f_{13}u_x+(f_{31}+f_{33}u_x)u_x+f_3 u_{xx}, \qquad \frac{\partial^2 z}{\partial y^2}=f_{22}+f_{23}u_y+(f_{32}+f_{33}u_y)u_y+f_3 u_{yy}.$$

2. 隐函数的求导公式

    设 $F(x,y,z)=0$ 在点 $P_0(x_0,y_0,z_0)$ 的某一邻域内具有连续的偏导数，且 $F(x_0,y_0,z_0)=0$，$F_x(x_0,y_0,z_0)\neq 0$，则方程 $F=(x,y,z)=0$ 在点 $(x_0,\ y_0,\ z_0)$ 的某一邻域内恒能唯一确定一个单值连续且具有连续导数的函数 $z=f(x,y)$，它满足条件 $z_0=f(x_0,y_0)$，并有

$$\frac{\partial z}{\partial x}=-\frac{F_x}{F_z}, \qquad \frac{\partial z}{\partial y}=-\frac{F_y}{F_z}.$$

    类似地，如果由方程组 $F(x,y,u,v)=0$ 和 $G(x,y,u,v)=0$ 确定的隐函数 $u=u(x,y)$，$v=v(x,y)$，则应用复合函数求导法则得

$$\begin{cases} F_x+F_u u_x+F_v v_x=0, \\ G_x+G_u u_x+G_v v_x=0. \end{cases}$$

解此方程组就得到 $\dfrac{\partial u}{\partial x}$，$\dfrac{\partial v}{\partial x}$，同理可得到 $\dfrac{\partial u}{\partial y}$，$\dfrac{\partial v}{\partial y}$.

二、例 题 分 析

（一）多元复合函数的偏导数

    求多元复合函数的偏导数用的是链式法则，用该法则时首先要分清诸多变量之间的复合关系，辅之以复合结构图，以便正确写出求导公式. 下面将常见的复合结构及其求导公式列表如下：

函数关系	求导公式		结 构 图
$z=f(u,v)$ $u=\varphi(t)$ $v=\psi(t)$	$\dfrac{\mathrm{d}z}{\mathrm{d}t}=\dfrac{\partial z}{\partial u}\dfrac{\mathrm{d}u}{\mathrm{d}t}+\dfrac{\partial z}{\partial v}\dfrac{\mathrm{d}v}{\mathrm{d}t}$	①	$z \begin{smallmatrix} u \\ \\ v \end{smallmatrix} t$
$z=f(u,v)$ $u=\varphi(x,y)$ $v=\psi(x,y)$	$\dfrac{\partial z}{\partial x}=\dfrac{\partial z}{\partial u}\dfrac{\partial u}{\partial x}+\dfrac{\partial z}{\partial v}\dfrac{\partial v}{\partial x}$ $\dfrac{\partial z}{\partial y}=\dfrac{\partial z}{\partial u}\dfrac{\partial u}{\partial y}+\dfrac{\partial z}{\partial v}\dfrac{\partial v}{\partial y}$	②	$z \begin{smallmatrix} u \\ \\ v \end{smallmatrix} \begin{smallmatrix} x \\ y \end{smallmatrix}$

函数关系	求导公式	结构图
$z=f(u,v,w)$ $u=\varphi(x,y)$ $v=\psi(x,y)$ $w=w(x,y)$	$\dfrac{\partial z}{\partial x}=\dfrac{\partial z}{\partial u}\dfrac{\partial u}{\partial x}+\dfrac{\partial z}{\partial v}\dfrac{\partial v}{\partial x}+\dfrac{\partial z}{\partial w}\dfrac{\partial w}{\partial x}$ $\dfrac{\partial z}{\partial y}=\dfrac{\partial z}{\partial u}\dfrac{\partial u}{\partial y}+\dfrac{\partial z}{\partial v}\dfrac{\partial v}{\partial y}+\dfrac{\partial z}{\partial w}\dfrac{\partial w}{\partial y}$　③	
$z=f(u,x,y)$ $u=\varphi(x,y)$	$\dfrac{\partial z}{\partial x}=\dfrac{\partial f}{\partial u}\dfrac{\partial u}{\partial x}+\dfrac{\partial f}{\partial x}$ $\dfrac{\partial z}{\partial y}=\dfrac{\partial f}{\partial u}\dfrac{\partial u}{\partial y}+\dfrac{\partial f}{\partial y}$　④	
$z=f(u)$ $u=\varphi(x,y)$	$\dfrac{\partial z}{\partial x}=\dfrac{\mathrm{d}z}{\mathrm{d}u}\dfrac{\partial u}{\partial x}$ $\dfrac{\partial z}{\partial y}=\dfrac{\mathrm{d}z}{\mathrm{d}u}\dfrac{\partial u}{\partial y}$　⑤	

说明：（1）求复合函数偏导数时，必须经过每个中间变量，且有几段通道就求几次偏导数．求导时遵循"分线相加，连线相乘"的原则．

（2）公式④中，等号左端的 $\dfrac{\partial z}{\partial x}\left(\text{或}\dfrac{\partial z}{\partial y}\right)$ 与右端的 $\dfrac{\partial f}{\partial x}\left(\text{或}\dfrac{\partial f}{\partial y}\right)$ 涵义不同．左端视（或 z）为 x,y 的二元函数，右端视 z 为 u,x,y 的三元函数．

（3）当中间变量或自变量只有一个时，求导用记号 $\dfrac{\mathrm{d}}{\mathrm{d}x}$；不止一个时用记号 $\dfrac{\partial}{\partial x}$．

（4）在 $z=f(x+y,xy)$ 中，f'_1，f'_2 依次表示 z 对第一、第二个中间变量 $x+y$ 与 xy 的偏导数，即 $f'_1=f'_1(x+y,xy)$，$f'_2=f'_2(x+y,xy)$，它们仍然是通过中间变量 $x+y$，xy 而为 x，y 的复合函数．例如，有 $z_x=f'_1+yf'_2$，$z_y=f'_1+xf'_2$．

（5）在 $u=f(xyz)$ 中，f' 依次表示复合函数 z 对中间变量 $t=xyz$ 的导数 $\dfrac{\mathrm{d}f}{\mathrm{d}x}$．例如，有 $u_x=yzf'$，$u_y=xzf'$，$u_z=xyf'$．

（6）类似地，在高阶偏导数中，可以理解 f''_{21}，f''_{22}，f'''_{213} 等记号的涵义．

（7）有时又称偏导数为微商，但非"微分之商"，$\dfrac{\partial z}{\partial x}$ 是整体记号，不可拆散看作商，也不可拆散约分．

【例 1】 设函数 $z=(x^2-y^2)\mathrm{e}^{\frac{x^2-y^2}{xy}}$．试求 $\dfrac{\partial z}{\partial x}$，$\dfrac{\partial z}{\partial y}$．

解 **方法一** 根据多元复合函数的求导法则，直接求偏导数得

$$\frac{\partial z}{\partial x}=\left[2x+(x^2-y^2)\frac{2x^2y-y(x^2-y^2)}{x^2y^2}\right]\mathrm{e}^{\frac{x^2-y^2}{xy}}=\frac{2x^3y+x^4-y^4}{x^2y}\mathrm{e}^{\frac{x^2-y^2}{xy}},$$

$$\frac{\partial z}{\partial y}=\left[-2y+(x^2-y^2)\frac{-2xy^2-x(x^2-y^2)}{x^2y^2}\right]\mathrm{e}^{\frac{x^2-y^2}{xy}}=\frac{-2xy^3-x^4+y^4}{xy^2}\mathrm{e}^{\frac{x^2-y^2}{xy}}.$$

方法二 引入中间变量 $u=x^2-y^2$，$v=xy$，则 $z=u\mathrm{e}^{\frac{u}{v}}$．利用复合函数求导法则得

$$\frac{\partial z}{\partial x}=\frac{\partial z}{\partial u}\frac{\partial u}{\partial x}+\frac{\partial z}{\partial v}\frac{\partial v}{\partial x}=2x\left(1+\frac{u}{v}\right)\mathrm{e}^{\frac{u}{v}}-\frac{yu^2}{v^2}\mathrm{e}^{\frac{u}{v}},$$

$$\frac{\partial z}{\partial y}=\frac{\partial z}{\partial u}\frac{\partial u}{\partial y}+\frac{\partial z}{\partial v}\frac{\partial v}{\partial y}=(-2y)\left(1+\frac{u}{v}\right)\mathrm{e}^{\frac{u}{v}}-\frac{xu^2}{v^2}\mathrm{e}^{\frac{u}{v}}.$$

把 $u=x^2-y^2$，$v=xy$ 代入上式得偏导数 $\dfrac{\partial z}{\partial x}$，$\dfrac{\partial z}{\partial y}$，如方法一结果．

方法三 利用一阶全微分的不变性，有

$$dz = e^{\frac{x^2-y^2}{xy}}\left[d(x^2-y^2)+(x^2-y^2)d\left(\frac{x^2-y^2}{xy}\right)\right]$$

$$= e^{\frac{x^2-y^2}{xy}}\left[2xdx-2ydy+(x^2-y^2)\frac{xy(2xdx-2ydy)-(x^2-y^2)(xdy+ydx)}{x^2y^2}\right]$$

$$= e^{\frac{x^2-y^2}{xy}}\left(\frac{2x^3y+x^4-y^4}{x^2y}dx-\frac{2xy^3+x^4-y^4}{xy^2}dy\right).$$

所以，由 $dz=\dfrac{\partial z}{\partial x}dx+\dfrac{\partial z}{\partial y}dy$ 得偏导数 $\dfrac{\partial z}{\partial x}$，$\dfrac{\partial z}{\partial y}$ 如方法一所列.

注　本例求解的三种方法都是求多元复合函数偏导数的常用方法，应熟练掌握它们.

【例 2】　设 $u=f(x,y,z)$，$z=\varphi(x,v)$，$v=\psi(x,y)$，其中 $f(x,y,z)$，$\varphi(x,v)$ 具有连续偏导数，$\psi(x,y)$ 的偏导数存在，求 $\dfrac{\partial u}{\partial x}$，$\dfrac{\partial u}{\partial y}$.

解　方法一　事实上，题设函数是复合函数 $u=f\{x,y,\varphi[x,\psi(x,y)]\}$.由求导法则得

$$\frac{\partial u}{\partial x}=\frac{\partial f}{\partial x}+\frac{\partial f}{\partial z}\frac{\partial z}{\partial x}=\frac{\partial f}{\partial x}+\frac{\partial f}{\partial z}\left(\frac{\partial \varphi}{\partial x}+\frac{\partial \varphi}{\partial v}\frac{\partial v}{\partial x}\right)=f_1'+\varphi_1'f_3'+\psi_1'\varphi_2'f_3',$$

$$\frac{\partial u}{\partial y}=\frac{\partial f}{\partial y}+\frac{\partial f}{\partial z}\frac{\partial z}{\partial y}=\frac{\partial f}{\partial y}+\frac{\partial f}{\partial z}\frac{\partial z}{\partial v}\frac{\partial v}{\partial y}=f_2'+\psi_2'\varphi_2'f_3'.$$

方法二　由一阶全微分形式的不变性得

$$du=\frac{\partial f}{\partial x}dx+\frac{\partial f}{\partial y}dy+\frac{\partial f}{\partial z}dz=\frac{\partial f}{\partial x}dx+\frac{\partial f}{\partial y}dy+\frac{\partial f}{\partial z}\left(\frac{\partial \varphi}{\partial x}dx+\frac{\partial \varphi}{\partial v}dv\right)$$

$$=\frac{\partial f}{\partial x}dx+\frac{\partial f}{\partial y}dy+\frac{\partial f}{\partial z}\frac{\partial \varphi}{\partial x}dx+\frac{\partial f}{\partial z}\frac{\partial \varphi}{\partial v}\left(\frac{\partial \psi}{\partial x}dx+\frac{\partial \psi}{\partial y}dy\right)$$

$$=(f_1'+\varphi_1'f_3'+\psi_1'\varphi_2'f_3')dx+(f_2'+\psi_2'\varphi_2'f_3')dy.$$

则得 $\dfrac{\partial u}{\partial x}$，$\dfrac{\partial u}{\partial y}$ 如方法一所列.

【例 3】　设函数 $z=f[xy,g(x)]$，函数 f 具有二阶连续偏导数，函数 $g(x)$ 可导且在 $x=1$ 处取得极值 $g(1)=1$，求 $\dfrac{\partial^2 z}{\partial x\partial y}\Big|_{\substack{x=1\\y=1}}$.

解　方法一（先代后求）由 $z=f[xy,g(x)]$ 可得

$$\frac{\partial z}{\partial x}=f_1'[xy,g(x)]\cdot\frac{\partial(xy)}{\partial x}+f_2'[xy,g(x)]\cdot g'(x)$$

$$=f_1'[xy,g(x)]\cdot y+f_2'[xy,g(x)]\cdot g'(x),$$

因为 $g(1)=1$，$g'(1)=0$，所以

$$\frac{\partial z}{\partial x}\Big|_{x=1}=f_1'[y,g(1)]y+f_2'[y,g(1)]g'(1)=yf_1'(y,1),$$

于是　　$$\frac{\partial^2 z}{\partial x\partial y}\Big|_{\substack{x=1\\y=1}}=\frac{\partial[yf_1'(y,1)]}{\partial y}\Big|_{y=1}=f_1'(y,1)\big|_{y=1}+yf_{11}''(y,1)\big|_{y=1}$$

$$=f_1'(1,1)+f_{11}''(1,1).$$

方法二（先求后代）由 $z=f[xy,g(x)]$ 可得

$$\frac{\partial z}{\partial x}=f_1'[xy,g(x)]\frac{\partial(xy)}{\partial x}+f_2'[xy,g(x)]g'(x)=f_1'[xy,g(x)]y+f_2'[xy,g(x)]g'(x).$$

$$\frac{\partial^2 z}{\partial x\partial y}=\frac{\partial\{f_1'[xy,g(x)]y\}}{\partial y}+\frac{\partial\{f_2'[xy,g(x)]g'(x)\}}{\partial y}$$

$$=f_{11}''[xy,g(x)]\frac{\partial(xy)}{\partial y}y+f_1'[xy,g(x)]+g'(x)f_{21}''[xy,g(x)]\frac{\partial(xy)}{\partial y}$$

$$=f_{11}''[xy,g(x)]xy+f_1'[xy,g(x)]+g'(x)f_{21}''[xy,g(x)]x,$$

由题意可知，$g(1)=1$，$g'(1)=0$，故 $\dfrac{\partial^2 z}{\partial x \partial y}\Big|_{\substack{x=1 \\ y=1}}=f_1'(1,1)+f_{11}''(1,1)$.

（二）隐函数的偏导数

1. 由一个方程所确定的隐函数求偏导数

设 $F(x,y,z)=0$ 确定了二元可微隐函数 $z=z(x,y)$，可由如下三种方法求 $\dfrac{\partial z}{\partial x}$，$\dfrac{\partial z}{\partial y}$.

（1）公式法 $\quad \dfrac{\partial z}{\partial x}=-\dfrac{F_x(x,y,z)}{F_z(x,y,z)}$，$\dfrac{\partial z}{\partial y}=-\dfrac{F_y(x,y,z)}{F_z(x,y,z)}$. 其中，求 $F_x(x,y,z)=0$ 时，视 y,z 为常数；求 $F_y(x,y,z)=0$ 时，视 x,z 为常数；求 $F_z(x,y,z)=0$ 时，视 x，y 为常数.

（2）方程两边同时求导法 $\quad$ 由方程 $F(x,y,z)=0$ 两边同时对 x（或 y）求偏导，此时仅视 y（或 x）为常数，然后再由方程解得偏导数 $\dfrac{\partial z}{\partial x}$，$\dfrac{\partial z}{\partial y}$.

（3）全微分法 $\quad$ 由 $F(x,y,z)=0$ 两边求全微分，得 $\mathrm{d}F(x,y,z)=0$，即 $F_x\mathrm{d}x+F_x\mathrm{d}y+F_x\mathrm{d}z=0$. 然后变形为 $\mathrm{d}z=\dfrac{\partial z}{\partial x}\mathrm{d}x+\dfrac{\partial z}{\partial y}\mathrm{d}y$，便可得 $\dfrac{\partial z}{\partial x}$，$\dfrac{\partial z}{\partial y}$.

【例4】 设 $z=z(x,y)$ 是由方程 $x^2+y^2-z=\varphi(x+y+z)$ 所确定的函数，其中 φ 具有二阶导数，且 $\varphi'\neq-1$.（1）求 $\mathrm{d}z$；（2）记 $u(x,y)=\dfrac{1}{x-y}\left(\dfrac{\partial z}{\partial x}-\dfrac{\partial z}{\partial y}\right)$，求 $\dfrac{\partial u}{\partial x}$.

解 （1）方法一（公式法）$\quad$ 设 $F(x,y,z)=x^2+y^2-z-\varphi(x+y+z)$，则 $F_x'(x,y,z)=2x-\varphi'$，$F_y'(x,y,z)=2y-\varphi'$，$F_z'(x,y,z)=-1-\varphi'$

由公式 $\dfrac{\partial z}{\partial x}=-\dfrac{F_x'}{F_z'}$，$\dfrac{\partial z}{\partial y}=-\dfrac{F_y'}{F_z'}$，得 $\dfrac{\partial z}{\partial x}=\dfrac{2x-\varphi'}{1+\varphi'}$，$\dfrac{\partial z}{\partial y}=\dfrac{2y-\varphi'}{1+\varphi'}$.

所以 $\mathrm{d}z=\dfrac{\partial z}{\partial x}\mathrm{d}x+\dfrac{\partial z}{\partial y}\mathrm{d}y=\dfrac{1}{1+\varphi'}\left[(2x-\varphi')\mathrm{d}x+(2y-\varphi')\mathrm{d}x\right]$.

方法二（求导法）$\quad$ 对 $x^2+y^2-z=\varphi(x+y+z)$ 两端关于 x 求导，得

$$2x-\frac{\partial z}{\partial x}=\varphi'\left(1+\frac{\partial z}{\partial x}\right)，即 \frac{\partial z}{\partial y}=\frac{2x-\varphi'}{1+\varphi'};$$

对 $x^2+y^2-z=\varphi(x+y+z)$ 两端关于 y 求导，得

$$2y-\frac{\partial z}{\partial y}=\varphi'\left(1+\frac{\partial z}{\partial y}\right)，即 \frac{\partial z}{\partial y}=\frac{2y-\varphi'}{1+\varphi'}.$$

所以 $\mathrm{d}z=\dfrac{\partial z}{\partial x}\mathrm{d}x+\dfrac{\partial z}{\partial y}\mathrm{d}y=\dfrac{1}{1+\varphi'}\left[(2x-\varphi')\mathrm{d}x+(2y-\varphi')\mathrm{d}x\right]$.

方法三（微分法）$\quad$ 对 $x^2+y^2-z=\varphi(x+y+z)$ 两端求微分，得

$$2x\mathrm{d}x+2y\mathrm{d}y-\mathrm{d}z=\varphi'(\mathrm{d}x+\mathrm{d}y+\mathrm{d}z),$$

解得 $\quad \mathrm{d}z=\dfrac{\partial z}{\partial x}\mathrm{d}x+\dfrac{\partial z}{\partial y}\mathrm{d}y=\dfrac{1}{1+\varphi'}\left[(2x-\varphi')\mathrm{d}x+(2y-\varphi')\mathrm{d}x\right]$

（2）由于 $u=\dfrac{2}{1+\varphi'}$，$\dfrac{\partial z}{\partial x}-\dfrac{\partial z}{\partial y}=\dfrac{2(x-y)}{1+\varphi'}$. 所以

$$\frac{\partial u}{\partial x}=\frac{-2}{(1+\varphi')^2}\left(1+\frac{\partial z}{\partial x}\right)\varphi''=-\frac{2(2x+1)\varphi''}{(1+\varphi')^3}.$$

【例5】 设函数 $z=z(x,y)$ 由方程 $F\left(\dfrac{y}{x},\dfrac{z}{x}\right)=0$ 确定，其中 F 为可微函数，且 $F_z'\neq0$，试证 $x\dfrac{\partial z}{\partial x}+y\dfrac{\partial z}{\partial y}=z$.

证 方法一（公式法）$\quad$ 令 $G(x,y,z)=F\left(\dfrac{y}{x},\dfrac{z}{x}\right)$，则

$$G'_x = F'_1\left(-\frac{y}{x^2}\right) + F'_2\left(-\frac{z}{x^2}\right), \quad G'_y = F'_1\frac{1}{x}, \quad G'_z = F'_2\frac{1}{x}.$$

于是　　$\dfrac{\partial z}{\partial x} = -\dfrac{G'_x}{G'_z} = -\dfrac{F'_1\left(-\dfrac{y}{x^2}\right) + F'_2\left(-\dfrac{z}{x^2}\right)}{F'_2\dfrac{1}{x}} = \dfrac{yF'_1 + zF'_2}{xF'_2}$, $\dfrac{\partial z}{\partial y} = -\dfrac{G'_y}{G'_z} = -\dfrac{F'_1\dfrac{1}{x}}{F'_2\dfrac{1}{x}} = -\dfrac{F'_1}{F'_2}$,

故　　　　　　　$x\dfrac{\partial z}{\partial x} + y\dfrac{\partial z}{\partial y} = \dfrac{yF'_1 + zF'_2}{F'_2} - \dfrac{yF'_1}{F'_2} = z.$

方法二（求导法） 将方程 $F\left(\dfrac{y}{x}, \dfrac{z}{x}\right) = 0$ 两端同时对 x 求偏导数，得

$$F'_1\left(-\frac{y}{x^2}\right) + F'_2\frac{x\dfrac{\partial z}{\partial x} - z}{x^2} = 0, \text{ 由此解得 } \frac{\partial z}{\partial x} = \frac{yF'_1 + zF'_2}{xF'_2}.$$

将方程 $F\left(\dfrac{y}{x}, \dfrac{z}{x}\right) = 0$ 两端同时对 y 求偏导数，得 $F'_1 + F'_2 \cdot \dfrac{\partial z}{\partial y} = 0$，由此解得 $\dfrac{\partial z}{\partial y} = -\dfrac{F'_1}{F'_2}$.

故　　　　　　　$x\dfrac{\partial z}{\partial x} + y\dfrac{\partial z}{\partial y} = \dfrac{yF'_1 + zF'_2}{F'_2} - \dfrac{yF'_1}{F'_2} = z.$

方法三（全微分法） 由一阶微分形式不变性，对方程 $F\left(\dfrac{y}{x}, \dfrac{z}{x}\right) = 0$ 两端求全微分，得

$F'_1\mathrm{d}\left(\dfrac{y}{x}\right) + F'_2\mathrm{d}\left(\dfrac{z}{x}\right) = 0$，即 $F'_1\dfrac{x\mathrm{d}y - y\mathrm{d}x}{x^2} + F'_2\dfrac{x\mathrm{d}z - z\mathrm{d}x}{x^2} = 0$，由此解得

$$\mathrm{d}z = \frac{yF'_1 + zF'_2}{xF'_2}\mathrm{d}x - \frac{F'_1}{F'_2}\mathrm{d}y,$$

于是　　$\dfrac{\partial z}{\partial x} = \dfrac{yF'_1 + zF'_2}{xF'_2}$, $\dfrac{\partial z}{\partial y} = -\dfrac{F'_1}{F'_2}$, 　故 $x\dfrac{\partial z}{\partial x} + y\dfrac{\partial z}{\partial y} = \dfrac{yF'_1 + zF'_2}{F'_2} - \dfrac{yF'_1}{F'_2} = z.$

【例6】 设函数 $z = z(x, y)$ 由方程 $(z + y)^x = xy$ 确定，求 $\dfrac{\partial z}{\partial x}\bigg|_{(1,2)}$.

解 **方法一** 方程 $(z + y)^x = xy$ 变形为 $\mathrm{e}^{x\ln(z+y)} = xy$，两边同时对 x 求导，得

$$(z + y)^x\left[\ln(z + y) + \frac{x}{z + y}\frac{\partial z}{\partial x}\right] = y,$$

当 $x = 1$，$y = 2$ 时，$z = 0$. 将其代入上式，可得 $\dfrac{\partial z}{\partial x}\bigg|_{(1,2)} = 2 - 2\ln 2$.

方法二 方程 $(z + y)^x = xy$ 两边取对数，得 $x\ln(z + y) = \ln x + \ln y$，两边同时对 x 求导，得

$$\ln(z + y) + \frac{x}{z + y}\frac{\partial z}{\partial x} = \frac{1}{x},$$

当 $x = 1$，$y = 2$ 时，$z = 0$. 将其代入上式，可得 $\dfrac{\partial z}{\partial x}\bigg|_{(1,2)} = 2 - 2\ln 2$.

方法三 令 $F(x, y, z) = (z + y)^x - xy$，则 $F_x(x, y, z) = (z + y)^x\ln(z + y) - y$, $F_z(x, y, z) = x(z + y)^{x-1}$. 又当 $x = 1$，$y = 2$ 时，$z = 0$. 于是

$$\frac{\partial z}{\partial x}\bigg|_{(1,2)} = -\frac{F_x}{F_z}\bigg|_{(1,2)} = -\frac{(z + y)^x\ln(z + y) - y}{x(z + y)^{x-1}}\bigg|_{(1,2)} = 2 - 2\ln 2.$$

2. 由方程组所确定的隐函数求偏导数

设所给方程组含有 n 个变量，m 个方程，通常可以确定 m 个因变量，$n - m$ 个自变量，即可以确定 m 个 $n - m$ 元隐函数.

【例 7】 设 $y=f(x,t)$，而 t 是由方程 $F(x,y,t)=0$ 所确定的 x,y 的函数，其中 f,F 都具有一阶连续偏导数，试求 y 对 x 的导数．

解 方法一 将 $y=y(x)$ 看成由一个方程确定的隐函数，求 $\dfrac{\mathrm{d}y}{\mathrm{d}x}$ 的具体步骤如下：

由 $F(x,y,t)=0$ 得 $t=t(x,y)$，代入 $y=f(x,t)$，于是得到关于 x,y 的方程 $y=f[x,t(x,y)]$，现求上面方程所确定的函数 $y=y(x)$ 的导数．

设 $G(x,y)=y-f[x,t(x,y)]$，于是

$$\frac{\mathrm{d}y}{\mathrm{d}x}=-\frac{G_x}{G_y}=-\frac{-f_x-f_t t_x}{1-f_t t_y} \tag{8-1}$$

又由于 $t=t(x,y)$ 由 $F(x,y,t)=0$ 确定，所以

$$t_x=-\frac{F_x}{F_t},\quad t_y=-\frac{F_y}{F_t},$$

将此两式代入式（8-1），经整理得

$$\frac{\mathrm{d}y}{\mathrm{d}x}=\frac{F_t f_x-F_x f_t}{F_t+F_y f_t}.$$

方法二 将 $y=y(x)$ 看成由下列方程组所确定的隐函数

$$\begin{cases} y-f(x,t)=0, \\ F(x,y,t)=0. \end{cases}$$

此方程组确定了两个一元函数：$y=y(x)$，$t=t(x)$．现对此方程组中的 x 求导得

$$\begin{cases} \dfrac{\mathrm{d}y}{\mathrm{d}x}-\dfrac{\partial f}{\partial x}-\dfrac{\partial f}{\partial t}\dfrac{\mathrm{d}t}{\mathrm{d}x}=0, \\ \dfrac{\partial F}{\partial x}+\dfrac{\partial F}{\partial y}\dfrac{\mathrm{d}y}{\mathrm{d}x}+\dfrac{\partial F}{\partial t}\dfrac{\mathrm{d}t}{\mathrm{d}x}=0, \end{cases}$$

消去 $\dfrac{\mathrm{d}t}{\mathrm{d}x}$，解得 $\dfrac{\mathrm{d}y}{\mathrm{d}x}=\dfrac{\dfrac{\partial F}{\partial t}\dfrac{\partial f}{\partial x}-\dfrac{\partial F}{\partial x}\dfrac{\partial f}{\partial t}}{\dfrac{\partial F}{\partial t}+\dfrac{\partial F}{\partial y}\dfrac{\partial f}{\partial t}}.$

方法三（全微分法） 由一阶微分形式不变性，对方程组 $\begin{cases} y=f(x,t), \\ F(x,y,t)=0 \end{cases}$ 两端求全微分，得 $\begin{cases} \mathrm{d}y=f_x\mathrm{d}x+f_t\mathrm{d}t, \\ F_x\mathrm{d}x+F_y\mathrm{d}y+F_t\mathrm{d}t=0. \end{cases}$ 解得 $\dfrac{\mathrm{d}y}{\mathrm{d}x}=\dfrac{f_x F_t-f_t F_x}{f_t F_y+F_t}.$

【例 8】 设 $u=f(x,y,z)$，$\varphi(x^2,\mathrm{e}^y,z)=0$，$y=\sin x$，其中 f,φ 都具有一阶连续偏导数，且 $\dfrac{\partial \varphi}{\partial z}\neq 0$，求 $\dfrac{\mathrm{d}u}{\mathrm{d}x}$．

解 由于 $\dfrac{\mathrm{d}u}{\mathrm{d}x}=f'_x+f'_y\dfrac{\mathrm{d}y}{\mathrm{d}x}+f'_z\dfrac{\mathrm{d}z}{\mathrm{d}x}$，只需求出 $\dfrac{\mathrm{d}y}{\mathrm{d}x}$ 和 $\dfrac{\mathrm{d}z}{\mathrm{d}x}$．

方程组 $\begin{cases} y=\sin x \\ \varphi(x^2,\mathrm{e}^y,z)=0 \end{cases}$ 两端同时对 x 求导，得

$$\begin{cases} \dfrac{\mathrm{d}y}{\mathrm{d}x}=\cos x, \\ \varphi'_1 2x+\varphi'_2\mathrm{e}^y\dfrac{\mathrm{d}y}{\mathrm{d}x}+\varphi'_3\dfrac{\mathrm{d}z}{\mathrm{d}x}=0, \end{cases}$$ 即得 $\dfrac{\mathrm{d}z}{\mathrm{d}x}=-\dfrac{1}{\varphi_3}(2x\varphi'_1+\mathrm{e}^y\cos x\varphi'_2).$

故得
$$\frac{\mathrm{d}u}{\mathrm{d}x}=f'_x+f'_y\cos x-f'_z\frac{1}{\varphi_3}(2x\varphi'_1+\mathrm{e}^y\cos x\varphi'_2).$$

【例9】 设 $y=y(x)$，$z=z(x)$ 是由方程 $z=xf(x+y)$ 和 $F(x,y,z)=0$ 所确定的函数，其中 f 和 F 分别具有一阶连续导数和一阶连续偏导数．求 $\dfrac{\mathrm{d}z}{\mathrm{d}x}$.

分析 方程组 $\begin{cases}z=xf(x+y)\\F(x,y,z)=0\end{cases}$ 含有 3 个变量，2 个方程．，确定两个一元隐函数 $y=y(x)$，$z=z(x)$.

解 分别在方程组两端对 x 求导得

$$\begin{cases}\dfrac{\mathrm{d}z}{\mathrm{d}x}=f+x\left(1+\dfrac{\mathrm{d}y}{\mathrm{d}x}\right)f',\\[2mm]F_x+F_y\dfrac{\mathrm{d}y}{\mathrm{d}x}+F_z\dfrac{\mathrm{d}z}{\mathrm{d}x}=0,\end{cases}\quad\text{整理得}\quad\begin{cases}-xf'\dfrac{\mathrm{d}y}{\mathrm{d}x}+\dfrac{\mathrm{d}z}{\mathrm{d}x}=f+xf',\\[2mm]F_y\dfrac{\mathrm{d}y}{\mathrm{d}x}+F_z\dfrac{\mathrm{d}z}{\mathrm{d}x}=-F_x.\end{cases}$$

由此解得 $\dfrac{\mathrm{d}z}{\mathrm{d}x}=\dfrac{(f+xf')F_y-xf'F_x}{F_y+xf'F_x}(F_y+xf'F_x\neq0\text{时}).$

（三）通过变量代换化简微分方程．

【例10】 用 $u=x-2y$，$v=x+ay$ 变换，可把方程 $6\dfrac{\partial^2z}{\partial x^2}+\dfrac{\partial^2z}{\partial x\partial y}-\dfrac{\partial^2z}{\partial y^2}=0$ 化简为 $\dfrac{\partial^2z}{\partial u\partial v}=0$，求 a 值（其中 z 具有二阶连续偏导数）.

解 设 $z=f(u,v)$，$u=x-2y$，$v=x+ay$，则

$$\frac{\partial z}{\partial x}=f'_1+f'_2,\quad\frac{\partial z}{\partial y}=-2f'_1+af'_2,$$

$$\frac{\partial^2z}{\partial x^2}=(f_1)'_x+(f_2)'_x=f''_{11}+f''_{12}+f''_{21}+f''_{22}=f''_{11}+2f''_{12}+f''_{22},$$

$$\frac{\partial^2z}{\partial x\partial y}=(f_1)'_y+(f_2)'_y=-2f''_{11}+af''_{12}-2f''_{21}+af''_{22}=-2f''_{11}+(a-2)f''_{12}+af''_{22},$$

$$\frac{\partial^2z}{\partial y^2}=-2(f_1)'_y+a(f_2)'_y=4f''_{11}-2af''_{12}-2af''_{21}+a^2f''_{22}=4f''_{11}-4af''_{12}+a^2f''_{22},$$

故 $6\dfrac{\partial^2z}{\partial x^2}+\dfrac{\partial^2z}{\partial x\partial y}-\dfrac{\partial^2z}{\partial y^2}=0$ 化为

$$6(f''_{11}+2f''_{12}+f''_{22})-2f''_{11}+(a-2)f''_{12}+af''_{22}-4f''_{11}+4af''_{12}-a^2f''_{22}=0,$$

即 $f''_{12}=\dfrac{a^2-a-6}{10+5a}f''_{22}$. 由题设知 $\dfrac{\partial^2z}{\partial u\partial v}=0$，即 $f''_{12}=0$，于是 $a^2-a-6=0$，但 $10+5a\neq0$ 所以得 $a=3$.

【例11】 设函数 $u=f(x,y)$ 具有两阶连续偏导数，且满足等式 $4\dfrac{\partial^2u}{\partial x^2}+12\dfrac{\partial^2u}{\partial x\partial y}+5\dfrac{\partial^2u}{\partial y^2}=0$，确定 a，b 的值，使等式在变换 $\xi=x+ay$，$\eta=x+by$ 下化简 $\dfrac{\partial^2u}{\partial x\partial y}=0$.

解 将 $u=f(x,y)$ 看做由 $u=F(\xi,\eta)$ 及 $\xi=x+ay$，$\eta=x+by$ 复合而成，应用复合函数链式求导法则，得

$$\frac{\partial u}{\partial x}=\frac{\partial u}{\partial\xi}\frac{\partial\xi}{\partial x}+\frac{\partial u}{\partial\eta}\frac{\partial\eta}{\partial x}=\frac{\partial u}{\partial\xi}+\frac{\partial u}{\partial\eta},\frac{\partial u}{\partial y}=\frac{\partial u}{\partial\xi}\frac{\partial\xi}{\partial y}+\frac{\partial u}{\partial\eta}\frac{\partial\eta}{\partial y}=a\frac{\partial u}{\partial\xi}+b\frac{\partial u}{\partial\eta}.$$

再求二阶偏导数，得

$$\frac{\partial^2u}{\partial x^2}=\frac{\partial\left(\dfrac{\partial u}{\partial\xi}+\dfrac{\partial u}{\partial\eta}\right)}{\partial x}=\frac{\partial\left(\dfrac{\partial u}{\partial\xi}\right)}{\partial x}+\frac{\partial\left(\dfrac{\partial u}{\partial\eta}\right)}{\partial x}=\frac{\partial^2u}{\partial\xi^2}\frac{\partial\xi}{\partial x}+\frac{\partial^2u}{\partial\xi\partial\eta}\frac{\partial\eta}{\partial x}+\frac{\partial^2u}{\partial\eta\partial\xi}\frac{\partial\xi}{\partial x}+\frac{\partial^2u}{\partial\eta^2}\frac{\partial\eta}{\partial x}$$

$$=\frac{\partial^2 u}{\partial \xi^2}+2\frac{\partial^2 u}{\partial \xi \partial \eta}+\frac{\partial^2 u}{\partial \eta^2},$$

$$\frac{\partial^2 u}{\partial x \partial y}=\frac{\partial\left(\frac{\partial u}{\partial \xi}+\frac{\partial u}{\partial \eta}\right)}{\partial y}=\frac{\partial\left(\frac{\partial u}{\partial \xi}\right)}{\partial y}+\frac{\partial\left(\frac{\partial u}{\partial \eta}\right)}{\partial y}=\frac{\partial^2 u}{\partial \xi^2}\frac{\partial \xi}{\partial y}+\frac{\partial^2 u}{\partial \xi \partial \eta}\frac{\partial \eta}{\partial y}+\frac{\partial^2 u}{\partial \eta \partial \xi}\frac{\partial \xi}{\partial y}+\frac{\partial^2 u}{\partial \eta^2}\frac{\partial \eta}{\partial y}$$

$$=a\frac{\partial^2 u}{\partial \xi^2}+(a+b)\frac{\partial^2 u}{\partial \xi \partial \eta}+b\frac{\partial^2 u}{\partial \eta^2},$$

$$\frac{\partial^2 u}{\partial y^2}=\frac{\partial\left(a\frac{\partial u}{\partial \xi}+b\frac{\partial u}{\partial \eta}\right)}{\partial y}=a\frac{\partial\left(\frac{\partial u}{\partial \xi}\right)}{\partial y}+b\frac{\partial\left(\frac{\partial u}{\partial \eta}\right)}{\partial y}=a\frac{\partial^2 u}{\partial \xi^2}\frac{\partial \xi}{\partial y}+a\frac{\partial^2 u}{\partial \xi \partial \eta}\frac{\partial n}{\partial y}+b\frac{\partial^2 u}{\partial \eta \partial \xi}\frac{\partial \xi}{\partial y}+b\frac{\partial^2 u}{\partial \eta^2}\frac{\partial \eta}{\partial y}$$

$$=a^2\frac{\partial^2 u}{\partial \xi^2}+2ab\frac{\partial^2 u}{\partial \xi \partial \eta}+b^2\frac{\partial^2 u}{\partial \eta^2},$$

于是，由

$$4\frac{\partial^2 u}{\partial x^2}+12\frac{\partial^2 u}{\partial x \partial y}+5\frac{\partial^2 u}{\partial y^2}=(4+12a+5a^2)\frac{\partial^2 u}{\partial \xi^2}+[8+12(a+b)+10ab]\frac{\partial^2 u}{\partial \xi \partial \eta}+(4+12b+5b^2)\frac{\partial^2 u}{\partial \eta^2}=0,$$

得到 $\begin{cases}4+12a+5a^2=0,\\8+12(a+b)+10ab\neq0,\\4+12b+5b^2=0.\end{cases}$ 因此 $\begin{cases}a=-\dfrac{2}{5}\\b=-2\end{cases}$ 或 $\begin{cases}a=-2\\b=-\dfrac{2}{5}\end{cases}$ 满足题意.

（四）已知偏导数求函数

【例 12】 已知函数 $z(x,y)$ 满足 $\dfrac{\partial z}{\partial x}=-\sin y+\dfrac{1}{1-xy}$，$z(0,y)=2\sin y+y^2$，求 $z(x,y)$ 的表达式.

解 在等式 $\dfrac{\partial z}{\partial x}=-\sin y+\dfrac{1}{1-xy}$ 两端对 x 积分（视 y 为常量）得

$$z(x,y)=-x\sin y-\frac{1}{y}\ln|1-xy|+\varphi(y),$$

其中 $\varphi(y)$ 待定. 由上式得 $z(0,y)=\varphi(y)$，已知 $z(0,y)=2\sin y+y^2$，所以 $\varphi(y)=2\sin y+y^2$，因此 $z(x,y)=(2-x)\sin y-\dfrac{1}{y}\ln|1-xy|+y^2$.

注 若在全平面上 $z=f(x,y)$ 满足 $\dfrac{\partial f}{\partial x}=0$，则 $f(x,y)=\varphi(y)$，其中 $\varphi(y)$ 是 y 的任意函数.

同样地若 $\dfrac{\partial f}{\partial y}=0$，则 $f(x,y)=\varphi(x)$，其中 $\varphi(x)$ 是 x 的任意函数.

若 $\dfrac{\partial f}{\partial x}=h(x,y)$，其中 $h(y)$ 是已知的连续函数，则

$$f(x,y)=\int h(x,y)\mathrm{d}x+c(y),$$

其中 $c(y)$ 是 y 的任意函数.

【例 13】 设 $u=f(x,y)$ 为可微函数，

（1）若 $u=f(x,y)$ 满足方程 $x\dfrac{\partial f}{\partial x}+y\dfrac{\partial f}{\partial y}=0$，试证：$f(x,y)$ 在极坐标系中只是 θ 的函数，而与 r 无关；

（2）若 $u=f(x,y)$ 满足方程 $\dfrac{1}{x}\dfrac{\partial f}{\partial x}-\dfrac{1}{y}\dfrac{\partial f}{\partial y}=0$，试证：$f(x,y)$ 在极坐标系中只是 r 的函数，而与 θ 无关.

证 在极坐标系中，$u=f(x,y)$ 的表达式为 $u=f(r\cos\theta,r\sin\theta)$.

（1）要证明函数 u 在极坐标系下与 r 无关，只需证明 u 对 r 的偏导数为 0 即可．因为

$$\frac{\partial u}{\partial r}=\frac{\partial f}{\partial x}\frac{\partial x}{\partial r}+\frac{\partial f}{\partial y}\frac{\partial y}{\partial r}=\frac{\partial f}{\partial x}\cos\theta+\frac{\partial f}{\partial y}\sin\theta$$

$$=\frac{1}{r}\left(\frac{\partial f}{\partial x}r\cos\theta+\frac{\partial f}{\partial y}r\sin\theta\right)=\frac{1}{r}\left(x\frac{\partial f}{\partial x}+y\frac{\partial f}{\partial y}\right)=0,$$

由此可见，u 只是 θ 的函数，而与 r 无关．

（2）同理，由于

$$\frac{\partial u}{\partial\theta}=\frac{\partial f}{\partial x}\frac{\partial x}{\partial\theta}+\frac{\partial f}{\partial y}\frac{\partial f}{\partial\theta}=\frac{\partial f}{\partial x}(-r\sin\theta)+\frac{\partial f}{\partial y}(r\cos\theta)$$

$$=-\frac{1}{x}\frac{\partial f}{\partial x}r^2\sin\theta\cos\theta+\frac{1}{y}\frac{\partial f}{\partial y}r^2\sin\theta\cos\theta=-r^2\sin\theta\cos\theta\left(\frac{1}{x}\frac{\partial f}{\partial x}-\frac{1}{y}\frac{\partial f}{\partial y}\right)=0.$$

由此可见，u 只是 r 的函数，而与 θ 无关．

三、习　　题

1. 设 $z=f(2x-y)+g(x,xy)$，其中 $f(t)$ 二阶可导，$g(u,v)$ 有连续的二阶偏导数，求 $\frac{\partial^2 z}{\partial x\partial y}$．

2. 设 $z=f(2x-y,y\sin x)$，其中 $f(u,v)$ 有连续的二阶偏导数，求 $\frac{\partial^2 z}{\partial x\partial y}$．

3. 设 $u=f^2(x,xy)$，其中 f 具有二阶连续偏导数，求 $\frac{\partial u}{\partial x}$，$\frac{\partial^2 u}{\partial x^2}$．

4. 设 $u=\ln\sqrt{x^2+y^2}$，$v=\arctan\frac{y}{x}$，证明：方程 $(x+y)\frac{\partial z}{\partial x}-(x-y)\frac{\partial z}{\partial y}=0$ 可改变为 $\frac{\partial z}{\partial u}-\frac{\partial z}{\partial v}=0$．

5. 设 $u=xy$，$v=\frac{x}{y}$，试变换方程 $x^2\frac{\partial^2 z}{\partial x^2}-y^2\frac{\partial^2 z}{\partial y^2}=0$ 的形式．

6. 设 $z=f(x^2+y^2,xy)$，$y=x+\varphi(x)$，求 $\frac{\mathrm{d}z}{\mathrm{d}x}$，其中 $f(u,v)$ 有连续一阶偏导数，$\varphi(x)$ 可导．

7. 设函数 $z=f(u)$，$u=u(x,y)$ 由方程 $u=\varphi(u)+\int_y^x p(t)\mathrm{d}t$ 所确定，其中 $f(u)$，$\varphi(u)$ 可微；$p(t)$，$\varphi'(u)$ 连续，且 $\varphi'(u)\neq 1$，求 $p(y)\frac{\partial z}{\partial x}+p(x)\frac{\partial z}{\partial y}$．

8. 设 $z=f\left(xy,\frac{x}{y}\right)+g\left(\frac{y}{x}\right)$，其中 f 具有二阶连续偏导数，g 具有二阶连续导数，求 $\frac{\partial^2 z}{\partial x\partial y}$．

9. 设函数 $u=f(x,y,z)$ 有连续偏导数，且 $z=z(x,y)$ 由方程 $xe^x-ye^y=ze^z$ 所确定，求 $\mathrm{d}u$．

四、习题解答与提示

1. $\frac{\partial z}{\partial x}=2f'+g_1'+yg_2'$，$\frac{\partial^2 z}{\partial x\partial y}=-2f''+xg_{12}''+xyg_{22}''+g_2'$．

2. $\frac{\partial z}{\partial y}=2f_1+yf_2\cos x$，$\frac{\partial^2 z}{\partial x\partial y}=-2f_{11}+(2-y\cos x)f_{12}+y\sin x\cos xf_{22}+\cos xf_2$．

3. $\frac{\partial u}{\partial x}=2f(f_1+yf_2)$，$\frac{\partial^2 u}{\partial x^2}=2[f(f_{11}+2yf_{12}+y^2f_{22})]+2(f_1+yf_2)^2$．

4. 提示：$z=f(u,v)$，$u=\frac{1}{2}\ln(x^2+y^2)$，$v=\arctan\frac{y}{x}$，$\frac{\partial z}{\partial x}=\dfrac{x\frac{\partial z}{\partial u}-y\frac{\partial z}{\partial v}}{x^2+y^2}$，$\frac{\partial z}{\partial y}=\dfrac{y\frac{\partial z}{\partial u}+x\frac{\partial z}{\partial v}}{x^2+y^2}$．

5. $z_{uv}=\frac{1}{2u}z_v$．　提示：$z_{xx}=y^2z_{uu}+2z_{uv}+\frac{1}{y^2}z_{vv}$，$z_{yy}=x^2z_{uu}-2\frac{x^2}{y^2}z_{uv}+\frac{x^2}{y^4}\cdot z_{vv}+\frac{2x}{y^3}z_v$．

6. $\frac{\mathrm{d}z}{\mathrm{d}x}=2\frac{\partial f}{\partial u}[x+y+y\varphi'(x)]+\frac{\partial f}{\partial v}[x+y+x\varphi'(x)]$．

7. 0．　提示：$\frac{\partial z}{\partial x}=f'(u)\frac{\partial u}{\partial x}$，$\frac{\partial z}{\partial y}=f'(u)\frac{\partial u}{\partial y}$；$\frac{\partial u}{\partial x}=\dfrac{p(x)}{1-\varphi'(u)}$；$\frac{\partial u}{\partial y}=\dfrac{-p(y)}{1-\varphi'(u)}$．

8. $f_1' - \dfrac{1}{y^2} f_2' + xy f_{11}'' - \dfrac{x}{y^3} f_{22}'' - \dfrac{1}{x^2} g' - \dfrac{y}{x^3} g''$. 提示：$\dfrac{\partial z}{\partial x} = y f_1' + \dfrac{1}{y} f_2' - \dfrac{y}{x^2} g'$.

9. $\left(f_1' + f_3' \dfrac{x+1}{z+1} e^{y-z} \right) dx + \left(f_2' - f_3' \dfrac{y+1}{z+1} e^{y-z} \right) dy$.

第三节　多元函数微分法的应用

一、内容提要

1. 空间曲线的切线　曲面的切平面

设空间曲线 Γ 的参数方程为 $x = x(t)$，$y = y(t)$，$z = z(t)$. 如果对应 t_0 的点 $M(x_0, y_0, z_0)$，且 $x'(t_0)$，$y'(t_0)$，$z'(t_0)$ 不同时为零，则 Γ 在点 M 处的切线方程为

$$\frac{x - x_0}{x'(t_0)} = \frac{y - y_0}{y'(t_0)} = \frac{z - z_0}{z'(t_0)},$$

称向量 $\boldsymbol{T} = \{x'(t_0), y'(t_0), z'(t_0)\}$ 为曲线 Γ 在点 M 处的一个切向量.

通过点 $M(x_0, y_0, z_0)$ 而以 $\boldsymbol{T}$ 为法向量的平面称为法平面，其方程为

$$x'(t_0)(x - x_0) + y'(t_0)(y - y_0) + z'(t_0)(z - z_0) = 0.$$

曲面 $F(x, y, z) = 0$ 在点 $M(x_0, y_0, z_0)$ 的切平面方程为

$$F_x(M)(x - x_0) + F_y(M)(y - y_0) + F_z(M)(z - z_0) = 0.$$

通过点 M 而垂直于切平面的直线称为曲面在该点的法线，其方程为

$$\frac{x - x_0}{F_x(M)} = \frac{y - y_0}{F_y(M)} = \frac{z - z_0}{F_z(M)}.$$

垂直于曲面上切平面的向量称为曲面的法向量，向量 $\boldsymbol{n} = \{F_x(M), F_y(M), F_z(M)\}$ 就是曲面 $F(x, y, z) = 0$ 在点 M 处的一个法向量.

曲面 $z = f(x, y)$，在 $M(x_0, y_0, z_0)$ 的切平面方程为

$$z - z_0 = f_x(x_0, y_0)(x - x_0) + f_y(x_0, y_0)(y - y_0),$$

法线方程为

$$\frac{x - x_0}{f_x(x_0, y_0)} = \frac{y - y_0}{f_y(x_0, y_0)} = \frac{z - z_0}{-1}.$$

2. 方向导数与梯度

设函数 $u = f(x, y, z)$，$\boldsymbol{l} = \{\cos\alpha, \cos\beta, \cos\gamma\}$，点 $M(x, y, z)$，$M'(x + \Delta x, y + \Delta y, z + \Delta z)$，$|MM'| = \rho = \sqrt{(\Delta x)^2 + (\Delta y)^2 + (\Delta z)^2}$，则称

$$\lim_{\rho \to 0} \frac{f(x + \Delta x, y + \Delta y, z + \Delta z) - f(x, y, z)}{\rho}$$

为函数 u 在点 $M(x, y, z)$ 沿方向 $\boldsymbol{l}$ 的方向导数，记作：$\dfrac{\partial f}{\partial l}$.

如果函数 $u = f(x, y, z)$ 在点 $M(x, y, z)$ 是可微分的，那么函数在该点沿任一方向 $\boldsymbol{l} = \{\cos\alpha, \cos\beta, \cos\gamma\}$ 的方向导数都存在，且有

$$\frac{\partial f}{\partial l} = f_x \cos\alpha + f_y \cos\beta + f_z \cos\gamma.$$

如果是二元函数 $z = f(x, y)$，则有

$$\frac{\partial f}{\partial l} = f_x \cos\alpha + f_y \sin\alpha.$$

其中 α 为 x 轴到方向 $\boldsymbol{l}$ 的转角.

设函数 $u = f(x, y, z)$ 在空间区域 G 内具有一阶连续偏导数，则在点 $M(x, y, z)$ 处有向量

$$\frac{\partial f}{\partial x}\boldsymbol{i}+\frac{\partial f}{\partial y}\boldsymbol{j}+\frac{\partial f}{\partial z}\boldsymbol{k}.$$

这个向量称为函数 $u=f(x,y,z)$ 在点 $M(x,y,z)$ 的梯度,记作 $\operatorname{grad}f(x,y,z)$,即

$$\operatorname{grad}f(x,y,z)=\frac{\partial f}{\partial x}\boldsymbol{i}+\frac{\partial f}{\partial y}\boldsymbol{j}+\frac{\partial f}{\partial z}\boldsymbol{k}.$$

函数在某点的梯度是这样一个向量,它的方向与取得最大方向导数的方向一致,而它的模为方向导数的最大值.

3. 多元函数的极值

设函数 $z=f(x,y)$ 在点 (x_0,y_0) 的某个邻域有定义,对于该邻域内异于 (x_0,y_0) 的点 (x,y),如果都适合不等式 $f(x,y)<f(x_0,y_0)$,则称函数在点 (x_0,y_0) 有极大值 $f(x_0,y_0)$;如果都适合不等式 $f(x,y)>f(x_0,y_0)$,则称函数在点 (x_0,y_0) 有极小值 $f(x_0,y_0)$. 极大值、极小值统称为极值,点 (x_0,y_0) 称为极值点.

函数 $z=f(x,y)$ 在点 (x_0,y_0) 具有偏导数,且在点 (x_0,y_0) 处有极值,则它在该点有 $f_x(x_0,y_0)=0,f_y(x_0,y_0)=0$.

如果函数 $z=f(x,y)$ 在点 (x_0,y_0) 处的一个邻域内有连续的二阶偏导数,且 $f_x(x_0,y_0)=0$,$f_y(x_0,y_0)=0$. 令 $A=f_{xx}(x_0,y_0)$,$B=f_{xy}(x_0,y_0)$,$C=f_{yy}(x_0,y_0)$. 如果

(1) $A>0$,$AC-B^2>0$,则 (x_0,y_0) 是极小值点;

(2) $A<0$,$AC-B^2>0$,则 (x_0,y_0) 是极大值点;

(3) $AC-B^2<0$,则 (x_0,y_0) 不是极值点.

如果在 (x_0,y_0) 的一个邻域内,对于满足条件 $\varphi(x,y)=0$ 的点,恒有 $f(x,y)<f(x_0,y_0)$ [或 $f(x,y)>f(x_0,y_0)$],则称 (x_0,y_0) 为函数 $f(x,y)$ 的条件极大值点(或条件极小值点). 条件极大值与条件极小值统称为条件极值.

函数 $u=f(x,y)$ 满足条件 $\varphi(x,y)=0$ 的极值点的必要条件为

$$\begin{cases} f_x+\lambda\varphi_x=0, \\ f_y+\lambda\varphi_y=0, \\ \varphi(x,y)=0. \end{cases}$$

上述方程组可看成是函数 $F(x,y,\lambda)=f(x,y)+\lambda\varphi(x,y)$ 的无条件极值点的必要条件,其中 λ 为参数,这种求条件极值的方法称为拉格朗日乘数法.

二、例 题 分 析

(一) 空间曲线的切线　空间曲面的切平面与法线与法平面

【例 1】 证明曲线 Γ:$x=ae^t\cos t$,$y=ae^t\sin t$,$z=ae^t$ 与锥面 S:$x^2+y^2=z^2$ 的各母线相交的角度相同,其中 a 为常数.

分析 先求曲线 Γ 的切向量 $\boldsymbol{\tau}=\{x'(t),y'(t),z'(t)\}$ 以及锥面上的点 (x,y,z) 的母线方向,即它与锥的顶点 $(0,0,0)$ 的连线方向 $l=\{x,y,z\}$,最后考察 $\cos\langle\overset{\wedge}{\boldsymbol{\tau},l}\rangle$.

证 曲线 Γ 的参数方程满足 $x^2+y^2=z^2$,于是 Γ 在锥面 S 上,Γ 上任一点处的母线方向 $l=\{x,y,z\}$,切向量

$$\boldsymbol{\tau}=\{x',y',z'\}=\{ae^t(\cos t-\sin t),ae^t(\cos t+\sin t),ae^t\}=\{x-y,x+y,z\}.$$

因此 $\cos\langle\overset{\wedge}{\boldsymbol{\tau},l}\rangle=\dfrac{\boldsymbol{l}\cdot\boldsymbol{\tau}}{|\boldsymbol{l}||\boldsymbol{\tau}|}=\dfrac{\{x,y,z\}\cdot\{x-y,x+y,z\}}{\sqrt{x^2+y^2+z^2}\sqrt{(x-y)^2+(x+y)^2+z^2}}=\dfrac{2z^2}{\sqrt{2}\sqrt{3}z^2}=\dfrac{\sqrt{6}}{3}$,

即曲线 Γ 与锥面 S 的各母线相交的角度相同.

【例2】 求曲线 $\begin{cases} x^2+y^2+z^2-3x=0, \\ 2x-3y+5z-4=0 \end{cases}$ 在点 (1,1,1) 处的切线与法平面方程.

解 方法一(求导法) 将方程两边对 x 求导得

$$\begin{cases} 2x+2y\dfrac{\mathrm{d}y}{\mathrm{d}x}+2z\dfrac{\mathrm{d}z}{\mathrm{d}x}-3=0, \\ 2-3\dfrac{\mathrm{d}y}{\mathrm{d}x}+5\dfrac{\mathrm{d}z}{\mathrm{d}x}=0. \end{cases}$$

解得 $\dfrac{\mathrm{d}y}{\mathrm{d}x}=\dfrac{15-10x+4z}{10y+6z}$, $\dfrac{\mathrm{d}z}{\mathrm{d}x}=\dfrac{9-6x-4y}{10y+6z}$. 即有 $\dfrac{\mathrm{d}y}{\mathrm{d}x}\Big|_{(1,1,1)}=\dfrac{9}{16}$, $\dfrac{\mathrm{d}z}{\mathrm{d}x}\Big|_{(1,1,1)}=-\dfrac{1}{16}$.

故曲线在点 (1,1,1) 处的切线方程为

$$\frac{x-1}{16}=\frac{y-1}{9}=\frac{z-1}{-1},$$

法平面方程为 $16(x-1)+9(y-1)-(z-1)=0$.

方法二(公式法)

设 $F(x,y,z)=x^2+y^2+z^2-3x$, $G(x,y,z)=2x-3y+5z-4$. 则 $F_x=2x-3$, $F_y=2y$, $F_z=2z$, $G_x=2$, $G_y=-3$, $G_z=5$. 从而

$$\begin{vmatrix} F_y(1,1,1) & F_z(1,1,1) \\ G_y(1,1,1) & G_z(1,1,1) \end{vmatrix}=16, \quad \begin{vmatrix} F_z(1,1,1) & F_x(1,1,1) \\ G_z(1,1,1) & G_x(1,1,1) \end{vmatrix}=9, \quad \begin{vmatrix} F_x(1,1,1) & F_y(1,1,1) \\ G_x(1,1,1) & G_y(1,1,1) \end{vmatrix}=-1.$$

故曲线在点 (1,1,1) 处的切线方程为

$$\frac{x-1}{16}=\frac{y-1}{9}=\frac{z-1}{-1},$$

法平面方程为 $16(x-1)+9(y-1)-(z-1)=0$.

方法三(求两曲面在点 (1,1,1) 处切平面的交线)

曲面 $x^2+y^2+z^2-3x=0$ 在点 (1,1,1) 处的切平面方程为 $x-2y-2z+3=0$, 而平面 $2x-3y+5z-4=0$ 在点 (1,1,1) 处的切平面即为它本身, 故所求切线方程为

$$\begin{cases} x-2y-2z+3=0, \\ 2x-3y+5z-4=0. \end{cases}$$

因其方向向量 $s=\{16,9,-1\}$, 故所求法平面方程为
$$16(x-1)+9(y-1)-(z-1)=0.$$

【例3】 证明:曲面 $z=(x-a)f\left(\dfrac{y-b}{x-a}\right)+c$ 的所有切平面经过一个定点, 其中 f 是可微函数.

证 设 $M_0(x_0, y_0, z_0)$ 是曲面上的任一点, 因为

$$z'_x=f\left(\frac{y-b}{x-a}\right)-\frac{y-b}{x-a}f'_u\left(\frac{y-b}{x-a}\right), \text{ 其中 } u=\frac{y-b}{x-a}, \quad z'_y=f'_u\left(\frac{y-b}{x-a}\right),$$

于是得到 M_0 处的切平面方程为

$$\left[f\left(\frac{y_0-b}{x_0-a}\right)-\frac{y_0-b}{x_0-a}f'_u\left(\frac{y_0-b}{x_0-a}\right)\right](x-x_0)+f'_u\left(\frac{y_0-b}{x_0-a}\right)(y-y_0)-(z-z_0)=0.$$

注意到 $z_0=(x_0-a)f\left(\dfrac{y_0-b}{x_0-a}\right)+c$, 则切平面方程化为

$$f'_u\left(\frac{y_0-b}{x_0-a}\right)\frac{y_0-b}{x_0-a}(x_0-x)+f'_u\left(\frac{y_0-b}{x_0-a}\right)(y-y_0)+f\left(\frac{y_0-b}{x_0-a}\right)(x-a)+(c-z)=0.$$

显然, $x=a$, $y=b$, $z=c$ 满足上述方程, 所以曲面上任意点的切平面都经过定点 (a,b,c).

【例4】 证明 yOz 面上的曲线 $z=f(y)$, $x=0$ (其中 $f'\neq0$) 绕 z 轴旋转而成的旋转曲面上的任一点处的法线与旋转轴相交.

证　旋转曲面的方程为 $z=f(\sqrt{x^2+y^2})$. 由 $\dfrac{\partial z}{\partial x}=f'(u)\dfrac{x}{\sqrt{x^2+y^2}}$，$\dfrac{\partial z}{\partial y}=f'(u)\dfrac{y}{\sqrt{x^2+y^2}}$，$u=\sqrt{x^2+y^2}$ 得因此旋转曲面在任意点 $M_0(x_0,y_0,z_0)$ 的法线方程是

$$\frac{x-x_0}{x_0 f'(M_0)}=\frac{y-y_0}{y_0 f'(M_0)}=\frac{z-z_0}{-\sqrt{x_0^2+y_0^2}}.$$

欲证明上述法线与 z 轴相交，只要证明上述方程组在 $x=y=0$ 时 z 有解. 而这是显然的，因为 $z=\dfrac{1}{f'(M_0)}\sqrt{x_0^2+y_0^2}+z_0$ 就是解，也就是说旋转曲面 $z=f(\sqrt{x^2+y^2})$ 在其上任意点 $M_0(x_0,y_0,z_0)$ 处的法线与旋转轴 Oz 轴总相交于点 $\left(0,0,\dfrac{1}{f'(M_0)}\sqrt{x_0^2+y_0^2}+z_0\right)$.

（二）方向导数与梯度

方向导数描述的是多元函数沿确定方向上的变化率. 而梯度是一个向量. 若 $u=f(x,y,z)$ 在点 (x,y,z) 处可微，则在该点沿任一方向的方向导数存在，而梯度则是方向导数取得最大值的方向，梯度的模为方向导数的最大值.

【例 5】　方向导数存在的条件是什么？函数在一点的两个偏导数均存在，在这点的方向导数是否一定存在？反之如何？

解　方向导数存在的充分条件是可微. 如讨论函数

$$f(x,y)=\begin{cases}\dfrac{xy}{\sqrt{x^2+y^2}}\sin\dfrac{1}{x^2+y^2}, & x^2+y^2\neq 0,\\[2mm] 0, & x^2+y^2=0.\end{cases}$$

显然 $f_x(0,0)=f_y(0,0)=0$，但

$$\begin{aligned}\left.\frac{\partial f}{\partial l}\right|_{(0,0)}&=\lim_{\rho\to 0}\frac{\left(\dfrac{\Delta x\Delta y}{\sqrt{(\Delta x)^2+(\Delta y)^2}}\cdot\sin\dfrac{1}{\sqrt{(\Delta x)^2+(\Delta y)^2}}\right)}{\sqrt{(\Delta x)^2+(\Delta y)^2}}\\[2mm] &=\lim_{\substack{\Delta x\to 0\\ \Delta y=k\cdot\Delta x}}\left(\frac{k^2}{1+k^2}\cdot\sin\frac{1}{(1+k^2)(\Delta x)^2}\right)\end{aligned}$$

不存在. 反之如 $z=\sqrt{x^2+y^2}$ 在点 $(0,0)$ 处，

$$\left.\frac{\partial f}{\partial l}\right|_{(0,0)}=\lim_{\rho\to 0}\frac{\sqrt{(\Delta x)^2+(\Delta y)^2}-0}{\rho}=1,$$

但函数 z 在 $(0,0)$ 处，$f'_x(0,0)$，$f'_y(0,0)$ 均不存在，从而也不可微. 即方向导数存在不能推出偏导数存在，更不能推出在该点可微.

【例 6】　设 xOy 平面上各点的温度 T 与点的位置间的关系为 $T=4x^2+9y^2$，点 P_0 为 $(9,4)$，求（1）$\mathbf{grad}\,T\,|\,_{P_0}$；（2）在点 P_0 处沿极角为 $210°$ 的方向 l 的温度变化率；（3）在什么方向上点 P_0 处的温度变化率分别取得最大值、最小值和零，并求此最大、最小值.

解

（1）按梯度的定义得　$\mathbf{grad}\,T\,|\,_{P_0}=\left(\dfrac{\partial T}{\partial x},\dfrac{\partial T}{\partial y}\right)\bigg|_{P_0}=(8x,18y)\,|\,_{P_0}=72(1,1)$.

（2）求 P_0 点处沿 l 方向的温度变化率即求 $\dfrac{\partial T}{\partial l}\bigg|_{P_0}$. 按方向用极角表示时方向导数的计算公式得

$$\begin{aligned}\left.\frac{\partial T}{\partial l}\right|_{P_0}&=\mathbf{grad}\,T\,|\,_{P_0}\cdot\{\cos\theta,\sin\theta\}\,|\,_{\theta=210°}=\left.\frac{\partial T}{\partial x}\right|_{P_0}\cos 210°+\left.\frac{\partial T}{\partial y}\right|_{P_0}\sin 210°\\[2mm] &=72\left(-\frac{\sqrt{3}}{2}\right)+72\left(-\frac{1}{2}\right)=-36(\sqrt{3}+1).\end{aligned}$$

（3）温度 T 在 P_0 点的梯度方向就是点 P_0 处温度变化率 $\left(\text{即} \left.\dfrac{\partial T}{\partial l}\right|_{P_0}\right)$ 取最大值的方向，且最大值为 $|\,\mathbf{grad}T\,|_{P_0} = 72\sqrt{2}$.

温度 T 在 P_0 点的负梯度方向，即 $-\mathbf{grad}T\,|_{P_0} = -72\,(1，1)$ 就是点 P_0 处温度变化率取最小值的方向，且最小值为 $-|\,\mathbf{grad}T\,|_{P_0}\,| = -72\sqrt{2}$.

与 P_0 处梯度垂直的方向，即 $\pm\left(\dfrac{1}{\sqrt{2}}，\dfrac{1}{\sqrt{2}}\right)$ 就是点 P_0 处温度变化率为零的方向.

因为
$$\left.\frac{\partial T}{\partial l}\right|_{P_0} = \mathbf{grad}T\,|_{P_0} \cdot \{\cos\theta，\sin\theta\}\,|_{\theta=210°} = \left.\frac{\partial T}{\partial x}\right|_{P_0}\cos210° + \left.\frac{\partial T}{\partial y}\right|_{P_0}\sin210°$$
$$= 72\left(-\frac{\sqrt{3}}{2}\right) + 72\left(-\frac{1}{2}\right) = -36(\sqrt{3}+1).$$

（三）多元函数的极值问题

多元函数的极值是一个局部性的概念，是在极值点处的函数值与其邻域内点的函数值比较大小，故极值点考虑的是区域的内点. 多元函数的极值点在其驻点与其偏导数不存在的内点之中选定. 应熟悉多元函数极值及其极值点的定义，掌握取得极值的必要条件以及二元函数极值存在的充分条件.

【例 7】 设 $f(x，y)$ 与 $\varphi(x，y)$ 均为可微函数，且 $\varphi_y{}'(x，y)\neq 0$，已知 $(x_0，y_0)$ 是 $f(x，y)$ 在约束条件 $\varphi(x，y)=0$ 下的一个极值点，下列选项正确的是（　　）.

（A）若 $f_x{}'(x_0，y_0)=0$，则 $f_y{}'(x_0，y_0)=0$；　（B）若 $f_x{}'(x_0，y_0)=0$，则 $f_y{}'(x_0，y_0)\neq 0$；

（C）若 $f_x{}'(x_0，y_0)\neq 0$，则 $f_y{}'(x_0，y_0)=0$；　（D）若 $f_x{}'(x_0，y_0)\neq 0$，则 $f_y{}'(x_0，y_0)\neq 0$.

分析　利用拉格朗日函数 $F(x，y，\lambda)=f(x，y)+\lambda\varphi(x，y)$ 在 $(x_0，y_0，\lambda_0)$（λ_0 是对应 x_0，y_0 的参数 λ 的值）取到极值的必要条件即可.

解　作拉格朗日函数 $F(x，y，\lambda)=f(x，y)+\lambda\varphi(x，y)$，并记对应 x_0，y_0 的参数 λ 的值为 λ_0，则

$$\begin{cases} F_x{}'(x_0，y_0，\lambda_0)=0， \\ F_y{}'(x_0，y_0，\lambda_0)=0， \end{cases} \text{即} \begin{cases} f_x{}'(x_0，y_0)+\lambda_0\varphi_x{}'(x_0，y_0)=0， \\ f_y{}'(x_0，y_0)+\lambda_0\varphi_y{}'(x_0，y_0)=0. \end{cases}$$

消去 λ_0，得　　　$f_x{}'(x_0，y_0)\varphi_y{}'(x_0，y_0) - f_y{}'(x_0，y_0)\varphi_x{}'(x_0，y_0)=0$，

整理得 $f_x{}'(x_0，y_0) = \dfrac{1}{\varphi_y{}'(x_0，y_0)}f_y{}'(x_0，y_0)\varphi_x{}'(x_0，y_0)$　　　［因为 $\varphi_y{}'(x，y)\neq 0$］.

若 $f_x{}'(x_0，y_0)\neq 0$，则 $f_y{}'(x_0，y_0)\neq 0$. 故选（D）.

【例 8】 设函数 $f(x)$ 具有二阶连续导数且 $f(x)>0$，$f'(0)=0$，则函数 $z=f(x)\ln f(y)$ 在点 $(0，0)$ 处取得极小值的一个充分条件是（　　）.

（A）$f(0)>1$，$f''(0)>0$；　　　　　（C）$f(0)<1$，$f''(0)>0$；

（B）$f(0)>1$，$f''(0)<0$；　　　　　（D）$f(0)<1$，$f''(0)<0$.

解　由 $z=f(x)\ln f(y)$ 得

$$\frac{\partial z}{\partial x} = f'(x)\ln f(y)，\qquad \frac{\partial z}{\partial y} = f(x)\frac{f'(y)}{f(y)}.$$

于是有　　$\dfrac{\partial^2 z}{\partial x^2} = f''(x)\ln f(y)，\quad \dfrac{\partial^2 z}{\partial x\,\partial y} = \dfrac{f'(x)f'(y)}{f(y)}，$

$$\frac{\partial^2 z}{\partial y^2} = f(x)\cdot\frac{f''(y)f(y)-[f'(y)]^2}{[f(y)]^2}.$$

在点 $(0，0)$ 处，有

$$A = \left.\frac{\partial^2 z}{\partial x^2}\right|_{(0,0)} = f''(0)\ln f(0)，\qquad B = \left.\frac{\partial^2 z}{\partial x\,\partial y}\right|_{(0,0)} = 0，\qquad C = \left.\frac{\partial^2 z}{\partial y^2}\right|_{(0,0)} = f''(0).$$

所以当 $f(0)>1$ 且 $f''(0)>0$ 时 $B^2-AC=-[f''(0)]^2\ln f(0)<0$，而 $A=f''(0)\ln f(0)$ >0，函数 $z=f(x)\ln f(y)$ 在点 $(0,0)$ 处取得极小值，选 (A).

【例9】 求函数 $f(x,y)=xe^{-\frac{x^2+y^2}{2}}$ 的极值.

解 由
$$\begin{cases} f_x'(x,y)=e^{-\frac{x^2+y^2}{2}}+xe^{-\frac{x^2+y^2}{2}}(-x)=(1-x^2)e^{-\frac{x^2+y^2}{2}}=0,\\ f_y'(x,y)=xe^{-\frac{x^2+y^2}{2}}(-y)=-xye^{-\frac{x^2+y^2}{2}}=0. \end{cases}$$
解得驻点为 $(-1,0)$ 和 $(1,0)$.

又
$$\begin{cases} f_{xx}''(x,y)=-2xe^{-\frac{x^2+y^2}{2}}+(1-x^2)e^{-\frac{x^2+y^2}{2}}(-x)=(x^3-3x)e^{-\frac{x^2+y^2}{2}},\\ f_{xy}''(x,y)=(1-x^2)e^{-\frac{x^2+y^2}{2}}(-y)=(x^2y-y)e^{-\frac{x^2+y^2}{2}},\\ f_{yy}''(x,y)=-xe^{-\frac{x^2+y^2}{2}}-xye^{-\frac{x^2+y^2}{2}}(-y)=(xy^2-x)e^{-\frac{x^2+y^2}{2}}. \end{cases}$$

所以对驻点 $(-1,0)$，有 $A=f_{xx}''(-1,0)=2e^{-\frac{1}{2}}$，$B=f_{xy}''(-1,0)=0$，$C=f_{yy}''(-1,0)=-e^{-\frac{1}{2}}$. 于是 $AC-B^2=2e^{-1}>0$，$A>0$，所以 $(-1,0)$ 为极小点，$f(-1,0)=-e^{\frac{1}{2}}$ 为极小值；对驻点 $(1,0)$，有 $A=f_{xx}''(1,0)=-2e^{-\frac{1}{2}}$，$B=f_{xy}''(1,0)=0$，$C=f_{yy}''(1,0)=-e^{-\frac{1}{2}}$. 于是 $AC-B^2=2e^{-1}>0$，$A<0$，所以 $(1,0)$ 为极大点，$f(1,0)=e^{-\frac{1}{2}}$ 为极大值.

条件极值问题求解原则是将其转化为无条件极值问题. 常构造拉格朗日函数，将原来的目标函数在约束条件下的极值问题转化为相应的拉格朗日函数的无条件极值问题.

【例10】 求曲线 $x^3-xy+y^3=1$ $(x\geqslant 0,y\geqslant 0)$ 上的点到坐标原点的最长距离与最短距离.

解 设 (x,y) 为曲线上的任一点. 目标函数为该点到原点距离的平方 $f(x,y)=x^2+y^2$，构造拉格朗日函数
$$L(x,y,\lambda)=x^2+y^2+\lambda(x^3-xy+y^3-1).$$
令
$$\frac{\partial L}{\partial x}=2x+(3x^2-y)\lambda=0, \tag{8-2}$$
$$\frac{\partial L}{\partial y}=2y+(3y^2-x)\lambda=0, \tag{8-3}$$
$$\frac{\partial L}{\partial \lambda}=x^3-xy+y^3-1=0. \tag{8-4}$$

当 $x>0$，$y>0$ 时，由式 (8-2)、式 (8-3) 得
$$\frac{x}{y}=\frac{3x^2-y}{3y^2-x},\quad \text{即 } 3xy(y-x)=(x+y)(x-y).$$
得 $y=x$ 或 $3xy=-(x+y)$（由于 $x>0$，$y>0$，舍去）.

将 $y=x$ 代入式 (8-4) 得
$$2x^3-x^2-1=0 \quad \text{即} \quad (x-1)(2x^2+x+1)=0.$$

解得 $x=1$，从而 $(1,1)$ 为唯一可能的极值点.

又 $x=0$ 时，$y=1$；$y=0$ 时，$x=1$. 分别计算 $(1,1)$，$(0,1)$ 及 $(1,0)$ 处的目标函数值，有 $f(1,1)=2$，$f(0,1)=f(1,0)=1$，故所求最长距离为 $\sqrt{2}$，最短距离为 $\sqrt{1}=1$.

【例11】 已知函数 $z=f(x,y)$ 的全微分 $dz=2xdx-2ydy$，并且 $f(1,1)=2$，求 $f(x,y)$ 在椭圆域 $D=\{(x,y)\,|\,x^2+\frac{y^2}{4}\leqslant 1\}$ 上的最大值和最小值.

分析 根据全微分和初始条件可先确定 $f(x,y)$ 的表达式. 而 $f(x,y)$ 在椭圆域上的最大值和最小值, 可能在区域的内部达到, 也可能在区域的边界上达到, 且在边界上的最值又转化为求条件极值.

解 由题设知 $\frac{\partial f}{\partial x}=2x$, $\frac{\partial f}{\partial y}=-2y$, 于是 $f(x,y)=x^2+C(y)$, 且 $C'(y)=-2y$, 从而 $C(y)=-y^2+C$, 再由 $f(1,1)=2$, 得 $C=2$, 故 $f(x,y)=x^2-y^2+2$.

令 $\frac{\partial f}{\partial x}=0$, $\frac{\partial f}{\partial y}=0$, 则可能极值点为 $x=0$, $y=0$. 且

$$A=\frac{\partial^2 f}{\partial x^2}\Big|_{(0,0)}=2, \quad B=\frac{\partial^2 f}{\partial x\partial y}\Big|_{(0,0)}=0, \quad C=\frac{\partial^2 f}{\partial y^2}\Big|_{(0,0)}=-2,$$

$\Delta=B^2-AC=4>0$, 所以点 $(0,0)$ 不是极值点, 从而也非最值点.

再考虑边界曲线 $x^2+\frac{y^2}{4}=1$ 上的情形: 构造拉格朗日函数为 $F(x,y,\lambda)=f(x,y)+\lambda\left(x^2+\frac{y^2}{4}-1\right)$,

由
$$
\begin{cases}
F'_x=\dfrac{\partial f}{\partial x}+2\lambda x=2\ (1+\lambda)x=0, \\[2mm]
F'_y=\dfrac{\partial f}{\partial y}+\dfrac{\lambda y}{2}=-2y+\dfrac{1}{2}\lambda y=0, \\[2mm]
F'_\lambda=x^2+\dfrac{y^2}{4}-1=0,
\end{cases}
$$

得可能极值点为 $x=0$, $y=2$, $\lambda=4$; $x=0$, $y=-2$, $\lambda=4$; $x=1$, $y=0$, $\lambda=-1$; $x=-1$, $y=0$, $\lambda=-1$. 代入 $f(x,y)$ 得函数值为 $f(0,\pm2)=-2$, $f(\pm1,0)=3$, 可见 $z=f(x,y)$ 在区域 $D=\{(x,y)\mid x^2+\frac{y^2}{4}\leqslant1\}$ 内的最大值为 3, 最小值为 -2.

【例 12】 利用求条件极值的方法, 证明不等式 $abc^3\leqslant27\left(\dfrac{a+b+c}{5}\right)^5$ 对于任何正数 a, b, c 成立.

证 对于任意给定的正数 a,b,c, 设 $a+b+c=d$, 于是问题化为求函数 $f(a,b,c)=abc^3$ 在条件 $a+b+c=d$ ($a>0$, $b>0$, $c>0$) 下的最大值. 设
$$F(a,b,c)=abc^3+\lambda(a+b+c-d),$$

由
$$
\begin{cases}
F_a=bc^3+\lambda=0, \\
F_b=ac^3+\lambda=0, \\
F_c=3abc^2+\lambda=0, \\
a+b+c=d
\end{cases}
$$

得唯一解 $a=b=\dfrac{d}{5}$, $c=\dfrac{3d}{5}$.

连续函数 $f(a,b,c)$ 在平面 $a+b+c=d$ 位于第一卦限部分的边界上为零, 故 f 在该点取得最大值. 即有
$$abc^3\leqslant\frac{d}{5}\cdot\frac{d}{5}\cdot\left(\frac{3d}{5}\right)^3=27\left(\frac{d}{5}\right)^5=27\left(\frac{a+b+c}{5}\right)^5.$$

三、习　题

1. 证明: 曲面 $z=x+f(y-z)$ 上任一点处的切平面都平行于一条定直线, 其中 f 是可微函数.

2. 求椭球面 $\dfrac{x^2}{a^2}+\dfrac{y^2}{b^2}+\dfrac{z^2}{c^2}=1$ 上的切平面, 使其在三坐标轴上的截距相等.

3. 过曲面 $2x^2+3y^2+z^2=6$ 上点 P（1，1，1）处的指向外侧的法向量为 n，求函数 $u=\dfrac{\sqrt{6x^2+8y^2}}{z}$ 在点 P 处沿方向 n 的方向导数.

4. 设 $c=\{m,\ n,\ 0\}$，$r=\{x,\ y,\ z\}$，试求 $\mathbf{grad}\ |\ c\times r\ |^2$.

5. 设 $w=f(x,y,z)$，$z=\varphi(y,t)$，$t=\psi(y,x)$，其中 f,φ 具有一阶连续偏导数，ψ 为可导函数，求 $\dfrac{\partial w}{\partial x},\ \dfrac{\partial w}{\partial y}$.

6. 在曲面 $z=\sqrt{2+x^2+4y^2}$ 上求一点，使它到平面 $x-2y+3z=1$ 的距离最近.

7. 当 $x>0$，$y>0$，$z>0$ 时，求函数 $u=\ln x+2\ln y+3\ln z$ 在球面 $x^2+y^2+z^2=6r^2$ 上的最大值. 并证明对任意的正数 a,b,c 不等式 $ab^2c^3\leqslant108\left(\dfrac{a+b+c}{6}\right)^6$ 成立.

8. 已知三角形的周长为 $2p$，试求这样的三角形，当它绕自己的一边旋转时所构成的体积最大.

四、习题解答与提示

1. 提示：M_0（x_0，y_0，z_0）的法向量 $n=\{-1,\ -f'(y_0-z_0),\ 1+f'(y_0-z_0)\}$.

2. $x+y+z=\sqrt{a^2+b^2+c^2}$. 提示：由切平面在三坐标轴上的截距相等可知 $\dfrac{a^2}{x_0}=\dfrac{b^2}{y_0}=\dfrac{c^2}{z_0}=t$.

3. $\dfrac{11}{7}$. 提示：$n=\dfrac{1}{\sqrt{14}}\{2,\ 3,\ 1\}$，

$$\left.\dfrac{\partial u}{\partial x}\right|_p=\dfrac{6}{\sqrt{14}},\qquad \left.\dfrac{\partial u}{\partial y}\right|_p=\dfrac{8}{\sqrt{14}},\qquad \left.\dfrac{\partial u}{\partial z}\right|_p=-\sqrt{14}.$$

4. $2\{n(nx-my),\ m(my-nx),\ (n^2+m^2)z\}$. 提示：$c\times r=\{nz,\ -mz,\ my-nx\}$，$|\ c\times r\ |^2=(nz)^2+(mz)^2+(my-nx)^2$.

5. $\dfrac{\partial w}{\partial x}=\dfrac{\partial f}{\partial x}+\dfrac{\partial f}{\partial z}\dfrac{\partial\varphi}{\partial t}\dfrac{\partial\psi}{\partial x}$；$\dfrac{\partial w}{\partial y}=\dfrac{\partial f}{\partial y}+\dfrac{\partial f}{\partial z}\left(\dfrac{\partial\varphi}{\partial y}+\dfrac{\partial\varphi}{\partial t}\dfrac{\partial\psi}{\partial y}\right)$.

6. $\left(-\dfrac{2}{\sqrt{14}},\dfrac{1}{\sqrt{14}},\dfrac{6}{\sqrt{14}}\right)$. 提示：曲面上任意点 $M(x,y,z)$ 到平面的距离为 d，则有 $d^2=\dfrac{(x-2y+3z-1)^2}{14}$. 设 $F(x,y,z)=14d^2+\lambda(z^2-2-x^2-4y^2)$，用拉格朗日乘数法求解.

7. 最大点 P（$r,\sqrt{2}r,\sqrt{3}r$），最大值为 $\ln\ (6\sqrt{3}r^6)$.

8. 三角形的三边长分别为 $\dfrac{3}{4}p$，$\dfrac{p}{2}$，$\dfrac{3}{4}p$. 提示：其中 x,y,z 为三角形的三个边长。于是设 $F(x,y,z)=\ln(p-x)+\ln(p-y)+\ln(p-z)-\ln y+\lambda(x+y+z-2p)$.

第九章 重 积 分

基本要求与重点要求

1. 基本要求

理解二重积分、三重积分的概念. 了解重积分的性质. 掌握二重积分的计算方法（直角坐标、极坐标）. 了解三重积分的计算方法（直角坐标、柱面坐标、球面坐标）. 会用重积分求一些几何量与物理量（如体积、曲面面积、质量、重心、转动惯量、引力等）.

2. 重点要求

二重、三重积分的概念. 二重积分在直角坐标、极坐标系下的计算. 三重积分在直角坐标、柱坐标系下的计算. 利用重积分求体积、质量及重心.

知识点关联网络

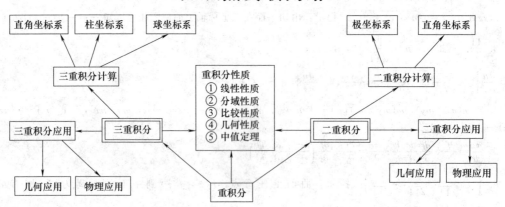

第一节 二 重 积 分

一、内 容 提 要

1. 二重积分的定义

设 $f(x,y)$ 是有界闭域 D 上的有界函数. 将 D 任意分成 $\Delta\sigma_1,\Delta\sigma_2,\cdots,\Delta\sigma_n$，其中 $\Delta\sigma_i$ 表示第 i 个小闭区域，也表示它的面积. 在每个 $\Delta\sigma_i$ 上任取一点 (ξ_i,η_i)，作和式 $\sum_{i=1}^{n} f(\xi_i,\eta_i)\Delta\sigma_i$. 如果当各小闭区域的直径中的最大值 λ 趋于零时，这和的极限总存在，则称此极限为函数 $f(x,y)$ 在 D 上的二重积分，记作

$$\iint\limits_{D} f(x,y)\mathrm{d}\sigma,$$

其中 $f(x,y)$ 称为被积函数，$f(x,y)\mathrm{d}\sigma$ 称为被积表达式，$\mathrm{d}\sigma$ 称为面积元素，x 与 y 称为积分变量，D 称为积分区域.

在直角坐标系中，有时也把面积元素 $\mathrm{d}\sigma$ 记作 $\mathrm{d}x\mathrm{d}y$，而把二重积分记作 $\iint\limits_{D} (x,y)\mathrm{d}x\mathrm{d}y$.

2. 二重积分的性质

$(1)\ \iint\limits_{D} kf(x,y)\mathrm{d}\sigma = k\iint\limits_{D} f(x,y)\mathrm{d}\sigma(k\ 为常数).$

(2) $\iint\limits_{D}[f(x,y)\pm g(x,y)]\mathrm{d}\sigma=\iint\limits_{D}f(x,y)\mathrm{d}\sigma\pm\iint\limits_{D}g(x,y)\mathrm{d}\sigma.$

(3) $\iint\limits_{D}f(x,y)\mathrm{d}\sigma=\iint\limits_{D_1}f(x,y)\mathrm{d}\sigma+\iint\limits_{D_2}f(x,y)\mathrm{d}\sigma$，其中 D 分成 D_1，D_2 两个子域.

(4) 在域 D 上，$f(x,y)=1$，σ 为 D 的面积，则 $\sigma=\iint\limits_{D}1\cdot\mathrm{d}\sigma=\iint\limits_{D}\mathrm{d}\sigma.$

(5) 在域 D 上，$f(x,y)\leqslant\varphi(x,y)$，则

$$\iint\limits_{D}f(x,y)\mathrm{d}\sigma\leqslant\iint\limits_{D}\varphi(x,y)\mathrm{d}\sigma;$$

特殊地，有

$$\left|\iint\limits_{D}f(x,y)\mathrm{d}\sigma\right|\leqslant\iint\limits_{D}|f(x,y)|\mathrm{d}\sigma.$$

(6) 估值定理　设 M，m 分别是 $f(x,y)$ 在闭域 D 上的最大值和最小值，σ 是 D 的面积，则

$$m\sigma\leqslant\iint\limits_{D}f(x,y)\mathrm{d}\sigma\leqslant M\sigma.$$

(7) 中值定理　设 $f(x,y)$ 在闭域 D 上连续，σ 是 D 的面积，则在 D 上存在 (ξ,η) 使下式成立

$$\iint\limits_{D}f(x,y)\mathrm{d}\sigma=f(\xi,\eta)\sigma.$$

3. 二重积分的计算法

(1) 直角坐标系　设 D：$a\leqslant x\leqslant b$，$\varphi_1(x)\leqslant y\leqslant\varphi_2(x)$，则

$$\iint\limits_{D}f(x,y)\mathrm{d}\sigma=\iint\limits_{D}f(x,y)\mathrm{d}x\mathrm{d}y=\int_a^b\mathrm{d}x\int_{\varphi_1(x)}^{\varphi_2(x)}f(x,y)\mathrm{d}y;$$

设　D：$c\leqslant y\leqslant d$，$\psi_1(y)\leqslant x\leqslant\psi_2(y)$，则

$$\iint\limits_{D}f(x,y)\mathrm{d}\sigma=\iint\limits_{D}f(x,y)\mathrm{d}x\mathrm{d}y=\int_c^d\mathrm{d}y\int_{\psi_1(y)}^{\psi_2(y)}f(x,y)\mathrm{d}x.$$

(2) 极坐标系　设 D：$\alpha\leqslant\theta\leqslant\beta$，$r_1(\theta)\leqslant r\leqslant r_2(\theta)$，则

$$\iint\limits_{D}f(x,y)\mathrm{d}\sigma=\int_\alpha^\beta\mathrm{d}\theta\int_{r_1(\theta)}^{r_2(\theta)}f(r\cos\theta,r\sin\theta)r\mathrm{d}r.$$

特别地，当极点在域 D 内时，即 D 由 $r=r(\theta)$（$0\leqslant\theta\leqslant2\pi$）围成时，则

$$\iint\limits_{D}f(x,y)\mathrm{d}\sigma=\int_0^{2\pi}\mathrm{d}\theta\int_0^{r(\theta)}f(r\cos\theta,r\sin\theta)r\mathrm{d}r;$$

二、例 题 分 析

定义在区间上的一元函数的定积分是某种确定形式的和的极限. 这种和的极限的概念推广到定义在平面区域、空间区域的二元、三元函数的情形就是二重、三重积分。

(一) 二重积分的概念与性质

与定积分类似，重积分也有线性性、区域可加性、不等式、绝对值不等式与积分中值定理等性质.

【例 1】　比较下列积分值的大小：

(1) 设 $I_1=\iint\limits_{D}\cos\sqrt{x^2+y^2}\mathrm{d}\sigma$，$I_2=\iint\limits_{D}\cos(x^2+y^2)\mathrm{d}\sigma$，$I_3=\iint\limits_{D}\cos(x^2+y^2)^2\mathrm{d}\sigma$，其中

$D = \{(x, y) \mid x^2 + y^2 \leqslant 1\}$，则（　　）成立．

(A) $I_3 > I_2 > I_1$；(B) $I_1 > I_2 > I_3$；(C) $I_2 > I_1 > I_3$；(D) $I_3 > I_1 > I_2$．

(2) 设 $J_i = \iint\limits_{D_i} e^{-(x^2+y^2)} dx dy, i = 1, 2, 3$，其中 $D_1 = \{(x, y) \mid x^2 + y^2 \leqslant R^2\}$，

$D_2 = \{(x, y) \mid x^2 + y^2 \leqslant 2R^2\}$，$D_3 = \{(x, y) \mid |x| \leqslant R, |y| \leqslant R\}$，比较 J_1, J_2, J_3 的大小．

△(3) 比较 $I_1 = \iint\limits_{D} (x+y)^2 d\sigma$ 与 $I_2 = \iint\limits_{D} (x+y)^3 d\sigma$ 的大小，其中 $D = \{(x, y) \mid (x-2)^2 +$

$(y-1)^2 \leqslant 2\}$．

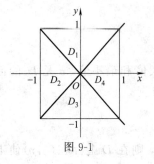

图 9-1

△(4) 如图 9-1 所示，正方形 $\{(x, y) \mid |x| \leqslant 1, |y| \leqslant 1\}$ 被其对角线划分为四个区域 $D_k (k = 1, 2, 3, 4)$，$I_k = \iint\limits_{D_k} y \cos x dx dy$，则 $\max\limits_{1 \leqslant k \leqslant 4} \{I_k\} = (\quad)$．

(A) I_1；　　(B) I_2；　　(C) I_3；　　(D) I_4．

解　(1) 在区域 $D = \{(x, y) \mid x^2 + y^2 \leqslant 1\}$ 上，有 $0 \leqslant x^2 + y^2 \leqslant 1$，从而有

$$\frac{\pi}{2} > 1 \geqslant \sqrt{x^2 + y^2} \geqslant x^2 + y^2 \geqslant (x^2 + y^2)^2 \geqslant 0.$$

由于 $\cos x$ 在 $\left(0, \dfrac{\pi}{2}\right)$ 上为单调减函数，于是

$$0 \leqslant \cos \sqrt{x^2 + y^2} \leqslant \cos(x^2 + y^2) \leqslant \cos(x^2 + y^2)^2.$$

因此 $\iint\limits_{D} \cos \sqrt{x^2 + y^2} d\sigma < \iint\limits_{D} \cos(x^2 + y^2) d\sigma < \iint\limits_{D} \cos(x^2 + y^2)^2 d\sigma$，故应选（A）．

注　本题比较二重积分大小，本质上涉及用重积分的不等式性质和函数的单调性进行分析讨论．

(2) 如图 9-2 所示，D_1，D_2 是以原点为圆心，半径分别为 R、$\sqrt{2}R$ 的圆，而 D_3 是正方形，显然有 $D_1 \subset D_3 \subset D_2$，因此 $J_1 < J_3 < J_2$．

△(3) 如图 9-3 所示，积分区域 D 的边界为圆周 $(x-2)^2 + (y-1)^2 = 2$．它与 x 轴交于点 $(1, 0)$，与直线 $x + y = 1$ 相切．而区域 D 位于直线 $x + y = 1$ 的上方，即在 D 上有 $x + y \geqslant 1$，从而 $(x+y)^2 \leqslant (x+y)^3$，因此

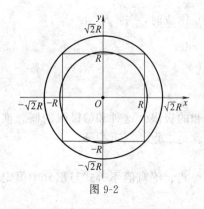

图 9-2

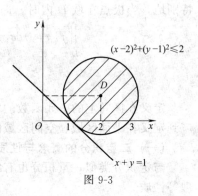

图 9-3

$$\iint\limits_{D} (x+y)^2 d\sigma \leqslant \iint\limits_{D} (x+y)^3 d\sigma.$$

△(4) 积分区域 D_2，D_4 关于 x 轴对称，D_1，D_3 关于 y 轴对称；而被积函数 $y \cos x$ 关

于变量 y 为奇函数，关于变量 x 为偶函数，由定积分的性质可知 $I_2=I_4=0$.

$$I_1=2\iint\limits_{D_{11}}y\cos x\,\mathrm{d}x\mathrm{d}y>0,\text{其中 }D_{11}=\{(x,y)\mid y\geqslant x,\ 0\leqslant x\leqslant 1\},$$

$$I_3=2\iint\limits_{D_{31}}y\cos x\,\mathrm{d}x\mathrm{d}y<0,\text{其中 }D_{31}=\{(x,y)\mid y\leqslant -x,\ 0\leqslant x\leqslant 1\},\text{ 故本题应选（A）.}$$

注　设函数 $f(x,y)$ 在有界的平面闭区域上连续且有界，则二重积分 $I=\iint\limits_D f(x,y)\mathrm{d}x\mathrm{d}y$ 存在，且有如下性质：

（1）当积分区域 D 关于 y 轴对称时，若 $f(x,y)$ 是关于 x 的奇函数，则二重积分 $I=0$；若 $f(x,y)$ 关于 x 为偶函数，则 $I=2\iint\limits_{D_1}f(x,y)\mathrm{d}x\mathrm{d}y$，其中 $D_1=\{(x,y)\in D\mid x\geqslant 0\}$，

即有 $I=\iint\limits_D f(x,y)\mathrm{d}\sigma=\begin{cases}0,&f(-x,y)=-f(x,y),\\ 2\iint\limits_{D_1}f(x,y)\mathrm{d}\sigma,&f(-x,y)=f(x,y).\end{cases}$

同理，当积分区域 D 关于 x 轴对称时，有

$$I=\iint\limits_D f(x,y)\mathrm{d}\sigma=\begin{cases}0,&f(x,-y)=-f(x,y),\\ 2\iint\limits_{D_2}f(x,y)\mathrm{d}\sigma,&f(x,-y)=f(x,y)\end{cases}$$

其中 $D_2=\{(x,y)\in D\mid y\geqslant 0\}$.

（2）当积分区域 D 关于原点 O 对称时，则有

$$\iint\limits_D f(x,y)\mathrm{d}\sigma=\begin{cases}0,&f(-x,-y)=-f(x,y),\\ 2\iint\limits_{D_i}f(x,y)\mathrm{d}\sigma(i=1,2),&f(-x,-y)=f(x,y)\end{cases}$$

其中 $D_1=\{(x,y)\in D\mid x\geqslant 0\}$，$D_2=\{(x,y)\in D\mid y\geqslant 0\}$.

【例2】　估计积分值 $\iint\limits_D(4x^2+9y^2+1)\mathrm{d}x\mathrm{d}y$ 的范围，D：$x^2+y^2\leqslant 1$.

解　方法一　函数 $f(x,y)=4x^2+9y^2+1$ 在闭区域 D 上的最小值为 $f(0,0)=1$，最大值为 $f(0,\pm 1)=10$，即有

$$1\leqslant f(x,y)\leqslant 10,(x,y)\in D.$$

由不等式性质知 $\pi=\iint\limits_D 1\mathrm{d}\sigma\leqslant\iint\limits_D(4x^2+9y^2+1)\mathrm{d}\sigma\leqslant\iint\limits_D 10\mathrm{d}\sigma=10\pi.$

方法二　$f(x,y)$ 在 D 上连续，至少有一点 $(\xi,\eta)\in D$，使得

$$\iint\limits_D f(x,y)\mathrm{d}\sigma=f(\xi,\eta)S=(4\xi^2+9\eta^2+1)S$$

成立，这里 S 为区域 D 的面积，于是由 $1\leqslant 4\xi^2+9\eta^2+1\leqslant 9(\xi^2+\eta^2)+1\leqslant 10$，得

$$\pi=\iint\limits_D 1\mathrm{d}\sigma\leqslant\iint\limits_D(4x^2+9y^2+1)\mathrm{d}\sigma=[(4\xi^2+9\eta^2)+1]S\leqslant 10S=10\pi.$$

【例3】　求极限 $\lim\limits_{r\to 0}\dfrac{1}{\pi r^2}\iint\limits_D f(x,y)\mathrm{d}x\mathrm{d}y$，其中 $f(x,y)$ 为 D：$x^2+y^2\leqslant r^2$ 上的连续函数.

解　$f(x,y)$ 在 D 上连续，由积分中值定理，存在一点 $(\xi,\eta)\in D$，使得

$$\iint\limits_D f(x,y)\mathrm{d}\sigma=\pi r^2 f(\xi,\eta).$$

又因为 $f(x,y)$ 连续，所以

$$\lim_{r \to 0} \frac{1}{\pi r^2} \iint\limits_{D} f(x,y) \mathrm{d}\sigma = \lim_{r \to 0} \frac{1}{\pi r^2} \pi r^2 f(\xi, \eta) = f(0,0).$$

△**【例 4】** 设闭区域 D: $x^2 + y^2 \leqslant y$, $x \geqslant 0$. $f(x,y)$ 为 D 上的连续函数，且

$$f(x,y) = \sqrt{1 - x^2 - y^2} - \frac{8}{\pi} \iint\limits_{D} f(u,v) \mathrm{d}u \mathrm{d}v.$$

求 $f(x,y)$.

分析 根据二重积分的几何意义知 $\iint\limits_{D} f(u,v) \mathrm{d}u \mathrm{d}v$ 是常数，且

$$\iint\limits_{D} f(x,y) \mathrm{d}x \mathrm{d}y = \iint\limits_{D} f(u,v) \mathrm{d}u \mathrm{d}v$$

即把求 $f(x,y)$ 的问题归结为求 $\iint\limits_{D} f(x,y) \mathrm{d}x \mathrm{d}y$.

解 设 $\iint\limits_{D} f(u,v) \mathrm{d}u \mathrm{d}v = A$, 在已知等式两边取区域 D 上的二重积分，有

$$\iint\limits_{D} f(x,y) \mathrm{d}x \mathrm{d}y = \iint\limits_{D} \sqrt{1 - x^2 - y^2} \mathrm{d}x \mathrm{d}y - \frac{8A}{\pi} \iint\limits_{D} \mathrm{d}x \mathrm{d}y,$$

从而

$$A = \iint\limits_{D} \sqrt{1 - x^2 - y^2} \mathrm{d}x \mathrm{d}y - A.$$

所以

$$2A = \iint\limits_{D} \sqrt{1 - x^2 - y^2} \mathrm{d}x \mathrm{d}y = \int_0^{\frac{\pi}{2}} \mathrm{d}\theta \int_0^{\sin\theta} \sqrt{1 - r^2} \cdot r \mathrm{d}r = \frac{1}{3}\left(\frac{\pi}{2} - \frac{2}{3}\right).$$

故

$$A = \frac{1}{6}\left(\frac{\pi}{2} - \frac{2}{3}\right).$$

于是

$$f(x,y) = \sqrt{1 - x^2 - y^2} - \frac{4}{3\pi}\left(\frac{\pi}{2} - \frac{2}{3}\right).$$

【例 5】 根据二重积分几何意义计算积分值 $\iint\limits_{D}(2 - \sqrt{x^2 + y^2}) \mathrm{d}\sigma$, 其中 D: $x^2 + y^2 \leqslant 4$.

解 被积函数 $z = 2 - \sqrt{x^2 + y^2} \geqslant 0$, $(x,y) \in D$, 根据二重积分的几何意义，积分值等于以曲面 $z = 2 - \sqrt{x^2 - y^2}$ 为顶，以 D 为底的曲顶柱体的体积，即等于底半径为 2，高为 2（如图 9-4 所示）的圆锥体体积

$$\iint\limits_{D}(2 - \sqrt{x^2 + y^2}) \mathrm{d}\sigma = \frac{1}{3}(\pi \cdot 2^2) \cdot 2 = \frac{8}{3}\pi.$$

（二）二重积分的计算

在直角坐标系和极坐标系下化二重积分为二次积分计算的基本步骤如下：

(1) 作出积分区域 D 的图形.

(2) 根据被积函数的结构和积分区域的几何形状选取坐标系.

(3) 选择适当积分次序 原则是二次积分的计算简单；积分区域少分片或不分片.

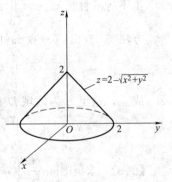

图 9-4

(4) 确定积分限 原则是：先确定外限，再确定内限.

外层积分限是常量，内层积分限是外层积分变量的函数. 无论是在直角坐标系还是在极坐标系下，二次积分的积分限必须上限大于下限.

（5）由内到外计算两次单积分.

1. 在直角坐标系下化二重积分为二次积分

△【例6】 设平面区域 D 由 $y=3x$，$x=3y$，$x+y=8$ 围成，求 $\iint\limits_D x^2 \mathrm{d}x\mathrm{d}y$.

解 方法一 积分区域 D 如图 9-5 所示.

$$\iint\limits_D x^2\mathrm{d}x\mathrm{d}y = \int_0^2 \mathrm{d}x\int_{\frac{x}{3}}^{3x} x^2\mathrm{d}y + \int_2^6 \mathrm{d}x\int_{\frac{x}{3}}^{8-x} x^2\mathrm{d}y = \int_0^2 \frac{8}{3}x^3\mathrm{d}x + \int_2^6 x^2\left(8-\frac{4x}{3}\right)\mathrm{d}x = \frac{416}{3}.$$

方法二 $$\iint\limits_D x^2\mathrm{d}x\mathrm{d}y = \int_0^2 \mathrm{d}y\int_{\frac{y}{3}}^{3y} x^2\mathrm{d}x + \int_2^6 \mathrm{d}y\int_{\frac{y}{3}}^{8-y} x^2\mathrm{d}x$$

$$= \int_0^2 \frac{1}{3}\left[(3y)^3 - \left(\frac{y}{3}\right)^3\right]\mathrm{d}y + \int_2^6 \frac{1}{3}\left[(8-y)^3 - \left(\frac{y}{3}\right)^3\right]\mathrm{d}y = \frac{416}{3}.$$

【例7】 计算二重积分 $\iint\limits_D (x+y)^3\mathrm{d}x\mathrm{d}y$，其中 D 由曲线 $x=\sqrt{1+y^2}$ 与直线 $x-\sqrt{2}y=0$，$x+\sqrt{2}y=0$ 所围成.

解 积分区域如图 9-6 可分成两部分 $D=D_1\bigcup D_2$，其中

$$D_1=\{(x,y)\mid 0\leqslant y\leqslant 1,\ \sqrt{2}y\leqslant x\leqslant\sqrt{1+y^2}\},\quad D_2=\{(x,y)\mid -1\leqslant y\leqslant 0,\ -\sqrt{2}y\leqslant x\leqslant\sqrt{1+y^2}\}.$$

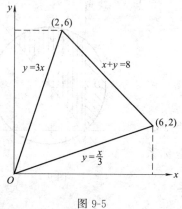

图 9-5

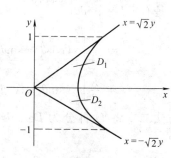

图 9-6

$\iint\limits_D (x+y)^3\mathrm{d}x\mathrm{d}y = \iint\limits_D (x^3+3x^2y+3xy^2+y^3)\mathrm{d}x\mathrm{d}y$，其中 $\iint\limits_D (3x^2y+y^3)\ \mathrm{d}x\mathrm{d}y=0$（因为区域 D 关于 x 轴对称，被积函数是关于 y 的奇函数）；

$$\iint\limits_D (x^3+3xy^2)\mathrm{d}x\mathrm{d}y = 2\iint\limits_{D_1}(x^3+3xy^2)\mathrm{d}x\mathrm{d}y = 2\int_0^1\mathrm{d}y\int_{\sqrt{2}y}^{\sqrt{1+y^2}}(x^3+3xy^2)\mathrm{d}x = \frac{14}{15},$$

因此有 $\iint\limits_D (x+y)^3\mathrm{d}x\mathrm{d}y = \frac{14}{15}$.

2. 在极坐标系下化二重积分为二次积分

【例8】 设函数 $f(u)$ 连续，区域 $D=\{(x,y)\mid x^2+y^2\leqslant 2y\}$，则 $\iint\limits_D f(xy)\mathrm{d}x\mathrm{d}y$ 等于（ ）.

(A) $\int_{-1}^1\mathrm{d}x\int_{-\sqrt{1-x^2}}^{\sqrt{1-x^2}} f(xy)\mathrm{d}y$；

(B) $2\int_0^2\mathrm{d}y\int_0^{\sqrt{2y-y^2}} f(xy)\mathrm{d}x$；

(C) $\int_0^\pi d\theta \int_0^{2\sin\theta} f(r^2\sin\theta\cos\theta)dr$;   (D) $\int_0^\pi d\theta \int_0^{2\sin\theta} f(r^2\sin\theta\cos\theta)rdr$.

分析 对二重积分而言，若积分区域是圆域，圆环域或其一部分，而被积函数是 x^2+y^2，$\dfrac{y}{x}$，xy 或 $x\pm y$ 的函数，宜选用极坐标系进行计算.

解 在直角坐标系下，区域 D 表为

$$0\leqslant y\leqslant 2,-\sqrt{1-(y-1)^2}\leqslant x\leqslant\sqrt{1-(y-1)^2}$$

或 $$-1\leqslant x\leqslant 1,\quad 1-\sqrt{1-x^2}\leqslant y\leqslant\sqrt{1-x^2}+1.$$

即 $$\iint_D f(xy)dxdy=\int_0^2 dy\int_{-\sqrt{1-(y-1)^2}}^{\sqrt{1-(y-1)^2}} f(xy)dx=\int_{-1}^1 dx\int_{1-\sqrt{1-x^2}}^{1+\sqrt{1-x^2}} f(xy)dy .$$

排除 (A)、(B). 在极坐标系下，区域 D 表为 $0\leqslant\theta\leqslant\pi$，$0\leqslant r\leqslant 2\sin\theta$，即

$$\iint_D f(xy)\ dxdy=\int_0^\pi d\theta\int_0^{2\sin\theta} f\ (r^2\sin\theta\cos\theta)\ rdr,$$

故选 (D).

【例 9】 计算 $\iint_D(x-y)dxdy$，其中 $D=\{(x,y)\mid(x-1)^2+(y-1)^2\leqslant 2,y\geqslant x\}$.

解 **方法一** 积分区域 D 如图 9-7 所示，在极坐标系下可表为

$$\frac{\pi}{4}\leqslant\theta\leqslant\frac{3\pi}{4},0\leqslant r\leqslant 2(\sin\theta+\cos\theta).$$

于是有 $I=\int_{\frac{\pi}{4}}^{\frac{3\pi}{4}}d\theta\int_0^{2(\sin\theta+\cos\theta)} r(\cos\theta-\sin\theta)\cdot rdr$

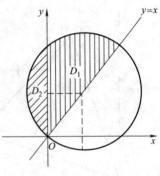

图 9-7

$$=\frac{8}{3}\int_{\frac{\pi}{4}}^{\frac{3\pi}{4}}(\cos\theta-\sin\theta)(\sin\theta+\cos\theta)^3 d\theta$$

$$=\frac{8}{3}\int_{\frac{\pi}{4}}^{\frac{3\pi}{4}}(\sin\theta+\cos\theta)^3 d(\sin\theta+\cos\theta)=-\frac{8}{3}.$$

方法二 将 D 拆分为 D_1、D_2 两部分，在直角坐标系下．有

$$D_1:0\leqslant x\leqslant 2,\ x\leqslant y\leqslant 1+\sqrt{2-(x-1)^2},$$
$$D_2:1-\sqrt{2}\leqslant x\leqslant 0,\ 1-\sqrt{2-(x-1)^2}\leqslant y\leqslant 1+\sqrt{2-(x-1)^2}.$$

即有 $I=\iint_{D_1}(x-y)dxdy+\iint_{D_2}(x-y)dxdy$

$$=\int_0^2 dx\int_x^{1+\sqrt{2-(x-1)^2}}(x-y)dy+\int_{1-\sqrt{2}}^0 dx\int_{1-\sqrt{2-(x-1)^2}}^{1+\sqrt{2-(x-1)^2}}(x-y)dy=-\frac{8}{3}.$$

方法三 令 $x-1=r\cos\theta$，$y-1=r\sin\theta$，则区域 D 可表为 $0\leqslant r\leqslant\sqrt{2}$，$\dfrac{\pi}{4}\leqslant\theta\leqslant\dfrac{5\pi}{4}$.

即有 $I=\int_{\frac{\pi}{4}}^{\frac{5\pi}{4}}d\theta\int_0^{\sqrt{2}} r^2(\cos\theta-\sin\theta)dr=\dfrac{2}{3}\sqrt{2}\int_{\frac{\pi}{4}}^{\frac{5\pi}{4}}(\cos\theta-\sin\theta)d\theta=-\dfrac{8}{3}$.

【例 10】 设区域 $D=\{(x,y)\mid x^2+y^2\leqslant 4,\ x\geqslant 0,y\geqslant 0\}$，$f(x)$ 为 D 上的正值连续函数，a,b 为常数，求 $\iint_D\dfrac{a\sqrt{f(x)}+b\sqrt{f(y)}}{\sqrt{f(x)}+\sqrt{f(y)}}d\sigma$.

分析 由于未知 $f(x)$ 的具体形式，直接化为用极坐标计算显然是困难的. 本题可考虑用轮换对称性.

解 由轮换对称性，有

$$\iint\limits_{D} \frac{a\ \sqrt{f(x)}+b\ \sqrt{f(y)}}{\sqrt{f(x)}+\ \sqrt{f(y)}}\mathrm{d}\sigma = \iint\limits_{D} \frac{a\ \sqrt{f(y)}+b\ \sqrt{f(x)}}{\sqrt{f(y)}+\ \sqrt{f(x)}}\mathrm{d}\sigma$$

$$= \frac{1}{2}\iint\limits_{D}\left[\frac{a\ \sqrt{f(x)}+b\ \sqrt{f(y)}}{\sqrt{f(x)}+\ \sqrt{f(y)}}+\frac{a\ \sqrt{f(y)}+b\ \sqrt{f(x)}}{\sqrt{f(y)}+\ \sqrt{f(x)}}\right]\mathrm{d}\sigma$$

$$= \frac{a+b}{2}\iint\limits_{D}\mathrm{d}\sigma = \frac{a+b}{2}\pi.$$

注 被积函数为抽象函数时,一般考虑用对称性分析. 特别,当区域 D 具有轮换对称性(x,y 互换,D 保持不变)时,往往用如下方法:

$$\iint\limits_{D}f(x,y)\mathrm{d}x\mathrm{d}y = \iint\limits_{D}f(y,x)\mathrm{d}x\mathrm{d}y = \frac{1}{2}\iint\limits_{D}[f(x,y)+f(y,x)]\mathrm{d}x\mathrm{d}y.$$

3. 特殊函数的二重积分

如果二重积分的被积函数为带有绝对值,或带有 max,min,或为取整函数,符号函数等分区域函数,要根据其分区域表达式将积分区域 D 分割成若干块,利用积分区域可加性进行计算.

【例 11】 计算二重积分 $\iint\limits_{D}|x^2+y^2-1|\mathrm{d}\sigma$,其中 $D=\{(x,y)\mid 0\leqslant x\leqslant 1,0\leqslant y\leqslant 1\}$.

分析 被积函数含有绝对值,应当作分区域函数看待,利用积分的可加性分区域积分即可.

解 区域 D 如图 9-8 所示. 记 $D_1=\{(x,y)\mid x^2+y^2\leqslant 1,(x,y)\in D\}$,$D_2=\{(x,y)\mid x^2+y^2>1,(x,y)\in D\}$,

于是 $$\iint\limits_{D}|x^2+y^2-1|\mathrm{d}\sigma = -\iint\limits_{D_1}(x^2+y^2-1)\mathrm{d}x\mathrm{d}y + \iint\limits_{D_2}(x^2+y^2-1)\mathrm{d}x\mathrm{d}y$$

$$= -\int_0^{\frac{\pi}{2}}\mathrm{d}\theta\int_0^1(r^2-1)r\mathrm{d}r + \iint\limits_{D}(x^2+y^2-1)\mathrm{d}x\mathrm{d}y - \iint\limits_{D_1}(x^2+y^2-1)\mathrm{d}x\mathrm{d}y$$

$$= \frac{\pi}{8}+\int_0^1\mathrm{d}x\int_0^1(x^2+y^2-1)\mathrm{d}y - \int_0^{\frac{\pi}{2}}\mathrm{d}\theta\int_0^1(r^2-1)r\mathrm{d}r = \frac{\pi}{4}-\frac{1}{3}.$$

【例 12】 设 $D=\{(x,y)\mid x^2+y^2\leqslant\sqrt{2},x\geqslant 0,y\geqslant 0\}$,$[1+x^2+y^2]$ 表示不超过 $1+x^2+y^2$ 的最大整数. 计算二重积分 $\iint\limits_{D}xy[1+x^2+y^2]\mathrm{d}x\mathrm{d}y$.

分析 设法去掉取整函数符号,为此将积分区域分为两部分即可.

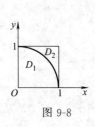

图 9-8

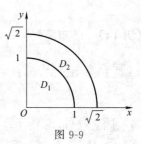

图 9-9

解 区域 D 如图 9-9 所示. 令 $D_1=\{(x,y)\mid 0\leqslant x^2+y^2<1,x\geqslant 0,y\geqslant 0\}$,

$$D_2=\{(x,y)\mid 1\leqslant x^2+y^2\leqslant\sqrt{2},x\geqslant 0,y\geqslant 0\}.$$

则 $$\iint\limits_{D}xy[1+x^2+y^2]\mathrm{d}x\mathrm{d}y = \iint\limits_{D_1}xy\mathrm{d}x\mathrm{d}y + 2\iint\limits_{D_2}xy\mathrm{d}x\mathrm{d}y$$

$$= \int_0^{\frac{\pi}{2}}\sin\theta\cos\theta\mathrm{d}\theta\int_0^1 r^3\mathrm{d}r + 2\int_0^{\frac{\pi}{2}}\sin\theta\cos\theta\mathrm{d}\theta\int_1^{\sqrt{2}}r^3\mathrm{d}r = \frac{1}{8}+\frac{3}{4}=\frac{7}{8}.$$

(三) 二次积分

二重积分计算的基本思路是化为二次积分. 若函数 $f(x, y)$ 在平面闭区域 D 上连续，其中

$$D = \{(x,y) \mid \varphi_1(x) \leqslant y \leqslant \varphi_2(x), a \leqslant x \leqslant b\} = \{(x,y) \mid \varphi_,(y) \leqslant x \leqslant \varphi_2(y), c \leqslant y \leqslant d\}.$$

则二重积分 $\iint\limits_D f(x, y)\, \mathrm{d}x\mathrm{d}y$ 的两个二次积分

$$\int_a^b \mathrm{d}x \int_{\varphi_1(x)}^{\varphi_2(x)} f(x, y)\mathrm{d}y, \qquad \int_c^d \mathrm{d}y \int_{\psi_1(y)}^{\psi_2(y)} f(x, y)\mathrm{d}x$$

都存在且相等.

1. 交换二次积分的次序

交换二次积分的积分次序步骤如下.

(1) 根据给定的二次积分的积分限，用联立不等式表示出该二次积分所对应的二重积分的积分区域 D，指明该积分区域的边界曲线；

(2) 将积分区域 D 改用另一种次序的联立不等式来表示，写出交换次序后的另一种二次积分.

【例 13】 交换累次积分 I 的积分次序.

$$I = \int_{1/4}^1 \mathrm{d}y \int_0^{\sqrt{1-y^2}} f(x, y)\mathrm{d}x + \int_0^{1/4} \mathrm{d}y \int_0^{\frac{1}{2}(1-\sqrt{1-4y})} f(x, y)\mathrm{d}x + \int_0^{1/4} \mathrm{d}y \int_{\frac{1}{2}(1+\sqrt{1-4y})}^{\sqrt{1-y^2}} f(x, y)\mathrm{d}x.$$

解 积分 I 对应的二重积分区域为 $\sigma = \sigma_1 \bigcup \sigma_2 \bigcup \sigma_3$，其中

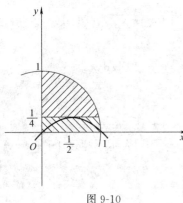

图 9-10

$$\sigma_1 = \left\{(x, y) \mid 0 \leqslant x \leqslant \sqrt{1-y}, \ \frac{1}{4} \leqslant y \leqslant 1\right\},$$

$$\sigma_2 = \left\{(x, y) \mid 0 \leqslant x \leqslant \frac{1}{2}(1-\sqrt{1-4y}), \ 0 \leqslant y \leqslant \frac{1}{4}\right\},$$

$$\sigma_3 = \left\{(x, y) \mid \frac{1}{2}(1+\sqrt{1-4y}) \leqslant x \leqslant \sqrt{1-y^2}, \ 0 \leqslant y \leqslant \frac{1}{4}\right\}.$$

如图 9-10 所示，积分区域 σ 的边界曲线是由上半圆 $y = \sqrt{1-x^2}$，直线 $x=0$ 与抛物线 $y = x - x^2$ 组成，即

$$\sigma = \{(x, y) \mid x - x^2 \leqslant y \leqslant \sqrt{1-x^2}, \ 0 \leqslant x \leqslant 1\}.$$

于是，累次积分 I 化为先对 y 后对 x 的累次积分

$$I = \int_0^1 \mathrm{d}x \int_{x-x^2}^{\sqrt{1-x^2}} f(x, y)\mathrm{d}y.$$

【例 14】 已知函数 $f(x, y)$ 具有二阶连续偏导数，且 $\iint\limits_D f(x, y)\mathrm{d}x\mathrm{d}y = a$，$f(1, y) = 0$，$f(x, 1) = 0$，其中 $D = \{(x, y) \mid 0 \leqslant x \leqslant 1, \ 0 \leqslant y \leqslant 1\}$，计算二重积分 $\iint\limits_D xy f''_{xy}(x, y)\mathrm{d}x\mathrm{d}y$.

解 因为 $f(1, y) = 0$，$f(x, 1) = 0$，所以 $f'_y(1, y) = 0$，$f'_x(x, 1) = 0$，从而

$$\iint\limits_D xy f''_{xy}(x, y)\mathrm{d}x\mathrm{d}y = \int_0^1 x\mathrm{d}x \int_0^1 y f''_{xy}(x, y)\mathrm{d}y = \int_0^1 x\mathrm{d}x \int_0^1 y\mathrm{d}f'_x(x, y)$$

$$= \int_0^1 x \left[y f'_x(x,y) \Big|_0^1 - \int_0^1 f'_x(x,y)\mathrm{d}y \right] \mathrm{d}x$$

$$= -\int_0^1 x\mathrm{d}x \int_0^1 f'_x(x, y)\mathrm{d}y = -\int_0^1 x\mathrm{d}y \int_0^1 f'_x(x, y)\mathrm{d}x$$

$$= \int_0^1 x\mathrm{d}y \int_0^1 f(x, y)\mathrm{d}x = \iint\limits_D f(x, y)\mathrm{d}x\mathrm{d}y = a.$$

2. 计算二次积分

【例 15】 设函数 $f(x)$在区间 [0, 1] 上连续，并设$\int_0^1 f(x)\mathrm{d}x=A$，求$\int_0^1 \mathrm{d}x\int_x^1 f(x)f(y)\mathrm{d}y$.

分析 将二次积分转化为重积分，然后利用二重积分性质，也可以交换积分次序后将 x，y 互换，还可以利用变上限定积分函数和分部积分法计算.

解 方法一 $$\int_0^1\mathrm{d}x\int_x^1 f(x)f(y)\mathrm{d}y = \iint\limits_{\substack{x\leqslant y\leqslant 1\\ 0\leqslant x\leqslant 1}} f(x)f(y)\mathrm{d}x\mathrm{d}y$$

$$\xlongequal{x\text{ 与 }y\text{ 对换}} \iint\limits_{\substack{y\leqslant x\leqslant 1\\ 0\leqslant y\leqslant 1}} f(y)f(x)\mathrm{d}x\mathrm{d}y = \frac{1}{2}\iint\limits_{\substack{0\leqslant x\leqslant 1\\ 0\leqslant y\leqslant 1}} f(y)f(x)\mathrm{d}x\mathrm{d}y = \frac{1}{2}\int_0^1 f(x)\mathrm{d}x\int_0^1 f(y)\mathrm{d}y = \frac{1}{2}A^2.$$

方法二 变换积分次序，然后将 x 与 y 互换得

$$\begin{aligned}\int_0^1\mathrm{d}x\int_x^1 f(x)f(y)\mathrm{d}y &= \int_0^1\mathrm{d}y\int_0^y f(x)f(y)\mathrm{d}x = \int_0^1\mathrm{d}x\int_0^x f(x)f(y)\mathrm{d}y\\ &= \frac{1}{2}\left[\int_0^1\mathrm{d}x\int_x^1 f(x)f(y)\mathrm{d}y + \int_0^1\mathrm{d}x\int_0^x f(x)f(y)\mathrm{d}y\right]\\ &= \frac{1}{2}\int_0^1\mathrm{d}x\int_0^1 f(x)f(y)\mathrm{d}y = \frac{1}{2}\left[\int_0^1 f(x)\mathrm{d}x\right]^2 = \frac{1}{2}A^2.\end{aligned}$$

方法三 记 $F(x) = \int_0^x f(t)\mathrm{d}t$，则 $F(0)=0$，$F(1)=A$，$\mathrm{d}F(x)=f(x)\mathrm{d}x$.

于是
$$\begin{aligned}I &= \int_0^1 f(x)\mathrm{d}x\int_x^1 \mathrm{d}F(y) = \int_0^1 f(x)[F(1)-F(x)]\mathrm{d}x\\ &= \int_0^1 f(x)F(1)\mathrm{d}x - \int_0^1 f(x)F(x)\mathrm{d}x\\ &= A\int_0^1 f(x)\mathrm{d}x - \int_0^1 F(x)\mathrm{d}F(x)\\ &= A^2 - \frac{1}{2}A^2 = \frac{1}{2}A^2.\end{aligned}$$

【例 16】 求积分$\int_0^2 \mathrm{d}x\int_x^2 \mathrm{e}^{-y^2}\mathrm{d}y$ 的值.

分析 因 e^{-y^2} 的原函数不能用初等函数表示，故需要变换次序. 也可设 $F(x) = \int_x^2 \mathrm{e}^{-y^2}\mathrm{d}y$，然后用分部积分法计算.

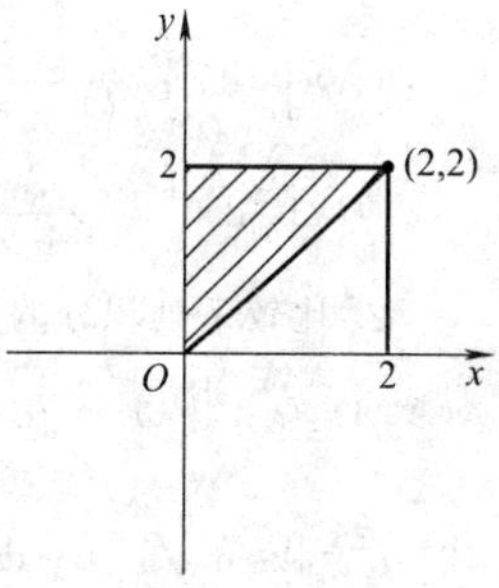

图 9-11

解 方法一 $\int_0^2\mathrm{d}x\int_x^2 \mathrm{e}^{-y^2}\mathrm{d}y = \iint\limits_D \mathrm{e}^{-y^2}\mathrm{d}x\mathrm{d}y$，如图 9-11 所示，其中

$$D=\{(x,y)\mid x\leqslant y\leqslant 2, 0\leqslant x\leqslant 2\}=\{(x,y)\mid 0\leqslant x\leqslant y, 0\leqslant y\leqslant 2\}.$$

故 $$\int_0^2\mathrm{d}x\int_x^2 \mathrm{e}^{-y^2}\mathrm{d}x = \iint\limits_D \mathrm{e}^{-y^2}\mathrm{d}x\mathrm{d}y = \int_0^2 \mathrm{e}^{-y^2}\mathrm{d}y\int_0^y\mathrm{d}x = \int_0^2 y\mathrm{e}^{-y^2}\mathrm{d}y = \frac{1}{2}(1-\mathrm{e}^{-4}).$$

方法二 令 $F(x) = \int_x^2 \mathrm{e}^{-y^2}\mathrm{d}y$. 则

$$\begin{aligned}\int_0^2\mathrm{d}x\int_x^2 \mathrm{e}^{-y^2}\mathrm{d}y &= \int_0^2 F(x)\mathrm{d}x = xF(x)\Big|_0^2 - \int_0^2 xF'(x)\mathrm{d}x\\ &= \int_0^2 x\mathrm{e}^{-x^2}\mathrm{d}x = \frac{1}{2}(1-\mathrm{e}^{-4}).\end{aligned}$$

【例 17】 设函数 $f(x)$ 在区间$[a,b]$上连续，且恒大于零，证明：$\int_a^b f(x)\mathrm{d}x\int_a^b \frac{\mathrm{d}x}{f(x)}\geqslant(b-a)^2$.

证 记 $D=\left\{(x, y)\middle| a\leqslant x\leqslant b, a\leqslant y\leqslant b\right\}$，则有

$$\int_a^b f(x)\mathrm{d}x \int_a^b \frac{\mathrm{d}x}{f(x)} = \int_a^b f(x)\mathrm{d}x \int_a^b \frac{\mathrm{d}y}{f(y)} = \iint\limits_D f(x)\frac{1}{f(y)}\mathrm{d}x\mathrm{d}y.$$

注意到积分区域 D 关于 $y=x$ 对称，可得

$$\int_a^b f(x)\mathrm{d}x \int_a^b \frac{\mathrm{d}x}{f(x)} = \frac{1}{2}\iint\limits_D \left[f(x)\frac{1}{f(y)} + f(y)\frac{1}{f(x)} \right]\mathrm{d}x\mathrm{d}y$$

$$= \iint\limits_D \left[\frac{f^2(x)+f^2(y)}{2f(x)\,f(y)} \right]\mathrm{d}x\mathrm{d}y \geqslant \iint\limits_D \mathrm{d}x\mathrm{d}y = (b-a)^2.$$

【例 18】 设函数 $f(x)$ 在 $[0,1]$ 上连续且单调增加，证明不等式

$$\int_0^1 f(x)\mathrm{d}x \leqslant 2\int_0^1 xf(x)\mathrm{d}x.$$

证 注意到在 $[0,1]$ 上有 $(x-y)(f(x)-f(y))\geqslant 0$，记 $D=[0,1]\times[0,1]$，

则 $I = \iint\limits_D (x-y)(f(x)-f(y))\mathrm{d}x\mathrm{d}y \geqslant 0.$

而 $I = \iint\limits_D [xf(x)+yf(y)-xf(y)-yf(x)]\,\mathrm{d}x\mathrm{d}y = 2\iint\limits_D xf(x)\mathrm{d}x\mathrm{d}y - 2\iint\limits_D yf(x)\mathrm{d}x\mathrm{d}y$

$$= 2\int_0^1 \mathrm{d}y\int_0^1 xf(x)\mathrm{d}x - 2\int_0^1 y\mathrm{d}y\int_0^1 f(x)\mathrm{d}x = 2\int_0^1 xf(x)\mathrm{d}x - \int_0^1 f(x)\mathrm{d}x.$$

因此 $\displaystyle\int_0^1 f(x)\mathrm{d}x \leqslant 2\int_0^1 xf(x)\mathrm{d}x.$

三、习 题

1. 极限 $\displaystyle\lim_{n\to\infty}\sum_{i=1}^{\infty}\sum_{j=1}^{\infty}\frac{n}{(n+i)(n^2+j^2)}$ 等于（ ）.

(A) $\displaystyle\int_0^1 \mathrm{d}x\int_0^x \frac{1}{(1+x)(1+y^2)}\mathrm{d}y$；　　(B) $\displaystyle\int_0^1 \mathrm{d}x\int_0^1 \frac{1}{(1+x)(1+y)}\mathrm{d}y$；

(C) $\displaystyle\int_0^1 \mathrm{d}x\int_0^x \frac{1}{(1+x)(1+y)}\mathrm{d}y$；　　(D) $\displaystyle\int_0^1 \mathrm{d}x\int_0^1 \frac{1}{(1+x)(1+y^2)}\mathrm{d}y$.

2. 比较下列积分的大小.

(1) $I_1 = \iint\limits_D (x^2-y^2)\mathrm{d}x\mathrm{d}y$，$I_2 = \iint\limits_D \sqrt{x^2-y^2}\mathrm{d}x\mathrm{d}y$，其中 D 是以 $(0,0)$，$(1,-1)$ $(1,1)$ 为顶点的三角形区域.

(2) $I_1 = \iint\limits_D \sin\sqrt{x^2+y^2}\mathrm{d}x\mathrm{d}y$，$I_2 = \iint\limits_D \cos\sqrt{x^2+y^2}\mathrm{d}x\mathrm{d}y$，其中 $D=\left\{(x,y)\,\middle|\,x^2+y^2\leqslant\dfrac{9}{16}\right\}$.

3. 估计下列积分的值.

(1) $I = \iint\limits_D (x+xy-x^2-y^2)\mathrm{d}x\mathrm{d}y$，其中 $D=\left\{(x,y)\,\middle|\,0\leqslant x\leqslant 1,\,0\leqslant y\leqslant 1\right\}$.

(2) $I = \iint\limits_D xy(x+y)\mathrm{d}x\mathrm{d}y$，其中 $D=\left\{(x,y)\,\middle|\,0\leqslant x\leqslant 1,\,0\leqslant y\leqslant 1\right\}$.

4. 根据二重积分的几何意义，确定下列积分的值，其中 $D=\left\{(x,y)\,\middle|\,x^2+y^2\leqslant a^2\right\}$.

(1) $I = \iint\limits_D \sqrt{a^2-x^2-y^2}\mathrm{d}x\mathrm{d}y$；(2) $I = \iint\limits_D (a-\sqrt{x^2+y^2})\,\mathrm{d}x\mathrm{d}y$.

5. 计算下列二重积分：

(1) $\displaystyle\iint\limits_D x^2 \mathrm{e}^{-y^2}\mathrm{d}x\mathrm{d}y$，$D: 0\leqslant x\leqslant 1,\,x\leqslant y\leqslant 1$；

(2) $\displaystyle\iint\limits_D \sin\frac{\pi x}{2y}\mathrm{d}\sigma$，$D=D_1+D_2$，$D_1: 1\leqslant x\leqslant 2,\,\sqrt{x}\leqslant y\leqslant x$；$D_2: 2\leqslant x\leqslant 4,\,\sqrt{x}\leqslant y\leqslant 2$.

6. 求二重积分 $\iint\limits_{D} y\left[1+x\mathrm{e}^{\frac{1}{2}(x^2+y^2)}\right]\mathrm{d}x\mathrm{d}y$，其中 D 是由直线 $y=x$，$y=-1$ 及 $x=1$ 围成的平面区域.

7. 化下列二重积分为极坐标系中的二次积分：

(1) $\iint\limits_{D} f(x,y)\mathrm{d}x\mathrm{d}y$，$D$ 是由 $y=x$ 及 $y=\sqrt{2ax-x^2}$ $(a>0)$ 所围成的区域；

(2) $\iint\limits_{D} f(x+x^2+y^2)\mathrm{d}\sigma$，$D$ 是由 $x^2+y^2=a^2$ 及 $x^2+(y-a)^2=a^2$ $(a>0)$ 所围成的区域；

(3) $\iint\limits_{D} f(y)\mathrm{d}x\mathrm{d}y$，$D$ 是由 $y=x$，$x=0$ 及 $y=1$ 所围成的区域.

8. 计算 $\iint\limits_{D} \dfrac{y-x}{x^2+y^2}\mathrm{d}x\mathrm{d}y$，其中 D：$x^2+y^2\leqslant1$，$y-x\geqslant1$.

9. 计算 $I=\iint\limits_{D} \dfrac{1+xy}{1+x^2+y^2}\mathrm{d}x\mathrm{d}y$，其中 $D=\left\{(x,y)\,\middle|\,x^2+y^2\leqslant1,\ x>0\right\}$.

10. 计算 $I=\iint\limits_{D} \sqrt{x^2+y^2}\mathrm{d}x\mathrm{d}y$，其中 D 为由圆 $x^2+y^2=4$ 和 $(x+1)^2+y^2=1$ 围成的区域。

11. 求 $I=\iint\limits_{D} (x^2-y)\mathrm{d}x\mathrm{d}y$，其中 $D=\left\{(x,y)\,\middle|\,x^2+y^2\leqslant1\right\}$.

12. 计算 $\iint\limits_{D} r^2\sin\theta\sqrt{1-r^2\cos2\theta}\mathrm{d}r\mathrm{d}\theta$，其中 $D=\left\{(r,\theta)\,\middle|\,0\leqslant r\leqslant\sec\theta,\ 0\leqslant\theta\leqslant\dfrac{\pi}{4}\right\}$.

13. 计算 $\iint\limits_{D} |\sin(x+y)|\mathrm{d}x\mathrm{d}y$，$D$：$0\leqslant x\leqslant\pi$，$0\leqslant y\leqslant\pi$.

14. 设 $f(x,y)=\begin{cases}x^2y,&1\leqslant x\leqslant2,\ 0\leqslant y\leqslant x,\\0,&\text{其他},\end{cases}$ 求 $\iint\limits_{D} f(x,y)\mathrm{d}x\mathrm{d}y$，其中 $D=\{(x,y)\,\vert\,x^2+y^2\geqslant2x\}$.

15. 计算 $\iint\limits_{D} \max\{xy,1\}\mathrm{d}x\mathrm{d}y$，其中 $D=\{(x,y),\ 0\leqslant x\leqslant2,\ 0\leqslant y\leqslant2\}$.

16. 计算 $\iint\limits_{D} \mathrm{e}^{\max\{x^2,y^2\}}\mathrm{d}x\mathrm{d}y$，其中 $D=\left\{(x,y)\,\middle|\,|x|\leqslant1,\ |y|\leqslant1\right\}$.

17. 计算 $\iint\limits_{D} \sqrt{|y-x^2|}\mathrm{d}x\mathrm{d}y$，其中 $D=\left\{(x,y)\,\middle|\,-1\leqslant x\leqslant1,\ 0\leqslant y\leqslant2\right\}$.

18. 计算 $\iint\limits_{x^2+y^2\leqslant1} (|x|+|y|)\mathrm{d}x\mathrm{d}y$.

19. 计算 $I=\iint\limits_{D} \mathrm{sgn}(x+y)\,\mathrm{e}^{x^2+y^2}\mathrm{d}x\mathrm{d}y$，其中 $D=\left\{(x,y)\,\middle|\,x^2\leqslant y\leqslant\sqrt{1-x^2}\right\}$.

20. 交换累次积分 $\displaystyle\int_0^1\mathrm{d}x\int_0^{\frac{1}{2}x^2}f(x,y)\mathrm{d}y+\int_1^3\mathrm{d}x\int_0^{\sqrt{y-x^2}}f(x,y)\mathrm{d}y$ 的积分次序

四、习题解答与提示

1. (D). 2. (1) $I_1\leqslant I_2$；(2) $I_1<I_2$. 3. (1) $-8\leqslant I\leqslant\dfrac{2}{3}$；(2) $0\leqslant I\leqslant2$.

4. (1) $I=\dfrac{2}{3}\pi a^3$；(2) $I=\dfrac{1}{3}\pi a^3$. 5. (1) $\dfrac{1}{6}-\dfrac{1}{3\mathrm{e}}$. (2) $\dfrac{4}{\pi^3}(\pi+2)$.

6. $-\dfrac{2}{3}$. 提示：$\iint\limits_{D} yx\mathrm{e}^{\frac{1}{2}(x^2+y^2)}\mathrm{d}x\mathrm{d}y=0$. 7. (1) $\displaystyle\int_{\frac{\pi}{4}}^{\frac{\pi}{2}}\mathrm{d}\theta\int_0^{2a\cos\theta}rf(r\cos\theta,r\sin\theta)\mathrm{d}\theta$；

(2) $\displaystyle\int_0^{\frac{\pi}{4}}\mathrm{d}\theta\int_0^{2a\sin\theta}f(r^2+r\cos\theta)\,r\mathrm{d}r+\int_{\frac{\pi}{4}}^{\frac{3\pi}{4}}\mathrm{d}\theta\int_0^{a}f(r^2+r\cos\theta)\,r\mathrm{d}r+\int_{\frac{3\pi}{4}}^{\pi}\mathrm{d}\theta\int_0^{2a\sin\theta}f(r^2+r\cos\theta)\,r\mathrm{d}r$；

(3) $\displaystyle\int_{\frac{\pi}{4}}^{\frac{\pi}{2}}\mathrm{d}\theta\int_0^{\csc\theta}f(r\sin\theta)\,r\mathrm{d}r$.

8. $I=2-\dfrac{\pi}{2}$. 9. $I=\dfrac{\pi}{2}\ln2$. 10. $\dfrac{8(3\pi-10)}{9}$ 11. $\dfrac{\pi}{4}$. 12. $\dfrac{1}{3}-\dfrac{1}{16}\pi$.

13. 2π. 提示：$D=D_1+D_2$, D_1: $\begin{cases}0\leqslant x\leqslant\pi,\\0\leqslant y\leqslant\pi-x,\end{cases}$ D_2: $\begin{cases}0\leqslant x\leqslant\pi,\\\pi-x\leqslant y\leqslant\pi,\end{cases}$

$$f(x,\ y)=|\sin(x+y)|=\begin{cases}\sin(x+y),\quad (x,\ y)\in D_1,\\-\sin(x+y),\ (x,\ y)\in D_2.\end{cases}$$

14. $\dfrac{49}{20}$. 提示：$D_1=\left\{(x,\ y)\ \middle|\ 1\leqslant x\leqslant2,\ \sqrt{2x-x^2}\leqslant y\leqslant x\right\}$, 于是 $\iint\limits_D f(x,\ y)\mathrm{d}x\mathrm{d}y=\iint\limits_{D_1}x^2\,y\mathrm{d}x\mathrm{d}y$.

15. $\dfrac{19}{4}+\ln2$.   16. $4\ (\mathrm{e}-1)$.   17. $\dfrac{5}{3}+\dfrac{\pi}{2}$.   18. $\dfrac{8}{3}$.   19. $\dfrac{\pi}{4}\ (\mathrm{e}-1)$.

20. $\displaystyle\int_0^{\frac{1}{2}}\mathrm{d}y\int_{\sqrt{2y}}^1 f(x,\ y)\mathrm{d}x+\int_0^{2\sqrt2}\mathrm{d}y\int_1^{\sqrt{9-y^2}}f(x,\ y)\mathrm{d}x$.

第二节　三重积分的计算

一、内 容 提 要

1. 三重积分的定义

设 $f(x,\ y,\ z)$ 是空间有界闭域 Ω 上的有界函数，将 Ω 任意分成 ΔV_1, ΔV_2, $\cdots$, ΔV_n, 其中 ΔV_i 表示第 i 个小闭区域，也表示它的体积. 在每个 ΔV_i 上任取一点 $(\xi_i,\ \eta_i,\ \zeta_i)$, 作和式 $\displaystyle\sum_{i=1}^{n}f(\xi_i,\ \eta_i,\ \zeta_i)\,\Delta V_i$, 如果当各小闭区域直径中的最大值 λ 趋于零时，和的极限总存在，则称此极限为函数 $f(x,\ y,\ z)$ 在闭域 Ω 上的三重积分. 记作

$$\iiint\limits_{\Omega}f(x,y,z)\mathrm{d}V,$$

其中 $\mathrm{d}V$ 称为体积元素. 在直角坐标系中，也把体积元素 $\mathrm{d}V$ 记作 $\mathrm{d}x\mathrm{d}y\mathrm{d}z$, 而把三重积分记作 $\displaystyle\iiint\limits_{\Omega}f(x,y,z)\mathrm{d}x\mathrm{d}y\mathrm{d}z$.

2. 三重积分的计算

直角坐标系：设 Ω 为 $\begin{cases}z_1(x,y)\leqslant z\leqslant z_2(x,y),\\y_1(x)\leqslant y\leqslant y_2(x),\\a\leqslant x\leqslant b,\end{cases}$

则 $\displaystyle\iiint\limits_{\Omega}f(x,y,z)\mathrm{d}V=\int_a^b\mathrm{d}x\int_{y_1(x)}^{y_2(x)}\mathrm{d}y\int_{z_1(x,y)}^{z_2(x,y)}f(x,y,z)\mathrm{d}z$.

柱坐标系：设 Ω 为 $\begin{cases}z_1(r,\theta)\leqslant z\leqslant z_2(r,\theta),\\r_1(\theta)\leqslant r\leqslant r_2(\theta),\\\alpha\leqslant\theta\leqslant\beta,\end{cases}$

则 $\displaystyle\iiint\limits_{\Omega}f(x,y,z)\mathrm{d}V=\int_{\alpha}^{\beta}\mathrm{d}\theta\int_{r_1(\theta)}^{r_2(\theta)}r\mathrm{d}r\int_{z_1(r,\theta)}^{z_2(r,\theta)}f(r\cos\theta,r\sin\theta,z)\mathrm{d}z$.

球坐标：设 Ω 为 $\begin{cases}r_1(\theta,\varphi)\leqslant r\leqslant r_2(\theta,\varphi),\\\varphi_1(\theta)\leqslant\varphi\leqslant\varphi_2(\theta),\\\alpha\leqslant\theta\leqslant\beta,\end{cases}$

则 $\displaystyle\iiint\limits_{\Omega}f(x,y,z)\mathrm{d}V=\int_{\alpha}^{\beta}\mathrm{d}\theta\int_{\varphi_1(\theta)}^{\varphi_2(\theta)}\mathrm{d}\varphi\int_{r_1(\theta,\varphi)}^{r_2(\theta,\varphi)}f(r\cos\theta\sin\varphi,r\sin\theta\sin\varphi,r\cos\varphi)r^2\sin\varphi\mathrm{d}r$.

二、例 题 分 析

三重积分也是一种积分区域无方向的积分,具有与二重积分相应的性质.三重积分计算的主要思路是将其化为由三次定积分构成的累次积分.根据积分区域的形状与被积函数的特点来选取适当的坐标系,若积分区域是球体或球的一部分,被积函数形如 $f(x^2+y^2+z^2)$ 时,宜用球面坐标系;积分区域是圆柱体或其一部分,被积函数形如 $f(x^2+y^2)$ 或 $f\left(\dfrac{y}{x}\right)$ 时,通常用柱面坐标系;当积分区域是长方体,四面体或其他空间立体时采用直角坐标系.有时还需将区域分成若干个子区域分别积分后再求和.

【例 1】 计算 $\iiint\limits_{\Omega}(x+y+z)^2\mathrm{d}V$,其中 Ω:$0\leqslant x\leqslant1$,$0\leqslant y\leqslant1$,$0\leqslant z\leqslant1$.

解 显然有 $I=\int_0^1\mathrm{d}x\int_0^1\mathrm{d}y\int_0^1(x+y+z)^2\mathrm{d}z$,直接计算比较麻烦,考虑将被积函数展开得

$$I=\iiint\limits_{\Omega}(x^2+2xy)\mathrm{d}V+\iiint\limits_{\Omega}(y^2+2yz)\mathrm{d}V+\iiint\limits_{\Omega}(z^2+2xz)\mathrm{d}V$$

$$=3\iiint\limits_{\Omega}(x^2+2xy)\mathrm{d}V=3\int_0^1\mathrm{d}x\int_0^1\mathrm{d}y\int_0^1(x^2+2xy)\mathrm{d}z$$

$$=3\int_0^1\mathrm{d}x\int_0^1(x^2+2xy)\mathrm{d}y=3\int_0^1(x^2+x)\mathrm{d}x=\frac{5}{2}.$$

【例 2】 求 $\iiint\limits_{\Omega}(x^2+y^2+z)\mathrm{d}V$,其中 Ω 是由曲线 $\begin{cases}y^2=2z\\x=0\end{cases}$ 绕 z 轴旋转一周而成的曲面与平面 $z=4$ 所围成的立体.

解 **方法一** 旋转曲面的方程为 $x^2+y^2=2z$.

曲线 $\begin{cases}x^2+y^2=2z\\z=4\end{cases}$,在 xOy 平面上的投影为 $\begin{cases}x^2+y^2=8\\z=0\end{cases}$,得区域 Ω 在 xOy 平面内的投影区域为 D_{xy}:$x^2+y^2\leqslant8$,于是有

$$\iiint\limits_{\Omega}(x^2+y^2+z)\mathrm{d}V=\iint\limits_{D_{xy}}\mathrm{d}x\mathrm{d}y\int_{\frac{z^2}{2}}^4(r^2+z)\mathrm{d}z=\int_0^{2\pi}\mathrm{d}\theta\int_0^{\sqrt8}r\mathrm{d}r\int_{\frac{z^2}{2}}^4(r^2+z)\mathrm{d}z$$

$$=2\pi\int_0^{\sqrt8}\left(4r^3+8r-\frac{5}{8}r^5\right)\mathrm{d}r=\frac{256}{3}\pi.$$

方法二 立体在 z 轴上的投影区域为 $[0,4]$,平行于 xOy 平面的平面截立体所得的截面为 $x^2+y^2\leqslant2z$($0\leqslant z\leqslant4$),于是

$$\iiint\limits_{\Omega}(x^2+y^2+z)\mathrm{d}V=\int_0^4\mathrm{d}z\int_0^{2\pi}\mathrm{d}\theta\int_0^{\sqrt{2z}}(r^2+z)r\mathrm{d}r=4\pi\int_0^4z^2\mathrm{d}z=\frac{256}{3}\pi.$$

【例 3】 设函数 $f(x)$ 连续且恒大于零,

$$F(t)=\frac{\iiint\limits_{\Omega(t)}f(x^2+y^2+z^2)\mathrm{d}V}{\iint\limits_{D(t)}f(x^2+y^2)\mathrm{d}\sigma},\quad G(t)=\frac{\iint\limits_{D(t)}f(x^2+y^2)\mathrm{d}\sigma}{\int_{-1}^tf(x^2)\mathrm{d}x},$$

其中 $\Omega(t)=\{(x,y,z)\,|\,x^2+y^2+z^2\leqslant t^2\}$,$D(t)=\{(x,y)\,|\,x^2+y^2\leqslant t^2\}$.

(1) 讨论 $F(t)$ 在区间 $(0,+\infty)$ 内的单调性.

(2) 证明当 $t>0$ 时,$F(t)>\dfrac{2}{\pi}G(t)$.

分析 (1) 在球面坐标下计算三重积分 $\iiint\limits_{\Omega(t)}f(x^2+y^2+z^2)\mathrm{d}V$,在极坐标下计算二重积分 $\iint\limits_{D(t)}f(x^2+y^2)\mathrm{d}\sigma$,

根据 $F'(t)$ 的符号确定单调性；(2) 将待证的不等式作适当的恒等变形后，构造辅助函数，利用单调性证明.

解 (1) 由
$$F(t) = \frac{\int_0^{2\pi}\mathrm{d}\theta\int_0^\pi\mathrm{d}\varphi\int_0^t f(r^2)r^2\sin\varphi\mathrm{d}r}{\int_0^{2\pi}\mathrm{d}\theta\int_0^t f(r^2)r\mathrm{d}r} = \frac{2\int_0^t f(r^2)r^2\mathrm{d}r}{\int_0^t f(r^2)r\mathrm{d}r},$$

得
$$F'(t) = 2\frac{tf(t^2)\int_0^t f(r^2)r(t-r)\mathrm{d}r}{\left[\int_0^t f(r^2)r\mathrm{d}r\right]^2},$$

即在 $(0,+\infty)$ 上有 $F'(t)>0$，因此 $F(t)$ 在 $(0,+\infty)$ 内单调增加.

(2) 注意到 $G(t) = \dfrac{\pi\int_0^t f(r^2)r\mathrm{d}r}{\int_0^t f(r^2)\mathrm{d}r}$，若要证明 $t>0$ 时 $F(t)>\dfrac{2}{\pi}G(t)$，只需证明 $t>0$ 时，

$F(t)-\dfrac{2}{\pi}G(t)>0$，即 $\int_0^t f(r^2)r^2\,\mathrm{d}r\int_0^t f(r^2)\,\mathrm{d}r - \left[\int_0^t f(r^2)r\mathrm{d}r\right]^2 > 0$ 成立.

令
$$g(t) = \int_0^t f(r^2)r^2\,\mathrm{d}r\int_0^t f(r^2)\,\mathrm{d}r - \left[\int_0^t f(r^2)r\mathrm{d}r\right]^2,$$

则 $g'(t) = f(t^2)\int_0^t f(r^2)(t-r)^2\mathrm{d}r>0$，故 $g(t)$ 在 $(0,+\infty)$ 内单调增加.

因为 $g(t)$ 在 $t=0$ 处连续，所以当 $t>0$ 时，有 $g(t)>g(0)$. 又 $g(0)=0$，故当 $t>0$ 时，$g(t)>0$，因此，当 $t>0$ 时，$F(t)>\dfrac{2}{\pi}G(t)$.

【例 4】 计算 $I = \iiint\limits_\Omega f(x,y,z)\mathrm{d}V$,其中 Ω 为 $x^2+y^2+z^2\leqslant 1$，且

$$f(x,y,z) = \begin{cases} 0, & z>\sqrt{x^2+y^2}, \\ \sqrt{x^2+y^2}, & 0\leqslant z\leqslant\sqrt{x^2+y^2}, \\ \sqrt{x^2+y^2+z^2}, & z<0. \end{cases}$$

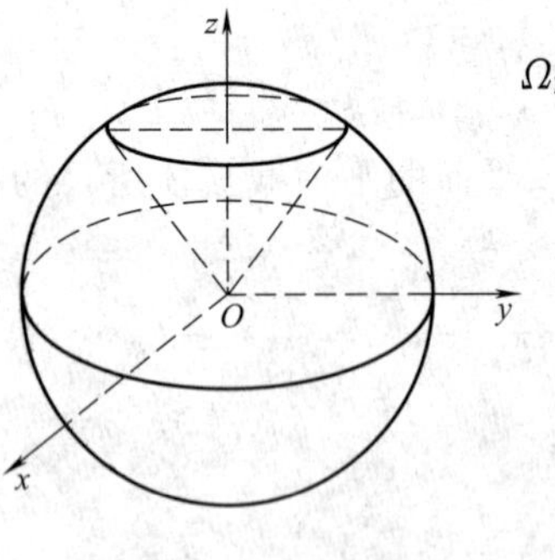

图 9-12

解 由 $f(x,y,z)$ 的表达式，应把球体分成三部分：Ω_1，Ω_2 及 Ω_3.

Ω_1：由 $z=\sqrt{1-x^2-y^2}$ 及 $z=\sqrt{x^2+y^2}$ 所围；

Ω_2：由 $z=\sqrt{1-x^2-y^2}$，$z=\sqrt{x^2+y^2}$ 及 $z=0$ 所围；

Ω_3：由 $z=-\sqrt{1-x^2-y^2}$ 及 $z=0$ 所围如图 9-12 所示.

于是
$$I = \iiint\limits_{\Omega_1} f(x,y,z)\mathrm{d}V + \iiint\limits_{\Omega_2} f(x,y,z)\mathrm{d}V + \iiint\limits_{\Omega_3} f(x,y,z)\mathrm{d}V$$
$$= \iiint\limits_{\Omega_1} 0\mathrm{d}V + \iiint\limits_{\Omega_2}\sqrt{x^2+y^2}\,\mathrm{d}V + \iiint\limits_{\Omega_3}\sqrt{x^2+y^2+z^2}\,\mathrm{d}V.$$

由 Ω_2，Ω_3 的形状及被积表达式可知，采用球面坐标计算简单.

$$\iiint\limits_{\Omega_2}\sqrt{x^2+y^2}\,\mathrm{d}V = \int_{\pi/4}^{\pi/2}\mathrm{d}\varphi\int_0^{2\pi}\mathrm{d}\theta\int_0^1 r^3\sin^2\varphi\mathrm{d}r = \frac{\pi}{2}\int_{\pi/4}^{\pi/2}\sin^2\varphi\mathrm{d}\varphi = \frac{\pi}{2}\left(\frac{\pi}{8}+\frac{1}{4}\right).$$

$$\iiint\limits_{\Omega_3}\sqrt{x^2+y^2+z^2}\,\mathrm{d}V = \int_{\pi/2}^\pi\mathrm{d}\varphi\int_0^{2\pi}\mathrm{d}\theta\int_0^1 r^3\sin\varphi\mathrm{d}r = \frac{\pi}{2}.$$

故
$$I = \frac{\pi^2}{16} + \frac{5}{8}\pi = \frac{\pi}{16}(\pi + 10).$$

【例 5】 计算 $I = \iiint\limits_{\Omega} z^2 \mathrm{d}V$，其中 Ω 是两个球体 $x^2 + y^2 + z^2 \leqslant R^2$ 与 $x^2 + y^2 + z^2 \leqslant 2Rz$ 的公共部分.

分析 积分区域为球面所围，可选择球面坐标或柱面坐标进行计算（方法一）；被积函数为 z^2，仅含 z，宜用先 xy 后 z 的柱面坐标系（方法二）.

解 **方法一** 积分域为两个球的公共部分，选用球面坐标系，需要分区域积分.

$$\Omega_1:\ 0 \leqslant \theta \leqslant 2\pi, \quad 0 \leqslant \varphi \leqslant \frac{\pi}{3} \quad 0 \leqslant r \leqslant R;$$

$$\Omega_2:\ 0 \leqslant \theta \leqslant 2\pi, \quad \frac{\pi}{3} \leqslant \varphi \leqslant \frac{\pi}{2} \quad 0 \leqslant r \leqslant 2R\cos\varphi.$$

因此
$$\iiint\limits_{\Omega} z^2 \mathrm{d}V = \int_0^{2\pi} \mathrm{d}\theta \int_0^{\frac{\pi}{3}} \mathrm{d}\varphi \int_0^R r^4 \cos^3\varphi\sin\varphi \mathrm{d}r + \int_0^{2\pi} \mathrm{d}\theta \int_{\frac{\pi}{3}}^{\frac{\pi}{2}} \mathrm{d}\varphi \int_0^{2R\cos\varphi} r^4 \cos^2\varphi\sin\varphi \mathrm{d}r$$

$$= \frac{2\pi}{15}\left(1 - \frac{1}{8}\right)R^5 + \frac{64\pi}{5}R^5 \int_{\frac{\pi}{3}}^{\frac{\pi}{2}} \cos\varphi\sin\varphi \mathrm{d}\varphi = \frac{59}{480}\pi R^5.$$

方法二 注意到平行于 xOy 面的平面与积分区域 Ω 相交成圆域 $D(z)$，其面积易求，且被积函数仅含 z，采用直角坐标系先二后一的积分顺序化为累次积分. 两个球面 $x^2 + y^2 + z^2 = R^2$ 与 $x^2 + y^2 + z^2 = 2Rz$ 的交线为 $z = \frac{1}{2}R$，当 $0 \leqslant z \leqslant \frac{1}{2}R$ 时，$D(z)$ 的半径为 $\sqrt{2Rz - z^2}$，面积为 $\pi(2Rz - z^2)$；当 $\frac{1}{2}R \leqslant z \leqslant R$ 时，$D(z)$ 的半径为 $\sqrt{R^2 - z^2}$，面积为 $\pi(\sqrt{R^2 - z^2})$，所以

$$\iiint\limits_{\Omega} z^2 \mathrm{d}V = \int_0^R z^2 \mathrm{d}z \iint\limits_{D(z)} \mathrm{d}x\mathrm{d}y = \pi\int_0^{\frac{R}{2}} z^2(2Rz - z^2)\mathrm{d}z + \pi\int_{\frac{R}{2}}^R z^2(R^2 - z^2)\mathrm{d}z = \frac{59}{480}\pi R^5.$$

方法三 联立 $\begin{cases} x^2 + y^2 + z^2 = R^2, \\ x^2 + y^2 + z^2 = 2Rz, \end{cases}$ 得 $z = \frac{R}{2}$，而 $D_{xy}:\ x^2 + y^2 \leqslant \left(\frac{\sqrt{3}}{2}R\right)^2$，

因此
$$I = \iint\limits_{D_{xy}} \mathrm{d}x\mathrm{d}y \int_{R - \sqrt{R^2 - x^2 - y^2}}^{\sqrt{R^2 - x^2 - y^2}} z^2 \mathrm{d}z = \int_0^{2\pi} \mathrm{d}\theta \int_0^{\frac{\sqrt{3}}{2}R} r\mathrm{d}r \int_{R - \sqrt{R^2 - r^2}}^{\sqrt{R^2 - r^2}} z^2 \mathrm{d}z$$

$$= \frac{2\pi}{3} \int_0^{\frac{\sqrt{3}}{2}R} r\left[(\sqrt{R^2 - r^2})^3 - (R - \sqrt{R^2 - r^2})^3\right] \mathrm{d}r = \frac{59}{480}\pi R^5.$$

【例 6】 求三重积分 $I = \iiint\limits_{\Omega} (x^3 + y^3 + z^3)\mathrm{d}V$，$\Omega$ 由半球面 $x^2 + y^2 + z^2 = 2z(z \geqslant 1)$ 与锥面 $z = \sqrt{x^2 + y^2}$ 围成.

解 **方法一** 由对称性及奇偶性得 $\iiint\limits_{\Omega} x^3 \mathrm{d}V = 0$，$\iiint\limits_{\Omega} y^3 \mathrm{d}V = 0$，即有 $I = \iiint\limits_{\Omega} z^3 \mathrm{d}V$.

Ω 由半球面及锥面围成，在球面坐标下可表示为

$$\Omega:\ 0 \leqslant \theta \leqslant 2\pi, \ 0 \leqslant \varphi \leqslant \frac{\pi}{4}, \ 0 \leqslant \rho \leqslant 2\cos\varphi.$$

则
$$I = \int_0^{2\pi} \mathrm{d}\theta \int_0^{\frac{\pi}{4}} \mathrm{d}\varphi \int_0^{2\cos\varphi} \rho^3 \cos^3\varphi \cdot \rho^2 \sin\varphi \mathrm{d}\rho = \frac{31}{15}\pi.$$

方法二 被积函数仅含 z，与 z 轴垂直的截面区域 $D(z)$ 为已知，用截面法；球面与锥

面的交线是 $z=1$，$x^2+y^2=1$.

于是 $I=\int_0^1 dz\iint\limits_{D(z)}z^3 dxdy+\int_1^2 dz\iint\limits_{D(z)}z^3 dxdy=\int_0^1 z^3\pi z^2 dz+\int_1^2 z^3\pi\ (2z-z^2)\ dz=\dfrac{31}{15}\pi$.

【例 7】 将 $I=\iiint\limits_{\Omega}z dV$ 分别表示成直角坐标、柱面坐标和球面坐标下的三次积分，并选择其中一种计算出结果，其中 Ω 是由曲面 $z=\sqrt{2-x^2-y^2}$ 及 $z=x^2+y^2$ 所围成的闭区域.

解 由 $\begin{cases}z=\sqrt{2-x^2-y^2}\\z=x^2+y^2\end{cases}$ 消去 z 得

$(x^2+y^2)^2=2-(x^2+y^2)$，或 $(x^2+y^2+2)\ (x^2+y^2-1)=0$，于是有 $x^2+y^2=1$，即 Ω 在 xOy 平面上投影为圆域 $D=\{(x,y)\ \big|\ x^2+y^2\leqslant1\}$，在 D 内任取一点，过该点作平行于 z 轴的直线自下而上穿过 Ω，先碰到的曲面为 $z=x^2+y^2$，后碰到的曲面为 $z=\sqrt{2-x^2-y^2}$.

在直角坐标下，Ω 可表示为 $\begin{cases}-1\leqslant x\leqslant1,\\-\sqrt{1-x^2}\leqslant y\leqslant\sqrt{1-x^2},\\x^2+y^2\leqslant z\leqslant\sqrt{2-x^2-y^2}.\end{cases}$

从而 $I=\int_{-1}^1 dx\int_{-\sqrt{1-x^2}}^{\sqrt{1-x^2}}dy\int_{x^2+y^2}^{\sqrt{2-x^2-y^2}}z dz.$

柱面坐标下，Ω 可表示为 $\begin{cases}0\leqslant\theta\leqslant2\pi,\\0\leqslant\rho\leqslant1,\\\rho^2\leqslant z\leqslant\sqrt{2-\rho^2}.\end{cases}$

有 $I=\iiint\limits_{\Omega}z dv=\iiint\limits_{\Omega}z\rho d\rho d\theta dz=\int_0^{2\pi}d\theta\int_0^1 d\rho\int_{\rho^2}^{\sqrt{2-\rho^2}}z\rho dz.$

球面坐标下，曲面方程分别为 $r=\dfrac{\cos\varphi}{\sin^2\varphi}$，$r=\sqrt{2}$. 由 Ω 在 xOy 平面上的投影为 $D=\{(x,y)\ \big|\ x^2+y^2\leqslant1\}$ 知 $0\leqslant\theta\leqslant2\pi$，且曲面 $z=x^2+y^2$ 与 xOy 平面相切，于是 $0\leqslant\varphi\leqslant\dfrac{\pi}{2}$.

再找 r 的变化范围，原点在 Ω 的表面上，故 r 的最小值为零. 从原点出发作射线穿过 Ω，Ω 的表面由两种曲面组成，因而 r 的上界随相应 φ 的不同而不同.

为此在两曲面的交线 $\begin{cases}z=x^2+y^2,\\z=\sqrt{2-x^2-y^2}\end{cases}$ 上取一点 A $(0,1,1)$，故 A 所对应的 $\varphi=\dfrac{\pi}{4}$. 当 $\dfrac{\pi}{4}\leqslant\varphi\leqslant\dfrac{\pi}{2}$ 时，r 的上界由曲面 $r=\dfrac{\cos\varphi}{\sin^2\varphi}$ 所绘，故这时 $r\leqslant\dfrac{\cos\varphi}{\sin^2\varphi}$，即 r 的变化范围为当 $0\leqslant\varphi\leqslant\dfrac{\pi}{4}$ 时，$0\leqslant r\leqslant\sqrt{2}$；当 $\dfrac{\pi}{4}\leqslant\varphi\leqslant\dfrac{\pi}{2}$ 时，$0\leqslant r\leqslant\dfrac{\cos\varphi}{\sin^2\varphi}$.

因此 $I=\int_0^{2\pi}d\theta\int_0^{\frac{\pi}{4}}d\varphi\int_0^{\sqrt{2}}r\cos\varphi r^2\sin\varphi dr+\int_0^{2\pi}d\theta\int_{\frac{\pi}{4}}^{\frac{\pi}{2}}d\varphi\int_0^{\frac{\cos\varphi}{\sin^2\varphi}}r\cos\varphi r^2\sin\varphi dr.$

根据 Ω 在 xOy 平面上的投影为圆域，而 Ω 本身不是球体或锥体，故采用柱面坐标计算比较简单，这时

$$I=\int_0^{2\pi}d\theta\int_0^1 d\rho\int_{\rho^2}^{\sqrt{2-\rho^2}}\rho z dz=\dfrac{7}{12}\pi.$$

【例 8】 设 $f(x)$ 在 $[0,1]$ 上连续，证明 $\int_0^1 dx\int_x^1 dy\int_x^y f(x)f(y)f(z)dz=$

$\dfrac{1}{3!}\left(\displaystyle\int_0^1 f(x)\,dx\right)^3.$

分析 通常熟悉的是将三重积分化为三次积分去做，此处等式左边恰好为三次积分，考虑将其还原为三重积分，再利用轮换对称性去做. 另外，被积函数中含有抽象函数 $f(x)$ 时，可设出其原函数 $F(x)=\displaystyle\int_0^x f(t)$，再考虑用不同的积分法进行计算.

证 **方法一** $\left(\displaystyle\int_0^1 f(t)\,dt\right)^3=\displaystyle\int_0^1 f(x)\,dx\int_0^1 f(y)\,dy\int_0^1 f(z)\,dz=\iiint\limits_{\Omega} f(x)f(y)f(z)\,dV,$

其中 $\Omega=\left\{(x,y,z)\,\Big|\,0\leqslant x\leqslant 1,0\leqslant y\leqslant 1,0\leqslant z\leqslant 1\right\}.$ 设 $\Omega_1=\left\{(x,y,z)\,\Big|\,0\leqslant x\leqslant 1,x\leqslant y\leqslant 1,x\leqslant z\leqslant y\right\}$，由对称性

$$\iiint\limits_{\Omega} f(x)f(y)f(z)\,dxdydz=6\iiint\limits_{\Omega_1} f(x)f(y)f(z)\,dxdydz=6\int_0^1 f(x)\,dx\int_x^1 f(y)\,dy\int_x^y f(z)\,dz,$$

即 $\qquad\qquad \displaystyle\int_0^1 dx\int_x^1 dy\int_x^y f(x)f(y)f(z)=\dfrac{1}{3!}\left(\int_0^1 f(x)\,dx\right)^3$

方法二 令 $F(u)=\displaystyle\int_0^u f(t)\,dt,\ u\in[0,1]$，则 $F'(u)=f(u)$，于是

$$\text{左边}=\int_0^1 f(x)\,dx\int_x^1 f(y)\,[F(y)-F(x)]\,dy=\int_0^1 f(x)\,dx\int_x^1 [F(y)-F(x)]\,d[F(y)-F(x)]$$

$$=\dfrac{1}{2}\int_0^1 f(x)\,[F(1)-F(x)]^2\,dx=\dfrac{1}{6}\,[F(1)]^3=\dfrac{1}{3!}\left(\int_0^1 f(t)\,dt\right)^3=\text{右边}.$$

三、习　　题

1. 计算 $I=\iiint\limits_{\Omega}\sqrt{x^2+y^2}\,dV$，其中 Ω 是由 $x^2+y^2=2x$, $x^2+y^2=2z$ 及 $z=0$ 所围成的区域.

2. 计算 $I=\iiint\limits_{\Omega}\sqrt{x^2+y^2+z^2}\,dV$，其中 Ω 是由 $z=\sqrt{x^2+y^2}$ 与 $z=1$ 所围成的区域.

3. 计算 $I=\iiint\limits_{\Omega} z\,dxdydz$，其中 Ω 是由 $x^2+y^2+z^2=4$ 与 $x^2+y^2=3z$ （含 z 轴的部分）所围成的区域.

4. 计算 $I=\iiint\limits_{\Omega}\dfrac{dv}{\sqrt{x^2+y^2+z^2}}$，其中 Ω 是由 $x^2+y^2+(z-1)^2=1$ 所围成的区域在 $z\geqslant 1$ 的部分.

5. 计算 $\iiint\limits_{\Omega}\left(\dfrac{z^3\ln\,(1+x^2+y^2+z^2)}{1+x^2+y^2+z^2}+1\right)dV$，其中 Ω 是 $x^2+y^2+z^2\leqslant 1$.

6. 计算 $I=\iiint\limits_{\Omega} z\sqrt{x^2+y^2}\,dV$，其中 Ω：$0\leqslant z\leqslant a$，$0\leqslant x\leqslant\sqrt{2y-y^2}$.

7. 求 $\iiint\limits_{\Omega} y\cos(x+z)\,dV$，$\Omega$ 由 $y=\sqrt{x}$，$y=0$，$z=0$，$x+z=\dfrac{\pi}{2}$ 所围.

8. 求 $\iiint\limits_{\Omega} xy^2z^3\,dV$，$\Omega$ 由曲面 $z=xy$，$y=x$，$x=1$ 与 $z=0$ 所围.

9. 求下列累次积分：

(1) $I=\displaystyle\int_{-1}^1 dx\int_0^{\sqrt{1-x^2}}dy\int_1^{1+\sqrt{1-x^2-y^2}}\dfrac{dz}{\sqrt{x^2+y^2+z^2}}$；(2) $I=\displaystyle\int_0^1 dx\int_x^1 dy\int_y^1 y\sqrt{1+z^4}\,dz$

10. 证明：$\displaystyle\int_0^x\left[\int_0^v\left(\int_0^u f(t)\,dt\right)du\right]dV=\dfrac{1}{2}\int_0^x(x-t)^2 f(t)\,dt.$

四、习题解答与提示

1. $\dfrac{256}{75}$. 提示：$I=2\displaystyle\int_0^{\frac{\pi}{2}}d\theta\int_0^{2\cos\theta}r^2\,dr\int_0^{\frac{r^2}{2}}dz.$

2. $\dfrac{\pi}{6}(2\sqrt{2}-1)$. 提示：$\Omega$：$0\leqslant\theta\leqslant2\pi$，$0\leqslant\varphi\leqslant\dfrac{\pi}{4}$，$0\leqslant r\leqslant\sec\varphi$，用球坐标计算.

3. $\dfrac{13}{4}$. 提示：Ω：$0\leqslant\theta\leqslant2\pi$，$0\leqslant r\leqslant\sqrt{3}$，$\dfrac{r^2}{3}\leqslant z\leqslant\sqrt{4-r^2}$，用柱坐标计算.

4. $\pi(\sqrt{2}-1)$. 提示：Ω：$0\leqslant\theta\leqslant2\pi$，$0\leqslant\varphi\leqslant\dfrac{\pi}{4}$，$\sec\varphi\leqslant r\leqslant2\cos\varphi$，用球坐标计算.

5. $\dfrac{4}{3}$. 提示：被积函数有 $f(x,y,-z)=-f(x,y,z)$，Ω 关于 xOy 面对称，这时 $\displaystyle\iiint_{\Omega}f(x,y,z)$ $\mathrm{d}V=0$，另有 $\displaystyle\iiint_{\Omega}\mathrm{d}V=V_{\Omega}$.

6. $\dfrac{8}{9}a^2$. 提示：$I=\displaystyle\int_0^a z\mathrm{d}z\iint_D\sqrt{x^2+y^2}\mathrm{d}x\mathrm{d}y=\int_0^a z\mathrm{d}z\int_0^{\frac{\pi}{2}}\mathrm{d}\theta\int_0^{2\sin\theta}r^2\mathrm{d}r$.

7. $\dfrac{1}{2}\left(\dfrac{\pi^2}{8}-1\right)$.   8. $\dfrac{1}{364}$. 提示：直角坐标系.

9. （1）$I=\displaystyle\iiint_{\Omega}\dfrac{\mathrm{d}V}{\sqrt{x^2+y^2+z^2}}=\left(\dfrac{7}{6}-\dfrac{2}{3}\sqrt{2}\right)\pi$.   （2）$I=\dfrac{1}{18}(2\sqrt{2}-1)$.

10. 提示：$\displaystyle\int_0^v\left(\int_0^u f(t)\mathrm{d}t\right)\mathrm{d}u=\iint_{D_1}f(t)\mathrm{d}t=\int_0^v\mathrm{d}t\int_t^v f(t)\ \mathrm{d}u=\int_0^v(v-t)\ f(t)\mathrm{d}t$，$(D_1$：$0\leqslant t\leqslant u$，$0\leqslant u\leqslant v)$

第三节　重积分的应用

一、内容提要

1. 二重积分的应用

（1）设曲面 S 由方程 $z=z(x,y)$ 给出，D 为 S 在 xOy 面上的投影域，则曲面 S 的面积 A 为

$$A=\iint_D\sqrt{1+z_x^2(x,y)+z_y^2(x,y)}\mathrm{d}\sigma.$$

（2）设平面薄片 D 在点 (x,y) 处的面密度为 $\rho=\rho(x,y)$，假定 ρ 在 D 上连续，则薄片 D 的质量 M 为

$$M=\iint_D\rho(x,y)\mathrm{d}\sigma.$$

薄片 D 的重心 $(\bar x,\bar y)$ 为

$$\bar x=\frac{1}{M}\iint_D x\rho(x,y)\mathrm{d}\sigma,\quad \bar y=\frac{1}{M}\iint_D y\rho(x,y)\mathrm{d}\sigma.$$

如果薄片是均匀的，则有

$$\bar x=\frac{1}{A}\iint_D x\mathrm{d}\sigma,\quad \bar y=\frac{1}{A}\iint_D y\mathrm{d}\sigma，其中 A 是 D 的面积.$$

（3）平面薄片的转动惯量　设平面薄片 D，在点 (x,y) 处的面密度为 $\rho(x,y)$，假定 ρ 在 D 上连续，则薄片对于 x 轴的转动惯量 I_x，对于 y 轴的转动惯量 I_y 分别为

$$I_x=\iint_D y^2\rho(x,y)\mathrm{d}\sigma,\quad I_y=\iint_D x^2\rho(x,y)\mathrm{d}\sigma.$$

2. 三重积分的应用

（1）物体的质量与重心坐标　设有一物体，占据空间区域 Ω，在点 (x,y,z) 处的密度为 $\rho(x,y,z)$，则此物体的重心坐标 $(\bar x,\bar y,\bar z)$ 为

$$\bar x=\frac{M_x}{M}=\frac{1}{M}\iiint_{\Omega}x\rho(x,y,z)\mathrm{d}V,\ \bar y=\frac{M_y}{M}=\frac{1}{M}\iiint_{\Omega}y\rho(x,y,z)\mathrm{d}V,\ \bar z=\frac{M_z}{M}=\frac{1}{M}\iiint_{\Omega}z\rho(x,y,z)\mathrm{d}V.$$

其中 M 为该物体的质量，可按下列三重积分给出

$$M = \iiint\limits_{\Omega} \rho(x,\ y,\ z)\mathrm{d}V.$$

（2）空间立体的转动惯量 设有一物体，占据空间区域 Ω，密度为 $\rho(x,\ y,\ z)$，则它对原点、各坐标轴、各坐标平面的转动惯量分别为

$$I_O = \iiint\limits_{\Omega}(x^2+y^2+z^2)\rho(x,\ y,\ z)\mathrm{d}V;\qquad I_x = \iiint\limits_{\Omega}(y^2+z^2)\rho\mathrm{d}V,\qquad I_y = \iiint\limits_{\Omega}(x^2+z^2)\rho\mathrm{d}V,$$

$$I_z = \iiint\limits_{\Omega}(x^2+y^2)\rho\mathrm{d}V;\qquad I_{xy} = \iiint\limits_{\Omega}z^2\rho\mathrm{d}V,\qquad I_{yz} = \iiint\limits_{\Omega}x^2\rho\mathrm{d}V,\qquad I_{xz} = \iiint\limits_{\Omega}y^2\rho\mathrm{d}V.$$

（3）物体的引力 设有一物体，占据空间区域 Ω，密度为 $\rho(x,\ y,\ z)$，则它对位于 Ω 之外的一点 $(x_0,\ y_0,\ z_0)$ 处的单位质量引力 $F = \{F_x,\ F_y,\ F_z\}$ 可按下列公式计算

$$F_x = k\iiint\limits_{\Omega}\frac{\rho(x,\ y,\ z)\ (x_0-x)}{r^3}\mathrm{d}V,\qquad F_y = k\iiint\limits_{\Omega}\frac{\rho(x,\ y,\ z)\ (y_0-y)}{r^3}\mathrm{d}V,$$

$$F_z = k\iiint\limits_{\Omega}\frac{\rho(x,\ y,\ z)\ (z_0-z)}{r^3}\mathrm{d}V.$$

其中 k 为常数，F_x，F_y，F_z 为向量 F 的三个分量，$r = \sqrt{(x-x_0)^2+(y-y_0)^2+(z-z_0)^2}$.

二、例 题 分 析

【例1】 求平面 $\dfrac{x}{a}+\dfrac{y}{b}+\dfrac{z}{c}=1$ 被三坐标面所割出的有限部分的面积.

解 如图 9-13 所示，所求平面在 xOy 面上的投影区域 D 为以 a，b 为直角边的直角三角形.

由 $z = c - \dfrac{c}{a}x - \dfrac{c}{b}y$，得 $\dfrac{\partial z}{\partial x} = -\dfrac{c}{a}$，$\dfrac{\partial z}{\partial y} = -\dfrac{c}{b}$，

于是有 $\sqrt{1+\left(\dfrac{\partial z}{\partial x}\right)^2+\left(\dfrac{\partial z}{\partial y}\right)^2} = \sqrt{1+\dfrac{c^2}{a^2}+\dfrac{c^2}{b^2}} = \dfrac{1}{ab}\sqrt{a^2b^2+b^2c^2+c^2a^2}$，

所求面积为

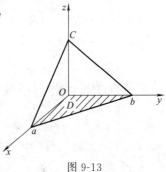

图 9-13

$$A = \iint\limits_{D}\frac{1}{ab}\sqrt{a^2b^2+b^2c^2+c^2a^2}\,\mathrm{d}x\mathrm{d}y$$

$$= \frac{1}{ab}\sqrt{a^2b^2+b^2c^2+c^2a^2}\iint\limits_{D}\mathrm{d}x\mathrm{d}y$$

$$= \frac{1}{2}\sqrt{a^2b^2+b^2c^2+c^2a^2}.$$

【例2】 求由半球面 $z = \sqrt{3a^2-x^2-y^2}$ 及旋转抛物面 $x^2+y^2 = 2az$ 所围立体的表面积.

解 立体图形如图 9-14 所示. 两曲面的交线为

$$\begin{cases} z = \sqrt{3a^2-x^2-y^2}, \\ x^2+y^2 = 2az, \end{cases} \quad 即 \begin{cases} x^2+y^2 = 2a^2, \\ z = a. \end{cases}$$

该立体在 Oxy 平面上的投影区域 D 为 $x^2+y^2 \leqslant 2a^2$，其表面由半球面及旋转抛物面两部分组成. 在球面上，有

$$z'_x = \frac{-x}{\sqrt{3a^2-x^2-y^2}},\quad z'_y = \frac{-y}{\sqrt{3a^2-x^2-y^2}},$$

于是

$$\sqrt{1+z'^2_x+z'^2_y} = \frac{\sqrt{3}a}{\sqrt{3a^2-x^2-y^2}}.$$

在旋转抛物面上，有 $z'_x = \dfrac{x}{a}$，$z'_y = \dfrac{y}{a}$，于是 $\sqrt{1+z_x'^2+z_y'^2} = \dfrac{1}{a}\sqrt{a^2+x^2+y^2}$. 所求表面积为

$$S = \iint_D \left(\frac{\sqrt{3}a}{\sqrt{3a^2-x^2-y^2}} + \frac{1}{a}\sqrt{a^2+x^2+y^2}\right)\mathrm{d}\sigma = \int_0^{2\pi}\mathrm{d}\theta\int_0^{\sqrt{2}a}\left(\frac{\sqrt{3}a}{\sqrt{3a^2-r^2}}+\frac{1}{a}\sqrt{a^2+r^2}\right)r\,\mathrm{d}r$$

$$= 2\pi\left[-\sqrt{3}a\sqrt{3a^2-r^2}+\frac{1}{3a}(a^2+r^2)^{3/2}\right]\Big|_0^{\sqrt{2}a} = \frac{16\pi a^2}{3}.$$

【例3】 设半径为 R 的球面 Σ 的球心在定球面 $x^2+y^2+z^2=a^2(a>0)$ 上，当 R 为何值时，球面 Σ 在定球面内部的那部分的面积最大？

解 设球面 Σ 的球心为 $(0,0,a)$，则 Σ 的方程为 $x^2+y^2+(z-a)^2=R^2$. 两球面的交线在 xOy 面上的投影曲线 C 为

$$\begin{cases} x^2+y^2=\dfrac{R^2}{4a^2}(4a^2-R^2),\\ z=0. \end{cases}$$

设 C 所围平面区域为 D_{xy}. 球面 Σ 在定球面内的那部分的方程为 $z=a-\sqrt{R^2-x^2-y^2}$，这部分球面的面积为

$$S(R) = \iint_{D_{xy}}\sqrt{1+\left(\frac{\partial z}{\partial x}\right)^2+\left(\frac{\partial z}{\partial y}\right)^2}\,\mathrm{d}x\mathrm{d}y$$

$$= \iint_{D_{xy}}\frac{R}{\sqrt{R^2-x^2-y^2}}\,\mathrm{d}x\mathrm{d}y = \int_0^{2\pi}\mathrm{d}\theta\int_0^{\frac{R}{2a}\sqrt{4a^2-R^2}}\frac{Rr\,\mathrm{d}r}{\sqrt{R^2-r^2}} = 2\pi R^2 - \frac{1}{a}\pi R^3 \quad (0<R<2a).$$

由 $S'(R)=4\pi R-\dfrac{3}{a}\pi R^2=0$ 得 $R=0$（舍去），$R=\dfrac{3}{4}a$. 而

$$S''\left(\frac{3}{4}a\right)=\left(4\pi-\frac{6}{a}\pi R\right)\Big|_{R=\frac{3}{4}a}=-4\pi<0.$$

故当 $R=\dfrac{3}{4}a$ 时，球面 Σ 在定球面内部的那部分的面积最大.

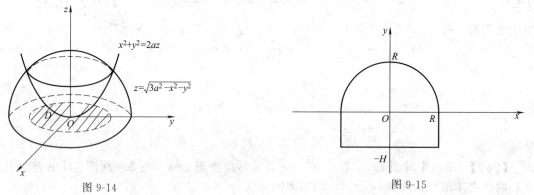

图 9-14　　　　图 9-15

【例4】 在均匀半圆形薄片的直径上，要接一个一边与直径等长的均匀矩形薄片，为了使整个均匀薄片的重心恰好落在圆心上，问接上去的均匀薄片另一边的长度应是多少？

解 如图 9-15 所示，设半圆形的半径为 R，所求矩形另一边的长度为 H，由对称性可知 $\bar{x}=0$，若要整个均匀薄片的重心恰好落在圆心上，必有 $\bar{y}=0$.

而 $\bar{y}=\dfrac{M_x}{M}=\dfrac{\displaystyle\iint_D y\,\mathrm{d}\sigma}{\displaystyle\iint_D \mathrm{d}\sigma}=\dfrac{\displaystyle\int_{-R}^R\mathrm{d}x\int_{-H}^{\sqrt{R^2-x^2}}y\,\mathrm{d}y}{\dfrac{1}{2}\pi R^2+2RH}$. 由 $\bar{y}=0$ 得 $\displaystyle\int_{-R}^R\mathrm{d}x\int_{-H}^{\sqrt{R^2-x^2}}y\,\mathrm{d}y=0$，计算二

次积分可得 $\frac{2}{3}R^3 - H^2 R = 0$，故当 $H = \sqrt{\frac{2}{3}}R$ 时整个薄片的重心恰好落在圆心上.

【例5】 一均匀物体（密度 ρ 为常量）占有的闭区域 Ω 是由曲面 $z = x^2 + y^2$ 和平面 $z = 0$，$|x| = a$，$|y| = a$ 所围成的. 求 (1) 物体体积；(2) 物体的重心；(3) 物体关于 z 轴的转动惯量.

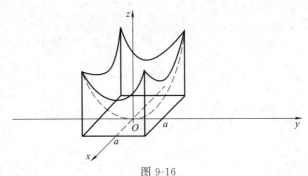

图 9-16

解 如图 9-16 所示，(1) 由对称性知

$$V = 4\int_0^a dx \int_0^a dy \int_0^{x^2+y^2} dz = 4\int_0^a dx \int_0^a (x^2+y^2)dy = 4\int_0^a \left(ax^2 + \frac{a^3}{3}\right)dx = 4\left(\frac{a^4}{3} + \frac{a^4}{3}\right) = \frac{8}{3}a^4.$$

(2) 显然 $\bar{x} = \bar{y} = 0$.

$$\bar{z} = \frac{1}{M}\iiint_\Omega \rho z\, dV = \frac{4}{V}\int_0^a dx \int_0^a dy \int_0^{x^2+y^2} z\, dz = \frac{2}{V}\int_0^a dx \int_0^a (x^4 + 2x^2 y^2 + y^4)dy = \frac{7}{15}a^2$$

因此重心坐标为 $\left(0, 0, \frac{7}{15}a^2\right)$.

(3) $I_z = \iiint_\Omega \rho(x^2+y^2)dV = 4\rho\int_0^a dx \int_0^d dy \int_0^{x^2+y^2} (x^2+y^2)dz$

$$= 4\rho\int_0^a dx \int_0^a (x^4 + 2x^2 y^2 + y^4)dy = \frac{112}{45}\rho a^6.$$

【例6】 设有一半径为 R 的球体，P_0 是此球的表面上的一个定点，球体上任一点的密度与该点到 P_0 距离的平方成正比（比例常数 $k > 0$），求球体的重心位置.

解 方法一 记所考虑的球体为 Ω，以 Ω 的球心为原点 O，射线 OP_0 为 x 轴正向，建立直角坐标系，则点 P_0 的坐标为 $(R,0,0)$，球面方程为 $x^2 + y^2 + z^2 = R^2$. 设 Ω 的重心位置为 $(\bar{x}, \bar{y}, \bar{z})$，由对称性得

$$\bar{x} = \bar{y} = 0, \bar{z} = \frac{\iiint_\Omega xk[(x-R)^2 + y^2 + z^2]dV}{\iiint_\Omega k[(x-R)^2 + y^2 + z^2]dV}.$$

而 $\iiint_\Omega [(x-R)^2 + y^2 + z^2]dV = \iiint_\Omega (x^2+y^2+z^2)dV + \iiint_\Omega R^2 dV$

$$= 8\int_0^{\frac{\pi}{2}} d\theta \int_0^{\frac{\pi}{2}} d\varphi \int_0^R \rho^2 \cdot \rho^2 \sin\varphi d\rho + \frac{3}{4}\pi R^5 = \frac{32}{15}\pi R^5.$$

$$\iiint_\Omega x[(x-R)^2 + y^2 + z^2]dV = -2R\iiint_\Omega x^2 dV = -\frac{2R}{3}\iiint_\Omega (x^2+y^2+z^2)dV$$

$$= -\frac{16R}{3}\int_0^{\frac{\pi}{2}} d\theta \int_0^{\frac{\pi}{2}} d\varphi \int_0^R \rho^2 \cdot \rho^2 \sin\varphi d\rho = -\frac{8}{15}\pi R^6.$$

故 $\bar{x} = -\dfrac{R}{4}$，因此球体 Ω 的重心位置为 $\left(-\dfrac{R}{4},\ 0,\ 0\right)$.

方法二 设所考虑的球体为 Ω，球心为 O'，以定点 P_0 为原点，射线 P_0O' 为正 z 轴，建立直角坐标系，则球面的方程为 $x^2 + y^2 + z^2 = 2Rz$. 设 Ω 的重心位置为 $(\bar{x},\bar{y},\bar{z})$，由对称性，得

$$\bar{x} = 0,\ \bar{y} = 0,\ \bar{z} = \frac{\displaystyle\iiint_\Omega zk(x^2+y^2+z^2)\mathrm{d}V}{\displaystyle\iiint_\Omega k(x^2+y^2+z^2)\mathrm{d}V}.$$

而 $\displaystyle\iiint_\Omega (x^2+y^2+z^2)\mathrm{d}V = 4\int_0^{\frac{\pi}{2}}\mathrm{d}\theta\int_0^{\frac{\pi}{2}}\mathrm{d}\varphi\int_0^{2R\cos\varphi}\rho^4\sin\varphi\mathrm{d}\rho = \dfrac{32}{15}\pi R^5$，

$\displaystyle\iiint_\Omega z(x^2+y^2+z^2)\mathrm{d}V = 4\int_0^{\frac{\pi}{2}}\mathrm{d}\theta\int_0^{\frac{\pi}{2}}\mathrm{d}\varphi\int_0^{2R\cos\varphi}\rho^5\cos\varphi\sin\varphi\mathrm{d}\rho = \dfrac{64}{3}\pi R^6\int_0^{\frac{\pi}{2}}\cos^7\varphi\sin\varphi\mathrm{d}\varphi = \dfrac{8}{3}\pi R^6$.

故 $\bar{z} = \dfrac{5R}{4}$，因此球体 Ω 的重心位置为 $\left(0,0,\dfrac{5R}{4}\right)$.

三、习　题

1. 设 Ω 是由曲面 $z = x^2 + y^2$ 及 $z = 2 - \sqrt{x^2+y^2}$ 所围成的区域，试求 Ω 的体积和它的表面积.

2. 球心位于原点，半径为 a 的匀质半球体靠圆形平面的一旁拼接一个半径与球半径相等且材料相同的圆柱体，为使拼接后的整个立体重心位于球心，试问圆柱体的长度 L 应为多少?

3. 求曲面 $x^2 + y^2 + z^2 = a^2$ 在圆柱 $x^2 + y^2 = ax$ 内那部分的面积.

4. 求圆柱 $x^2 + y^2 = ax$ 在 $x^2 + y^2 + z^2 = a^2$ 内那部分的面积.

5. 求曲面 $z^2 = 2xy$ 被平面 $x + y = 1$，$x = 0$，$y = 0$ 所截下的那部分的面积.

6. 设物体占据空间区域 Ω：$0 \leqslant x \leqslant 1$，$0 \leqslant y \leqslant 1$，$0 \leqslant z \leqslant 1$，在点 $M(x,\ y,\ z)$ 处的密度 $\rho = x + y + z$，求物体的质量与重心.

7. 物体呈半球形 $x^2 + y^2 + z^2 \leqslant a^2$，$z \geqslant 0$，在点 $(x,\ y,\ z)$ 处的密度与该点到球心的距离成正比，求此物体的重心.

8. 求由椭圆抛物面 $y^2 + 2z^2 = 4x$ 与平面 $x = 2$ 所围成的均匀立体的重心.

9. 求高为 h，底面半径为 a，密度为 ρ 的均匀圆锥体关于底面直径的转动惯量.

10. 求均匀椭球体 $\dfrac{x^2}{a^2} + \dfrac{y^2}{b^2} + \dfrac{z^2}{c^2} \leqslant 1$ 对三个坐标面的转动惯量.

四、习题解答与提示

1. $v = \dfrac{5}{6}\pi$，$A = \left(\dfrac{5\sqrt{5}-1}{6} + \sqrt{2}\right)\pi$. 提示：$A = A_1 + A_2 = \displaystyle\iint_D (\sqrt{1+4(x^2+y^2)} + \sqrt{2})\mathrm{d}x\mathrm{d}y$.

2. $\dfrac{\sqrt{2}}{2}a$. 3. $(2\pi - 4)a^2$. 4. $4a^2$. 5. $\dfrac{\pi}{\sqrt{2}}$.

6. $\dfrac{3}{2}$；$\left(\dfrac{5}{9},\ \dfrac{5}{9},\ \dfrac{5}{9}\right)$. 7. $\left(0,\ 0,\ \dfrac{2}{5}a\right)$. 8. $\left(\dfrac{4}{3},\ 0,\ 0\right)$.

9. $\dfrac{\pi\rho ha^2}{60}(2h^2 + 3a^2)$.

10. $I_{xy} = \dfrac{4}{15}\pi abc^3$，$I_{yz} = \dfrac{4}{15}\pi a^3 bc$，$I_{zx} = \dfrac{4}{15}\pi ab^3 c$.

第十章 曲线积分与曲面积分

基本要求与重点要求

1. 基本要求

理解两类曲线积分的概念. 了解两类曲线积分的性质及两类曲线积分的关系. 会计算两类曲线积分. 掌握格林公式. 会使用平面曲线积分与路径无关的条件. 会用曲线积分求一些几何量与物理量（如弧长、质量、重心、转动惯量、引力、功等）.

了解两类曲面积分的概念及高斯公式、斯托克斯公式并会计算两类曲面积分. 了解散度、旋度的概念及其计算方法. 会用曲面积分求一些几何量与物理量（如曲面面积、质量、重心、转动惯量、引力、流量等）.

2. 重点要求

两类曲线积分的概念和两类曲线积分的计算. 格林公式，平面曲线积分与路径无关的条件. 用曲线积分求弧长、质量、重心、功等.

两类曲面积分的概念，高斯公式，两类曲面积分的计算. 用曲面积分求曲面面积、质量、重心.

知识点关联网络

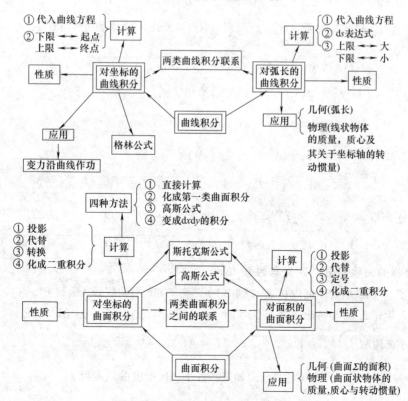

第一节 曲线积分

一、内容提要

1. 对弧长的曲线积分定义及性质

(1) 定义：设 L 为 xOy 面内的一条光滑曲线弧，函数 $f(x,y)$ 在 L 上有界. 在 L 上任意插入点列 $M_1, M_2, \cdots, M_{n-1}$ 使 L 分成 n 个小段. 设第 i 个小段的长度为 ΔS_i，(ξ_i, η_i) 为第 i 个小段上任意取定的一点，作乘积 $f(\xi_i, \eta_i)\Delta S_i$ $(i=1, 2, \cdots, n)$，并作和 $\sum\limits_{i=1}^{n} f(\xi_i, \eta_i)\Delta S_i$，如果当各小弧段的长度的最大值 $\lambda \to 0$ 时，和的极限总存在，则称此极限为函数 $f(x,y)$ 在曲线弧 L 上对弧长的曲线积分或第一类曲线积分，记作：$\displaystyle\int_L f(x,y)\mathrm{d}s$.

(2) 性质：

若 L 由 L_1 与 L_2 组成，则 $\displaystyle\int_L f(x,y)\mathrm{d}s = \int_{L_1} f(x,y)\mathrm{d}s + \int_{L_2} f(x,y)\mathrm{d}s$；

$\displaystyle\int_L [f(x,y) \pm g(x,y)]\mathrm{d}s = \int_L f(x,y)\mathrm{d}s \pm \int_L g(x,y)\mathrm{d}s$；

$\displaystyle\int_L kf(x,y)\mathrm{d}s = k\int_L f(x,y)\mathrm{d}s$ （k 为常数）；

$\displaystyle\int_{\overset{\frown}{AB}} f(x,y)\mathrm{d}s = \int_{\overset{\frown}{AB}} f(x,y)\mathrm{d}s$，即第一类曲线积分与积分路径的方向无关.

2. 对弧长的曲线积分的计算方法

设 $f(x,y)$ 在曲线弧上有定义且连续，L 的参数方程为 $x=\varphi(t)$，$y=\psi(t)$ $(\alpha \leqslant t \leqslant \beta)$，其中 $\varphi(t)$，$\psi(t)$ 在 $[\alpha, \beta]$ 上具有一阶连续导数，且 $[\varphi'(t)]^2 + [\psi'(t)]^2 \neq 0$，则曲线积分 $\displaystyle\int_L f(x,y)\mathrm{d}s$ 存在，且

$$\int_L f(x,y)\mathrm{d}s = \int_\alpha^\beta f[\varphi(t), \psi(t)]\sqrt{[\varphi'(t)]^2 + [\psi'(t)]^2}\,\mathrm{d}t \quad (\alpha < \beta).$$

如果曲线 L 由方程 $y = \psi(x)$ $(x_0 \leqslant x \leqslant X)$ 给出，则

$$\int_L f(x,y)\mathrm{d}s = \int_{x_0}^{X} f[x, \psi(x)]\sqrt{1 + [\psi'(x)]^2}\,\mathrm{d}x \quad (x_0 < X).$$

类似地，如果 L 由方程 $x = \varphi(y)$ $(y_0 \leqslant y \leqslant \overline{Y})$ 给出，则

$$\int_L f(x,y)\mathrm{d}s = \int_{y_0}^{\overline{Y}} f[\varphi(y), y]\sqrt{1 + [\varphi'(y)]^2}\,\mathrm{d}y \quad (y_0 < \overline{Y}).$$

如果空间曲线弧 Γ 由参数方程 $x = \varphi(t)$，$y = \psi(t)$，$z = \omega(t)$ $(\alpha \leqslant t \leqslant \beta)$ 给出，则

$$\int_L f(x,y,z)\mathrm{d}s = \int_\alpha^\beta f[\varphi(t), \psi(t), \omega(t)]\sqrt{[\varphi'(t)]^2 + [\psi'(t)]^2 + [\omega'(t)]^2}\,\mathrm{d}t \quad (\alpha < \beta).$$

3. 对坐标的曲线积分的定义与性质

(1) 定义：设 L 为 xOy 面内从点 A 到 B 的一条有向光滑曲线弧，函数 $P(x,y)$，$Q(x,y)$ 在 L 上有界. 在 L 上沿 L 的方向任意插入点列 $M_1(x_1, y_1)$，$M_2(x_2, y_2)$，$\cdots$，$M_{n-1}(x_{n-1}, y_{n-1})$ 把 L 分成 n 个有向小弧段 $\overset{\frown}{M_{i-1}M_i}$ $(i=1, 2, \cdots, n; M_0 = A, M_n = B)$. 设 $\Delta x_i = x_i - x_{i-1}$，$\Delta y_i = y_i - y_{i-1}$，点 (ξ_i, η_i) 为 $\overset{\frown}{M_{i-1}M_i}$ 上任意取定的点. 如果当各小弧段长度的最大值 $\lambda \to 0$ 时，$\sum\limits_{i=1}^{n} P(\xi_i, \eta_i)\Delta x_i$

的极限总存在，则称此极限为函数 $P(x,y)$ 在有向曲线弧 L 上对坐标 x 的曲线积分，记作 $\int_L P(x,y)\mathrm{d}x$. 类似地，如果 $\lim\limits_{\lambda\to 0}\sum\limits_{i=1}^{n} Q(\xi_i,\eta_i)\Delta y_i$ 总存在，则称此极限为函数 $Q(x,y)$ 在有向曲线弧 L 上对坐标 y 的曲线积分，记作 $\int_L Q(x,y)\mathrm{d}y$. 以上两个积分也称为第二类曲线积分.

(2)性质：若 L 由 L_1 和 L_2 组成，则 $\int_L P\mathrm{d}x+Q\mathrm{d}y=\int_{L_1} P\mathrm{d}x+Q\mathrm{d}y+\int_{L_2} P\mathrm{d}x+Q\mathrm{d}y$.

设 $-L$ 是与 L 方向相反的有向曲线弧，则 $\int_{-L} P\mathrm{d}x=-\int_L P\mathrm{d}x$, $\int_{-L} Q\mathrm{d}y=-\int_L Q\mathrm{d}y$.

4. 对坐标的曲线积分的计算方法

设 $P(x,y)$，$Q(x,y)$ 在有向曲线弧 L 上有意义且连续，L 的参数方程为 $x=\varphi(t)$，$y=\psi(t)$，当参数 t 单调地由 α 变到 β 时，点 $M(x,y)$ 从 L 的起点 A 沿 L 运动到终点 B，$\varphi(t)$，$\psi(t)$ 在 $[\alpha,\beta]$ 上具有一阶连续导数，且 $[\varphi'(t)]^2+[\psi'(t)]^2\neq 0$，则 $\int_L P\mathrm{d}x+Q\mathrm{d}y$ 存在，且

$$\int_L P(x,y)\mathrm{d}x+Q(x,y)\mathrm{d}y=\int_\alpha^\beta \{P[\varphi(t),\psi(t)]\varphi'(t)+Q[\varphi(t),\psi(t)]\psi'(t)\}\mathrm{d}t.$$

当 L 由方程 $y=\psi(x)$ 或 $x=\varphi(y)$ 给出时，有

$$\int_L P\mathrm{d}x+Q\mathrm{d}y=\int_a^b \{P[x,\psi(x)]+Q[x,\psi(x)]\psi'(x)\}\mathrm{d}x,$$

或

$$\int_L P\mathrm{d}x+Q\mathrm{d}y=\int_c^d \{P[\varphi(y),y]\varphi'(y)+Q[\varphi(y),y]\}\mathrm{d}y.$$

上面的计算公式可推广到空间曲线 Γ 由参数方程 $x=\varphi(t)$，$y=\psi(t)$，$z=\omega(t)$ 给出的情形，这时有

$$\int_\Gamma P(x,y,z)\mathrm{d}x+Q(x,y,z)\mathrm{d}y+R(x,y,z)\mathrm{d}z$$

$$=\int_\alpha^\beta \{P[\varphi(t),\psi(t),\omega(t)]\varphi'(t)+Q[\varphi(t),\psi(t),\omega(t)]\psi'(t)+$$

$$R[\varphi(t),\psi(t),\omega(t)]\omega'(t)\}\mathrm{d}t.$$

这里，下限 α 对应于 Γ 的起点，上限 β 对应于 Γ 的终点.

5. 两类曲线积分的关系

(1) 若 L 为平面曲线，则有 $\int_L P\mathrm{d}x+Q\mathrm{d}y=\int_L (P\cos\alpha+Q\cos\beta)\mathrm{d}s$.

其中 $\alpha(x,y)$，$\beta(x,y)$ 为有向曲线弧 L 上点 (x,y) 处的切线向量的方向角.

(2) 若 Γ 为空间曲线，则有 $\int_L P\mathrm{d}x+Q\mathrm{d}y+R\mathrm{d}z=\int_L (P\cos\alpha+Q\cos\beta+R\cos\gamma)\mathrm{d}s$.

其中 $\alpha(x,y,z)$，$\beta(x,y,z)$，$\gamma(x,y,z)$ 为有向曲线弧上点 (x,y,z) 处的切线向量的方向角.

二、例 题 分 析

曲线积分按积分区域是无方向的曲线段还是有向曲线段而划分为第一类曲线积分（即对弧长的曲线积分）和第二类曲线积分（即对坐标的曲线积分）. 曲线积分计算的基本方法是——写出积分曲线的参数方程，将曲线积分中的各部分（包括积分区域，被积函数与微分元）都用该参数表示，将曲线积分化为对该参数的定积分.

1. 第一类曲线积分的计算

第一类曲线积分定义在有界曲线 L 上，计算时可将曲线 L 的方程直接代入曲线积分中. 它的性质与重积分相类似，如对积分曲线的分段可加性，积分的线性性质，积分的不等式性质与积分中值定理等，都是大家所熟悉的.

计算第一类曲线积分的基本思路是将其化为对参变量的定积分，该定积分的下限参数值应小于上限参数值.

【例 1】 计算 $I=\int_L e^{\sqrt{x^2+y^2}}ds$，其中 L 为圆周 $x^2+y^2=a^2$，直线 $y=x$ 及 x 轴在第一象限内所围成的扇形的整个边界.

解 如图 10-1 所示，曲线 L 由三段路径组成，可得

$$\oint_L e^{\sqrt{x^2+y^2}}ds=\int_{L_1}e^{\sqrt{x^2+y^2}}ds+\int_{L_2}e^{\sqrt{x^2+y^2}}ds+\int_{L_3}e^{\sqrt{x^2+y^2}}ds;$$

L_1 可表示为 $\begin{cases} x=x, \\ y=0, \end{cases} 0\leqslant x\leqslant a$（将 x 看成参数），$ds=\sqrt{1+0^2}dx=dx$；

L_2 可表示为 $\begin{cases} x=x, \\ y=x, \end{cases} 0\leqslant x\leqslant \frac{\sqrt{2}}{2}a$，$ds=\sqrt{1+1^2}dx=\sqrt{2}dx$；

L_3 可表示为 $\begin{cases} x=a\cos t, \\ y=a\sin t, \end{cases} 0\leqslant t\leqslant \frac{\pi}{4}$，$ds=\sqrt{a^2\sin^2t+a^2\cos^2t}dt=adt$.

所以 $\oint_L e^{\sqrt{x^2+y^2}}ds=\int_0^a e^x dx+\int_a^{\frac{\sqrt{2}}{2}a}e^{\sqrt{2}x}\sqrt{2}dx+\int_0^{\frac{\pi}{4}}e^a adt=e^a\left(2+\frac{\pi}{4}a\right)-2$

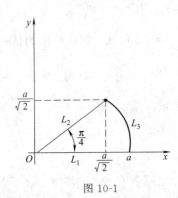

图 10-1

【例 2】 设 L 为椭圆 $\frac{x^2}{4}+\frac{y^2}{3}=1$，其周长记为 a，计算

$$\oint_L(2xy+3x^2+4y^2)ds.$$

分析 将积分曲线 L 的方程代入积分 $\oint_L(3x^2+4y^2)ds$ 进行化简；利用对称性简化积分 $\oint_L 2xyds$ 的计算.

解 将积分曲线 L 的方程 $\frac{x^2}{4}+\frac{y^2}{3}=1$ 代入被积函数得

$$\oint_L(3x^2+4y^2)ds=\oint_L 12ds=12a.$$

曲线 L 关于 x 轴（y 轴）对称，函数 $2xy$ 关于变量 y（或变量 x）为奇函数，所以，$\oint_L 2xyds=0$；于是 $\oint_L(2xy+3x^2+4y^2)ds=\oint_L 2xyds+\oint_L(3x^2+4y^2)ds=12a.$

注 有关第一类曲线积分的对称性质如下：

（1）若积分曲线 L 关于 x 轴对称，则

$$\oint_L f(x,y)ds=\begin{cases} 0, & f(x,-y)=-f(x,y), \\ 2\oint_{L_1}f(x,y)ds, & f(x,-y)=f(x,y), \end{cases}$$

其中 L_1 为 L 在 x 轴上方或下方的部分.

（2）若积分曲线 L 关于 y 轴对称，则

$$\oint_L f(x,y)\mathrm{d}s = \begin{cases} 0, & f(-x,y)=-f(x,y), \\ 2\oint_{L_2} f(x,y)\mathrm{d}s, & f(-x,y)=f(x,y), \end{cases}$$

其中 L_2 为 L 在 y 轴左边或右边的部分.

（3）若积分曲线 L 关于变量 x，y 具有轮换对称性，即交换变量 x 与 y 积分曲线 L 的方程不变，或积分曲线 L 关于直线 $y=x$ 对称，则有

$$\oint_L f(x,y)\mathrm{d}s = \oint_L f(y,x)\mathrm{d}s = \frac{1}{2}\oint_L [f(x,y)+f(y,x)]\mathrm{d}s.$$

【例3】 计算 $I=\int_\Gamma (x^2+y^2+z^2)\mathrm{d}s$，其中 Γ 为球面 $x^2+y^2+z^2=\dfrac{9}{2}$ 与 $x+z=1$ 的交线.

分析 这是空间曲线对弧长的曲线积分，以下用三种方式进行计算，试比较异同.

解 **方法一** 所给积分曲线 Γ 的方程为一般式，需先将其化为参数式方程.

曲线 Γ：$\begin{cases} x^2+y^2+z^2=\dfrac{9}{2}, \\ x+z=1 \end{cases}$ 可表为 $\begin{cases} \dfrac{1}{2}\left(x-\dfrac{1}{2}\right)^2+y^2=4, \\ z=1-x. \end{cases}$ 由此得曲线 Γ 的参数式方程为

$$\Gamma: x=\frac{1}{2}+\sqrt{2}\cos\theta, y=2\sin\theta, z=\frac{1}{2}-\sqrt{2}\cos\theta, 0\leqslant\theta\leqslant2\pi.$$

于是有 $I=\int_\Gamma (x^2+y^2+z^2)\mathrm{d}s = \dfrac{9}{2}\int_0^{2\pi} \sqrt{(-\sqrt{2}\sin\theta)^2+(2\cos\theta)^2+(\sqrt{2}\sin\theta)^2}\,\mathrm{d}\theta = 18\pi.$

方法二 曲线 Γ：$\begin{cases} x^2+y^2+z^2=\dfrac{9}{2}, \\ x+z=1 \end{cases}$ 的直角坐标方程为

$\begin{cases} y=\pm\sqrt{4-2\left(x-\dfrac{1}{2}\right)^2}, \\ z=1-x, \end{cases}$ $\dfrac{1}{2}-\sqrt{2}\leqslant x\leqslant\dfrac{1}{2}+\sqrt{2}$. 记 Γ_1 为 Γ 对应 $y\geqslant0$ 的部分，利用对称性可得

$$I=\int_\Gamma (x^2+y^2+z^2)\mathrm{d}s = 2\int_{\Gamma_1} (x^2+y^2+z^2)\mathrm{d}s$$

$$=9\int_{\frac{1}{2}-\sqrt{2}}^{\frac{1}{2}+\sqrt{2}} \sqrt{1+\frac{2\left(x-\dfrac{1}{2}\right)^2}{2-\left(x-\dfrac{1}{2}\right)^2}+1}\,\mathrm{d}x, \text{令 } x-\frac{1}{2}=t, \text{则有 } I=9\int_{-\sqrt{2}}^{\sqrt{2}} \sqrt{2+\frac{2t^2}{2-t^2}}\,\mathrm{d}t=18\pi.$$

方法三 球面 $x^2+y^2+z^2=\dfrac{9}{2}$ 与 $x+z=1$ 的交线为圆，设其半径为 r，球半径为 R，球心 $(0,0,0)$ 到平面的距离为 $d=\dfrac{1}{\sqrt{2}}$，所以 $r^2=R^2-d^2=4$，而在曲线上有 $x^2+y^2+z^2=\dfrac{9}{2}$，因此可得 $\int_\Gamma (x^2+y^2+z^2)\mathrm{d}s = \dfrac{9}{2}\int_\Gamma \mathrm{d}s = \dfrac{9}{2}\cdot2\pi r=18\pi.$

【例4】 计算 $\oint_\Gamma (y+z^2)\mathrm{d}s$，其中 Γ 为球面 $x^2+y^2+z^2=a^2$ 与平面 $x+y+z=0$ 相交的圆周.

分析 利用轮换对称性及曲线方程简化积分的计算.

解 **方法一** 曲线 Γ：$\begin{cases} x^2+y^2+z^2=a^2, \\ x+y+z=0 \end{cases}$ 为过原点（球心）的大圆，变量 x，y，z 具有轮换对称性，即有 $\oint_\Gamma z\mathrm{d}s = \oint_\Gamma y\mathrm{d}s = \oint_\Gamma x\mathrm{d}s, \oint_\Gamma z^2\mathrm{d}s = \oint_\Gamma y^2\mathrm{d}s = \oint_\Gamma x^2\mathrm{d}s.$

于是有 $\oint_\Gamma (z+y^2)\mathrm{d}s = \oint_\Gamma z\mathrm{d}s + \oint_\Gamma y^2 \mathrm{d}s = \frac{1}{3}\oint_\Gamma (x+y+z)\mathrm{d}s + \frac{1}{3}\oint_\Gamma (x^2+y^2+z^2)\mathrm{d}s =$

$\frac{1}{3}\oint_\Gamma o\mathrm{d}s + \frac{1}{3}\oint_\Gamma a^2 \mathrm{d}s = \frac{2}{3}\pi R^3.$

方法二　由 $\begin{cases} x^2+y^2+z^2=a^2, \\ x+y+z=0 \end{cases}$，消 x 得 $\frac{3}{4}y^2 + \left(z+\frac{y}{2}\right)^2 = \frac{R^2}{2}$

令 $y=\frac{2}{\sqrt{3}}\frac{R}{\sqrt{2}}\cos\theta$，$z+\frac{y}{2}=\frac{R}{\sqrt{2}}\sin\theta$，则曲线 Γ 的参数式为 $x=-\frac{R}{\sqrt{2}}\left(\sin\theta + \frac{1}{\sqrt{3}}\cos\theta\right)$，$y=$

$\sqrt{\frac{2}{3}}R\cos\theta$，$z=\frac{R}{\sqrt{2}}\left(\sin\theta - \frac{1}{\sqrt{3}}\cos\theta\right)$，$0\leqslant\theta\leqslant2\pi.$

于是有 $\oint_\Gamma (z+y^2)\mathrm{d}s = \int_0^{2\pi}\left[\frac{R}{\sqrt{2}}\left(\sin\theta - \frac{1}{\sqrt{3}}\cos\theta\right) + \frac{2}{3}R^2\sin^2\theta\right]R\mathrm{d}t = \frac{2}{3}\pi R^3.$

2. 第二类曲线积分的基本计算

第二类曲线积分计算的基本方法是利用平面曲线的参数方程把第二类曲线积分化为对参变量的定积分，这既适用于空间曲线 Γ，也适用于平面曲线 L 上的积分的计算。注意定积分的下限对应曲线的起点，上限则对应曲线的终点，这是与第一类曲线积分化为定积分的计算的不同之处。

【例 5】　设 L 为曲线 $y=\sin x$ 上从（0，0）到（0，π）的一段，计算曲线积分 $\int_\Gamma \sin 2x\mathrm{d}x + 2(x^2-1)y\mathrm{d}y$ 的值。

解　L 的参数方程为 $L: y=\sin x$，$0\leqslant x\leqslant\pi$。于是有

$$\int_L \sin 2x\mathrm{d}x + 2(x^2-1)y\mathrm{d}y = \int_0^\pi [\sin 2x + 2(x^2-1)\sin x\cos x]\mathrm{d}x = \int_0^\pi x^2\sin 2x\mathrm{d}x$$

$$= -\frac{1}{2}x^2\cos 2x\Big|_0^\pi + \int_0^\pi x\cos 2x\mathrm{d}x$$

$$= -\frac{\pi^2}{2} + \frac{x}{2}\sin 2x\Big|_0^\pi + \frac{1}{2}\int_0^\pi \sin 2x\mathrm{d}x = -\frac{\pi^2}{2}.$$

【例 6】　设 Γ 是柱面 $x^2+y^2=1$ 与平面 $z=x+y$ 的交线，从 z 轴正向往 z 轴负向看去，为逆时针方向。计算曲线积分 $\oint_\Gamma xz\mathrm{d}x + x\mathrm{d}y + \frac{y^2}{2}\mathrm{d}z$ 的值。

解　曲线 Γ 可表示为 $x=\cos t$，$y=\sin t$，$z=\sin t+\cos t$，$0\leqslant t\leqslant2\pi$。于是有

$$\oint_\Gamma xz\mathrm{d}x + x\mathrm{d}y + \frac{y^2}{2}\mathrm{d}z = \int_0^{2\pi}\left[\cos t(\cos t - \sin t)(-\sin t) + \frac{\sin^2 t}{2}(\cos t - \sin t)\right]\mathrm{d}t = \int_0^{2\pi}\cos^2 t\mathrm{d}t = \pi.$$

【例 7】　已知函数 $f(x,y)$ 具有一阶连续偏导数，设曲线 L 的方程为 $f(x,y)=1$，L 过第 Ⅱ 象限内的点 M 和第 Ⅳ 象限内的点 N，Γ 为 L 上从点 M 到点 N 的一段弧，则下列曲线积分中小于零的是（　　）。

(A) $\int_\Gamma f(x,y)\mathrm{d}x$；　　　　　　　(B) $\int_\Gamma f(x,y)\mathrm{d}y$；

(C) $\int_\Gamma f(x,y)\mathrm{d}s$；　　　　　　　(D) $\int_\Gamma f'_x(x,y)\mathrm{d}x + f'_y(x,y)\mathrm{d}y$。

解　设 M，N 点的坐标分别为 $M(x_1,y_1)$，$N(x_2,y_2)$ 其中 $x_1<x_2$，$y_1>y_2$。将曲线方程分别代入积分表达式，计算得

$$\int_\Gamma f(x,y)\mathrm{d}x = \int_\Gamma \mathrm{d}x = x_2-x_1 > 0;\quad \int_\Gamma f(x,y)\mathrm{d}y = \int_\Gamma \mathrm{d}y = y_2-y_1 < 0;$$

$$\int_\Gamma f(x,y)\mathrm{d}s = \int_\Gamma \mathrm{d}s = s > 0; \quad \int_\Gamma f'_x(x,y)\mathrm{d}x + f'_y(x,y)\mathrm{d}y = \int_\Gamma \mathrm{d}f(x,y) = 0.$$

故正确选项为（B）.

3. 两类曲线积分的联系

【例8】 把对坐标的曲线积分 $\displaystyle\int_L P(x,y)\mathrm{d}x + Q(x,y)\mathrm{d}y$ 化成对弧长的曲线积分，其中 L 为 (1) 第一象限的单位圆周上从点 C (1，0) 到点 B (0，1) 的一段弧；

(2) 第四象限的单位圆周上从点 A (0，−1) 到点 C (1，0) 的一段弧；

(3) 右半圆周 $x^2 + y^2 = 1$ $(x \geqslant 0)$ 上从点 A (0，−1) 经过点 C (1，0) 到点 B (0，1) 的一段弧.

解 (1) 如图 10-2 所示，在 $\overset{\frown}{CB}$ 上有 $0 \leqslant y \leqslant 1$，$\mathrm{d}x < 0$（弧长增加的方向与 x 增大的方向相反）. 由 $x^2 + y^2 = 1$ 得 $\mathrm{d}y = -\dfrac{x}{y}\mathrm{d}x$. 于是有 $\mathrm{d}s = -\sqrt{1 + (y'_x)^2}\,\mathrm{d}x = -\dfrac{1}{y}\mathrm{d}x$，从而得 $\cos\alpha = \dfrac{\mathrm{d}x}{\mathrm{d}s} = -y$，$\cos\beta = \dfrac{\mathrm{d}y}{\mathrm{d}s} = x$，根据两类曲线积分的联系得 $\displaystyle\int_L P\mathrm{d}x + Q\mathrm{d}y = \int_L (-yP + xQ)\mathrm{d}s$.

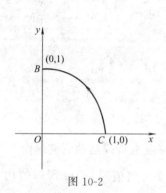

图 10-2

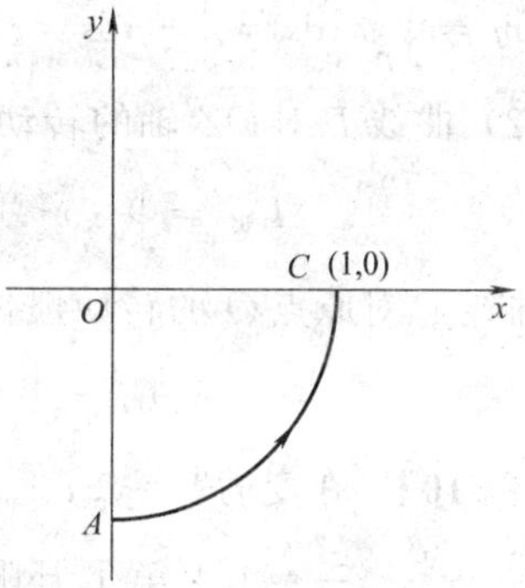

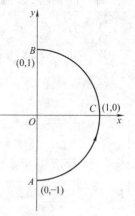

图 10-3

(2) 如图 10-3 所示，在 $\overset{\frown}{AC}$ 上有 $-1 \leqslant y \leqslant 0$，$\mathrm{d}x > 0$.

由 $x^2 + y^2 = 1$ 得 $\mathrm{d}y = -\dfrac{x}{y}\mathrm{d}x$. 于是有 $\mathrm{d}s = \sqrt{1 + (y'_x)^2}\,\mathrm{d}x = \dfrac{1}{|y|}\mathrm{d}x = -\dfrac{1}{y}\mathrm{d}x$，

从而得 $\cos\alpha = \dfrac{\mathrm{d}x}{\mathrm{d}s} = -y$，$\cos\beta\dfrac{\mathrm{d}y}{\mathrm{d}s} = x$，则有 $\displaystyle\int_L P\mathrm{d}x + Q\mathrm{d}y = \int_L (-yP + xQ)\mathrm{d}s$.

(3) 如图 10-4 所示，由于 $L = \overset{\frown}{AC} + \overset{\frown}{CB}$，则由 (1)，(2) 的结论可得

$$\int_L P\mathrm{d}x + Q\mathrm{d}y = \int_{\overset{\frown}{AC}} (-yP + xQ)\mathrm{d}s + \int_{\overset{\frown}{CB}} (-yP + xQ)\mathrm{d}s = \int_L (-yP + xQ)\mathrm{d}s.$$

4. 曲线积分的应用

对弧长的曲线积分常用于求曲线弧段的长度、质量、重心与转动惯量；变力沿曲线做功则是对坐标的曲线积分最典型的应用，关键是求出变力的向量表达式，再由第二类曲线积分写出变力做功的积分表达式.

图 10-4

【例9】 设空间曲线 Γ 为曲面 $x^2+y^2+z^2=a^2$ 与 $x+y+z=0$ 的交线,

(1) 若曲线 Γ 的线密度为 $\mu(x,y)=x^2$,求曲线 Γ 的质量 m;

(2) 若曲线 Γ 的线密度为 $\mu(x,y)=1$,求曲线 Γ 对 z 轴与原点的转动惯量.

解 (1) 曲线的质量为 $m=\oint_\Gamma \mu(x,y,z)\mathrm{d}s=\oint_\Gamma x^2\mathrm{d}s$.

曲线 Γ 为球面 $x^2+y^2+z^2=a^2$ 与过球心的平面 $x+y+z=0$ 的交线,消 z 得

$$\left(\frac{\sqrt{3}}{2}x\right)^2+\left(\frac{x}{2}+y\right)^2=\frac{a^2}{2}.$$

与 $z=0$ 联立即得曲线 Γ 在 xOy 平面上的投影曲线. 于是空间曲线 Γ 的参数方程为

$$x=\sqrt{\frac{2}{3}}a\cos t,\ y=\frac{a}{\sqrt{2}}\sin t-\frac{a}{\sqrt{6}}\cos t,\ z=-\frac{a}{\sqrt{6}}\cos t-\frac{a}{\sqrt{2}}\sin t,\ 0\leqslant t\leqslant 2\pi.$$

计算可知 $\mathrm{d}s=a\mathrm{d}t$,则

$$m=\oint_\Gamma x^2\mathrm{d}s=\frac{2}{3}a^3\int_0^{2\pi}\cos^2 t\mathrm{d}t=\frac{2}{3}a^3\cdot 4\int_0^{\frac{\pi}{2}}\cos^2 t\mathrm{d}t=\frac{2}{3}\pi a^3.$$

注 曲线 L 方程中的变量 x,y,z 具有轮换对称性,

$$m=\oint_\Gamma x^2\mathrm{d}s=\oint_\Gamma y^2\mathrm{d}s=\oint_\Gamma z^2\mathrm{d}s=\frac{1}{3}\oint_\Gamma(x^2+y^2+z^2)\mathrm{d}s=\frac{1}{3}\oint_\Gamma a^2\mathrm{d}s=\frac{2}{3}\pi a^3.$$

(2) 曲线 Γ 对 OZ 轴的转动惯量为

$$I_{OZ}=\oint_\Gamma(x^2+y^2)\mathrm{d}s=\frac{2}{3}\oint_\Gamma(x^2+y^2+z^2)\mathrm{d}s=\frac{4}{3}\pi a^3.$$

曲线 Γ 对原点 O 的转动惯量为

$$I_O=\oint_\Gamma(x^2+y^2+z^2)\mathrm{d}s=\oint_\Gamma a^2\mathrm{d}s=2\pi a^3.$$

【例10】 在变力 $\boldsymbol{F}=yz\boldsymbol{i}+xz\boldsymbol{j}+xy\boldsymbol{k}$ 作用下,质点由原点沿直线运动到椭球面 $\frac{x^2}{a^2}+\frac{y^2}{b^2}+\frac{z^2}{c^2}=1$ 上第 I 卦限的点 $M(x,y,z)$,问 x,y,z 为何值时,力 $\boldsymbol{F}$ 所做的功 W 最大?并求出 W 的最大值.

分析 本题是一道综合应用题,涉及知识点包括直线的参数方程,变力沿曲线做功,对坐标的曲线积分的计算以及条件极值等. 首先用曲线积分计算出 $\boldsymbol{F}$ 沿射线 OM 所做的功 W,然后在约束条件下求 W 的极值.

解 设 $M(x,y,z)$ 为曲面 $\frac{x^2}{a^2}+\frac{y^2}{b^2}+\frac{z^2}{c^2}=1$ 上第 I 卦限上的任一点,则射线段 OM 的方程为 $X=xt,Y=yt,Z=zt$ $(0\leqslant t\leqslant 1)$,因此 $\boldsymbol{F}$ 沿射线 OM 所做的功为

$$W=\int_{OM}yz\mathrm{d}X+xz\mathrm{d}Y+xy\mathrm{d}Z=\int_0^1 3xyzt^2\mathrm{d}t=xyz.$$

令 $F(x,y,z)=xyz+\lambda\left(\frac{x^2}{a^2}+\frac{y^2}{b^2}+\frac{z^2}{c^2}-1\right)$,则由

$$\begin{cases} F'_x=yz+\dfrac{2\lambda x}{a^2}=0,\\[2mm] F'_y=xz+\dfrac{2\lambda y}{b^2}=0,\\[2mm] F'_z=xy+\dfrac{2\lambda z}{c^2}=0,\\[2mm] \dfrac{x^2}{a^2}+\dfrac{y^2}{b^2}+\dfrac{z^2}{c^2}-1=0, \end{cases}$$

得 $x=\frac{\sqrt{3}}{3}a$,$y=\frac{\sqrt{3}}{3}b$,$z=\frac{\sqrt{3}}{3}c$. 由问题的实际意义知,点 $\left(\frac{\sqrt{3}}{3}a,\frac{\sqrt{3}}{3}b,\frac{\sqrt{3}}{3}c\right)$ 即为所求点,且

$W_{\max} = \dfrac{\sqrt{3}}{9}abc.$

三、习　　题

1. 求 $I = \displaystyle\int_L (x+y)\mathrm{d}s$，其中 L 为双纽线 $r^2 = \cos2\theta$ 的右面的一半.

2. 设 L 是右半单位圆周，试用 （1）参数式；（2）直角坐标式；（3）极坐标式求积分 $I = \displaystyle\int_L |y|\,\mathrm{d}s$ 的定积分表达式，并求值.

3. 求 $I = \displaystyle\int_L |y|\,\mathrm{d}s$，其中，$L:(x^2+y^2)^2 = a^2(x^2-y^2)$.

4. 求 $\displaystyle\int_\Gamma \sqrt{2y^2+z^2}\,\mathrm{d}s.$ 其中 Γ 为圆周：$x^2+y^2+z^2 = a^2, x = y$.

5. 求曲线积分 $\displaystyle\int_L xy\mathrm{d}x + x^2\mathrm{d}y$，曲线 $L:y = 1 - |x|, x \in [-1,1]$，$(-1.0)$ 是始点，(1.0) 是终点.

6. 求 $I = \displaystyle\int_L (x^2+y^2)\mathrm{d}x + (x^2-y^2)\mathrm{d}y$，其中 L 是 $y = 1 - |1-x|$ （$0 \leqslant x \leqslant 2$）的 x 增大的方向；

7. 求 $1/8$ 的球面 $x^2+y^2+z^2 = R^2$，$x \geqslant 0$，$y \geqslant 0$，$z \geqslant 0$ 的边界曲线的值心，设曲线的线密度 $\rho = 1$.

8. 在椭圆 $\dfrac{x^2}{a^2} + \dfrac{y^2}{b^2} = 1$ 上任一点 $M(x,y)$ 有作用力 $\vec{F}$，其大小等于点 M 到椭圆中心的距离，方向指向中心，计算质点 P 沿椭圆从 $A(a,0)$ 移动到 $B(0,b)$ 时力 $\vec{F}$ 所做的功.

9. 设质点 P 沿以 AB 为直径的下半圆周，从点 $(1,2)$ 运动到点 $B(3,4)$ 的过程中，受变力 $\vec{F}$ 的作用，而 $\vec{F}$ 的大小等于点 P 与原点 O 的距离，其方向垂直于线段 OP 且与 Y 轴的正向夹角小于 $\dfrac{\pi}{2}$，求变力 $\vec{F}$ 对质点 P 所做的功.

10. 设位于 $(0,1)$ 的质点 A 对质点 M 的引力大小为 $\dfrac{k}{r^2}$（$k > 0$，k 为常数，r 为质点 A 与 M 之间的距离），质点沿曲线 $y = \sqrt{2x-x^2}$ 自 $B(2,0)$ 运动到 $O(0,0)$. 求在此运动过程中质点 A 对质点 M 的引力所做的功.

四、习题解答与提示

1. $\sqrt{2}$. 提示：$\mathrm{d}s = \dfrac{\mathrm{d}\theta}{\sqrt{\cos2\theta}}$.

2. (1) $I = \displaystyle\int_{-\frac{\pi}{2}}^{\frac{\pi}{2}} |\sin t|\,\mathrm{d}t = 2$. (2) $\mathrm{d}s = \sqrt{1+(y')^2}\,\mathrm{d}x = \dfrac{\mathrm{d}x}{|y|}$，$I = 2$. (3) $I = \displaystyle\int_{-\frac{\pi}{2}}^{\frac{\pi}{2}} |\sin\theta|\,\mathrm{d}\theta = 2$.

3. $I = 4a^2\left(1 - \dfrac{1}{\sqrt{2}}\right)$. 提示：用极坐标.

4. $2\pi a^2$. 提示：Γ 可表为 $x = y = \dfrac{1}{\sqrt{2}}a\cos t$，$z = a\sin t$（$0 \leqslant t \leqslant 2\pi$）.

5. $I = 0$. 9. $I = 2$ (e−1).

6. $I = \dfrac{4}{3}$. 提示：$L = L_1 + L_2$，$L_1: y = x$，从 $x = 0$ 到 $x = 1$；$L_2: y = 2 - x$，从 $x = 1$ 到 $x = 2$.

7. $\bar{x} = \bar{y} = \bar{z} = \dfrac{4R}{3\pi}$.

8. $\dfrac{1}{2}(a^2 - b^2)$.

9. $2(\pi - 1)$.

10. $k\left(1 - \dfrac{1}{\sqrt{5}}\right)$.

第二节　格林公式及其应用

将 Newton-Leibniz 公式中的积分区域从一维有界闭区域推广到二维有界闭区域，得到的相应结果即为格林公式.

一、内 容 提 要

(1) 格林公式　设闭区域 D 由分段光滑的曲线 L 围成，函数 $P(x, y)$ 及 $Q(x, y)$ 在 D 上具有一阶连续偏导数，则有 $\iint\limits_{D}\left(\dfrac{\partial Q}{\partial x}-\dfrac{\partial P}{\partial y}\right)\mathrm{d}x\mathrm{d}y=\oint_{L}P\mathrm{d}x+Q\mathrm{d}y$，其中 L 是 D 的取正向的边界曲线.

(2) 平面曲线积分与路径无关的条件　设开区域 G 是一个单连通域，函数 $P(x, y)$，$Q(x, y)$ 在 G 内具有一阶连续偏导数，则曲线积分 $\int_{L}P\mathrm{d}x+Q\mathrm{d}y$ 在 G 内与路径无关（或沿 G 内任意闭曲线的曲线积分为零）的充分必要条件是等式 $\dfrac{\partial P}{\partial y}=\dfrac{\partial Q}{\partial x}$ 在 G 内恒成立.

(3) 二元函数的全微分求积　设开区域 G 是一个单连通域，函数 $P(x, y)$，$Q(x, y)$ 在 G 内具有一阶连续偏导数，则 $P(x, y)\mathrm{d}x+Q(x, y)\mathrm{d}y$ 在 G 内为某一函数 $u(x, y)$ 的全微分的充分必要条件是等式 $\dfrac{\partial P}{\partial y}=\dfrac{\partial Q}{\partial x}$ 在 G 内恒成立. 这时有

$$u(x,y)=\int_{(x_0,y_0)}^{(x,y)}P(x,y)\mathrm{d}x+Q(x,y)\mathrm{d}y=\int_{x_0}^{x}P(x,y_0)\mathrm{d}x+\int_{y_0}^{y}Q(x,y)\mathrm{d}y,\text{或}$$

$$u(x,y)=\int_{y_0}^{y}Q(x_0,y)\mathrm{d}y+\int_{x_0}^{x}P(x,y)\mathrm{d}x.$$

二、例 题 分 析

利用平面曲线的参数方程把第二类曲线积分化为对参变量的定积分是计算平面曲线的第二类曲线积分的基本方法，但有时积分计算非常困难甚至无法进行，此时常利用格林公式及其推论来计算曲线积分：利用格林公式把平面曲线的第二类曲线积分化为二重积分；利用平面曲线积分与路径无关的等价条件把平面曲线的第二类曲线积分化为定积分. 常见情形归纳如下：

(1) 若平面有向曲线 L 是封闭的，且在 L 所围的闭区域 D 内 P，Q 的一阶偏导数连续，且有 $\dfrac{\partial Q}{\partial x}\neq\dfrac{\partial P}{\partial y}$，则可直接应用格林公式；注意曲线积分沿封闭曲线的正向进行时格林公式右端的二重积分前应取正号，否则取负号.

(2) 若平面有向曲线 L 是封闭的，且在 L 所围的闭区域 D 内有 $\dfrac{\partial Q}{\partial x}=\dfrac{\partial P}{\partial y}$，则分为两种情形：

① 若 P，Q 的一阶偏导数在 D 内连续，则可利用积分与路径无关的等价条件改变积分路径或利用沿闭路积分为零的条件得 $\oint_{L}P\mathrm{d}x+Q\mathrm{d}y=0$；

② 若 P，Q 的一阶偏导数在 D 内某点不连续，则在 D 内作一简单光滑的辅助曲线 C，使得不连续点包含在 C 所围的区域内，且曲线 C 与 L 的方向一致，于是在 L 上的原曲线积分等于在 C 上的曲线积分，即有 $\oint_{L}P\mathrm{d}x+Q\mathrm{d}y=\oint_{C}P\mathrm{d}x+Q\mathrm{d}y.$

利用此法可将沿复杂闭路 L 的积分化为沿着简单闭路 C 的积分，注意 C 的形状如何选

取要根据被积函数的结构来确定.

（3）若平面有向曲线 L 不封闭，且在 L 所围的闭区域 D 内有 $\dfrac{\partial Q}{\partial x}=\dfrac{\partial P}{\partial y}$ 时，分为两种情形：

① 若 P，Q 的一阶偏导数在 D 内连续，则 $\displaystyle\int_L P\mathrm{d}x+Q\mathrm{d}y$ 与路径无关，可任意选取与 L 的起点、终点相同的折线或曲线 L_1，则 $\displaystyle\int_L P\mathrm{d}x+Q\mathrm{d}y=\int_{L_1}P\mathrm{d}x+Q\mathrm{d}y$；

② 若 P，Q 的一阶偏导数在 D 内某点不连续，则选取不通过该点的曲线或折线 L_2，且使 $L+L_2$ 所围的封闭区域内不包含该不连续点，则有 $\displaystyle\int_L P\mathrm{d}x+Q\mathrm{d}y=\int_{L_1}P\mathrm{d}x+Q\mathrm{d}y$.

此外还经常利用 $\dfrac{\partial Q}{\partial x}=\dfrac{\partial P}{\partial y}$ 及其等价命题来求解如下类型的题目：

① 判断 $P\mathrm{d}x+Q\mathrm{d}y$ 是否为某二元函数 $u(x,y)$ 的全微分.

② 已知 $P\mathrm{d}x+Q\mathrm{d}y$ 是某二元函数 $u(x,y)$ 的全微分，求出 $u(x,y)$.

③ 已知 $\displaystyle\oint_L P\mathrm{d}x+Q\mathrm{d}y$ 与路径无关（或已知 $\displaystyle\int_L P\mathrm{d}x+Q\mathrm{d}y=0$ 对任意的 L 成立），及 P，Q 中含有待定常数（或待定函数），求待定常数（或待定函数），并计算积分值.

【例1】 利用曲线积分求星形线 $x=a\cos^3 t$，$y=a\sin^3 t$ 所围成的平面图形的面积.

分析　用对坐标的曲线积分，求封闭平面图形的面积是格林公式的一个简单应用.

取 $P=-y$，$Q=x$，则有 $\dfrac{\partial P}{\partial y}=-1$，$\dfrac{\partial Q}{\partial x}=1$，可得

$$A=\iint_D \mathrm{d}x\mathrm{d}y=\frac{1}{2}\oint_L x\mathrm{d}y-y\mathrm{d}x; \qquad ①$$

取 $P=0$，$Q=x$，$\dfrac{\partial P}{\partial y}=0$，$\dfrac{\partial Q}{\partial x}=1$，可得

$$A=\iint_D \mathrm{d}x\mathrm{d}y=\oint_L x\mathrm{d}y; \qquad ②$$

取 $P=-y$，$Q=0$，$\dfrac{\partial P}{\partial y}=-1$，$\dfrac{\partial Q}{\partial x}=0$，可得

$$A=\iint_D \mathrm{d}x\mathrm{d}y=\oint_L -y\mathrm{d}x. \qquad ③$$

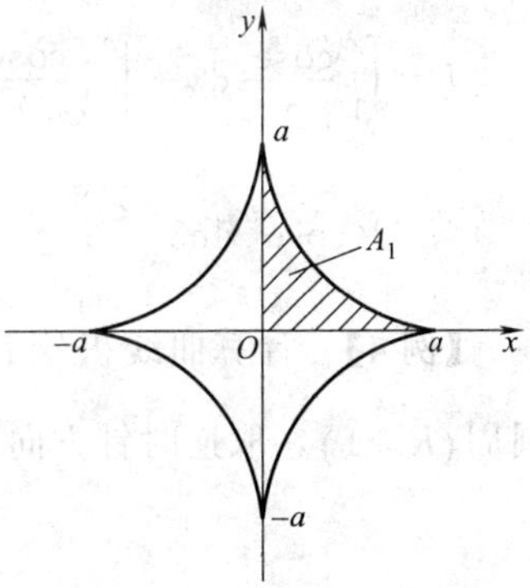

①式、②式、③式都可以作为求面积的公式，用时可以选择计算简便的一种.

图 10-5

解　方法一　如图 10-5 所示，设 A_1 为第 Ⅰ 象限部分的面积，根据图形的对称性

$$A=4A_1=4\cdot\frac{1}{2}\oint_L x\mathrm{d}y-y\mathrm{d}x(用①)=6a^2\int_0^{\frac{\pi}{2}}\sin^2 t\cos^2 t\mathrm{d}t=6a^2\int_0^{\frac{\pi}{2}}(\sin^2 t-\sin^4 t)\mathrm{d}t=6a^2$$

$$\left(\frac{1}{2}\cdot\frac{\pi}{2}-\frac{3}{4}\cdot\frac{1}{2}\cdot\frac{\pi}{2}\right)=\frac{3}{8}\pi a^2.$$

方法二　$A=4A_1=4\oint_L x\mathrm{d}y(用②)=4\int_0^{\frac{\pi}{2}}a\cos^3 t\cdot 3a\sin^2 t\cos t\mathrm{d}t=12a^2\int_0^{\frac{\pi}{2}}\sin^2 t\cos^4 t\mathrm{d}t=$

$12a^2\int_0^{\frac{\pi}{2}}(\cos^4 t-\cos^6 t)\mathrm{d}t=\dfrac{3}{8}\pi a^2.$

方法三　$A=4A_1=4\oint_L -y\mathrm{d}y(用③)=12a^2\int_0^{\frac{\pi}{2}}\sin^4 t\cos^2 t\mathrm{d}t=12a^2\int_0^{\frac{\pi}{2}}(\sin^4 t-\sin^6 t)\mathrm{d}t=$

$\dfrac{3}{8}\pi a^2.$

【例2】 计算 $I = \oint_L \dfrac{\mathrm{d}x + \mathrm{d}y}{|x| + |y|}$. 其中 L: $|x| + |y| = 1$（正向）.

解 如图 10-6 所示，有

$$I = \oint_L \mathrm{d}x + \mathrm{d}y = \int_{AB} \mathrm{d}x + \mathrm{d}y + \int_{BC} \mathrm{d}x + \mathrm{d}y + \int_{CD} \mathrm{d}x + \mathrm{d}y + \int_{DA} \mathrm{d}x + \mathrm{d}y$$

$$= \int_1^0 (1-1)\mathrm{d}x + \int_0^{-1}(1+1)\mathrm{d}x + \int_{-1}^0 (1-1)\mathrm{d}x + \int_0^1 (1+1)\mathrm{d}x = 0.$$

注 （1）当被积函数或积分路径的分析表达式中含有绝对值符号时，可将积分路径分为几个子路径，以去掉绝对值符号.

（2）本题不能直接用格林公式求解，因为原点在闭路 L 所围的区域内，$P = Q = \dfrac{1}{(|x| + |y|)}$ 在原点不满足格林公式的条件. 体会此题中先代入 L 的方程之后即可用格林公式的方法.

【例3】 计算 $I = \int_L \left[\dfrac{\cos \mathrm{e}^x}{x} - \mathrm{e}^x \sin \mathrm{e}^x \ln(xy) \right] \mathrm{d}x + \dfrac{\cos \mathrm{e}^x}{y}\mathrm{d}y$，其中 L 为 $(x-2)^2 + (y-2)^2 = 2b$ 从 A（1，1）到 B（3，3）沿逆时针方向的一段圆弧.

分析 直接按所给积分路径进行积分比较困难. 注意到 $\dfrac{\partial P}{\partial y} = -\dfrac{\mathrm{e}^x \sin \mathrm{e}^x}{y} = \dfrac{\partial Q}{\partial x}$，因而积分与路径无关，可以选择连接 AB 的直线或折线路径以简化计算.

解 如图 10-7 所示，选取折线路径 ADB，其中 AD 表示为 $x = 1$，y 从 1 到 3；DB 表示为 $y = 3$. x 从 1 到 3 于是

$$I = \int_1^3 \dfrac{\cos \mathrm{e}^x}{y}\mathrm{d}y + \int_1^3 \left(\dfrac{\cos \mathrm{e}^x}{x} - \mathrm{e}^x \sin \mathrm{e}^x \ln 3x \right)\mathrm{d}x = (\cos \mathrm{e})\ln 3 + \int_1^3 \dfrac{\cos \mathrm{e}^x}{x}\mathrm{d}x + \int_1^3 \ln(3x)\mathrm{d}\cos \mathrm{e}^x$$

$$= 2(\cos \mathrm{e}^3)\ln 3.$$

【例4】 计算曲线积分 $I = \int_L \dfrac{x\,\mathrm{d}y - y\,\mathrm{d}x}{4x^2 + y^2}$，其中 L 是以点（1,0）为中心，R 为半径的圆周 $(R>1)$，取逆时针方向.

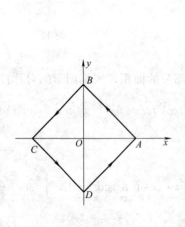

图 10-6

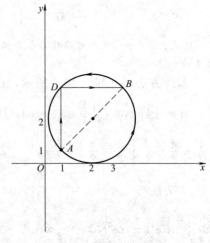

图 10-7

分析 本题积分曲线 L 为闭曲线，在 L 所围成的区域 D 内含有奇点 $O(0,0)$，不能直接在 D 上利用格林公式. 一般构造适当的闭曲线挖去奇点，为便于积分，可构造曲线 L_ε：$4x^2 + y^2 = \varepsilon^2$，$\varepsilon > 0$ 且充分小使 L_ε 含在 L 的内部.

解　令 $P=\dfrac{-y}{4x^2+y^2}$，$Q=\dfrac{x}{4x^2+y^2}$，则当 $(x,y)\neq(0,0)$ 时，有

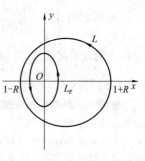

$\dfrac{\partial Q}{\partial x}-\dfrac{\partial P}{\partial y}=0$. 作小椭圆 L_ε：$4x^2+y^2=\varepsilon^2$，$\varepsilon>0$ 且充分小使 L_ε 在 L 的内部，取逆时针方向（如图 10-8 所示），则有

$$I=\int_L P\mathrm{d}x+Q\mathrm{d}y=\int_{L-L_\varepsilon}P\mathrm{d}x+Q\mathrm{d}y+\int_{L_\varepsilon}P\mathrm{d}x+Q\mathrm{d}y=I_1+I_2,$$

由格林公式得 $I_1=\displaystyle\int_{L-L_\varepsilon}P\mathrm{d}x+Q\mathrm{d}y=0$. 对于积分 I_2，先将 L_ε

图 10-8

的方程 $4x^2+y^2=\varepsilon^2$ 代入被积表达式，再由格林公式得

$$I_2=\int_{L_\varepsilon}P\mathrm{d}x+Q\mathrm{d}y=\frac{1}{\varepsilon^2}\int_{L_\varepsilon}-y\mathrm{d}x+x\mathrm{d}y=\frac{1}{\varepsilon^2}\iint_{4x^2+y^2\leqslant\varepsilon^2}2\mathrm{d}x\mathrm{d}y=\pi,$$

因此得，$I=\displaystyle\int_L\frac{x\mathrm{d}y-y\mathrm{d}x}{4x^2+y^2}=\pi$.

【例 5】　设函数 $Q(x,y)$ 在 xOy 平面上具有一阶连续偏导数，曲线积分 $\displaystyle\int_L 2xy\mathrm{d}x+$ $Q(x,y)\mathrm{d}y$ 与路径无关，并且对任意 t 恒有

$$\int_{(0,0)}^{(t,1)}2xy\mathrm{d}x+Q(x,y)\mathrm{d}y=\int_{(0,0)}^{(1,t)}2xy\mathrm{d}x+Q(x,y)\mathrm{d}y,\ 求 Q(x,y).$$

解　**方法一**　由题设，有 $\dfrac{\partial Q(x,y)}{\partial x}=\dfrac{\partial(2xy)}{\partial y}$，即 $\dfrac{\partial Q(x,y)}{\partial x}=2x$，两边对 x 积分，得 $Q(x,y)=x^2+C(y)$，取特殊路径积分得

$$\int_{(0,0)}^{(t,1)}2xy\mathrm{d}x+Q(x,y)\mathrm{d}y=\int_0^1[t^2+C(y)]\mathrm{d}y=t^2+\int_0^1 C(y)\mathrm{d}y,$$

$$\int_{(0,0)}^{(1,t)}2xy\mathrm{d}x+Q(x,y)\mathrm{d}y=\int_0^t[1+C(y)]\mathrm{d}y=t+\int_0^t C(y)\mathrm{d}y,$$

于是，$t^2+\displaystyle\int_0^1 C(y)\mathrm{d}y=t+\int_0^t C(y)\mathrm{d}y$，两边对 t 求导得 $C(t)=2t-1$，即 $C(y)=2y-1$，因此，$Q(x,y)=x^2+2y-1$.

方法二　同方法一，求得 $Q(x,y)=x^2+C(y)$，则被积表达式

$$2xy\mathrm{d}x+Q(x,y)\mathrm{d}y=2xy\mathrm{d}x+x^2\mathrm{d}y+C(y)\mathrm{d}y=\mathrm{d}(x^2y)+\mathrm{d}\int_0^y C(v)\mathrm{d}v=$$

$\mathrm{d}\left(x^2+\displaystyle\int_0^y C(v)\mathrm{d}v\right)$，由 $\displaystyle\int_{(0,0)}^{(t,1)}2xy\mathrm{d}x+Q(x,y)\mathrm{d}y=\int_{(0,0)}^{(1,t)}2xy\mathrm{d}x+Q(x,y)\mathrm{d}y$ 得

$$\left[x^2y+\int_0^y C(v)\mathrm{d}v\right]\Bigg|_{(0,0)}^{(t,1)}=\left[x^2y+\int_0^y C(v)\mathrm{d}v\right]\Bigg|_{(0,0)}^{(1,t)},$$

即　$t^2+\displaystyle\int_0^1 C(v)\mathrm{d}v=t+\int_0^t C(v)\mathrm{d}v$，两边对 t 求导得 $C(t)=2t-1$，即　$C(y)=2y-1$，因此，$Q(x,y)=x^2+2y-1$.

注　在本题的求解中应注意凑微分 $C(y)\mathrm{d}y=\mathrm{d}\displaystyle\int_0^y C(v)\mathrm{d}v$. 一般地，对于连续函数 $f(x)$，变限积分 $\displaystyle\int_a^x f(t)\mathrm{d}t$ 即为函数 $f(x)$ 的原函数，故有凑微元 $f(x)\mathrm{d}x=\mathrm{d}\displaystyle\int_a^x f(t)\mathrm{d}t$. 用变限积分 $\displaystyle\int_a^x f(t)\mathrm{d}t$ 表示抽象函数 $f(x)$ 的原函数，是重要的解题思想. 本题 $Q(x,y)$ 是 x,y 的二元函数，故 $\dfrac{\partial Q(x,y)}{\partial x}=2x$ 也是 x,y 的二元函数，当两边对变量 x 积分时，积分常数应为变量 y 的函数，即 $Q(x,y)=x^2+C(y)$.

【例 6】　设函数 $\varphi(y)$ 具有连续导数，在围绕原点的任意分段光滑简单正向闭曲线 L

上，曲线积分 $\oint_{L} \dfrac{\varphi(y)\,\mathrm{d}x + 2xy\,\mathrm{d}y}{2x^2 + y^4}$ 的值恒为同一常数．（1）证明：对右半平面 $x > 0$ 内的任意

分段光滑简单闭曲线 C，有 $\oint_{C} \dfrac{\varphi(y)\,\mathrm{d}x + 2xy\,\mathrm{d}y}{2x^2 + y^4} = 0$；（2）求函数

$\varphi(y)$ 的表达式．

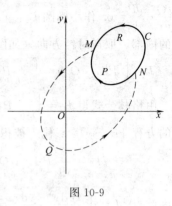

分析 本题考查的知识点是对坐标曲线积分的性质和曲线积分与路径无关的充分必要条件．在 C 上任意取定两点 M、N，将 C 分成两部分，每一部分和另外一条以 M、N 为端点的曲线组成了围绕原点的闭曲线，由题设并利用第二型曲线积分性质即可证明 C 上积分为 0．再利用曲线积分与路径无关的条件便可求出 $\varphi(y)$．

图 10-9

证（1）如图 10-9 所示，设 C 是半平面 $x > 0$ 内的任一分段光滑简单闭曲线，在 C 上任意取定两点 M，N，作围绕原点的闭曲线 $\overset{\frown}{MQNRM}$，同时得到另一围绕原点的闭曲线 $\overset{\frown}{MQNPM}$．根据题设可知

$$\oint_{\overset{\frown}{MQNRM}} \frac{\varphi(y)\,\mathrm{d}x + 2xy\,\mathrm{d}y}{2x^2 + y^4} - \oint_{\overset{\frown}{MQNPM}} \frac{\varphi(y)\,\mathrm{d}x + 2xy\,\mathrm{d}y}{2x^2 + y^4} = 0.$$

根据第二类曲线积分的性质，利用上式可得

$$\oint_{C} \frac{\varphi(y)\,\mathrm{d}x + 2xy\,\mathrm{d}y}{2x^2 + y^4} = \int_{\overset{\frown}{NRM}} \frac{\varphi(y)\,\mathrm{d}x + 2xy\,\mathrm{d}y}{2x^2 + y^4} + \int_{\overset{\frown}{MPN}} \frac{\varphi(y)\,\mathrm{d}x + 2xy\,\mathrm{d}y}{2x^2 + y^4}$$

$$= \int_{\overset{\frown}{NRM}} \frac{\varphi(y)\,\mathrm{d}x + 2xy\,\mathrm{d}y}{2x^2 + y^4} - \int_{\overset{\frown}{NPM}} \frac{\varphi(y)\,\mathrm{d}x + 2xy\,\mathrm{d}y}{2x^2 + y^4} = \oint_{\overset{\frown}{MQNRM}} \frac{\varphi(y)\,\mathrm{d}x + 2xy\,\mathrm{d}y}{2x^2 + y^4} - \oint_{\overset{\frown}{MQNPM}} \frac{\varphi(y)\,\mathrm{d}x + 2xy\,\mathrm{d}y}{2x^2 + y^4}$$

$$= 0.$$

解（2）**方法一** 设 $P = \dfrac{\varphi(y)}{2x^2 + y^4}$，$Q = \dfrac{2xy}{2x^2 + y^4}$，$P,Q$ 在单连通区域 $x > 0$ 内具有一阶连续偏导数．曲线积分 $\displaystyle\int_{L} \dfrac{\varphi(y)\,\mathrm{d}x + 2xy\,\mathrm{d}y}{2x^2 + y^4}$ 在该区域内与路径无关，故当 $x > 0$ 时，总有 $\dfrac{\partial Q}{\partial x} = \dfrac{\partial P}{\partial y}$．

$$\frac{\partial Q}{\partial x} = \frac{2y(2x^2 + y^4) - 4x \cdot 2xy}{(2x^2 + y^4)^2} = \frac{-4x^2 y + 2y^5}{(2x^2 + y^4)^2}, \tag{①}$$

$$\frac{\partial P}{\partial y} = \frac{\varphi'(y)(2x^2 + y^4) - 4\varphi(y)y^3}{(2x^2 + y^4)^2} = \frac{2x^2 \varphi'(y) + \varphi'(y)y^4 - 4\varphi(y)y^3}{(2x^2 + y^4)^2}, \tag{②}$$

比较①式、②式两式的右端，得

$$\begin{cases} \varphi'(y) = -2y, & \tag{③} \\ \varphi'(y)y^4 - 4\varphi(y)y^3 = 2y^5. & \tag{④} \end{cases}$$

由③式得 $\varphi(y) = -y^2 + C$，C 为任意常数．将 $\varphi(y)$ 代入④式得 $2y^5 - 4Cy^3 = 2y^5$，所以 $C = 0$，从而 $\varphi(y) = -y^2$．

方法二 由（1）知当 $x > 0$ 时 $\dfrac{\varphi(y)\,\mathrm{d}x + 2xy\,\mathrm{d}y}{2x^2 + y^4}$ 为某个二元函数的全微分，设它的原函数为 $u(x,y)$，则 $\dfrac{\partial u}{\partial x} = \dfrac{\varphi(y)}{2x^2 + y^4}$，$\dfrac{\partial u}{\partial y} = \dfrac{2xy}{2x^2 + y^4}$．

由 $\dfrac{\partial u}{\partial y} = \dfrac{2xy}{2x^2 + y^4}$ 得 $u = \displaystyle\int \dfrac{2xy\,\mathrm{d}y}{2x^2 + y^4} = \dfrac{x}{\sqrt{2x}} \arctan \dfrac{y^2}{\sqrt{2x}} + C(x)$，从而

$$\frac{\partial u}{\partial x}=\frac{-y^2}{2x^2+y^4}+C'(x)=\frac{\varphi(y)}{2x^2+y^4},\quad C'(x)=\frac{\varphi(y)+y^2}{2x^2+y^4}.$$

因 $c'(x)$ 仅与 x 有关，知 $\varphi(y)+y^2=0$，故 $\varphi(y)=-y^2$.

三、习　题

1. 求 $I=\oint_L(3x+2y)\mathrm{d}x-(x-4y)\mathrm{d}y$，其中 L 是椭圆 $\dfrac{x^2}{a^2}+\dfrac{y^2}{b^2}=1$ 的正向闭路.

2. 求 $I=\int_L\dfrac{\ln(x^2+y^2)\mathrm{d}x+\mathrm{e}^{y^2}\mathrm{d}y}{x^2+y^2+2x}$，其中 L 是 $x^2+y^2+2x=1$ 的正向一周；

3. 计算 $I=\oint_L\dfrac{x-y}{x^2+y^2}\mathrm{d}x+\dfrac{x+y}{x^2+y^2}\mathrm{d}y$，其中 L 是从点 $A(-a,0)$ 经上半圆 $y=\dfrac{b}{a}\sqrt{a^2-x^2}$ 到点 $B(a,0)$ 的弧段 $a>0$.

4. 求 $I=\int_L[\mathrm{e}^x\sin y-b(x+y)]\mathrm{d}x+[\mathrm{e}^x\cos y-ax]\mathrm{d}y$，其中 a,b 为正的常数，L 为从 $A(2a,0)$，沿曲线 $y=\sqrt{2ax-x^2}$ 到点 $(0,0)$ 的弧.

5. 设 D 为闭曲线 L 所围成的平面区域，A 为 D 的面积，试证

$$A=\oint_L x\mathrm{d}y=-\oint_L y\mathrm{d}x.$$

6. 设 $L_1:x^2+y^2=1$；$L_1:x^2+y^2=2$；$L_3:x^2+2y^2=2$；$L_4:2x^2+y^2=2$

为四条逆时针方向的平面曲线，记 $I_i=\oint_{L_i}\left(y+\dfrac{y^3}{6}\right)\mathrm{d}x+\left(2x-\dfrac{x^3}{3}\right)\mathrm{d}y$，$(i=1,2,3,4)$，则 $\max\{I_1,I_2,I_3,I_4\}=(\quad)$.

(A) I_1；　　　(B) I_2；　　　(C) I_3；　　　(2) I_4.

7. 求 $I=\int_L(\mathrm{e}^x\sin y-m(x+y))\mathrm{d}x+(\mathrm{e}^x\cos y-m)\mathrm{d}y$，其中 L 为由点 $A(a,c)$ 到点 $O(0,0)$ 的上半圆周：$x^2+y^2=ax,a>0,m$ 为常数.

8. 已知平面区域 $D=\{(x,y)\mid 0\leqslant x\leqslant\pi,0\leqslant y\leqslant\pi\}$，$L$ 为 D 的正向边界. 试证：

(1) $\oint_L x\mathrm{e}^{\sin y}\mathrm{d}y-y\mathrm{e}^{-\sin x}\mathrm{d}x=\oint_L x\mathrm{e}^{-\sin y}\mathrm{d}y-y\mathrm{e}^{\sin x}\mathrm{d}x$；(2) $\oint_L x\mathrm{e}^{\sin y}\mathrm{d}y-y\mathrm{e}^{-\sin x}\mathrm{d}x\geqslant 2\pi^2$.

9. 设 $A(2,2)$，$B(1,1)$，Γ 是从点 A 到点 B 的线段 AB 下方的一条光滑定向曲线 $y=y(x)$，且它与 $\overline{AB}$ 围成的面积为 2，又 $\varphi(y)$ 有连续导数. 求曲线积分 $I=\int_\Gamma[\pi\varphi(y)\cos\pi x-2\pi y]\mathrm{d}x+[\varphi'(y)\sin\pi x-2\pi]\mathrm{d}y$.

10. 设区域 D 由摆线的第一拱 $L:x=a(t-\sin t),y=a(1-\cos t)(0\leqslant t\leqslant 2\pi)$ 与 x 轴围成，求 $I=\iint_D y^2\mathrm{d}x\mathrm{d}y$.

四、习题解答与提示

1. $-3\pi ab$. 提示：利用格林公式计算，$I_2=\iint_D(-3)\mathrm{d}\sigma$.

2. 0. 提示：由 $x^2+y^2+2x=1$，或 $x^2+y^2=1-2x$，有 $I_4=\oint_L\ln(1-2x)\mathrm{d}x+\mathrm{e}^y\mathrm{d}y$. 再用格林公式计算.

3. $-\pi$. 提示：可添补 $\overset{\frown}{ACB}:x^2+y^2=a^2$（$y\geqslant 0$）.注意此题不能添补直线段 $\overline{AOB}$，因为在其上包含原点，而 p,Q 在原点不连续.

4. $\left(\dfrac{\pi}{2}+2\right)a^2b-\dfrac{\pi}{2}a^3$. 提示：添加从点 $O(0,0)$ 沿 $y=0$ 到点 $A(2a,0)$ 的有向直线段 L_1，于是 L_1+L 为正向闭路，再用格林公式计算.

5. 提示：在格林公式中令 $Q=x,P=0$；再令 $Q=0,P=-y$.

6（D）． 7. $\dfrac{1}{8}ma^2(\pi+4)$.

8. 提示：积分曲线 L 为闭曲线，且在 D 内不含奇点，可用格林公式将（1）式两边的积分化为二重积分，再利用二重积分的对称性证明；另外，积分曲线为折线段，也可考虑用参数法将曲线积分直接化为定积分证明．（2）式的证明应注意利用（1）的结果．

9. π. 10. $\dfrac{35}{12}\pi a^4$.

第三节　曲面积分

一、内容提要

1. 对面积的曲面积分的概念与计算方法

设曲面 Σ 是光滑的，函数 $f(x,y,z)$ 在 Σ 上有界，把 Σ 任意分成 n 小块 ΔS_i（ΔS_i 同时也表示第 i 小块曲面的面积），设 (ξ_i,η_i,ζ_i) 是 ΔS_i 上任意取定的一点，如果当各小块曲面的直径的最大值 $\lambda\to0$ 时 $\lim\limits_{\lambda\to0}\sum\limits_{i=1}^{n}f(\xi_i,\eta_i,\zeta_i)\Delta S_i$ 总存在，则称此极限为函数 $f(x,y,z)$ 在曲面 Σ 上对面积的曲面积分或第一类曲面积分，记作 $\iint\limits_{\Sigma}f(x,y,z)\mathrm{d}S$，其中 $f(x,y,z)$ 称为被积函数，Σ 称为积分曲面．

设积分曲面 Σ 由方程 $z=z(x,y)$ 给出，Σ 在 xOy 面上的投影域为 D_{xy}，函数 $z=z(x,y)$ 在 D_{xy} 上具有连续偏导数，$f(x,y,z)$ 在 Σ 上连续，则有

$$\iint\limits_{\Sigma}f(x,y,z)\mathrm{d}S=\iint\limits_{D_{xy}}f[x,y,z(x,y)]\sqrt{1+z_x^2(x,y)+z_y^2(x,y)}\,\mathrm{d}x\mathrm{d}y.$$

类似地，有 $\iint\limits_{\Sigma}f(x,y,z)\mathrm{d}S=\iint\limits_{D_{yz}}f[x(y,z),y,z]\sqrt{1+x_y^2(y,z)+x_z^2(y,z)}\,\mathrm{d}y\mathrm{d}z.$

2. 对坐标的曲面积分的概念与计算方法

设 Σ 为光滑的有向曲面，函数 $R(x,y,z)$ 在 Σ 上有界，把 Σ 任意分成 n 块小曲面 ΔS_i（ΔS_i 同时又表示第 i 块小曲面的面积），ΔS_i 在 xOy 面上的投影为 $(\Delta S_i)_{xy}$，(ξ_i,η_i,ζ_i) 是 ΔS_i 上任意取定的一点，如果 $\lim\limits_{\lambda\to0}\sum\limits_{i=1}^{n}R(\xi_i,\eta_i,\zeta_i)(\Delta S_i)_{xy}$ 总存在，则称此极限为函数 $R(x,y,z)$ 在有向曲面 Σ 上对坐标 x,y 的曲面积分，记作 $\iint\limits_{\Sigma}R(x,y,z)\mathrm{d}x\mathrm{d}y$.

类似地，可定义 $\iint\limits_{\Sigma}P(x,y,z)\mathrm{d}y\mathrm{d}z$ 及 $\iint\limits_{\Sigma}Q(x,y,z)\mathrm{d}z\mathrm{d}x$.

设积分曲面 Σ 是由方程 $z=z(x,y)$ 给出的，Σ 在 xOy 面上的投影域为 D_{xy}，$z(x,y)$ 在 D_{xy} 上具有一阶连续偏导数，$R(x,y,z)$ 在 Σ 上连续，则有

$$\iint\limits_{\Sigma}R(x,y,z)\mathrm{d}x\mathrm{d}y=\pm\iint\limits_{D_{xy}}R[x,y,z(x,y)]\mathrm{d}x\mathrm{d}y.$$

等式右端的正、负号这样决定：如果积分曲面 Σ 取上侧，即 $\cos\gamma>0$，应取正号；反之，如果 Σ 取下侧，即 $\cos\gamma<0$，应取负号．类似地，有

$$\iint\limits_{\Sigma}P(x,y,z)\mathrm{d}y\mathrm{d}z=\pm\iint\limits_{D_{yz}}P[x(y,z),y,z]\mathrm{d}y\mathrm{d}z,$$

这时右端的正、负号由 Σ：$x=x(y,z)$ 取前侧、后侧而定.

$$\iint\limits_{\Sigma} Q(x,y,z)\mathrm{d}z\mathrm{d}x = \pm \iint\limits_{D_{zx}} Q[x,y(x,z),z]\mathrm{d}z\mathrm{d}x,$$

这时右端的正、负号由 Σ：$y=y=(x,z)$ 取右侧、左侧而定.

两类曲面积分有如下关系

$$\iint\limits_{\Sigma} P\mathrm{d}y\mathrm{d}z + Q\mathrm{d}z\mathrm{d}x + R\mathrm{d}x\mathrm{d}y = \iint\limits_{\Sigma}(P\cos\alpha + Q\cos\beta + R\cos\gamma)\mathrm{d}S.$$

其中 $\cos\alpha$，$\cos\beta$，$\cos\gamma$ 是有向曲面 Σ 上点 (x,y,z) 处的法向量的方向余弦.

二、例 题 分 析

1. 第一型曲面积分的计算

求第一型曲面积分的基本方法是将其化为投影区域上的二重积分. 若曲面方程为 $z=z(z,y)$，首先正确求出 $\mathrm{d}S=\sqrt{1+z_x'^2+z_y'^2}\mathrm{d}x\mathrm{d}y$，及 S 在 xoy 平面上的投影区域 D_{xy}. 尽量利用对称性简化计算（关于对称性，第一型曲面积分有与三重积分类似的性质）若曲面分块表示，则要分块积分，计算中注意利用曲面方程简化被积函数.

【例1】 求 $I=\iint\limits_{\Sigma}(xy+yz+zx)\mathrm{d}S$，其中 Σ 为圆锥面 $z=\sqrt{x^2+y^2}$ 被柱面 $x^2+y^2=2ax$ 所截下部分 $(a>0)$.

解 如图 10-10 所示，曲面 Σ 在 xOy 平面的投影区域为 D_{xy}：$(x-a)^2+y^2\leqslant a^2$，Σ 关于 zOx 平面对称，被积函数 $(xy+yz)$ 关于 y 为奇函数，于是有

$\iint\limits_{\Sigma}(xy+yz)\mathrm{d}S=0$，所以 $I=\iint\limits_{\Sigma}zx\mathrm{d}S$.

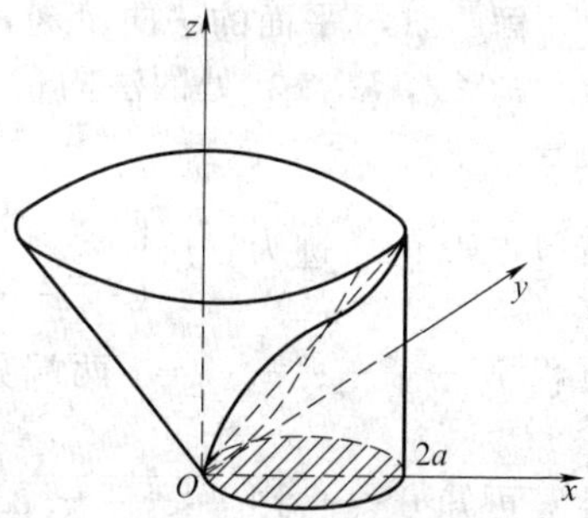

图 10-10

在 Σ 上：$\dfrac{\partial z}{\partial x}=\dfrac{x}{z}$，$\dfrac{\partial z}{\partial y}=\dfrac{y}{z}$，于是 $\mathrm{d}S=\sqrt{1+z_x'^2+z_y'^2}\mathrm{d}x\mathrm{d}y=\sqrt{2}\mathrm{d}x\mathrm{d}y$.

所以

$I=\iint\limits_{D_{xy}}x\sqrt{x^2+y^2}\cdot\sqrt{2}\mathrm{d}x\mathrm{d}y$. 其中 $D_{xy}=\{(r,\theta)\,\big|-\dfrac{\pi}{2}\leqslant\theta\leqslant\dfrac{\pi}{2},0\leqslant r\leqslant 2a\cos\theta\}$，

则 $I=\sqrt{2}\displaystyle\int_{-\frac{\pi}{2}}^{\frac{\pi}{2}}\mathrm{d}\theta\int_{0}^{2a\cos\theta}r\cos\theta\cdot r\cdot r\mathrm{d}r=\dfrac{\sqrt{2}}{2}\int_{0}^{\frac{\pi}{2}}(2a)^4\cos^5\theta\mathrm{d}\theta=\dfrac{64}{15}\sqrt{2}a^4$.

【例2】 设 Σ：$x^2+y^2+z^2=a^2$ $(z\geqslant 0)$，Σ_1 为 Σ 在第一象限中的部分，则有（　　）.

(A) $\iint\limits_{\Sigma}x\mathrm{d}S=4\iint\limits_{\Sigma_1}x\mathrm{d}S$；(B) $\iint\limits_{\Sigma}y\mathrm{d}S=4\iint\limits_{\Sigma_1}x\mathrm{d}S$；

(C) $\iint\limits_{\Sigma}z\mathrm{d}S=4\iint\limits_{\Sigma_1}x\mathrm{d}S$；(D) $\iint\limits_{\Sigma}xyz\mathrm{d}S=4\iint\limits_{\Sigma_1}x\mathrm{d}S$；

解 显然，四个选项等式右边的积分都大于零，考虑到曲面 Σ 关于 yOz 面和 zOx 面均对称，而被积函数 x，y，xyz 关于变量 x 或 y 均为奇函数，所以，由第一类曲面积分的对称性质，得积分 $\iint\limits_{\Sigma}x\mathrm{d}S=\iint\limits_{\Sigma}y\mathrm{d}S=\iint\limits_{\Sigma}xyz\mathrm{d}S=0$. 选（C）. 事实上，曲面 Σ 关于 yOz 面和 zOx 面均对称，而被积

函数 z 关于变量 x，y 均为偶函数，所以有 $\iint\limits_{\Sigma} z\mathrm{d}S = 2\iint\limits_{\Sigma \cap \{x \geqslant 0\}} z\mathrm{d}S = 4\iint\limits_{\Sigma_1} z\mathrm{d}S$；此外由于曲面 Σ 在第一象限内关于变量 x，y，z 具有轮换对称性，所以有 $\iint\limits_{\Sigma} z\mathrm{d}S = 4\iint\limits_{\Sigma_1} z\mathrm{d}S = 4\iint\limits_{\Sigma_1} x\mathrm{d}S$.

注 第一类曲面积分的对称性质与第一类曲线积分的对称性相类似，也需要同时兼顾积分曲面的对称性和被积函数关于相应变量的奇偶性.

【例3】 设曲面 Σ：$|x| + |y| + |z| = 1$，计算 $\oiint\limits_{\Sigma}(x + |y|)\mathrm{d}S$.

解 由于曲面 Σ 关于 yOz 面对称，因此 $\oiint\limits_{\Sigma} x\mathrm{d}S = 0$. 又曲面 Σ：$|x| + |y| + |z| = 1$ 具有轮换对称性，于是

$$\oiint\limits_{\Sigma}(x + |y|)\mathrm{d}S = \oiint\limits_{\Sigma}|y|\mathrm{d}S = \frac{1}{3}\oiint\limits_{\Sigma}(|x| + |y| + |z|)\mathrm{d}S = \frac{1}{3}\oiint\limits_{\Sigma}\mathrm{d}S = \frac{1}{3} \times 8 \times \frac{\sqrt{3}}{2} = \frac{4}{3}\sqrt{3}.$$

【例4】 设 P 为椭球面 S：$x^2 + y^2 + z^2 - yz = 1$ 上的动点，若 S 在点 P 处的切平面与 xOy 面垂直，求点 P 的轨迹 C，并计算曲面积分 $I = \iint\limits_{\Sigma} \frac{(x + \sqrt{3})|y - 2z|}{\sqrt{4 + y^2 + z^2 - 4yz}}\mathrm{d}S$，其中 Σ 是椭球面 S 位于曲线 C 上方的部分.

解 xOy 平面的法向量为 $\boldsymbol{n}_2 = \{0, 0, 1\}$，椭球面 S：$x^2 + y^2 + z^2 - yz = 1$ 在点 $P(x, y, z)$ 处的法向量为 $\boldsymbol{n}_1 = \{2x, 2y - z, 2z - y\}$，依题意可知 $\boldsymbol{n}_1 \cdot \boldsymbol{n}_2 = 0$，即得 $2z = y$.

所以点 P 的轨迹为 C：$\begin{cases} x^2 + y^2 + z^2 - yz = 1, \\ y = 2z. \end{cases}$

方程 $x^2 + y^2 + z^2 - yz = 1$ 两端分别对 x，y 求偏导数得 $\dfrac{\partial z}{\partial x} = \dfrac{2x}{y - 2z}$，$\dfrac{\partial z}{\partial y} = \dfrac{z - 2y}{y - 2z}$.

计算可知 $\mathrm{d}S = \sqrt{1 + z_x^2 + z_y^2}\,\mathrm{d}x\mathrm{d}y = \dfrac{\sqrt{4 + y^2 + z^2 - 4yz}}{|y - 2z|}\mathrm{d}x\mathrm{d}y$. 因此椭球面 Σ 在 xOy 面上的投影区域为 D_{xy}：$x^2 + \dfrac{y^2}{\frac{4}{3}} \leqslant 1$，于是

$$I = \iint\limits_{\Sigma} \frac{(x + \sqrt{3})|y - 2z|}{\sqrt{4 + y^2 + z^2 - 4yz}}\mathrm{d}S = \iint\limits_{D_{xy}}(x + \sqrt{3})\mathrm{d}x\mathrm{d}y = \iint\limits_{D_{xy}} x\,\mathrm{d}x\mathrm{d}y + \iint\limits_{D_{xy}}\sqrt{3}\,\mathrm{d}x\mathrm{d}y$$

$$= 0 + \sqrt{3}\iint\limits_{D_{xy}}\mathrm{d}x\mathrm{d}y = \sqrt{3} \times \pi \times 1 \times \frac{2}{\sqrt{3}} = 2\pi.$$

2. 第二类曲面积分的计算

【例5】 求 $\iint\limits_{S} x\mathrm{d}y\mathrm{d}z + y\mathrm{d}z\mathrm{d}x + z\mathrm{d}x\mathrm{d}y$，其中 S 为锥面 $x^2 + y^2 = z^2$ 被平面 $z = 0$ 及 $z = h(h > 0)$ 所截部分的外侧.

解 方法一 将 S 分别投影到 yoz，zox，xoy 平面来计算. 当 $x > 0$ 时，对应的曲面 S 的法向量与 Ox 轴的夹角小于 $\dfrac{\pi}{2}$，而 $x < 0$ 时对应曲面上的法向量与 Ox 轴的夹角大于 $\dfrac{\pi}{2}$. 将 S 分成 S_1 与 S_2 两部分，它们的方程分别为
S_1：$x = \sqrt{z^2 - y^2}$，S_2：$x = -\sqrt{z^2 - y^2}$.

它们在 Oyz 平面上的投影为同一个区域 D_2：$y=-z$，$y=z$ 以及 $z=h$ 所围三角形，所以

$$\iint_S x\,\mathrm{d}y\mathrm{d}z = \iint_{S_1} x\,\mathrm{d}y\mathrm{d}z + \iint_{S_2} x\,\mathrm{d}y\mathrm{d}z = 2\iint_{D_2} \sqrt{z^2-y^2}\,\mathrm{d}y\mathrm{d}z$$

$$= 2\int_0^h \mathrm{d}z \int_{-z}^z \sqrt{z^2-y^2}\,\mathrm{d}y = \frac{\pi h^3}{3}.$$

由对称性可知，$\displaystyle\iint_S y\,\mathrm{d}z\mathrm{d}x = \frac{\pi h^3}{3}$. 而 $\displaystyle\iint_S z\,\mathrm{d}x\mathrm{d}y = -\iint_{x^2+y^2\leqslant h^2} \sqrt{x^2+y^2}\,\mathrm{d}x\mathrm{d}y =$

$-\displaystyle\int_0^{2\pi} \mathrm{d}\theta \int_0^h r^2\,\mathrm{d}r = -\frac{2\pi h^3}{3}$. 将以上三个积分式相加，得

$$\iint_S x\,\mathrm{d}y\mathrm{d}z + y\,\mathrm{d}z\mathrm{d}x + z\,\mathrm{d}x\mathrm{d}y = 0.$$

方法二　均投影到 Oxy 平面上来计算. S 在 Oxy 平面上的投影区域 D_{xy}：$x^2+y^2\leqslant h^2$，在 S 上

$\dfrac{\partial z}{\partial x}=\dfrac{x}{z}$，$\dfrac{\partial z}{\partial y}=\dfrac{y}{z}$，得 $I = \displaystyle\iint_S x\,\mathrm{d}y\mathrm{d}z + y\,\mathrm{d}z\mathrm{d}x + z\,\mathrm{d}x\mathrm{d}y = -\iint_{D_{xy}} \left(-\frac{x^2}{z}-\frac{y^2}{z}+z\right)\mathrm{d}x\mathrm{d}y =$

$-\displaystyle\iint_{D_{xy}} 0\,\mathrm{d}x\mathrm{d}y = 0$.

注　(1) 方法二比方法一简单，选择投影方向会影响计算的繁简.

(2) 直接计算第二型曲面积分的基本方法也是化为二重积分，再化为累次积分. 化为二重积分时，注意选择投影方向，确定曲面 S 的投影区域，并注意由曲面的定向选择公式所带的正负号. 不同的投影方向所用的公式是不同的. 如求 $\displaystyle\iint_S P\,\mathrm{d}y\mathrm{d}z$，若 S：$x=x(y,z)$，$(y,z)\in D_{yz}$，投影到 Oyz 平面上得

$$\iint_S P\,\mathrm{d}y\mathrm{d}z = \pm\iint_{D_{yz}} P(x(y,z),y,z)\,\mathrm{d}y\mathrm{d}z.$$

若 S：$z=(x,y)$，$(x,y)\in D_{xy}$，投影到 Oxy 平面上得

$$\iint_S P\,\mathrm{d}y\mathrm{d}z = \pm\iint_{D_{xy}} P(x,y,z(x,y))\left(-\frac{\partial z}{\partial x}\right)\mathrm{d}x\mathrm{d}y.$$

若 S 是分块表示的，也要用分块积分法. 要注意用以下事实简化计算：$\displaystyle\iint_S P\,\mathrm{d}y\mathrm{d}z = 0$

(若曲面 S 垂直于 Oyz 平面即 S 的法向量始终与 Oyz 平面平行)，

$\displaystyle\iint_S Q\,\mathrm{d}z\mathrm{d}x = 0$(若曲面 S 垂直于 Ozx 平面)，$\displaystyle\iint_S R\,\mathrm{d}z\mathrm{d}x = 0$(若曲面 S 垂直于 Oxy 平面).

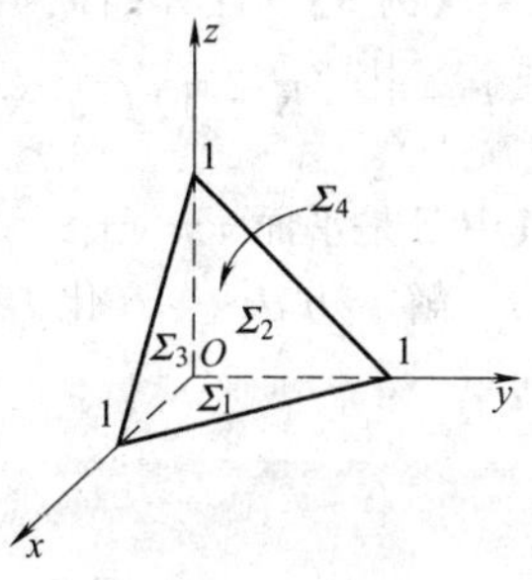

【例6】　计算 $\displaystyle\oiint_\Sigma xz\,\mathrm{d}x\mathrm{d}y + xy\,\mathrm{d}y\mathrm{d}z + yz\,\mathrm{d}z\mathrm{d}x$，其中 Σ（图 10-11）是平面 $x=0$，$y=0$，$z=0$，$x+y+z=1$ 所围成的空间区域的整个边界曲面的外侧.

分析　计算整个积分曲面由多片组成的组合型曲面积分时，可采用下列方法：

方法一　先求各片上的组合型积分，再求和；

方法二　先求整个曲面上各单一型积分，再求和；

方法三　当整个积分曲面封闭时，下一节以后常用高斯公式.

图 10-11

解　**方法一**　记 Σ 在 xOy，yOz，zOx 面上的部分分别为 Σ_1，Σ_2，Σ_3，在 $x+y+z=1$ 面上的部分为 Σ_4. 则

$$\iint\limits_{\Sigma_1} xz\,dxdy + xy\,dydz + yz\,dzdx = \iint\limits_{\Sigma_1} xz\,dxdy = -\iint\limits_{D_{xy}} x \cdot 0\,dxdy = 0.$$

$$\iint\limits_{\Sigma_2} xz\,dxdy + xy\,dydz + yz\,dzdx = \iint\limits_{\Sigma_2} xy\,dydz = -\iint\limits_{D_{yz}} 0 \cdot y\,dydz = 0.$$

$$\iint\limits_{\Sigma_3} xz\,dxdy + xy\,dydz + yz\,dzdx = \iint\limits_{\Sigma_3} yz\,dzdx = \iint\limits_{D_{zx}} 0 \cdot z\,dzdx = 0.$$

所以 $\displaystyle\iint\limits_{\Sigma} xz\,dxdy + xy\,dydz + yz\,dzdx = \iint\limits_{\Sigma_4} xz\,dxdy + xy\,dydz + yz\,dzdx = 3\iint\limits_{\Sigma_4} xz\,dxdy$

$$= 3\iint\limits_{D_{xy}} x(1-x-y)\,dxdy = 3\int_0^1 x\,dx \int_0^{1-x}(1-x-y)\,dy = \frac{3}{2}\int_0^1 (x-2x^2+x^3)\,dx = \frac{1}{8}$$

方法二 $\displaystyle\oiint\limits_{\Sigma} xz\,dxdy = \left(\iint\limits_{\Sigma_1} + \iint\limits_{\Sigma_2} + \iint\limits_{\Sigma_3} + \iint\limits_{\Sigma_4}\right) xz\,dxdy = 0+0+0+\iint\limits_{D_{xy}} x(1-x-y)\,dxdy$

$$= \int_0^1 x\,dx \int_0^{1-x}(1-x-y)\,dy = \frac{1}{24}.$$

利用轮换对称性可知：$\displaystyle\oiint\limits_{\Sigma} xy\,dydz = \oiint\limits_{\Sigma} yz\,dzdx = \frac{1}{24}.$

所以 $$\oiint\limits_{\Sigma} xz\,dxdy + xy\,dydz + yz\,dzdx = \frac{1}{8}.$$

3. 两类曲面积分的联系

【例7】 计算 $I = \displaystyle\iint\limits_{\Sigma}[xy\cos\beta + (z+1)\cos\gamma]dS$，其中 Σ 为圆柱面 $x^2+y^2=a^2$ $(x \geqslant 0)$ 被 $z=0$，$z=1$ 所截的前侧，α, β, γ 为 Σ 法向量的方向角.

解 **方法一（直接法）** 曲面 Σ：$x = \sqrt{a^2-y^2}$ 的单位法向量 $n^0 = \{\cos\alpha, \cos\beta, \cos\gamma\} = \left\{\dfrac{\sqrt{a^2-y^2}}{a}, \dfrac{y}{a}, 0\right\}$. 于是

$$I = \iint\limits_{\Sigma}\left(xy \cdot \frac{y}{a} + 0\right)dS = \frac{1}{a}\iint\limits_{D_{yz}} y^2 \sqrt{a^2-y^2} \cdot \frac{a}{\sqrt{a^2-y^2}}dydz = \frac{2}{3}a^3.$$

方法二（化为第二类曲面积分） 因 $\cos\gamma\,dS = dxdy$，$\cos\beta\,dS = dzdx$，$\cos\alpha\,dS = dydz$，

故 $I = \displaystyle\iint\limits_{\Sigma}(z+1)dxdy + xy\,dzdx = \iint\limits_{\Sigma} xy\,dzdx = 2\int_0^1 dz \int_0^a x \sqrt{a^2-x^2}dx = \frac{2}{3}a^3.$

【例8】 计算曲面积分

$$I = \iint\limits_{\Sigma}[(K-1)f(x,y,z)-x]dydz + [Kf(x,y,z)-y]dxdz + [f(x,y,z)-z]dxdy,$$

其中 Σ 是平面 $x-y+z=1$ 在第四象限部分的上侧，$f(x,y,z)$ 是 Σ 上的连续函数，K 为整数.

解 **方法一（化为第一类曲面积分计算）** 由 Σ 的方程知 Σ 上点 (x,y,z) 的单位法向量

$$n^0 = \{\cos\alpha, \cos\beta, \cos\gamma\} = \frac{1}{\sqrt{3}}\{1, -1, 1\}，故$$

$$I = \iint\limits_{\Sigma}\{[(K-1)f-x]\cos\alpha + (Kf-y)\cos\beta + (f-z)\cos\gamma\}dS$$

$$= -\frac{1}{\sqrt{3}}\iint\limits_{\Sigma}(x-y+z)dS = -\frac{1}{\sqrt{3}}\iint\limits_{\Sigma}dS = -\frac{1}{\sqrt{3}}\iint\limits_{D_{xy}}\sqrt{3}dxdy = -\frac{1}{2}.$$

方法二（用投影变换法）

$$I = \iint\limits_{\Sigma}\left\{[(K-1)f-x]\frac{\cos\alpha}{\cos\gamma}+(Kf-y)\frac{\cos\beta}{\cos\gamma}+(f-z)\right\}\mathrm{d}x\mathrm{d}y = \iint\limits_{\Sigma}-(x-y+z)\mathrm{d}x\mathrm{d}y$$

$$= -\iint\limits_{\Sigma}\mathrm{d}x\mathrm{d}y = -\iint\limits_{D_{xy}}\mathrm{d}x\mathrm{d}y = -\frac{1}{2}.$$

4. 曲面积分的应用

第一类曲面积分有类似于第一类曲线积分的应用，求曲面形物体的面积，已知曲面形物体的面密度求其质量、重心及曲面关于各坐标轴、坐标面、质点的转动惯量等都归结为对面积的曲面积分. 求流体通过定向曲面 S 的流量则归结为计算流速向量 v 沿曲面 S 的第二类曲面积分：

【例 9】 计算面密度为 1 的球面 Σ：$x^2+y^2+z^2=a^2$ 关于原点及各坐标面的转动惯量.

解 球面关于原点的转动惯量为 $I_0 = \iint\limits_{\Sigma}(x^2+y^2+z^2)\rho\mathrm{d}S = \iint\limits_{\Sigma}a^2\mathrm{d}S = 4\pi a^4$.

球面关于各坐标面的转动惯量分别为

$$I_{yz} = \iint\limits_{\Sigma}(y^2+z^2)\rho\mathrm{d}S,\ I_{zx} = \iint\limits_{\Sigma}(x^2+z^2)\rho\mathrm{d}S,\ I_{xy} = \iint\limits_{\Sigma}(x^2+y^2)\rho\mathrm{d}S.$$

注意到 $\iint\limits_{\Sigma}x^2\mathrm{d}S = \iint\limits_{\Sigma}y^2\mathrm{d}S = \iint\limits_{\Sigma}z^2\mathrm{d}S = \dfrac{1}{3}\iint\limits_{\Sigma}(x^2+y^2+z^2)\mathrm{d}S$,

因此有 $I_{yz} = I_{zx} = I_{xy} = \dfrac{1}{3}I_0 = \dfrac{4}{3}\pi a^4$

【例 10】 求流体速度场 $v = xy\boldsymbol{i}+yz\boldsymbol{i}+xz\boldsymbol{k}$ 穿过在第一卦限中的球面 $x^2+y^2+z^2=1$ 外侧的流量（见图 10-12）.

解 所求的流量为 $Q = \iint\limits_{S}xy\mathrm{d}y\mathrm{d}z+yz\mathrm{d}z\mathrm{d}x+xz\mathrm{d}x\mathrm{d}y$,

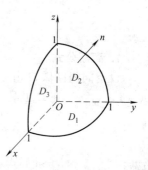

图 10-12

其中 S 为所给球面在第一卦限中的部分，指向外侧.

设 S 在三个坐标面上的投影区域分别为 D_1，D_2，D_3，则流量 $Q = \iint\limits_{D_2}y\sqrt{1-y^2-z^2}\mathrm{d}y\mathrm{d}z+\iint\limits_{D_3}z\sqrt{1-x^2-z^2}\mathrm{d}x\mathrm{d}z+\iint\limits_{D_1}x\sqrt{1-x^2-y^2}\mathrm{d}x\mathrm{d}y$.

用极坐标，

$$\iint\limits_{D_2}y\sqrt{1-y^2-z^2}\mathrm{d}y\mathrm{d}z = \int_0^{\pi/2}\mathrm{d}\theta\int_0^1 r^2\cos\theta\sqrt{1-r^2}\mathrm{d}r = \int_0^1 r^2\sqrt{1-r^2}\mathrm{d}r \xlongequal{r=\sin t} \int_0^{\pi/2}\sin^2 t\cos^2 t\mathrm{d}t$$

$$= \int_0^{\pi/2}\sin^2 t(1-\sin^2 t)\mathrm{d}t = \frac{\pi}{16}.$$

由对称性知，$\iint\limits_{D_3}z\sqrt{1-x^2-z^2}\mathrm{d}x\mathrm{d}z = \iint\limits_{D_1}x\sqrt{1-x^2-y^2}\mathrm{d}x\mathrm{d}y = \dfrac{\pi}{16}$. 因此所求流量 $Q = 3\dfrac{\pi}{16}$.

三、习   题

1. 求 $\iint\limits_{\Sigma}\dfrac{\mathrm{d}S}{(1+x+y)^2}$，其中 Σ 为平面 $x+y+z=1$ 及三个坐标平面所围成的四面体的表面.

2. 求 $\iint\limits_{S}\sqrt{R^2-x^2-y^2}\mathrm{d}S$，S 为上半球面 $z = \sqrt{R^2-x^2-y^2}$.

3. 求 $\iint\limits_{S}\dfrac{e^z\mathrm{d}x\mathrm{d}y}{\sqrt{x^2+y^2}}$，S 为锥面 $z = \sqrt{x^2+y^2}$ 及平面 $z=1,z=2$ 所围立体之表面外侧.

4. 求 $\iint\limits_{S} \dfrac{x\,\mathrm{d}y\mathrm{d}z + z^2\,\mathrm{d}x\mathrm{d}y}{x^2 + y^2 + z^2}$，其中 S 是由曲面 $x^2 + y^2 = R^2$ 及平面 $z = R, z = -R$ 围成立体表面的外侧，$R > 0$.

5. 求 $\iint\limits_{S} \dfrac{\mathrm{d}y\mathrm{d}z}{x} + \dfrac{\mathrm{d}z\mathrm{d}x}{y} + \dfrac{\mathrm{d}x\mathrm{d}y}{z}$，其中 $S: \dfrac{x^2}{a^2} + \dfrac{y^2}{b^2} + \dfrac{z^2}{c^2} = 1$，法向量取外侧.

6. 设抛物面为均匀薄壳形状 $z = \dfrac{3}{4} - (x^2 + y^2), z \geqslant 0$，求薄壳的重心.

四、习题解答与提示

1. $I = \dfrac{3-\sqrt{3}}{2} + (\sqrt{3}-1)\ln 2$.　2. πR^3.　3. πe^2.　4. $\dfrac{1}{2}\pi R^2$.　5. $4\pi abc\left(\dfrac{1}{a^2} + \dfrac{1}{b^2} + \dfrac{1}{c^2}\right)$.

6. $\left(0,\ 0,\ \dfrac{47}{140}\right)$.　提示：利用极坐标计算 $\bar{z} = \dfrac{\iint\limits_{D}\left(\dfrac{3}{4} - r^2 - y^2\right)\sqrt{1 + 4(x^2 + y^2)}\,\mathrm{d}x\mathrm{d}y}{\iint\limits_{D}\sqrt{1 + 4(x^2 + y^2)}\,\mathrm{d}x\mathrm{d}y}$

第四节　高斯公式　斯托克斯公式

一、内 容 提 要

1. 高斯公式

设空间闭区域 Ω 由分片光滑的闭曲面 Σ 所围成，而函数 $P\,(x,\ y,\ z), Q\,(x,\ y,\ z),$ $R\,(x,\ y,\ z)$ 在 Ω 上具有一阶连续偏导数，

则有

$$\iiint\limits_{\Omega}\left(\dfrac{\partial P}{\partial x} + \dfrac{\partial Q}{\partial y} + \dfrac{\partial R}{\partial z}\right)\mathrm{d}v = \oiint\limits_{\Sigma} P\,\mathrm{d}y\mathrm{d}z + Q\,\mathrm{d}z\mathrm{d}x + R\,\mathrm{d}x\mathrm{d}y,$$

或

$$\iiint\limits_{\Omega}\left(\dfrac{\partial P}{\partial x} + \dfrac{\partial Q}{\partial y} + \dfrac{\partial R}{\partial z}\right)\mathrm{d}v = \oiint\limits_{\Sigma}(P\cos\alpha + Q\cos\beta + R\cos\gamma)\mathrm{d}S.$$

这里 Σ 是 Ω 的整个边界曲面的外侧，$\cos\alpha, \cos\beta, \cos\gamma$ 是 Σ 上点 (x, y, z) 处的法向量的方向余弦. 以上公式称为高斯公式.

设某向量场由 $\boldsymbol{A}(x,y,z) = P(x,y,z)\boldsymbol{i} + Q(x,y,z)\boldsymbol{j} + R(x,y,z)\boldsymbol{k}$ 给出，其中 P, Q, R 具有一阶连续偏导数，Σ 是场内的一片有向曲面，$\boldsymbol{n}$ 是 Σ 上点 (x,y,z) 处的单位法向量，则曲面积分 $\iint\limits_{\Sigma}\boldsymbol{A}\cdot\boldsymbol{n}\,\mathrm{d}S$ 称为向量场 $\boldsymbol{A}$ 通过 Σ 向着指定侧的通量（或流量），而 $\dfrac{\partial P}{\partial x} + \dfrac{\partial Q}{\partial y} + \dfrac{\partial R}{\partial z}$ 称为向量场 $\boldsymbol{A}$ 的散度，记作 $\mathrm{div}\boldsymbol{A}$，即 $\mathrm{div}\boldsymbol{A} = \dfrac{\partial P}{\partial x} + \dfrac{\partial Q}{\partial y} + \dfrac{\partial R}{\partial z}$. 这时高斯公式可写成

$$\iiint\limits_{\Omega}\mathrm{div}\boldsymbol{A}\,\mathrm{d}v = \oiint\limits_{\Sigma}\boldsymbol{A}\cdot\boldsymbol{n}\,\mathrm{d}S \quad (\text{或} \oiint\limits_{\Sigma} A_n\,\mathrm{d}S).$$

2. 斯托克斯公式

设 Γ 是分段光滑的空间有向闭曲线，Σ 是以 Γ 为边界的分片光滑的有向曲面，Γ 的正向与 Σ 的侧符合右手规则，函数 $P(x,\ y,\ z), Q(x,\ y,\ z), R(x,\ y,\ z)$ 在包含曲面 Σ 在内的一个空间区域内具有一阶连续偏导数，则有

$$\iint\limits_{\Sigma}\left(\dfrac{\partial R}{\partial y} - \dfrac{\partial Q}{\partial z}\right)\mathrm{d}y\mathrm{d}z + \left(\dfrac{\partial P}{\partial z} - \dfrac{\partial R}{\partial x}\right)\mathrm{d}z\mathrm{d}x + \left(\dfrac{\partial Q}{\partial x} - \dfrac{\partial P}{\partial y}\right)\mathrm{d}x\mathrm{d}y = \oint\limits_{\Gamma} P\,\mathrm{d}x + Q\,\mathrm{d}y + R\,\mathrm{d}z.$$

这个公式称为斯托克斯公式.

设有向量场 $\boldsymbol{A}(x,y,z) = P(x,y,z)\boldsymbol{i} + Q(x,y,z)\boldsymbol{j} + R(x,y,z)\boldsymbol{k}$，在坐标轴上的投影为

$\dfrac{\partial R}{\partial y}-\dfrac{\partial Q}{\partial z}$，$\dfrac{\partial P}{\partial z}-\dfrac{\partial R}{\partial x}$，$\dfrac{\partial Q}{\partial x}-\dfrac{\partial P}{\partial y}$ 的向量称为向量场 $\boldsymbol{A}$ 的旋度，记作 **rot$\boldsymbol{A}$**，即

$$\text{rot}\boldsymbol{A}=\left(\dfrac{\partial R}{\partial y}-\dfrac{\partial Q}{\partial z}\right)\boldsymbol{i}+\left(\dfrac{\partial P}{\partial z}-\dfrac{\partial R}{\partial x}\right)\boldsymbol{j}+\left(\dfrac{\partial Q}{\partial x}-\dfrac{\partial P}{\partial y}\right)\boldsymbol{k}.$$

用行列式记号可表示如下
$$\text{rot}\boldsymbol{A}=\begin{vmatrix} \boldsymbol{i} & \boldsymbol{j} & \boldsymbol{k} \\ \dfrac{\partial}{\partial x} & \dfrac{\partial}{\partial y} & \dfrac{\partial}{\partial z} \\ P & Q & R \end{vmatrix}.$$

这时斯托克斯公式可写成 $\displaystyle\iint_{\Sigma}\text{rot}\boldsymbol{A}\cdot\boldsymbol{n}\mathrm{d}S=\oint_{\Gamma}\boldsymbol{A}\cdot\boldsymbol{t}\mathrm{d}S$　或　$\displaystyle\iint_{\Sigma}(\text{rot}\boldsymbol{A})_n\mathrm{d}S=\oint_{\Gamma}\boldsymbol{A}_t\mathrm{d}S.$

二、例 题 分 析

【**例 1**】　计算曲面积分 $\displaystyle\iint_{\Sigma}(2x+z)\mathrm{d}y\mathrm{d}z+z\mathrm{d}x\mathrm{d}y$，其中 Σ 为有向曲面 $z=x^2+y^2$ $(0\leqslant$ $z\leqslant1)$，其法向量与 z 轴正向的夹角为锐角.

分析　因为 Σ 不是闭曲面，可考虑添加辅助曲面，利用高斯公式计算. 或者考虑到 Σ 在 xOy 面的投影区域 $D_{xy}=\{(x,y)\,|\,x^2+y^2\leqslant1\}$ 比较简单，可用投影转换法将积分投影到 xOy 面上，再化为 D_{xy} 上的二重积分，也可将 Σ 分别投影到 yOz 面与 xOy 面进行计算.

解　**方法一**　利用高斯公式计算，记 Σ_1：$\begin{cases} z=1, \\ x^2+y^2\leqslant1, \end{cases}$　取下侧，

则 $\displaystyle\iint_{\Sigma}(2x+z)\mathrm{d}y\mathrm{d}z+z\mathrm{d}x\mathrm{d}y=\iint_{\Sigma+\Sigma_1}(2x+z)\mathrm{d}y\mathrm{d}z+z\mathrm{d}x\mathrm{d}y-\iint_{\Sigma_1}(2x+z)\mathrm{d}y\mathrm{d}z+z\mathrm{d}x\mathrm{d}y.$

由高斯公式得

$$\iint_{\Sigma+\Sigma_1}(2x+z)\mathrm{d}y\mathrm{d}z+z\mathrm{d}x\mathrm{d}y=-\iiint_{\Omega}3\mathrm{d}V=-3\int_0^1\mathrm{d}z\int_0^{2\pi}\mathrm{d}\theta\int_0^{\sqrt{z}}r\mathrm{d}r=-\dfrac{3}{2}\pi.$$

记 $D_{xy}=\{(x,y)\,|\,x^2+y^2\leqslant1\}$ 为 Σ_1 在 xOy 面的投影区域，有

$$\iint_{\Sigma_1}(2x+z)\mathrm{d}y\mathrm{d}z+z\mathrm{d}x\mathrm{d}y=\iint_{\Sigma_1}\mathrm{d}x\mathrm{d}y=-\iint_{D_{xy}}\mathrm{d}x\mathrm{d}y=-\pi,$$

于是　$\displaystyle\iint_{\Sigma}(2x+z)\mathrm{d}y\mathrm{d}z+z\mathrm{d}x\mathrm{d}y=-\dfrac{3}{2}\pi+\pi=-\dfrac{1}{2}\pi.$

方法二　用投影转换法将积分投影到 xOy 面，由曲面 Σ 的方程 $z=x^2+y^2$，得 $\dfrac{\partial z}{\partial x}=2x$，为 Σ 在 xOy 面的投影区域为 $D_{xy}=\{(x,y)\,|\,x^2+y^2\leqslant1\}$，则有

$$\iint_{\Sigma}(2x+z)\mathrm{d}y\mathrm{d}z+z\mathrm{d}x\mathrm{d}y=\iint_{\Sigma}\left[(2x+z)\left(-\dfrac{\partial z}{\partial x}\right)+z\right]\mathrm{d}x\mathrm{d}y$$

$$=\iint_{\Sigma}[-4x^2-2x(x^2+y^2)+x^2+y^2]\mathrm{d}x\mathrm{d}y$$

$$=\iint_{D_{xy}}[-4x^2-2x(x^2+y^2)+x^2+y^2]\mathrm{d}x\mathrm{d}y$$

$$=\int_0^{2\pi}\mathrm{d}\theta\int_0^1(-4r^2\cos^2\theta-2r^3\cos+r^2)r\mathrm{d}r=-\dfrac{1}{2}\pi.$$

方法三　用直接投影法将 Σ 分别投影到 yOz 面与 xOy 面. 将 Σ 分为两个曲面，即 Σ_1：$x=\sqrt{z-y^2}$，$0\leqslant z\leqslant1$，取后侧；Σ_2：$x=-\sqrt{z-y^2}$，$0\leqslant z\leqslant1$，取前侧，它们在

yOz 面上的投影相同. 记 $D_{xy}=\{(x,y)\,|\,x^2+y^2\leqslant1\}$ 为 Σ 在 xOy 面的投影区域. 则有

$$\iint\limits_{\Sigma}(2x+z)\mathrm{d}y\mathrm{d}z+z\mathrm{d}x\mathrm{d}y=\iint\limits_{\Sigma_1}(2x+z)\mathrm{d}y\mathrm{d}z+\iint\limits_{\Sigma_2}(2x+z)\mathrm{d}y\mathrm{d}z+\iint\limits_{S}z\mathrm{d}x\mathrm{d}y$$

$$=-\iint\limits_{D_{yz}}(2\sqrt{z-y^2}+z)\mathrm{d}y\mathrm{d}z+\iint\limits_{\Sigma_2}(-2\sqrt{z-y^2}+z)\mathrm{d}y\mathrm{d}z+\iint\limits_{D_{xy}}(x^2+y^2)\mathrm{d}x\mathrm{d}y$$

$$=-4\iint\limits_{D_{yz}}\sqrt{z-y^2}\mathrm{d}y\mathrm{d}z+\iint\limits_{D_{xy}}(x^2+y^2)\mathrm{d}x\mathrm{d}y$$

$$=-4\int_{-1}^{1}\mathrm{d}y\int_{y^2}^{1}\sqrt{z-y^2}\mathrm{d}z+\int_{0}^{2\pi}\mathrm{d}\theta\int_{0}^{1}r^2\cdot r\mathrm{d}r=-\frac{\pi}{2}.$$

【例2】 计算 $\iint\limits_{\Sigma}\dfrac{ax\mathrm{d}y\mathrm{d}z+(z+a)^2\mathrm{d}x\mathrm{d}y}{(x^2+y^2+z^2)^{\frac{1}{2}}}$，其中 Σ 为下半球面 $z=-\sqrt{a^2-x^2-y^2}$ 的上侧，其中 a 为大于零的常数.

分析 先将曲面方程代入被积表达式简化积分，再添加辅助有向曲面，利用高斯公式计算.

解 先将 $z=-\sqrt{a^2-x^2-y^2}$ 代入被积函数，得

$$I=\iint\limits_{\Sigma}\frac{ax\mathrm{d}y\mathrm{d}z+(z+a)^2\mathrm{d}x\mathrm{d}y}{(x^2+y^2+z^2)^{\frac{1}{2}}}=\iint\limits_{\Sigma}x\mathrm{d}y\mathrm{d}z+\frac{1}{a}(z+a)^2\mathrm{d}x\mathrm{d}y,$$

添加有向平面 Σ_1：$\begin{cases}z=0,\\x^2+y^2\leqslant a^2,\end{cases}$ 取下侧，则有

$$I=\oiint\limits_{\Sigma+\Sigma_1}x\mathrm{d}y\mathrm{d}z+\frac{1}{a}(z+a)^2\mathrm{d}x\mathrm{d}y-\iint\limits_{\Sigma_1}x\mathrm{d}y\mathrm{d}z+\frac{1}{a}(z+a)^2\mathrm{d}x\mathrm{d}y,$$

由高斯公式得

$$\oiint\limits_{\Sigma+\Sigma_1}x\mathrm{d}y\mathrm{d}z+\frac{1}{a}(z+a)^2\mathrm{d}x\mathrm{d}y=-\iiint\limits_{\Omega}\left(3+\frac{2}{a}z\right)\mathrm{d}V$$

$$=-3\cdot\frac{2}{3}\pi a^2-\frac{2}{a}\int_{\frac{\pi}{2}}^{\pi}\mathrm{d}\varphi\int_{0}^{2\pi}\mathrm{d}\theta\int_{0}^{a}r\cos\varphi\cdot r^2\sin\varphi\mathrm{d}r=-\frac{3}{2}\pi a^3.$$

记 $D_{xy}=\{(x,y)\,|\,x^2+y^2\leqslant a^2\}$ 为 Σ_1 在 xOy 面的投影区域. 由投影法得

$$\iint\limits_{\Sigma_1}x\mathrm{d}y\mathrm{d}z+\frac{1}{a}(z+a)^2\mathrm{d}x\mathrm{d}y=\iint\limits_{\Sigma_1}a\mathrm{d}x\mathrm{d}y=-a\iint\limits_{D_{xy}}\mathrm{d}x\mathrm{d}y=-\pi a^3,$$

所以 $\quad\iint\limits_{\Sigma}\dfrac{ax\mathrm{d}y\mathrm{d}z+(z+a)^2\mathrm{d}x\mathrm{d}y}{(x^2+y^2+z^2)^{\frac{1}{2}}}=-\dfrac{3}{2}\pi a^3+\pi a^3=-\dfrac{1}{2}\pi a^3.$

注 (1) 对于曲线、曲面积分，应注意将积分曲线、曲面方程代入被积表达式简化积分；

(2) 对于积分 $I=\iint\limits_{\Sigma+\Sigma_1}\dfrac{ax\mathrm{d}y\mathrm{d}z+(z+a)^2\mathrm{d}x\mathrm{d}y}{(x^2+y^2+z^2)^{\frac{1}{2}}}$，不能直接利用高斯公式，因为函数

$P=\dfrac{ax}{(x^2+y^2+z^2)^{\frac{1}{2}}}$，$R=\dfrac{(z+a)^2}{(x^2+y^2+z^2)^{\frac{1}{2}}}$ 在曲面 Σ_1 上的点 $(0,0,0)$ 处不具有一阶连续偏导数，代入积

分曲面方程 $z=-\sqrt{a^2-x^2-y^2}$，将积分化为 $I=\iint\limits_{\Sigma}x\mathrm{d}y\mathrm{d}z+\dfrac{1}{a}(z+a)^2\mathrm{d}x\mathrm{d}y$，

此时积分 $I=\iint\limits_{\Sigma+\Sigma_1}x\mathrm{d}y\mathrm{d}z+\dfrac{1}{a}(z+a)^2\mathrm{d}x\mathrm{d}y$ 可利用高斯公式.

【例3】 计算曲面积分 $I=\oiint\limits_{\Sigma}\dfrac{x\mathrm{d}y\mathrm{d}z+y\mathrm{d}z\mathrm{d}x+z\mathrm{d}x\mathrm{d}y}{(x^2+y^2+z^2)^{\frac{3}{2}}}$，其中 Σ 是曲面 $2x^2+2y^2+z^2=4$ 的外侧.

分析　考虑到函数 $P=\dfrac{x}{(x^2+y^2+z^2)^{\frac{3}{2}}}$，$Q=\dfrac{y}{(x^2+y^2+z^2)^{\frac{3}{2}}}$，$R=\dfrac{z}{(x^2+y^2+z^2)^{\frac{3}{2}}}$ 在曲面 Σ 内部的点（0，0，0）处没有意义，即不具有一阶连续偏导数，所以，不能直接利用高斯公式．需添加辅助面将"奇点"挖掉．添加封闭辅助面 Σ_1：$x^2+y^2+z^2=\varepsilon^2$，$0<\varepsilon<\dfrac{1}{4}$，取内侧，在 Σ 和 Σ_1 所围的闭域内应用高斯公式．

解　**方法一**　这里 $P=\dfrac{x}{(x^2+y^2+z^2)^{\frac{3}{2}}}$，$Q=\dfrac{y}{(x^2+y^2+z^2)^{\frac{3}{2}}}$，$R=\dfrac{z}{(x^2+y^2+z^2)^{\frac{3}{2}}}$，

计算得 $\dfrac{\partial P}{\partial x}=\dfrac{\partial}{\partial x}\left(\dfrac{x}{(x^2+y^2+z^2)^{\frac{3}{2}}}\right)=\dfrac{y^2+z^2-2x^2}{(x^2+y^2+z^2)^{\frac{3}{2}}}$，$\dfrac{\partial Q}{\partial y}=\dfrac{y^2+z^2-2y^2}{(x^2+y^2+z^2)^{\frac{3}{2}}}$，

$\dfrac{\partial R}{\partial z}=\dfrac{y^2+z^2-2z^2}{(x^2+y^2+z^2)^{\frac{3}{2}}}$．

添加封闭辅助面 Σ_1：$x^2+y^2+z^2=\varepsilon^2$，$0<\varepsilon<\dfrac{1}{4}$，取内侧．记 Σ 和 Σ_1 所围的闭域为 Ω，Σ_1 所围闭域为 Ω_1，则由高斯公式，得

$$I=\oiint_{\Sigma}\frac{x\mathrm{d}y\mathrm{d}z+y\mathrm{d}z\mathrm{d}x+z\mathrm{d}x\mathrm{d}y}{(x^2+y^2+z^2)^{\frac{3}{2}}}=\oiint_{\Sigma+\Sigma_1}\frac{x\mathrm{d}y\mathrm{d}z+y\mathrm{d}z\mathrm{d}x+z\mathrm{d}x\mathrm{d}y}{(x^2+y^2+z^2)^{\frac{3}{2}}}-\oiint_{\Sigma_1}\frac{x\mathrm{d}y\mathrm{d}z+y\mathrm{d}z\mathrm{d}x+z\mathrm{d}x\mathrm{d}y}{(x^2+y^2+z^2)^{\frac{3}{2}}}$$

$$=\iiint_{\Omega}\left(\frac{\partial P}{\partial x}+\frac{\partial Q}{\partial y}+\frac{\partial R}{\partial z}\right)\mathrm{d}V-\oiint_{\Sigma_1}\frac{x\mathrm{d}y\mathrm{d}z+y\mathrm{d}z\mathrm{d}x+z\mathrm{d}x\mathrm{d}y}{\varepsilon^3}$$

$$=\iiint_{\Omega}0\mathrm{d}V-\frac{1}{\varepsilon^3}\oiint_{\Sigma_1}x\mathrm{d}y\mathrm{d}z+y\mathrm{d}z\mathrm{d}x+z\mathrm{d}x\mathrm{d}y=\frac{1}{\varepsilon^3}\oiint_{\Sigma_1}x\mathrm{d}y\mathrm{d}z+y\mathrm{d}z\mathrm{d}x+z\mathrm{d}x\mathrm{d}y$$

$$=\frac{1}{\varepsilon^3}\iiint_{\Omega_1}3\mathrm{d}V=\frac{3}{\varepsilon^3}\cdot\frac{4}{3}\pi\varepsilon^3=4\pi.$$

方法二　将 Σ 分成上下两部分．则有 Σ_1：$z=\sqrt{4-2x^2-2y^2}$ 其在 xoy 面上的投影区域为，D：$x^2+y^2\leqslant 2$．法向量为

$$\boldsymbol{n}_1=\left\{-\frac{\partial z}{\partial x},-\frac{\partial z}{\partial y},1\right\}=\left\{\frac{2x}{\sqrt{4-x^2-y^2}},\frac{2y}{\sqrt{4-x^2-y^2}},1\right\}.$$

Σ_2：$z=-\sqrt{4-2x^2-2y^2}$，它在 xoy 面上的投影区域为 D：$x^2+y^2\leqslant 2$．法向量为

$$\boldsymbol{n}_2=\left\{\frac{\partial z}{\partial x},\frac{\partial z}{\partial y},-1\right\}=\left\{-\frac{2x}{\sqrt{4-x^2-y^2}},-\frac{2y}{\sqrt{4-x^2-y^2}},-1\right\}.$$

于是

$$I=\oiint_{\Sigma_1}\frac{x\mathrm{d}y\mathrm{d}z+y\mathrm{d}z\mathrm{d}x+z\mathrm{d}x\mathrm{d}y}{(x^2+y^2+z^2)^{\frac{3}{2}}}+\oiint_{\Sigma_2}\frac{x\mathrm{d}y\mathrm{d}z+y\mathrm{d}z\mathrm{d}x+z\mathrm{d}x\mathrm{d}y}{(x^2+y^2+z^2)^{\frac{3}{2}}}$$

$$=\iint_{D}\left(\frac{x\cdot 2x}{\sqrt{4-x^2-y^2}}+\frac{y\cdot 2y}{\sqrt{4-x^2-y^2}}+\sqrt{4-x^2-y^2}\right)\frac{1}{(\sqrt{4-x^2-y^2})^3}\mathrm{d}x\mathrm{d}y-$$

$$\iint_{D}\left(-\frac{x\cdot 2x}{\sqrt{4-x^2-y^2}}-\frac{y\cdot 2y}{\sqrt{4-x^2-y^2}}-\sqrt{4-x^2-y^2}\right)\frac{1}{(\sqrt{4-x^2-y^2})^3}\mathrm{d}x\mathrm{d}y$$

$$=4\sqrt{2}\iint_{D}\frac{1}{(\sqrt{4-x^2-y^2})^3}\frac{1}{\sqrt{2-x^2-y^2}}\mathrm{d}x\mathrm{d}y=4\sqrt{2}\int_0^{2\pi}\mathrm{d}\theta\int_0^{\sqrt{2}}\frac{1}{(4-r^2)^{\frac{3}{2}}}\frac{1}{\sqrt{2-r^2}}r\mathrm{d}r$$

$$\xrightarrow{2-r^2=t^2}8\sqrt{2}\pi\int_0^{\sqrt{2}}\frac{1}{(2+t^2)^{\frac{3}{2}}}\mathrm{d}t\xrightarrow{t=\sqrt{2}\tan u}4\sqrt{2}\pi\int_0^{\frac{\pi}{4}}\cos u\mathrm{d}u=4\pi.$$

【例 4】　设 Σ 是光滑封闭曲面，方向朝外．给定第二型的曲面积分

$$I=\iint_{\Sigma}(x^3-x)\mathrm{d}y\mathrm{d}z+(2y^3-y)\mathrm{d}z\mathrm{d}x+(3z^3-z)\mathrm{d}x\mathrm{d}y.$$

试确定曲面 Σ，使得积分 I 的值最小，并求该最小值.

解 记 Σ 围成的立体为 Ω，由高斯公式，得

$$I = \iiint\limits_{\Omega} (3x^2 + 6y^2 + 9z^2 - 3)\mathrm{d}v = 3\iiint\limits_{\Omega} (x^2 + 2y^2 + 3z^2 - 1)\mathrm{d}x\mathrm{d}y\mathrm{d}z.$$

为了使得 I 达到最小，就要求 Ω 是使得 $x^2 + 2y^2 + 3z^2 - 1 \leqslant 0$ 的最大空间区域，即

$$\Omega = \{(x,y,z) \mid x^2 + 2y^2 + 3z^2 \leqslant 1\}.$$

所以 Ω 是一个椭球，Σ 是椭球 Ω 的表面时，积分 I 最小. 为求该最小值，作变换

$$\begin{cases} x = u, \\ y = v/\sqrt{2}, \\ z = w/\sqrt{3}, \end{cases} \text{则} \frac{\partial(x,y,z)}{\partial(u,v,w)} = \frac{1}{\sqrt{6}}, \text{有}$$

$$I = \frac{3}{\sqrt{6}} \iiint\limits_{u^2+v^2+w^2 \leqslant 1} (u^2 + v^2 + w^2 - 1)\mathrm{d}u\mathrm{d}v\mathrm{d}w. \text{使用球坐标变换，有} I = \frac{3}{\sqrt{6}} \int_0^{2\pi} \mathrm{d}\varphi \int_0^{\pi} \mathrm{d}\theta \int_0^1 (r^2 -$$

$1)r^2 \sin\theta \mathrm{d}r = -\frac{4\sqrt{6}}{15}\pi.$

分析 第二类空间曲线积分的计算方法主要有两种：一是用参数法将曲线积分化为对参变量的定积分，关键在于用参数方程表示空间曲线；二是利用斯托克斯公式将曲线积分化为第二类曲面积分.

【**例 5**】 计算曲线积分 $\oint_C (z-y)\mathrm{d}x + (x-z)\mathrm{d}y + (x-y)\mathrm{d}z$，其中 C 是曲线 $\begin{cases} x^2 + y^2 = 1, \\ x - y + z = 2 \end{cases}$ 从 z 轴正向往 z 轴负向看，C 的方向是顺时针的.

解 **方法一** 令 $x = \cos t$，$y = \sin t$，则 $z = 2 - \cos t + \sin t$，积分曲线 C 的起点与终点所对应的 t 的值分别为 $t = 2\pi$，$t = 0$. 于是

$$\oint_C (z-y)\mathrm{d}x + (x-z)\mathrm{d}y + (x-y)\mathrm{d}z = \int_{2\pi}^0 -[2(\sin t + \cos t) - 2\cos 2t - 1]\mathrm{d}t = -2\pi.$$

方法二 设 Σ 为平面 $x - y + z = 2$ 的下侧被曲线 C 所围成的部分. Σ 在 xOy 面上的投影区域为 $D_{xy} = \{(x,y) \mid x^2 + y^2 \leqslant 1\}$，由斯托克斯公式得

$$\oint_C (z-y)\mathrm{d}x + (x-z)\mathrm{d}y + (x-y)\mathrm{d}z = \iint\limits_{\Sigma} \begin{vmatrix} \mathrm{d}y\mathrm{d}z & \mathrm{d}z\mathrm{d}x & \mathrm{d}x\mathrm{d}y \\ \dfrac{\partial}{\partial x} & \dfrac{\partial}{\partial y} & \dfrac{\partial}{\partial z} \\ z-y & x-z & x-y \end{vmatrix} = \iint\limits_{\Sigma} 2\mathrm{d}x\mathrm{d}y = -2\iint\limits_{D_{xy}} \mathrm{d}x\mathrm{d}y = -2\pi.$$

注 用参数法将第二类空间曲线积分化为参变量的定积分时，定积分的下限与上限应分别是对应于积分曲线的起点与终点的参变量的值.

【**例 6**】 计算 $I = \oint_L (y^2 - z^2)\mathrm{d}x + (2z^2 - x^2)\mathrm{d}y + (3x^2 - y^2)\mathrm{d}z$，其中 L 是平面 $x + y + z = 2$ 与柱面 $|x| + |y| = 1$ 的交线，从 z 轴正向看去，L 为逆时针方向.

解 设 Σ 为平面 $x + y + z = 2$ 的上侧被 L 所围成的部分，$D_{xy} = \{(x,y) \mid |x| + |y| \leqslant 1\}$ 为 Σ 在 xOy 面的投影区域，Σ 的单位法向量为 $\frac{1}{\sqrt{3}}\{1,1,1\}$，由斯托克斯公式得

$$I = \iint\limits_{\Sigma} \begin{vmatrix} \dfrac{1}{\sqrt{3}} & \dfrac{1}{\sqrt{3}} & \dfrac{1}{\sqrt{3}} \\ \dfrac{\partial}{\partial x} & \dfrac{\partial}{\partial y} & \dfrac{\partial}{\partial z} \\ y^2 - z^2 & 2z^2 - x^2 & 3x^2 - y^2 \end{vmatrix} \mathrm{d}S = -\frac{2}{\sqrt{3}} \iint\limits_{\Sigma} (4x + 2y + 3z)\mathrm{d}S$$

$$=-\frac{2}{\sqrt{3}}\iint\limits_{\Sigma}(6+x-y)\mathrm{d}S=-2\iint\limits_{D_{xy}}(6+x-y)\mathrm{d}x\mathrm{d}y,$$

利用二重积分对称性得 $\iint\limits_{D_{xy}}(x-y)\mathrm{d}x\mathrm{d}y=0$，所以 $I=-12\iint\limits_{D_{xy}}\mathrm{d}x\mathrm{d}y=-24$.

注 由两类曲线积分之间的关系，可得斯托克斯公式的另一种形式

$$\oint_{L}P\mathrm{d}x+Q\mathrm{d}y+R\mathrm{d}z=\iint\limits_{\Sigma}\begin{vmatrix}\cos\alpha & \cos\beta & \cos\gamma\\[4pt]\dfrac{\partial}{\partial x} & \dfrac{\partial}{\partial y} & \dfrac{\partial}{\partial z}\\[4pt]P & Q & R\end{vmatrix}\mathrm{d}S,$$

其中 **n**＝（cosα，cosβ，cosγ）为有向曲面 Σ 的外法向量，该形式的特点是将第二类空间曲线积分直接化为第一类曲面积分.

三、习 题

1. 设 Σ 是由曲面 $z=\sqrt{x^2+y^2}$ 与 $z=\sqrt{2-x^2-y^2}$ 围成立体的表面外侧，求 $\oiint\limits_{\Sigma}2xz\,\mathrm{d}y\,\mathrm{d}z+yz\,\mathrm{d}z\,\mathrm{d}x-z^2\mathrm{d}x\mathrm{d}y$.

2. 设 S 是有向曲面 $z=x^2+y^2$ （$0\leqslant z\leqslant1$），其法向量与 Z 轴正向的夹角为锐角，求曲面积分 $I=\iint\limits_{S}(2x+z)\mathrm{d}y\mathrm{d}z+z\mathrm{d}z\mathrm{d}x$.

3. 计算曲面积分 $I=\iint\limits_{\Sigma}(x^3+z^3)\mathrm{d}y\mathrm{d}z+(y^3+x^2)\mathrm{d}z\mathrm{d}x+(z^3+y^2)\mathrm{d}x\mathrm{d}y$，其中 Σ 为 $z=\sqrt{1-x^2-y^2}$ 的上侧.

4. 设 Σ 为 $z=1-x^2-y^2$ 及 $z=0$ 所围立体整个表面的外侧，计算 $\iint\limits_{\Sigma}x^2yz^2\mathrm{d}y\mathrm{d}z-xy^2z^2\mathrm{d}z\mathrm{d}x+z(1+xyz)\mathrm{d}x\mathrm{d}y$.

5. 设 Σ 为 $z^2=x^2+y^2$ （$0\leqslant z\leqslant H$），cosα，cosβ，cosγ 为 Σ 的外法线的方向余弦，计算 $\iint\limits_{\Sigma}(x^3\cos\alpha+y^3\cos\beta+z^3\cos\gamma)\mathrm{d}S$.

6. 计算曲面积分：$I=\iint\limits_{\Sigma}\dfrac{z^2}{x^2+y^2}\mathrm{d}x\mathrm{d}y$，其中 Σ 为 $z=\sqrt{2ax-x^2-y^2}$ （$a>0$）在 $x^2+y^2=a^2$ 的外面部分的外侧.

7. 设 $F(x,y,z)$ 满足 $F_{xx}+F_{yy}+F_{zz}=0$，求证 $\iiint\limits_{\Omega}(F_x^2+F_y^2+F_z^2)\mathrm{d}v=\oiint\limits_{\Sigma}F\dfrac{\partial F}{\partial n}\mathrm{d}S$，其中 Ω 是闭曲面 Σ 所围的区域，**n** 是 Σ 的外法线向量.

8. 设 L 是位于平面 $x\cos\alpha+y\cos\beta+z\cos\gamma-P=0$（cosα，cosβ，cosγ 为平面的法向量的方向余弦）上，且包围面积为 A 的一条封闭曲线，求证

$$\oint_{L}\begin{vmatrix}\mathrm{d}x & \mathrm{d}y & \mathrm{d}z\\\cos\alpha & \cos\beta & \cos\gamma\\x & y & z\end{vmatrix}=2A,$$

其中 L 取正方向.

9. 计算：$I=\oint_{\Gamma}(z-y)\mathrm{d}x+(x-z)\mathrm{d}y+(x-y)\mathrm{d}z$，其中 $\Gamma:\begin{cases}x^2+y^2=1,\\x-y+z=2,\end{cases}$ 从 z 轴正向往 z 轴负向看 Γ 的方向是顺时针的.

四、习题解答与提示

1. $\dfrac{\pi}{2}$. 提示：$P_x+Q_y+Q_z=z$，由高斯公式知原积分 $=\iiint\limits_{\Omega}z\mathrm{d}v=\int_0^{2\pi}\mathrm{d}\theta\int_0^{\frac{\pi}{4}}\mathrm{d}\varphi\int_0^{\sqrt{2}}r^3\cos\varphi\sin\varphi\mathrm{d}r$.

2. $-\dfrac{\pi}{2}$.　提示：补 S_1：$x^2+y^2\leqslant 1$，$z=1$，取下侧，$I=\oiint\limits_{S+S_1}-\iint\limits_{S_1}=-\iiint\limits_{\Omega}3\mathrm{d}v+\iint\limits_{D}\mathrm{d}x\mathrm{d}y$.

3. $\dfrac{29}{20}\pi$.　提示：补 Σ_1：$x^2+y^2\leqslant 1$，$z=0$，取下侧，$I=\oiint\limits_{\Sigma+\Sigma_1}-\iint\limits_{\Sigma_1}=3\iiint\limits_{\Omega}(x^2+y^2+z^2)\,\mathrm{d}v+\iint\limits_{D_{xy}}y^2\mathrm{d}x\mathrm{d}y$.

4. $\dfrac{\pi}{2}$.　提示：利用高斯公式化为 $\iiint\limits_{\Omega}(1+2xyz)\mathrm{d}v=\iiint\limits_{\Omega}\mathrm{d}v$，由对称性知 $\iiint\limits_{\Omega}xyz\,\mathrm{d}v=0$.

5. $-\dfrac{1}{10}\pi H^5$.　提示：补 Σ_1：$z=H$，$x^2+y^2\leqslant H^2$，取上侧.

6. $\left(\pi-\dfrac{3\sqrt{3}}{2}\right)a^2$.　提示：$I=\iint\limits_{D}\dfrac{2ax-x^2-y^2}{x^2+y^2}\mathrm{d}x\mathrm{d}y$　$\left(D:-\dfrac{\pi}{3}\leqslant\theta\leqslant\dfrac{\pi}{3}，a\leqslant r\leqslant 2a\cos\theta\right)$.

7. 提示：$\oiint\limits_{\Sigma}F\dfrac{\partial F}{\partial n}\mathrm{d}S=\oiint\limits_{\Sigma}FF_x\mathrm{d}y\mathrm{d}z+FF_y\mathrm{d}z\mathrm{d}x+FF_z\mathrm{d}x\mathrm{d}y=\iiint\limits_{\Omega}[(FF_x)'_x+(FF_y)'_y+(FF_z)'_z]\mathrm{d}v$.

8. 提示：等式左端 $=\oint\limits_{L}P\mathrm{d}x+Q\mathrm{d}y+R\mathrm{d}z$，其中 $P=z\cos\beta-y\cos\gamma$，$Q=x\cos\gamma-z\cos\alpha$，$R=y\cos\alpha-x\cos\beta$，再利用斯托克斯公式计算，注意到 $\cos^2\alpha+\cos^2\beta+\cos^2\gamma=1$.

9. -2π.　提示：Γ 所在平面的法向量方向余弦是 $-\dfrac{1}{\sqrt{3}}\{1,-1,1\}$，利用斯托克斯公式计算，或设 Γ 的方程为 $x=\cos t$，$y=\sin t$，$z=2-\cos t+\sin t$ 直接计算.

第十一章 无穷级数

基本要求与重点要求

1. 基本要求

理解无穷级数收敛、发散以及和的概念. 了解无穷级数基本性质及收敛的必要条件. 掌握几何级数和 p—级数的收敛性. 了解正项级数的比较审敛法. 掌握正项级数的比值审敛法. 了解交错级数的莱布尼兹定理, 会估计交错级数的截断误差. 了解无穷级数绝对收敛与条件收敛的概念以及绝对收敛与收敛的关系. 了解函数项级数的收敛域及和函数的概念. 掌握比较简单的幂级数收敛区间的求法（区间端点的收敛性可不作要求）. 了解幂级数在其收敛区间内的一些基本性质. 了解函数展开为泰勒级数的充分必要条件. 会利用 e^x, $\sin x$, $\cos x$, $\ln(1+x)$ 和 $(1+x)^m$ 的麦克劳林展开式将一些简单的函数间接展开成幂级数. 了解幂级数在近似计算上的简单应用. 了解函数展为傅里叶级数的狄利克雷条件, 会将定义在 $(-\pi, \pi)$ 和 $(-l, l)$ 上的函数展开为傅里叶级数, 并会将定义在 $(0, l)$ 上的函数展开为正弦或余弦级数.

2. 重点要求

无穷级数收敛、发散以及和的概念, 无穷级数收敛的必要条件. 几何级数和 p—级数的收敛性. 正项级数的比值审敛法. 交错级数的莱布尼兹定理. 绝对收敛与收敛的关系. 比较简单的幂级数收敛区间及和函数的求法. 将一些简单的函数间接展开成幂级数.

知识点关联网络

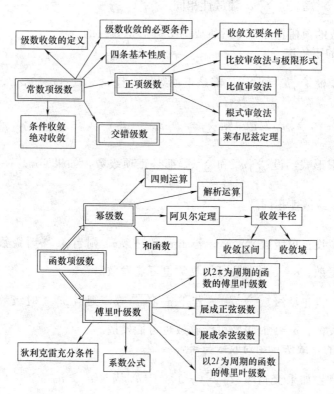

第一节 常数项级数

一、内 容 提 要

1. 数项级数的基本概念

设给定数列 u_1，u_2，$\cdots$，u_n，$\cdots$，则称表达式 $u_1+u_2+\cdots+u_n+\cdots$ 或 $\sum\limits_{n=1}^{\infty}u_n$ 为无穷级数，并称 u_n 为级数的一般项.

$S_n - u_1+u_2+\cdots+u_n = \sum\limits_{k=1}^{n}u_k$ 称为级数的部分和，若 $\lim\limits_{n\to\infty}S_n=S$，则称级数 $\sum\limits_{n=1}^{\infty}u_n$ 收敛，并称 S 为 $\sum\limits_{n=1}^{\infty}u_n$ 的和，记作 $S=\sum\limits_{n=1}^{\infty}u_n$，若 $\lim\limits_{n\to\infty}S_n$ 不存在，则称此级数发散，这时级数没有和.

2. 数项级数的基本性质

$u_n\to 0$ $(n\to\infty)$ 是级数 $\sum\limits_{n=1}^{\infty}u_n$ 收敛的必要条件，但不是充分条件，$u_n\not\to 0$ $(n\to\infty)$ 是级数 $\sum\limits_{n=1}^{\infty}u_n$ 发散的充分条件.

在级数中加入有限项或去掉有限项，不改变级数的敛散性.

设 $\sum\limits_{n=1}^{\infty}u_n=S_1$，$\sum\limits_{n=1}^{\infty}v_n=S_2$，则 $\sum\limits_{n=1}^{\infty}(u_n\pm v_n)=S_1\pm S_2$.

设 $k\neq 0$，则 $\sum\limits_{n=1}^{\infty}ku_n$ 与 $\sum\limits_{n=1}^{\infty}u_n$ 敛散性相同.

对于收敛级数的项任意加括号后所成的级数仍是收敛的.

3. 正项级数的审敛法

比较判别法：设 $\sum\limits_{n=1}^{\infty}u_n$ 和 $\sum\limits_{n=1}^{\infty}v_n$ 都是正项级数，且 $u_n\leqslant v_n$ $(n=1,2,\cdots)$，若 $\sum\limits_{n=1}^{\infty}v_n$ 收敛，则 $\sum\limits_{n=1}^{\infty}u_n$ 收敛；若 $\sum\limits_{n=1}^{\infty}u_n$ 发散，则 $\sum\limits_{n=1}^{\infty}v_n$ 发散.

比较法的极限形式：设 $\sum\limits_{n=1}^{\infty}u_n$ 和 $\sum\limits_{n=1}^{\infty}v_n$ 都是正项级数，如果 $\lim\limits_{n\to\infty}\dfrac{u_n}{v_n}=l$ $(0<l<+\infty)$，则 $\sum\limits_{n=1}^{\infty}u_n$ 与 $\sum\limits_{n=1}^{\infty}v_n$ 敛散性相同.

比值审敛法：设正项级数 $\sum\limits_{n=1}^{\infty}u_n$，若 $\lim\limits_{u\to\infty}\dfrac{u_{n+1}}{u_n}=\rho$，则当 $\rho<1$ 时级数收敛；$\rho>1$（或 ρ 为 $+\infty$）时级数发散；$\rho=1$ 时级数可能收敛也可能发散.

根值审敛法：设正项级数 $\sum\limits_{n=1}^{\infty}u_n$，若 $\lim\limits_{n\to\infty}\sqrt[n]{u_n}=\rho$，则当 $\rho<1$ 时级数收敛；$\rho>1$（或 ρ 为 $+\infty$）时级数发散；$\rho=1$ 时级数可能收敛也可能发散.

4. 交错级数的审敛法 绝对收敛与条件收敛

莱布尼兹定理：如果交错级数 $\sum\limits_{n=1}^{\infty}(-1)^{(n-1)}u_n$ 满足 $u_n\geqslant u_{n+1}>0$ $(n=1,2,3,\cdots)$，

$\lim\limits_{n\to\infty}u_n=0$，则级数收敛.

若级数 $\sum\limits_{n=1}^{\infty}|u_n|$ 收敛，则级数 $\sum\limits_{n=1}^{\infty}u_n$ 也收敛，这时称级数 $\sum\limits_{n=1}^{\infty}u_n$ 为绝对收敛；若 $\sum\limits_{n=1}^{\infty}u_n$

收敛而 $\sum\limits_{n=1}^{\infty}|u_n|$ 发散，则称 $\sum\limits_{n=1}^{\infty}u_n$ 为条件收敛.

二、例　题　分　析

无穷级数可分为常数项级数和函数项级数两大类. 常数项级数主要讨论正项级数和交错级数；函数项级数主要讨论幂级数和傅里叶级数.

由于级数表现为无限和的形式，所以讨论级数首先是讨论无限和的存在性，即级数的收敛性；其次讨论级数的求和，即如何以数或函数的形式来表示该级数；最后考虑如何用级数的形式来表示任意一个函数，即函数的级数展开（幂级数展开或傅里叶级数展开），这是一个反问题.

本章主要讨论两个内容：级数的收敛性与求和，函数的级数展开.

（一）级数的基本概念与性质

【例 1】（1）已知级数 $\sum\limits_{n=1}^{\infty}u_n$ 的部分和为 $S_n=\dfrac{n+1}{n}$，写出该级数，并求其和；

（2）设 $\{a_n\}$ 是正项数列，证明级数 $\sum\limits_{n=1}^{\infty}\dfrac{a_n}{(1+a_1)(1+a_2)\cdots(1+a_n)}$ 收敛.

分析　无穷级数 $\sum\limits_{n=1}^{\infty}u_n$ 的敛散性等价于其部分和数列 $\{S_n\}$ 的敛散性，当部分和数列 $\{S_n\}$ 极限存在时，该极限值 S 就是该无穷级数 $\sum\limits_{n=1}^{\infty}u_n$ 的和.

解　（1）由级数的通项与其部分和的关系可得

$$u_1=S_1=2,\ u_n=S_n-S_{n-1}=-\frac{1}{n(n-1)},n=2,3,\cdots.$$

因此所求级数为 $2-\sum\limits_{n=2}^{\infty}\dfrac{1}{n(n-1)}$，且该级数的和为 1，即

$$2-\sum_{n=2}^{\infty}\frac{1}{n(n-1)}=\lim_{n\to\infty}\frac{n+1}{n}=1.$$

证　（2）级数的通项为 $u_n=\dfrac{a_n}{(1+a_1)(1+a_2)\cdots(1+a_n)}>0$，显然其部分和数列 $\{S_n\}$ 是单调增加的. 注意到通项可表示为

$$u_n=\frac{1}{(1+a_1)(1+a_2)\cdots(1+a_{n-1})}-\frac{1}{(1+a_1)(1+a_2)\cdots(1+a_n)},$$

因此级数的部分和为 $S_n=\dfrac{1}{1+a_1}-\dfrac{1}{(1+a_1)(1+a_2)\cdots(1+a_n)}<\dfrac{1}{1+a_1}\leqslant 1$，即部分和数列 $\{S_n\}$ 极限存在，由级数收敛的定义知级数 $\sum\limits_{n=1}^{\infty}\dfrac{a_n}{(1+a_1)(1+a_2)\cdots(1+a_n)}$ 收敛.

【例 2】（1）若级数 $\sum\limits_{n=1}^{\infty}u_n$ 收敛，$\sum\limits_{n=1}^{\infty}v_n$ 发散，问级数 $\sum\limits_{n=1}^{\infty}(u_n+v_n)$ 的敛散性如何？并证明你的结论；

（2）若级数 $\sum\limits_{n=1}^{\infty}u_n$ 与 $\sum\limits_{n=1}^{\infty}v_n$ 都发散，则级数 $\sum\limits_{n=1}^{\infty}(u_n+v_n)$ 的敛散性如何？

（3）若级数 $(u_1+u_2)+(u_3+u_4)+\cdots+(u_{2n-1}+u_{2n})+\cdots$ 收敛，问级数 $\sum\limits_{n=1}^{\infty}u_n$ 是否收敛？

解 （1）若级数 $\sum\limits_{n=1}^{\infty}u_n$ 收敛，$\sum\limits_{n=1}^{\infty}v_n$ 发散，则级数 $\sum\limits_{n=1}^{\infty}(u_n+v_n)$ 必发散．用反证法证明：假设 $\sum\limits_{n=1}^{\infty}(u_n+v_n)$ 收敛，注意到 $v_n=(u_n+v_n)-u_n$，根据级数基本性质可知 $\sum\limits_{n=1}^{\infty}v_n$ 也收敛，这与已知条件矛盾，因此级数 $\sum\limits_{n=1}^{\infty}(u_n+v_n)$ 必发散．

（2）若级数 $\sum\limits_{n=1}^{\infty}u_n$ 与 $\sum\limits_{n=1}^{\infty}v_n$ 都发散，则级数 $\sum\limits_{n=1}^{\infty}(u_n+v_n)$ 可能收敛也可能发散．如 $\sum\limits_{n=1}^{\infty}\frac{1}{n}$ 与 $\sum\limits_{n=1}^{\infty}\left(-\frac{1}{n}\right)$ 都发散，但级数 $\sum\limits_{n=1}^{\infty}\left[\frac{1}{n}+\left(-\frac{1}{n}\right)\right]=\sum\limits_{n=1}^{\infty}0$ 是收敛的，而级数 $\sum\limits_{n=1}^{\infty}\left[\frac{1}{n}-\left(-\frac{1}{n}\right)\right]=\sum\limits_{n=1}^{\infty}\frac{2}{n}$ 则是发散的．

（3）若级数 $(u_1+u_2)+(u_3+u_4)+\cdots+(u_{2n-1}+u_{2n})+\cdots$ 收敛，则级数 $\sum\limits_{n=1}^{\infty}u_n$ 不一定收敛．如级数 $1+(-1)+1+(-1)+\cdots+1+(-1)+\cdots$ 是发散的，但添加括号后的级数 $[1+(-1)]+[1+(-1)]+\cdots+[1+(-1)]+\cdots=0+0+\cdots+0+\cdots$ 则是收敛的．

【例3】 证明下列命题：（1）若 $\sum\limits_{n=1}^{\infty}u_n$ 收敛，则 $\sum\limits_{k=1}^{\infty}(u_{2k-1}+u_{2k})$ 收敛；

（2）若 $\sum\limits_{n=1}^{\infty}(u_{2k-1}+u_{2k})$ 收敛，且 $\lim\limits_{n\to\infty}u_n=0$，则 $\sum\limits_{n=1}^{\infty}u_n$ 收敛；

（3）设数列 $\{nu_n\}$ 的极限存在，级数 $\sum\limits_{n=1}^{\infty}n(u_n-u_{n-1})$ 收敛，则级数 $\sum\limits_{n=1}^{\infty}u_n$ 也收敛．

证 记 $\sum\limits_{n=1}^{\infty}u_n$ 的部分和数列为 $\{S_n\}$，$\sum\limits_{k=1}^{\infty}(u_{2k-1}+u_{2k})$ 的部分和数列为 $\{\sigma_n\}$．

（1）由题设条件可得 $\sigma_n=S_{2n}$，由 $\sum\limits_{n=1}^{\infty}u_n$ 收敛知数列 $\{S_n\}$ 收敛，故其子数列 $\{S_{2n}\}$ 也收敛，即 $\{\sigma_n\}$ 收敛，从而可知 $\sum\limits_{k=1}^{\infty}(u_{2k-1}+u_{2k})$ 是收敛的．

注 结论（1）的等价命题是：若 $\sum\limits_{k=1}^{\infty}(u_{2k-1}+u_{2k})$ 发散，则 $\sum\limits_{n=1}^{\infty}u_n$ 必发散．

（2）显然有 $\sigma_n=S_{2n}$，$S_{2n+1}=\sigma_n+u_{2n+1}$．不妨设 $\lim\limits_{n\to\infty}\sigma_n=S$，且有 $\lim\limits_{n\to\infty}u_{2n+1}=0$，因此可得 $\lim\limits_{n\to\infty}S_{2n}=\lim\limits_{n\to\infty}\sigma_n=S$，$\lim\limits_{n\to\infty}S_{2n+1}=\lim\limits_{n\to\infty}\sigma_n+\lim\limits_{n\to\infty}u_{2n+1}=S$．即知 $\{S_n\}$ 收敛，因此级数 $\sum\limits_{n=1}^{\infty}u_n$ 收敛．

（3）不妨设数列 $\{nu_n\}$ 的极限为 l，即 $\lim\limits_{n\to\infty}nu_n=l$，设级数 $\sum\limits_{n=1}^{\infty}n(u_n-u_{n-1})$ 的和为 S，

即 $\sum\limits_{n=1}^{\infty}n(u_n-u_{n-1})=S$. 因为 $\sum\limits_{k=1}^{n}k(u_k-u_{k-1})=(u_1-u_0)+2(u_2-u_1)+\cdots+n(u_n-u_{n-1})$

$=-(u_0+u_1+\cdots+u_{n-1})+nu_n$, 即 $\quad\sum\limits_{k=0}^{n-1}u_k=nu_n-\sum\limits_{k=1}^{n}k(u_k-u_{k-1})$,

故 $\quad\lim\limits_{n\to\infty}\sum\limits_{k=0}^{n-1}u_k=\lim\limits_{n\to\infty}nu_n-\lim\limits_{n\to\infty}\sum\limits_{k=1}^{n}k(u_k-u_{k-1})=l-S$,已知级数 $\sum\limits_{n=1}^{\infty}n(u_n-u_{n-1})$ 收敛,因

此 $\sum\limits_{n=1}^{\infty}u_n$ 收敛.

(二) 常数项级数

级数的敛散性判别对数项级数来说,以正项级数敛散性的判别为基础. 利用级数绝对收敛的概念,很多数项级数的敛散性判别可以归结到正极级数.

1. 正项级数敛散性的判定

正项级数常用比值审敛法、根值审敛法与比较判别法判定敛散性,如果上述方法失效或不易判定,则需利用级数的基本性质或级数敛散性的定义来判别. 判别正项级数的敛散性的流程如图 11-1 所示,对于具体的正项级数要根据其通项的表达来选择适当的审敛法.

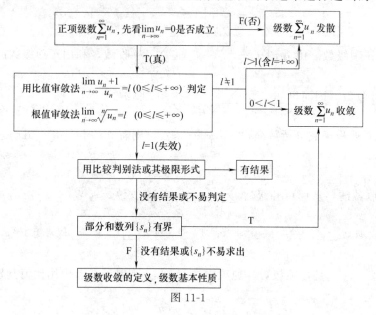

图 11-1

【例 4】 判定下列级数的敛散性:

(1) $\sum\limits_{n=1}^{\infty}\dfrac{1}{1+a^n}$,其中常数 $a>0$;　(2) $\sum\limits_{n=1}^{\infty}\int_0^{\frac{1}{n}}\dfrac{x}{1+x^2}\mathrm{d}x$;　(3) $\sum\limits_{n=1}^{\infty}\dfrac{(n+1)!}{n^{n+1}}$;

(4) $\sum\limits_{n=1}^{\infty}\dfrac{n^{n-1}}{(2n^2+\ln n+1)^{\frac{n+1}{2}}}$;　　(5) $\sum\limits_{n=1}^{\infty}\dfrac{n^{n+1}}{(n+1)^{n+2}}$;　(6) $\sum\limits_{n=1}^{\infty}\dfrac{\mathrm{e}^n\cdot n!}{n^n}$;

(7) $\sum\limits_{n=1}^{\infty}\dfrac{1}{n\cdot\ln n\cdot\ln\ln n}$;　　　(8) $\sum\limits_{n=1}^{\infty}\dfrac{1}{2^{n+(-1)^n}}$;　(9) $\sum\limits_{n=1}^{\infty}\mathrm{e}^{-\sqrt{n}}$.

解 (1) 由 $u_n=\dfrac{1}{1+a^n}>0$ 知 $\sum\limits_{n=1}^{\infty}\dfrac{1}{1+a^n}$ 是正项级数,分 $a>1$ 和 $0<a\leqslant1$ 两种情形讨

论:当 $a>1$ 时,$u_n=\dfrac{1}{1+a^n}<\dfrac{1}{a^n}$,而 $\sum\limits_{n=1}^{\infty}\dfrac{1}{a^n}(a>1)$ 收敛,由正项级数比较判别法知

$\sum\limits_{n=1}^{\infty}\dfrac{1}{1+a^n}$ 收敛;当 $0<a\leqslant 1$ 时,$u_n=\dfrac{1}{1+a^n}\geqslant\dfrac{1}{2}$,即有 $\lim\limits_{n\to\infty}u_n\neq 0$,由级数收敛的必要条件

可知级数发散. 因此级数 $\sum\limits_{n=1}^{\infty}\dfrac{1}{1+a^n}$ 当 $a>1$ 时收敛,当 $0<a\leqslant 1$ 时发散.

注 (1) 在正项级数的比较判别法中,需要找一个作为比较对象的级数,通常选择的级数有:

等比级数(几何级数)$\sum\limits_{n=1}^{\infty}aq^n(a\neq 0)$,当 $|q|<1$ 时,级数 $\sum\limits_{n=1}^{\infty}aq^n$ 收敛,当 $|q|\geqslant 1$ 时,级数 $\sum\limits_{n=1}^{\infty}aq^n$ 发

散;$p-$级数 $\sum\limits_{n=1}^{\infty}\dfrac{1}{n^p}$,

当 $p>1$ 时,$\sum\limits_{n=1}^{\infty}\dfrac{1}{n^p}$ 收敛;当 $p\leqslant 1$ 时,$\sum\limits_{n=1}^{\infty}\dfrac{1}{n^p}$ 发散.

(2) 使用比较判别法时,注意只能是两正项级数的通项相比较;常根据级数一般项的形式将其放大或缩小,使得放大后的级数收敛,缩小后的级数发散. 有时需要用到一些常用不等式,如 $\ln(1+x)<x$ ($x>0$);$0<\sin x<x$ $\left(0<x<\dfrac{\pi}{2}\right)$.

(2) **方法一** 计算定积分得

$$\int_0^{\frac{1}{n}}\dfrac{x}{1+x^2}\mathrm{d}x=\dfrac{1}{2}\ln\left(1+\dfrac{1}{n^2}\right)>0,n=1,2,\cdots,$$

即所给级数为正项级数. 由 $\ln\left(1+\dfrac{1}{n^2}\right)<\dfrac{1}{n^2}$,而 $\sum\limits_{n=1}^{\infty}\dfrac{1}{n^2}$ 收敛,利用正项级数的比较判别法知

$\sum\limits_{n=1}^{\infty}\ln\left(1+\dfrac{1}{n^2}\right)$ 收敛,因而可知级数 $\sum\limits_{n=1}^{\infty}\int_0^{\frac{1}{n}}\dfrac{x}{1+x^2}\mathrm{d}x$ 收敛.

方法二 对被积函数进行放缩得 $0\leqslant\dfrac{x}{1+x^2}\leqslant x$,则有 $0\leqslant\int_0^{\frac{1}{n}}\dfrac{x}{1+x^2}\mathrm{d}x\leqslant\int_0^{\frac{1}{n}}x\mathrm{d}x=\dfrac{1}{2n^2}$,

而 $\sum\limits_{n=1}^{\infty}\dfrac{1}{2n^2}$ 是收敛的,从而可知级数 $\sum\limits_{n=1}^{\infty}\int_0^{\frac{1}{n}}\dfrac{x}{1+x^2}\mathrm{d}x$ 收敛.

注 相仿地,级数 $\sum\limits_{n=1}^{\infty}\int_0^{\frac{1}{n}}\dfrac{\sqrt{x}}{1+x^2}\mathrm{d}x$ 也收敛;进一步,级数 $\sum\limits_{n=1}^{\infty}\int_0^{\frac{1}{n}}\dfrac{\sqrt{x}}{1+x^a}\mathrm{d}x$ 对于任意 $a>0$ 都是收敛的.

(3) $\sum\limits_{n=1}^{\infty}\dfrac{(n+1)!}{n^{n+1}}$ 是正项级数,通项中含有 $n!$,n^n 因子,考虑用比值判别法. 由

$\lim\limits_{n\to\infty}\dfrac{u_{n+1}}{u_n}=\lim\limits_{n\to\infty}\dfrac{1}{\left(1+\dfrac{1}{n}\right)^{n+1}}=\dfrac{1}{\mathrm{e}}<1$ 知级数 $\sum\limits_{n=1}^{\infty}\dfrac{(n+1)!}{n^{n+1}}$ 收敛.

注 取等比级数为参考级数可以得到两个使用非常方便的审敛法:比值审敛法与根值审敛法,它们不必再对目标级数的敛散性做事先推测而是直接通过对极限值的计算结果给出结论. 比值审敛法是利用级数本身前项与后项之比的极限判别敛散性,当正项级数中含有 $n!$,n^n,a^n $(a\neq 0)$ 或 $\sin x^n$ 等因子时选用比值审敛法比较简便;而级数的通项含有以 n 为指数幂的因子如 n^n 或 a^n $(a\neq 0)$ 时可考虑选用根值审敛法.

(4) **方法一** 由 $\lim\limits_{n\to\infty}\sqrt[n]{u_n}=\lim\limits_{n\to\infty}\left(\dfrac{n}{\sqrt{2n^2+n+1}}\dfrac{1}{\sqrt[n]{n}}\dfrac{1}{\sqrt[2n]{2n^2+n+1}}\right)=\dfrac{1}{\sqrt{2}}<1$ 可知级数

$\sum\limits_{n=1}^{\infty}\dfrac{n^{n-1}}{(2n^2+\ln n+1)^{\frac{n+1}{2}}}$ 收敛.

方法二 $u_n=\dfrac{n^{n-1}}{(2n^2+\ln n+1)^{\frac{n+1}{2}}}\leqslant\dfrac{n^{n-1}}{(n^2)^{\frac{n+1}{2}}}=\dfrac{1}{n^2}$,而 $\sum\limits_{n=1}^{\infty}\dfrac{1}{n^2}$ 收敛,由比较法知

$\displaystyle\sum_{n=1}^{\infty} \frac{n^{n-1}}{(2n^2 + \ln n + 1)^{\frac{n+1}{2}}}$ 收敛.

注 有些级数可以由根值审敛法判定敛散性，但不能用比值审敛法判定. 如级数 $\displaystyle\sum_{n=1}^{\infty} \frac{3+(-1)^n}{2^{n+1}}$，由

$\displaystyle\lim_{n\to\infty} \sqrt[n]{\frac{3+(-1)^n}{2^{n+1}}} = \frac{1}{2} < 1$ 知其收敛，但 $\displaystyle\lim_{n\to\infty} \frac{u_{n+1}}{u_n} = \frac{1}{2}\lim_{n\to\infty} \frac{3+(-1)^{n+1}}{3+(-1)^n}$ 不存在.

（5）级数虽含有 n^n 因子，但用比值审敛法与根值审敛法都不能确定其收敛性. 利用

$\displaystyle\lim_{n\to\infty}\left(1+\frac{1}{n}\right)^n = e < 3$ 得 $\displaystyle\lim_{n\to\infty} \frac{u_{n+1}}{u_n} = \lim_{n\to\infty} \frac{1}{\left(1+\frac{1}{n}\right)^n}\frac{n}{(1+n)^2} > \frac{1}{3}\frac{n}{(1+n)^2}$，而 $\displaystyle\lim_{n\to\infty} \frac{\frac{1}{3}\frac{n}{(1+n)^2}}{\frac{1}{n}} =$

$\frac{1}{3}$，由比较审敛法极限形式知级数 $\displaystyle\frac{1}{3}\sum_{n=1}^{\infty} \frac{n}{(1+n)^2}$ 是发散的. 再由比较审敛法可知级数 $\displaystyle\sum_{n=1}^{\infty}$

$\displaystyle\frac{n^{n+1}}{(n+1)^{n+2}}$ 是发散的.

注 当 $\displaystyle\lim_{n\to\infty} \frac{u_{n+1}}{u_n} = 1$ 时比值审敛法失效，而当 $\displaystyle\lim_{n\to\infty} \sqrt[n]{u_n} = 1$ 时根值审敛法失效，此时可选择比较判别

法及其极限形式. 比较判别法的极限形式的本质是找级数通项 u_n 的同阶无穷小 v_n，通过级数 $\displaystyle\sum_{n=1}^{\infty} v_n$ 的收敛

性来判别 $\displaystyle\sum_{n=1}^{\infty} u_n$ 的收敛性，通常选择 $v_n = \frac{1}{n^p}$ 或 $v_n = aq^n$.

（6）已知 $u_n = \dfrac{e^n \cdot n!}{n^n}$，由 $\displaystyle\lim_{n\to\infty} \frac{u_{n+1}}{u_n} = \lim_{n\to\infty} \frac{1}{\left(1+\frac{1}{n}\right)^n} = 1$ 知无法用比值审敛法（也不能

用根值审敛法，因为 $\displaystyle\lim_{n\to\infty} \sqrt[n]{u_n} = \lim_{n\to\infty} \frac{\sqrt[n]{n!}}{n} = 1$）. 注意到数列 $\left\{\left(1+\frac{1}{n}\right)^n\right\}$ 单调递增且极限为

e，得 $\dfrac{u_{n+1}}{u_n} = \dfrac{e}{\left(1+\frac{1}{n}\right)^n} \geqslant 1$，故 $u_{n+1} \geqslant u_n > 0$，从而可知 $\displaystyle\lim_{n\to\infty} u_n = \lim_{n\to\infty} \frac{e^n \cdot n!}{n^n} \neq 0$，因此级数

$\displaystyle\sum_{n=1}^{\infty} \frac{e^n \cdot n!}{n^n}$ 发散.

注 本题也可利用拉阿伯判别法判定级数敛散性. 由

$\displaystyle\lim_{n\to\infty} n\left(\frac{u_n}{u_{n+1}} - 1\right) = \lim_{n\to\infty}\left[\frac{n}{e}\left(1+\frac{1}{n}\right)^n - n\right] = \frac{1}{e}\lim_{n\to\infty} \frac{\left(1+\frac{1}{n}\right)^n - e}{\frac{1}{n}} = -\frac{1}{2} < 1$，利用拉阿伯判别法可

知级数 $\displaystyle\sum_{n=1}^{\infty} \frac{e^n \cdot n!}{n^n}$ 发散.

拉阿伯（Raabe）判别法：若有 $\displaystyle\lim_{n\to\infty} n\left(\frac{u_n}{u_{n+1}} - 1\right) = l$，其中 $0 \leqslant l \leqslant +\infty$，则正项级数

$\displaystyle\sum_{n=1}^{\infty} u_n$ $\begin{cases} \text{收敛，当 } l > 1 \text{ 时} \\ \text{发散，当 } l < 1 \text{ 时，} \end{cases}$ 当 $l=1$ 时，此法失效.

用 p—级数作为比较级数即得拉阿伯判别法，它通过对极限值的计算来确定目标级数的敛散性，其有

效范围比根值审敛法和比值审敛法（以等比级数作为参照级数）要大得多.

（7）注意到 n 充分大时有 $\displaystyle\lim_{n\to\infty} \frac{1}{n \cdot \ln n \cdot \ln \ln n} = 0$，则 $\displaystyle\int_N^{+\infty} \frac{1}{x \ln x \ln \ln x} = +\infty$ 发散（N

充分大），根据柯西积分审敛法可知级数 $\sum\limits_{n=1}^{\infty} \dfrac{1}{n \cdot \ln n \cdot \ln \ln n}$ 是发散的.

注 级数通项含有 $\ln n$ 时，一般考虑用柯西积分审敛法比较方便，柯西积分审敛法将级数（对离散变量的求和）的审敛问题转化为对广义积分（对连续变量的求和）的审敛问题.

柯西积分审敛法： 若存在函数 $f(x)$，满足 $f(n)=a_n$，当 $x\geqslant 1$ 时单调下降且非负，则正项级数 $\sum\limits_{n=1}^{\infty} a_n$ 收敛当且仅当无穷限广义积分 $\int_{1}^{+\infty} f(x)\mathrm{d}x$ 收敛.

（8）通项中含有以 n 为指数的因子宜用根值审敛法，由 $\lim\limits_{n\to\infty} \sqrt[n]{u_n}=\dfrac{1}{2}<1$ 知级数 $\sum\limits_{n=1}^{\infty} \dfrac{1}{2^{n+(-1)^n}}$ 收敛.

注 若采用比值审敛法，则有 $\lim\limits_{n\to\infty}\dfrac{u_{n+1}}{u_n}=\lim\limits_{n\to\infty}\dfrac{1}{2^{1+(-1)^{n+1}-(-1)^n}}=\begin{cases}2, & n\text{ 为偶数,}\\ 8, & n\text{ 为奇数,}\end{cases}$

即 $\lim\limits_{n\to\infty}\dfrac{u_{n+1}}{u_n}$ 不存在，但不能由此得出该级数发散的结论，因为比值审敛法仅仅是充分准则.

（9）**方法一** 此题不能用比值审敛法或根值审敛法来判定，考虑对通项化简，利用 $\mathrm{e}^{\sqrt{n}}$ 的麦克劳林级数展开式 $\mathrm{e}^{\sqrt{n}}=1+\sqrt{n}+\dfrac{(\sqrt{n})^2}{2!}+\dfrac{(\sqrt{n})^3}{3!}+\dfrac{(\sqrt{n})^4}{4!}+\cdots$

得 $\mathrm{e}^{-\sqrt{n}}\leqslant\dfrac{24}{n^2}$，由 $\sum\limits_{n=1}^{\infty}\dfrac{24}{n^2}$ 收敛，利用正项级数的比较法可知级数 $\sum\limits_{n=1}^{\infty}\mathrm{e}^{-\sqrt{n}}$ 收敛.

方法二 注意到 $\mathrm{e}^{\sqrt{n}}$ 为 $(\sqrt{n})^\alpha$（$n\to\infty$ 时）的高阶无穷小，其中 $\alpha>0$，因此有 $\lim\limits_{n\to\infty}\dfrac{\mathrm{e}^{-\sqrt{n}}}{\dfrac{1}{n^2}}=\lim\limits_{n\to\infty}\dfrac{(\sqrt{n})^4}{\mathrm{e}^{\sqrt{n}}}=0$（运用洛必达法则四次可得 $\lim\limits_{n\to\infty}\dfrac{x^4}{\mathrm{e}^x}=0$），因此级数 $\sum\limits_{n=1}^{\infty}\mathrm{e}^{-\sqrt{n}}$ 收敛.

【例 5】 设有两个数列 $\{a_n\}$，$\{b_n\}$，若 $\lim\limits_{n\to\infty}a_n=0$，则 _____.

(A) 当 $\sum\limits_{n=1}^{\infty}b_n$ 收敛时，$\sum\limits_{n=1}^{\infty}a_nb_n$ 收敛；　　(B) 当 $\sum\limits_{n=1}^{\infty}b_n$ 发散时，$\sum\limits_{n=1}^{\infty}a_nb_n$ 发散；

(C) 当 $\sum\limits_{n=1}^{\infty}|b_n|$ 收敛时，$\sum\limits_{n=1}^{\infty}a_n^2b_n^2$ 收敛；　　(D) 当 $\sum\limits_{n=1}^{\infty}|b_n|$ 发散时，$\sum\limits_{n=1}^{\infty}a_n^2b_n^2$ 发散.

分析 级数 $\sum\limits_{n=1}^{\infty}u_n$ 收敛，则 $\lim\limits_{n\to\infty}u_n=0$，根据数列极限定义，对于任意 $\varepsilon>0$，存在 $N>0$，当 $n>N$ 时，有 $|u_n-0|<\varepsilon$ 成立，不妨取 $\varepsilon=1$，则有 $|u_n|<1(n>N)$.

解 由级数 $\sum\limits_{n=1}^{\infty}|b_n|$ 收敛，得 $\lim\limits_{n\to\infty}|b_n|=0$，即存在 $N_1>0$，当 $n>N_1$ 时，有 $|b_n|<1$；已知 $\lim\limits_{n\to\infty}a_n=0$，即存在 $N_2>0$，当 $n>N_2$ 时，有 $|a_n|<1$ 成立，记 $N=\max\{N_1,N_2\}$，则当 $n>N$ 时，有 $0\leqslant a_n^2b_n^2\leqslant b_n^2\leqslant|b_n|$，由正项级数的比较判别法可知当 $\sum\limits_{n=1}^{\infty}|b_n|$ 收敛时，$\sum\limits_{n=1}^{\infty}a_n^2b_n^2$ 收敛，即选项（C）正确.

注 本题也可通过给出反例来排除错误选项，如取 $a_n=b_n=\dfrac{(-1)^n}{\sqrt{n}}$，可排除选项（A）；取 $a_n=b_n=\dfrac{1}{n}$，可排除选项（B），（D）.

【例6】 设 $\sum\limits_{n=1}^{\infty} a_n$ 为正项级数，下列结论中正确的是（　　　）

（A）若 $\lim\limits_{n\to\infty} na_n = 0$，则级数 $\sum\limits_{n=1}^{\infty} a_n$ 收敛；

（B）若存在非零常数 λ，使得 $\lim\limits_{n\to\infty} na_n = \lambda$，则级数 $\sum\limits_{n=1}^{\infty} a_n$ 发散；

（C）若级数 $\sum\limits_{n=1}^{\infty} a_n$ 收敛，则 $\lim\limits_{n\to\infty} n^2 a_n = 0$；

（D）若级数 $\sum\limits_{n=1}^{\infty} a_n$ 发散，则存在非零常数 λ，使得 $\lim\limits_{n\to\infty} na_n = \lambda$.

分析 对于级数敛散性的判定问题，若直接推证比较困难，可考虑用反例通过排除法找到正确选项.

解 取 $a_n = \dfrac{1}{n\ln n}$，则 $\lim\limits_{n\to\infty} na_n = \lim\limits_{n\to\infty} \dfrac{1}{\ln n} = 0$，但级数 $\sum\limits_{n=1}^{\infty} a_n = \sum\limits_{n=1}^{\infty} \dfrac{1}{n\ln n}$ 发散，排除选项

（A），（D）；取 $a_n = \dfrac{1}{n\sqrt{n}}$，则级数 $\sum\limits_{n=1}^{\infty} a_n$ 收敛，但 $\lim\limits_{n\to\infty} n^2 a_n = \infty$，排除（C），故选（B）.

注 也可用比较判别法的极限形式 $\lim\limits_{n\to\infty} na_n = \lim\limits_{n\to\infty} \dfrac{a_n}{\frac{1}{n}} = \lambda \neq 0$，而级数 $\sum\limits_{n=1}^{\infty} \dfrac{1}{n}$ 发散，因此级数 $\sum\limits_{n=1}^{\infty} a_n$ 也发散，故应选（B）.

【例7】 设有方程 $x^n + nx - 1 = 0$，其中 n 为正整数. 证明此方程存在唯一正的实根 x_n，且当 $\alpha > 1$ 时，级数 $\sum\limits_{n=1}^{\infty} x_n^\alpha$ 收敛.

分析 利用介值定理证明存在性，利用单调性证明唯一性；而正项级数的敛散性可用比较法判定.

证 记 $f_n(x) = x^n + nx - 1$. 显然 $f_n(0) = -1 < 0$，$f_n(1) = n > 0$，由闭区间连续函数的介值定理知，方程 $x^n + nx - 1 = 0$ 存在正实数根 $x_n \in (0, 1)$. 当 $x > 0$ 时，$f_n'(x) = nx^{n-1} + n > 0$，可见 $f_n(x)$ 在 $[0, +\infty)$ 上单调增加，从而证明了上述正实根 x_n 的唯一性.

由 $x^n + nx - 1 = 0$ 与 $x_n > 0$ 知 $0 < x_n = \dfrac{1 - x_n^n}{n} < \dfrac{1}{n}$，故当 $\alpha > 1$ 时，$0 < x_n^\alpha < \left(\dfrac{1}{n}\right)^\alpha$. 即当 $\alpha > 1$ 时，级数 $\sum\limits_{n=1}^{\infty} x_n^\alpha$ 是正项级数；而正项级数 $\sum\limits_{n=1}^{\infty} \dfrac{1}{n^\alpha}$ 收敛，所以当 $\alpha > 1$ 时，级数 $\sum\limits_{n=1}^{\infty} x_n^\alpha$ 收敛.

2. 任意项级数敛散性的判定

判别任意项级数敛散性的基本思路如图 11-2 所示.

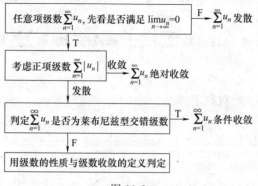

图 11-2

【例8】 设 $u_n = (-1)^n \ln\left(1 + \dfrac{1}{\sqrt{n}}\right)$，则级数（　　）.

(A) $\displaystyle\sum_{n=1}^{\infty} u_n$ 收敛，$\displaystyle\sum_{n=1}^{\infty} u_n^2$ 收敛；　　(B) $\displaystyle\sum_{n=1}^{\infty} u_n$ 发散，$\displaystyle\sum_{n=1}^{\infty} u_n^2$ 发散；

(C) $\displaystyle\sum_{n=1}^{\infty} u_n$ 收敛，$\displaystyle\sum_{n=1}^{\infty} u_n^2$ 发散；　　(D) $\displaystyle\sum_{n=1}^{\infty} u_n$ 发散，$\displaystyle\sum_{n=1}^{\infty} u_n^2$ 收敛.

解 设 $v_n = \ln\left(1 + \dfrac{1}{\sqrt{n}}\right)$，显然 $v_n > 0$，即级数 $\displaystyle\sum_{n=1}^{\infty}(-1)^n \ln\left(1 + \dfrac{1}{\sqrt{n}}\right)$ 是交错级数. 由于

$|u_n| = \ln\left(1 + \dfrac{1}{\sqrt{n}}\right) \to 0(n \to \infty)$，且 $\left\{\ln\left(1 + \dfrac{1}{\sqrt{n}}\right)\right\}$ 单调减少，应用莱布尼兹判别法得

$$\sum_{n=1}^{\infty} u_n = \sum_{n=1}^{\infty}(-1)^n \ln\left(1 + \frac{1}{\sqrt{n}}\right) \text{收敛}. \quad u_n^2 = \ln^2\left(1 + \frac{1}{\sqrt{n}}\right) \sim \frac{1}{n}(n \to \infty)，即级数 \sum_{n=1}^{\infty} u_n^2 \text{与级数}$$

$\displaystyle\sum_{n=1}^{\infty} \dfrac{1}{n}$ 具有相同的敛散性，而 $\displaystyle\sum_{n=1}^{\infty} \dfrac{1}{n}$ 发散，因此 $\displaystyle\sum_{n=1}^{\infty} u_n^2$ 发散，选（C）.

注 交错级数 $\displaystyle\sum_{n=1}^{\infty}(-1)^n u_n$（其中 $u_n \geqslant 0$，$n = 1, 2, \cdots$）有一个使用很方便的审敛法，即莱布尼兹审敛法（交错级数收敛的充分条件）. 其中考查 u_n 是否单调递减的常见方法有①比值法：考查 $\dfrac{u_{n+1}}{u_n} < 1$ 是否成立；②差值法：考查 $u_{n+1} - u_n < 0$ 是否成立；③导数法：构造函数 $f(x)$，使得 $f(n) = u_n$，当 n 充分大时是否有 $f'(x) \leqslant 0$ 成立.

【例9】 判定下列级数是否绝对收敛：

(1) $\displaystyle\sum_{n=1}^{\infty}(-1)^n \dfrac{(n+1)!}{n^{n+1}}$；　(2) $\displaystyle\sum_{n=1}^{\infty}(-1)^n\left(1 - \cos\dfrac{\alpha}{n}\right)$　$(\alpha > 0)$；

(3) $\displaystyle\sum_{n=1}^{\infty}(-1)^n \dfrac{|a_n|}{\sqrt{n^2 + \lambda}}$，其中 $\displaystyle\sum_{n=1}^{\infty} a_n^2$ 收敛，且常数 $\lambda > 0$；

(4) $\displaystyle\sum_{n=1}^{\infty}(-1)^n\left(n\tan\dfrac{\lambda}{n}\right)a_{2n}$，其中 $a_n > 0(n = 1, 2, \cdots)$，且 $\displaystyle\sum_{n=1}^{\infty} a_n$ 收敛，常数 $\lambda \in \left(0, \dfrac{\pi}{2}\right)$.

解 (1) 由 $\displaystyle\lim_{n \to \infty}\left|\dfrac{u_{n+1}}{u_n}\right| = \lim_{n \to \infty}\dfrac{n+2}{n+1}\left(\dfrac{n}{n+1}\right)^{n+1} = e^{-1} < 1$　知级数 $\displaystyle\sum_{n=1}^{\infty}(-1)^n \dfrac{(n+1)!}{n^{n+1}}$ 绝对收敛.

(2) 由 $\displaystyle\lim_{n \to \infty}\dfrac{1 - \cos\dfrac{\alpha}{n}}{\left(\dfrac{\alpha}{n}\right)^2} = \dfrac{1}{2}$ 且级数 $\displaystyle\sum_{n=1}^{\infty}\left(\dfrac{\alpha}{n}\right)^2$ 收敛可知级数 $\displaystyle\sum_{n=1}^{\infty}\left(1 - \cos\dfrac{\alpha}{n}\right)$ 收敛，因此原级

数 $\displaystyle\sum_{n=1}^{\infty}(-1)^n\left(1 - \cos\dfrac{\alpha}{n}\right)$ 绝对收敛.

(3) 容易知道 $\left(|a_n| - \dfrac{1}{\sqrt{n^2 + \lambda}}\right)^2 = a_n^2 + \dfrac{1}{n^2 + \lambda} - 2\dfrac{|a_n|}{\sqrt{n^2 + \lambda}} \geqslant 0$，即 $\dfrac{2|a_n|}{\sqrt{n^2 + \lambda}} \leqslant a_n^2 + \dfrac{1}{n^2 + \lambda}$，

而级数 $\displaystyle\sum_{n=0}^{\infty} a_n^2$，$\displaystyle\sum_{n=0}^{\infty} \dfrac{1}{n^2 + \lambda}$ 都是收敛的，因此级数 $\displaystyle\sum_{n=1}^{\infty}(-1)^n \dfrac{|a_n|}{\sqrt{n^2 + \lambda}}$ 绝对收敛.

（4）显然 $\sum\limits_{n=1}^{\infty}(-1)^n\left(n\tan\dfrac{\lambda}{n}\right)a_{2n}$ 是正项级数. 由

$$a_2+a_4+\cdots+a_{2n}\leqslant a_1+a_2+a_3+a_4+\cdots+a_{2n}<k \quad（其中 k 为常数）$$

可知级数 $\sum\limits_{n=1}^{\infty}a_{2n}$ 收敛. 而 $\lim\limits_{n\to\infty}\dfrac{\left|(-1)^n\left(n\tan\frac{\lambda}{n}\right)a_{2n}\right|}{a_{2n}}=\lim\limits_{n\to\infty}\left(n\tan\dfrac{\lambda}{n}\right)=\lambda$，利用正项级数的

比较判别法知级数 $\sum\limits_{n=1}^{\infty}(-1)^n\left(n\tan\dfrac{\lambda}{n}\right)a_{2n}$ 是绝对收敛的.

【例 10】 已知级数 $\sum\limits_{n=1}^{\infty}(-1)^n\sqrt{n}\sin\dfrac{1}{n^a}$ 绝对收敛，级数 $\sum\limits_{n=1}^{\infty}\dfrac{(-1)^n}{n^{2-a}}$ 条件收敛，则 a 的取

值范围是（　　）.

　（A）$0<a\leqslant\dfrac{1}{2}$；　（B）$\dfrac{1}{2}<a\leqslant 1$；　（C）$1<a\leqslant\dfrac{3}{2}$；　（D）$\dfrac{3}{2}<a<2$.

分析　利用 $p-$级数的敛散性和比较判别法的极限形式进行判别.

解　当 $n\to\infty$ 时，有 $\sin\dfrac{1}{n^a}\sim\dfrac{1}{n^a}$，$\left|(-1)^n\sqrt{n}\sin\dfrac{1}{n^a}\right|\sim\dfrac{1}{n^{a-\frac{1}{2}}}$. 由级数

$\sum\limits_{n=1}^{\infty}(-1)^n\sqrt{n}\sin\dfrac{1}{n^a}$ 绝对收敛可知 $a-\dfrac{1}{2}>1$，即 $a>\dfrac{3}{2}$. 级数 $\sum\limits_{n=1}^{\infty}\dfrac{(-1)^n}{n^{2-a}}$ 条件收敛知 $\sum\limits_{n=1}^{\infty}\dfrac{1}{n^{2-a}}$

是发散的，得 $0<2-a\leqslant 1$，即 $\dfrac{3}{2}<a<2$. 故选（D）.

【例 11】 设 $u_n\neq 0\ (n=1,2,\cdots)$，且 $\lim\limits_{n\to\infty}\dfrac{n}{u_n}=1$，则级数 $\sum\limits_{n=1}^{\infty}(-1)^{n+1}\left(\dfrac{1}{u_n}+\dfrac{1}{u_{n+1}}\right)$（　　）.

　（A）发散；（B）绝对收敛；（C）条件收敛；（D）收敛性根据所给条件不能判定.

解　已知级数的前 n 项部分和为 $S_n=\sum\limits_{k=1}^{n}(-1)^{k+1}\left(\dfrac{1}{u_k}+\dfrac{1}{u_{k+1}}\right)=\dfrac{1}{u_1}+(-1)^{n+1}\dfrac{1}{u_{n+1}}$，

由 $\lim\limits_{n\to\infty}\dfrac{n}{u_n}=1$ 知 $\lim\limits_{n\to\infty}\dfrac{1}{u_n}=0$，因此 $\lim\limits_{n\to\infty}S_n=\dfrac{1}{u_1}$，即原级数收敛.

由于 $\lim\limits_{n\to\infty}\dfrac{\left|\frac{1}{u_n}+\frac{1}{u_{n+1}}\right|}{\frac{1}{n}}=\lim\limits_{n\to\infty}\left|\dfrac{n}{u_n}+\dfrac{n}{n+1}\dfrac{n+1}{u_{n+1}}\right|=2$，且级数 $\sum\limits_{n=1}^{\infty}\dfrac{1}{n}$ 发散，所以级数

$\sum\limits_{n=1}^{\infty}\left|\dfrac{1}{u_n}+\dfrac{1}{u_{n+1}}\right|$ 发散，因此原级数 $\sum\limits_{n=1}^{\infty}(-1)^{n+1}\left(\dfrac{1}{u_n}+\dfrac{1}{u_{n+1}}\right)$ 条件收敛，选（C）.

三、习　　题

1. 用定义判别下列级数的敛散性

（1）$\sum\limits_{n=2}^{\infty}\dfrac{\ln\left[\left(1+\frac{1}{n}\right)^n(n+1)\right]}{\ln n^n\ln(n+1)^{n+1}}$；（2）$\sum\limits_{n=1}^{\infty}\dfrac{(-1)^{n+1}(2n+1)}{n(n+1)}$；（3）$\sum\limits_{n=1}^{\infty}\dfrac{1}{n(n+1)(n+2)}$.

2. 讨论级数 $\sum\limits_{n=1}^{\infty}(n^2+n+1)\sin\dfrac{2}{n^2}$ 的敛散性.

3. 已知 $\sum\limits_{n=1}^{\infty}(-1)^{n-1}a_n=2$，$\sum\limits_{n=1}^{\infty}a_{2n-1}=5$，证明级数 $\sum\limits_{n=1}^{\infty}a_n$ 收敛.

4. 判定下列级数的敛散性：

(1) $\displaystyle\sum_{n=1}^{\infty} \frac{(a+1)(2a+1)\cdots(na+1)}{(b+1)(2b+1)\cdots(nb+1)}$ $(a>0,b>0)$;   (2) $\displaystyle\sum_{n=1}^{\infty} (-1)^{n+1} \frac{\ln\left(2+\dfrac{1}{n}\right)}{\sqrt{(3n-2)(3n+2)}}$;

(3) $\displaystyle\sum_{n=2}^{\infty} \frac{(-1)^n}{n-\ln n}$.   (4) $\displaystyle\sum_{n=1}^{\infty} \frac{\ln n}{\sqrt{2^n}}$;   (5) $\displaystyle\sum_{n=1}^{\infty} (n^{\frac{1}{n^2+1}} - 1)$.

(6) $\displaystyle\sum_{n=2}^{\infty} \frac{1}{(\ln n)^{10}}$;   (7) $\displaystyle\sum_{n=2}^{\infty} \frac{1}{\sqrt{n}} \ln\frac{n+1}{n-1}$;   (8) $\displaystyle\sum_{n=1}^{\infty} \int_0^{\frac{1}{n}} \frac{\sqrt[3]{x}}{1+x^4} \mathrm{d}x$.

5. 若级数 $\displaystyle\sum_{n=1}^{\infty} u_n(u_n>0, n=1,2,3\cdots)$ 收敛, 试证级数 $\displaystyle\sum_{n=1}^{\infty} (u_n^{u_n}-1)^2$ 收敛.

6. 讨论下列级数的绝对收敛性与条件收敛性:

(1) $\displaystyle\sum_{n=2}^{\infty} \frac{(-1)^{n-1}}{[n+(-1)^n]^p}$ $(p>0)$; (2) $\displaystyle\sum_{n=1}^{\infty} (-1)^n \left[\sqrt{1+\frac{1}{n^a}}-1\right]$ $(a>0)$.

7. 设 $f(x)$ 在 $x=0$ 的某邻域内有二阶连续导数, 且 $\displaystyle\lim_{x\to\infty}\frac{f(x)}{x}=0$, 求证: 级数 $\displaystyle\sum_{n=1}^{\infty} f\left(\frac{1}{n}\right)$ 绝对收敛.

8. 设正项数列 $\{a_n\}$ 单调减少, 且 $\displaystyle\sum_{n=1}^{\infty}(-1)^n a_n$ 发散, 试问级数 $\displaystyle\sum_{n=1}^{\infty}\left(\frac{1}{a_n+1}\right)^n$ 是否收敛? 并说明理由.

9. 设 $a_n=\displaystyle\int_0^{\frac{\pi}{4}}\tan^n x\,\mathrm{d}x$, (1) 求 $\displaystyle\sum_{n=1}^{\infty}\frac{1}{n}(a_n+a_{n+2})$ 的值; (2) 试证: 对任意的常数 $\lambda>0$, 级数 $\displaystyle\sum_{n=1}^{\infty}\frac{a_n}{n^\lambda}$ 收敛.

四、习题解答与提示

1. (1) 收敛. 提示: $u_n=\dfrac{1}{n\ln n}-\dfrac{1}{(n+1)\ln(n+1)}\Rightarrow S_n=\dfrac{1}{2\ln 2}-\dfrac{1}{(n+1)\ln(n+1)}$, 因此 $\displaystyle\lim_{n\to\infty}S_n=\dfrac{1}{2\ln 2}$.

(2) 收敛. (3) 收敛. 提示: $u_n=\dfrac{1}{2}\left[\dfrac{1}{n(n+1)}-\dfrac{1}{(n+1)(n+2)}\right]$.

2. 发散. 提示: $u_n=2\left(1+\dfrac{1}{n}+\dfrac{1}{n^2}\right)\dfrac{\sin\dfrac{2}{n^2}}{\dfrac{2}{n^2}}\Rightarrow\displaystyle\lim_{n\to\infty}u_n=2\neq 0$.

3. 提示: $\displaystyle\sum_{n=1}^{\infty}(a_{2n-1}-a_{2n})$ 可看做是由收敛级数 $\displaystyle\sum_{n=1}^{\infty}(-1)^{n-1}a_n$ 加括号后所得级数, 也是收敛的. 其和

为 2. 且 $\displaystyle\lim_{n\to\infty}a_n=0$, 且有 $\displaystyle\sum_{n=1}^{\infty}(a_{2n-1}+a_{2n})=\sum_{n=1}^{\infty}[2a_{2n-1}-(a_{2n-1}-a_{2n})]=8$, 而级数 $\displaystyle\sum_{n=1}^{\infty}a_n$ 的部分和 S_n 满

足 $\displaystyle\lim_{n\to\infty}S_{2n}=8$, $\displaystyle\lim_{n\to\infty}S_{2n+1}=8$. 因此 $\displaystyle\sum_{n=1}^{\infty}a_n$ 收敛.

4. (1) 当 $a<b$ 时收敛, 当 $a\geqslant b$ 时发散. 提示: 用比值法. (2) 收敛. 提示: 利用莱布尼兹定理.

(3) 收敛; 提示 $\displaystyle\lim_{n\to\infty}\frac{1}{n-\ln n}=\lim_{n\to\infty}\frac{1}{n}\frac{1}{\left(1-\dfrac{\ln n}{n}\right)}=0$, 当 $x>1$ 时, $\dfrac{1}{x-\ln x}$ 单调减少.

(4) 收敛. 提示: 考虑 $f(x)=\dfrac{\ln x}{\sqrt{x}}$ 在 $(0,+\infty)$ 的最大值 $f(e^2)=\dfrac{2}{e}<1$, 故 $\dfrac{\ln n}{\sqrt{2^n}}\leqslant\dfrac{1}{2^n}$.

(5) 收敛. 提示: $a_n=e^{\frac{\ln n}{n^2+1}}-1$, 因为当 $n\geqslant 2$ 时, 有 $0<\dfrac{\ln n}{n^2+1}<1$, 当 $0<x<1$ 时, 有 $e^x-1<ex$, 故

当 $n\geqslant 2$ 时, 有 $0<e^{\frac{\ln n}{n^2+1}}-1<e\cdot\dfrac{\ln n}{n^2+1}$, 而 $\displaystyle\sum_{n=1}^{\infty}\frac{\ln n}{n^2+1}$ 与 $\displaystyle\sum_{n=1}^{\infty}\frac{1}{n^{3/2}}$ 比较知其收敛.

(6) 因为 $S_{n-1}=\dfrac{1}{(\ln 2)^{10}}+\dfrac{1}{(\ln 3)^{10}}+\cdots+\dfrac{1}{(\ln n)^{10}}>\dfrac{n}{(\ln n)^{10}}\to+\infty$ $(n\to\infty)$, 原级数发散.

(7) 因为 $\dfrac{1}{\sqrt{n}}\ln\dfrac{n+1}{n-1}=\dfrac{1}{\sqrt{n}}\ln\left(1+\dfrac{2}{n-1}\right)$, 而当 $n\to\infty$ 时, $\dfrac{1}{\sqrt{n}}\ln\left(1+\dfrac{2}{n-1}\right)$ 与 $\dfrac{1}{\sqrt{n}}\dfrac{2}{n-1}$ 是等价无穷小, 即

$$\lim_{n\to\infty}\frac{\frac{1}{\sqrt{n}}\ln\frac{n+1}{n-1}}{\frac{2}{\sqrt{n}(n-1)}}=1.$$ 又因为 $\sum_{n=2}^{\infty}\frac{2}{(n-1)\sqrt{n}}$ 收敛,所以原级数是收敛的.

(8) 因为 $0<u_n=\int_0^{\frac{1}{n}}\frac{\sqrt[3]{x}}{1+x^4}dx<\int_0^{\frac{1}{n}}\sqrt[3]{x}dx=\frac{3}{4}\frac{1}{n^{4/3}}$,而 $\sum_{n=1}^{\infty}\frac{1}{n^{4/3}}$ 收敛,所以原级数收敛.

5. 提示：$\lim_{x\to0^+}\frac{(x^x-1)^2}{x}=0.$

6. (1) 当 $p>1$ 时绝对收敛,当 $0<p\leqslant1$ 时条件收敛.

(2) 当 $a>1$ 时绝对收敛,当 $0<a\leqslant1$ 时条件收敛. 提示：$|u_n|=\sqrt{1+\frac{1}{n^a}}-1\sim\frac{1}{2}\frac{1}{n^a}$（当 $n\to\infty$）.

7. 提示：利用 $f(x)$ 在 $x=0$ 点的一阶泰勒公式.

8. 由于 $a_n>0$ 且 $\downarrow$,所以 $\lim_{n\to\infty}a_n=a\geqslant0$,显然 $a\neq0$,故 $a>0$,这时 $\left(\frac{1}{a_n+1}\right)^n<\left(\frac{1}{a+1}\right)^n$,而 $0<\frac{1}{a+1}<1$,故几何级数 $\sum_{n=1}^{\infty}\left(\frac{1}{a+1}\right)^n$ 收敛,从而原级数 $\sum\left(\frac{1}{a_n+1}\right)^n$ 收敛.

9. (1) $\frac{1}{n}(a_n+a_{n+1})=\frac{1}{n}\int_0^{\frac{\pi}{4}}\tan^nx(1+\tan^2x)dx=\frac{1}{n(n+1)}$,所以 $\sum_{n=1}^{\infty}\frac{1}{n}(a_n+a_{n+1})=\lim_{n\to\infty}S_n=\lim_{n\to\infty}\sum_{i=1}^{n}\frac{1}{i(i+1)}=\lim_{n\to\infty}\left(1-\frac{1}{n+1}\right)=1.$

(2) $a_n=\int_0^{\frac{\pi}{4}}\tan^nxdx<\int_0^1t^ndt$,所以 $0<\frac{a_n}{n^\lambda}<\frac{1}{n^{\lambda+1}}$,$\sum_{n=1}^{\infty}\frac{1}{n^{\lambda+1}}$ 收敛,级数 $\sum_{n=1}^{\infty}\frac{a_n}{n^\lambda}$ 收敛.

第二节 幂 级 数

一、内 容 提 要

1. 幂级数的收敛域

函数项级数 $\sum_{n=1}^{\infty}a_n(x-x_0)^n$ 称为 $(x-x_0)$ 的幂级数,$x_0=0$ 时 $\sum_{n=0}^{\infty}a_nx^n$ 称为 x 的幂级数.

对于任一幂级数 $\sum_{n=0}^{\infty}a_nx^n$,总存在一个数 R（$0\leqslant R<+\infty$）,当 $|x|<R$ 时,$\sum_{n=0}^{\infty}a_nx^n$ 绝对收敛；当 $|x|>R$ 时,$\sum_{n=0}^{\infty}a_nx^n$ 发散. 称数 R 为 $\sum_{n=0}^{\infty}a_nx^n$ 的收敛半径,称 $(-R,R)$ 为收敛区间. 设幂级数 $\sum_{n=0}^{\infty}a_nx^n$,如果 $\lim_{n\to\infty}\left|\frac{a_{n+1}}{a_n}\right|=\rho$,则 $\sum_{n=0}^{\infty}a_nx^n$ 的收敛半径为

$$R=\begin{cases}\frac{1}{\rho}, & \rho\neq0,\\ +\infty, & \rho=0,\\ 0, & \rho=+\infty\end{cases}$$

2. 幂级数的运算性质

设 $\sum_{n=0}^{\infty}a_nx^n=S_1(x)$,$\sum_{n=0}^{\infty}b_nx^n=S_2(x)$,收敛半径分别为 R_1,R_2,则

(1) $\sum_{n=0}^{\infty}(a_n\pm b_n)x^n=S_1(x)\pm S_2(x)$,收敛半径为 $\min(R_1,R_2)$；

(2) $\sum\limits_{n=0}^{\infty}(a_0b_n+a_1b_{n-1}+\cdots+a_{n-1}b_1+a_nb_0)x^n=S_1(x)\cdot S_2(x)$，收敛半径为 $\min\ (R_1，R_2)$.

设 $\sum\limits_{n=0}^{\infty}a_nx^n=S(x)$，收敛半径为 R，则和函数 $S(x)$ 在 $(-R，R)$ 内连续；幂级数 $\sum\limits_{n=0}^{\infty}a_nx^n$ 在 $(-R，R)$ 内可以逐项积分和逐项求导，且所得到的新级数收敛半径不变.

3. 函数展开成幂级数

幂级数 $\sum\limits_{n=0}^{\infty}\dfrac{f^{(n)}(x_0)}{n!}(x-x_0)^n$ 称为 $f(x)$ 在点 x_0 处的泰勒级数，当 $x_0=0$ 时，称为麦克劳林级数。函数 $f(x)$ 在 $(x_0-R，x_0+R)$ 内有任意阶的导数，则 $f(x)$ 可展并成幂级数 $\sum\limits_{n=0}^{\infty}\dfrac{f^{(n)}(x_0)}{n!}(x-x_0)^n$ 的充分必要条件是 $\lim\limits_{n\to\infty}R_n(x)=0$，其中 $R_n(x)$ 是 $f(x)$ 的泰勒余项.

几个常用重要函数在 $x_0=0$ 处的幂级数展开式：

(1) $\dfrac{1}{1-x}=1+x+x^2+\cdots+x^n+\cdots=\sum\limits_{n=0}^{\infty}x^n,x\in(-1,1)$；

(2) $\dfrac{1}{1+x}=1-x+x^2-x^3+\cdots+(-1)^nx^n+\cdots=\sum\limits_{n=0}^{\infty}(-1)^nx^n,\quad x\in(-1,1)$；

(3) $\sin x=x-\dfrac{x^3}{3!}+\dfrac{x^5}{5!}-\cdots+(-1)^n\dfrac{x^{2n+1}}{(2n+1)!}+\cdots=\sum\limits_{n=0}^{\infty}(-1)^n\dfrac{x^{2n+1}}{(2n+1)!},x\in(-\infty,+\infty)$；

(4) $\cos x=1-\dfrac{x^2}{2!}+\dfrac{x^4}{4!}-\cdots+(-1)^n\dfrac{x^{2n}}{(2n)!}+\cdots=\sum\limits_{n=0}^{\infty}(-1)^n\dfrac{x^{2n}}{(2n)!},x\in(-\infty,+\infty)$；

(5) $e^x=1+x+\dfrac{x^2}{2!}+\cdots+\dfrac{x^n}{n!}+\cdots=\sum\limits_{n=0}^{\infty}\dfrac{x^n}{n!},x\in(-\infty,+\infty)$；

(6) $\ln(1+x)=x-\dfrac{x^2}{2}+\dfrac{x^3}{3}-\cdots+(-1)^{n-1}\dfrac{x^n}{n}+\cdots=\sum\limits_{n=1}^{\infty}(-1)^{n-1}\dfrac{x^n}{n},x\in(-1,1]$；

(7) $(1+x)^m=1+mx+\dfrac{m(m-1)}{2!}x^2+\cdots+\dfrac{m(m-1)\cdots(m-n+1)}{n!}x^n+\cdots,x\in(-1,1)$.

二、例 题 分 析

幂级数是最重要的一类函数项级数，具有多方面的应用. 它可以看作是多项式的直接推广；反过来说，每个多项式也都可以看成是非零项数有限的幂级数. 幂级数在收敛性态以及和函数的性质方面有许多特殊的良好性质. 本节研究幂级数的和函数及其逆问题，即将已知函数展开为幂级数.

1. 幂级数的收敛半径与收敛域

【例 1】 求下列幂级数的收敛半径：

(1) $\sum\limits_{n=1}^{\infty}\dfrac{1}{3^n+(-2)^n}\dfrac{x^n}{n}$；   (2) $\sum\limits_{n=1}^{\infty}\dfrac{e^n-(-1)^n}{n^2}x^n$；   (3) $\sum\limits_{n=1}^{\infty}\dfrac{2+(-1)^n}{2^n}x^n$.

解 (1) 记 $a_n=\dfrac{1}{3^n+(-2)^n}\cdot\dfrac{1}{n}$，由 $\rho=\lim\limits_{n\to\infty}\left|\dfrac{a_{n+1}}{a_n}\right|=\lim\limits_{n\to\infty}\dfrac{3^n+(-2)^n}{3^{n+1}+(-2)^{n+1}}\cdot\dfrac{n}{n+1}=\dfrac{1}{3}$

知级数 $\sum\limits_{n=1}^{\infty}\dfrac{1}{3^n+(-2)^n}\cdot\dfrac{x^n}{n}$ 的收敛半径为 3.

（2）记 $a_n = \dfrac{\mathrm{e}^n - (-1)^n}{n^2}$，由 $\rho = \lim\limits_{n\to\infty}\left|\dfrac{a_{n+1}}{a_n}\right| = \lim\limits_{n\to\infty}\dfrac{\mathrm{e}^{n+1} - (-1)^{n+1}}{(n+1)^2}\cdot\dfrac{n^2}{\mathrm{e}^n - (-1)^n} = \mathrm{e}$

知级数 $\sum\limits_{n=1}^{\infty}\dfrac{\mathrm{e}^n - (-1)^n}{n^2}x^n$ 的收敛半径为 $\dfrac{1}{\mathrm{e}}$.

（3）设 $a_n = \dfrac{2 + (-1)^n}{2^n}$，由

$$\rho = \lim\limits_{n\to\infty}\left|\dfrac{a_{n+1}}{a_n}\right| = \lim\limits_{n\to\infty}\dfrac{2 + (-1)^{n+1}}{2^{n+1}}\cdot\dfrac{2^n}{2 + (-1)^n} = \begin{cases}\dfrac{3}{2}, & n = 2k+1, \\[2mm] \dfrac{1}{6}, & n = 2k\end{cases} \qquad (\text{其中 } k \text{ 为正整数})$$

知 $\lim\limits_{n\to\infty}\left|\dfrac{a_{n+1}}{a_n}\right|$ 不存在. 改用根值法求收敛半径，由 $\lim\limits_{n\to\infty}\sqrt[n]{|u_n(x)|} = \lim\limits_{n\to\infty}\left[\dfrac{2 + (-1)^n}{2^n}\right]^{\frac{1}{n}}|x| = \dfrac{1}{2}|x|$ 知级数 $\sum\limits_{n=1}^{\infty}\dfrac{2 + (-1)^n}{2^n}x^n$ 当 $|x| < 2$ 时收敛，当 $|x| > 2$ 时发散，收敛半径为 2.

注 题（3）也可这样求解：将级数表为 $\sum\limits_{n=1}^{\infty}\dfrac{2 + (-1)^n}{2^n}x^n = \sum\limits_{n=1}^{\infty}\dfrac{1}{2^{n-1}}x^n + \sum\limits_{n=1}^{\infty}\dfrac{(-1)^n}{2^n}x^n$，显然右端的两个幂级数 $\sum\limits_{n=1}^{\infty}\dfrac{1}{2^{n-1}}x^n$ 与 $\sum\limits_{n=1}^{\infty}\dfrac{(-1)^n}{2^n}x^n$ 的收敛半径均为 2，因此级数 $\sum\limits_{n=1}^{\infty}\dfrac{2 + (-1)^n}{2^n}x^n$ 的收敛半径为 2.

【例 2】 求下列幂级数的收敛域：（1）$\sum\limits_{n=1}^{\infty}\dfrac{x^n}{n\cdot 2^n}$；（2）$\sum\limits_{n=1}^{\infty}\dfrac{(x-2)^{2n}}{n\cdot 4^n}$.

分析 一般地，确定幂级数 $\sum\limits_{n=0}^{\infty}a_n x^n$ 收敛域的步骤如下：（1）利用阿贝尔定理，比值判别法或根值判别法求得幂级数的收敛半径 R；（2）在两端点 $x = R$，$-R$ 处判定相应常数项级数的敛散性；（3）根据上述两点写出该幂级数的收敛域.

解 （1）先求级数的收敛半径：由 $\lim\limits_{n\to\infty}\left|\dfrac{a_{n+1}}{a_n}\right| = \lim\limits_{n\to\infty}\dfrac{n}{2(n+1)} = \dfrac{1}{2}$ 知收敛半径为 2，收敛区间为 $(-2, 2)$. 再考察级数在收敛区间端点的敛散性：当 $x = 2$ 时级数为 $\sum\limits_{n=1}^{\infty}\dfrac{1}{n}$，是发散的；当 $x = -2$ 时级数为 $\sum\limits_{n=1}^{\infty}\dfrac{(-1)^n}{n}$，是收敛的，因此幂级数 $\sum\limits_{n=1}^{\infty}\dfrac{x^n}{n\cdot 2^n}$ 的收敛域为 $[-2, 2)$.

（2）由 $\lim\limits_{n\to\infty}\left|\dfrac{u_{n+1}(x)}{u_n(x)}\right| = \dfrac{(x-2)^2}{4} < 1$ 解得 $0 < x < 4$，即级数 $\sum\limits_{n=1}^{\infty}\dfrac{(x-2)^{2n}}{n\cdot 4^n}$ 的收敛区间为 $(0, 4)$. 当 $x = 0$ 及 $x = 4$ 时，该级数为调和级数 $\sum\limits_{n=1}^{\infty}\dfrac{1}{n}$ 是发散的. 因此级数 $\sum\limits_{n=1}^{\infty}\dfrac{(x-2)^{2n}}{n\cdot 4^n}$ 的收敛域为 $(0, 4)$.

注 对于缺项的幂级数常采用适当变量代换将其化为非缺项的标准型幂级数，或利用比值审敛法与根值审敛法求其收敛半径.

【例 3】 （1）已知幂级数 $\sum\limits_{n=0}^{\infty}a_n(x+2)^n$ 在 $x = 0$ 处收敛，在 $x = -4$ 处发散，求幂级数 $\sum\limits_{n=0}^{\infty}a_n(x-3)^n$ 的收敛域；

(2) 设数列 $\{a_n\}$ 单调减少，$\lim\limits_{n\to\infty}a_n=0$，$S_n=\sum\limits_{k=1}^{n}a_k(n=1,2,\cdots)$ 无界，求幂级数

$\sum\limits_{k=1}^{\infty}a_n(x-1)^n$ 的收敛域；

(3) 设幂级数 $\sum\limits_{n=0}^{\infty}a_nx^n$ 的收敛半径为 3，求幂级数 $\sum\limits_{n=1}^{\infty}na_n(x-1)^{n+1}$ 的收敛区间.

解 (1) 因为 $\sum\limits_{n=0}^{\infty}a_n(x+2)^n$ 是中心点在 $x_0=-2$ 处的幂级数，且在 $x=0$ 处收敛，在

$x=-4$ 处发散，所以其收敛半径为 2，收敛域为 $(-4,0]$，即 $\sum\limits_{n=0}^{\infty}a_n(x+2)^n$ 只在 $-2<$

$x+2\leqslant2$ 收敛. 从而幂级数 $\sum\limits_{n=0}^{\infty}a_n(x-3)^n$ 也只在 $-2<x-3\leqslant2$ 收敛，所以 $\sum\limits_{n=0}^{\infty}a_n(x-3)^n$ 的

收敛域为 $(1,5]$.

(2) 该幂级数的中心点在 $x=1$，其收敛区间关于点 $x=1$ 对称. 当 $x=0$ 时，级数为

$\sum\limits_{k=1}^{n}(-1)^na_n$，由莱布尼兹判别法知其收敛；而当 $x=2$ 时，级数为 $\sum\limits_{k=1}^{n}a_n$，由部分和数列

$\{S_n\}$ 无界知 $\{S_n\}$ 发散，即级数 $\sum\limits_{k=1}^{n}a_n$ 发散. 因此该幂级数的收敛半径为 1，收敛域为 $[0,2)$.

(3) 令 $x-1=t$，将幂级数 $\sum\limits_{n=1}^{\infty}na_n(x-1)^{n+1}$ 化为标准形幂级数 $\sum\limits_{n=1}^{\infty}na_nt^{n+1}$. 在收敛区

间内有 $\sum\limits_{n=1}^{\infty}na_nt^{n+1}=t^2\sum\limits_{n=1}^{\infty}na_nt^{n-1}=t^2\left(\sum\limits_{n=1}^{\infty}\int_0^x na_nt^{n-1}\mathrm{d}t\right)'=t^2\left(\sum\limits_{n=1}^{\infty}a_nt^n\right)'$. 级数 $\sum\limits_{n=1}^{\infty}a_nt^n$ 的收

敛半径为 3，所以 $\sum\limits_{n=1}^{\infty}na_nt^{n+1}$ 的收敛半径也为 3，其收敛区间为 $-3<t<3$，即 $-3<x-1<$

3，因此幂级数 $\sum\limits_{n=1}^{\infty}na_n(x-1)^{n+1}$ 的收敛区间为 $(-2,4)$.

2. 求幂级数的和函数

【例4】 求幂级数 $\sum\limits_{n=1}^{\infty}(2n+1)x^n$ 的收敛域与和函数.

分析 求幂级数的和函数通常有两种方法：一是通过其部分和数列的极限求得，一般比较困难；二是利用无穷级数的性质，对级数进行变量代换，四则运算，逐项求导或逐项积分等分析运算，把待求和函数的幂级数转化为已知其和函数的幂级数.

解 (1) 收敛半径为 $R=\lim\limits_{n\to\infty}\left|\dfrac{a_n}{a_{n+1}}\right|=\lim\limits_{n\to\infty}\dfrac{2n+1}{2n+3}=1$，即收敛区间为 $(-1,1)$. 当 $x=$

±1 时，级数 $\sum\limits_{n=1}^{\infty}(2n+1)$ 与 $\sum\limits_{n=1}^{\infty}(-1)^n(2n+1)$ 的通项均不趋于零，即两级数都发散，幂级

数 $\sum\limits_{n=1}^{\infty}(2n+1)x^n$ 的收敛域为 $(-1,1)$.

(2) 记 $S(x)=\sum\limits_{n=1}^{\infty}(2n+1)x^n,x\in(-1,1)$，则 $S(x)=2\sum\limits_{n=1}^{\infty}nx^n+\sum\limits_{n=1}^{\infty}x^n$. 其中

$2\sum\limits_{n=1}^{\infty}nx^n=2x\sum\limits_{n=1}^{\infty}(x^n)'=2x\left(\sum\limits_{n=1}^{\infty}x^n\right)'=2x\left(\dfrac{x}{1-x}\right)'=\dfrac{2x}{(1-x)^2},x\in(-1,1)$ 而 $\sum\limits_{n=1}^{\infty}x^n=\dfrac{1}{1-x}$，

$x \in (-1, 1)$. 因此 $S(x) = 2 \sum\limits_{n=1}^{\infty} n x^n + \sum\limits_{n=1}^{\infty} x^n = \dfrac{2x}{(1-x)^2} + \dfrac{1}{1-x} = \dfrac{1+x}{(1-x)^2}$，$x \in (-1, 1)$.

【例 5】 求幂级数 $1 + \sum\limits_{n=1}^{\infty} (-1)^n \dfrac{x^{2n}}{2n}$ （$|x| < 1$）的和函数 $f(x)$.

分析 观察级数结构可以看出对 $\sum\limits_{n=1}^{\infty} (-1)^n \dfrac{x^{2n}}{2n}$ 逐项求导，可将级数化为形如 $\sum\limits_{n=1}^{\infty} (-1)^n x^{2n-1}$ 的几何级数，公比为 x^2（$|x| < 1$），和函数容易求得，对该几何级数逐项积分求得幂级数 $1 + \sum\limits_{n=1}^{\infty} (-1)^n \dfrac{x^{2n}}{2n}$ 的和函数.

解 记 $f(x) = 1 + \sum\limits_{n=1}^{\infty} (-1)^n \dfrac{x^{2n}}{2n}$（$|x| < 1$），则 $f(0) = 1$，且

$$f'(x) = \sum_{n=1}^{\infty} (-1)^n x^{2n-1} = -\dfrac{x}{1+x^2}.$$

上式两边从 0 到 x 积分，得 $f(x) - f(0) = -\displaystyle\int_0^x \dfrac{t}{1+t^2} \mathrm{d}t = -\dfrac{1}{2} \ln(1+x^2)$.

即得 $f(x) = 1 - \dfrac{1}{2} \ln(1+x^2)$，（$|x| < 1$）.

注 求和函数一般都是先通过逐项求导或逐项积分将幂级数转化为可直接求和的几何级数形式，然后再通过逐项积分或逐项求导等逆运算而最终确定和函数. 一般当通项系数是 n 的有理分式，如 $\dfrac{x^n}{n}$ 时，常用先逐项求导再逐项积分的方法；而当通项系数是 n 的有理整式，如 $(2n+1)x^{2n}$，$n x^{n-1}$ 时常用先逐项积分再逐项求导的方法，目的是消去 x^n 的系数.

【例 6】 求幂级数 $\sum\limits_{n=1}^{\infty} (-1)^{n-1} \left(1 + \dfrac{1}{n(2n-1)}\right) x^{2n}$ 的收敛域与和函数 $f(x)$.

解 记 $u_n = (-1)^{n-1} \left[1 + \dfrac{1}{n(2n-1)}\right] x^{2n}$，由比值法得

$$\lim_{n \to \infty} \left|\dfrac{u_{n+1}(x)}{u_n(x)}\right| = \lim_{n \to \infty} \dfrac{(n+1)(2n+1)+1}{(n+1)(2n+1)} \dfrac{n(2n-1)}{n(2n-1)+1} = 1,$$

当 $x^2 < 1$ 时，级数 $\sum\limits_{n=1}^{\infty} (-1)^{n-1} \left[1 + \dfrac{1}{n(2n-1)}\right] x^{2n}$ 绝对收敛，当 $x^2 > 1$ 时级数发散，因此级数 $\sum\limits_{n=1}^{\infty} (-1)^{n-1} \left[1 + \dfrac{1}{n(2n-1)}\right] x^{2n}$ 的收敛半径为 1. 而当 $x = \pm 1$ 时，级数通项的极限不为零，该幂级数在 $x = \pm 1$ 处发散，因此幂级数 $\sum\limits_{n=1}^{\infty} (-1)^{n-1} \left[1 + \dfrac{1}{n(2n-1)}\right] x^{2n}$ 的收敛域为 $(-1, 1)$.

记 $S(x) = \sum\limits_{n=1}^{\infty} \dfrac{(-1)^{n-1}}{2n(2n-1)} x^{2n}$，$x \in (-1, 1)$，则有

$$S'(x) = \sum_{n=1}^{\infty} \dfrac{(-1)^{n-1}}{2n-1} x^{2n-1},$$

$$S''(x) = \sum_{n=1}^{\infty} (-1)^{n-1} x^{2n-2} = \dfrac{1}{1+x^2}, \quad x \in (-1, 1).$$

注意到 $S(0) = S'(0) = 0$，对上述两式积分得

$$S'(x) = \int_0^x S''(t) \mathrm{d}t = \int_0^x \dfrac{1}{1+t^2} \mathrm{d}t = \arctan x,$$

$$S(x) = \int_0^x S'(t)dt = \int_0^x \arctan t \, dt = x\arctan x - \frac{1}{2}\ln(1+x^2), x \in (-1,1).$$

而级数 $\sum_{n=0}^{\infty} (-1)^{n-1} x^{2n} = \dfrac{x^2}{1+x^2}$，$x \in (-1,1)$，因此

$$\sum_{n=0}^{\infty} (-1)^{n-1}\left(1 + \frac{1}{n(2n-1)}\right)x^{2n} = 2\sum_{n=0}^{\infty} \frac{(-1)^{n-1}}{n(2n-1)} x^{2n} + \sum_{n=0}^{\infty} (-1)^{n-1} x^{2n}$$

$$= 2x\arctan x - \ln(1+x^2) + \frac{x^2}{1+x^2}, \quad x \in (-1,1).$$

【例 7】 求幂级数 $\sum_{n=0}^{\infty} \dfrac{4n^2+4n+3}{2n+1} x^{2n}$ 的收敛域与和函数.

解 记 $u_n(x) = \dfrac{4n^2+4n+3}{2n+1} x^{2n}$，显然有 $\lim\limits_{n\to\infty} \left| \dfrac{u_{n+1}(x)}{u_n(x)} \right| = x^2$. 当 $|x| < 1$ 时，级数

$\sum_{n=0}^{\infty} \dfrac{4n^2+4n+3}{2n+1} x^{2n}$ 收敛；当 $|x| > 1$ 时，级数发散，因此级数 $\sum_{n=0}^{\infty} \dfrac{4n^2+4n+3}{2n+1} x^{2n}$ 的收敛

半径为 1. 当 $|x| = 1$ 时，级数为 $\sum_{n=1}^{\infty} \dfrac{4n^2+4n+3}{2n+1}$，其通项不趋于零（为无穷大），该级数

发散. 因此幂级数 $\sum_{n=0}^{\infty} \dfrac{4n^2+4n+3}{2n+1} x^{2n}$ 的收敛域为 $(-1,1)$.

设 $S(x) = \sum_{n=0}^{\infty} \dfrac{4n^2+4n+3}{2n+1} x^{2n}$，$-1 < x < 1$，则

$$S(x) = \sum_{n=0}^{\infty} (2n+1)x^{2n} + \sum_{n=0}^{\infty} \frac{2}{2n+1} x^{2n} = S_1(x) + S_2(x).$$

容易得到 $S_1(x) = \sum_{n=0}^{\infty} (2n+1)x^{2n} = \left(\sum_{n=0}^{\infty} x^{2n+1}\right)' = \left(\dfrac{x}{1-x^2}\right)' = \dfrac{1+x^2}{(1-x^2)^2}$.

当 $x \neq 0$ 时，有 $xS_2(x) = 2\sum_{n=0}^{\infty} \dfrac{x^{2n+1}}{2n+1}$，$[xS_2(x)]' = 2\sum_{n=0}^{\infty} x^{2n} = \dfrac{2}{1-x^2}$.

积分得 $xS_2(x) = \ln\dfrac{1+x}{1-x}$. 故有 $S_2(x) = \dfrac{1}{x}\ln\dfrac{1+x}{1-x}$. 又 $S_2(0) = 2$，$S_1(0) = 1$.

综上有 $S(x) = \begin{cases} \dfrac{1+x^2}{(1-x^2)^2} + \dfrac{1}{x}\ln\dfrac{1+x}{1-x}, & 0 < |x| < 1, \\ 3, & x = 0. \end{cases}$

求常数项级数 $\sum_{n=0}^{\infty} u_n$ 的和，主要有两种方法. 一是利用级数收敛性定义，即求其部分和

数列的极限，这种方法局限性较大；常用的方法是阿贝尔方法，即构造幂级数. 利用阿贝尔

方法求数项级数 $\sum_{n=0}^{\infty} u_n$ 的和有如下步骤：

(1) 构造幂级数 $\sum_{n=0}^{\infty} a_n x^n$，使得 $a_n x_0^n = u_n$；

(2) 求出所构造幂级数的收敛域及其和函数 $S(x)$；

(3) 当点 x_0 是幂级数收敛域的内点时，则数项级数 $\sum_{n=0}^{\infty} u_n = \sum_{n=0}^{\infty} a_n x_0^n = S(x_0)$.

【例 8】 求下列级数的和：(1) $\sum_{n=1}^{\infty} \dfrac{n^2}{n!}$；(2) $\sum_{n=0}^{\infty} (-1)^n \dfrac{n^2-n+1}{2^n}$.

解 (1) 设 $S(x) = \sum\limits_{n=1}^{\infty} \dfrac{n^2}{n!} x^n$，则 $S(x) = \sum\limits_{n=1}^{\infty} \dfrac{n}{(n-1)!} x^n = x \sum\limits_{n=1}^{\infty} \dfrac{n x^{n-1}}{(n-1)!} = x \left[\sum\limits_{n=1}^{\infty} \dfrac{x^n}{(n-1)!} \right]'$

$$= x \left[x \sum\limits_{n=1}^{\infty} \dfrac{x^{n-1}}{(n-1)!} \right]' = x(x e^x)' = (x^2 + x) e^x, \quad -\infty < x < +\infty.$$

所以
$$\sum\limits_{n=1}^{\infty} \dfrac{n^2}{n!} = S(1) = 2e.$$

(2) $\sum\limits_{n=0}^{\infty} (-1)^n \dfrac{n^2 - n + 1}{2^n} = \sum\limits_{n=0}^{\infty} (-1)^n \dfrac{1}{2^n} + \sum\limits_{n=0}^{\infty} (-1)^n n(n-1) \dfrac{1}{2^n}.$

显然 $\sum\limits_{n=0}^{\infty} (-1)^n \dfrac{1}{2^n} = \dfrac{1}{1 + \dfrac{1}{2}} = \dfrac{2}{3}$，以下求 $\sum\limits_{n=0}^{\infty} (-1)^n n(n-1) \dfrac{1}{2^n}$ 的和.

设 $S(x) = \sum\limits_{n=2}^{\infty} (-1)^n n(n-1) x^{n-2} = \left[\sum\limits_{n=2}^{\infty} (-1)^n x^n \right]'' = \left(\dfrac{x^2}{1+x} \right)'' = \dfrac{2}{(1+x)^3}.$

于是 $\sum\limits_{n=0}^{\infty} \dfrac{(-1)^n n(n-1)}{2^n} = \dfrac{1}{4} \sum\limits_{n=0}^{\infty} (-1)^n n(n-1) \left(\dfrac{1}{2} \right)^{n-2} = \dfrac{1}{4} \sum\limits_{n=2}^{\infty} (-1)^n n(n-1) \left(\dfrac{1}{2} \right)^{n-2} =$

$\dfrac{1}{4} S\left(\dfrac{1}{2} \right) = \dfrac{1}{4} \dfrac{2}{\left(1 + \dfrac{1}{2} \right)^3} = \dfrac{4}{27}.$

因此
$$\sum\limits_{n=0}^{\infty} (-1)^n \dfrac{1}{2^n} (n^2 - n + 1) = \dfrac{22}{27}.$$

3. 函数展开成幂级数

将函数展开成函数项级数，也就是将函数表示为一系列简单函数之和，是利用简单函数表示，研究及近似复杂函数的重要手段. 由于幂级数和三角级数具有优良的特性与简单的结构，使它们成为最常用的两种展开形式.

函数的幂级数展开是建立在函数的泰勒公式基础之上的，要求该函数有任意阶导数，多用于函数逼近与微分方程求解等问题. 若用直接法展开需要计算函数在展开点的所有高阶导数；且为了研究余项，还需计算函数的所有高阶导数，这往往是更困难的工作.

一般采用间接展开法即根据函数幂级数展开式的唯一性，利用已知函数的幂级数展开式，并通过对幂级数进行恒等变形，变量代换，四则运算和分析运算，求出所给函数的幂级数展开式. 必须记住如下 6 个初等函数的幂级数展开式及其收敛区间. 它们是间接展开法的基础.

(1) $\dfrac{1}{1-x} = 1 + x + x^2 + \cdots + x^n + \cdots, \quad -1 < x < 1;$

(2) $e^x = 1 + x + \dfrac{x^2}{2!} + \cdots + \dfrac{x^n}{n!} + \cdots, \quad -\infty < x < \infty;$

(3) $\sin x = x - \dfrac{x^3}{3!} + \dfrac{x^5}{5!} - \cdots + (-1)^n \dfrac{x^{2n+1}}{(2n+1)!} + \cdots, \quad -\infty < x < \infty;$

(4) $\cos x = 1 - \dfrac{x^2}{2!} + \dfrac{x^4}{4!} - \cdots + (-1)^n \dfrac{x^{2n}}{(2n)!} + \cdots, \quad -\infty < x < \infty;$

(5) $\ln(1+x) = x - \dfrac{x^2}{2} + \cdots + \dfrac{(-1)^{n-1} x^n}{n} + \cdots, \quad -1 < x \leqslant 1;$

(6) $(1+x)^m = 1 + mx + \dfrac{m(m-1)}{2!} x^2 + \cdots + \dfrac{m(m-1)\cdots(m-n+1)}{n!} x^n + \cdots.$

其中 m 为不等于非负整数的任何实数，而展开式成立的范围当 $m \leqslant -1$ 时为 $(-1, 1)$，当$-1<m<0$ 时为 $(-1，1)$，当 $m>0$ 时为 $[-1，1]$. 二项式级数是一个十分有用的幂级数展开式，例如上面的级数展开式 1 实际上就是二项式级数的特例，只要将 x 换成$-x$ 并且取 $m=-1$ 即可. 只是由于该展开式的重要性，我们单独将其作为一个展开式列出. 级数展开式（5）也可以用先对 $\ln(1+x)$ 求导，再对 $m=-1$ 时的二项式级数逐项积分得到.

【例 9】 将下列有理分式函数展开成幂级数：

（1）将函数 $f(x)=\dfrac{1}{2+x-x^2}$ 展开成 x 的幂级数；

（2）将函数 $f(x)=\dfrac{1}{x^2-3x-4}$ 展开成 $x-1$ 的幂级数，并指出其收敛域.

分析 有理分式函数的幂级数展开常常将有理分式函数作适当变形，分解为部分分式，再利用 $\dfrac{1}{1-x}$ 的幂级数展开式.

解 （1）将有理分式函数分解为部分分式得

$$f(x)=\frac{x}{(1+x)(2-x)}=\frac{1}{3}\left(\frac{2}{2-x}-\frac{1}{1+x}\right)=\frac{1}{3}\left(\frac{1}{1-\frac{x}{2}}-\frac{1}{1+x}\right),$$

而 $\dfrac{1}{1-\dfrac{x}{2}}=\displaystyle\sum_{n=0}^{\infty}\left(\frac{x}{2}\right)^n,\ \left|\frac{x}{2}\right|<1;\quad \dfrac{1}{1+x}=\displaystyle\sum_{n=0}^{\infty}(-1)^n x^n,\ |x|<1.$

因此有 $f(x)=\dfrac{1}{2+x-x^2}=\dfrac{1}{3}\displaystyle\sum_{n=0}^{\infty}(-1)^n x^n,\ |x|\leqslant 1.$

（2）将有理分式函数分解为部分分式得

$$f(x)=\frac{1}{x^2-3x-4}=\frac{1}{5}\left(\frac{1}{x-4}-\frac{1}{1+x}\right)=-\frac{1}{15}\frac{1}{1-\frac{x-1}{3}}-\frac{1}{10}\frac{1}{1+\frac{x-1}{2}},$$

由 $\dfrac{1}{1-\dfrac{x-1}{3}}=\displaystyle\sum_{n=0}^{\infty}\left(\frac{x-1}{3}\right)^n,\ \left|\frac{x-1}{3}\right|<1;\quad \dfrac{1}{1+\dfrac{x-1}{2}}=\displaystyle\sum_{n=0}^{\infty}(-1)^n\left(\frac{x-1}{2}\right)^n;\left|\frac{x-1}{2}\right|<1.$

可知

$$f(x)=\frac{1}{x^2-3x-4}=-\frac{1}{15}\sum_{n=0}^{\infty}\left(\frac{x-1}{3}\right)^n-\frac{1}{10}\sum_{n=0}^{\infty}(-1)^n\left(\frac{x-1}{2}\right)^n,\ -1<x<3.$$

【例 10】 将下列函数展开成幂级数：

（1）将函数 $f(x)=\ln(1-x-2x^2)$ 展开为 x 的幂级数，并指出其收敛域；

（2）将函数 $f(x)=\arctan\dfrac{1-2x}{1+2x}$ 展开成 x 的幂级数，并求级数 $\displaystyle\sum_{n=0}^{\infty}\frac{(-1)^n}{2n+1}$ 的和；

（3）将函数 $f(x)=\dfrac{1}{4}\ln\dfrac{1+x}{1-x}+\dfrac{1}{2}\arctan x-x$ 展开成 x 的幂级数.

解 （1）$\ln(1-x-2x^2)=\ln(1-2x)(1+x)=\ln(1+x)+\ln(1-2x).$

$\ln(1+x)=x-\dfrac{x^2}{2}+\dfrac{x^3}{3}-\cdots+(-1)^{n+1}\dfrac{x^n}{n}+\cdots$，其收敛域为 $(-1，1]$；

$\ln(1-2x)=(-2x)-\dfrac{(-2x)^2}{2}+\dfrac{(-2x)^3}{3}-\cdots+(-1)^{n+1}\dfrac{(-2x)^n}{n}+\cdots$，其收敛域为 $\left[-\dfrac{1}{2}，\dfrac{1}{2}\right)$.

于是，有 $\ln(1-x-2x^2)=\displaystyle\sum_{n=1}^{\infty}\left[(-1)^{n+1}\frac{x^n}{n}+(-1)^{n+1}\frac{(-2x)^n}{n}\right]$

$$= \sum_{n=1}^{\infty} \frac{(-1)^{n+1} - 2^n}{n} x^n, \text{其收敛域为} \left[-\frac{1}{2}, \frac{1}{2}\right).$$

(2) $f'(x) = -\frac{2}{1 + 4x^2} = -2 \sum_{n=0}^{\infty} (-1)^n 4^n x^{2n}, \ x \in \left(-\frac{1}{2}, \frac{1}{2}\right).$ 又 $f(0) = \frac{\pi}{4}$, 所以

$$f(x) = f(0) + \int_0^x f'(t) dt = \frac{\pi}{4} - 2 \int_0^x \left[\sum_{n=0}^{\infty} (-1)^n 4^n t^{2n}\right] dt$$

$$= \frac{\pi}{4} - 2 \sum_{n=0}^{\infty} \frac{(-1)^n 4^n}{2n+1} x^{2n+1}, x \in \left(-\frac{1}{2}, \frac{1}{2}\right).$$

因为级数 $\sum_{n=0}^{\infty} \frac{(-1)^n}{2n+1}$ 收敛, 函数 $f(x)$ 在 $x = \frac{1}{2}$ 处连续, 所以

$$f(x) = \frac{\pi}{4} - 2 \sum_{n=0}^{\infty} \frac{(-1)^n 4^n}{2n+1} x^{2n+1}, x \in \left(-\frac{1}{2}, \frac{1}{2}\right].$$

令 $x = \frac{1}{2}$, 得 $\qquad f\left(\frac{1}{2}\right) = \frac{\pi}{4} - 2 \sum_{n=0}^{\infty} \left[\frac{(-1) 4^n}{2n+1} \cdot \frac{1}{2^{2n+1}}\right] = \frac{\pi}{4} - \sum_{n=0}^{\infty} \frac{(-1)^n}{2n+1}$,

再由 $f\left(\frac{1}{2}\right) = 0$, 得 $\qquad \sum_{n=0}^{\infty} \frac{(-1)^n}{2n+1} = \frac{\pi}{4} - f\left(\frac{1}{2}\right) = \frac{\pi}{4}.$

(3) 因为 $f'(x) = \frac{1}{4}\left(\frac{1}{1+x} - \frac{1}{1-x}\right) + \frac{1}{2} \frac{1}{x^2+1} - 1 = \frac{1}{1-x^4} - 1 = \sum_{n=1}^{\infty} x^{4n} (-1 < x < 1)$,

且 $f(0) = 0$, 故有 $f(x) = f(x) - f(0) = \int_0^x f'(t) dt = \int_0^x \left(\sum_{n=1}^{\infty} x^{4n}\right) dx = \sum_{n=1}^{\infty} \frac{x^{4n+1}}{4n+1}$ $\quad (-1 < x < 1).$

注 对数函数与反三角函数的幂级数展开常常是先对这两类函数求导, 将其导数展开成幂级数, 再逐项积分即得所求幂级数. 有时利用对数性质将对数函数做恒等变形 (常分解成两对数函数之和或差), 再利用 $\ln(1+x)$ 的展式; 而三角函数则利用恒等变形, 变量代换等将其化为 $\sin x$, $\cos x$ 的简单函数; 指数函数则先化为以 e 为底的指数函数, 再利用 e^x 的展开式.

三、习　题

1. 求下列幂级数的收敛域:

(1) $\sum_{n=1}^{\infty} \frac{1}{n \cdot 3^n} (x-3)^n$; $\qquad$ (2) $\sum_{n=1}^{\infty} (\sqrt{n+1} - \sqrt{n}) 2^n x^{2n}$; $\quad$ (3) $\sum_{n=1}^{\infty} \frac{3^{-\sqrt{n}} (x-1)^n}{\sqrt{n^2+1}}$;

(4) $\sum_{n=1}^{\infty} \frac{3^n + (-2)^n}{n} (x+1)^n$. $\quad$ (5) $\sum_{n=1}^{\infty} \frac{(-1)^n}{2n-1} \left(\frac{1-x}{1+x}\right)^n$; $\qquad$ (6) $\sum_{n=1}^{\infty} \frac{2^n \sin^n x}{n^2}$.

2. 求下列幂级数的收敛域及和函数:

(1) $\sum_{n=1}^{\infty} \frac{1}{2^n n} x^{n-1}$; $\qquad$ (2) $\sum_{n=0}^{\infty} \frac{(n-1)^2}{n+1} x^n$.

3. 求幂级数 $\sum_{n=0}^{\infty} (2n+1) x^n$ 的收敛域及其和函数, 并求 $\sum_{n=0}^{\infty} (-1)^n (2n+1) \frac{1}{3^n}$ 的和.

4. 求幂级数 $\sum_{n=2}^{\infty} \frac{1}{n^2-1} x^n$ 的和函数.

5. 求下列数项级数的和:

(1) $\sum_{n=1}^{\infty} \frac{n^2}{2^{n-1}}$; $\quad$ (2) $\sum_{n=1}^{\infty} \frac{n(n+1)}{(-3)^n}$; $\quad$ (3) $\sum_{n=1}^{\infty} \frac{n!+1}{2^n (n-1)!}$; $\quad$ (4) $\sum_{n=0}^{\infty} \frac{(-1)^n}{3n+1}$.

6. 将下列函数展成 x 的幂级数:

(1) $\ln(1+x+x^2+x^3+x^4)$；　　　(2) $x\arctan x-\ln\sqrt{1+x^2}$；　　　(3) $\cos^3 x$.

7. 将 $f(x)=\mathrm{e}^{x^2+2x}$ 展为 $(x+1)$ 的幂级数.

8. 已知 $\displaystyle\sum_{n=0}^{\infty}\frac{1}{(2n+1)^2}=\frac{\pi^2}{8}$，证明 $\displaystyle\int_0^2\frac{1}{x}\ln\left(\frac{2+x}{2-x}\right)\mathrm{d}x=\frac{\pi^2}{4}$.

9. 将 $f(x)=\dfrac{1+x}{(1-x)^3}$ 展为 x 的幂级数.

四、习题解答与提示

1. (1) $[0,6)$. 提示：收敛半径为 3，$\displaystyle\sum_{n=1}^{\infty}(-1)^n\frac{1}{n}$ 收敛，$\displaystyle\sum\frac{1}{n}$ 发散.

(2) $\left(-\dfrac{1}{\sqrt{2}},\dfrac{1}{\sqrt{2}}\right)$. 提示：$\displaystyle\lim_{n\to\infty}\frac{\sqrt{n+2}-\sqrt{n+1}}{\sqrt{n+1}-\sqrt{n}}=\lim_{n\to\infty}\frac{\sqrt{n+1}+\sqrt{n}}{\sqrt{n+2}+\sqrt{n+1}}=1.$

(3) $[0,2]$. 提示 $\displaystyle\lim_{n\to\infty}3^{(\sqrt{n}-\sqrt{n+1})}=1$，$\displaystyle\sum_{n=1}^{\infty}\frac{1}{3^{\sqrt{n}}\sqrt{n^2+1}}$ 与 $\displaystyle\sum_{n=1}^{\infty}\frac{1}{n^2}$ 进行比较.

(4) $\left[-\dfrac{4}{3},-\dfrac{2}{3}\right)$. 提示：收敛半径为 $\dfrac{1}{3}$，级数 $\displaystyle\sum_{n=1}^{\infty}\frac{1}{n}\left[1+\left(-\frac{2}{3}\right)^n\right]$ 发散，

$\displaystyle\sum_{n=1}^{\infty}\frac{1}{n}\left[(-1)^n+\left(\frac{2}{3}\right)^n\right]$ 收敛.

(5) $[0,+\infty]$. 提示 $\displaystyle\lim_{n\to\infty}\left|\frac{n_{u+1}(x)}{u_n(x)}\right|=\left|\frac{1-x}{1+x}\right|\begin{cases}<1,\ x>0,\\>1,\ x<0,\\=1,\ x=0.\end{cases}$

(6) $\left[k\pi-\dfrac{\pi}{6},k\pi+\dfrac{\pi}{6}\right]$，$k=0,\pm1,\pm2,\cdots$.

2. (1) $[-2,2)$，$S(x)=\begin{cases}-\dfrac{1}{x}\ln\left(1-\dfrac{x}{2}\right),&x\in[-2,0)\cup(0,2),\\[2mm]\dfrac{1}{2},&x=0.\end{cases}$

提示：$xS(x)=\displaystyle\sum_{n=1}^{\infty}\frac{1}{n}\left(\frac{x}{2}\right)^n=\sum_{n=1}^{\infty}\frac{1}{2}\int_0^x\left(\frac{x}{2}\right)^{n-1}\mathrm{d}x=\frac{1}{2}\int_0^x\sum_{n=1}^{\infty}\left(\frac{x}{2}\right)^{n-1}\mathrm{d}x=\int_0^x\frac{1}{2-x}\mathrm{d}x=-\ln(2-x)+\ln 2.$

(2) $(-1,1)$，$S(x)=\begin{cases}\dfrac{4x-3}{(1-x)^2}-\dfrac{4}{x}\ln(1-x),&x\in(-1,0)\cup(0,1),\\[2mm]1,&x=0.\end{cases}$　提示：$S(x)=\displaystyle\sum_{n=0}^{\infty}\frac{[(n+1)-2]^2}{n+1}x^n$

$=\displaystyle\sum_{n=0}^{\infty}(n+1)x^n-4\sum_{n=0}^{\infty}x^n+4\sum_{n=0}^{\infty}\frac{x^n}{n+1}$，$\displaystyle\sum_{n=0}^{\infty}(n+1)x^n=\left(\sum_{n=0}^{\infty}x^{n+1}\right)'=\frac{1}{(1-x)^2}$，$\displaystyle\sum_{n=0}^{\infty}\frac{x^n}{n+1}=\frac{1}{x}\sum_{n=0}^{\infty}\frac{x^{n+1}}{n+1}=$

$\dfrac{1}{x}\displaystyle\int_0^x\sum_{n=0}^{\infty}x^n\mathrm{d}x=\frac{1}{x}\int_0^x\frac{1}{1-x}\mathrm{d}x=-\frac{1}{x}\ln(1-x).$

3. $(-1,1)$，　$S(x)=\dfrac{1+x}{(1-x)^2}$，　$\dfrac{3}{8}$. 提示：$S(x)=2\displaystyle\sum_{n=0}^{\infty}(n+1)x^n-\sum_{n=0}^{\infty}x^n$，$\displaystyle\sum_{n=0}^{\infty}(n+1)x^n=$

$\displaystyle\sum_{n=0}^{\infty}(x^{n+1})'=\left(\frac{x}{1-x}\right)'=\frac{1}{(1-x)^2}.$

4. $S(x)=\begin{cases}0,&x=0,\\[2mm]\dfrac{1}{2}\left[1+\dfrac{x}{2}-x\ln(1-x)+\dfrac{\ln(1-x)}{x}\right],&x\in[-1,0)\cup(0,1).\end{cases}$

提示：$S(x)=\dfrac{1}{2}\displaystyle\sum_{n=2}^{\infty}\left(\frac{1}{n-1}-\frac{1}{n+1}\right)x^n=\frac{1}{2}\left[xS_1(x)-\frac{1}{x}S_2(x)\right]$ $(x\neq 0)$，其中 $S_1(x)=$

$-\ln(1-x)$，$S_2(x)=\displaystyle\int_0^x\frac{x^2}{1-x}\mathrm{d}x=-x-\frac{x^2}{2}-\ln(1-x)$.

5. (1) 12. 提示：$\sum\limits_{n=1}^{\infty} nx^{n-1} = \dfrac{1}{(1-x)^2}$, $\sum\limits_{n=1}^{\infty} nx^n = \dfrac{x}{(1-x)^2}$, $S(x) = \sum\limits_{n=1}^{\infty} n^2 x^{n-1} = \left(\sum\limits_{n=1}^{\infty} nx^n\right)' = $

$\dfrac{1+x}{(1-x)^3}$ $(-1 < x < 1)$, $s\left(\dfrac{1}{2}\right) = 12$.

(2) $-\dfrac{9}{32}$. 提示：$S(x) = \sum\limits_{n=1}^{\infty} n(n+1)x^n = x\left(\sum\limits_{n=1}^{\infty} x^{n+1}\right)'' = x\left(\dfrac{x^2}{1-x}\right)'' = \dfrac{2x}{(1-x)^3}$

$(-1 < x < 1)$, 令 $x = -\dfrac{1}{3}$.

(3) $2 + \dfrac{1}{2}\sqrt{e}$. 提示：将原级数写成 $\sum\limits_{n=1}^{\infty} \dfrac{n}{2^n} + \sum\limits_{n=1}^{\infty} \dfrac{1}{2^n(n-1)!}$. $S_1(x) = \sum\limits_{n=1}^{\infty} \dfrac{n}{2^n} x^{n-1} = \left(\sum\limits_{n=1}^{\infty} \dfrac{x^n}{2^n}\right)' = $

$\left(\dfrac{x}{2-x}\right)' = \dfrac{2}{(2-x)^2}$, $S_2(x) = \sum\limits_{n=1}^{\infty} \dfrac{1}{2^n(n-1)!} x^{n-1} = \dfrac{1}{2}\sum\limits_{n=0}^{\infty} \dfrac{1}{n!}\left(\dfrac{x}{2}\right)^n = \dfrac{1}{2}e^{\frac{x}{2}}$.

(4) $\dfrac{1}{3}\ln 2 + \dfrac{\pi}{3\sqrt{3}}$. 提示：$S(x) = \sum\limits_{n=0}^{\infty} \dfrac{(-1)^n}{3n+1} x^{3n+1} = \int_0^x \sum\limits_{n=0}^{\infty} (-1)^n x^{3n} \mathrm{d}x = \int_0^x \dfrac{1}{1+x^3}\mathrm{d}x = \dfrac{1}{3}\ln(1+x)$

$-\dfrac{1}{6}\ln(1-x+x^2) + \dfrac{1}{\sqrt{3}}\arctan\dfrac{2x-1}{\sqrt{3}} + \dfrac{\pi}{6\sqrt{3}}$ $(-1 < x \leqslant 1)$, $s = s(1)$.

6. (1) $\sum\limits_{n=1}^{\infty} \dfrac{1-x^{4n}}{n} x^n$ $(-1 \leqslant x < 1)$. 提示：$\ln(1+x+x^2+x^3+x^4) = \ln(1-x^5) - \ln(1-x)\ln(1-x^5) = $

$-\sum\limits_{n=1}^{\infty} \dfrac{x^{5n}}{n}$, $\ln(1-x) = -\sum\limits_{n=1}^{\infty} \dfrac{x^n}{n}$.

(2) $\sum\limits_{n=0}^{\infty} (-1)^n \dfrac{x^{2n+2}}{(2n+1)(2n+2)}$ $(-1 \leqslant x \leqslant 1)$.

(3) $\dfrac{3}{4}\sum\limits_{n=0}^{\infty} (-1)^n \dfrac{1+3^{2n-1}}{(2n)!} x^{2n}$ $(-\infty < x < +\infty)$.

7. $\dfrac{1}{e}\sum\limits_{n=0}^{\infty} \dfrac{(x+1)^{2n}}{n!}$ $(-\infty < x < +\infty)$. 提示：$e^{x^2+2x} = e^{-1}\cdot e^{(x+1)^2}$.

8. 提示：等式左端 $= \int_0^2 \dfrac{1}{x}\left[\ln\left(1+\dfrac{x}{2}\right) - \ln\left(1-\dfrac{x}{2}\right)\right]\mathrm{d}x = \int_0^2\left(1 + \dfrac{x^2}{3\cdot 2^2} + \dfrac{x^4}{5\cdot 2^4} + \cdots + \right.$

$\left. \dfrac{x^{2n}}{(2n+1)\cdot 2^{2n}} + \cdots\right)\mathrm{d}x$.

9. $\sum\limits_{n=1}^{\infty} n^2 x^{n-1}$, $x \in (-1, 1)$.

第三节　傅里叶级数

傅里叶级数与幂级数是两类最重要的函数项级数. 幂级数的通项是从计算角度来看最为简单的多项式，而傅里叶级数的通项则是最简单的周期函数——正弦函数与余弦函数. 将一般的周期函数展开为傅里叶级数具有重要的理论和应用价值，在许多具体的应用领域中傅里叶级数的每一项均有其物理意义.

函数的傅里叶级数展开与幂级数展开相比，对函数的要求较弱，只要函数在一个周期长的区间上分段连续且分段单调即可.

一、内 容 提 要

傅里叶级数

形如 $\dfrac{a_0}{2} + \sum\limits_{n=1}^{\infty} (a_n\cos nx + b_n\sin nx)$ 的级数称为三角级数. 如果三角级数中的系数由

$$a_n = \frac{1}{\pi} \int_{-\pi}^{\pi} f(x) \cos nx \, \mathrm{d}x \ (n = 0, 1, 2, \cdots), \quad b_n = \frac{1}{\pi} \int_{-\pi}^{\pi} f(x) \sin nx \, \mathrm{d}x \ (n = 1, 2, 3, \cdots)$$ 所确定，则称此三角级数为 $f(x)$ 的傅里叶级数.

收敛定理 (狄利克雷充分条件)：设 $f(x)$ 的周期为 2π 的周期函数，如果它满足①在一个周期内连续或只有有限个第一类间断点；②在一个周期内至多只有有限个极值点，则 $f(x)$ 的傅里叶级数收敛于和函数 $S(x)$，且

$$S(x) = \begin{cases} f(x), & x \text{ 为 } f(x) \text{ 的连续点}, \\ \frac{1}{2}[f(x+0) + f(x-0)], & x \text{ 为 } f(x) \text{ 的间断点}, \\ \frac{1}{2}[f(-\pi+0) + f(\pi-0)], & x = \pm \pi. \end{cases}$$

偶函数（或奇函数）$f(x)$ 在 $[-\pi, \pi]$ 上的傅里叶级数只含有余弦（或正弦）项，即 $\frac{a_0}{2} + \sum_{n=1}^{\infty} a_n \cos nx$（或 $\sum_{n=1}^{\infty} b_n \sin nx$），这时称为余弦（或正弦）级数.

如果周期为 $2l$ 的函数 $f(x)$ 满足收敛定理的条件，则在连续点 x 处，它的傅里叶展开式为 $f(x) = \frac{a_0}{2} + \sum_{n=1}^{\infty} \left(a_n \cos \frac{n\pi x}{l} + b_n \sin \frac{n\pi x}{l} \right)$，其中系数 a_n，b_n 为

$$a_n = \frac{1}{l} \int_{-l}^{l} f(x) \cos \frac{n\pi x}{l} \mathrm{d}x (n = 0, 1, 2, \cdots), \quad b_n = \frac{1}{l} \int_{-l}^{l} f(x) \sin \frac{n\pi x}{l} \mathrm{d}x (n = 1, 2, 3, \cdots).$$

当 $f(x)$ 为奇函数（或偶函数）时，$f(x) = \sum_{n=1}^{\infty} b_n \sin \frac{n\pi x}{l} \left(\text{或} \frac{a_0}{2} + \sum_{n=1}^{\infty} a_n \cos \frac{n\pi x}{l} \right)$.

其中 $$b_n = \frac{2}{l} \int_{0}^{l} f(x) \sin \frac{n\pi x}{l} \mathrm{d}x, \quad a_n = \frac{2}{l} \int_{0}^{l} f(x) \cos \frac{n\pi x}{l} \mathrm{d}x$$

二、例 题 分 析

1. 以 $2l$ 为周期的函数的傅里叶级数展开

已知周期为 $2l$ 的函数 $f(x)$ 在 $[-l, l]$ 上的表达式，将函数 $f(x)$ 展开成傅里叶级数的解题步骤为：

(1) 确定函数 $f(x)$ 的周期 $2l$ 及其在 $[-l, l]$ 上的奇偶性，验证是否满足狄利克雷定理的条件；

(2) 求出傅里叶系数，写出 $f(x)$ 的傅里叶级数；

(3) 利用狄利克雷收敛性定理写出所得傅里叶级数的和函数，并写出展开式成立的范围.

【例 1】 设 $f(x)$ 是周期为 2π 的函数，它在 $[-\pi, \pi)$ 上的表达式为

$$f(x) = \begin{cases} 0, & x \in [-\pi, 0), \\ \mathrm{e}^x, & x \in [0, \pi). \end{cases}$$

将 $f(x)$ 展开成傅里叶级数.

解 $f(x)$ 周期为 2π，除 $x = k\pi \ (k \in \mathbb{Z})$ 外处处连续，满足收敛定理的条件.

傅里叶系数为

$$a_0 = \frac{1}{\pi} \int_{-\pi}^{\pi} f(x) \mathrm{d}x = \frac{1}{\pi} \int_{0}^{\pi} \mathrm{e}^x \mathrm{d}x = \frac{\mathrm{e}^\pi - 1}{\pi};$$

由 $a_n = \frac{1}{\pi} \int_{-\pi}^{\pi} f(x) \cos nx \, \mathrm{d}x = \frac{1}{\pi} \int_{0}^{\pi} \mathrm{e}^x \cos nx \, \mathrm{d}x = \frac{1}{\pi} \int_{0}^{\pi} \cos nx \, \mathrm{d}\mathrm{e}^x$

$$= \frac{1}{\pi} \left(\mathrm{e}^x \cos nx \Big|_{0}^{\pi} + n \int_{0}^{\pi} \mathrm{e}^x \sin nx \, \mathrm{d}x \right) = \frac{(-1)^n \mathrm{e}^\pi - 1}{\pi} + \frac{n}{\pi} \left(\mathrm{e}^x \sin nx \Big|_{0}^{\pi} - n \int_{0}^{\pi} \mathrm{e}^x \cos nx \, \mathrm{d}x \right)$$

$$= \frac{(-1)^n \mathrm{e}^\pi - 1}{\pi} - n^2 a_n. \text{ 知 } a_n = \frac{(-1)^n \mathrm{e}^\pi - 1}{(n^2+1)\pi} \quad (n = 1, 2, \cdots);$$

而　　　$b_n = \dfrac{1}{\pi}\displaystyle\int_{-\pi}^{\pi} f(x)\sin nx\,\mathrm{d}x = \dfrac{1}{\pi}\displaystyle\int_0^\pi \mathrm{e}^x \sin nx\,\mathrm{d}x = -na_n(n=1,2,\cdots).$

于是 $f(x) = \dfrac{\mathrm{e}^\pi - 1}{2\pi} + \dfrac{1}{\pi}\displaystyle\sum_{n=1}^\infty \left[\dfrac{(-1)^n \mathrm{e}^\pi - 1}{n^2+1}\cos nx + \dfrac{(-1)^{n+1}\mathrm{e}^\pi + 1}{n^2+1}n\sin nx\right]$

$$(-\infty < x < +\infty, x \neq k\pi, k \in \mathbb{Z}).$$

【例2】 将函数 $f(x) = 2 + |x| \; (-1 \leqslant x \leqslant 1)$ 展开成周期为 2 的傅里叶级数，并求级数 $\displaystyle\sum_{n=1}^\infty \dfrac{1}{n^2}$ 的和．

解　因 $f(x)$ 是偶函数，所以 $b_n = 0$，$n = 1$，2，$\cdots$；$a_0 = 2\displaystyle\int_0^1 (2+x)\,\mathrm{d}x = 5$，

$$a_n = 2\int_0^1 (2+x)\cos(n\pi x)\,\mathrm{d}x = 2\int_0^1 x\cos(n\pi x)\,\mathrm{d}x = \frac{2(\cos n\pi - 1)}{n^2\pi^2} \quad (n = 1, 2, \cdots).$$

因为 $f(x)$ 在 $[-1,1]$ 上满足收敛定理的条件，故

$$2 + |x| = \frac{5}{2} + \sum_{n=1}^\infty \frac{2(\cos n\pi - 1)}{n^2\pi^2}\cos(n\pi x) = \frac{5}{2} - \frac{4}{\pi^2}\sum_{k=0}^\infty \frac{\cos(2k+1)\pi x}{(2k+1)^2}.$$

当 $x = 0$ 时有 $\displaystyle\sum_{k=0}^\infty \frac{1}{(2k+1)^2} = \frac{\pi}{8^2}.$

又　　　$\displaystyle\sum_{n=1}^\infty \frac{1}{n^2} = \sum_{k=0}^\infty \frac{1}{(2k+1)^2} + \sum_{k=1}^\infty \frac{1}{(2k)^2} = \sum_{k=0}^\infty \frac{1}{(2k+1)^2} + \frac{1}{4}\sum_{n=1}^\infty \frac{1}{n^2}$

故 $\displaystyle\sum_{n=1}^\infty \frac{1}{n^2} = \frac{4}{3}\sum_{k=0}^\infty \frac{1}{(2k+1)^2} = \frac{\pi^2}{6}.$

2. 定义在 $[0, l]$ 上的函数的傅里叶级数的展开

若函数 $f(x)$ 在 $[0, l]$ 上有定义，将其展开成余弦级数（或正弦级数）的一般思路是：

(1) 根据题目要求将函数 $f(x)$ 延拓成 $[-l, l]$ 上的偶函数（或奇函数）$F(x)$；

(2) 验证是否满足狄利克雷定理的条件；

(3) 求出傅里叶系数，写出 $F(x)$ 的傅里叶级数；

(4) 利用狄利克雷定理将 $f(x)$ 展开成余弦级数（或正弦级数），并写出展开式成立的范围．

【例3】 将函数 $f(x) = \begin{cases} 1, & x \in [0, h] \\ 0, & x \in (h, \pi] \end{cases}$，分别展开成正弦级数和余弦级数．

解　(1) 展开成正弦级数：

将 $f(x)$ 作奇延拓，得 $\varphi(x) = \begin{cases} f(x), & x \in [0, \pi], \\ -f(-x), & x \in (-\pi, 0). \end{cases}$

再将 $\varphi(x)$ 作周期延拓，得 $\phi(x)$，则 $\phi(x)$ 满足收敛定理的条件，且在 $[0, \pi]$ 上 $\phi(x) \equiv f(x)$，有间断点 $x = 0$，$x = h$ 及 $x = \pi$．

$$a_n = 0 (n = 0, 1, 2, \cdots),$$

$$b_n = \int_0^\pi f(x)\sin nx\,\mathrm{d}x = \frac{2}{\pi}\int_0^h \sin nx\,\mathrm{d}x = \frac{2(1-\cos nh)}{n\pi} \quad (n = 1, 2, \cdots).$$

故 $f(x) = \dfrac{2}{\pi}\displaystyle\sum_{n=1}^\infty \frac{1 - \cos nh}{n}\sin nx, x \in (0, h) \bigcup (h, \pi).$

(2) 展开成余弦级数：将 $f(x)$ 作偶延拓，得 $\psi(x) = \begin{cases} f(x), & x \in [0, \pi], \\ f(-x), & x \in (-\pi, 0], \end{cases}$

再将 $\psi(x)$ 作周期延拓得 $\Psi(x)$ 满足收敛定理的条件，在 $[0,\pi]$ 上 $\Psi(x)\equiv f(x)$ ，且仅有一间断点 $x=h$.

$$a_0 = \frac{2}{\pi}\int_0^h dx = \frac{2h}{\pi}; a_n = \frac{2}{\pi}\int_0^h \cos nx\, dx = \frac{2\sin nh}{n\pi} \quad (n=1,2,\cdots); b_n=0 \quad (n=1,2,\cdots).$$

故 $f(x) = \frac{h}{\pi} + \frac{2}{\pi}\sum_{n=1}^{\infty}\frac{\sin nh}{n\pi}\cos nx$, $x\in[0,h)\bigcup(h,\pi]$.

【例 4】 (1) 将函数 $f(x)=1-x^2 (0\leqslant x\leqslant \pi)$ 展开成余弦级数，并求级数 $\sum_{n=1}^{\infty}\frac{(-1)^{n-1}}{n^2}$ 的和；

(2) 设函数 $f(x)=\begin{cases} x, & 0\leqslant x\leqslant \frac{1}{2}, \\ 2-2x, & \frac{1}{2}<x<1, \end{cases}$ $S(x)=\frac{a_0}{2}+\sum_{n=1}^{\infty}a_n\cos n\pi x$, $-\infty<x<+\infty$, 其

中 $a_n = 2\int_0^1 f(x)\cos n\pi x\, dx$ $(n=0,1,2,\cdots)$ ，求 $S\left(-\frac{5}{2}\right)$;

(3) 设函数 $f(x)=\left|x-\frac{1}{2}\right|$, $b_n = 2\int_0^1 f(x)\sin n\pi x\, dx$, $n=1,2,\cdots$.

记 $S(x)=\sum_{n=1}^{\infty}b_n\sin n\pi x$, 求 $S\left(-\frac{9}{4}\right)$.

解 (1) 显然有 $b_n=0$, $n=1,2,\cdots$ ；且

$$a_0 = \frac{2}{\pi}\int_0^{\pi}(1-x^2)dx = 2-\frac{2}{3}\pi^2,$$

$$a_n = \frac{2}{\pi}\int_0^{\pi}(1-x^2)\cos nx\, dx = (-1)^{n-1}\frac{4}{n^2}, \quad n=1,2,3,\cdots$$

所以函数 $f(x)=1-x^2$ 的余弦级数展开式为

$$1-x^2 = 1-\frac{\pi^2}{3} + 4\sum_{n=1}^{\infty}(-1)^{n-1}\frac{\cos nx}{n^2}, \quad 0\leqslant x\leqslant \pi.$$

令 $x=0$, 有 $f(0) = 1-\frac{\pi^2}{3} + 4\sum_{n=1}^{\infty}\frac{(-1)^{n-1}}{n^2}$. 又有 $f(0)=1$, 所以 $\sum_{n=0}^{\infty}\frac{(-1)^{n-1}}{n^2}=\frac{\pi^2}{12}$.

(2) 所给傅里叶级数为余弦级数，周期为 2，所以须将 $f(x)$ 作周期为 2 的偶延拓，因此其和函数在 $x=-\frac{5}{2}$ 的值为 $S\left(-\frac{5}{2}\right) = S\left(-\frac{5}{2}+2\right) = S\left(-\frac{1}{2}\right) = S\left(\frac{1}{2}\right)$, 应用收敛定理得

$$S\left(-\frac{5}{2}\right) = S\left(\frac{1}{2}\right) = \frac{f\left(-\frac{1}{2}^-\right)+f\left(\frac{1}{2}^+\right)}{2} = \frac{\frac{1}{2}+1}{2} = \frac{3}{4}.$$

(3) 设 $F(x)$ 是周期为 2 的函数且 $F(x)=\begin{cases} f(x), 0<x<1, \\ -f(-x), -1<x<0. \end{cases}$ 则 $F(x)$ 的以 2 为

周期的傅里叶系数为 $a_n=0$, $n=0,1,2,\cdots$ $b_n=\int_{-1}^{1}F(x)\sin n\pi x\, dx = 2\int_0^1 F(x)\sin n\pi x\, dx=$

$2\int_0^1 f(x)\sin n\pi x\, dx$. 故 $S(x)=\sum b_n\sin n\pi x$ 是 $F(x)$ 的傅里叶级数的和函数.

根据狄利克雷收敛定理得

$$S\left(-\frac{9}{4}\right) = S\left(-\frac{1}{4}\right) = F\left(-\frac{1}{4}\right) = -f\left(\frac{1}{4}\right) = -\frac{1}{4}.$$

三、习　题

1. 设 $f(x)=\begin{cases} x, -\pi\leqslant x<0, \\ 2x, 0\leqslant x\leqslant \pi, \end{cases}$ 求函数 $f(x)$ 以 2π 为周期的傅里叶级数.

2. 设 $f(x) = \mathrm{e}^x, x \in [-2, 2]$ 求 $f(x)$ 以 4 为周期的傅里叶级数.

3. 将 $f(x) = \dfrac{1}{2}\cos x + |\, x\,| \ (-\pi \leqslant x \leqslant \pi)$ 展开成傅里叶级数.

4. 设 $f(x) = x^2, x \in [0, \pi]$,求 $f(x)$ 以 2π 为周期的傅里叶级数.

5. 设 $f(x)$ 是周期为 2 的周期函数,且在 $[0, 2]$ 上表示为 $f(x) = \begin{cases} x, & 0 \leqslant x \leqslant 1, \\ 0, & 1 < x \leqslant 2, \end{cases}$ 求 $f(x)$ 的傅里叶展开

式,并用此证明 $\displaystyle\sum_{n=1}^{\infty} \dfrac{1}{(2n-1)^2} = \dfrac{\pi^2}{8}$,$\displaystyle\sum_{n=1}^{\infty} \dfrac{1}{n^2} = \dfrac{\pi^2}{6}$.

6. 设 $S(x) = \displaystyle\sum_{n=1}^{\infty} b_n \sin n\pi x, \ -\infty < x < +\infty$,其中 $b_n = 2\displaystyle\int_0^1 f(x)\sin n\pi x \mathrm{d}x$,$f(x) = x^2, \ 0 \leqslant x < 1$,

$n = 1, 2, 3, \cdots$,试求 $S\left(-\dfrac{1}{2}\right)$.

四、习题解答与提示

1. $f(x) \sim \dfrac{\pi}{4} + \displaystyle\sum_{n=1}^{\infty} \left[\dfrac{-2}{(2n-1)^2\pi}\cos(2n-1)x + \dfrac{3(-1)^{n-1}}{n}\sin nx \right]$.

2. $f(x) \sim \dfrac{1}{4}(\mathrm{e}^2 - \mathrm{e}^{-2}) + \displaystyle\sum_{n=1}^{\infty} \dfrac{2(-1)^n(\mathrm{e}^2 - \mathrm{e}^{-2})}{4 + n^2\pi^2}\cos\dfrac{n\pi x}{2} + \dfrac{(-1)^{n+1}n\pi}{4 + n^2\pi^2}(\mathrm{e}^2 - \mathrm{e}^{-2})\sin\dfrac{n\pi x}{2}$.

3. $\dfrac{\pi}{2} + \left(\dfrac{1}{2} - \dfrac{4}{\pi} \right)\cos x + \dfrac{2}{\pi}\displaystyle\sum_{n=1}^{\infty} \dfrac{[(-1)^n - 1]}{n^2}\cos nx \quad (-\pi \leqslant x \leqslant \pi)$.

4. 作奇延拓,展为正弦级数 $f(x) = 2\pi\displaystyle\sum_{n=1}^{\infty} \dfrac{(-1)^{n-1}}{n}\sin nx - \dfrac{8}{\pi}\displaystyle\sum_{n=1}^{\infty} \dfrac{1}{(2n-1)^3}\sin(2n-1)x, (0 \leqslant x < \pi)$.

作偶延拓,展为余弦级数 $f(x) = \dfrac{\pi^2}{3} + 4\displaystyle\sum_{n=1}^{\infty} \dfrac{(-1)^n}{n^2}\cos n x \ (0 \leqslant x \leqslant \pi)$.

5. $f(x) = \dfrac{1}{4} - \dfrac{2}{\pi^2}\displaystyle\sum_{n=1}^{\infty} \left[\dfrac{\cos(2n-1)\pi x}{(2n-1)^2} + (-1)^n\dfrac{\pi}{2n}\sin n\pi x \right]$, $x \in [0, 1) \bigcup (1, 2]$.

当 $x = 1$ 时,右边级数收敛于 $\dfrac{1}{2}$. 令 $x = 0$,有 $0 = \dfrac{1}{4} - \dfrac{2}{\pi^2}\displaystyle\sum_{n=1}^{\infty} \dfrac{1}{(2n-1)^2}$,即 $\displaystyle\sum_{n=1}^{\infty} \dfrac{1}{(2n-1)^2} = \dfrac{\pi^2}{8}$.

又 $\displaystyle\sum_{n=1}^{\infty} \dfrac{1}{n^2} = \displaystyle\sum_{n=1}^{\infty} \dfrac{1}{(2n-1)^2} + \displaystyle\sum_{n=1}^{\infty} \dfrac{1}{(2n)^2} = \dfrac{\pi^2}{8} + \dfrac{1}{4}\displaystyle\sum_{n=1}^{\infty} \dfrac{1}{n^2}$,所以 $\displaystyle\sum_{n=1}^{\infty} \dfrac{1}{n^2} = \dfrac{\pi^2}{6}$.

6. $-\dfrac{1}{4}$. 提示:$f(x) = \begin{cases} x^2, & 0 \leqslant x \leqslant 1, \\ -x^2, & -1 < x < 0, \end{cases}$ $S(x)$ 在 $x = -\dfrac{1}{2}$ 连续,$S\left(-\dfrac{1}{2}\right) = -\left(-\dfrac{1}{2}\right)^2 = -\dfrac{1}{4}$.

第十二章　常微分方程

基本要求与重点要求

1. 基本要求

　　了解微分方程、解、通解、初始条件和特解等概念. 掌握变量可分离的方程及一阶线性方程的解法. 会解齐次方程和伯努利方程并从中领会用变量代换求解方程的思想, 会解全微分方程. 了解 $y^{(n)}=f(x)$, $y''=f(x, y')$ 和 $y''=f(y, y')$ 的降阶法. 理解二阶线性微分方程解的结构. 掌握二阶常系数齐次线性微分方程的解法, 并了解高阶常系数齐次线性微分方程的解法. 会求自由项形如 $P_n(x)e^{ax}$ 和 $e^{ax}(A\cos\beta x+B\sin\beta x)$ 的二阶常系数非齐次线性微分方程的特解. 会用微分方程解一些简单的几何和物理问题.

2. 重点要求

　　变量可分离的方程及一阶线性方程的解法, 二阶常系数齐次线性方程的解法. 自由项形如 $P_n(x)e^{ax}$ 与 $e^{ax}(A\cos\beta x+B\sin\beta x)$ 的二阶常系数非齐次线性方程的特解. 用微分方程解简单的几何问题.

知识点关联网络

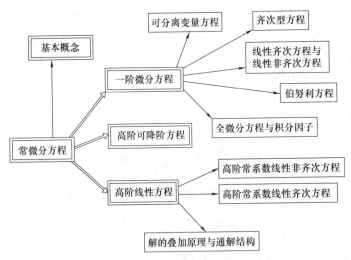

第一节　一阶微分方程　可降阶的高阶微分方程

一、内容提要

1. 一阶微分方程的分类及求解方法

（1）变量可分离的方程：$\dfrac{\mathrm{d}y}{\mathrm{d}x}=\dfrac{f(x)}{g(y)}$.

求解方法：先分离变量 $g(y)\mathrm{d}y=f(x)\mathrm{d}x$, 再两边积分, 得通解 $\displaystyle\int g(y)\mathrm{d}y=\int f(x)\mathrm{d}x+C$.

（2）齐次方程：$\dfrac{\mathrm{d}y}{\mathrm{d}x}=\varphi\left(\dfrac{y}{x}\right)$.

求解方法：作变换 $\dfrac{y}{x}=u(x)$ 即 $y=ux$，把方程化为变量可分离的方程 $\dfrac{\mathrm{d}u}{\varphi(u)-u}=\dfrac{\mathrm{d}x}{x}$，求出这个方程的通解后，以 $\dfrac{y}{x}$ 代 u 便可得原方程的通解.

（3）一阶线性方程：$\dfrac{\mathrm{d}y}{\mathrm{d}x}+P(x)y=Q(x)$.

求解方法：通解公式 $y=\mathrm{e}^{-\int P(x)\mathrm{d}x}\left(C+\int Q(x)\mathrm{e}^{\int P(x)\mathrm{d}x}\mathrm{d}x\right)$.

（4）伯努利方程：$\dfrac{\mathrm{d}y}{\mathrm{d}x}+P(x)y=Q(x)y^n$ $(n\neq 0,1)$.

求解方法：将方程变形为 $y^{-n}\dfrac{\mathrm{d}y}{\mathrm{d}x}+P(x)y^{1-n}=Q(x)$，作变换 $z=y^{1-n}$，上述方程可化为一阶线性方程

$$\dfrac{\mathrm{d}z}{\mathrm{d}x}+(1-n)P(x)z=(1-n)Q(x),$$

求出这个方程的通解后，以 y^{1-n} 代 z 便得伯努利方程的通解.

（5）全微分方程：$P(x,y)\mathrm{d}x+Q(x,y)\mathrm{d}y=0$ 且 $\dfrac{\partial P}{\partial y}=\dfrac{\partial Q}{\partial x}$.

求解方法：利用线积分得通解为 $u(x,y)\equiv\displaystyle\int_{x_0}^{x}P(x,y)\mathrm{d}x+\int_{y_0}^{y}Q(x_0,y)\mathrm{d}y=C$.

2. 可降阶的高阶微分方程

（1）$y^{(n)}=f(x)$ 型.

求解方法：经 n 次积分可得包含 n 个独立常数的通解.

（2）$y''=f(x,y')$ 型（不显含 y）.

求解方法：作变换 $y'=p(x)$，$y''=p'$，代入方程，得关于 p,x 的一阶方程 $\dfrac{\mathrm{d}p}{\mathrm{d}x}=f(x,p)$，设其通解为 $p=\varphi(x,C_1)$，即得 $\dfrac{\mathrm{d}y}{\mathrm{d}x}=\varphi(x,C_1)$，于是原方程通解为：$y=\displaystyle\int\varphi(x,C_1)\mathrm{d}x+C_2$.

（3）$y''=f(y,y')$ 型（不显含 x）.

求解方法：作变换 $y'=p(y)$，$y''=p\dfrac{\mathrm{d}p}{\mathrm{d}y}$，代入方程，得关于 p,y 的一阶方程 $pp'=f(y,p)$，设其通解为 $p=\varphi(y,C_1)$，即 $\dfrac{\mathrm{d}y}{\mathrm{d}x}=\varphi(y,C_1)$，分离变量后得原方程通解：$\displaystyle\int\dfrac{\mathrm{d}y}{\varphi(y,C_1)}=x+C_2$.

二、例 题 分 析

一阶微分方程类型繁多，而且不同类型方程的解法各异，因此首先要认清各类方程的特点，能够正确识别方程类型，然后再采取相应的方法求解.

可降阶微分方程求解的基本思路则是通过一定的变量代换降低方程的阶数.

1. 常微分方程的基本概念

【例1】 （1）求通解为 $(x-C_1)^2+(y-C_2)^2=1$ 的微分方程，其中 C_1，C_2 为任意常数；（2）确定函数关系式 $y=C_1\sin(x-C_2)$ 中所含的参数，使函数满足初始条件 $y\big|_{x=\pi}=1$，$y'\big|_{x=\pi}=0$.

解 （1）对所给隐式通解 $(x-C_1)^2+(y-C_1)^2=1$ 关于 x 求导得

$$(x-C_1)+(y-C_2)y'=0 \tag{12-1}$$

式（12-1）关于 x 求导得 $\qquad 1+(y')^2+(y-C_2)y''=0 \tag{12-2}$

由此得 $y-C_2=-\dfrac{1+(y')^2}{y''}$，代入式（12-1）得 $x-C_1=\dfrac{y'[(1+(y')^2]}{y''}$

将上述两式代入隐式通解，消去任意常数得 $(y'')^2=[1+(y')^2]^3$，即为所求微分方程.

注 已知通解求其所满足的微分方程，是通常给定微分方程求其通解的逆问题. 需对所给通解求若干次导数，以消去任意常数.

（2）所给函数关系式关于 x 求导得 $y'=C_1\cos(x-C_2)$，利用初始条件即知参数 C_1，C_2 应满足如下等式

$$\begin{cases}1=C_1\sin\ (\pi-C_2)=C_1\sin C_2,\\ 0=C_1\cos\ (\pi-C_2)=-C_1\cos C_2,\end{cases}$$

不妨取 $\begin{cases}C_1=1,\\ C_2=\dfrac{\pi}{2},\end{cases}$ 此时有 $y-\sin\left(x-\dfrac{\pi}{2}\right)=-\cos x.$

注 满足初始条件的参数 C_1，C_2 是不唯一的，如 $\begin{cases}C_1=1,\\ C_2=2k\pi+\dfrac{\pi}{2},\end{cases}(k\in\mathbb{Z})$ 或 $\begin{cases}C_1=-1,\\ C_2=2k\pi-\dfrac{\pi}{2},\end{cases}(k\in\mathbb{Z})$ 也都满足题中的初始条件.

【例 2】 写出由下列条件确定的曲线所满足的微分方程：

（1）曲线上点 $P(x,\ y)$ 处的法线与 x 轴的交点为 Q，且线段 PQ 被 y 轴平分；

（2）曲线上点 $P(x,\ y)$ 处的切线和切点的向径的夹角为定角 α.

解 （1）如图 12-1 所示，设曲线方程为 $y=y(x)$，则点 $P(x,\ y)$ 处法线的斜率为 $-\dfrac{1}{y'}$. 由已知得 Q 的坐标为 $(-x,\ 0)$，则有 $\dfrac{y-0}{x+x}=-\dfrac{1}{y'}$，即 $yy'+2x=0$ 为所求微分方程.

（2）设曲线方程为 $y=y(x)$，曲线上取任一点 $P(x,\ y)$，角 α，β，θ 如图 12-2 所示，则 $\tan\beta=\dfrac{\mathrm{d}y}{\mathrm{d}x}$，$\tan\theta=\dfrac{y}{x}$，以及 $\beta=\theta+\alpha$，即 $\tan\beta=\tan(\theta+\alpha)=\dfrac{\tan\theta+\tan\alpha}{1-\tan\theta\tan\alpha}$，

故 $\dfrac{\mathrm{d}y}{\mathrm{d}x}=\dfrac{\dfrac{y}{x}+\tan\alpha}{1-\dfrac{y}{x}\tan\alpha}.$

即 $\dfrac{\mathrm{d}y}{\mathrm{d}x}=\dfrac{y+x\tan\alpha}{x-y\tan\alpha}$ 为曲线应满足的微分方程.

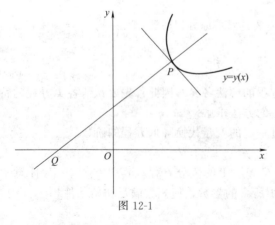

图 12-1

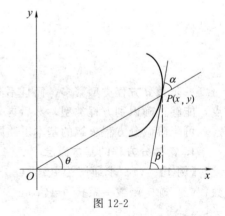

图 12-2

2. 一阶微分方程的求解

一阶微分方程的解法，以可分离变量方程的解法为基础，一阶线性方程的解法为重点；一阶齐次方程和伯努利方程的解法都可以经过变形或变量代换转化为以上两类方程. 全微分

方程的求解，常常与曲线积分与路径无关条件联系起来考虑，解题思路较多.

给定一阶微分方程 $F(x,y,y')=0$，先将方程变形为 $\dfrac{\mathrm{d}y}{\mathrm{d}x}=f(x,y)$，观察是否可分离变量型方程；若不是，则检验是否为齐次方程，线性微分方程或伯努利方程；若仍不是，则考察 $\dfrac{\mathrm{d}x}{\mathrm{d}y}=\dfrac{1}{f(x,y)}$ 是否一阶线性微分方程或伯努利方程；或将方程表为对称式 $P(x,y)\mathrm{d}y+Q(x,y)\mathrm{d}x=0$，检验是否全微分方程.

【例 3】 求下列微分方程的通解：

(1) $\dfrac{\mathrm{d}y}{\mathrm{d}x}=\dfrac{y}{x-\sqrt{x^2+y^2}}$；

(2) $y'+x=\sqrt{x^2+y}$；

(3) $\dfrac{\mathrm{d}y}{\mathrm{d}x}=\dfrac{y}{2(\ln y-x)}$；

(4) $y'\cos y=(1+\cos x\sin y)\sin y$；

(5) $(3x^2+2x\mathrm{e}^{-y})\mathrm{d}x+(3y^2-x^2\mathrm{e}^{-y})\mathrm{d}y=0$；

(6) $\left(1+\mathrm{e}^{\frac{x}{y}}\right)\mathrm{d}x+\mathrm{e}^{\frac{x}{y}}\left(1-\dfrac{x}{y}\right)\mathrm{d}y=0$.

解 (1) 方程形如 $\dfrac{\mathrm{d}y}{\mathrm{d}x}=f\left(\dfrac{y}{x}\right)$，是一阶齐次方程. 引进变量代换，将方程化为可分离变量方程. 令 $u=\dfrac{y}{x}$，则有 $y=xu$，于是 $y'=u+xu'$，代入原方程得

$$u+xu'=\frac{u}{1-\sqrt{1+u^2}}.$$

即 $\left(\dfrac{1}{u\sqrt{1+u^2}}-\dfrac{1}{u}\right)\mathrm{d}u=\dfrac{1}{x}\mathrm{d}x$，

这是可分离变量方程，积分得 $\ln\left|\dfrac{\sqrt{1+u^2}}{u}-\dfrac{1}{u}\right|=\ln|ux|+C_1$，代回原变量得原方程通解 $\sqrt{y^2+x^2}-x=Cy^2$，其中 C 为任意常数.

(2) 作适当变量代换将方程化为齐次方程. 令 $u(x)=\sqrt{x^2+y}$，即有 $y'=2uu'-2x$，代入方程得 $\dfrac{\mathrm{d}u}{\mathrm{d}x}=\dfrac{u+x}{2x}$ 这是一阶齐次方程. 再作变换 $v(x)=\dfrac{u(x)}{x}$，代入上述齐次方程得 $\dfrac{2v\mathrm{d}v}{-2v^2+v+1}=\dfrac{\mathrm{d}x}{x}$，两边积分得

$$\int\frac{2v\mathrm{d}v}{-2v^2+v+1}=\int\frac{\mathrm{d}x}{x}.$$

即 $-\dfrac{1}{3}\ln(2v+1)(v-1)^2=\ln x-\ln C$，整理得 $(2v+1)(v-1)^2=\dfrac{C}{x^3}$.

代回变量 y 即得所求原方程的通解为 $(x^2+y^2)^{\frac{3}{2}}=x^3+\dfrac{3}{2}xy+C$.

(3) 方程对未知函数 y 不是线性的，但是若把变量 x 视为未知函数（变量 y 为自变量），对变量 x 来说，方程是一阶线性的. 原方程可化为 $\dfrac{\mathrm{d}x}{\mathrm{d}y}=\dfrac{2(\ln y-x)}{y}$，即 $\dfrac{\mathrm{d}x}{\mathrm{d}y}+\dfrac{2}{y}x=\dfrac{2\ln y}{y}$，这是一阶线性非齐次微分方程（自变量为 y，因变量为 x），其通解为

$$x(y)=\mathrm{e}^{-\int\frac{2}{y}\mathrm{d}y}\left[\int2\frac{\ln y}{y}\mathrm{e}^{\int\frac{2}{y}\mathrm{d}y}\mathrm{d}y+C\right]=\ln y-\frac{1}{2}+Cy^{-2}.$$

(4) 令 $z=\sin y$，代入方程得 $\dfrac{\mathrm{d}z}{\mathrm{d}x}-z=z^2\cos x$，是伯努利方程. 两边同除以 z^2 得，

$x^{-2}\dfrac{\mathrm{d}z}{\mathrm{d}x}-z^{-1}=\cos x$，令 $z^{-1}=u$，代入方程得 $\dfrac{\mathrm{d}u}{\mathrm{d}x}+u=-\cos x$. 这是一阶线性非齐次微分方程，其通解为

$$u(x)=C_1\mathrm{e}^{-x}-\frac{1}{2}(\cos x+\sin x).$$
代回原变量得原方程的通解为 $\dfrac{2}{\sin y}+\cos x+\sin x=C\mathrm{e}^{-x}$.

（5）注意到 $\dfrac{\partial P}{\partial y}=-2x\mathrm{e}^{-y}=\dfrac{\partial Q}{\partial x}$ 在整个 xOy 平面内连续，因此该方程为全微分方程.

方法一 利用对坐标的曲线积分求其通解：

$$u(x,y)=\int_{(0,0)}^{(x,y)}(3x^2+2x\mathrm{e}^{-y})\mathrm{d}x+(3y^2-x^2\mathrm{e}^{-y})\mathrm{d}y=\int_0^x(3x^2+2x)\mathrm{d}x+\int_0^y(3y^2-x^2\mathrm{e}^{-y})\mathrm{d}y$$
$$=x^3+y^3+x^2\mathrm{e}^{-y}，所以该方程的通解为 x^3+y^3+x^2\mathrm{e}^{-y}=C.$$

方法二 不定积分法（或原函数法）：设该原函数为 $u(x,y)$，则 $\dfrac{\partial u}{\partial x}=P(x,y)$，$\dfrac{\partial u}{\partial y}=Q(x,y)$.

$\dfrac{\partial u}{\partial x}=P(x,y)=3x^2+2x\mathrm{e}^{-y}$ 对 x 积分得 $u(x,y)=x^3+x^2\mathrm{e}^{-y}+\varphi(y)$，其中 $\varphi(y)$ 待定. 对 y 求偏导得 $\dfrac{\partial u}{\partial y}=-x^2\mathrm{e}^{-y}+\varphi'(y)$，与 $Q(x,y)$ 相比较可得 $\varphi'(y)=3y^2$，即 $\varphi(y)=y^3+C$，因此方程的通解为 $x^3+y^3+x^2\mathrm{e}^{-y}=C$.

方法三 分项组合，凑微分法：改写方程为 $(2x\mathrm{e}^{-y}\mathrm{d}x-x^2\mathrm{e}^{-y}\mathrm{d}y)+3x^2\mathrm{d}x+3y^2\mathrm{d}y=0$，从而有

$\mathrm{d}(x^2\mathrm{e}^{-y})+\mathrm{d}x^3+\mathrm{d}y^3=0$，故原方程通解为 $x^3+y^3+x^2\mathrm{e}^{-y}=C$.

（6）**方法一** 可看作齐次微分方程. 记 $\dfrac{x}{y}=u$，则有 $\dfrac{\mathrm{d}x}{\mathrm{d}y}=u+y\dfrac{\mathrm{d}u}{\mathrm{d}y}$，于是原方程可化为 $-\dfrac{1+\mathrm{e}^u}{u+\mathrm{e}^u}\mathrm{d}u=\dfrac{\mathrm{d}y}{y}$，积分得 $\ln|y|+\ln|u+\mathrm{e}^u|=C$，代回原变量得 $x+y\mathrm{e}^{\frac{x}{y}}=C$，即为所求方程的通解，其中 C 为任意常数.

方法二 记 $P(x,y)=1+\mathrm{e}^{\frac{x}{y}}$，$Q(x,y)=\mathrm{e}^{\frac{x}{y}}\left(1-\dfrac{x}{y}\right)$，则 $\dfrac{\partial P}{\partial y}=\dfrac{\partial Q}{\partial x}=-\dfrac{x}{y^2}\mathrm{e}^{\frac{x}{y}}$. 这是全微分方程，即存在 $u(x,y)$ 满足 $\dfrac{\partial u}{\partial x}=P(x,y)$，$\dfrac{\partial u}{\partial y}=Q(x,y)$. 改写方程为

$$\left[\mathrm{e}^{\frac{x}{y}}\mathrm{d}x+\mathrm{e}^{\frac{x}{y}}\left(1-\frac{x}{y}\right)\mathrm{d}y\right]+\mathrm{d}x=0，即有 \mathrm{d}(y\mathrm{e}^{\frac{x}{y}})+\mathrm{d}x=0，因此原方程的通解为 x+y\mathrm{e}^{\frac{x}{y}}=C.$$

【例 4】 设曲线 L 位于 xOy 平面的第一象限，过 L 上任一点 M 处的切线与 y 轴总相交，交点记为 A，且有 $|\overline{MA}|=|\overline{OA}|$. 已知 L 过点 $\left(\dfrac{3}{2},\dfrac{3}{2}\right)$，求 L 的方程.

解 设曲线 L 的方程为 $y=y(x)$，则曲线 L 上的点 $M(x,y)$ 处的切线方程为 $Y-y(x)=y'(x)(X-x)$. 与 y 轴交点 A 的纵坐标为 $y(x)-xy'(x)$，由 $|\overline{MA}|=|\overline{OA}|$ 知 $\sqrt{x^2+(xy')^2}=|y-xy'|$，其中 $y=y(x)$，$y'=y'(x)$，化简便得 $2yy'-\dfrac{1}{x}y^2=-x$，初值条件为 $y|_{x=\frac{3}{2}}=\dfrac{3}{2}$. 上述方程是伯努利方程，解得

$$y^2=\mathrm{e}^{\int\frac{1}{x}\mathrm{d}x}\left[-\int x\mathrm{e}^{-\int\frac{1}{x}\mathrm{d}x}\mathrm{d}x+C\right]=Cx-x^2.$$
由于曲线在第一象限内，故 $y=\sqrt{Cx-x^2}$. 将初值条件 $y|_{x=\frac{3}{2}}=\dfrac{3}{2}$ 代入得 $C=3$，于是曲线方程为 $y=\sqrt{3x-x^2}$. 当 $x=0$ 或 $x=3$ 时，切线与 y 轴重合或不相交，点 A 无定义.

因此曲线 L 的方程为 $y=\sqrt{3x-x^2}$,$0<x<3$.

【**例5**】 设 (1) 函数 $y=f(x)$ ($0\leqslant x<\infty$)满足条件 $f(0)=0$,$0\leqslant f(x)\leqslant e^{-x}-1$;

(2) 平行于 y 轴的动直线 MN 与曲线 $y=f(x)$ 和 $y=e^x-1$ 分别相交于点 P_1 和 P_2;

(3) 曲线 $y=f(x)$,直线 MN 与 x 轴所围封闭图形的面积 S 恒等于线段 P_1P_2 的长度,求函数 $y=f(x)$ 的表达式.

分析 关键是根据题意作出示意图. 根据定积分几何意义建立一个函数关系式,通过对方程两边关于 x 求导,将问题转化为求微分方程的特解问题. 注意根据所建立的函数关系式确定初始条件.

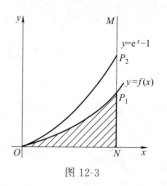

图 12-3

解 如图 12-3 所示,依题设条件有

$$\int_0^x f(t)\mathrm{d}t=(e^x-1)-f(x)$$,这是含积分变上限函数的方程.

两端对 x 求导得

$f'(x)+f(x)=e^x$,是一阶线性非齐次微分方程,其通解为

$f(x)=Ce^{-x}+\dfrac{e^x}{2}$. 由 $f(0)=0$ 知 $C=-\dfrac{1}{2}$. 因此所求函数为

$f(x)=\dfrac{e^x+e^{-x}}{2}$,即双曲余弦函数.

注 根据题意,利用定积分几何意义建立含积分变限函数的方程,通过求导消去积分,将积分方程化为微分方程.

3. 可降阶的高阶微分方程

【**例6**】 设函数 $f(u)$ 在 $(0,+\infty)$ 内具有二阶导数,且 $z=f(\sqrt{x^2+y^2})$ 满足等式 $\dfrac{\partial^2 z}{\partial x^2}+\dfrac{\partial^2 z}{\partial y^2}=0$. (1) 验证 $f''(u)+\dfrac{f'(u)}{u}=0$; (2) 若 $f(1)=0$,$f'(1)=1$,求函数 $f(u)$ 的表达式.

证 (1) 求偏导得 $\dfrac{\partial z}{\partial x}=f'(\sqrt{x^2+y^2})\dfrac{x}{\sqrt{x^2+y^2}}$ 得

$$\dfrac{\partial^2 z}{\partial x^2}=f''(\sqrt{x^2+y^2})\dfrac{x^2}{x^2+y^2}+f'(\sqrt{x^2+y^2})\dfrac{y^2}{(x^2+y^2)^{3/2}},$$

同理求得 $$\dfrac{\partial^2 z}{\partial y^2}=f''(\sqrt{x^2+y^2})\dfrac{x^2}{x^2+y^2}+f'(\sqrt{x^2+y^2})\dfrac{x^2}{(x^2+y^2)^{3/2}},$$

代入 $\dfrac{\partial^2 z}{\partial x^2}+\dfrac{\partial^2 z}{\partial y^2}=0$ 得 $f''(\sqrt{x^2+y^2})+\dfrac{f'(\sqrt{x^2+y^2})}{\sqrt{x^2+y^2}}=0$. 即有 $f''(u)+\dfrac{f'(u)}{u}=0$

成立.

(2) $f''(u)+\dfrac{f'(u)}{u}=0$ 是二阶可降阶方程,不显含未知量 $f(u)$. 令 $f'(u)=p$,则 $\dfrac{\mathrm{d}p}{\mathrm{d}u}=-\dfrac{p}{u}$. 两端积分得 $\ln|p|=-\ln|u|+C$. 整理得 $f'(u)=p=\dfrac{C}{u}$;

由 $f'(1)=1$ 知 $C=1$,于是有 $f(u)=\ln|u|+C_2$;由 $f(1)=0$,得 $C_2=0$;于是 $f(u)=\ln|u|$.

注 求解二阶方程的初值问题,常常采取边求解边确定任意常数的解题技巧,而不是先求出微分方程的通解再确定任意常数.

【**例7**】 求方程 $ay''=[1+(y')^2]^{\frac{3}{2}}$ 的通解,其中 a 为常数.

解 **方法一** 令 $y'=p(x)$,则有 $y''=p'(x)$,于是方程变为 $\dfrac{\mathrm{d}p}{\mathrm{d}x}=\dfrac{(1+p^2)^{\frac{3}{2}}}{a}$.

积分得 $\dfrac{p}{\sqrt{1+p^2}}=\dfrac{1}{a}(x-C_1)$.两边平方解出 p,并以 y' 代入得

$$y' = \pm \frac{x - C_1}{\sqrt{a^2 - (x - C_1)^2}}.$$

积分得 $$y = \pm \sqrt{a^2 - (x - C_1)^2} + C_2,$$

整理得 $(x - C_1)^2 + (y - C_2)^2 = a^2$，即为所求方程的通解.

注 本题是二阶可降阶方程，既不显含自变量 x，又不显含因变量 y. 解法一是把方程看作 $y'' = f(x, y')$（不显含 y）的情形，求解过程中出现积分 $\int \frac{\mathrm{d}p}{(1 + p^2)^{\frac{3}{2}}}$，计算较为烦琐. 解法二则将方程看作 $y'' = f(y, y')$（不显含 x）的情形，出现的积分形如 $\int \frac{p \mathrm{d}p}{(1 + p^2)^{\frac{3}{2}}}$，用凑微元法即可求得. 因此当遇到二阶可降阶方程既不显含自变量又不显含因变量时，具体选用哪种方法求解，要先往下做一步再决定.

方法二 令 $y' = p(y)$，则 $y'' = p \dfrac{\mathrm{d}p}{\mathrm{d}y}$，同样得方程 $\dfrac{p}{\sqrt{1 + p^2}} = \dfrac{1}{a}(x - C_1)$. 由此解得

$x = \dfrac{ap}{\sqrt{1 + p^2}} + C_1$. 两边微分得 $\mathrm{d}x = \dfrac{a \mathrm{d}p}{(1 + p^2)^{\frac{3}{2}}}$，于是有 $\mathrm{d}y = y' \mathrm{d}x = \dfrac{ap \mathrm{d}p}{(1 + p^2)^{\frac{3}{2}}}$，积分得 $y =$

$-\dfrac{a}{\sqrt{1 + p^2}} + C_2$，

从而通解表为参数方程形式 $\begin{cases} x = \dfrac{ap}{\sqrt{1 + p^2}} + C_1, \\ y = -\dfrac{a}{\sqrt{1 + p^2}} + C_2. \end{cases}$ （p 为参数，C_1，C_2 为任意常数）.

三、习　题

1. 设函数 $y = f(x)$ 是微分方程 $y'' - 2y' + 4y = 0$ 的一个解且 $f(x_0) > 0$，$f'(x_0) = 0$，则 $f(x)$ 在 x_0 处（　）.（A）有极大值；（B）有极小值；（C）某邻域内单调增加；（D）某邻域内单调减少.

2. 当 $\Delta x \to 0$ 时，α 是比 Δx 较高阶的无穷小，函数 $y(x)$ 在任意点处的增量 $\Delta y = \dfrac{y \Delta x}{1 + x^2} + \alpha$，且 $y(0) = \pi$，求 $y(1)$.

3. 求下列曲线簇所满足的微分方程，其中 C_1、C_2、C、r 均为参数。
(1) $x^2 + Cy^2 = 1$ 　　　　(2) $y = C_1 \mathrm{e}^x + C_2 \mathrm{e}^{2x}$ 　　(3) $(x - C)^2 + y^2 = r^2$ 　　(4) $y = \sin(x + C)$

4. 求解下列方程：

△(1) $y' + y\cos x = \mathrm{e}^{-\sin x} \ln x$；　　(2) $\dfrac{\mathrm{d}y}{\mathrm{d}x} = \dfrac{y}{x + y^3}$；　　(3) $(3x^2 + 2xy - y^2)\mathrm{d}x + (x^2 - 2xy)\mathrm{d}y = 0$；

△(4) $x\ln x \mathrm{d}y + (y - \ln x)\mathrm{d}x = 0$；　(5) $\cos y \dfrac{\mathrm{d}y}{\mathrm{d}x} + \sin y = x + 1$；　(6) $2x(y\mathrm{e}^{x^2} - 1)\mathrm{d}x + \mathrm{e}^{x^2}\mathrm{d}y = 0$；

(7) $(2xy^2 - y)\mathrm{d}x + x\mathrm{d}y = 0$；　(8) $x\dfrac{\mathrm{d}y}{\mathrm{d}x} - y = x^2 + y^2$；　(9) $\begin{cases} (x^2 - 1)\mathrm{d}y + (2xy - \cos x)\mathrm{d}x = 0, \\ y|_{x=0} = 1; \end{cases}$

(10) $\begin{cases} (y + \sqrt{x^2 + y^2})\mathrm{d}x - x\mathrm{d}y = 0, \\ y|_{x=1} = 0. \end{cases}$

5. 求下列方程的通解：(1) $\dfrac{\mathrm{d}y}{\mathrm{d}x} = 3(y + 2x) + 1$；　　(2) $\dfrac{\mathrm{d}y}{\mathrm{d}x} = \dfrac{1}{x^2 + y^2 + 2xy}$.

6. 设函数 $f(x)$ 连续，则（1）求方程 $y' + ay = f(x)$ 满足 $y|_{x=0} = 0$ 的特解；（2）求证：当 $|f(x)| \leqslant k$，且 $x \geqslant 0$ 时，$|y(x)| \leqslant \dfrac{k}{a}(1 - \mathrm{e}^{-ax})$.

7. 分别求满足下列条件的 $f(x)$：

(1) $f(x) + 2\int_0^x f(t)\mathrm{d}t = x^2$；　　(2) $\int_0^{2x} f\left(\dfrac{t}{3}\right)\mathrm{d}t + \mathrm{e}^{2x} = f(x)$；

(3) $f(x) = \int_0^{2x} f\left(\dfrac{t}{2}\right)\mathrm{d}t + \ln 2$;　(4) $\int_0^x \left[2f(t) + \sqrt{t^2 + f^2(t)}\right]\mathrm{d}t = xf(x)$,且 $f(1) = 0$;

(5) $\int_0^1 f(ux)\mathrm{d}u = \dfrac{1}{2}f(x) + 1$, $x \neq 0$.

8. 求微分方程 $x\mathrm{d}y + (x - 2y)\mathrm{d}x = 0$ 的一个解 $y = y(x)$，使得由曲线 $y = y(x)$ 与直线 $x = 1$，$x = 2$ 以及 x 轴所围图形绕 x 轴旋转一周的旋转体体积最小.

9. 求解下列可降阶的微分方程：

(1) $\begin{cases} yy'' + (y')^2 = 0, \\ y|_{x=0} = 1, \ y'|_{x=0} = \dfrac{1}{2}; \end{cases}$　(2) $xy'' - y' = x^2$;　(3) $y'' = 1 + (y')^2$;　(4) $xy'' + 3y' = 0$.

四、习题解答与提示

1.（A）.　　　　　　　　　　　　2. $\pi \mathrm{e}^{\frac{\pi}{4}}$.

3.（1）$xy + (1 - x^2)y' = 0$;　　　　（2）$y'' - 3y' + 2y = 0$;

（3）$1 + (y')^2 + yy'' = 0$;　　　　（4）$y^2 + (y')^2 = 1$.

4.（1）$y = (x\ln x - x + C)\mathrm{e}^{-\sin x}$. 提示：线性方程.　（2）$x = \dfrac{1}{2}y^3 + Cy$. 提示：关于 x, $\dfrac{\mathrm{d}x}{\mathrm{d}y}$ 的线性方程.

（3）$y^2 - xy - x^2 = \dfrac{C}{x}$. 提示：齐次方程或全微分方程.　（4）$y = \left(\dfrac{1}{2}\ln^2 x + C\right)\dfrac{1}{\ln x}$. 提示：线性方程.

（5）$\sin y = C\mathrm{e}^{-y} + x$. 提示：令 $\sin y = z$ 化为线性方程.　（6）$-x^2 + \mathrm{e}^{x^2}y = C$. 提示：全微分方程.

（7）$x^2 y - x = Cy$. 提示：伯努利方程.

（8）$y = x\tan(x + C)$. 提示：方程两边除以 x^2, 令 $\dfrac{y}{x} = u$.

（9）$y = (\sin x - 1)\dfrac{1}{x^2 - 1}$.　（10）$y = \dfrac{1}{2}x^2 - \dfrac{1}{2}$. 提示：齐次方程，通解为 $y + \sqrt{x^2 + y^2} = Cx^2$.

5.（1）$y = C\mathrm{e}^{3x} - (2x + 1)$.　（2）$y = \arctan(x + y) + C$.

6.（1）$y(x) = \mathrm{e}^{-ax}\int_0^x f(t)\mathrm{e}^{at}\mathrm{d}t$.　（2）提示：$|y(x)| \leqslant \mathrm{e}^{-ax}\int_0^x |f(t)|\mathrm{e}^{at}\mathrm{d}t \leqslant \mathrm{e}^{-ax}\int_0^x k\mathrm{e}^{at}\mathrm{d}t$.

7.（1）$f(x) = x - \dfrac{1}{2} + \dfrac{1}{2}\mathrm{e}^{-2x}$.　（2）$f(x) = (3 - 2\mathrm{e}^{-x})\mathrm{e}^{2x}$.　（3）$f(x) = \mathrm{e}^{2x}\ln 2$.

（4）$f(x) = \dfrac{1}{2}(x^2 - 1)$.　（5）$f(x) = 2 + Cx$.

8. $y = x - \dfrac{75}{124}x^2$.

9.（1）$y^2 = 1 + x$. 提示：可降阶方程.　（2）$y = \dfrac{x^3}{2} + C_1 x^2 + C_2$.

（3）$y = -\ln\cos(x + C_1) + C_2$.　（4）$y = C_1 + \dfrac{C_2}{x^2}$.

第二节　高阶线性微分方程

一、内 容 提 要

1. 高阶线性微分方程

$$y^{(n)} + p_1(x)y^{(n-1)} + p_2(x)y^{(n-2)} + \cdots + p_n(x)y = f(x).$$

（1）二阶线性方程一般形式

$$y'' + p(x)y' + Q(x)y = f(x). \tag{12-3}$$

若 $f(x) = 0$ 有　　　　　$y'' + p(x)y' + Q(x)y = 0. \tag{12-4}$

方程（12-3）称为二阶非齐次线性方程，方程（12-4）称为对应于方程（12-3）的二阶齐次线性方程.

（2）二阶线性方程解的结构定理

定理 1 若 $y_1(x)$，$y_2(x)$ 是二阶齐次线性方程的解，则 $y=C_1y_1(x)+C_2y_2(x)$（C_1，C_2 为任意常数）也是该方程的解.

定理 2 若 $y_1(x)$，$y_2(x)$ 是二阶齐次线性方程的两个线性无关的解，则 $y=C_1y_1(x)+C_2y_2(x)$ 就是该方程的通解.

定理 3 设 $y^*(x)$ 是二阶非齐次线性方程(12-3)的一个特解，$Y(x)$ 是对应式(12-3)的齐次线性方程(12-4)的通解，则 $y=Y(x)+y^*(x)$ 是二阶非齐次线性方程(12-3)的通解.

定理 4 设非齐次线性方程（12-3）的右端 $f(x)$ 是几个函数之和，如

$$y''+P(x)y'+Q(x)y=f_1(x)+f_2(x). \tag{12-5}$$

而 $y_1^*(x)$ 与 $y_2^*(x)$ 分别是方程 $y''+P(x)y'+Q(x)y=f_1(x)$ 与 $y''+P(x)y'+Q(x)y=f_2(x)$ 的特解，那么 $y_1^*(x)+y_2^*(x)$ 就是原方程(12-5)的特解.

此谓非齐次线性方程的解的叠加原理. 对于高阶线性方程解的结构也有类似的结果.

2. n 阶常系数齐次线性方程

$$y^{(n)}+p_1y^{(n-1)}+\cdots+p_ny=0.$$

特征方程为 $r^n+p_1r^{n-1}+\cdots+p_n=0$.

特征根与方程解的对应关系列表如下：

特 征 根	方程中通解的对应项
单实根 r	Ce^{rx}
一对单复根 $\alpha\pm i\beta$	$e^{\alpha x}(C_1\cos\beta x+C_2\sin\beta x)$
k 重实根 r	$e^{rx}(C_1+C_2x+\cdots+C_rx^{k-1})$
一对 k 重复根 $\alpha\pm i\beta$	$e^{\alpha x}[(C_1+C_2x+\cdots+C_rx^{k-1})\cos\beta x+(D_1+D_2x+\cdots+D_kx^{k-1})\sin\beta x]$

特别地，$n=2$ 时，即二阶常系数齐次线性方程 $y''+py'+qy=0$，其特征方程为 $r^2+pr+q=0$，特征根与方程通解的关系列表如下：

特 征 根	方程通解
两个不同实根 r_1,r_2	$y=C_1e^{r_1x}+C_2e^{r_2x}$
两个相等实根 r	$y=(C_1+C_2x)e^{rx}$
一对共轭复根 $\alpha\pm i\beta$	$y=e^{\alpha x}(C_1\cos\beta x+C_2\sin\beta x)$

3. 二阶常系数非齐次线性方程

$$y''+py'+qy=f(x).$$

通解为 $y=Y(x)+y^*(x)$，其中 $Y(x)$ 为对应的齐次方程的通解，$y^*(x)$ 是非齐次方程的特解. 特解的求法可根据 $f(x)$ 的不同形式，运用待定系数法求之：

（1）$f(x)=P_m(x)e^{\lambda x}$，特解形式为：$y^*(x)=x^kQ_m(x)e^{\lambda x}$. 其中 $Q_m(x)$ 是与 $P_m(x)$ 同次的待定多项式，而 k 按 λ 不是特征根，是特征单根或是特征重根而依次取 0,1 或 2.

（2）$f(x)=e^{\lambda x}[P_l(x)\cos\omega x+P_n(x)\sin\omega x]$，特解形式为 $y^*=x^ke^{\lambda x}[R_m^{(1)}(x)\cos\omega x+R_m^{(2)}(x)\sin\omega x]$. 其中 $R_m^{(1)}(x)$，$R_m^{(2)}(x)$ 是 m 次待定多项式，$m=\max(l,n)$，而 k 按 $\lambda+i\omega$ 不是特征根或是特征根而依次取 0 或 1.

二、例题分析

1. 高阶线性微分方程解的结构

【例 1】 已知 $y_1=xe^x+e^{2x}$，$y_2=xe^x-e^{-x}$，$y_3=xe^x+e^{2x}-e^{-x}$ 是某二阶非齐次线性微分方程的三个特解：(1)求此方程的通解；(2)写出此微分方程；(3)求此微分方程满足 $y(0)=7$，$y'(0)=6$ 的特解.

解 (1)由线性方程解的结构定理知 $\bar{y}_1 = y_1 - y_2 = e^{2x} - e^{-x}$，$\bar{y}_2 = y_1 - y_3 = e^{-x}$，$\bar{y}_3 = \bar{y}_1 + \bar{y}_2 = e^{2x}$ 是方程对应的齐次方程的解. 又因为 $\dfrac{\bar{y}_2}{\bar{y}_3} = \dfrac{e^{-x}}{e^{2x}} \neq k$（常数），于是 $\bar{y}_2$，$\bar{y}_3$ 线性无关，所以方程对应的齐次方程通解为 $y = C_1 \bar{y}_2 + C_2 \bar{y}_3 = C_1 e^{-x} + C_2 e^{2x}$. 因此原方程的通解为 $y = C_1 e^{-x} + C_2 e^{2x} + x e^x$.

(2)由齐次方程的通解可知，对应特征方程的根为：$r_1 = -1$，$r_2 = 2$，于是得特征方程为 $r^2 - r - 2 = 0$，齐次方程为 $y'' - y' - 2y = 0$. 设原方程为 $y'' - y' - 2y = f(x)$，将特解 $y_1 = x e^x + e^{2x}$ 代入方程得 $f(x) = e^x(1 - 2x)$，因此所求方程为 $y'' - y' - 2y = (1 - 2x)e^x$.

注 (2)亦可由
$$y = C_1 e^{-x} + C_2 e^{2x} + x e^x,$$
$$y' = -C_1 e^{-x} + 2C_2 e^{2x} + e^x + x e^x,$$
$$y'' = C_1 e^{-x} + 4C_2 e^{2x} + 2e^x + x e^x \tag{12-6}$$
三个式子中消去 C_1，C_2，而得 $y'' - y' - 2y = (1 - 2x)e^x$. $\tag{12-7}$

(3)在上注的（12-6），（12-7）中代入初始条件 $y(0) = 7$，$y'(0) = 6$，得 $C_1 + C_2 = 7$，$2C_1 - C_2 + 1 = 6$，于是，由 $C_1 = 4$，$C_2 = 3$. 而求得特解为
$$y = 4e^{2x} + 3e^{-x} + x e^x.$$

【例2】 在下列微分方程中，以 $y = C_1 e^x + C_2 \cos 2x + C_3 \sin 2x$（$C_1$，$C_2$，$C_3$ 为任意常数）为通解的是（　　）.

(A) $y''' + y'' - 4y' - 4y = 0$;　　　　(B) $y''' + y'' + 4y' + 4y = 0$;

(C) $y''' - y'' - 4y' + 4y = 0$;　　　　(D) $y''' - y'' + 4y' - 4y = 0$.

解 由所给通解知其特征根为 $\lambda_1 = 1$，$\lambda_2 = 2i$，$\lambda_3 = -2i$，特征方程为
$$(\lambda - 1)(\lambda - 2i)(\lambda + 2i) = 0, \quad 即 \quad \lambda^3 - \lambda^2 + 4\lambda - 4 = 0,$$
因此所求的高阶微分方程为 $y''' - y'' + 4y' - 4y = 0$.

2. 二阶线性微分方程

【例3】 设函数 $f(x)$ 具有二阶导数，试确定 $f(x)$ 使曲线积分
$$\int_{AB} [e^{\mu x} - 2f'(x) - f(x)] y \, dx + f'(x) \, dy \quad （\mu 为常数）与路径无关.$$

解 为使得积分与路径无关，则需满足 $\dfrac{\partial P}{\partial y} = \dfrac{\partial Q}{\partial x}$，故有 $f'' + 2f' + f = e^{\mu x}$ $\tag{12-8}$

即 $f(x)$ 为二阶常系数非齐次线性微分方程（12-8）的解. 对应于方程（12-8）的齐次线性方程为
$$f'' + 2f' + f = 0 \tag{12-9}$$
其特征方程为 $r^2 + 2r + 1 = 0$，解得特征根为 $r_1 = r_2 = -1$，于是方程（12-9）的通解为 $Y = (C_1 + C_2 x)e^{-x}$.

当 $\mu = -1$ 时，方程（12-8）的特解形如 $y^* = Ax^2 e^{-x}$，代入方程得 $A = -\dfrac{1}{2}$;

当 $\mu \neq -1$ 时，方程（12-8）的特解形如 $y^* = A e^{\mu x}$，代入方程得 $A = \dfrac{1}{(\mu+1)^2}$.

因此所求函数为 $f(x) = \begin{cases} (C_1 + C_2 x)e^{-x} + \dfrac{x^2}{2} e^{-x}, & \mu = -1, \\[2mm] (C_1 + C_2 x)e^{-x} + \dfrac{e^{\mu x}}{(\mu+1)^2}, & \mu \neq -1. \end{cases}$

【例4】 设函数 $y = y(x)$ 在 $(-\infty, +\infty)$ 内具有二阶导数，且 $y' \neq 0$，$x = x(y)$ 是 $y = y(x)$ 的反函数.（1）试将 $x = x(y)$ 所满足的微分方程 $\dfrac{d^2 x}{dy^2} + (y + \sin x)\left(\dfrac{dx}{dy}\right)^3 = 0$ 变换为 $y = y(x)$ 满足的微分方程;（2）求变换后的微分方程满足初始条件 $y(0) = 0$，$y'(0) = \dfrac{3}{2}$ 的解.

分析 反函数求导法是一元函数的基本微分法之一，而二阶线性常系数非齐次微分方程则是微分方程部分的基本内容，本题将两部分内容巧妙地综合在一起．将 $\dfrac{\mathrm{d}x}{\mathrm{d}y}$ 转化为 $\dfrac{\mathrm{d}y}{\mathrm{d}x}$ 比较简单，$\dfrac{\mathrm{d}x}{\mathrm{d}y}=\dfrac{1}{\frac{\mathrm{d}y}{\mathrm{d}x}}=\dfrac{1}{y'}$，关键是

应注意：$\dfrac{\mathrm{d}^2x}{\mathrm{d}y^2}=\dfrac{\mathrm{d}}{\mathrm{d}y}\left(\dfrac{\mathrm{d}x}{\mathrm{d}y}\right)=\dfrac{\mathrm{d}}{\mathrm{d}x}\left(\dfrac{1}{y'}\right)\dfrac{\mathrm{d}x}{\mathrm{d}y}=\dfrac{-y''}{y'^2}\cdot\dfrac{1}{y'}=-\dfrac{y''}{(y')^3}$．然后再代入原方程化简即可．

解 （1）由反函数的求导公式知 $\dfrac{\mathrm{d}x}{\mathrm{d}y}=\dfrac{1}{y'}$，于是有

$$\dfrac{\mathrm{d}^2x}{\mathrm{d}y^2}=\dfrac{\mathrm{d}}{\mathrm{d}y}\left(\dfrac{\mathrm{d}x}{\mathrm{d}y}\right)=\dfrac{\mathrm{d}}{\mathrm{d}x}\left(\dfrac{1}{y'}\right)\dfrac{\mathrm{d}x}{\mathrm{d}y}=\dfrac{-y''}{y'^2}\cdot\dfrac{1}{y'}=-\dfrac{y''}{(y')^3}.$$

代入原微分方程得 $\qquad\qquad\qquad y''-y=\sin x.$ $\qquad\qquad\qquad\qquad$ (12-10)

（2）方程（12-10）是二阶常系数线性非齐次微分方程．它所对应的齐次方程 $y''-y=0$ 的通解为 $Y=C_1\mathrm{e}^x+C_2\mathrm{e}^{-x}$．设方程（12-10）的特解为 $y^*=A\cos x+B\sin x$，代入方程 (12-10)，求得 $A=0$，$B=-\dfrac{1}{2}$，故 $y^*=-\dfrac{1}{2}\sin x$，从而 $y''-y=\sin x$ 的通解是

$$y=Y+y^*=C_1\mathrm{e}^x+C_2\mathrm{e}^{-x}-\dfrac{1}{2}\sin x.$$

由 $y(0)=0$，$y'(0)=\dfrac{3}{2}$，得 $C_1=1$，$C_2=-1$．

故所求初值问题的解为 $\qquad\qquad y=\mathrm{e}^x-\mathrm{e}^{-x}-\dfrac{1}{2}\sin x.$

【例 5】 利用代换 $y=\dfrac{u}{\cos x}$ 将方程 $y''\cos x-2y'\sin x+3y\cos x=\mathrm{e}^x$ 化简，并求原方程通解．

解 由 $y=\dfrac{u}{\cos x}$ 得 $y'=u'\sec x+u\tan x\sec x$，

$$y''=u''\sec x+2u'\tan x\sec x+u\sec^3 x+u\tan^2 x\sec x.$$

代入原方程，整理得 $u''+4u=\mathrm{e}^x$，这是二阶常系数非齐次线性微分方程，其通解为

$y=Y+y^*=C_1\cos 2x+C_2\sin 2x+\dfrac{\mathrm{e}^x}{5}$．代回原变量 y 得原方程的通解为

$$y=C_1\dfrac{\cos 2x}{\cos x}+2C_2\sin x+\dfrac{\mathrm{e}^x}{5\cos x}.$$

注 变系数线性微分方程的求解问题，常常利用适当的变量代换将其化为常系数线性微分方程进行求解．

三、习　　题

1. 设 $f(u)$ 有连续的二阶导数，且 $z=f(\mathrm{e}^x\sin y)$ 满足方程 $\dfrac{\partial^2 z}{\partial x^2}+\dfrac{\partial^2 z}{\partial y^2}=\mathrm{e}^{2x}z$，求 $f(u)$．

2. 设对于半空间 $x>0$ 内任意的光滑有向封闭曲面 S，都有

$$\oiint\limits_{S} xf(x)\mathrm{d}y\mathrm{d}z-xyf(x)\mathrm{d}z\mathrm{d}x-\mathrm{e}^{2x}z\mathrm{d}x\mathrm{d}y=0,$$

其中函数 $f(x)$ 在 $(0,+\infty)$ 内具有连续的一阶导数，且 $\lim\limits_{x\to 0^+}f(x)=1$，求 $f(x)$．

3. 设函数 $f(x)$，$g(x)$ 满足 $f'(x)=g(x)$，$g'(x)=2\mathrm{e}^x-f(x)$，且 $f(0)=0$，$g(0)=2$，求 $\displaystyle\int_0^\pi\left[\dfrac{g(x)}{1+x}-\dfrac{f(x)}{(1+x)^2}\right]\mathrm{d}x$．

4. 对于 $x>0$，过曲线 $y=f(x)$ 上点 $(x,f(x))$ 处的切线在 y 轴上的截距等于 $\dfrac{1}{x}\displaystyle\int_0^x f(t)\mathrm{d}t$，求 $f(x)$ 的表达式．

5. 设函数 $y=y(x)$ 满足方程 $y''-3y'+2y=2\mathrm{e}^x$，其图形在点 $(0,1)$ 处的切线与曲线 $y=x^2-x+1$ 在

该点处的切线重合，求 y 的解析表达式.

6. 已知函数 $f(x)$ 满足方程 $f''(x)+f'(x)-2f(x)=0$ 及 $f'(x)+f(x)=2\mathrm{e}^x$，则 $f(x)=$ ＿＿＿＿＿＿.

7. 若二阶常系数线性齐次微分方程 $y''+ay'+by=0$ 的通解为 $y=(C_1+C_2x)\mathrm{e}^x$，则非齐次方程 $y''+ay'+by=x$ 满足条件 $y(0)=2$，$y'(0)=0$ 的解为 $y=$ ＿＿＿＿＿＿.

8. 求解下列线性微分方程：

(1) $y''-4y=\mathrm{e}^{2x}$；　　　　　　　　(2) $y''-2y'+2y=\mathrm{e}^x$；

(3) $y''+y=x+\cos x$；　　　　　　　(4) $y'''+6y''+(9+a^2)y'=1$　$(a>0)$；

(5) $y''+a^2y=\sin x$　$(a>0)$；　　　△(6) $y''+4y'+y=\mathrm{e}^{ax}$.

9. 设函数 $u=f(r)$，$r=\sqrt{x^2+y^2+z^2}$. 当 $r>0$ 时满足拉普拉斯方程 $\dfrac{\partial^2 u}{\partial x^2}+\dfrac{\partial^2 u}{\partial y^2}+\dfrac{\partial^2 u}{\partial z^2}=0$，其中 $f(r)$ 二阶可导，且 $f(1)=f'(1)=1$，试将拉普拉斯方程化为以 r 为自变量的常微分方程，并求函数 $f(r)$.

10. 求微分方程 $(x^2\ln x)y''-xy'+y=0$ 的通解.

四、习题解答与提示

1. $f(u)=C_1\mathrm{e}^u+C_2\mathrm{e}^{-u}$. 提示：$f''(u)-f(u)=0$.

2. $f(x)=\dfrac{\mathrm{e}^x}{x}(\mathrm{e}^x-1)$. 提示：利用高斯公式得 $f'(x)+\left(\dfrac{1}{x}-1\right)f(x)=\dfrac{\mathrm{e}^{2x}}{x}$，$x>0$.

3. $\dfrac{1+\mathrm{e}^\pi}{1+\pi}$. 提示：$f''(x)+f(x)=2\mathrm{e}^x$. $\displaystyle\int_0^\pi\left[\dfrac{g(x)}{1+x}-\dfrac{f(x)}{(1+x)^2}\right]\mathrm{d}x=\dfrac{f(\pi)}{1+\pi}-f(0)$.

4. $f(x)=C_1\ln x+C_2$.　　　5. $y=(1-2x)\mathrm{e}^x$. 提示：通解 $y=-2x\mathrm{e}^x+C_1\mathrm{e}^x+C_2\mathrm{e}^{2x}$.

6. e^x.　　7. $y=-x\mathrm{e}^x+x+2$.

8. (1) $y=C_1\mathrm{e}^{-2x}+C_2\mathrm{e}^{2x}+\dfrac{1}{4}x\mathrm{e}^{2x}$.　　(2) $y=\mathrm{e}^x+(C_1\cos x+C_2\sin x)\mathrm{e}^x$.

(3) $y=C_1\cos x+C_2\sin x+x+\dfrac{1}{2}x\sin x$.　(4) $y=\dfrac{x}{9+a^2}+C_1+(C_2\cos ax+C_3\sin ax)\mathrm{e}^{-3x}$.

(5) $y=\begin{cases}C_1\cos x+C_2\sin x-\dfrac{1}{2}x\cos x,&a=1,\\ C_1\cos x+C_2\sin x+\dfrac{\sin x}{a^2-1},&a\neq1.\end{cases}$　(6) $y=\begin{cases}(C_1+C_2x)\ \mathrm{e}^{-2x}+\dfrac{1}{(a+1)^2}\mathrm{e}^{ax},&a\neq-2,\\ \left(C_1+C_2x+\dfrac{1}{2}x^2\right)\mathrm{e}^{-2x},&a=-2.\end{cases}$

9. $\dfrac{\partial u}{\partial x}=\dfrac{x}{r}f'(r)$，$\dfrac{\partial^2 u}{\partial x^2}=\dfrac{x^2}{r^2}f''(r)+\left(\dfrac{1}{r}-\dfrac{x^2}{r^3}\right)f'(r)\Rightarrow\dfrac{\partial^2 u}{\partial x^2}+\dfrac{\partial^2 u}{\partial y^2}+\dfrac{\partial^2 u}{\partial z^2}=f''(r)+\dfrac{2}{r}f'(r)$

即 $f(r)$ 满足方程 $\begin{cases}y''+\dfrac{2}{r}y'=0,\\ y(1)=y'(1)=1.\end{cases}$　解得 $f(r)=2-\dfrac{1}{r}$. 10. $y=C_1x+C_2(\ln x+1)$.

第三节　微分方程的应用

用微分方程解应用题的关键是根据问题所给的信息找出等量关系，建立问题的数学模型，即微分方程. 把实际问题化为微分方程问题的基本步骤如下：

(1) 根据题目实际要求确定要研究的量；

(2) 找出这些量所满足的规律（几何的，物理的，化学的，等等）；

(3) 运用规律列出方程：有些物理规律本身直接由微分方程的形式来表达，如牛顿第二定律，这时可直接列出微分方程；而有的问题则需用微元法列出微分方程；

(4) 给出问题所满足的初始条件.

一、例题分析

1. 在几何上的应用

(1) 导数的应用　主要由曲线 $y=y(x)$ 在任意点 (x,y) 处的切线斜率与法线斜率

（如切线在坐标轴上的截距，切线自切点到坐标轴的长，切线在两坐标轴之间的长，原点到切线的距离等）及曲率等信息，结合题设其他条件得到微分方程.

（2）积分的应用　主要由在一变化区间 $[a,x]$（或 $[x,b]$）上的弧长、面积与体积等积分应用问题，得到变限积分函数 $\int_a^x f(t)dt$，并结合题设其他条件得到含变限积分的函数方程，通过求导消去积分，转化为微分方程.

【例1】 设 L 是一条平面曲线，其上任意一点 $P(x,y)$（$x>0$）到坐标原点的距离，恒等于该点处的切线在 y 轴上的截距，且 L 过点 $\left(\frac{1}{2},0\right)$.

（1）求曲线 L 的方程；（2）求曲线 L 位于第一象限部分的一条切线，使该切线与曲线 L 以及两坐标轴所围图形的面积最小.

分析　第一问显然是微分方程的定解问题，关键是列出微分方程 $\sqrt{x^2+y^2}=y-xy'$；第二问是最值问题，关键是写出图形面积的表达式.

解　（1）如图 12-4 所示，设曲线 $L：y=y(x)$ 上点 $P(x,y)$（$x>0$）的切线方程为
$$Y-y=y'(X-x),$$
令 $X=0$，得切线在 y 轴上的截距为 $y-xy'$. 由题设条件可得 $\sqrt{x^2+y^2}=y-xy'$. 这是一阶齐次微分方程. 令 $u=\dfrac{y}{x}$，

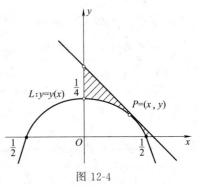

方程化为 $\dfrac{du}{\sqrt{1+u^2}}=-\dfrac{dx}{x}$，解得 $y+\sqrt{x^2+y^2}=C$；由曲线过点 $\left(\dfrac{1}{2},0\right)$ 知 $C=\dfrac{1}{2}$，于是曲线 L 的方程为 $y=\dfrac{1}{4}-x^2$.

图 12-4

（2）设曲线 $y=\dfrac{1}{4}-x^2$ 在第一象限内点的 $P(x,y)$（$x>0$）处的切线方程为

$$Y-\left(\frac{1}{4}-x^2\right)=-2x(X-x)，$$ 其中 $x\in\left[0,\dfrac{1}{2}\right]$. 它与两个坐标轴分别交于 $\left(\dfrac{x^2+\dfrac{1}{4}}{2x},\ 0\right)$ 与

$\left(0,\ x^2+\dfrac{1}{4}\right)$，所求图形面积为 $S(x)=\dfrac{1}{2}\dfrac{\left(x^2+\dfrac{1}{4}\right)^2}{2x}-\displaystyle\int_0^{\frac{1}{2}}\left(\dfrac{1}{4}-x^2\right)dx$，是 x 的函数. 计算可知驻点为 $x=\dfrac{\sqrt{3}}{6}$，且 $S'(x)$ 经过驻点变号（由负到正），因而 $S(x)$ 在 $x=\dfrac{\sqrt{3}}{6}$ 处取得极小值. 驻点 $x=\dfrac{\sqrt{3}}{6}$ 在 $\left(0,\dfrac{1}{2}\right)$ 内是唯一的，所以 $S(x)$ 在 $x=\dfrac{\sqrt{3}}{6}$ 取得最小值，切线方程为 $y+\dfrac{1}{\sqrt{3}}x=\dfrac{1}{3}$.

【例2】 设 $y=y(x)$ 是区间 $(-\pi,\pi)$ 内过点 $\left(-\dfrac{\pi}{\sqrt{2}},\dfrac{\pi}{\sqrt{2}}\right)$ 的光滑曲线. 当 $-\pi<x<0$ 时，曲线上任一点处的法线都过原点；当 $0\leqslant x<\pi$ 时，函数 $y(x)$ 满足 $y''+y+x=0$. 求函数 $y(x)$ 的表达式.

解　当 $-\pi<x<0$ 时，曲线上任一点 (x,y) 处的法线斜率为 $k=-\dfrac{1}{\dfrac{dy}{dx}}$，依题意得 $\dfrac{dy}{dx}=$

$-\dfrac{x}{y}$. 分离变量，并求解得到 $x^2+y^2=C$.

由曲线过点 $\left(-\dfrac{\pi}{\sqrt{2}}, \dfrac{\pi}{\sqrt{2}}\right)$，得 $C=\pi^2$，所以有

$$y=\sqrt{\pi^2-x^2}, \quad -\pi<x<0 \tag{12-11}$$

当 $0\leqslant x\leqslant\pi$ 时，$y''+y+x=0$ 的通解为

$$y=C_1\cos x+C_2\sin x-x, \tag{12-12}$$
$$y'=-C_1\sin x+C_2\cos x-1. \tag{12-13}$$

因为曲线 $y=y(x)$ 光滑，所以 $y(x)$ 连续且可导，由式（12-11）知

$$y(0)=\lim_{x\to 0^-}y(x)=\lim_{x\to 0^-}\sqrt{\pi^2-x^2}=\pi, \quad y'(0)=y'_-(0)=\lim_{x\to 0^-}\frac{\sqrt{\pi^2-x^2}-\pi}{x}=0,$$

代入式（12-12）、式（12-13），得 $C_1=\pi$，$C_2=1$，于是有 $y=\pi\cos x+\sin x-x$，$\quad 0\leqslant x<\pi$，

因此 $y(x)=\begin{cases}\sqrt{\pi^2-x^2}, & -\pi<x<0, \\ \pi\cos x+\sin x-x, & 0\leqslant x<\pi.\end{cases}$

【例 3】 设函数 $f(x)$ 在区间 [0,1] 上具有连续导数，满足

$$\iint\limits_{D_t}f'(x+y)\mathrm{d}x\mathrm{d}y=\iint\limits_{D_t}f(t)\mathrm{d}x\mathrm{d}y,$$

其中 $D_t=\{(x,y)\,|\,0\leqslant y\leqslant t-x,0\leqslant x\leqslant t\}$，$0<t\leqslant 1$，且 $f(0)=1$，求函数 $f(x)$ 的表达式.

解 在直角坐标系下，化二重积分为二次积分得

$$\iint\limits_{D_t}f'(x+y)\mathrm{d}x\mathrm{d}y=\int_0^t\left[\int_0^{t-x}f'(x+y)\mathrm{d}y\right]\mathrm{d}x=\int_0^t\left[\int_0^{t-x}f'(x+y)\mathrm{d}(x+y)\right]\mathrm{d}x$$

$$=\int_0^t\left[f(t)-f(x)\right]\mathrm{d}x=tf(t)-\int_0^t f(x)\mathrm{d}x,$$

于是有 $tf(t)-\displaystyle\int_0^t f(x)\mathrm{d}x=\dfrac{t^2 f(t)}{2}$，

两边对 t 求导得 $(2-t)f'(t)=2f(t)$，其通解为 $f(t)=\dfrac{C}{(2-t)^2}$. 由 $f(0)=1$ 有 $C=4$，因此所求函数表达式为

$$f(x)=\frac{4}{(2-x)^2} \quad (0\leqslant x\leqslant 1).$$

2. 力学问题

一般是对所要研究的物体进行受力分析，然后根据牛顿第二定律找出等量关系 $F=ma$，列出微分方程.

【例 4】 设物体 A 从点 $(0,1)$ 处出发，沿 y 轴正向以常数 v 的速度运动. 物体 B 从点 $(-1,0)$ 与 A 同时出发，方向始终指向 A 以 $2v$ 的速度运动，建立物体 B 的运动轨迹所满足的微分方程，并写出初始条件.

分析 在时刻 t，物体 A 位于点 $(0,1+tv)$ 处，物体 B 在点 $(x,y(x))$ 处，这里 $y=y(x)$ 为物体 B 的运动轨迹方程. 由于 B 的速度方向（即切线方向）始终指向 A，因此在时刻 t，B 点的切线斜率等于直线 AB 的斜率，由此建立一个含有参量 t 和 v 的微分方程，进一步利用 B 的速度大小消去参量.

解 如图 12-5 所示，设在时刻 t，物体 B 位于点 $(x,y(x))$ 处，则 $\dfrac{\mathrm{d}y}{\mathrm{d}x}=\dfrac{y-(1+tv)}{x}$.

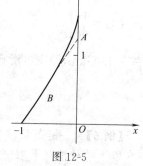

图 12-5

两边对 x 求导并化简得

$$x\frac{\mathrm{d}^2 y}{\mathrm{d}x^2}=-v\frac{\mathrm{d}t}{\mathrm{d}x}. \tag{12-14}$$

由于 $2v=\dfrac{\mathrm{d}s}{\mathrm{d}t}=\dfrac{\mathrm{d}s}{\mathrm{d}x}\cdot\dfrac{\mathrm{d}x}{\mathrm{d}t}=\sqrt{1+\left(\dfrac{\mathrm{d}y}{\mathrm{d}x}\right)^2}\cdot\dfrac{\mathrm{d}x}{\mathrm{d}t}$，故 $\dfrac{\mathrm{d}t}{\mathrm{d}x}=\dfrac{1}{2v}\sqrt{1+\left(\dfrac{\mathrm{d}y}{\mathrm{d}x}\right)^2}$，代入式（12-14），得

$$x\dfrac{\mathrm{d}^2y}{\mathrm{d}x^2}+\dfrac{1}{2}\sqrt{1+\left(\dfrac{\mathrm{d}y}{\mathrm{d}x}\right)^2}=0.$$

初始条件为 $y|_{x=-1}=0$，$y'|_{x=-1}=1$. 即所求问题归结为求解微分方程的初值问题

$$\begin{cases}xy''+\dfrac{1}{2}\sqrt{1+y'^2}=0\\ y|_{x=-1}=0,\ y'|_{x=-1}=1\end{cases}.$$

【例 5】 某种飞机在机场降落时，为了减少滑行距离，在触地的瞬间，飞机尾部张开减速伞，以增大阻力，使飞机迅速减速并停下. 现有一质量为 9000kg 的飞机，着陆时的水平速度为 700km/h，经测试，减速伞打开后，飞机所受的总阻力与飞机的速度成正比（比例系数为 $k=6.0\times10^6$）. 问从着陆点算起，飞机滑行的最长距离是多少？（注：kg 表示千克，km/h 表示千米/小时）.

解 根据题意，从飞机接触跑道开始计时，设 t 时刻飞机的滑行距离为 $x(t)$，滑行速度为 $v(t)$.

方法一 根据牛顿第二定律，得 $m\dfrac{\mathrm{d}v}{\mathrm{d}t}=-kv$（飞机滑行时所受的阻力为 $-kv$）.

由于 $\dfrac{\mathrm{d}v}{\mathrm{d}t}=\dfrac{\mathrm{d}v}{\mathrm{d}x}\cdot\dfrac{\mathrm{d}x}{\mathrm{d}t}=v\dfrac{\mathrm{d}v}{\mathrm{d}x}$，所以 $\mathrm{d}x=-\dfrac{m}{k}\mathrm{d}v$，积分得 $x(t)=-\dfrac{m}{k}v+C$.

利用初始条件 $v(0)=v_0$，$x(0)=0$ 得 $C=\dfrac{m}{k}v_0$，从而 $x(t)=\dfrac{m}{k}[v_0-v(t)]$.

$\lim\limits_{v\to0}x(t)=\dfrac{mv_0}{k}=\dfrac{9000\times700}{6.0\times10^6}=1.05$（km），即飞机滑行的最长距离

方法二 根据牛顿第二定律，得 $m\dfrac{\mathrm{d}v}{\mathrm{d}t}=-kv$. 即 $\dfrac{\mathrm{d}v}{v}=-\dfrac{k}{m}\mathrm{d}t$（分离变量）.

两边积分得 $v=Ce^{-\frac{k}{m}t}$，利用初始条件 $v|_{t=0}=v_0$，得 $C=v_0$，从而 $v(t)=v_0e^{-\frac{k}{m}t}$.

故飞机滑行的最长距离为 $x=\displaystyle\int_0^{+\infty}v(t)\mathrm{d}t=\dfrac{mv_0}{k}=1.05$（km）.

方法三 根据牛顿第二定律，得 $m\dfrac{\mathrm{d}^2x}{\mathrm{d}t^2}=-k\dfrac{\mathrm{d}x}{\mathrm{d}t}$，即 $\dfrac{\mathrm{d}^2x}{\mathrm{d}t^2}+\dfrac{k}{m}\cdot\dfrac{\mathrm{d}x}{\mathrm{d}t}=0$，其特征方程为 $r^2+\dfrac{k}{m}r=0$，解得 $r_1=0$，$r_2=-\dfrac{k}{m}$，故原方程的通解为 $x=C_1+C_2e^{-\frac{k}{m}t}$. 利用 $x(0)=0$，$v(0)=\dfrac{\mathrm{d}x}{\mathrm{d}t}\Big|_{t=0}=v_0$，得 $C_1=-C_2=\dfrac{mv_0}{k}$，所以 $x(t)=\dfrac{mv_0}{k}(1-e^{-\frac{k}{m}t})$. 于是有 $\lim\limits_{t\to+\infty}x(t)=\dfrac{mv_0}{k}=1.05$km，即飞机滑行的最长距离.

$$x(t)\to\dfrac{mv_0}{k}=\dfrac{9000\times700}{6.0\times10^6}=1.05\ (\text{km}).$$

【例 6】 一链条悬挂在一钉子上，起动时一端离开钉子 8m，另一端离开钉子 12m，分别在以下两种情况下求链条滑下来所需的时间：（1）若不计钉子对链条所产生的摩擦力；（2）若摩擦力为 1m 长的链条的重量.

解 设链条的线密度为 ρ（kg/m），则链条的质量为 20ρ（kg）. 又设时刻 t，链条的一端距离钉子 $x=x(t)$ 远，则另一端离钉子 $20-x$ 远. 当 $t=0$ 时，$x=12$.

（1）若不计摩擦力，则运动过程中链条所受力大小为 $[x-(20-x)]\rho g$. 按牛顿定律，

有 $20\rho x''=[x-(20-x)]\rho g$，即 $x''-\dfrac{g}{10}x=-g$.

初始条件为 $x|_{t=0}=12$，$x'|_{t=0}=0$. 由特征方程 $r^2-\dfrac{g}{10}=0$，解得特征根 $r_{1,2}=\pm\sqrt{\dfrac{g}{10}}$.

又将 $x'=A$ 代入方程，得 $A=10$，即 $x^*=10$，求得方程的通解 $x=C_1\mathrm{e}^{\sqrt{\frac{g}{10}}t}+C_2\mathrm{e}^{-\sqrt{\frac{g}{10}}t}+$

10. $t=0$ 时，$x=12$，$x'=0$，即得 $C_1=C_2=1$，故 $x=\mathrm{e}^{\sqrt{\frac{g}{10}}t}+\mathrm{e}^{-\sqrt{\frac{g}{10}}t}+10=2\mathrm{ch}\left(\sqrt{\dfrac{g}{10}}t\right)+10$.

取 $x=20$，得 $\mathrm{ch}\left(\sqrt{\dfrac{g}{10}}t\right)=5$，即 $t=\sqrt{\dfrac{10}{g}}\mathrm{arch}5=\sqrt{\dfrac{10}{g}}\ln(5+2\sqrt{b})$ (s).

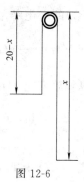

图 12-6

（2）如图 12-6 所示，摩擦力为 1m 长链条的重量即为 ρg，则运动过

程中链条所受力大小为 $[x-(20-x)]\rho g-\rho g$，按牛顿定律，有 $20\rho x''=[x$

$-(20-x)]\rho g-\rho g$，即 $x''-\dfrac{g}{10}x=-\dfrac{21}{10}g$

且有初始条件 $x|_{t=0}=12$，$x'|_{t=0}=0$. 则满足该条件的特解为 $x=\dfrac{3}{4}$

$(\mathrm{e}^{\sqrt{\frac{g}{10}}t}+\mathrm{e}^{-\sqrt{\frac{g}{10}}t})+\dfrac{21}{2}=\dfrac{3}{2}\mathrm{ch}\left(\sqrt{\dfrac{g}{10}}t\right)+\dfrac{21}{2}$.

取 $x=20$，得 $\mathrm{ch}\left(\dfrac{g}{10}t\right)=\dfrac{19}{3}$，即 $t=\sqrt{\dfrac{10}{g}}\mathrm{arch}\dfrac{19}{3}=\sqrt{\dfrac{10}{g}}\ln\left(\dfrac{19}{3}+\dfrac{4}{3}\sqrt{22}\right)$.

3. 变化率问题

先找出问题中变化的量，由变量的变化率并结合题设条件列出其等量关系，得到方程.
注意根据表示速率的量是大于零还是小于零，决定其符号.

【例 7】 一个半球体状的雪堆，其体积融化的速率与半球面面积 S 为正比，比例常数为
$k>0$. 假设在融化过程中雪堆始终保持半球形状，已知半径为 r_0 的雪堆在开始融化的 3 个

小时内，融化了其体积的 $\dfrac{7}{8}$，问雪堆全部融化需要多少时间？

解 **方法一** 雪堆在时刻 t 的体积为 $V=\dfrac{2}{3}\pi r^3$，侧面积为 $S=2\pi r^2$. 由题设 $\dfrac{\mathrm{d}V}{\mathrm{d}t}=-kS$

知 $2\pi r^2\dfrac{\mathrm{d}r}{\mathrm{d}t}=-2\pi kr^2$，即 $\dfrac{\mathrm{d}r}{\mathrm{d}t}=-k$. 积分得 $r=-kt+C$，而 $r|_{t=0}=r_0$，于是有 $r=r_0-kt$. 已

知 $V|_{t=3}=\dfrac{1}{8}V|_{t=0}$，即 $\dfrac{2}{3}\pi(r_0-3k)^2=\dfrac{1}{8}\cdot\dfrac{2}{3}\pi r_0^3$，于是 $k=\dfrac{r_0}{6}$，从而 $r=r_0-\dfrac{r_0}{6}t$. 当雪球

全部融化时 $r=0$，故得 $t=6$，即雪球全部融化需要 6 小时.

注 方法一是将体积和侧面积视为半径 r 的函数，也可以将体积 V 视为自变量，把侧面积表示为 V 的函
数，见方法二.

方法二 由 V，S 的表达式可得 $S=\sqrt[3]{18\pi V^2}$，于是有 $\dfrac{\mathrm{d}V}{\mathrm{d}t}=-k\sqrt[3]{18\pi V^2}$，即 $\dfrac{\mathrm{d}V}{\sqrt[3]{V^2}}=$

$-\sqrt[3]{18\pi}k\mathrm{d}t$，积分得 $3\sqrt[3]{V}=-\sqrt[3]{18\pi}kt+C$.

记 $V|_{t=0}=V_0$，即有 $V|_{t=0}=V_0C=3\sqrt[3]{V_0}$，故有 $3\sqrt[3]{V}=3\sqrt[3]{V_0}-\sqrt[3]{18\pi}kt$.

又 $V|_{t=3}=\dfrac{1}{8}V|_{t=0}=\dfrac{1}{8}V_0$，可得 $k=\dfrac{3\sqrt[3]{V_0}}{2\sqrt[3]{18\pi}}$，于是有 $3\sqrt[3]{V}=3\sqrt[3]{V_0}-\dfrac{\sqrt[3]{V_0}}{2}t$.

令 $V=0$，得 $t=6$，即雪堆全部融化需要 6 个小时.

4. 微元法

从任一局部的微小改变中寻求微分与各个变量和已知量之间应满足的关系，表示这种关系的式子就是微分方程. 求盛器的容量，或液体浓度随时间变化的规律，此类问题常用微元法. 根据物料平衡关系式建立微分方程：在时间间隔 $[t, t+\mathrm{d}t]$ 内，流出含量＝减少含量；流入含量－流出含量＝储存含量的改变量.

【例 8】 已知某车间的容积为 $30 \times 30 \times 6\ \mathrm{m}^3$，其中的空气含 0.12% 的 CO_2（以容积计算），现以含 $CO_2\ 0.04\%$ 的新鲜空气输入，问每分钟应输入多少，才能在 30min 后使车间空气中 CO_2 的含量不超过 0.06%？（假定输入的新鲜空气与原有空气很快混合均匀后，以相同的流量排出）

解 设 t 时刻时车间内含 CO_2 的总量为 $x(t)$，输入空气的速度为 v. 记容积为 V，则 $x(t)$ 的变化率为 $x'(t) = $ 输入 CO_2 的速度－排出 CO_2 的速度 $= 0.04\% \cdot v - \dfrac{x(t)}{V} \cdot v$，

即 $x'(t) + \dfrac{v}{V}x(t) = 4v$，

其通解为 $x(t) = \mathrm{e}^{-\int \frac{v}{V}\mathrm{d}t}\left(\int 4v\mathrm{e}^{\int \frac{v}{V}\mathrm{d}t}\mathrm{d}t + C\right) = \mathrm{e}^{-\frac{v}{V}t}(4V\mathrm{e}^{\frac{v}{V}t} + C)$. 代入初始条件 $x\mid_{t=0} = V \cdot$

0.12%，得 $C = 8V$，即 $x(t) = 4V(2\mathrm{e}^{-\frac{v}{V}t} + 1)$， 得 $v = \dfrac{V}{t}\ln\dfrac{2}{\frac{x}{4V} - 1}$.

当 $t = 30\mathrm{min}$ 时，$\dfrac{x(t)}{V} = 0.06\%$，代入上式得

$$v = \frac{30 \times 30 \times 6}{30}\ln\frac{2}{\frac{6}{4} - 1} = 360\ln 2 \approx 250\mathrm{m}^3/\mathrm{min}.$$

5. 其他

【例 9】 （1）验证函数 $y(x) = 1 + \dfrac{x^3}{3!} + \dfrac{x^6}{6!} + \dfrac{x^9}{9!} + \cdots + \dfrac{x^{3n}}{(3n)!} + \cdots$ 满足微分方程 $y'' + y' + y = \mathrm{e}^x$. （2）利用（1）的结果求幂级数 $\displaystyle\sum_{n=0}^{\infty}\dfrac{x^{3n}}{(3n)!}$ 的和函数.

解 （1）幂级数在收敛区间内可以逐项微分，并且逐项微分后的级数还可逐项微分.
由 $y(x) = 1 + \dfrac{x^3}{3!} + \dfrac{x^6}{6!} + \dfrac{x^9}{9!} + \cdots + \dfrac{x^{3n}}{(3n)!} + \cdots$，$y'(x) = \dfrac{x^2}{2!} + \dfrac{x^5}{5!} + \dfrac{x^8}{8!} + \cdots + \dfrac{x^{3n-1}}{(3n-1)!} + \cdots$，

$y''(x) = x + \dfrac{x^4}{4!} + \dfrac{x^7}{7!} + \cdots + \dfrac{x^{3n-2}}{(3n-2)!} + \cdots$，容易得到 $y'' + y' + y = \mathrm{e}^x$.

（2）$y'' + y' + y = \mathrm{e}^x$ 是二阶常系数线性微分方程，其通解为 $y = \mathrm{e}^{-\frac{x}{2}}\left(C_1\cos\dfrac{\sqrt{3}}{2}x + C_2\sin\dfrac{\sqrt{3}}{2}x\right) + \dfrac{1}{3}\mathrm{e}^x$.

当 $x = 0$ 时，有 $y(0) = 1 = C_1 + \dfrac{1}{3}$，$y'(0) = 0 = -\dfrac{1}{2}C_1 + \dfrac{\sqrt{3}}{2}C_2 + \dfrac{1}{3}$，解得 $C_1 = \dfrac{2}{3}$，$C_2 = 0$.

于是幂级数的和函数为 $y(x) = \dfrac{2}{3}\mathrm{e}^{-\frac{x}{2}}\cos\dfrac{\sqrt{3}}{2}x + \dfrac{1}{3}\mathrm{e}^x$，$(-\infty < x < +\infty)$.

注 为求幂级数的和函数，除了运用幂级数的代数运算、逐项微分与逐项积分等方法外，寻求幂级数所满足的微分方程，通过求微分方程的解得到所求的和函数，也是值得注意的一种方法.

二、习　题

1. 已知函数 $f(x)$ 在 $(0, +\infty)$ 内可导，$f(x) > 0$，$\displaystyle\lim_{x \to +\infty}f(x) = 1$，且满足 $\displaystyle\lim_{h \to 0}\left[\dfrac{f(x+hx)}{f(x)}\right]^{\frac{1}{h}} = \mathrm{e}^{\frac{1}{x}}$，

求 $f(x)$.

2. 设一人群中推广某种新技术是通过其中已掌握新技术的人进行的，设该人群的总人数为 N，在 $t=0$ 时刻，已掌握新技术的人数为 x_0，在任意时刻 t，已掌握新技术的人数为 $x(t)$（设 $x(t)$ 是连续可微的），其变化率与已掌握新技术的人数和未掌握新技术的人数之积成正比，且比例系数 $k>0$，求变量 $x(t)$.

3. 从船上向海里沉放某种探测仪器时，需确定仪器的下沉深度 y（从海平面算起）与下沉速度 v 的函数关系. 仪器在重力作用下，从海平面由静止开始垂直下沉，并受到阻力与浮力的作用，设仪器的质量为 m，体积为 B，海水密度为 ρ，仪器所受阻力与下沉速度成正比，其比例系数为 k $(k>0)$. 先建立 $y(v)$ 所满足的微分方程，再求 $y(v)$ 的表达式.

4. 设 $f(x)$ 在 $[1,+\infty]$ 连续，由 $y=f(x)$ 与 $x=1$，$x=t$ $(t>1)$ 及 x 轴围成平面图形绕 x 轴旋转而成的旋转体体积 $V_t=\dfrac{\pi}{3}[t^2 f(t)-f(1)]$. 求（1）$y=f(x)$ 所满足的微分方程及通解. （2）该微分方程满足条件 $y\mid_{t=2}=\dfrac{2}{9}$ 的解.

5. 设一容器内原有 100L 盐水，内含有盐 10kg，现以 3L/min 的速度注入质量浓度为 0.01kg/L 的淡盐水，同时以 2L/min 的速度抽出混合均匀的盐水，求容器内盐量变化的数学模型.

6. 设函数 $y=y(x)$ $(x\geqslant0)$ 二阶可导，且 $y'(x)>0$，$y(0)=1$. 过曲线 $y=y(x)$ 上任意一点 $P(x,y)$ 作该曲线的切线及 x 轴的垂线，上述两直线与 x 轴所围成的三角形面积记为 S_1，区间 $[0,x]$ 上以 $y=y(x)$ 为曲边的曲边梯形面积记为 S_2，并设 $2S_1-S_2$ 恒为 1，求曲线 $y=y(x)$ 的方程.

7. 在一个石油精炼厂，一个存储罐装 8000L 汽油，其中包括 100g 添加剂为冬季准备，每升含 2g 添加剂的汽油以 40L/min 的速度注入存储罐. 充分混合的溶液以 45L/min 的速度泵出. 在混合过程开始后 20 分钟罐中的添加剂有多少？

三、习题解答与提示

1. $f(x)=\mathrm{e}^{-\frac{1}{x}}$. 　　2. $x(t)=\dfrac{Nx_0\mathrm{e}^{Nkt}}{N-x_0+x_0\mathrm{e}^{Nkt}}$. 提示：$\dfrac{\mathrm{d}x}{\mathrm{d}t}=kx(N-x)$，$x\mid_{t=0}=x_0$.

3. $y(v)=-\dfrac{m}{k}v-\dfrac{m(mg-B\rho)}{k^2}\ln\dfrac{mg-B\rho-kv}{mg-B\rho}$. 提示：取沉放点为坐标原点，$y$ 轴的正向垂直向下，由牛顿第二定律知 $m\dfrac{\mathrm{d}^2 y}{\mathrm{d}t^2}=mg-B\rho-kv$；令 $\dfrac{\mathrm{d}y}{\mathrm{d}t}=v$，$\dfrac{\mathrm{d}^2 y}{\mathrm{d}t^2}=v\dfrac{\mathrm{d}v}{\mathrm{d}y}$，则 $mv\dfrac{\mathrm{d}v}{\mathrm{d}y}=mg-B\rho-kv$，且 $v\mid_{y=0}=0$.

4. （1）微分方程：$\dfrac{\mathrm{d}y}{\mathrm{d}x}=3\left(\dfrac{y}{x}\right)^2-2\left(\dfrac{y}{x}\right)$. 通解：$y-x=Cx^3g$. （2）特解：$y=\dfrac{x}{1+x^3}$.

5. 数学模型的微分方程：$\begin{cases}\dfrac{\mathrm{d}x}{\mathrm{d}t}+\dfrac{2x}{100+t}=0.03,\\ x(0)=10.\end{cases}$ 其解为 $x(t)=0.01(100+t)+\dfrac{9\times10^4}{(100+t)^2}$.

6. $y=\mathrm{e}^x$. 提示：曲线满足 $\dfrac{y^2}{y}-\displaystyle\int_0^x y(t)\mathrm{d}t=1$. 即 $yy''=(y')^2$ 及 $y(0)=1$. $y'(0)=1$.

7. $y=x+\dfrac{1}{z}=x+\dfrac{1}{C\cdot\mathrm{e}^{\frac{x^2}{2}}-x^2-2}$.

附　录

本附录收录了高等数学课程期中，期末考试试题与答案共计八套，分别适用于理工类专业和经管类专业.

一、高等数学（上）（经管类）期中试题和答案

试　题

一、填空（3分×27＝81分）

1. 已知 $f\left(1+\dfrac{1}{x}\right)=1-2x^2$，则函数 $f(x)=$ _____.

2. 函数 $y=\sqrt{x}+\sqrt[3]{\dfrac{1}{x-2}}$ 的定义域是 _____.

3. 已知 $f(x)$ 为偶函数，设 $F(x)=x^4-f(x)$，判断 $F(x)$ 的奇偶性：$F(x)$ 是 _____函数.

4. 定义在 $(-\infty,+\infty)$ 上的周期函数 $f(x)$ 的最小正周期为 $T=2$，且 $[-1,1]$ 上 $f(x)=x^2$，则 $f(-3,5)=$ _____.

5. $y=\sqrt[3]{x^2+1}(x>0)$ 的反函数是 _____.

6. 设 $f(x)=\begin{cases}x^2+x+1, & |x|\leqslant 1,\\ 1, & |x|>1,\end{cases}$ $g(x)=\begin{cases}1, & |x|\leqslant 1,\\ 2, & |x|>1,\end{cases}$ 则 $f[g(x)]=$ _____.

7. $\lim\limits_{x\to 0}\dfrac{4x^3-2x^2+x}{2x^2+\sin^3 x}=$ _____.

8. $\lim\limits_{n\to\infty}\dfrac{x+\cos x}{2x-\sin x}=$ _____.

9. $\lim\limits_{x\to\infty}\left(\dfrac{1+2+\cdots+n}{n+2}-\dfrac{n}{2}\right)=$ _____.

10. $\lim\limits_{n\to\infty}(1+2^n+3^n)^{\frac{1}{n}}=$ _____.

11. 若 $\lim\limits_{x\to 1}\dfrac{x^2-ax+3}{x-1}=b$ (a,b 均为实数)，则 $a\cdot b=$ _____.

12. 设 $f(x)=\begin{cases}x\cos\dfrac{1}{x}+1, & x>0\\ 2A+x^2, & x\leqslant 0\end{cases}$ 在 $(-\infty,+\infty)$ 内连续，则 $A=$ _____.

13. $f(x)=\dfrac{e^{\frac{1}{x}}-1}{e^{\frac{1}{x}}+1}$，其间断点为 _____，是第 _____类间断点.

14. 当 $x\to 0$ 时，$e^{\sin x}-1$ 是 x 的 _____无穷小.

15. 设 $y=\arcsin(\ln x)$，则 $\dfrac{\mathrm{d}y}{\mathrm{d}x}=$ _____.

16. 设 $f(x)=x(x+1)(x+2)\cdots(x+2006)$，则 $f'(x)|_{x=0}=$ _____.

17. 已知 $f'(a)=3$，则 $\lim\limits_{h\to 0}\dfrac{1}{h}[f(a+2h)-f(a-h)]=$ _____.

18. 设 $y=(\sin x)^{e^x}$，则 $\mathrm{d}y=$ _____.

19. 设函数方程 $\ln(x^2+y^2)=x+y-1$ 确定隐函数 $y=y(x)$，则过 $(0,1)$ 点处的切线方程为 _____.

20. 设参数方程 $\begin{cases} x = e^t(1-\cos t), \\ y = e^t(1+\sin t) \end{cases}$ $(-\infty < t < +\infty)$，则 $\dfrac{dy}{dx} =$ _____.

21. 函数 $y = x \cdot e^{-x}$ 的二阶导数 $\dfrac{d^2 y}{dx^2} =$ _____. $d^2 y|_{x=1} =$ _____.

22. 曲线 $y = \ln(x-1)$ 上一点的切线与直线 $x - 2y + 100 = 0$ 平行，这个点的坐标为 _____.

23. 函数 $f(x) = \begin{cases} x^2, & x \leqslant 0, \\ \dfrac{\sin bx^2}{x} - x, & x > 0 \end{cases}$ 在 $(-\infty, +\infty)$ 上可导，则 $b =$ _____.

24. 设 $f(x)$ 可导，$y = [xf(x^2)]^2$，则 $\dfrac{dy}{dx} =$ _____.

25. 已知某产品的收益函数为 $R(q) = 100qe^{-\frac{q}{10}}$ （q：销售量），则其边际收益函数为 _____.

二、解答题

1. (7分)证明方程 $x - \cos x = 0$ 在闭区间 $\left[0, \dfrac{\pi}{2}\right]$ 上有实根.

2. (7分)曲线 $y = f(x) = x^n$ 上的点 $(1,1)$ 处的切线交 x 轴于点 $(\xi_n, 0)$，求 $\lim\limits_{n \to \infty} f(\xi_n)$.

3. (5分)已知数列满足 $x_1 = 1$，$x_{n+1} = \dfrac{x_n^2}{1+x_n}$，（1）证明数列极限存在；（2）求出这个极限.

答　案

一、填空

1. $1 - \dfrac{x}{(x-1)^2}$. 　2. $[0,2] \cup (2,+\infty)$. 　3. 偶. 　4. 0.25.

5. $y = \sqrt{x^3 - 1} \, (x > 1)$. 　6. $f[g(x)] = \begin{cases} 3, & |x| \leqslant 1, \\ 1, & |x| > 1. \end{cases}$ 　7. ∞.

8. $\dfrac{1}{2}$. 　9. $\dfrac{1}{2}$. 　10. 3. 　11. -8. 　12. $\dfrac{1}{2}$. 　13. $x = 0$. 　14. 等价.

15. $\dfrac{1}{x\sqrt{1-\ln^2 x}}$. 　16. 2006!. 　17. 9.

18. $e^x (\sin x)^{e^x}(\ln \sin x + \cot x)dx$. 　19. $y = x + 1$. 　20. $\dfrac{1+\sin t + \cos t}{1+\sin t - \cos t}$.

21. $(x-2)e^{-x}$，$-e^{-1}dx^2$. 　22. $(3, \ln 2)$. 　23. 1.

24. $2[xf(x^2)][f(x^2) + 2x^2 f'(x^2)]$. 　25. $R'(q) = 100e^{-\frac{q}{10}}\left(1 - \dfrac{1}{10}q\right)$.

二、解答题

1. 利用零点定理. 　2. $f(\xi_n) = \left(1 - \dfrac{1}{n}\right)^n$，$\lim\limits_{n \to \infty} f(\xi_n) = e^{-1}$.

3. $\{x_n\}$ 单调减小，有界 $0 < x_n \leqslant 1$. $\lim\limits_{n \to \infty} x_n = 0$.

二、高等数学（上）（理工类）期中试题和答案

试　题

一、填空（3分×27＝81分）

1. 设 $f(x) = e^x$，$g(x) = x \cdot \ln x$，其中 $x > 0, x \neq 1$，则 $f[g(x)] =$ _____.

2. 设 $f(x)=\dfrac{x(1-\mathrm{e}^x)}{1+\mathrm{e}^x}$，判断 $f(x)$ 的奇偶性，则 $f(x)$ 是 _____ 函数.

3. 曲线 $y=\sin x$ 在 $x=\pi$ 处的切线方程是 _____.

4. 已知 $y=y(x)$ 是由方程 $y=1+x\mathrm{e}^y$ 所确定的隐函数，则 $y'(0)=$ _____.

5. 设 $f(x)=\dfrac{\sin x}{x}$，$u=x^2$，则 $\dfrac{\mathrm{d}f}{\mathrm{d}u}=$ _____.

6. 设 $f(x)=\left(1+\dfrac{1}{x}\right)^x$，其中 $x>0$，则 $f'(x)=$ _____.

7. 设 $\begin{cases} x=1-t^2, \\ y=t-t^3, \end{cases}$ 则 $\dfrac{\mathrm{d}^2 y}{\mathrm{d}x^2}=$ _____.

8. 设 $y=\arcsin\sqrt{1-x^2}$，其中 $x>0$，$\mathrm{d}y=$ _____.

9. 在括号中填入适当的函数 $\mathrm{d}($ _____ $)=\sec^2 3x\,\mathrm{d}x$.

10. $\lim\limits_{x\to+\infty}\left(\sqrt{x+\sqrt{x}}-\sqrt{x-\sqrt{x}}\right)=$ _____.

11. $\lim\limits_{x\to 0}\dfrac{\ln(1+x)+\ln(1-x)}{1-\cos x+\sin^2 x}=$ _____.

12. $\lim\limits_{x\to\frac{\pi}{2}}(\sin x)^{\tan x}=$ _____.

13. 已知当 $x\to 0$ 时，$x\ln\sqrt{1+x}\sim\dfrac{x^k}{2}$，则 $k=$ _____.

14. $f(x)=\dfrac{x-2}{\ln|x-1|}$ 的一个无穷间断点为 $x=$ _____.

15. 设 $f(x)=\dfrac{\mathrm{e}^x-a}{x(x-1)}$，已知 $x=1$ 为可去间断点，则 $x=0$ 是第 ___ 类间断点.

16. 函数 $f(x)=2^x$ 的 n 阶麦克劳林公式的拉格朗日型余项是 _____.

17. 函数 $y=\sqrt[3]{(2x-a)(a-x)^2}$（$a>0$）的单调减少区间是 _____.

18. 函数 $y=x\cdot\mathrm{e}^{-x}$ 的拐点是 _____,凹区间是 _____.

19. 函数 $y=x+\sqrt{1-x}$ 的极大点是 _____.

20. 曲线 $y=x^2(1-x)$ 在点 $(1,0)$ 处的曲率 $k=$ _____.

21. 设 $f(t)=\lim\limits_{x\to\infty}\left(1+\dfrac{t}{x}\right)^{t^2 x}$，则 $f'(2)=$ _____.

22. 已知 $f(x)=\begin{cases} a\sin\dfrac{1}{x}, & x<0, \\ a+\sqrt{x}, & x\geqslant 0, \end{cases}$ 在 $(-\infty,+\infty)$ 内连续，则 $a=$ _____.

23. 已知 $\lim\limits_{x\to+\infty}\left(\sqrt{x^2+x+1}-ax-b\right)=0$，$a,b$ 为常数，则 $a=$ _____. $b=$ _____.

24. 函数 $f(x)=\ln(1+x)$ 在区间 $[0,\mathrm{e}-1]$ 上满足拉格朗日中值定理的 $\xi=$ _____.

25. 设 $f(x)$ 在 $x=0$ 点处具有连续的二阶导数，$f(0)=0$，$f'(0)=1$，$f''(0)=2$，则 $\lim\limits_{x\to 0}$ $\dfrac{f(x)-x}{x^2}=$ _____.

二、解答题

1. (6 分) 设 $f(x)$ 二阶可导，求 $y=f(\arctan\sqrt{x})$ 的二阶导数.

2. (7 分) 设 $f(x)=\begin{cases} 2a^{x-1}+1-\dfrac{2}{a}, & x\leqslant 0, \\ \dfrac{\sin x}{x}, & x>0, \end{cases}$ （a 为常数，$a>0$，$a\neq 1$）求 $f'(x)$.

3.(6 分)证明不等式：$\dfrac{a^{\frac{1}{n+1}}}{(n+1)^2}<\dfrac{a^{\frac{1}{n}}-a^{\frac{1}{n+1}}}{\ln a}<\dfrac{a^{\frac{1}{n}}}{n^2}$　$(a>1)$.

答　案

一、填空

1. x^x.　2. 偶.　3. $x+y=\pi$.　4. e.　5. $\dfrac{x\cos x-\sin x}{2x^3}$.

6. $\left(1+\dfrac{1}{x}\right)^x\left[\ln\left(1+\dfrac{1}{x}\right)-\dfrac{1}{1+x}\right]$.　7. $\dfrac{1+3t^2}{-4t^3}$.　8. $\dfrac{-\mathrm{d}x}{\sqrt{1-x^2}}$.

9. $\dfrac{1}{3}\tan 3x$ 或 $\dfrac{1}{3}\tan 3x+C$.　10. 1.　11. $-\dfrac{2}{3}$.　12. 1.

13. $k=2$.　14. $x=0$.　15. 第二类.　16. $\dfrac{2^{\xi}(\ln 2)^{n+1}}{(n+1)!}x^{n+1}$，其中 ξ 在 0 和 x 之间.

17. $\left(\dfrac{2}{3}a,a\right)$ 或 $\left[\dfrac{2}{3}a,a\right]$.　18. 拐点：$\left(2,\dfrac{2}{\mathrm{e}^2}\right)$，$(2,+\infty)$.

19. $x=\dfrac{3}{4}$.　20. $\sqrt{2}$.　21. $12\mathrm{e}^8$.　22. $a=0$.　23. $a=1$，$b=\dfrac{1}{2}$.

24. $\xi=\mathrm{e}-z$.　25. -1.

二、解答题

1. $y'=\dfrac{f'(\arctan\sqrt{x})}{2\sqrt{x}(1+x)}$，$y''=\dfrac{f''(\arctan\sqrt{x})}{4x(1+x)^2}-\dfrac{f'(\arctan\sqrt{x})}{4x\sqrt{x}(1+x)}-\dfrac{f'(\arctan\sqrt{x})}{2\sqrt{x}(1+x)^2}$

2. $f'(x)=\begin{cases}2a^{x-1}\ln a, & x<0 \\ \dfrac{x\cos x-\sin x}{x^2}, & x>0\end{cases}$，$f(x)$ 在 $x=0$ 处不可导.

3. $f(x)=a^x$，使用拉格朗日中值定理.

三、高等数学（上）（经管类）期末试题和答案

试　题

一、填空（3 分×6＝18 分）

1. 函数 $f(x)=\dfrac{x(x-1)}{x^2-1}$ 的间断点是 _____，它们分别是第几类间断点？

答：_____.

2. 函数 $f(x)=x^3-6x^2+9x-4$ 在区间 $[0,4]$ 上的最大值为 _____.

3. 设函数 $y=\ln(1+x)$，则 $y^{(n)}=$ _____.

4. 曲线 $y=\dfrac{1}{x^2-4x+5}$ 的渐近线为 _____.

5. 设函数 $f'(x^2)=\dfrac{1}{x}$　$(x>0)$，则 $f(x)=$ _____.

6. 设 $f(x)$ 为连续函数，$\dfrac{\mathrm{d}}{\mathrm{d}x}\displaystyle\int f(x)\mathrm{d}(\sin x)=$ _____.

二、计算（7 分×4＝28 分）

1. 求 $\lim\limits_{x\to 0}\left(\dfrac{1}{x^2}-\dfrac{1}{x\sin x}\right)$.

2. 设 $x_n=\dfrac{1}{\sqrt{n^2+1}}+\dfrac{1}{\sqrt{n^2+2}}+\cdots+\dfrac{1}{\sqrt{n^2+n}}$，求 $\lim\limits_{n\to\infty}x_n$.

3. 设 $y=f(x^2)+e^{f(x)}$，其中 f 二阶可导，求 $\dfrac{d^2y}{dx^2}$.

4. 设曲线 $y=y(x)$ 由参数方程 $\begin{cases} y=t^3+6t-2,\\ x=t+\arctan t \end{cases}$，所确定，求过点 $(0,-2)$ 的法线方程.

三、解答题

1. （6分）求不定积分 $\displaystyle\int \frac{e^{\sqrt{x}}}{\sqrt{x}}dx$.

2. （6分）计算 $\displaystyle\int \frac{dx}{x^2+2x+3}$.

3. （6分）求解 $\displaystyle\int \frac{dt}{1+\sqrt{1+t}}$.

4. （7分）设 $f(x)=\dfrac{e^x}{x}$ 求 $\displaystyle\int x\cdot f''(x)dx$.

5.（7分）求函数 $y=f(x)=\dfrac{1}{x}$ 按 $(x-1)$ 的幂展开的带有拉格朗日型余项的 n 阶泰勒公式.

6. （12分）试确定常数 a,b,c 的值，使得函数 $y=f(x)=x^3+ax^2+bx+c$ 在 $x=0$ 处有极值1. 且以 $x=1$ 为拐点. 在此基础上讨论函数的单调区间，凹凸区间，并求出所有极值，指出是极大值还是极小值.

四、解答题与证明题（10分）

1. 某产品的需求量 Q 对价格 P 的函数是 $Q=200-P$. 设成本 C 是 Q 的函数：$C=C(Q)$. $Q=0$ 时，成本 $C=0$，又已知边际成本为 $2Q+4$.（1）当 $P=100$ 时，计算需求价格弹性，并说明其经济意义；（2）欲使利润最大，价格应定为多少？

2. 设函数 $y=f(x)$ 在 $[a,b]$ 上连续，在 (a,b) 可导，且 $f(a)\cdot f(b)>0$，$f(a)f\left(\dfrac{a+b}{2}\right)<0$. 证明：存在 $\xi\in(a,b)$，使 $f'(\xi)=f(\xi)$.

答 案

一、填空

1. $x=\pm1$，$x=-1$ 是第二类间断点，$x=1$ 是第一类间断点. 2. 0.

3. $\dfrac{(-1)^{n-1}(n-1)!}{(x+1)^n}$. 4. $y=0$. 5. $2\sqrt{x}+c$ （c:任意常数）.

6. $f(x)\cos x$.

二、计算

1. $-\dfrac{1}{6}$. 2. $\displaystyle\lim_{n\to\infty}x_n=1$. 3. $y'=2x\cdot f'(x^2)+f'(x)e^{f(x)}$，$y''=2f'(x^2)+4x^2f''(x^2)+e^{f(x)}\{f''(x)+[f'(x)]^2\}$. 4. $x+3y+6=0$.

三、解答题

1. $2e^{\sqrt{x}}+C$. 2. $\dfrac{1}{\sqrt{2}}\arctan\dfrac{x+1}{\sqrt{2}}+C$. 3. $2(\sqrt{1+t}-\ln|1+\sqrt{1+t}|)+C$. 4. $e^x-\dfrac{2e^x}{x}+C$.

5. $f(x)=\dfrac{1}{x}=1-(x-1)+(x-1)^2-(x-1)^3+\cdots+(-1)^n(x-1)^n+\dfrac{(-1)^{n+1}}{\xi^{n+2}}(x-1)^{n+1}$ （ξ 在 x 与 1 之间）.

6. $a=-3$，$b=0$，$c=1$，在 $(-\infty,0)$，$(2,+\infty)$ 上单调增加，在 $(0,2)$ 上单调减少，在 $(-\infty,1)$ 上为凸的，在 $(1,+\infty)$ 上是凹的，$f(0)=1$ 为极大值，$f(2)=-3$ 为极

小值.

四、解答题与证明题

1. （1） $E_p\mid_{p=100}=-1$，经济意义：当价格上升（下降）1%时，需求量下降（上升）1%；（2）价格应为151.

2. 零点定理，设 $F(x)=f(x)e^{-x}$，罗尔定理.

四、高等数学（上）（理工类）期末试题和答案

试　题

一、填空（3分×6＝18分）

1. $\lim\limits_{x\to 0}\dfrac{\tan x-\sin x}{x^3}=$ _____.

2. 设 $f(x)=\dfrac{1}{1-x}$，则 $f^{(n)}(0)=$ _____.

3. 设 $f(x)=\begin{cases}\dfrac{\sin x-\sin a}{x-a}, & x\neq a,\\ A, & x=a,\end{cases}$ 则当 $A=$ _____ 时，$f(x)$ 在 $x=a$ 点连续.

4. 积分 $\displaystyle\int_2^{+\infty}\dfrac{\mathrm{d}x}{(x+7)\sqrt{x-2}}=$ _____.

5. 直线 $\begin{cases}3x+y-2z-8=0,\\ x-3y-3=0,\end{cases}$ 与 $\begin{cases}x+2y-z-7=0,\\ 2x-y-z=0,\end{cases}$ 的位置关系为 _____.

6. 已知 $\boldsymbol{a}=\{1,0,1\},\boldsymbol{b}=\{1,1,1\},\boldsymbol{c}=\boldsymbol{a}+\lambda(\boldsymbol{a}\times\boldsymbol{b})\times\boldsymbol{a}$，若 $\boldsymbol{b}/\!/\boldsymbol{c}$，则 $\lambda=$ _____.

二、计算题 I（5分×4＝20分）

1. 求极限 $\lim\limits_{x\to 0}\left(\dfrac{1}{x}-\dfrac{1}{e^x-1}\right)$.

2. 设 $\begin{cases}x=\displaystyle\int_1^t \sqrt{\ln u}\,\mathrm{d}u,\\ y=\displaystyle\int_1^{t^2} \sqrt{\ln u}\,\mathrm{d}u\end{cases}(t>1)$，求 $\dfrac{\mathrm{d}^2 y}{\mathrm{d}x^2}$.

3. 计算定积分 $\displaystyle\int_0^1 (1-x^2)^{\frac{3}{2}}\,\mathrm{d}x$.

4. 求摆线 $\begin{cases}x=2(\theta-\sin\theta),\\ y=2(1-\cos\theta)\end{cases}$ 的第一拱与 x 轴所围成图形的面积.

三、计算题 II（7分×4＝28分）

1. 设函数 $y=y(x)$ 由方程 $x^3-\displaystyle\int_0^{y^2}\dfrac{\sin xt}{t}\mathrm{d}t+y^3-1=0$ 确定，求 $y'(x)$ 和 $\lim\limits_{x\to 0}y'(x)$.

2. 计算不定积分 $\displaystyle\int\dfrac{xe^{\arctan x}}{(1+x^2)^{\frac{3}{2}}}\mathrm{d}x$.

3. 求曲线 $y=\sqrt{x}$ （$0\leqslant x\leqslant 4$）上的一点 D 使得曲线在 P 的切线 l 与直线：$x=0$，$x=4$ 以及曲线 $y=\sqrt{x}$ 所围成的图形绕 x 轴旋转一周的旋转体体积最小，并求最小体积.

4. 求过 $P(1,1,-1)$，$Q(-2,-2,2)$ 和 $R(1,-1,3)$ 三点的平面 Π_1 的方程. 并求 Π_1 与平面 Π_2：$x+y+2z=0$ 的夹角 θ.

四、解答题（8分×3＝24分）

1. 设 $f(x)=\dfrac{x}{\tan x}$ （1）指出该函数的所有间断点；（2）说明这些间断点属于哪一类型，

要求说明理由；（3）如果是可去间断点，则补充或改变定义使函数连续.

2. 讨论方程 $\ln x = ax$ （$a>0$）有几个实根.

3. 设 $f(x)=\begin{cases} -\sin x, & -\dfrac{\pi}{2}\leqslant x<0, \\ 1, & 0\leqslant x\leqslant\dfrac{\pi}{2}, \end{cases}$ 而 $\phi(x)=\displaystyle\int_{-\frac{\pi}{2}}^{x}f(t)\mathrm{d}t$.

（1）求 $\phi(x)$ 的表达式；

（2）讨论 $\phi(x)$ 在 $\left(-\dfrac{\pi}{2},\dfrac{\pi}{2}\right)$ 内的连续性；

（3）讨论 $\phi(x)$ 在 $\left(-\dfrac{\pi}{2},\dfrac{\pi}{2}\right)$ 内的可导性，并在可导点处，求出 $\phi'(x)$ 的表达式.

五、证明题（10分）

设函数 $f(x)$ 在闭区间 $[a,b]$ 上连续，在开区间 (a,b) 内可导，且有 $f'(x)>0$，若 $\displaystyle\lim_{x\to a^{+}}\dfrac{f(2x-a)}{x-a}$ 存在，证明：（1）在 (a,b) 内存在一点 ξ，使得 $\dfrac{b^{2}-a^{2}}{\displaystyle\int_{a}^{b}f(x)\mathrm{d}x}=\dfrac{2\xi}{f(\xi)}$；（2）在 (a,b) 内存在一点 $\eta\neq\xi$，使得 $f'(\eta)(b^{2}-a^{2})=\dfrac{2\xi}{\xi-a}\displaystyle\int_{a}^{b}f(x)\mathrm{d}x$.

答　案

一、填空

1. $\dfrac{1}{2}$.　2. $n!$.　3. $\cos\alpha$.　4. $\dfrac{\pi}{3}$.　5. 平行.　6. $\dfrac{1}{2}$.

二、计算题Ⅰ

1. $\dfrac{1}{2}$.　2. $\dfrac{2\sqrt{2}}{\sqrt{\ln t}}$.　3. $\dfrac{3\pi}{16}$　4. 12π.

三、计算题Ⅱ

1. $y'(x)=\dfrac{3x^{2}}{\dfrac{2\sin x\,y^{2}}{y}-3y^{2}}$，$\displaystyle\lim_{x\to0}y'(x)=0$.

2. $\dfrac{(x-1)\mathrm{e}^{\arctan x}}{2\sqrt{1+x^{2}}}+c$（有多种解法）.

3. $P\left(\dfrac{4}{\sqrt{3}},\dfrac{2}{\sqrt[4]{3}}\right)$，$\dfrac{4\pi}{3}(2\sqrt{3}-3)$.

4. $-x+2y+z=0$，$\theta=\dfrac{\pi}{3}$.

四、解答题

1. （1）$x=m\pi$，$x=n\pi+\dfrac{\pi}{2}$，m，n 为整数.　（2）$x=0$，$x=n\pi+\dfrac{\pi}{2}$，n 为整数为可去间断点；$x=m\pi$，$m\neq0$，m 为整数，为第二类间断点.　（3）$f(0)=1$，$f\left(n\pi+\dfrac{\pi}{2}\right)=0$，$n$ 为整数.

2. 当 $a<\dfrac{1}{\mathrm{e}}$ 时，方程有两个不同的实根；当 $a=\dfrac{1}{\mathrm{e}}$ 时，方程有一个实根；当 $a>\dfrac{1}{\mathrm{e}}$ 时，方程无实根.

3. (1) $\phi(x)=\begin{cases}\cos x, & -\dfrac{\pi}{2}\leqslant x<0, \\ 1+x, & 0\leqslant 0\leqslant\dfrac{\pi}{2}\end{cases}$；(2) $\phi(x)$ 在 $\left(-\dfrac{\pi}{2},\dfrac{\pi}{2}\right)$ 内连续；(3) $x=0$ 处不可

导，$\phi'(x)=\begin{cases}-\sin x, & -\dfrac{\pi}{2}<x<0, \\ 1, & 0<x<\dfrac{\pi}{2}.\end{cases}$

五、证明题

(1) 设 $F(x)=x^2$，$g(x)=\displaystyle\int_a^x f(t)\mathrm{d}t$，$x\in[a,b]$，柯西中值定理.

(2) 在 $[a,\xi]$ 上使用拉格朗日中值定理.

五、高等数学（下）（经管类）期中试题和答案

试　题

一、填空（3分×27＝81分）

1. 设 $f(x)$ 在 $[0,+\infty]$ 上连续，且 $\displaystyle\int_0^x f(t)\mathrm{d}t=x^2(1+x)$，则 $f(0)=$ ＿＿＿＿＿＿.

2. $\displaystyle\int_0^2 |x-1|\,\mathrm{d}x=$ ＿＿＿＿＿＿.

3. $\displaystyle\lim_{x\to0}\frac{\left(\int_0^x \mathrm{e}^{t^2}\mathrm{d}t\right)^2}{\int_0^x t\mathrm{e}^{2t^2}\mathrm{d}t}=$ ＿＿＿＿＿＿.

4. $\displaystyle\int_{-1}^1 (x+\sqrt{4-x^2})^2\,\mathrm{d}x=$ ＿＿＿＿＿＿.

5. 抛物线 $y^2=x$ 与半圆 $x^2+y^2=2$ （$x>0$）围成的面积是＿＿＿＿＿＿.

6. 由曲线 $y=\sqrt{x}$，$x=4$，$y=0$ 所围图形面积绕 x 轴旋转一周而成的旋转体的体积是＿＿＿＿＿＿.

7. $\displaystyle\int_1^5 \frac{x}{\sqrt{5-x}}\mathrm{d}x=$ ＿＿＿＿＿＿.

8. 与向量 $\boldsymbol{a}=\{3,3,2\}$ 反向的单位向量是＿＿＿＿＿＿.

9. 已知点 $A(1,1,1)$，点 $B(1,2,3)$，则 $|\overrightarrow{AB}|=$ ＿＿＿＿＿＿.

10. 与向量 $\boldsymbol{a}=2\boldsymbol{i}-\boldsymbol{j}+2\boldsymbol{k}$ 平行且满足 $\boldsymbol{a}\cdot\boldsymbol{b}=18$ 的向量是 $\boldsymbol{b}=$ ＿＿＿＿＿＿.

11. 已知 $f\left(x+y,\dfrac{y}{x}\right)=x^2-y^2$，则 $f(x,y)=$ ＿＿＿＿＿＿.

12. 函数 $z=\dfrac{1}{\sqrt{2-x-y}}+\ln(x+y)$ 的定义域 D 为＿＿＿＿＿＿.

13. $\displaystyle\lim_{\substack{x\to\infty\\y\to0}}\left(1+\frac{1}{x}\right)^{\frac{x^2}{x+y}}=$ ＿＿＿＿＿＿.

14. $\displaystyle\lim_{\substack{x\to0\\y\to0}}\frac{xy}{\sqrt{xy+1}-1}=$ ＿＿＿＿＿＿.

15. 曲面 $z=\dfrac{x^2}{2}+\sin(xy)$ 与平面 $y=0$ 的交线在空间点 $\left(1,0,\dfrac{1}{2}\right)$ 处的切线斜率是＿＿＿＿＿＿.

16. 若 $z = \ln(\sqrt[n]{x} + \sqrt[n]{y})$ $(n \geqslant 2)$，则 $x\dfrac{\partial z}{\partial x} + y\dfrac{\partial z}{\partial y} =$ _____．

17. 设 $z = uv + \sin t$，$u = e^t$，$v = \cos t$，$\dfrac{\mathrm{d}z}{\mathrm{d}t} =$ _____．

18. 设 $z = f\left(x+y, xy, \dfrac{x}{y}\right)$，则 $\dfrac{\partial z}{\partial y} =$ _____．

19. 函数 $z = xe^{2y}$ 在点 $P(1,0)$ 沿从 $P(1,0)$ 到点 $Q(2,-1)$ 的方向导数是 _____．

20. 设 $f(x,y) = e^{x+y} + x^2 y$，则 $\mathbf{grad}\, f(x,y)\Big|_{(1,2)} =$ _____．

21. 设 $u = xe^y + e^x + e^z$，则全微分 $\mathrm{d}u =$ _____．

22. 设 $x + y + z - e^{x+y+z} = 0$ 确定隐函数 $z = f(x,y)$，则 $\dfrac{\partial z}{\partial x} + \dfrac{\partial z}{\partial y} =$ _____．

23. $z = \dfrac{x}{x^2+y^2}$，则 $\dfrac{\partial^2 z}{\partial x^2} =$ _____．

24. $z = f(x+y, xy)$，则 $\dfrac{\partial^2 z}{\partial x \partial y} =$ _____．

25. 交换积分次序 $\displaystyle\int_{-1}^{1} \mathrm{d}x \int_{-\sqrt{1-x^2}}^{\sqrt{1-x^2}} f(x,y)\mathrm{d}y =$ _____．

26. 设 $D = \{(x,y) \mid x^2+y^2 \leqslant R^2\}$，则 $\displaystyle\iint_D e^{-x^2-y^2}\mathrm{d}x\mathrm{d}y =$ _____．

27. 当两个正数 x_1, x_2 之和为常数 C 时，$\sqrt{x_1 x_2}$ 的最大值是 _____．

二、解答题（19 分）

1. （7 分）设 $z = f(x,y)$ 在点 $(1,1)$ 处可微．且 $f(1,1) = 1$，$\dfrac{\partial f}{\partial x}\Big|_{(1,1)} = 2$，$\dfrac{\partial f}{\partial y}\Big|_{(1,1)} = 3$，$\varphi(x) = f[x, f(x,x)]$，求：(1) $\varphi(1)$；(2) $\dfrac{\mathrm{d}}{\mathrm{d}x}\varphi^2(x)\Big|_{x=1}$．

2. （7 分）做一个体积为 a 的无盖长方体水箱，当长，宽，高各取多少时，才能使用料最省．

3. （5 分）设 $f(x,y)$ 连续，且 $f(x,y) = xy + \displaystyle\iint_D f(u,v)\mathrm{d}u\mathrm{d}v$，$D$ 是由 $y = 0$，$y = x^2$ 及 $x = 1$ 所围成区域，求 $f(x,y)$ 的表达式．

答　案

一、填空

1. 0．　2. 1．　3. 2．　4. 8．　5. $1 + \dfrac{\pi}{2}$．　6. 8π．　7. $\dfrac{44}{3}$

8. $-\dfrac{1}{\sqrt{22}}\{3,3,2\}$．　9. $\sqrt{5}$．　10. $\{-4,2,-4\}$．　11. $\dfrac{x(1-y)}{1+y}$．

12. $\{(x,y) \mid 1 < x+y < 2\}$．　13. e．　14. 2．　15. 1．

16. $\dfrac{1}{n}$．　17. $e^t(\cos t - \sin t) + \cos t$．　18. $f_1' + xf_2' - \dfrac{x}{y^2}f_3'$．

19. $-\dfrac{1}{\sqrt{2}}$．　20. $\{4+e^3, 1+e^3\}$．　21. $(e^y + e^x)\mathrm{d}x + xe^y\mathrm{d}y + e^z\mathrm{d}z$．

22. -2．　23. $\dfrac{2x(x^2-3y^2)}{(x^2+y^2)^3}$．　24. $f''_{11} + xf''_{12} + yf''_{21} + xyf''_{22} + f'_2$．

25. $\displaystyle\int_{-1}^{1}\mathrm{d}y\int_{-\sqrt{1-x^2}}^{\sqrt{1-x^2}} f(x,y)\mathrm{d}x$．　26. $\pi(1-e^{-R^2})$．　27. $\dfrac{C}{2}$．

二、解答题

1. (1) $\varphi(1)=1,\varphi(1)=17$，(2) $\dfrac{\mathrm{d}\varphi^2(x)}{\mathrm{d}x}\Big|_{x=1}=34$.

2. 法 1：无条件极值；法 2：有条件极值，拉格朗日乘数法. 长 = 宽 $=\sqrt[3]{2a}$，高 $=\sqrt[3]{a/4}$ 时，表面积最小.

3. $f(x,y)=xy+\dfrac{1}{8}$.

六、高等数学（下）（理工类）期中试题和答案

试　题

一、填空（3 分×27＝81 分）

1. 设 $f(x,y)=x+y$，$g(x,\ y)=x-y$，则 $f[f(x,y),g(x,y)]=$_____.

2. 函数 $u=\arcsin\dfrac{z}{\sqrt{x^2+y^2}}$ 的定义域是_____.

3. 函数 $z=\dfrac{x^2+2y}{x^2-2y}$ 在 $D=\{(x,y)\mid$_____$\}$ 上间断.

4. 极限 $\lim\limits_{\substack{x\to0\\y\to0}}(1+xy)^{\frac{1}{x}}=$_____.

5. 设 $z=(\ln x)^{2y^2}$，在 $x=\mathrm{e}$，$y=1$ 处的全微分 $\mathrm{d}z(\mathrm{e},1)=$_____.

6. 设 $u=x^2+y^2+3z^2+xy+3x-2y-6z$，则在点 $(1,1,1)$ 处 $\dfrac{\partial u}{\partial x}+\dfrac{\partial u}{\partial y}+\dfrac{\partial u}{\partial z}=$_____.

7. 设 $\dfrac{x}{z}=\ln(y+z+1)$，则 $\dfrac{\partial z}{\partial y}\Big|_{\substack{x=0\\y=1}}=$_____.

8. 设 $u=\dfrac{\mathrm{e}^{ax}(y-z)}{a^2+1}$，$y=a\sin x$，$z=\cos x$，则 $\dfrac{\mathrm{d}u}{\mathrm{d}x}=$_____.

9. 曲面 $x\mathrm{e}^y-y\mathrm{e}^z=1$ 在点 $(1,0,0)$ 处的切平面方程_____.

10. 函数 $u=xy^2+z^2$ 在点 $P(1,-1,1)$ 处沿_____方向的方向导数最大，且此方向的方向导数为_____.

11. 设 $\mathrm{I}=\int_0^1\mathrm{d}x\int_0^{\mathrm{e}^x}f(x,y)\mathrm{d}y$，改变积分顺序，则 $\mathrm{I}=$_____.

12. 将 $\int_0^1\mathrm{d}x\int_0^{\sqrt{1-x^2}}f(\sqrt{x^2+y^2})\mathrm{d}y$ 化成极坐标形式的二次积分是_____.

13. 由曲面 $z=f(x,y)>0$，$y^2=x$，$x=1,z=0$ 所围成的空间闭区域 Ω 的体积在直角坐标系下的二次定积分式 $V=$_____.

14. 设 Ω 由 $z=x^2+y^2$ 与 $z=\sqrt{x^2+y^2}$ 所围成的空间闭区域，将 $\iiint\limits_{\Omega}f(x,y,z)\mathrm{d}v$ 化成柱坐标系下的三次积分是_____.

15. 设 Ω 由 $z=\sqrt{x^2+y^2}$ 与 $z-1=\sqrt{1-x^2-y^2}$ 围成的空间闭区域，将 $\iiint\limits_{\Omega}f(x^2+y^2+z^2)\mathrm{d}v$ 化成球坐标系下的三次定积分是_____.

16. 锥面 $z=\sqrt{x^2+y^2}$ 被柱面 $z^2=2y$ 所割下部分的曲面面积为_____.

17. 空间曲线状体 L 的线密度 $\rho(x,y,z)=\dfrac{z^2}{x^2+y^2}$，$L$ 的方程：$x=2\cos t$，$y=2\sin t$，$z=2t$，

$0 \leqslant t \leqslant 2\pi$，则线状体 L 的质量 $M = $ _____.

18. 设曲线 L 为上半圆：$y = \sqrt{1-x^2}$，将曲线积分 $\int_L x\,\mathrm{d}s$ 化成定积分的形式为 _____.

19. 设 L 为 $y = \cos x$，从 $x = \dfrac{\pi}{2}$ 到 $x = 0$ 的一段有向弧，则 $\int_L (\cos x - y)\,\mathrm{d}x - (x + \cos y)\,\mathrm{d}y = $ _____.

20. 设 L 为以点 $(0,0)$，$(1,0)$，$(0,1)$ 为顶点的三角形的边，沿逆时针方向的闭合曲线，则 $\oint_L (\mathrm{e}^x \sin y - x - y)\,\mathrm{d}x + (\mathrm{e}^x \cos y + 2x)\,\mathrm{d}y = $ _____.

21. 设 L 为 $y = x^3$ 从 $(1,1)$ 到 $(0,0)$ 一段有向弧，将 $\int_L P(x,y)\,\mathrm{d}x + Q(x,y)\,\mathrm{d}y$ 化成第一类曲线积分的形式为 _____.

22. 设在 xOy 平面内 $\mathrm{d}u(x,y) = (x^2 - xy^2)\,\mathrm{d}x + (y^2 - x^2)\,\mathrm{d}y$，则 $u(x,y) = $ _____.

23. 设 Σ 是曲面 $z = \sqrt{x^2+y^2}$ 介于 xOy 面与 $z = 1$ 之间的部分，则 $\iint\limits_{\Sigma} z\,\mathrm{d}s = $ _____.

24. 设 Σ 是锥面 $z = 1 - \sqrt{x^2+y^2}$ 介于 xOy 面与 $z = 1$ 之间部分下侧，将对坐标的曲面积分 $\iint\limits_{\Sigma} P(x,y,z)\,\mathrm{d}y\mathrm{d}z + Q(x,y,z)\,\mathrm{d}z\mathrm{d}x + R(x,y,z)\,\mathrm{d}x\mathrm{d}y$ 化成对面积的曲面积分形式为 _____.

25. 函数 $f(x,y,z) = x^2 y + y^2 z + z^2 x$ 的梯度是 _____，该梯度向量场的散度是 _____.

二、解答题（19分）

1.（6分）设 $z = x \cdot y\left(xy, \dfrac{x}{y}\right)$，其中 f 有连续的二阶偏导数，求：$\dfrac{\partial^2 z}{\partial x \partial y}$.

2.（6分）计算对坐标的曲面积分 $\iint\limits_{\Sigma} 4x\,\mathrm{d}y\mathrm{d}z - y^2\,\mathrm{d}z\mathrm{d}x + 2yz\,\mathrm{d}x\mathrm{d}y$，其中 Σ：$z = 1 - \sqrt{1-x^2-y^2}$ 的上侧.

3.（7分）（1）求质点在变力 $\boldsymbol{F} = yz\boldsymbol{i} + zx\boldsymbol{j} + xy\boldsymbol{k}$ 的作用下，沿直线从原点移动到上半球面 $z = \sqrt{1-x^2-y^2}$ 的第一卦限中的点 $M(\xi, \eta, \zeta)$ 所做的功 W.（2）当 ξ，η，ζ 取何值时，变力 $\boldsymbol{F}$ 做的功达到最大，最大的功是多少？

答 案

一、填空

1. $2x$. 2. $\{(x,y) \mid x^2 + y^2 > 0, -\sqrt{x^2+y^2} \leqslant z \leqslant \sqrt{x^2+y^2}\}$. 3. $y = \dfrac{x^2}{x}$.

4. $\mathrm{e}^0 = 1$. 5. $\mathrm{d}z = \dfrac{2}{\mathrm{e}}\mathrm{d}x$. 6. 7. 7. -1. 8. $\mathrm{e}^{ax}\sin x$. 9. $x - 1 = 0$.

10. $\{1, -2, 2\}$ 或 $\left\{\dfrac{1}{3}, -\dfrac{2}{3}, \dfrac{2}{3}\right\}$，3.

11. $\int_0^1 \mathrm{d}y \int_0^1 f(x,y)\,\mathrm{d}x + \int_1^{\mathrm{e}} \mathrm{d}y \int_{\ln y}^1 f(x,y)\,\mathrm{d}x$.

12. $\int_0^{\frac{\pi}{2}} \mathrm{d}\theta \int_0^1 f(r)r\,\mathrm{d}r$. 13. $\int_0^1 \mathrm{d}x \int_{-\sqrt{x}}^{\sqrt{x}} f(x,y)\,\mathrm{d}y$ 或 $\int_{-1}^1 \mathrm{d}y \int_{y^2}^1 f(x,y)\,\mathrm{d}x$.

14. $\int_0^{2\pi} \mathrm{d}\theta \int_0^1 r\,\mathrm{d}r \int_{r^2}^r f(r\cos\theta, r\sin\theta, z)\,\mathrm{d}z$，或 $\int_0^1 \mathrm{d}z \int_0^{2\pi} \mathrm{d}\theta \int_z^{\sqrt{z}} f(r\cos\theta, r\sin\theta, z)r\,\mathrm{d}r$.

15. $\int_0^{2\pi} \mathrm{d}\theta \int_0^{\frac{\pi}{4}} \mathrm{d}\varphi \int_0^{2\cos\varphi} f(r^2) r^2 \sin\varphi \mathrm{d}r$.

16. $s = \sqrt{2}\pi$.　17. $\dfrac{16\sqrt{2}\pi^3}{3}$.　18. $\int_{-1}^1 \dfrac{x\mathrm{d}x}{\sqrt{1-x^2}}$ 或 0.

19. $-(1+\sin 1)$.　20. $\dfrac{3}{2}$.　21. $-\iint\limits_L \left[\dfrac{P(x,y)+3x^2 Q(x,y)}{\sqrt{1+9x^4}} \right] \mathrm{d}s$.

22. $\dfrac{x^3+y^3}{3} - \dfrac{x^2 y^2}{2}$.　23. $\dfrac{2\sqrt{2}\pi}{3}$.

24. $-\iint\limits_{\Sigma} \dfrac{P(x,y,z)+Q(x,y,z)y+R(x,y,z)\sqrt{x^2+y^2}}{\sqrt{2(x^2+y^2)}} \mathrm{d}s$.

25. $\{2xy+z^2, 2yz+x^2, 2zx+y^2\}$.

二、解答题

1. $\dfrac{\partial z}{\partial x} = f + xyf_1' + \dfrac{x}{y}f_2'$, $\dfrac{\partial^2 z}{\partial x \partial y} = 2xf_1' - \dfrac{2x}{y^2}f_2' + x^2 y f_{11}'' - \dfrac{x^2}{y^3}f_{22}''$.

2. 添加 $\Sigma_1: z=1$，向上，原式 $= -\dfrac{8\pi}{3}$.

3. $w = \xi\eta\zeta$，当 $\xi = \eta = \zeta = \dfrac{1}{\sqrt{3}}$ 时，有最大功 $\dfrac{\sqrt{3}}{9}$.

七、高等数学（下）（经管类）期末试题和答案

试　题

一、填空（3分×6＝18分）

1. $\dfrac{\mathrm{d}}{\mathrm{d}x} \int_{x^2}^0 \cos t^3 \mathrm{d}t = $ ＿＿＿＿＿＿＿.

2. $\int_0^{+\infty} \dfrac{\mathrm{d}x}{\mathrm{e}^x + \mathrm{e}^{-x}} = $ ＿＿＿＿＿＿＿.

3. 函数 $u(x,y) = \cos\dfrac{x}{y}$ 在点 $\left(\dfrac{1}{4}, \dfrac{1}{\pi}\right)$ 处的全微分 $\mathrm{d}u\left(\dfrac{1}{4}, \dfrac{1}{\pi}\right) = $ ＿＿＿＿＿＿.

4. 求由曲线 $y=x^2$，$x=1$ 与 $y=0$ 围成的平面图形绕 x 轴旋转一周，所得旋转体的体积是＿＿＿＿＿＿.

5. 方程 $y'' + ay' + by = 0$（a, b 为常数）的特征根分别是 1 和 2，那么该方程的通解是＿＿＿＿＿＿.

6. 差分方程 $y_{n+2} + 5y_{n+1} + 6y_n = 0$ 的通解为＿＿＿＿＿＿.

二、计算 I（7分×4＝28分）

1. $\lim\limits_{x\to 0} \dfrac{\int_0^x [\ln(1+\sin t) - t]\mathrm{d}t}{x^3}$.

2. 设函数 $z = xyf(u)$，$u = x^2 - y^2$，且 $f(u)$ 为可导函数，求 $y\dfrac{\partial z}{\partial x} + x\dfrac{\partial z}{\partial y}$.

3. 计算 $\iint\limits_D \ln(1+x^2+y^2)\mathrm{d}x\mathrm{d}y$，其中 D 是由圆 $x^2+y^2=4$ 及坐标轴所围成的第 I 象限内的闭区域.

4. 求函数 $f(x,y) = x^2 + y^2 - xy - x - y$ 在闭区域 D：$x \geqslant 0$，$y \geqslant 0$，$x+y \leqslant 3$ 上的最大值与最小值.

三、计算 Ⅱ (7 分×6＝42 分)

1. 讨论 $\sum\limits_{n=1}^{\infty}\dfrac{\sin^n\theta}{n}$ 的敛散性.

2. 将函数 $f(x)=\dfrac{x-1}{x^2-2x-3}$ 展成 x 的幂级数，并写出展开式成立的区间.

3. 求 $\sum\limits_{n=0}^{\infty}(n+1)x^n$ 的收敛域及和函数，并计算 $\sum\limits_{n=0}^{\infty}\dfrac{n+1}{2^n}$.

4. 求微分方程 $y''+2y'-3y=e^x$ 的通解.

5. 求定解问题 $\begin{cases}\dfrac{dy}{dx}=\dfrac{x+xy^2}{y+x^2y},\\ y(0)=1,\end{cases}$ 的解.

6. 假设某湖中开始有 10 万条鱼，且鱼的增长率为 25％，而每年捕鱼量为 3 万条，列出每年鱼的条数的差分方程，并解之.

四、解答题 (6 分×2＝12 分)

1. 设 $\sum\limits_{n=1}^{\infty}u_n$ $(u_n\geqslant 0)$ 收敛，试证 $\sum\limits_{n=1}^{\infty}\sqrt{u_n u_{n+1}}$ 也收敛.

2. 设函数 $f(t)$ 在 $[0,+\infty)$ 上连续，且满足方程

$$f(t)=e^{4\pi t^2}+\iint\limits_{x^2+y^2\leqslant 4t^2}f\left(\frac{\sqrt{x^2+y^2}}{2}\right)dxdy,\ 求\ f(t).$$

答　案

一、填空

1. $-2x\cos x^6$. 　2. $\dfrac{\pi}{2}$. 　3. $\dfrac{\sqrt2}{2}\pi\left(-dx+\dfrac{\pi}{4}dy\right)$. 　4. $\dfrac{\pi}{5}$.

5. $C_1 e^x+C_2 e^{2x}$. 　6. $C_1(-2)^n+C_2(-3)^n$.

二、计算 Ⅰ

1. $-\dfrac{1}{6}$. 　2. $(x^2+y^2)\cdot f(u)$. 　3. $\dfrac{\pi}{4}(5\ln5-4)$.

4. 最大值 $f(3,0)=6$，最小值 $f(1,1)=-1$.

三、计算 Ⅱ

1. 当 $\theta=\left(k+\dfrac{1}{2}\right)\pi$ 时，级数收敛；当 $\theta=2k\pi+\dfrac{\pi}{2}$ 时，级数发散，当 $\theta=2k\pi+\dfrac{3}{2}\pi$ 时，级数收敛.

2. $-\dfrac{1}{2}\sum\limits_{n=0}^{\infty}\left[1+\left(\dfrac{1}{3}\right)^n\right]x^n,\ |x|<1$.

3. $(-1,1)$，$s(x)=\dfrac{1}{(1-x)^2}$，$\sum\limits_{n=0}^{\infty}\dfrac{n+1}{2^n}=s\left(\dfrac{1}{2}\right)=4$.

4. $\dfrac{1+y^2}{1+x^2}=C$ （C：任意常数）.

5. $y(x)=C_1 e^x+C_2 e^{-3x}-\dfrac{e^{-x}}{4}$ （C_1,C_2：任意常数）.

6. $\begin{cases}y_{n+1}=\left(1+\dfrac{1}{4}\right)y_n-3,\\ y_0=y(0)=10,\end{cases}$ $y_n=C\left(\dfrac{5}{4}\right)^n+12$，$y_n=12-2\cdot\left(\dfrac{5}{4}\right)^n$.

四、解答题

1. 略

2. $f(t) = e^{4\pi t^2}(4\pi t^2 + 1)$.

八、高等数学（下）（理工类）期末试题和答案

试　题

一、填空（3分×6=18分）

1. 若 $f(x, y) = x^2 \dfrac{1-y}{1+y}$，则 $f\left(x+y, \dfrac{y}{x}\right) = $ _____.

2. 若 $z = \sin^2(xy) + \ln(xy)$，则 $\dfrac{\partial z}{\partial x}\Big|_{\substack{x=1 \\ y=\frac{\pi}{2}}} = $ _____.

3. 级数 $\displaystyle\sum_{n=0}^{\infty} \dfrac{(-1)^n 2^n}{n!}$ 的和为 _____.

4. 设 L 是 $y = x$ 在 $(0,0)$ 与 $(1,1)$ 的一段，则 $\displaystyle\int_L e^{\sqrt{x^2+y^2}} \, ds = $ _____.

5. 微分方程 $(y-x)y' + y = 0$，满足 $y(0) = 1$ 的解为 _____.

6. Ω 是 $z=0$，$z=y$，$y=1$ 和抛物柱面 $y=x^2$ 所围成的闭区域，$\displaystyle\iiint_\Omega f(x,y,z)\mathrm{d}v$ 在直角坐标系下的三次积分是 _____.

二、解答题 I（6分×7=42分）

1. 设 $u = xy$，$v = \dfrac{x}{y}$，试以 u，v 为新变量变换方程

$$x^2 \frac{\partial^2 z}{\partial x^2} - y^2 \frac{\partial^2 z}{\partial y^2} = 0.$$

2. 将函数 $f(x) = x^2 + 1$（$0 \leqslant x \leqslant \pi$）展成余弦级数，并指出展开式成立的范围.

3. 求球体 $x^2 + y^2 + z^2 = 4$ 被圆柱面 $x^2 + y^2 = 2x$ 所截部分（含在圆柱面内的部分）的体积.

4. 求 $z = x^2 + y^2$ 在点 $(1,1)$ 处的方向导数的最大值.

5. 一椭球：$4x^2 + y^2 + 4z^2 = 16$ 形状的空间探测器，进入大气层后其表面任一点 (x, y, z) 处的温度为：$T(x,y,z) = 8x^2 + 4yz - 16z + 600$，求此探测器表面最热的点.

6. 求曲线 $\begin{cases} x^2 + z^2 = 10, \\ y^2 + z^2 = 10 \end{cases}$ 在点 $M(1,1,3)$ 处的切线和法平面方程.

7. 求均匀曲面 $z = \sqrt{a^2 - x^2 - y^2}$ 的质心坐标.

三、解答题 II（8分×5=40分）

1. 求 $\displaystyle\iint_\Sigma 2xz^2\,\mathrm{d}y\mathrm{d}z + y(z^2+1)\mathrm{d}z\mathrm{d}x + (9-z^3)\mathrm{d}x\mathrm{d}y$，其中 Σ：曲面 $z = x^2 + y^2 + 1$（$1 \leqslant z \leqslant 2$）的下侧.

2. 求 $y'' + y' - 2y = 8\sin 2x$ 的通解.

3. 在 δ-醣蛋白内脂变成葡萄糖酸的化学反应过程中，δ-醣蛋白内脂数量的衰变速度与其当前的量成正比，比例系数为 0.6，时间 t 以小时为单位，当 $t=0$ 时，δ-醣蛋白内脂为 100g，求 $1h$ 后该物质还剩下多少？

4. 求 $\displaystyle\iiint_\Omega (x^2 + z^2)\mathrm{d}v$，其中 Ω 由 $y = \dfrac{1}{2}(x^2 + y^2)$ 与 $y=2$ 围成的闭区域.

5. 已知平面区域 $D=\{(x,y)\mid 0\leqslant x\leqslant\pi,\ 0\leqslant y\leqslant\pi\}$，$L$ 为 D 的正向边界，证明：

(1) $\oint_L x\,\mathrm{e}^{\sin y}\,\mathrm{d}y-y\mathrm{e}^{-\sin x}\,\mathrm{d}x=\oint_L x\,\mathrm{e}^{-\sin y}\,\mathrm{d}y-y\mathrm{e}^{\sin x}\,\mathrm{d}x$，

(2) $\oint_L x\,\mathrm{e}^{\sin y}\,\mathrm{d}y-y\mathrm{e}^{-\sin x}\,\mathrm{d}x\geqslant 2\pi$.

答　案

一、填空

1. x^2-y^2.　　2. 1.　　3. $\dfrac{1}{\mathrm{e}^2}$.　　4. $\mathrm{e}^{\sqrt{2}}-1$.　　5. $y=\mathrm{e}^{-\frac{x}{y}}$.

6. $\displaystyle\int_{-1}^{1}\mathrm{d}x\int_{x^2}^{1}\mathrm{d}y\int_{0}^{y}f(x,y)\mathrm{d}z$.

二、解答题 I

1. $\dfrac{\partial^2 z}{\partial u\,\partial v}=\dfrac{1}{2u}\dfrac{\partial z}{\partial v}$.　　2. $x^2+1=\dfrac{\pi^2}{3}+1+\displaystyle\sum_{n=1}^{\infty}\dfrac{(-1)^n 4}{n^2}\cos nx$，$0\leqslant x\leqslant\pi$.

3. $\dfrac{32}{3}\left(\dfrac{\pi}{2}-\dfrac{2}{3}\right)$.　　4. $\dfrac{4}{\sqrt{2}}$.　　5. 最热点 $\left(\pm\dfrac{4}{3},\ -\dfrac{4}{3},\ -\dfrac{4}{3}\right)$.

6. $\dfrac{x-1}{1}=\dfrac{y-1}{1}=\dfrac{z-3}{-\frac{1}{3}}$；$(x-1)+(y-1)-\dfrac{1}{3}(z-3)=0$.

7. $\bar{x}=\bar{y}=0$，$\bar{z}=\dfrac{a}{2}$.

三、解答题 II

1. $-\dfrac{\pi}{2}$.　　2. $y=C_1\mathrm{e}^{x}+C_2\mathrm{e}^{-2x}-\dfrac{2}{5}\cos 2x-\dfrac{5}{6}\sin 2x$.

3. $\begin{cases}\dfrac{\mathrm{d}y}{\mathrm{d}x}=-0.6y,\\ y(0)=100,\end{cases}$　$y(1)=100\mathrm{e}^{-0.6}$.　　4. 16π.

5. (1) 方法一：沿边界积分，方法二：格林公式；(2) $\mathrm{e}^{-\sin x}\ (\mathrm{e}^{\sin x}-1)^2\geqslant 0$.